Gerhard Opfer

Numerische Mathematik für Anfänger

Grundkurs Mathematik

Berater:
Martin Aigner, Peter Gritzmann, Volker Mehrmann
und Gisbert Wüstholz

Lineare Algebra
von Gerd Fischer

Übungsbuch zur Linearen Algebra
von Hannes Stoppel und Birgit Griese

Analytische Geometrie
von Gerd Fischer

Analysis 1
von Otto Forster

Übungsbuch zur Analysis 1
von Otto Forster und Rüdiger Wessoly

Analysis 2
von Otto Forster

Übungsbuch zur Analysis 2
von Otto Forster und Thomas Szymczak

Numerische Mathematik für Anfänger
von Gerhard Opfer

Numerische Mathematik
von Matthias Bollhöfer und Volker Mehrmann

Gerhard Opfer

Numerische Mathematik für Anfänger

Eine Einführung für Mathematiker, Ingenieure und Informatiker

5., überarbeitete und erweiterte Auflage

Mit zahlreichen Abbildungen, Beispielen und Programmen

STUDIUM

VIEWEG+
TEUBNER

Bibliografische Information der Deutschen Nationalbibliothek
Die Deutsche Nationalbibliothek verzeichnet diese Publikation in der Deutschen Nationalbibliografie; detaillierte bibliografische Daten sind im Internet über <http://dnb.d-nb.de> abrufbar.

Prof. Dr. Gerhard Opfer
Department Mathematik
Universität Hamburg
Bundesstraße 55
20146 Hamburg

opfer@math.uni-hamburg.de

Online-Service:
http://www.math.uni-hamburg.de/home/opfer/buch5

Der bisherige Titel der Reihe „Grundkurs Mathematik" lautete „vieweg studium - Grundkurs Mathematik".

1. Auflage 1992
2. Auflage 1994
3., überarbeitete und erweiterte Auflage 2001
4., durchgesehene Auflage 2002
5., überarbeitete und erweiterte Auflage 2008

Lektorat: Ulrike Schmickler-Hirzebruch | Susanne Jahnel

Vieweg+Teubner ist Teil der Fachverlagsgruppe Springer Science+Business Media.
www.viewegteubner.de

Umschlaggestaltung: KünkelLopka Medienentwicklung, Heidelberg
Druck und buchbinderische Verarbeitung: MercedesDruck, Berlin
Gedruckt auf säurefreiem und chlorfrei gebleichtem Papier.

ISBN 978-3-8348-0413-6

Vorwort

Vorwort zur fünften Auflage

Die vorliegende fünfte Auflage enthält gegenüber der vorigen nicht nur einige Korrekturen, sondern auch inhaltliche Ergänzungen. So gibt es einen neuen Abschnitt über Wavelets inklusive der sogenannten Multiskalen-Analyse, die es - grob gesprochen - ermöglicht, mit zufälligen Fehlern behaftete Daten zu zerlegen in einen von den Fehlern weitgehend befreiten und einen fehlerhaften Teil. Dazu sind auch etliche instruktive, durchgerechnete Beispiele eingefügt und insbesondere ein vollständig abgedrucktes MATLAB-Programm, mit dem man die skurrilen Skalierungsfunktionen zeichnen kann. Herrn Dipl.-Technomath. Martin Kunkel danke ich für die Mitwirkung hieran und auch für weitere TEXnische Hinweise. Meinem Kollegen, Herrn Oberle, danke ich für Hinweise, die sich auf die neuen Teile in Kapitel 8 beziehen.

In dem Abschnitt über orthogonale Polynome ist neben der bekannten Dreitermrekursion auch eine - im Prinzip äquivalente - Zweitermrekursion eingeführt worden, die in mancher Hinsicht (insbesondere numerisch) der Dreitermrekursion überlegen ist.

In den Aufgabentexten heißt es nicht mehr, „man schreibe ein Pascal-Programm", sondern nur noch „man schreibe ein Programm". Trotzdem kommen im Text noch einige Pascal-Programme vor, die aber bei Kenntnis irgendeiner Programmiersprache verständlich sein sollten.

Um sich in dem Buch gut zurecht zu finden, ist das Stichwortverzeichnis (ab Seite 375) wie in allen bisherigen Auflagen, verhältnismäßig ausführlich gehalten. Es enthält im Mittel etwa 6.4 Einträge pro Textseite.

Die hinzugefügten Zeichnungen und numerischen Tabellen sind mit MATLAB, Version 7.2, hergestellt worden.

Der bereits in der ersten Auflage enthaltene Hinweis, dass das Buch insbesondere für Studierende des ersten Studienabschnitts konzipiert worden ist, bedeutet heute, dass das Buch bestens für das Bachelor-Studium geeignet ist.

Hamburg, im Mai 2008 G. O.

Vorwort zur vierten Auflage

Die vierte Auflage stimmt mit Ausnahme einiger Fehler- und Layoutkorrekturen insbesondere in der Numerierung der Sätze und Formeln mit der dritten Auflage überein. Im Abschnitt 9.1 gibt es einige Änderungen am Schluß ab Satz 9.22. Die Aufgaben 3.39, S. 83, 9.15, 9.16, S. 331 wurden hinzugefügt.

Hamburg, im Mai 2002 G. O.

Vorwort zur dritten Auflage

Gegenüber der zweiten Auflage sind nicht nur bekannt gewordene Fehler korrigiert, sondern an einigen Stellen auch Ergänzungen vorgenommen worden. In Kapitel 3 über Interpolation gibt es jetzt einen neuen Abschnitt über *radiale Funktionen*. Das sind Funktionen, die sich besonders gut zur Interpolation von unregelmäßig verteilten Daten in mehreren Dimensionen eignen, wie sie z. B. bei der Herstellung von topographischen Karten vorkommen. Im selben Kapitel ist der Abschnitt über Splines herausgelöst, um einen solchen zum Thema B-Splines erweitert und zu einem neuen Kapitel 4 über Splines zusammengefaßt worden. Bei der Behandlung der B-Splines bin ich von der traditionellen Definition über die dividierten Differenzen der abgeschnittenen Potenzen abgewichen und habe als Definition die bekannte Rekursionsformel benutzt. Das hat große Vorteile: Man kann die B-Splines sofort zu beliebigen Knotenfolgen mit einem effektiven Algorithmus berechnen und entsprechend visualisieren. Der Nachweis der entsprechenden Glattheit an den Knoten erfolgt dann über eine Identität von [72, MARSDEN, 1970]. Dabei ist eine Idee von [8, DE BOOR & HÖLLIG, 1987] verfolgt worden, die in einem Artikel von [7, DE BOOR, 1996] noch einmal sehr liebevoll aufgearbeitet wurde. Im letzten Kapitel über nichtlineare Gleichungen sind die eindimensionalen Probleme etwas besser strukturiert worden. Das Farbbild zum Newton-Verfahren muss te aus Kostengründen einem Schwarzweiß-Bild weichen.

Es haben mich wieder Kollegen und auch Studierende auf mögliche Verbesserungsvorschläge hingewiesen, für die ich an dieser Stelle herzlich danke. Erwähnen möchte ich besonders den am 14. Mai 2000 verstorbenen Jochen W. Schmidt aus Dresden, der mir besonders im Spline-Bereich viele Hinweise gegeben hat. Dann sind zu nennen die Hamburger Kollegen Carl Geiger und Bodo Werner, die mir ihre umfangreichen Erfahrungen anläßlich der Benutzung des Buches in verschiedenen Kursen über Numerische Mathematik mitgeteilt haben. Auch möchte ich den Studenten Dieter Baldenius erwähnen, der viele kleine „Fehlerchen“ entdeckt hat.

Ich habe auch wieder, wenn auch nicht systematisch bibliographische Hinweise auf die im Text erwähnten Mathematikerinnen und Mathematiker eingefügt.

Es ist dabei aber nicht möglich, mit den heute vorhandenen Informationsdiensten, z. B. mit `http://www-groups.dcs.st-and.ac.uk/~history/` zu konkurrieren. Diese Internetseiten enthalten ausführliche Biographien vieler Wissenschaftlerinnen und Wissenschaftler. Trotzdem wird man selbst dort besonders im Bereich der angewandten Mathematik viele Lücken entdecken.

Die Abbildungen und die Rechnungen sind zum größten Teil mit MATLAB, Version 5.3 hergestellt und der Text vom Autor in der ihm gewohnten Rechtschreibung mit einer neueren LaTeX-Variante geschrieben worden.

Hamburg, im März 2001 G. O.

Vorwort zur ersten Auflage

Das nachfolgende Manuskript ist hervorgegangen aus Vorlesungen über Numerische Mathematik an der Universität Hamburg, die sich an Studienanfänger richtet. In Hamburg vertritt man seit über zehn Jahren das Konzept, Studienanfängern des Studiengangs Mathematik bereits im ersten Semester parallel zu Analysis und Linearer Algebra Numerische Mathematik anzubieten.

Das Besondere an der Numerischen Mathematik ist, dass man durch Lesen allein nicht genug lernt. Das Wesentliche ist neben dem Nachvollziehen der Theorie das selbständige Durchrechnen von Beispielen und zwar „mit der Hand" (kleine, in der Regel pädagogische Beispiele) und mit einem Computer. Nur so kann man die besonderen Phänomene der Numerischen Mathematik erfassen.

Das Hauptaugenmerk sollte man immer auf zwei Punkte richten, nämlich was kostet ein Algorithmus und wie stabil verhält er sich. Die Kosten kann man am objektivsten abschätzen durch die Anzahl der benötigten Operationen. Stabilität bedeutet Unempfindlichkeit gegen leicht gestörte Daten, die z. B. durch fast immer auftretende Rundungsfehler unvermeidbar sind. Die Frage nach der Stabilität kann im Rahmen dieses Textes häufig nur andeutungsweise behandelt werden.

Bei der Zählung der Operationen werden häufig nur die Multiplikationen/Divisionen (kurz: Mult/Div, auch *wesentliche Operationen* genannt) gezählt und die Additionen/Subtraktionen (kurz: Add/Sub) dabei vernachlässigt, weil in vielen Rechenanlagen für eine Mult/Div wesentlich mehr Zeit gebraucht wird als für eine Add/Sub. Die Anzahl der wesentlichen Operationen nennt man auch *Ostrowski-Count*. In neuerer Zeit geht man allerdings dazu über, die Mult/Div und Add/Sub zusammenzuzählen. Das Zählergebnis wird in aller Regel *flops* ([engl.] *floating point operations*) genannt.

Es soll nicht unerwähnt bleiben, dass ein weiterer Aspekt immer wichtiger werden wird. Nämlich die Frage, ob ein Algorithmus parallelisiert werden kann. Dazu muss man wissen, dass neuere Computer in der Lage sind (oder sein werden), einige oder sogar sehr viele Operationen gleichzeitig auszuführen. Parallelisierung bedeutet, dass ein Algorithmus so formuliert wird, dass er von diesen Möglichkeiten Gebrauch machen kann. Hinweise dazu sind vorhanden in [88, SCHABACK & WERNER, 1992].

Um die angesprochene Übertragung eines Algorithmus auf einen Computer möglich zu machen, bedarf es einer Programmiersprache. Für Unterrichtszwecke hat sich das von dem Schweizer [108, WIRTH, 1971] veröffentlichte *Pascal* als sehr zweckmäßig herausgestellt. Diese Sprache erlaubt insbesondere strukturiertes Programmieren (d. h. Aufteilen in kleine, überschaubare, für sich verständliche Teile). Die Literatur über Pascal ist sehr reichhaltig. Es werde hingewiesen auf Bücher von [4, BERNHUBER ET ALII, 1988], [53, HERSCHEL, 1986] und nicht im Buchhandel erhältliche Handbücher von HEIMSOETH & BORLAND über Turbo-Pascal.

Nach längerer Erfahrung mit Pascal wird man feststellen, dass gewisse Routine-Operationen (z. B. das Aufsummieren von Zahlen, oder das Zeichnen eines Funktionsgraphen) sehr mühsam sind. Hier ist eine neuere von dem Amerikaner MOLER angegebene Sprache MATLAB sehr nützlich, die auch hier, insbesondere bei der Herstellung der meisten Zeichnungen Verwendung gefunden hat ([77, MOLER, ULLMAN, LITTLE & BANGERT, 1987]). Es ist allerdings zu bemerken, dass die Strukturierungsmöglichkeiten in MATLAB eingeschränkt sind.

Den Lesern dieses Textes wird empfohlen, den gleichen Stoff parallel in der (normalerweise nicht für Anfänger konzipierten) Literatur zu studieren, z. B. in den Büchern von [69, MAESS, 1985, 1988], [84, PRESS ET ALII, 1986], [90, SCHMEISSER & SCHIRMEIER, 1976], [92, SCHWARZ, 1997], [96, STOER, 1999]. Weitere Hinweise auf die Literatur sind im Text eingestreut.

Ein erstes Manuskript nach dem angegebenen Konzept wurde von C. Maas geschrieben. Das ist an verschiedenen Stellen im vorliegenden Text noch zu erkennen. Viele nützliche Anregungen und Hilfestellungen von B. Fischer, C. Geiger, U. Grothkopf, W. Hofmann, J. Modersitzki, Gu. Opfer, P. Stork, H. Voß, P. Weidner, B. Werner und Q. Zheng sind verwendet worden. Das vorliegende Manuskript wurde in seiner ersten Fassung von U. Gehrke in LaTeX geschrieben. S. Loges hat bei der Bewältigung TeXnischer Schwierigkeiten des umfangreichen Manuskripts wertvolle Hilfe geleistet.

Hamburg, im September 1992 G. O.

Inhaltsverzeichnis

Hinweis: Die Beispiele, Tabellen,..., Sätze, Definitionen etc. sind in jedem Kapitel einheitlich durchlaufend numeriert, mit vorangestellter Kapitelnummer. Dasselbe gilt für die Formelnummern, für die nach gleichem Muster eine separate Durchnumerierung existiert. Die (Unter-) Abschnittsnummern werden also nicht in das Numerierungssystem übernommen.

Liste der Beispiele

Liste der Tabellen

Liste der Figuren

Liste der Programme

1 Zahldarstellung und Rundungsfehler

1.1 Maschinenzahlen

Wenn wir im Alltag Rechnungen durchführen, gehen wir in der Regel davon aus, dafür die reellen Zahlen zur Verfügung zu haben. Für Zahlen, die sich nicht als endliche Dezimalzahlen schreiben lassen, benutzen wir Schreibweisen wie $\frac{1}{7}$, $\sqrt{3}$, $\pi, \ldots$, die in jedem Rechenschritt alle Zahlen exakt bezeichnen, auch wenn wir zum Schluß ggf. eine Umwandlung in einen genäherten, endlichen Dezimalbruch vornehmen.

In einem Computer dagegen können nur endlich viele verschiedene Zahlen, die sogenannten *Maschinenzahlen*, dargestellt werden. Zwischen verschiedenen reellen Zahlen gibt es also immer unendlich viele Zahlen, die der Computer nicht „kennt". Wir müssen uns daher überlegen, wie wir zweckmäßigerweise die Maschinenzahlen auswählen und welche Konsequenzen diese Auswahl für die Ergebnisse unserer Berechnungen hat. Vgl. Sie dazu [36, GAMM, 1993].

1.1.1 Relativer und absoluter Fehler

Wenn wir Maschinenzahlen ausgewählt haben, ist es sinnvoll, alle anderen reellen Zahlen durch die jeweils nächstgelegene Maschinenzahl darzustellen. Wir ersetzen also die reelle Zahl x durch die Maschinenzahl $\mathrm{rd}(x)$ (rd von *Rundung*) mit der Eigenschaft, dass

$$|x - \mathrm{rd}(x)| \leq |x - y| \text{ für alle Maschinenzahlen } y.$$

Falls x genau in der Mitte zwischen zwei Maschinenzahlen liegt, wählen wir für $\mathrm{rd}(x)$ z. B. die von Null weiter entfernte Maschinenzahl. Für den *Fehler*, den wir bei dieser Ersetzung machen, gibt es zwei Maßstäbe:

i) *absoluter Fehler* $e_{abs}(x) := x - \mathrm{rd}(x)$,

ii) *relativer Fehler* $e_{rel}(x) := (x - \mathrm{rd}(x))/x$ für $x \neq 0$.

Wir wollen als *Fehler* durchgehend immer die Differenz zwischen *wahrem* und *angenähertem* Wert (und nicht umgekehrt) bezeichnen.

Welcher Fehler ist nun bei der getroffenen Auswahl von Maschinenzahlen entscheidend? Dazu einige Beispiele.

Wenn die Registrierkasse an der Tankstelle den tatsächlichen Rechnungsbetrag x durch einen in Euro und Cent darstellbaren Betrag $\text{rd}(x)$ ersetzt, so ist für diese Operation der absolute Fehler begrenzt. Es gilt:

$$|x - \text{rd}(x)| \leq 0.005\,€,$$

wenn wir davon ausgehen, dass nach den angegebenen Regeln gerundet wird. Dieser Fehler ist für den Benzinkäufer unerheblich.

Es gibt aber keine Schranke für den absoluten Fehler, die für alle Berechnungen gleich sinnvoll ist. Die Entfernung Erde-Mond mit einem Maximalfehler von 5 m zu bestimmen, ist eine sehr gute Leistung. Eine mit einem solchen Fehler behaftete Angabe der Breite einer Parklücke ist eine wertlose Zahl. Eine Angabe mit einem absoluten Fehler von 50 cm ist hierfür brauchbar, nicht jedoch bei einer Bestimmung der Wellenlänge des sichtbaren Lichts ($0.4 \cdot 10^{-6}$ m bis $0.8 \cdot 10^{-6}$ m). Eine hierfür erforderliche Genauigkeit von $|x - \text{rd}(x)| \leq 0.5 \cdot 10^{-7}$ m ist wiederum für die Abstandsbestimmung Erde-Mond eine sinnlose Forderung.

Welcher Fehler bei einer Angabe noch tolerierbar ist, wird also weniger durch die absolute Größe des Fehlers als durch sein Verhältnis zu der Größenordnung des exakten Wertes festgelegt. Es hat sich daher eingebürgert, die Maschinenzahlen so zu verteilen, dass für jedes x aus dem Bereich, in dem man Zahlen darstellen will, der relative Fehler, der durch die Darstellung von x durch $\text{rd}(x)$ entsteht, betragsmäßig unterhalb einer möglichst kleinen Schranke bleibt. Außerdem sind die Maschinenzahlen üblicherweise symmetrisch verteilt (d. h., mit y ist auch $-y$ eine Maschinenzahl), und Null ist stets eine Maschinenzahl.

1.1.2 Gleitpunktdarstellung

Zu diesem Zweck werden die Maschinenzahlen in der sogenannten *Gleitpunktdarstellung* gespeichert (und ausgegeben, wenn nicht spezielle Befehle der Programmiersprache eine andere Ausgabe erzwingen). In dieser Darstellung besteht die Zahl aus einer Ziffernfolge fester Länge, der *Mantisse* m und einer weiteren Ziffernfolge, dem *Exponenten* e, wobei zu m noch eine Vorzeichenstelle hinzukommt, so dass die darzustellende Zahl die Form $\pm m \cdot N^e$ hat, wobei N die *Basis des Zahlsystems* bedeutet. Die Position des (Dezimal-) Punktes in dieser Darstellung wird in aller Regel durch die *Normalisierung* $1 \leq m < N$ festgelegt. Die

Zahl Null, die sich so nicht normalisieren läßt, wird üblicherweise in der Form $m = 00\ldots0, e = 00\ldots0$ dargestellt. Für den Exponenten gilt die Einschränkung $e \in [e_{\min}, e_{\max}]$.[1] Damit haben wir für von Null verschiedene Maschinenzahlen die Darstellung

$$(1.1)\quad \text{rd}(x) = \pm a_0.a_1a_2\ldots a_{t-1}\cdot N^e,\ 0 \le a_i < N, a_0 \ne 0,\ e \in [e_{\min}, e_{\max}].$$

Dabei bezeichnet t die *Mantissenlänge*. Aus dieser Darstellung können wir die kleinste positive und größte Maschinenzahl μ bzw. M berechnen. Wir erhalten

$$(1.2)\qquad \mu = N^{e_{\min}},\ M = (N - N^{1-t})N^{e_{\max}}.$$

Eine Zahl mit Basis 2 heißt *Dual-* oder *Binärzahl*, mit Basis 8 *Oktalzahl*, mit Basis 10 *Dezimalzahl*, mit Basis 16 *Hexadezimalzahl*. Die meisten Rechner rechnen im Dual- oder Hexadezimalsystem. Im *Dezimalsystem* (Basis 10) mit Mantissenlänge 6 und $e \in [-9, 9]$ sehen Zahlen dann beispielsweise so aus:

Tabelle 1.1. Gleitpunktdarstellung verschiedener Dezimalzahlen

Zahl	Gleitpunktdarstellung
3	$3.00000 \cdot 10^0$
-26.4	$-2.64000 \cdot 10^1$
0.005	$5.00000 \cdot 10^{-3}$
1234567	$1.23457 \cdot 10^6$
$2/3$	$6.66667 \cdot 10^{-1}$

Stellen wir uns einmal einen Rechner vor, der im Dezimalsystem mit Mantissenlänge 2 und mit Exponenten $e \in [-9, 9]$ rechnet. Dieser Rechner hat dann die positiven Maschinenzahlen aus Tabelle 1.2 mit $\mu = 10^{-9}$, $M = (10 - 1/10)10^9$.

Tabelle 1.2. Maschinenzahlen mit zweistelliger Mantisse

$1.0 \cdot 10^{-9}$	$1.1 \cdot 10^{-9}$	$\cdots$	$9.9 \cdot 10^{-9}$	$\cdots$	$9.8 \cdot 10^9$	$9.9 \cdot 10^9$

Der absolute Fehler, den man beim Darstellen einer Zahl $x \in [\mu, M]$ macht, wird um so größer, je größer die Zahl ist:

$$\begin{aligned} 1.04\cdot10^{-9} - rd(1.04\cdot10^{-9}) &= 1.04\cdot10^{-9} - 1.0\cdot10^{-9} &&= 4\cdot10^{-11},\\ 9.89\cdot10^{9} - rd(9.89\cdot10^{9}) &= 9.89\cdot10^{9} - 9.9\cdot10^{9} &&= -1\cdot10^{7}. \end{aligned}$$

Der relative Fehler bleibt aber überall in derselben Größenordnung, nämlich

$$\left|\frac{x - \text{rd}(x)}{x}\right| \le \frac{1}{2}\cdot 10^{-1}.$$

[1] Ausdrücke der Form $[a, b] := \{x : a \le x \le b\}$ heißen *abgeschlossene Intervalle*. Es kommen auch *offene* Intervalle $]a, b[:= \{x : a < x < b\}$ und entsprechend *halboffene* Intervalle $[a, b[$, $]a, b]$ vor.

Dies ist eine Eigenschaft, die die Gleitpunktdarstellung in jedem Zahlensystem besitzt. Genauer gilt der folgende Satz.

Satz 1.3. Die Zahl x mit $\mu \leq |x| \leq M$ werde im Zahlensystem zur Basis N mit Mantissenlänge t dargestellt durch die ihr nächstgelegene Zahl der Form (1.1) mit μ, M aus (1.2). Dann ist

$$\left|\frac{x - \mathrm{rd}(x)}{x}\right| \leq \frac{1}{2} \cdot N^{1-t}. \tag{1.3}$$

Beweis: Die Größe x unterscheidet sich von $\mathrm{rd}(x)$ höchstens um eine halbe Einheit in der letzten Stelle der Mantisse. Daraus folgt (1.3). □

Das Zeichen □ markiert im ganzen Text das Ende eines Beweises. Die Zahl $\mathbf{m} := 0.5 \cdot N^{1-t}$ heißt *Maschinengenauigkeit.* Bei $N = 2$, $t = 48$, ist beispielsweise die Maschinengenauigkeit $0.5N^{1-t} \approx 3.6 \cdot 10^{-15}$. Das Zeichen $\approx$ verwenden wir durchgehend für *ungefähr gleich.*

Beispiel 1.4. ***Maschinendarstellung von Binärzahlen***
Für dreistellige Binärzahlen besagt der Satz $|(x - \mathrm{rd}(x))/x| \leq 0.125 = 2^{-3}$. Für einige Zahlen zwischen Null und eins ist in Tabelle 1.5, S. 5 ihre Maschinendarstellung mitsamt dem relativen Fehler angegeben. Die Umrechnung von Dezimalzahlen in Dualzahlen geschieht nach demselben Muster wie die Umrechnung von Brüchen in Dezimalzahlen. Wir gehen dabei davon aus, dass wir ganze Dezimalzahlen bereits in Binärzahlen umrechnen können. Wir schreiben ganze Binärzahlen in der Form $(abc...)_2$, wobei die Ziffern $a\,b\,c$ nur die Werte Null oder Eins annehmen können. Einen Hinweis zur Umrechnung von (ganzen) Dezimal- in Binärzahlen findet man im Abschnitt 2.1, Seite 16. Wir rechnen als Beispiel 0.3 um. Es ist:

$$0.3 = \frac{3}{10} = \frac{(11)_2}{(1010)_2}.$$

Jetzt dividieren wir den angegebenen Bruch durch sukzessives Anhängen von Nullen an den Zähler wie bei Dezimalbrüchen:

$$\begin{array}{ccccccccl}
1 & 1. & 0 & 0 & & & & & : 1010 = 0.0\overline{1001}\ldots \\
1 & 0 & 1 & 0 & & & & & \\
\hline
 & & 1 & 0 & 0 & 0 & 0 & & \\
 & & & 1 & 0 & 1 & 0 & & \\
\hline
 & & & & 1 & 1 & 0 & 0 &
\end{array}$$

Das Ergebnis ist also ein periodischer, unendlicher Binärbruch.

Eine ziemlich ausführliche Behandlung von Zahldarstellungen in Gleitpunktarithmetik findet man bei [20, DEMMEL, 1997, Ch. 1.5]. Da im deutschen Sprachraum Dezimalzahlen häufig in der Form 3,1415 und nicht in der Form 3.1415 geschrieben werden, heißen die Gleitpunktzahlen oft auch *Gleitkommazahlen*.

Tabelle 1.5. Relative Fehler von dreistelligen Dualzahlen

x	rd(x)		rel. Fehler
	dual	dezimal	
0.1	1.10E-100	0.09375	0.0625
0.2	1.10E-011	0.1875	0.0625
0.3	1.01E-010	0.3125	-0.0416666
0.4	1.10E-010	0.375	0.0625
0.5	1.00E-001	0.5	0
0.6	1.01E-001	0.625	-0.0416666
0.7	1.10E-001	0.75	-0.0714286
0.8	1.10E-001	0.75	0.0625
0.9	1.11E-001	0.875	0.0277778

1.2 Fehler beim Rechnen

Welche Konsequenzen hat die Ersetzung der reellen Zahlen durch die Maschinenzahlen für Berechnungen, die wir mit dem Computer ausführen wollen?

Die Zahlen, mit denen wir rechnen, sind von Anfang an fehlerhaft. Jedes Zwischenergebnis wird vor dem Weiterrechnen auf die nächste Maschinenzahl gerundet und enthält nicht nur die Auswirkungen der Eingabefehler, sondern wird auch noch mit einem unvermeidbaren *Rundungsfehler* versehen. Dazu einige Beispiele:

a) Wir lassen das Programm 1.6 ausführen, wobei `intmax` die größte im jeweiligen System darstellbare ganze Zahl bedeutet:

Programm 1.6. Zahlbereichsüberlauf

```
n=intmax-5; %MATLAB: intmax = 2147483647
for j=1:10
  n=n+1; [j,n] %ab j=6 kommt immer intmax heraus
end;
```

Wir können nicht erwarten, dass der `n=n+1;`-Befehl nacheinander alle natürlichen Zahlen zwischen `intmax-4` und `intmax+5` produziert. Tatsächlich gibt es entweder eine Fehlermeldung, odes es wird mit falschen Zahlen weiter gearbeitet, wie z. B. bei MATLAB.

b) Was kommt heraus bei der Programmzeile

`x = 5.000000000001 - 5?`

Dieser Befehl sollte eigentlich die Zahl `1.0000000000000E-0012` produzieren. Tatsächlich lautet das Ergebnis (auf IBM-PC mit Koprozessor, bzw auf Sun Workstation)

`1.00000042968507E-0012,`   `1.00008890058234e-12.`

Dies entspricht absoluten Fehlern von $4.3 \cdot 10^{-19}$ bzw. $8.9 \cdot 10^{-17}$ aber relativen Fehlern von $4.3 \cdot 10^{-7}$ bzw. $8.9 \cdot 10^{-5}$. Da *ganze* Zahlen x mit $|x| < N^t$ normalerweise Maschinenzahlen sind, und da der Rechner nicht im Dezimalsystem rechnet, ist ein Grund für diesen recht großen relativen Fehler darin zu suchen, dass die oben stehende Zahl keine Maschinenzahl ist und der Rechner stattdessen eine Zahl im Dualsystem verwendet. Können Sie aus den Ergebnissen Rückschlüsse auf die Zahldarstellung ziehen?

Da aber das Rechenergebnis um viele Zehnerpotenzen kleiner ist als die Ausgangswerte, entspricht einem kleinen absoluten Fehler jetzt ein vielmals größerer relativer Fehler. Das ist ein Beispiel für das gleich zu besprechende Phänomen der *Auslöschung*.

c) Für jedes $x \neq 0$ ist $((1/x)/10 + 1) * x - x = 1/10$.
Das Programm 1.7 läuft immer in den Zweig „schief gegangen".
Programm 1.7. Abfrage auf Gleichheit

```
for n=1:10
  x=((1/n)/10+1)*n-n;  %1/10 in exakter Arithmetik
  if x==1/10
    disp(['Gut gegangen bei n = ',int2str(n)]);
    else
    disp(['Schief gegangen bei n = ',int2str(n)]);
  end;
end;
%Ergebnisse (MATLAB 7.2.0.283):
%    n      | x-1/10
%--------------------
% 1 u 2     |  8.3e-17
% 3         |  5.3e-16
% 4 bis 10  | -3.6e-16
```

Kleine Rundungsfehler haben im Zuge der Auswertung des obigen arithmetischen Ausdrucks zu einer merklichen Abweichung des berechneten Ergebnisse von dem exakten Wert geführt. Eine kleine Abweichung vom gewünschten Ergebnis bewirkt eine Verzweigung in einen völlig falschen Programmteil. Vergleichsbefehle, die von der Gleichheit zweier Zahlen abhängen, sind ein bewährtes Mittel, bereits mit kleinen Rundungsfehlern verheerende Wirkungen auf den Programmablauf hervorzurufen.

Was können wir gegen Rundungsfehler tun?

1. Wir können eine neue Arithmetik definieren. Die *Intervallarithmetik*[2] liefert beispielsweise als Rechenergebnisse Intervalle, die die gesuchte Zahl enthalten. Rundungsfehleranfällige Rechnungen erkennt man daran, dass das Ergebnisintervall sehr lang ist, während im positiven Extremfall das Intervall zu einem Punkt schrumpft.

2. Wir können eine *Fehleranalyse der Grundrechenarten* durchführen, die für jeden Rechenschritt angibt, wie sich Eingabefehler auswirken. Seien dazu e_x, e_y die relativen Fehler von x bzw. von y und entsprechend

$$\overline{x} := \mathrm{rd}(x) := (1 - e_x)x, \quad \overline{y} := \mathrm{rd}(y) := (1 - e_y)y. \tag{1.4}$$

Wir betrachten die Grundrechenarten nacheinander und einige weitere Operationen und berechnen jeweils den absoluten und relativen Fehler.
Addition, Subtraktion:

$$\begin{aligned} \overline{x} + \overline{y} &= x + y - e_x x - e_y y, \\ \frac{x + y - (\overline{x} + \overline{y})}{x + y} &= \frac{x}{x+y} e_x + \frac{y}{x+y} e_y, \end{aligned} \tag{1.5}$$

Multiplikation:

$$\begin{aligned} \overline{x} \cdot \overline{y} &= (1 - e_x - e_y + e_x e_y) xy, \\ \frac{xy - \overline{x} \cdot \overline{y}}{xy} &= e_x + e_y - e_x \cdot e_y \approx e_x + e_y, \end{aligned} \tag{1.6}$$

Division:

$$\begin{aligned} \frac{\overline{x}}{\overline{y}} &= \frac{1 - e_x}{1 - e_y} \frac{x}{y}, \\ \frac{x/y - \overline{x}/\overline{y}}{x/y} &= \frac{e_x - e_y}{1 - e_y} \approx e_x - e_y. \end{aligned} \tag{1.7}$$

Wir erkennen hier, dass sowohl die Multiplikation als auch die Division *gutartige Operationen* sind, in dem Sinne, dass kleine Fehler in den Eingabedaten x, y nicht zu großen relativen Fehlern im Ergebnis führen können. Anders bei der Addition (oder Subtraktion). Aus (1.5) erkennt man sofort, dass ein großer relativer Fehler bei der Addition eintritt, wenn $x + y \approx 0$, wenn also x, y dem Betrage nach etwa gleich sind, aber entgegengesetzte Vorzeichen haben. Bei der Subtraktion tritt dasselbe bei Zahlen gleichen

[2] Vgl. Sie z. B. [2, ALEFELD & HERZBERGER, 1983], [65, KULISCH & MIRANKER, 1983].

Vorzeichens auf, die etwa gleiche Beträge haben. Dieses Phänomen heißt *Auslöschung*. Die Addition und die Subtraktion sind also i. a. nicht gutartig. Haben x, y jedoch gleiche Vorzeichen, so erkennt man aus (1.5), dass die Faktoren bei e_x, e_y beide positiv sind und die Summe Eins ergeben. In diesem Fall bleibt der relative Gesamtfehler also zwischen $\min(e_x, e_y)$ und $\max(e_x, e_y)$.

Eine in vielen Algorithmen auftretende Kombination von Multiplikation und Addition hat die Form $a \cdot x + y$, die auch *saxpy*-Operation genannt wird, wobei das *s* für *Skalar* oder *s*ingle precision ([engl.] einfache Genauigkeit) steht.

saxpy-Operation:
Bezeichnen wir mit e_a, e_x, e_y den relativen Fehler von a, x, y bzw., so ist

$$\frac{ax + y - (\overline{a}\,\overline{x} + \overline{y})}{ax + y} = \frac{(e_x + e_a - e_x e_a)ax + e_y y}{ax + y} \approx \frac{(e_x + e_a)ax + e_y y}{ax + y}. \tag{1.8}$$

Auslöschung oder Fehlerverstärkung tritt also auf bei $ax + y \approx 0$. Bei den saxpy-Operationen hat man häufig einen Einfluß auf die Wahl von a. Kann man z. B. a so wählen, dass ax und y dasselbe Vorzeichen haben, so kann Auslöschung nicht eintreten. Ein typisches Beispiel für das Auftreten von saxpy-Operationen mit einer Beeinflussungsmöglichkeit der Größe a ist die später zu besprechende Eliminationsmethode zur Lösung linearer Gleichungssysteme. Dazu betrachte man die Formel (6.20), S. 170.

Auswertung einer Funktion:
Alle obigen Fälle können wir zusammenfassen zur Frage, welcher Fehler bei der Auswertung einer Funktion f entsteht, wenn die Argumente einen Fehler (z. B. durch Rundung) aufweisen. Wir nehmen dabei als Idealfall an, dass f selbst exakt ausgerechnet werden kann. Wir interessieren uns für die Frage, wie sich der Fehler in den Argumenten auf die Auswertung durch f auswirkt. Den Faktor, wir bezeichnen ihn mit $\kappa(f)(x)$, mit dem dieser Fehler durch die Auswertung verändert wird, nennen wir die *Kondition* von f. Ist diese Kondition groß sprechen wir von einem *schlecht konditionierten Problem*. Wir betrachten zuerst den Fall einer Variablen. Wir nehmen an, dass f stetig differenzierbar ist. Wir verwenden wieder die Bezeichnung aus (1.4). Der relative Fehler der Auswertung ist dann (wir nehmen $f(x) \neq 0$ und $x \neq 0$ an)

$$G(f)(x) := \frac{f(x) - f((1 - e_x)x)}{f(x)} =: \kappa(f)(x)e_x \quad \Rightarrow \tag{1.9}$$

$$G(f)(x) = \frac{f(x) - f((1-e_x)x)}{e_x x} \frac{e_x x}{f(x)} \approx \frac{f'(x)x}{f(x)} e_x. \tag{1.10}$$

Der relative Fehler e_x wird also i. w. mit dem Faktor

$$\kappa(f)(x) := \frac{xf'(x)}{f(x)} \tag{1.11}$$

malgenommen. Das ist die *Kondition von f bei x*. Ist z. B. $f(x) = (x-1)^{10}$ und $x = 1+\varepsilon$, dann ist $\kappa(f)(x) = 10 + 10/\varepsilon$. Ist $\varepsilon = 10^{-5}$, so ist $\kappa \approx 10^6$, d. h. etwa 6 Dezimalstellen gehen bei der Auswertung verloren. Für eine Funktion in mehreren Variablen geht man so ähnlich vor. Wir behandeln nur den Fall mit zwei Variablen. Dann ist mit $\overline{x}$, $\overline{y}$ wie in (1.4)

$$G(f)(x,y) := \frac{f(x,y) - f(\overline{x},\overline{y})}{f(x,y)} = \tag{1.12}$$

$$\frac{f(x,y) - f(\overline{x},y)}{e_x x} \frac{e_x x}{f(x,y)} + \frac{f(\overline{x},y) - f(\overline{x},\overline{y})}{e_y y} \frac{e_y y}{f(x,y)}$$

$$\approx \frac{f_x(x,y)x}{f(x,y)} e_x + \frac{f_y(x,y)y}{f(x,y)} e_y =: \kappa_x e_x + \kappa_y e_y. \tag{1.13}$$

Unter f_x verstehen wir bei festem y die Ableitung nach x, und unter f_y verstehen wir bei festem x die Ableitung nach y. Wir erhalten also einen ganzen Vektor (κ_x, κ_y) von Konditionen, den *Konditionsvektor*. Die j-te Komponente des Konditionsvektors ist der Multiplikator der j-ten Komponente des Fehlers. Als Beispiel wählen wir $f(x,y) := x + y$. Dann ergibt (1.13) die bereits hergeleitete Formel (1.5).

Bei großer Kondition versuche man die Umformulierung in ein äquivalentes Problem mit kleinerer Kondition. Beispiele sind in Aufgabe 1.4 gegeben.

1.3 Aufgaben

Aufgabe 1.1. Wieviele Maschinenzahlen werden in Tabelle 1.2, S. 3 definiert?

Aufgabe 1.2. Wie können Sie die Maschinengenauigkeit eines Rechners experimentell bestimmen?

Aufgabe 1.3. Welchen relativen Rundungsfehler machen Sie, wenn Sie eine (sehr kleine) positive Zahl x durch $\mathrm{rd}(x) = 0$ ersetzt?

Aufgabe 1.4. Die folgenden Ausdrücke berechnen theoretisch paarweise denselben Wert. Welcher der Ausdrücke ist jeweils rundungsfehleranfälliger?

$$\begin{aligned}
\sin x - \sin y &= 2\sin\frac{x-y}{2}\cos\frac{x+y}{2}, \quad x \approx y,\\
\log x - \log y &= \log\frac{x}{y}, \quad x \approx y,\\
1 - \cos x &= 2\sin^2\frac{x}{2}, \quad x \approx 0.
\end{aligned}$$

Aufgabe 1.5. Wir betrachen dezimale Maschinenzahlen mit zweistelliger Mantisse. Für welche Maschinenzahlen a, b, c, d $(c \neq 0)$ sind die Gleichungen

$$\begin{aligned}
a + x &= b,\\
c \cdot x &= d
\end{aligned}$$

nicht eindeutig lösbar?

Aufgabe 1.6. Seien $x := 2/3; y := |3(x - 0.5) - 0.5|/25$;

$$z := \begin{cases} 1 & \text{wenn } y = 0,\\ (e^y - 1)/y & \text{wenn } y \neq 0. \end{cases}$$

Berechnen Sie z mit einem Programm und vergleichen Sie das Rechenergebnis mit dem exakten Ergebnis $z = 1$.

Aufgabe 1.7. Berechnen Sie für diverse $x \in I = [0, 3]$ und mit einem Programm

$$\begin{aligned}
x &:= x^2;\\
x &:= \sqrt{x}; x := \sqrt{x}; \ldots 50 \text{ mal};\\
x &:= x^2; x := x^2; \ldots 49 \text{ mal}.
\end{aligned}$$

Wie ist der exakte Wert? Was kommt aus dem Programm heraus? Gibt es ein Teilintervall von I, in dem x relativ genau ausgerechnet wird?

Aufgabe 1.8. Schreiben Sie ein Programm zur Berechnung von

$$z := \sqrt{x^2 + y^2}.$$

Testen Sie das Programm insbesondere für große x, y.

Aufgabe 1.9. Berechnen Sie mit Hilfe eines Programms für a, b mit $ab \neq 0$ und $a \gg b$ den Ausdruck

$$z := \left((a+b)^2 - (a-b)^2\right)/(4ab)$$

und vergleichen Sie das Rechenergebnis mit dem exakten Ergebnis $z = 1$. Testen Sie die Formel speziell für $b = 1$, $a = 10^8, 10^9, \ldots 10^{17}$. Unter $a \gg b$ wollen wir durchgehend a ist sehr viel größer als b verstehen, Beispiel: $a = 10^{10}$, $b = 1$.

Aufgabe 1.10. Sei δ_n ein dem *Einheitskreis* (d. h. Kreis mit Radius Eins) einbeschriebenes und Δ_n ein dem Einheitskreis umschriebenes regelmäßiges n-Eck. Mit u_n bzw. U_n bezeichnen wir den Umfang von δ_n bzw. von Δ_n. Dann ist

$$u_n < u_{2n} < 2\pi < U_{2n} < U_n, \; n \geq 3. \tag{1.14}$$

Für diese Umfänge kann man die folgenden Formeln gewinnen:

$$\begin{aligned} u_{2n} &= \sqrt{4n(2n - \sqrt{4n^2 - u_n^2})}, \\ &= u_n\sqrt{4n/(2n + \sqrt{4n^2 - u_n^2})}; \; u_3 = 3\sqrt{3}, \end{aligned}$$

$$\begin{aligned} U_{2n} &= 4n(\sqrt{4n^2 + U_n^2} - 2n)/U_n, \\ &= 4nU_n/(\sqrt{4n^2 + U_n^2} + 2n); \; U_3 = 6\sqrt{3}. \end{aligned}$$

Berechnen Sie u_n, U_n jeweils nach beiden Formeln mit einem Programm für $n = 3, 6, 12, 24, 48, 96, 3072, 100663296$ und vergleiche die Ergebnisse mit (1.14). Kommentieren Sie die Ergebnisse für den Fall, dass (1.14) nicht gilt.

Aufgabe 1.11. Schreiben Sie ein Programm zur Berechnung von

$$y_n = \frac{1}{3^n}, \quad n = 0, 1, \ldots.$$

a) Verwenden Sie die Formel
$(*)$ $\quad y_n = (10/3)y_{n-1} - y_{n-2}, \quad n = 2, 3, \ldots, \quad y_0 = 1, \quad y_1 = 1/3.$

b) Beweisen Sie $(*)$.

c) Berechnen Sie mit dem Programm y_n nach $(*)$ auch den relativen Fehler $\varepsilon_n = 1 - 3^n y_n$ von y_n für alle $1 \leq n \leq 16$.

d) Entwickeln Sie eine *stabile* Formel $y_n = ay_{n-1} + by_{n-2}$ mit $a \neq 0, b \neq 0$ in dem Sinne, dass Rundungsfehler keinen wesentlichen Einfluß haben.

Aufgabe 1.12. Schreiben Sie $1/3$, $1/5$, $1/7$ als Binärgleitpunktzahlen mit dreistelliger Mantisse und dreistelligem Exponenten. Berechnen Sie das exakte Dezimaläquivalent, den absoluten und den relativen Fehler der Binärdarstellung, analog zu Tabelle 1.5, S. 5.

Aufgabe 1.13. Berechnen Sie (mit einem Programm) $x = e^{-15}$ mit der Taylorreihe $e^x = \sum_{j=0}^{\infty} x^j/j!$ und vergleichen Sie diesen Wert mit $y = 1/e^{15}$, wobei e^{15} ebenfalls mit der Taylorreihe auszurechnen ist. Addieren Sie solange, bis die einzelnen Summanden etwa Maschinengenauigkeit erreicht haben. Es ist $e^{-15} \approx 3.05902\,32050\,18257\,884 \cdot 10^{-7}$ ([1, ABRAMOWITZ & STEGUN, 1972, S. 138]).

Aufgabe 1.14. (a) Berechnen Sie den Konditionsvektor von $f(x, y) = xy$ nach der Formel (1.13), S. 9. (b) Dasselbe für $f(x, y) = \sin(xy)$. Wie sind die Verhältnisse in diesem Fall für $xy \approx k\pi, k \in \mathbb{Z}$. Dabei ist $\mathbb{Z}$ die Menge aller ganzen Zahlen.

2 Auswertung elementarer Funktionen

2.1 Gewöhnliche Polynome

Unter einem *Polynom* wollen wir eine Abbildung $p : \mathbb{K} \to \mathbb{K}$ der Form

$$(2.1) \qquad p(x) = a_n x^n + a_{n-1} x^{n-1} + \cdots + a_0 = \sum_{j=0}^{n} a_j x^j$$

verstehen. Dabei sind die Zahlen $a_0, a_1, \ldots, a_n$ als gegeben zu betrachten und im Regelfall reell. In manchen Fällen können diese Zahlen jedoch auch komplex sein. Wir verwenden für die Menge der reellen Zahlen durchgehend das Zeichen $\mathbb{R}$, für die Menge der komplexen Zahlen $\mathbb{C}$. Das Zeichen $\mathbb{K}$ steht für $\mathbb{R}$ *oder* für $\mathbb{C}$. Ist $a_n \neq 0$, so sagen wir, dass p den *Grad* n hat. Zur Hervorhebung sagen wir manchmal auch, dass in diesem Fall p den *genauen* Grad n hat. Die Menge aller Polynome bis zum Grade n bezeichnen wir mit

$$(2.2) \qquad \Pi_n = \{p : p(x) = \sum_{j=0}^{n} a_j x^j, \; a_j \in \mathbb{K}\}.$$

Den obigen Faktor a_n von x^n nennen wir *Höchstkoeffizient* des Polynoms p.

Der Raum Π_n ist ein wichtiges Beispiel eines endlich-dimensionalen *Vektorraumes* (auch *linearer Raum* genannt) *über* $\mathbb{K}$. Die Dimension von Π_n ist $n+1$. Die Elemente von Π_n werden aber nicht nur addiert und mit Zahlen multipliziert, sondern auch miteinander multipliziert, durcheinander dividiert und ineinander eingesetzt.

Offensichtlich kann man p an einer bestimmten Stelle $x = \xi$ termweise wie in (2.1) angegeben mit $n + (n-1) + \cdots + 1 = n \cdot (n+1)/2$ Multiplikationen und n Additionen ausrechnen. Es geht aber auch schneller, indem man p in die Form

$$(2.1') \qquad p(\xi) = a_0 + \xi(a_1 + \xi(a_2 + \cdots + \xi(a_{n-1} + a_n \xi \underbrace{)) \cdots)}_{(n-1)\text{-mal}}$$

bringt. Das wollen wir im weiteren etwas genauer verfolgen. Führen wir für $n \geq 1$ die neuen Größen b_j, $j = 0, 1, \ldots, n-1$ mit der Bedeutung

$$\begin{array}{lll} \text{(I)} & b_{n-1} & = a_n, \\ \text{(II)} & b_j & = a_{j+1} + \xi b_{j+1}, \quad j = n-2, n-3, \ldots, 0, \\ \text{(III)} & p_n(\xi) & = a_0 + \xi b_0 \end{array}$$

ein, so haben wir auch eine für einen Rechner geeignete Form der Auswertung von p in der geklammerten Form (2.1′) erhalten.[1] Man vgl. auch Beispiel 2.7, S. 16. Tatsächlich haben wir aber viel mehr gewonnen.

Lemma 2.1. Sei $p_n \in \Pi_n$ ein beliebiges Polynom mit Koeffizienten a_j wie in (2.1) angegeben, $\xi \in \mathbb{C}$ und $p_{n-1}(x) = \sum_{j=0}^{n-1} b_j x^j$ mit den in (I), (II) definierten Koeffizienten b_j. Dann ist für $n \geq 1$

$$p_n(x) = p_{n-1}(x)(x - \xi) + p_n(\xi). \tag{2.3}$$

Beweis: Aus (II) folgt $a_j = b_{j-1} - \xi b_j$, $j = 1, 2, \ldots, n-1$ und aus (III) folgt $a_0 = p_n(\xi) - \xi b_0$. Dann gilt für die rechte Seite von (2.3):

$$\begin{aligned} & \sum_{j=0}^{n-1} b_j x^j (x - \xi) + p_n(\xi) \\ = & \sum_{j=0}^{n-1} b_j x^{j+1} - \xi \sum_{j=0}^{n-1} b_j x^j + p_n(\xi) \\ = & \sum_{j=1}^{n} b_{j-1} x^j - \xi \sum_{j=0}^{n-1} b_j x^j + p_n(\xi) \\ = & \; b_{n-1} x^n + \sum_{j=1}^{n-1} (b_{j-1} - \xi b_j) x^j - \xi b_0 + p_n(\xi) \\ = & \; a_n x^n + \sum_{j=1}^{n-1} a_j x^j + a_0 = \sum_{j=0}^{n} a_j x^j = p_n(x). \end{aligned}$$

□

Korollar 2.2. Der Wert $p_n(\xi)$ läßt sich durch n Multiplikationen und n Additionen gemäß (I), (II), (III) berechnen. □

Definition 2.3. Die Berechnungsvorschrift (I), (II), (III) für $p_n(\xi)$ heißt *Horner-Schema*.

[1] Benötigt man nur $q = p(\xi)$, so rechne man: $q := a_n$; $q := a_j + \xi q$; $j = n-1, n-2 \ldots, 0$.

Lemma 2.4. Ein Polynom $p_n \in \Pi_n$ mit $n+1$ Nullstellen verschwindet identisch, d. h., $p_n(x) = 0$ für alle $x \in \mathbb{C}$.

Beweis: Wir führen einen Induktionsbeweis nach n. Sei $n = 0$ und habe $p_0 \in \Pi_0$ eine Nullstelle. Dann ist $p_0 = 0$, die Behauptung also für $n = 0$ richtig. Sei die Behauptung bereits für $n - 1$ richtig und ξ eine Nullstelle von p. Dann ist nach Lemma 2.1

$$p_n(x) = p_{n-1}(x)(x - \xi) + p_n(\xi) = p_{n-1}(x)(x - \xi).$$

Aus der Induktionsvoraussetzung folgt $p_n = 0$. □

Es ist zu beachten, dass für $n = 0$ die Darstellung (2.3) und damit die Formeln (I) bis (III) nicht sinnvoll sind. In diesem Fall kann man aber (I) bis (III) ersetzen durch

(III′) $$p_0(\xi) = a_0.$$

Korollar 2.5. Unter Verwendung der Darstellung (2.3) für $n, n-1, \ldots, 1$ gilt

(2.4) $$p_n^{(k)}(\xi) = k!\, p_{n-k}(\xi), \; 0 \le k \le n,$$

d. h., die k-te Ableitung von p_n an der Stelle ξ kann durch $k+1$ Anwendungen des Horner-Schemas berechnet werden. Zur Berechnung von $p(\xi), p'(\xi), \ldots, p^{(k)}(\xi)$ werden zusammen $(k+1)(2n-k)/2$ Multiplikationen und Additionen benötigt.

Beweis: Aus (2.3) erhält man durch k-malige Differentiation nach x

$$\begin{aligned} p_n^{(k)}(x) &= p_{n-1}^{(k)}(x)(x-\xi) + k p_{n-1}^{(k-1)}(x). \\ \text{Setzt man } x &= \xi \text{ so folgt} \\ p_n^{(k)}(\xi) = k p_{n-1}^{(k-1)}(\xi) &= k(k-1) p_{n-2}^{(k-2)}(\xi) = \cdots = k! p_{n-k}(\xi) \quad \text{mit} \\ p_{n-k}(x) &= p_{n-k-1}(x)(x-\xi) + p_{n-k}(\xi). \end{aligned}$$

Da bei der sukzessiven Anwendung des Horner-Schemas der Polynomgrad jedesmal um eins fällt, erhält man als Gesamtzahl der Multiplikationen und Additionen $n + (n-1) + \cdots + (n-k) = (k+1)(2n-k)/2$. □

Korollar 2.6. Schreibt man ein Polynom $p \in \Pi_n$ für ein beliebiges ξ in die Form

(2.5) $$p(x) = \sum_{k=0}^{n} c_k (x-\xi)^k, \text{ so folgt } c_k = \frac{p^{(k)}(\xi)}{k!},$$

so sind die c_k gerade die mit dem Horner-Schema an der letzten Stelle in jeder Zeile ausgerechneten Zahlen, $j = 0, 1, \ldots, n$.

Beweis: Seien c_k die jeweils zuletzt in jeder Zeile des Horner-Schemas berechneten Zahlen, so folgt aus Gleichung (2.4) $c_k = \frac{p^{(k)}(\xi)}{k!}$. Aus der gegebenen Gleichung für p erhalten wir $p^{(k)}(\xi) = k!c_k,\ k = 0, 1, \ldots, n$, also dasselbe. □

Beispiel 2.7. ***Auswertung eines Polynoms mit Horner-Schema***
Sei $p_3(x) = 2x^3 + x^2 - 4x - 7$. Wir wollen den Wert und alle Ableitungen von p_3 an der Stelle $x = 2$ mit dem Horner-Schema berechnen. Es ist zweckmäßig und üblich, zur Ausführung von (I), (II), (III), (III′) das in Tabelle 2.8 angegebene Rechenschema anzulegen.

Tabelle 2.8. Horner-Schema für $p_3(2)$ aus Beispiel 2.7

2	1	−4	−7	
	4	10	12	
2	5	6	$\boxed{5}$	$= p_3(2)$
	4	18		
2	9	$\boxed{24}$	$= p_3'(2)/1!$	
	4			
2	$\boxed{13}$	$= p_3''(2)/2!$		
$\boxed{2}$	$= p_3'''(2)/3!$			

Wir erhalten also $p_3(2) = 5$, $p_3'(2) = p_2(2) = 24$, $p_3''(2) = 2!p_1(2) = 26$, $p_3'''(2) = 3! \cdot p_0(2) = 12$. Die Anzahl der Multiplikationen und Additionen ist $4 \cdot 3/2 = 6$ und Formel (2.5) lautet $p_3(x) = 5 + 24(x-2) + 13(x-2)^2 + 2(x-2)^3$.

Die Auswertung eines Polynoms p mit allen Ableitungen an einer festen Stelle x und bei gegebenen Koeffizienten $a_0, a_1, \ldots, a_n$ läßt sich einfach durch ein Pascal-Programm realisieren. Im Programm 2.9 sind die gesuchten Werte $p^{(j)}(x)/j!$ auf `a[j]`, $j = n, n-1, \ldots, 0$ gespeichert.

Programm 2.9. Horner-Schema für alle Ableitungen

```
for k:=0 to n-1 do
begin
  for j:=n-1 downto k do
  a[j]:=a[j]+x*a[j+1];
end;
```

Beispiel 2.10. ***Horner-Schema zur Umrechnung in andere Zahldarstellungen***
Es sei die Aufgabe gestellt, eine ganze positive Zahl u mit bekannter Darstellung $u = (u_m u_{m-1} \cdots u_0)_b = (\cdots(bu_m + u_{m-1})\ldots)b + u_1)b + u_0$ zur Ba-

sis b umzurechnen in dieselbe Zahl $u = (U_M U_{M-1} \dots U_0)_B$ zur Basis B. Verwenden wir zur Umwandlung Arithmetik zur Basis B, so können wir die Aufgabe mit dem Horner-Schema lösen.[2] Ist beispielsweise $b = 10$, $B = 2$ und $u = (389)_{10} = (3{\cdot}10{+}8)10{+}9 = ((11)_2{\cdot}(1010)_2{+}(1000)_2)(1010)_2{+}(1001)_2$, so liefert das Horner-Schema, binär gerechnet (vgl. Tabelle 2.11), das Ergebnis $u = (110000101)_2$.

Tabelle 2.11. Umrechnung der Dezimalzahl 389 in eine Binärzahl

$3 = (11)_2$	$8 = (1000)_2$	$9 = (1001)_2$	
	11110	101111100	
11	100110	110000101	$= (389)_{10}$

Beispiel 2.12. ***Vorkommen von Polynomen***
Ein Unternehmen plant die Anschaffung einer Maschine zum Preis von $a_5 =$ € 20 000. Bis zu ihrer Außerbetriebsetzung nach 5 Jahren werden von dieser Investition die aus Tabelle 2.13 ersichtlichen Erlöse erwartet. Es sei a_0 der Verkaufserlös der Maschine nach 5 Jahren.

Tabelle 2.13. Gewinne aus Maschinenkauf

n	4	3	2	1	0
Gewinn a_n nach $5 - n$ Jahren	2200	6000	6900	6900	4300

a) Eine Bank bietet für den Kauf einen Kredit zu 10% Jahreszins an. Zinsen und Tilgung sollen von dem mit dieser Maschine erwirtschafteten Gewinn gezahlt werden. Lohnt sich diese Art der Finanzierung für das Unternehmen?

[2] Will (oder muss) man in der Arithmetik b rechnen, so kann man statt wie beim Horner-Schema sukzessive mit b zu multiplizieren, entsprechend umgekehrt sukzessive durch B teilen. Man rechnet also $U_0 = u \bmod B, U_1 = \lfloor u/B \rfloor \bmod B, U_2 = \lfloor \lfloor u/B \rfloor / B \rfloor \bmod B$, etc. bis $\lfloor \dots \lfloor \lfloor u/B \rfloor /B \rfloor \dots /B \rfloor = 0$. Für $u = (389)_{10}$ erhält man $U_0 = 389 \bmod 2 = 1, U_1 = \lfloor 389/2 \rfloor \bmod 2 = 0, U_2 = \lfloor 194/2 \rfloor \bmod 2 = 1, U_3 = \lfloor 97/2 \rfloor \bmod 2 = 0, U_4 = \lfloor 48/2 \rfloor \bmod 2 = 0, U_5 = \lfloor 24/2 \rfloor \bmod 2 = 0, U_6 = \lfloor 12/2 \rfloor \bmod 2 = 0, U_7 = \lfloor 6/2 \rfloor \bmod 2 = 1, U_8 = \lfloor 3/2 \rfloor \bmod 2 = 1, \lfloor 1/2 \rfloor = 0$, also Schluß. Die Umrechnung von Zahlen in eine andere Basis wird ausführlich behandelt in [63, Knuth, 1969, p.280–288]. Die für reelle x definierte Abbildung $n = \lfloor x \rfloor$: n ist die größte ganze Zahl $n \leq x$, heißt [engl.] *floor*, und [deutsch] *Fußboden*. Beispiel: $\lfloor 3 \rfloor = 3$, $\lfloor 2.7 \rfloor = 2$, $\lfloor -0.4 \rfloor = -1$. Entspechend ist [engl.] *ceiling*, [deutsch] *Decke* in Zeichen $n := \lceil x \rceil$ definiert: n ist die kleinste ganze Zahl mit $x \leq n$. Unter $l = m \bmod n$ verstehen wir den *Divisionsrest* beim Teilen von m durch n, also z. B. $3 = 23 \bmod 4$.

b) Wie hoch muss der Zinssatz auf dem Kapitalmarkt sein, damit es für das Unternehmen lohnender ist, seine eigenen Mittel in Wertpapiere anzulegen statt sie in die neue Maschine zu investieren?

Fallen bei einem Geschäft Zahlungen zu verschiedenen Zeitpunkten an, dann müssen die Beträge auf einen einheitlichen Termin bezogen werden. Wählen wir etwa als Bezugspunkt das Ende des 5. Jahres nach der Anschaffung der Maschine. Bei einem Zinssatz von $z\%$ haben Zahlungen, die k Jahre zuvor geleistet wurden, den $(1+\frac{z}{100})^k$-fachen Wert des ursprünglich gezahlten Betrages. Die Gewährung des Kredits stellen wir uns in der Form vor, dass das Unternehmen sein Konto beim Maschinenkauf entsprechend überzieht und alle ein- und ausgezahlten Beträge mit dem Zinssatz des Kredits zugunsten bzw. zu Lasten des Kontos verzinst werden. Es sind dann die aus Tabelle 2.14 zu entnehmenden Buchungen zu berücksichtigen. Setzen wir $x = 1 + \frac{z}{100}$, dann wird der Gesamtwert aller Transaktionen beschrieben durch das Polynom

$$p(x) = a_0 + a_1x + a_2x^2 + a_3x^3 + a_4x^4 - a_5x^5.$$

Tabelle 2.14. Verzinsung nach Maschinenkauf

Gegenstand	Betrag	Wert nach 5 Jahren
Maschinenkauf	$-a_5$	$-a_5(1+\frac{z}{100})^5$
Einzahlung aus Gewinn	a_4	$a_4(1+\frac{z}{100})^4$
–	a_3	$a_3(1+\frac{z}{100})^3$
–	a_2	$a_2(1+\frac{z}{100})^2$
–	a_1	$a_1(1+\frac{z}{100})^1$
Gewinn aus Verkauf	a_0	a_0

In Teil a) unseres Problem geht es nur darum, für gegebene a_i und gegebenes x $(= 1+\frac{10}{100} = 1.1)$ den Wert des Polynoms zu bestimmen. In Teil b) ist hingegen ein $\hat{x}$ (und damit ein Zinssatz z) gesucht, das eine spezielle Eigenschaft haben soll: Mit diesem Zinssatz gerechnet, sollen die Gewinne aus der Investition in die Maschine genauso viel wert sein wie die Anlage des Geldes auf dem Kapitalmarkt zu diesem Zinssatz. (Dieser Zinssatz heißt *interner Zinsfuß* der Investition. Für jeden höheren Zinssatz ist dann die Maschine weniger rentabel als die Geldanlage auf dem Kapitalmarkt.) Für dieses $\hat{x}$ muss gelten: $a_0+a_1\hat{x}+a_2\hat{x}^2+a_3\hat{x}^3+a_4\hat{x}^4 = a_5\hat{x}^5$. Dieses $\hat{x}$ ist also eine *Nullstelle* unseres oben angegebenen Polynoms p.

2.2 Trigonometrische Polynome

Unter einem *trigonometrischen Polynom* N-ten Grades verstehen wir einen Ausdruck der Form

$$t_N(x) = \frac{a_0}{2} + \sum_{j=1}^{N}\{a_j \cos(jx) + b_j \sin(jx)\}, x \in [0, 2\pi[, \tag{2.6}$$

wobei die Größen $N, a_0, a_1, \ldots, a_N, b_1, b_2, \ldots, b_N$ vorgegeben sind. Der Ausdruck wird auch *Fourierpolynom* genannt. Die Menge aller Fourierpolynome bis zum Grad N bezeichnen wir mit

$$\mathcal{T}_N = \{t_N \,:\, \text{wie in (2.6)}\}. \tag{2.7}$$

Der separat aufgeführte Term $a_0/2$ mit dem merkwürdigen Faktor $1/2$ hat im Grunde keine besondere Bedeutung. Der Faktor bewirkt, dass an späterer Stelle (aber nicht in diesem Abschnitt) nicht $2a_0$, sondern a_0 auftritt.

Sind die Koeffizienten $a_0 = a_1 = \cdots = a_N = 0$, so heißt der Ausdruck reines *Sinus-Polynom*, sind die $b_1 = b_2 = \cdots = b_N = 0$, so sprechen wir von einem reinen *Kosinus-Polynom.*

Es kommt in diesem Abschnitt nur darauf an, den obigen Ausdruck an den N Stellen

$$x_k = 2\pi k/N, \; k = 0, 1, \ldots, N-1 \tag{2.8}$$

auszuwerten. Beschränkt man sich auf diese Werte, so spricht man von einem *diskreten Fourierpolynom.*

Derartige Ausdrücke kommen bei der Approximation von periodischen Funktionen, z. B. bei regelmäßigen Schwingungen, sehr oft und auch mit großem N vor. Bei naiver Auswertungstechnik benötigt man neben den trigonometrischen Funktionen für jedes x genau $2N$ reelle Multiplikationen, für alle oben angegebenen x_k also $2N^2$ Multiplikationen, eine meistens zu große Zahl!

Wir haben eben von *periodischen Funktionen* gesprochen. Das sind auf $\mathbb{R}$ definierte Funktionen f für die ein $p > 0$ existiert mit $f(x+p) = f(x)$ für alle $x \in \mathbb{R}$. Die Zahl p heißt *Periode* von f und man spricht auch von einer *p-periodischen* Funktion. Da derartige Funktionen an den beiden Endpunkten von $[0, p]$ immer dieselben Werte haben, kann man sich bei dem Definitionsbereich immer auf $[0, p[$ beschränken. Auch kann man den Definitionsbereich beliebig verschieben und $[a, p+a[$, $a \in \mathbb{R}$ als Definitionsbereich betrachten. Wegen der Periodizität kann man sich $[0, p[$ auch zu einer Kreislinie zusammengebogen denken, so dass die Definitionsbereiche von periodischen Funktionen immer als Kreislinien gedeutet werden können und damit abgeschlossene, also kompakte Mengen sind. In diesem Sinne ist obiges t_N eine 2π-periodische Funktion.

Die Hauptidee zur schnelleren Berechnung von $t_N(x_k)$ bei geradem N ist die Zurückführung auf zwei derartige Ausdrücke mit jeweils halbiertem N. Wir werden diesen Gedanken an einem formal vereinfachten Ausdruck durchführen. Dazu ist es sinnvoll, komplexe Zahlen zu verwenden. Einige Hinweise dazu können der Bemerkung 2.20 auf Seite 26 entnommen werden, die ggf. zuerst gelesen werden sollten.

Wir formen unter Benutzung der Formel $\exp(\mathrm{i}\varphi) = \cos\varphi + \mathrm{i}\sin\varphi$ und mit der Einführung der komplexen Größen $\gamma_j = a_j - \mathrm{i}b_j$, $j = 1, 2, \ldots, N$ den obigen Ausdruck (2.6) für $x = x_k$ um in

$$\begin{aligned} t_N(x_k) &= \frac{a_0}{2} + \Re\{\sum_{j=1}^{N} \gamma_j \exp(\mathrm{i}jx_k)\} \\ &= \frac{a_0}{2} + \frac{1}{2}\{\sum_{j=1}^{N} \gamma_j \exp(\mathrm{i}jx_k) + \overline{\sum_{j=1}^{N} \gamma_j \exp(\mathrm{i}jx_k)}\} \\ &= \frac{a_0}{2} + \frac{1}{2}\{\sum_{j=1}^{N} \gamma_j \exp(\mathrm{i}jx_k) + \underbrace{\exp(\mathrm{i}Nx_k)}_{1}\sum_{j=1}^{N} \overline{\gamma_j} \exp(-\mathrm{i}jx_k)\} \\ &= \frac{a_0}{2} + \frac{1}{2}\{\sum_{j=1}^{N} \gamma_j \exp(\mathrm{i}jx_k) + \sum_{j=1}^{N} \overline{\gamma_j} \exp(\mathrm{i}(N-j)x_k)\}. \end{aligned}$$

Zusammengefaßt erhält man

$$t_N(x_k) = \sum_{j=0}^{N-1} c_j \exp(\mathrm{i}jx_k),\ k = 0, 1, \ldots, N-1,$$

wobei die neuen Größen c_j die folgende Bedeutung haben:

$$c_0 = a_0/2 + a_N,\ c_j = (\gamma_j + \overline{\gamma_{N-j}})/2, \quad \text{mit} \tag{2.9}$$

$$\gamma_j = a_j - \mathrm{i}b_j,\ j = 1, 2, \ldots, N-1. \tag{2.10}$$

Es ist zweckmäßig, die folgende Abkürzung zu verwenden:

$$w_N = \exp(2\pi\mathrm{i}/N). \tag{2.11}$$

Dann ist schließlich

$$t_N(x_k) = \sum_{j=0}^{N-1} c_j w_N^{jk},\ c_j \in \mathbb{C},\ k = 0, 1, \ldots, N-1, \tag{2.12}$$

ein gewöhnliches Polynom in $z := w_N^k$. Die auftretenden Größen w_N^{jk} lassen sich auffassen als Punkte auf der Einheitskreislinie, für die gilt

$$w_N^r = w_N^s \iff r - s = \ell N \text{ für ein } \ell \in \mathbb{Z}.$$

Dabei versteht man unter $\mathbb{Z}$ die Menge aller ganzen Zahlen. Sei jetzt N gerade. Wir setzen $M := N/2$. Die obige Formel (2.12) für $t_N(x_k)$ läßt sich für gerades k und für ungerades k in jeweils eine Formel für $M = N/2$ schreiben. Sei zuerst k gerade, also $k = 2\ell$ für ein ℓ. Dann ist $w_N^{jk} = w_M^{j\ell}$, und nach einfacher Rechnung[3] erhält man

$$t_N(x_{2\ell}) = \sum_{j=0}^{M-1} (c_j + c_{M+j}) w_M^{j\ell}, \; \ell = 0, 1, \ldots, M-1.$$

Für ungerades k, also $k = 2\ell + 1$ gilt (ebenfalls nach etwas Rechnung)

$$t_N(x_{2\ell+1}) = \sum_{j=0}^{M-1} \{(c_j - c_{M+j}) w_N^j\} w_M^{j\ell}, \; \ell = 0, 1, \ldots, M-1.$$

Damit haben wir unser Ziel erreicht. Setzen wir noch

$$d_j = c_j + c_{M+j}, \; d_{j+M} = (c_j - c_{M+j}) w_N^j, \; j = 0, 1, \ldots, M-1, \tag{2.13}$$

so lauten die obigen Summen

$$t_N(x_{2\ell}) = \sum_{j=0}^{M-1} d_j w_M^{j\ell}, \; \ell = 0, 1, \ldots, M-1, \tag{2.14}$$

$$t_N(x_{2\ell+1}) = \sum_{j=0}^{M-1} d_{j+M} w_M^{j\ell}, \; \ell = 0, 1, \ldots, M-1, \tag{2.15}$$

also formal genau so wie die Ausgangsformel (2.12). Um diese Formeln auszuwerten, müssen wir zuerst die obigen d's ausrechnen. Das ist offenbar mit $M - 1$ (komplexen) Multiplikationen möglich, wenn die erste Multiplikation mit $w_N^0 = 1$ nicht mitgezählt wird. Es ist zu beachten, dass sich die Reihenfolge der berechneten $t_N(x_k)$ ändert. Zuerst werden die zu geraden k, dann die zu ungeraden k gehörenden Werte ausgerechnet. Besonders günstig ist die Situation, wenn N nicht nur gerade ist, sondern eine Zweierpotenz, etwa $N = 2^n$. In diesem

[3] derartige Formulierungen sind immer mit Vorsicht zu genießen.

Fall lassen sich die obigen Überlegungen immer wieder auf die erzeugten Zerlegungen anwenden, solange bis die resultierenden Summen nur noch aus einem Summanden bestehen. Wegen $w_1 = 1$ sind dann die zuletzt ausgerechneten Koeffizienten gerade die gesuchten Werte $t_N(x_k)$. Die Gesamtanzahl der komplexen Multiplikationen ist dann im Falle von $2M = N = 2^n$ gleich

$$1(M-1) + 2(\frac{M}{2} - 1) + \cdots + 2^k(\frac{M}{2^k} - 1) + \cdots + 2^{n-2} \cdot 1 = (n-2)M + 1,$$

und die Zahl der komplexen Additionen/Subtraktionen beträgt nN, also insgesamt $\mathrm{Op}_{\mathrm{FFT}} = (n-2)M + 1 + 2nM = M(3n-2) + 1$, oder

$$\text{(2.16)} \qquad \mathrm{Op}_{\mathrm{FFT}} := 2^n(3n-2)/2 + 1 = N(3\log_2 N - 2)/2 + 1,$$

wobei $\log_2$ der Logarithmus zur Basis 2 bedeutet. Wir benötigen also wesentlich weniger Operationen als bei naiver Auswertung der Ausgangsformel. Die Auswertung des trigonometrischen Polynoms in dieser Form nennt man *schnelle Fouriertransformation* oder *fast Fourier transform* und daher auch *FFT*.

Für $N = 8 = 2^n$ mit $n = 3$ haben wir in der Tabelle 2.15 das Rechenschema der schnellen Fouriertransformation angegeben. In dieser Tabelle sind c die Ausgangsdaten, und die im Laufe der Rechnung erzeugten Daten heißen $c^{(1)}, c^{(2)}, c^{(3)}$. Die zuletzt angegebenen Größen sind bis auf die Reihenfolge die gesuchten Werte $t_8(x_k)$. Wir benötigen insgesamt - wie angegeben - $(n-2)2^{n-1} + 1 = 5$ (komplexe) Multiplikationen und $n2^n = 24$ Additionen/Subtraktionen.

Ist N eine Zweierpotenz und hat k die Binärdarstellung $(u_m \dots u_1 u_0)_2$, so steht an der k-ten Stelle des Schemas $t_N(x_{k'})$ mit $k' = (u_0 u_1 \dots u_m)_2$. Ist also beispielsweise $N = 8$ und $k = 3 = (011)_2$, so ist $k' = (110)_2 = 6$. An der Position $k = 3$ steht also $t_N(x_6)$. Man vgl. auch die Tabelle 2.15. Diese *Bitumkehr* ist nichts Spezifisches für die Binärdarstellung. Man vgl. Aufgabe 2.11, S. 34.

Ist N keine Zweierpotenz, aber auch keine Primzahl, so gibt es ähnliche Vorgehensweisen. Man vgl. dazu die Hinweise in [10, BRIGHAM, 1997, S. 177 ff.]. Eine etwas andere Aufgabe, nämlich die Bestimmung der *diskreten Fourierkoeffizienten*

$$\text{(2.17)} \qquad a'_k = \sum_{j=0}^{N-1} f(x_j)\cos(kx_j),\ k = 0, 1, \dots, N-1,$$

$$\text{(2.18)} \qquad b'_k = \sum_{j=0}^{N-1} f(x_j)\sin(kx_j),\ k = 1, 2, \dots, N-1$$

Tabelle 2.15. Schnelle Fouriertransformation für $N = 8$

j	c_j	$c_j^{(1)}$	$c_j^{(2)}$	$c_j^{(3)} = t_8(x_k)$	k
0	c_0	$c_0 + c_4$	$c_0^{(1)} + c_2^{(1)}$	$c_0^{(2)} + c_1^{(2)}$	0
1	c_1	$c_1 + c_5$	$c_1^{(1)} + c_3^{(1)}$	$c_0^{(2)} - c_1^{(2)}$	4
2	c_2	$c_2 + c_6$	$c_0^{(1)} - c_2^{(1)}$	$c_2^{(2)} + c_3^{(2)}$	2
3	c_3	$c_3 + c_7$	$(c_1^{(1)} - c_3^{(1)})w_4$	$c_2^{(2)} - c_3^{(2)}$	6
4	c_4	$c_0 - c_4$	$c_4^{(1)} + c_6^{(1)}$	$c_4^{(2)} + c_5^{(2)}$	1
5	c_5	$(c_1 - c_5)w_8$	$c_5^{(1)} + c_7^{(1)}$	$c_4^{(2)} - c_5^{(2)}$	5
6	c_6	$(c_2 - c_6)w_8^2$	$c_4^{(1)} - c_6^{(1)}$	$c_6^{(2)} + c_7^{(2)}$	3
7	c_7	$(c_3 - c_7)w_8^3$	$(c_5^{(1)} - c_7^{(1)})w_4$	$c_6^{(2)} - c_7^{(2)}$	7

zu gegebener auf $[0, 2\pi]$ definierter Funktion f zu gegebenem N mit den bereits in (2.8), S. 19 definierten Größen x_j läßt sich ebenfalls auf die Auswertung der Formel (2.12) zurückführen. Dazu bildet man

$$
\begin{aligned}
a'_k + \mathbf{i}b'_k &= \sum_{j=0}^{N-1} f(x_j)(\cos(kx_j) + \mathbf{i}\sin(kx_j)) \\
&= \sum_{j=0}^{N-1} f(x_j)\exp(\mathbf{i}kx_j) = \sum_{j=0}^{N-1} f(x_j)\exp(\mathbf{i}jx_k),
\end{aligned}
\tag{2.19}
$$

eine Summe, die genau wie (2.12), S. 20 aufgebaut ist. Bei der später zu besprechenden trigonometrischen Interpolation reeller Funktionen sind bei gegebenem geraden $N = 2M$ und gegebenen *reellen* f_j Größen vom Typ

$$
F_k = \sum_{j=0}^{N-1} f_j w_N^{jk}, \; f_j \in \mathbb{R}, \; k = 0, 1, \ldots, M-1 \tag{2.20}
$$

zu berechnen. Verwendet man die bisher besprochenen Techniken, so würde man unnötigerweise auch die Größen $F_M, F_{M+1}, \ldots, F_{N-1}$ mitberechnen. Eine andere Methode besteht darin, ersatzweise die Größen

$$(2.21)\qquad t_k = \sum_{j=0}^{M-1} c_j w_M^{jk},\ k = 0, 1, \dots, M-1 \quad \text{mit}$$

$$(2.22)\qquad c_j = f_{2j} + \mathrm{i} f_{2j+1},\ j = 0, 1, \dots, M-1$$

zu berechnen. Der Zusammenhang mit den gewünschten Größen ergibt sich mit $t_M = t_0$ aus der Formel

$$(2.23)\quad F_k = 0.5[t_k + \overline{t_{M-k}} - \mathrm{i} w_N^k (t_k - \overline{t_{M-k}})],\ k = 0, 1, \dots, M-1, \text{ denn}$$

$t_k + \overline{t_{M-k}} = 2\sum_{j=0}^{M-1} f_{2j} w_M^{jk}$, $t_k - \overline{t_{M-k}} = 2\mathrm{i}\sum_{j=0}^{M-1} f_{2j+1} w_M^{jk}$. Daraus folgt $t_k + \overline{t_{M-k}} = 2\sum_{j=0}^{M-1} f_{2j} w_N^{2jk}$, $-\mathrm{i} w_N^k (t_k - \overline{t_{M-k}}) = 2\sum_{j=0}^{M-1} f_{2j+1} w_N^{(2j+1)k}$. Die Formel (2.23) stimmt also mit der Ausgangsdefinition (2.20) überein.

Beispiel 2.16. ***Schnelle Fouriertransformation für*** $N = 4$
Wir werten das Fourierpolynom (2.6), S. 19 aus für $N = 4$ und $a_0/2 = 4\pi^2/3$, $a_j = 4/j^2$, $b_j = -4\pi/j$. Die Ergebnisse stehen in den Tabellen 2.17 und 2.18. Man beachte, dass b_N wegen $\sin N x_k = 0$ für jedes k nicht gebraucht wird.

Aufgrund der Struktur der schnellen Fourier-Transformation läßt sie sich unter Ausnutzung rekursiver Programmiertechniken in ein sehr kurzes Programm umsetzen, vgl. Programm 2.19, ein MATLAB-Programm, das aus drei Teilen besteht: der eigentliche FFT-Teil, der Bitumkehr-Teil und der Aufruf-Teil.

Tabelle 2.17. Daten des Fourierpolynoms

j	a_j	b_j	γ_j	c_j
0	$8\pi^2/3$	–	–	$4\pi^2/3 + 1/4$
1	4	-4π	$4 + \mathrm{i}4\pi$	$20/9 + \mathrm{i}4\pi/3$
2	1	-2π	$1 + \mathrm{i}2\pi$	1
3	4/9	$-4\pi/3$	$4/9 + \mathrm{i}4\pi/3$	$20/9 - \mathrm{i}4\pi/3$
4	1/4	–	–	–

Tabelle 2.18. Schnelle Auswertung eines Fourierpolynoms

j	d_j	$t(x_k)$	k
0	$c_0 + c_2 = 4\pi^2/3 + 5/4$	$d_0 + d_1 = 4\pi^2/3 + 205/36$	0
1	$c_1 + c_3 = 40/9$	$d_0 - d_1 = 4\pi^2/3 - 115/36$	2
2	$c_0 - c_2 = 4\pi^2/3 - 3/4$	$d_2 + d_3 = 4\pi^2/3 - 8/3\pi - 3/4$	1
3	$(c_1 - c_3)\mathrm{i} = -8\pi/3$	$d_2 - d_3 = 4\pi^2/3 + 8/3\pi - 3/4$	3

Programm 2.19. FFT mit Bit-Umkehr und Aufruf-Teil

```
 1 %=====================FFT-Programm===================
 2 %Schnelle Fourier Transformation sft angewendet auf
 3 %c(r+1),c(r+2),...,c(r+n_akt), Ergebnis ist
 4 %c(r+1),c(r+2),...,c(r+n_akt), Vektor gleichen Namens.
 5 function c=sft(r,n_akt,c);
 6 global n; global w;
 7 if n_akt>1
 8   m=floor(n_akt/2); q=floor(n/n_akt);
 9   for k=r:r+m-1
10     h=c(k+1);   c(k+1)=h+c(m+k+1); l=mod(k*q,n);
11     c(m+k+1)=w(l+1)*(h-c(m+k+1));
12   end; %for k
13   c=sft(r,m,c);
14   c=sft(r+m,m,c);
15 end; %if
16
17 %====================BIT-Umkehr===================
18 function c=umordnen(n,c);
19 %c wird entsprechend den FFT-Regeln umgeordnet.
20 nh=floor(n/2);
21 for j=0:n-1
22   k=0; l=j; m=nh;
23   while l>0
24     k=k+mod(l,2)*m; l=floor(l/2); m=floor(m/2);
25   end; %while
26   if k>j %Vertauschung von c(j+1) und c(k+1)
27     h=c(j+1); c(j+1)=c(k+1); c(k+1)=h;
28   end; %if
29 end; %for j
30
31 %====================Haupt-Programm===================
32 global n; global w; n=4;
33 J=0:n-1; w=exp(i*2*pi*J/n);
34 %Fourier-Reihe fuer f(t)=t^2 wird hier benutzt.
35 a(1)=8*pi*pi/3; b(1)=0; %b(1) wird nicht gebraucht
36 for j=1:n
37   a(j+1)=(4/j)/j; b(j+1)=-4*pi/j;
38 end; %for j       %b(n+1) wird nicht gebraucht
39 c(1)=a(1)/2 + a(n+1);
40 for j=1:n-1
41   c(j+1)=0.5*(a(j+1)+a(n-j+1)+i*(-b(j+1)+b(n-j+1)));
42 end; %for j
43
44 c=sft(0,n,c);    %Fourier-Transformation ausfuehren
45 c=real(c);       %Imaginaere Reste abschneiden
46 c=umordnen(n,c); %Umordnung von c vornehmen
47 %====================Ende-Programm===================
```

Das obige Programm wird nur dann richtige Ergebnisse produzieren, wenn die vorkommenden ganzzahligen Rechnungen ohne Fehler ausgeführt werden. In

Zeile 10 gibt es den Befehl `l=mod(k*q,n)`. Hier könnte es passieren, dass das Produkt `k*q` den zulässigen ganzzahligen Bereich verlässt und `l` falsch berechnet wird. Ist `maxint` die größte darstellbare ganze Zahl, so ist man für $n^2 \leq$`maxint` immer auf der sicheren Seite, da `k*q`$< n^2$. Andernfalls müsste man die Formel für `l` modifizieren.

Bemerkung 2.20. (über komplexe Zahlen). Komplexe Zahlen lassen sich auffassen als Punkte in der zweidimensionalen Ebene $\mathbb{R}^2$ für die dieselben arithmetischen Regeln gelten wie für die reellen Zahlen.

Ist $z = (x, y) \in \mathbb{R}^2$, so schreiben wir diesen Punkt als komplexe Zahl in der Form $z = x + \mathbf{i}y$. Der komplexen Zahl $\mathbf{i}$ entspricht der Punkt $(0, 1)$, und für $\mathbf{i}$ gilt die wesentliche Rechenregel $\mathbf{i}^2 = -1$. Sind $z_1 = x_1 + \mathbf{i}y_1$, $z_2 = x_2 + \mathbf{i}y_2$ zwei komplexe Zahlen, so gilt die Additions- und die Multiplikationsregel

$$z_1 + z_2 = x_1 + x_2 + \mathbf{i}(y_1 + y_2), \quad z_1 z_2 = x_1 x_2 - y_1 y_2 + \mathbf{i}(y_1 x_2 + x_1 y_2).$$

Ist $z = x + \mathbf{i}y$, so nennt man x den *Realteil* $\Re$ von z mit der Bezeichnung $\Re z$ und y den *Imaginärteil* $\Im$ von z mit der Bezeichnung $\Im z$. Die Zahl $\overline{z} = x - \mathbf{i}y$ heißt die zu $z = x + \mathbf{i}y$ *konjugierte Zahl.* Die Zahl $\overline{z}$ entsteht durch *Spiegelung* von z an der x-Achse. Insbesondere ist $\Re z = 0.5(z + \overline{z})$ und $\Im z = -0.5\mathbf{i}(z - \overline{z})$. Ist z reell, so ist $z = \overline{z} = \Re z$. Der Übergang von z zum Konjugierten $\overline{z}$ ist ein sogenannter *Automorphismus*, d. h. eine umkehrbare Abbildung mit $\overline{a + b} = \overline{a} + \overline{b}$ und $\overline{a * b} = \overline{a} * \overline{b}$. Der *Betrag* von $z = x + \mathbf{i}y$ ist definiert durch $|z| = (x^2 + y^2)^{0.5}$. Der Betrag $|z|$ ist der Abstand von z vom Nullpunkt. Die zu $z \neq 0$ gebildete reziproke Zahl u ergibt sich unter Beachtung der Multiplikationsregel aus der Forderung $zu = 1$. Man erhält

$$u = \frac{1}{z} = \frac{\overline{z}}{z\overline{z}} = \frac{\overline{z}}{|z|^2} = \frac{x - \mathbf{i}y}{x^2 + y^2}, \quad z \neq 0.$$

Entsprechend erhält man für $z_2 \neq 0$

$$\frac{z_1}{z_2} = \frac{x_1 + \mathbf{i}y_1}{x_2 + \mathbf{i}y_2} = \frac{z_1 \overline{z_2}}{z_2 \overline{z_2}} = \frac{x_1 x_2 + y_1 y_2 + \mathbf{i}(y_1 x_2 - x_1 y_2)}{x_2^2 + y_2^2}.$$

Die Menge aller komplexen Zahlen hatten wir früher schon mit $\mathbb{C}$ bezeichnet. Es ist aus ökonomischen und Stabilitätsgründen jedoch nicht zweckmäßig, komplexe Produkte und Quotienten wie angegeben tatsächlich auszurechnen. Das Produkt $u + \mathbf{i}v = z_1 z_2$ rechnet man besser so aus:

(2.24) $\quad u := (x_1 + y_1)x_2, \; v := u - x_1(x_2 - y_2), \; u := u - y_1(x_2 + y_2).$

Im Gegensatz zur Ausgangsformel (vier Multiplikationen, zwei Additionen) werden drei Multiplikationen, fünf Additionen gebraucht. Bei der angegebenen Divisionsformel besteht die Gefahr, dass der Nenner $x_2^2 + y_2^2$ im vorgegebenen Zahlenbereich überläuft, ohne dass der Gesamtausdruck überläuft. Die folgende Methode zur Berechnung von $u + \mathbf{i}v = z_1/z_2 = (x_1 + \mathbf{i}y_1)/(x_2 + \mathbf{i}y_2)$ verhindert dies. Wir unterscheiden zwei Fälle: (a): $|x_2| \geq |y_2|$, (b): $|y_2| > |x_2|$:

$$(2.25)\quad (a): r = \frac{y_2}{x_2},\; s = x_2 + ry_2,\; u = \frac{x_1 + y_1 r}{s},\; v = \frac{y_1 - x_1 r}{s}.$$

$$(2.26)\quad (b): r = \frac{x_2}{y_2},\; s = y_2 + rx_2,\; u = \frac{y_1 + x_1 r}{s},\; v = \frac{-x_1 + y_1 r}{s}.$$

Bei der ursprünglichen Formel wurden acht Multiplikationen/Divisionen drei Additionen benötigt, bei den neuen Formeln sechs Mult/Div und fünf Additionen. Wichtiger aber ist, dass ein Überlauf im Nenner nicht mehr vorkommen kann.

Die meisten bekannten reellen Funktionen lassen sich auf komplexe Definitionsbereiche erweitern indem z. B. die entsprechenden definierenden Reihen auf komplexe Zahlen erweitert werden. Eine wichtige und einfache Formel ist Eulers Formel

$$\exp(\mathbf{i}\varphi) = \cos\varphi + \mathbf{i}\sin\varphi,\; \varphi \in \mathbb{R}$$

und die daraus folgende Formel von de Moivre

$$\exp(\mathbf{i}k\varphi) = \cos k\varphi + \mathbf{i}\sin k\varphi,\; k \in \mathbb{Z}.$$

Ein häufiges Hilfsmittel zur Darstellung komplexer Zahlen sind *Polarkoordinaten*. Ist $z = x + \mathbf{i}y \neq 0$, so gibt es eine eindeutige Darstellung in der Form

$$z = r\exp(\mathbf{i}\varphi),\; r = |z| = \sqrt{x^2 + y^2},\; \varphi = \arctan(y/x).$$

Für den Winkel schreibt man auch $\varphi = \arg z$ (ausgesprochen *Argument* von z). Er ergibt sich als Winkel zwischen der x-Achse und der Strecke von Null nach z. Die inversen Formeln lauten: $x = r\cos\varphi,\; y = r\sin\varphi$.

Die Frage, ob die in diesem Abschnitt so zentral auftretende Funktion $\exp(\mathbf{i}\varphi)$ auch durch eine andere Funktion mit ähnlichen Eigenschaften ersetzt werden kann, hat zur Theorie der [engl.] *wavelets* bzw. [frz.] *ondelettes* geführt, [74, MEYER, 1989]. Wir kommen darauf in Abschnitt 8.5, S. 268 zurück.

2.3 Rationale Funktionen

Wir wissen bereits, dass ein Polynom $p \in \Pi_n$ für jedes x mit n Multiplikationen und n Additionen ausgewertet werden kann. Eine *rationale Funktion* hat die Form

$$(2.27)\qquad r = p/q,\quad p \in \Pi_m,\quad q \in \Pi_n.$$

Da wir Zähler und Nenner durch den Höchstkoeffizienten von q teilen können, benötigen wir zur Berechnung von $r(x)$ für jedes x im Definitionsbereich von r höchstens $m + n - 1$ Multiplikationen und eine Division. Im folgenden benutzen wir für Multiplikation oder Division den einheitlichen Begriff *wesentliche Operation*. Wir zeigen, dass durch Umformung von r die benötigte Zahl wesentlicher Operationen verringert werden kann.

Beispiel 2.21. ***Division von Polynomen***
Wir teilen zwei Polynome p_1, p_2 durcheinander. Unter „∂" wollen wir im weiteren „Grad von" verstehen. Dazu seien $p_1(x) = 3x^4 + 5x^3 - 2x + 4$, $p_2(x) = 6x^2 + 4$. Dann ist $\partial p_1 = 4, \partial p_2 = 2$ und die Division läuft folgendermaßen ab:

$$(3x^4 + 5x^3 - 2x + 4) : (6x^2 + 4) = \frac{1}{2}x^2 + \frac{5}{6}x - \frac{1}{3} + \frac{-\frac{16}{3}x + \frac{16}{3}}{6x^2 + 4}$$

$$\begin{array}{l} -\,(3x^4 + 2x^2) \\ \hline 5x^3 - 2x^2 - 2x + 4 \\ -\,(5x^3 + 10/3x) \\ \hline -2x^2 - (2 + 10/3)x + 4 \\ -\,(-2x^2 - 4/3) \\ \hline -(16/3)x + 16/3 \end{array}$$

Wir haben also folgendes erhalten:

$$\frac{p_1}{p_2} = q + \frac{r}{p_2}, \text{ mit } \partial r < \partial p_2 \text{ und } \partial q = \partial p_1 - \partial p_2.$$

Durch Multiplikation mit p_2 erhält man daraus $p_1 = p_2 q + r$, $\partial r < \partial p_2$.

Beispiel 2.22. ***Wiederholte Division von Polynomen***
Sei

$$r(x) = \frac{4x^2 + 3x - 2}{2x^2 - 4x + 5}.$$

Wir formen nach obigem Muster um:

$$\begin{aligned} r(x) &= 2 + \frac{11x - 12}{2x^2 - 4x + 5} \\ &= 2 + \frac{11}{(2x^2 - 4x + 5)/(x - 12/11)} \\ &= 2 + \frac{11}{2x - 20/11 + (365/11^2)/(x - 12/11)} \\ &= 2 + \frac{(11/2)}{x - 10/11 + (365/(2 \cdot 11^2))/(x - 12/11)}. \end{aligned}$$

Wertet man die Konstanten einmal für sich aus, so kann man $r(x)$ im angegebenen Beispiel mit zwei wesentlichen Operationen berechnen. Dividiert man dagegen den gegebenen Ausdruck in Zähler und Nenner durch zwei und wertet dann Zähler und Nenner für sich aus, so benötigt man vier wesentliche Operationen.

Das angegebene Verfahren funktioniert auch im allgemeinen. Sei

$$r = r_0/r_1, \; r_0 \in \Pi_m, \; r_1 \in \Pi_n. \tag{2.28}$$

Wir nehmen zuerst an, dass $\partial r_0 \geq \partial r_1$. Dividieren wir r_0 durch r_1, so entsteht ein Polynom q_1 und ein Divisionsrest r_2 mit $\partial r_2 < \partial r_1$.

D. h., es gilt:

$$r_0 = r_1 q_1 + r_2, \quad \partial r_2 < \partial r_1.$$

Wir können diesen *Divisionsalgorithmus* (auch *euklidischer Algorithmus* genannt) fortsetzen.

$$\begin{aligned}
r_1 &= r_2 q_2 + r_3, \; \partial r_3 < \partial r_2, \\
r_2 &= r_3 q_3 + r_4, \; \partial r_4 < \partial r_3, \\
&\;\vdots \\
r_{k-2} &= r_{k-1} q_{k-1} + r_k, \; \partial r_k = 0, \\
r_{k-1} &= r_k q_k.
\end{aligned}$$

Wir erhalten also

$$\begin{aligned}
r &= r_0/r_1 = q_1 + \frac{r_2}{r_1} \\
&= q_1 + \frac{1}{r_1/r_2} \\
&= q_1 + \cfrac{1}{q_2 + \cfrac{1}{r_2/r_3}} \\
&= q_1 + \cfrac{1}{q_2 + \cfrac{1}{q_3 + \cfrac{1}{r_3/r_4}}} \\
&= \text{(Fortsetzung nächste Seite)}
\end{aligned}$$

$$= q_1 + \cfrac{1}{q_2 + \cfrac{1}{q_3 + \cfrac{1}{q_4 + \cfrac{\ddots}{\qquad \cfrac{1}{q_{k-1} + \cfrac{1}{q_k}}}}}}$$

$$= q_1 + \cfrac{c_2}{\tilde{q}_2 + \cfrac{c_3}{\tilde{q}_3 + \cfrac{c_4}{\tilde{q}_4 + \cfrac{\ddots}{\qquad \cfrac{c_{k-1}}{\tilde{q}_{k-1} + \cfrac{c_k}{\tilde{q}_k}}}}}}$$

wobei die Multiplikationen mit $c_2, c_3, \ldots, c_k$ so vorgenommen werden, dass $\tilde{q}_2, \tilde{q}_3, \ldots, \tilde{q}_k$ alle den Höchstkoeffizienten Eins haben. Sind die Größen $\tilde{q}_k$ bereits alle berechnet, so benötigen wir zur Auswertung des obigen Ausdrucks $k-1$ Divisionen. Ein Ausdruck obiger Art heißt *Kettenbruch*, (engl. *continued fraction*).

Im ganzen benötigen wir also: $\partial q_1 + (\partial\tilde{q}_2 - 1) + (\partial\tilde{q}_3 - 1) + \cdots + (\partial\tilde{q}_k - 1) + k - 1 = \partial q_1 + \partial\tilde{q}_2 + \cdots + \partial\tilde{q}_k = (\partial r_0 - \partial r_1) + (\partial r_1 - \partial r_2) + \cdots + (\partial r_{k-1} - \partial r_k) = \partial r_0 \leq m$ wesentliche Operationen. Hat q_1 auch den Höchstkoeffizienten Eins und ist $\partial q_1 \geq 1$, so benötigen wir höchstens $m-1$ wesentliche Operationen.

Ist im Gegensatz zur bisherigen Annahme $\partial r_0 < \partial r_1$, so schreiben wir

$$r = r_0/r_1 = \frac{c_1}{c_1 r_1/r_0},$$

wobei c_1 so gewählt wird, dass $c_1 r_1$ und r_0 denselben Höchstkoeffizienten besitzen. Zur Herstellung des Kettenbruchs von $c_1 r_1/r_0$ benötigen wir nach den bisher hergeleiteten Formeln $\partial r_1 - 1$ wesentliche Operation zur Auswertung des entsprechenden Kettenbruchs, da das erste auftretende Polynom den Höchstkoeffizienten

Eins besitzt. Zur Berechnung von r benötigen wir eine weitere Division, so dass insgesamt $\partial r_1 - 1 + 1 = \partial r_1 \le n$ wesentliche Operationen erforderlich sind.

Ein Programm zur Auswertung eines Kettenbruchs ist im nächsten Kapitel angegeben (Programm 3.67, S. 76). Wir fassen zusammen:

Satz 2.23. Eine rationale Funktion

$$r = r_0/r_1,\ r_0 \in \Pi_m,\ r_1 \in \Pi_n$$

kann wie angegeben in einen Kettenbruch umgeformt werden. Zur Berechnung von $r(x)$ werden durch Auswertung des entsprechenden Kettenbruchs höchstens $\max(m, n)$ wesentliche Operationen benötigt. Die verwendete Methode, den Kettenbruch von hinten beginnend, auszuwerten, heißt *Rückwärtsmethode*.

Beweis: Aus dem Vorhergehenden. □

Wir müssen uns jetzt noch überlegen, wie wir den Divisionsalgorithmus automatisieren können. Dazu seien

$$p_1 \in \Pi_m,\ p_2 \in \Pi_n,\ m \ge n,\ q \in \Pi_{m-n},\ r \in \Pi_{n-1},\ p_1 = qp_2 + r.$$

Wir machen den folgenden Ansatz:

$$\begin{aligned} p_1(x) &= \sum_{j=0}^{m} a_j x^j,\ a_m \neq 0,\ p_2(x) = \sum_{j=0}^{n} b_j x^j, b_n \neq 0,\\ q(x) &= \sum_{j=0}^{m-n} q_j x^j,\ r(x) = \sum_{j=0}^{m} r_j x^j. \end{aligned}$$

Im folgenden Pascal-Programm 2.24 wird in Analogie zu Beispiel 2.22, S. 28 der Divisionsalgorithmus solange wiederholt, bis der Grad ∂r vom Restpolynom r Null ist. Mit den Daten aus Beispiel 2.22, S. 28 liefert das Programm 2.24 die in Tabelle 2.25 angegebenen Ergebnisse.

Programm 2.24. Herstellung eines Kettenbruchs

```
procedure Polynom_Division(var Gradr0, Gradr1:integer;
  var r0:vektor; var r1:vektor; var q1:vektor;
  var Programm_Ende:boolean);
{Bei gegebenen Polynomen r0 und r1 mit Grad Gradr0 bzw. Gradr1 und}
{Gradr0 >= Gradr1 wird die Darstellung r0 = q1*r1 + r2 ausgerech- }
{net mit Gradr2 < Gradr1. Danach werden folgende Umbesetzungen    }
{ausgefuehrt: Gradr0:=Gradr1; Gradr1:=Gradr2; r0:=r1; r1:=r2, so  }
{dass sofort durch Neuaufruf weitergerechnet werden kann. Die     }
{Groesse vektor ist durch type vektor=array[0..max] of real;      }
```

```
{mit hinreichend grosser Konstanten max zu vereinbaren         }
const eps=1E-10;
var j,k:integer; r2:vektor;
begin
  Programm_Ende:=false;
  if Gradr0 >= Gradr1 then
  begin
    for k := 0 to Gradr0 do r2[k] := r0[k] ;
    for k := Gradr0-Gradr1 downto 0 do
    begin q1[k] := r2[Gradr1+k]/r1[Gradr1];
      for j:=Gradr1+k-1 downto k do r2[j]:=r2[j]-q1[k]*r1[j-k]
    end;
    j := Gradr1; {Bestimmung des Grades des Divisionsrestes}
    if j > 0 then
    begin
      repeat
        j := j-1;
      until (abs(r2[j]) > eps) or (j=0)
    end else Programm_Ende:=True;
    if (j=0) and (abs(r2[0]) <= eps) then Programm_ende:=True;
    for k:=0 to Gradr1 do r0[k]:=r1[k];{Umbesetzung}
    for k:=0 to j do r1[k]:=r2[k];
    Gradr0:=Gradr1; Gradr1:=j
  end;
end;{Polynom Division}
```

Der Kettenbruch

$$f_k = b_0 + \cfrac{a_1}{b_1 + \cfrac{a_2}{b_2 + \cfrac{a_3}{b_3 + \ddots \cfrac{a_{k-1}}{b_{k-1} + \cfrac{a_k}{b_k}}}}}$$

ist zweckmäßigerweise kürzer zu schreiben. Eine gebräuchliche Form für den obigen Ausdruck ist

$$f_k = b_0 + \frac{a_1}{b_1+} \; \frac{a_2}{b_2+} \; \frac{a_3}{b_3+} \; \cdots \; \frac{a_k}{b_k} = \frac{A_k}{B_k}. \tag{2.29}$$

Dieser Ausdruck kann nicht nur wie angegeben „rückwärts“ ausgerechnet werden, sondern auch „vorwärts" nach der folgenden Formel:

$$(2.30)\qquad \begin{cases} A_{-1} &= 1,\ A_0 = b_0,\ B_{-1} = 0,\ B_0 = 1, \\ A_j &= b_j A_{j-1} + a_j A_{j-2}, \\ B_j &= b_j B_{j-1} + a_j B_{j-2},\ j = 1, 2, \ldots, k, \\ f_k &= A_k / B_k. \end{cases}$$

Der Beweis ist als Aufgabe 2.16, S. 35 gestellt. Man überlege sich dazu, wie man f_k aus f_{k-1} berechnet. Die Formel (2.30) wird von [51, HÄMMERLIN & HOFFMANN, 1989, S. 26] auch *Formel von Euler und Wallis* genannt.

Tabelle 2.25. Ergebnisse aus dem Kettenbruchprogramm 2.24

	a_0	a_1	a_2
r_0	-2.0000	3.0000	4.0000
r_1	5.0000	-4.0000	2.0000
q_1	2.0000		
r_2	-12.0000	11.0000	
q_2	$-0.1653(= -20/11)$	$0.1818(= 2/11)$	
r_3	$3.0165(= 365/121)$		
q_3	$-3.9781(= -12 \cdot 121/365)$	$3.6466(= 11^3/365)$	

2.4 Aufgaben

Aufgabe 2.1. Sei $x \in \mathbb{R}$ und p ein Polynom. Wie rechnen Sie zweckmäßigerweise $p(x)$ aus?

Aufgabe 2.2. Leiten Sie Formel (2.4), S. 15 aus dem Korollar 2.5 her.

Aufgabe 2.3. Verifizieren Sie $\sum_{j=0}^{k} (n-j) = (k+1)(2n-k)/2$ für $0 \le k \le n$. Gilt die Formel auch für größere k?

Aufgabe 2.4. Schreiben Sie ein Programm, das simultan $p(x)$, $p'(x)$, $p''(x)$ für ein gegebenes Polynom p und ein gegebenes x berechnet.

Aufgabe 2.5. Schreiben Sie ein Programm zur Berechnung von $p(x) = \sum_{j=0}^{n} a_j x^j$ und *allen* Ableitungen von p an einer vorgegebenen Stelle $x = \hat{x}$ unter Benutzung des *Horner-Schemas*. Man probiere dieses Programm aus am Beispiel

$$p(x) = x^{10} - 10x^9 + 100x^8 - 1000x^7 + \cdots + 10^{10}$$

für $x = \hat{x} = 1(1)10$. Zur Kontrolle berechne man $p(1)$ „von Hand".

Aufgabe 2.6. Berechnen Sie „von Hand“ mit dem Horner-Schema

$$p(x) = 2030x^4 - 5741x^3 - x^2 + 11482x - 8118$$

für $x = -2, -1, 1.4, 1.5$. Was können Sie aus den errechneten Werten über die Anzahl der reellen Nullstellen von p schließen?

Aufgabe 2.7. Versuchen Sie durch Auswertung von p mit dem *Horner-Schema* an verschiedenen Stellen alle Nullstellen einzugrenzen, mit

$$p(x) = 10^6x^3 - 3111000x^2 + 3223110x - 1112111.$$

Hinweis: Stellen Sie folgende Überlegungen an: Welches Vorzeichen hat $p(x)$ für große und kleine x? Wo liegen die Extremwerte von p?

Aufgabe 2.8. Verwenden Sie das Horner Schema zur Auswertung von (a) $p(x) = 7x^3 - 4x^2 + 15$, (b) $p(x) = (2 + \mathbf{i})x^3 + (1 - \mathbf{i})x^2 - 3x + 2 - 3\mathbf{i}$ an der Stelle $x = 2 + \mathbf{i}$.

Aufgabe 2.9. Wie ist das Horner-Schema für komplexe Fälle zu modifizieren? Unterscheiden Sie: (a) Die Auswertung soll an einer komplexen Stelle $z := u + \mathbf{i}v$ bei einem Polynom $p \in \Pi_n$, $n \geq 2$ mit nur reellen Koeffizienten erfolgen. (b) Auch die Koeffizienten von p sind komplex. Nehmen Sie an, dass nur reelle Arithmetik zur Verfügung steht. Hinweis: Verwenden Sie, dass jede komplexe Zahl Nullstelle eines quadratischen Polynoms q mit nur reellen Koeffizienten ist. Leiten Sie also eine Darstellung der Form $p = \tilde{p}q + R$ her mit $\tilde{p} \in \Pi_{n-2}$, $R \in \Pi_1$.

Aufgabe 2.10. Werten Sie numerisch die in Beispiel 2.16, S. 24 angegebenen Fourierpolynome für $N = 8, 16$ aus.

Aufgabe 2.11. Die schnelle Fouriertransformation läßt sich nicht nur auf Zweierpotenzen anwenden, sondern auch auf beliebige Potenzen einer natürlichen Zahl N. Seien N, k ganze Zahlen mit $N, k \geq 2$. Man sortiere die Zahlen $0, 1, \ldots, N^k - 1$ nach folgendem Muster um: Man bilde N Gruppen, in die j-te Gruppe sortiere man die Zahlen, die nach Division ihrer Positionsnummer (immer mit Null angefangen) durch N den Rest $j = 0, 1, \ldots N - 1$ ergeben, wobei ansonsten die bereits vorhandene Reihenfolge beibehalten werden soll. Danach verfahre man in den einzelnen Gruppen genauso bis nur noch N Zahlen in jeder Gruppe vorhanden sind. Zeigen Sie, dass nach der angegebenen Vertauschung an der u-ten Stelle mit $u = (u_{k-1}u_{k-2} \cdots u_0)_N$ die Zahl $u' = (u_0 u_1 \cdots u_{k-1})_N$ steht.

Aufgabe 2.12. Leiten Sie aus (2.23), S. 24 für F_k die Darstellung (2.20), S. 23 von F_k her.

Aufgabe 2.13. Vergleichen Sie den Aufwand bei der Berechnung aller F_k nach (2.23), S. 24 mit dem Aufwand der durch direkte Anwendung auf (2.20), S. 23

entsteht. Unterscheiden Sie dabei zwischen reellen und komplexen Multiplikationen und zählen Sie eine komplexe Multiplikation wie 3 reelle Multiplikationen.

Aufgabe 2.14. Diskutieren Sie die verschiedenen Berechnungsmöglichkeiten für einen Kettenbruch in Bezug auf Anwendbarkeit und Zahl der Rechenoperationen.

Aufgabe 2.15. Stellen Sie einen Kettenbruch her für

$$r(x) = \frac{x^2 - 2x + 1}{x^2 + x - 6}\,.$$

Aufgabe 2.16. Beweisen Sie, dass die Formeln (2.30), S. 33 zur Auswertung des dort angegebenen Kettenbruchs benutzt werden können. Wieviele wesentliche Operationen benötigt man mit dieser Methode, und wieviele wesentliche Operationen benötigt man im Vergleich dazu mit der herkömmlichen Rückwärtsmethode?

Aufgabe 2.17. Schreiben Sie ein Programm zur Auswertung eines *Kettenbruchs* mit der herkömmlichen Rückwärtsmethode. Testen Sie das Programm an

$$f_k(x) = \frac{x}{1-}\;\frac{x^2}{3-}\;\frac{4x^2}{5-}\;\cdots\;\frac{((k-1)x)^2}{2k-1}\quad ; k \geq 2$$

für $x = 1/4,\ 3/4,\ 1023/1024$ und $k = 2, 4, 8, 16, 32$. Man vergleiche den Wert mit $\lim_{k\to\infty} f_k(x) = \text{arctanh} x = f(x)$ nämlich

$$f(1/4) = 0.255412812,\ f(3/4) = 0.972955075,$$

$$f(1023/1024) = 3.812065293.$$

Aufgabe 2.18. Wie Aufgabe 2.17, nur verwende man die oben beschriebene Vorwärtsmethode (2.30), S. 33.

Aufgabe 2.19. Vergleichen Sie die Rechenzeiten für die beiden angegebenen Formeln (Seite 26) zur komplexen Multiplikation und Division. Um einen Unterschied zu erkennen, führen Sie die Multiplikationen und Divisionen häufiger, z. B. 100 000 mal aus. Messen Sie auch den *Overhead*, also die Zeit, die allein für die Schleifenorganisation verbraucht wird, indem Sie die Schleifen leer durchlaufen lassen.

3 Interpolation

Die Motivierung für die Behandlung von Interpolationsproblemen ist vielfältig. Häufig möchte man gegebene (in der Regel gemessene) Daten geeignet verbinden. Beispiele sind meteorologische Daten wie Temperaturen, Wasserstände oder volkswirtschaftliche Daten wie die zeitliche Entwicklung einer Bevölkerung usw. Auch innermathematisch ist Interpolation ein wichtiges, oft benutztes Hilfsmittel.

3.1 Polynom-Interpolation

Zur Beschreibung des Problems seien Zahlenpaare $(x_0, y_0), (x_1, y_1), \ldots, (x_n, y_n)$ gegeben mit $x_j \neq x_k$ für $j \neq k$. Gesucht ist ein Polynom $p \in \Pi_n$ mit $p(x_j) = y_j, j = 0, 1, \ldots, n$. Jedes derartige Polynom (wenn es überhaupt eines gibt) heißt *Interpolationspolynom*.

Es sei hier angemerkt, dass sich Polynome zunächst als sehr einfache Funktionen für diesen Zweck anbieten. Wir werden aber etwas später sehen, dass andere Funktionen, die stückweise aus Polynomen bestehen vielfach zur Interpolation besser geeignet sind.

Die Zahlen $x_j,\ j = 0, 1, \ldots, n$ heißen *Knoten*, *Stützstellen* oder *Gitterpunkte*, manchmal auch *Maschenpunkte*. Die Menge aller Knoten nennt man *Gitter*. Liegt zwischen zwei verschiedenen Knoten x_j, x_k kein weiterer Knoten, so heißen die Knoten x_j, x_k *benachbart*. Der größte auftretende Abstand zwischen benachbarten Knoten heißt *Maschenweite* oder *Gitterweite*. Die Maschenweite wird meistens mit h abgekürzt. Ist der Abstand zwischen benachbarten Knoten immer derselbe, so heißen die Knoten *äquidistant*. Die gegebenen Zahlenpaare nennen wir auch die *Daten des Interpolationspolynoms*.

Satz 3.1. (*Eindeutigkeit des Interpolationspolynoms*). Es gibt höchstens ein Interpolationspolynom.

Beweis: Seien p_1, p_2 Interpolationspolynome. Dann ist $p = p_1 - p_2 \in \Pi_n$ (Π_n ist Vektorraum!) und $p(x_j) = p_1(x_j) - p_2(x_j) = 0$ für $j = 0, 1, \ldots, n$, d. h., p hat $n + 1$ Nullstellen. Nach Lemma 2.4, S. 15 ist $p = 0$ und somit $p_1 = p_2$. □

Satz 3.2. (*Existenz eines Interpolationspolynoms*). Es gibt ein Interpolationspolynom.

Beweis: Die Polynome $\ell_j, j = 0, 1, \ldots, n$ definiert durch

$$\ell_j(x) = \prod_{\substack{i=0\\ i\neq j}}^{n} \frac{x - x_i}{x_j - x_i} \tag{3.1}$$

liegen alle in Π_n und haben die Eigenschaft

$$\ell_j(x_k) = \delta_{jk} = \begin{cases} 0 \text{ für } j \neq k, \\ 1 \text{ für } j = k. \end{cases} \tag{3.2}$$

Offensichtlich ist daher

$$\boxed{L(x) = \sum_{j=0}^{n} \ell_j(x) y_j} \tag{3.3}$$

ein Polynom in Π_n und $L(x_j) = y_j, j = 0, 1, \ldots, n$, d. h., L ist ein Interpolationspolynom. □

Korollar 3.3. Es gibt genau ein Interpolationspolynom.

Beweis: Aus den Sätzen 3.1, 3.2. □

Die in (3.1) angegebenen Polynome ℓ_j, $j = 0, 1, \ldots, n$ heißen *Lagrange-Koeffizienten*. Das Interpolationspolynom L in der Form (3.3) heißt *Lagrangesche Form* des Interpolationspolynoms oder auch kurz *Lagrangesches* Interpolationspolynom. Die in (3.2) benutzte Funktion δ heißt auch *Kronecker-Symbol*.

Es ist zu beachten, dass aufgrund der angegebenen Sätze nur ein Interpolationspolynom existiert, das aber durchaus in verschiedener Form auftreten kann. Wir werden bald einige andere Formen kennenlernen.

Korollar 3.4. Das Interpolationspolynom ist invariant gegen jegliche Umnumerierung der gegebenen Daten.

Beweis: Das ergibt sich aus (3.1) und (3.3). □

Korollar 3.5. Jedes Polynom p in Π_n, das die Daten $(x_1, 0), (x_2, 0), \ldots, (x_n, 0)$ interpoliert, (d. h., $p(x_j) = 0$ für $j = 1, 2, \ldots, n$) hat die folgende Form mit einer frei wählbaren Konstanten c:

$$p(x) = c \prod_{j=1}^{n} (x - x_j). \tag{3.4}$$

Beweis: Sei $\hat{x} \neq x_j$ für alle $j = 1, 2, \ldots, n$ und a beliebig. Dann existiert genau ein Interpolationspolynom in Π_n, das die Daten $(\hat{x}, a)$, $(x_1, 0)$, $(x_2, 0), \ldots$, $(x_n, 0)$ interpoliert. Dieses Polynom hat die Lagrangesche Form

$$p(x) = a \prod_{j=1}^{n} \frac{(x - x_j)}{(\hat{x} - x_j)} = \frac{a}{\prod_{j=1}^{n} (\hat{x} - x_j)} \prod_{j=1}^{n} (x - x_j),$$

ist also von der Form (3.4). □

Definition 3.6. Seien $k + 1$ Zahlenpaare $(x_j, f_j), j = i, i + 1, \ldots, i + k$, $i \geq 0, i + k \leq n$ gegeben, und seien die x_j paarweise disjunkt. Das durch diese Daten eindeutig bestimmte Interpolationspolynom $p \in \Pi_k$ habe die Form $p(x) := a_k x^k + a_{k-1} x^{k-1} + \cdots + a_0$. Wir nennen den durch die oben angegebenen $k + 1$ Zahlenpaare eindeutig definierten Höchstkoeffizienten a_k die k-te *dividierte Differenz* dieser Daten. Wir verwenden dafür zwei Bezeichnungen:

$$f[x_i, x_{i+1}, \ldots, x_{i+k}] := a_k, \quad \text{oder} \quad f_{i,k} := a_k. \tag{3.5}$$

Die erste mehr tradidionelle Bezeichnung hat den Vorteil, dass die zur Berechnung der a_k verwendeten Knoten $x_i, x_{i+1}, \ldots, x_{i+k}$ direkt abgelesen werden können, die zweite Bezeichnung, $f_{i,k}$, hat den Vorteil der größeren Kürze. Der erste Index i bezeichnet die Laufnummer des ersten Knotens und der zweite Index k bezeichnet den Polynomgrad. Es ist zu beachten, dass die Daten nicht in einer besonderen Anordnung vorliegen müssen. Das wird etwas präziser in dem nachfolgenden Satz 3.8 ausgedrückt.

Beispiel 3.7. ***Einfache Interpolationspolynome***
k=0. Wir haben nur ein Zahlenpaar, (x_i, f_i). Das Interpolationspolynom $p \in \Pi_0$ lautet $p(x) = f_i$, also (in beiden Bezeichnungsweisen)

$$f[x_i] = f_i, \quad \text{oder} \quad f_{i,0} = f_i \text{ für jedes } i = 0, 1, \ldots, n. \tag{3.6}$$

k=1. Wir haben zwei Zahlenpaare, (x_i, f_i) und (x_{i+1}, f_{i+1}). Das Interpolationspolynom $p \in \Pi_1$ ist die Gerade durch diese Punkte. Also ist der Höchstkoeffizient die Steigung dieser Geraden, also (mit beiden Bezeichnungen)

$$f_{i,1} = f[x_i, x_{i+1}] = \frac{f_{i+1} - f_i}{x_{i+1} - x_i}, \; 0 \leq i \leq n - 1. \tag{3.7}$$

Satz 3.8. Die dividierten Differenzen haben die folgenden Eigenschaften:

i) Sie sind symmetrische Funktionen der Eingangsdaten, oder in anderen Worten $f[x_i, x_{i+1}, \ldots, x_{i+k}]$ ist invariant gegen Permutationen der Numerierung der Daten $(x_i, f_i), (x_{i+1}, f_{i+1}), \ldots (x_{i+k}, f_{i+k})$.

ii) Interpoliere $p_j \in \Pi_j$ die Daten $(x_i, f_i), (x_{i+1}, f_{i+1}), \ldots, (x_{i+j}, f_{i+j})$ für $j = k$ und $j = k+1$. Dann ist (mit $f_{i,k+1} = f[x_i, x_{i+1}, \ldots, x_{i+k+1}]$)

$$(3.8) \qquad p_{k+1}(x) = p_k(x) + f_{i,k+1}(x - x_i)(x - x_{i+1}) \cdots (x - x_{i+k}).$$

iii) Interpoliere p_k die Daten $(x_0, f_0), (x_1, f_1), \ldots, (x_k, f_k)$, $k = 0, 1, \ldots, n$. Dann gilt die sogenannte *Newtonsche Form* des Interpolationspolynoms

$$p_n(x) = f_{0,0} + f_{0,1}(x - x_0) + f_{0,2}(x - x_0)(x - x_1) + \cdots + f_{0,n}\Pi_{j=0}^{n-1}(x - x_j)$$

oder in kompakter Form (das leere Produkt hat den Wert Eins)

$$(3.9) \qquad \boxed{p_n(x) = \sum_{j=0}^{n} \{f_{0,j} \prod_{k=0}^{j-1} (x - x_k)\}.}$$

iv) Sei $f \in \Pi_k$ und $f_j := f(x_j)$, $j = i, i+1, \ldots, i+k$ für paarweise verschiedene Knoten $x_i, x_{i+1}, ..., x_{i+k}$. Dann ist

$$f_{i,k} = \text{const},$$

hängt also nicht von den gewählten Knoten $x_i, x_{i+1}, ..., x_{i+k}$ ab. Ist $f \in \Pi_{k-1}$, so ist die Konstante Null.

Beweis: i) folgt aus dem Korollar 3.4, S. 37. ii) Die Differenz $p_{k+1} - p_k$ ist ein Polynom vom Grad $k+1$, das an den $k+1$ Stellen $x_i, x_{i+1}, \ldots, x_{i+k}$ verschwindet. Also ist nach Korollar 3.5, S. 37 $p_{k+1}(x) - p_k(x) = a_{k+1}(x - x_i)(x - x_{i+1}) \cdots (x - x_{i+k})$ und a_{k+1} ist definitionsgemäß $f_{i,k+1}$. iii) Aus der Identität

$$(3.10) \qquad p_n = p_0 + (p_1 - p_0) + (p_2 - p_1) + \cdots + (p_n - p_{n-1})$$

folgt wegen (3.8) die Behauptung (3.9). iv) Das Interpolationspolynom durch $(x_j, f(x_j))$, $j = i, i+1, \ldots, i+k$ stimmt nach dem Eindeutigkeitssatz 3.3, S. 37 mit f überein, und der Höchstkoeffizient von f ist von den Knoten unabhängig. Insbesondere ist $f_{i,k} = 0$ für alle $f \in \Pi_{k-1}$, denn der Höchstkoeffizient von f, aufgefaßt als Polynom in Π_k ist Null. □

Wir wollen ein Schema zur Berechnung der Koeffizienten in der Newton-Form herleiten. Dazu geben wir jetzt die Zweigleisigkeit in der Bezeichnung der dividierten Differenzen auf und verwenden vorläufig nur noch die kürzere Form $f_{i,k}$ statt $f[x_i, x_{i+1}, \ldots, x_{i+k}]$.

Satz 3.9. (*Nevillesche Formel*). Wir bezeichnen mit $p_{i,k}$ das Interpolationspolynom in Π_k, das die Daten $(x_j, f_j), j = i, i+1, ..., i+k$ interpoliert. Dann gilt die Rekursion

$$
\begin{aligned}
&p_{i,0}(x) = f_i, \\
&p_{i,k}(x) = \frac{(x - x_i)p_{i+1,k-1}(x) - (x - x_{i+k})p_{i,k-1}(x)}{x_{i+k} - x_i}, \quad k \geq 1.
\end{aligned}
\tag{3.11}
$$

Beweis: Wir führen einen Induktionsbeweis nach dem Grad k des Interpolationspolynoms. Für den Grad Null ist die Formel richtig. Sei die Formel bereits für den Grad $k-1$ richtig. Rechts in (3.11) steht dann ein Polynom in Π_k. Wir müssen also nur zeigen,dass es die richtigen Interpolationseigenschaften besitzt. Diese sind aber erfüllt wegen

$$
\begin{aligned}
p_{i,k}(x_i) &= p_{i,k-1}(x_i) = f_i, \\
p_{i,i+k}(x_j) &= f_j \text{ für } j = i+1, i+2, \ldots, i+k-1, \\
p_{i,k}(x_{i+k}) &= p_{i+1,k-1}(x_{i+k}) = f_{i+k}.
\end{aligned}
$$

□

Die Auswertung der Neville-Formel erfolgt zweckmäßigerweise nach

$$
p_{i,k}(x) = p_{i+1,k-1}(x) + (p_{i+1,k-1} - p_{i,k-1})(x)\frac{x - x_{i+k}}{x_{i+k} - x_i}. \tag{3.11'}
$$

Die rechte Seite kann mit zwei und entsprechend $p_{0,n}(x)$ mit $2(1+2+\cdots+n) = n(n+1)$ wesentlichen Operationen berechnet werden.

Satz 3.10. (*Rekursion für dividierte Differenzen*). Die dividierten Differenzen lassen sich nach folgendem Schema berechnen:

$$
\begin{aligned}
&f_{j,0} = f_j, \quad j = i, i+1, \ldots, i+k, \\
&f_{i,k} = \frac{f_{i+1,k-1} - f_{i,k-1}}{x_{i+k} - x_i}.
\end{aligned}
\tag{3.12}
$$

Beweis: Folgt aus der Nevilleschen Formel (3.11), aus der man die Höchstkoeffizienten der auftretenden Polynome unmittelbar ablesen kann. □

Um die dividierten Differenzen für die Newton-Form des Interpolationspolynoms zu bestimmen, lege man ein Schema nach Tabelle 3.11 an. Ein Rechenprogramm steht in Programm 3.13. In der ersten Zeile des Schemas entstehen die für die Newton-Form benötigten Koeffizienten. Zur Herstellung des Schemas benötigt man $n+(n-1)+\cdots+1 = n(n+1)/2$ Divisionen und doppelt so viele Subtraktionen. Es werden keine zusätzlichen Speicherplätze benötigt. Für eine

Auswertung der Newton-Form (3.9), S. 39 des Interpolationspolynoms benötigt man weitere n Multiplikationen. Ist ein Interpolationspolynom p an verschiedenen Stellen x auszurechnen, so ist die Newton-Form für diese Zwecke gut geeignet. Will man dagegen $p(x)$ nur für ein x berechnen, so ist die Neville-Formel (3.11′), S. 40 wegen ihrer einfachen Programmierbarkeit dafür vorzuziehen. Das *Neville-Schema* zur Berechnung von $p_{0,n}(x)$ ist in Tabelle 3.12 angegeben.

Tabelle 3.11. Schema der dividierten Differenzen

x	$f_{i,0}$	$f_{i,1}$	$f_{i,2}$		$f_{i,n-1}$	$f_{0,n}$
x_0	f_0	$f_{0,1}$	$f_{0,2}$	$\cdots$	$f_{0,n-1}$	$f_{0,n}$
x_1	f_1	$f_{1,1}$	$f_{1,2}$	$\cdots$	$f_{1,n-1}$	
$\vdots$	$\vdots$	$\vdots$	$\vdots$			
			$f_{n-2,2}$			
		$f_{n-1,1}$				
x_n	f_n					

Tabelle 3.12. Neville-Schema

x	f	$p_{i,1}$	$p_{i,2}$		$p_{i,n-1}$	$p_{0,n}$
x_0	$p_{0,0} = f_0$	$p_{0,1}$	$p_{0,2}$	$\cdots$	$p_{0,n-1}$	$p_{0,n}$
x_1	$p_{1,0} = f_1$	$p_{1,1}$	$p_{1,2}$	$\cdots$	$p_{1,n-1}$	
$\vdots$	$\vdots$	$\vdots$	$\vdots$			
			$p_{n-2,2}$			
		$p_{n-1,1}$				
x_n	$p_{n,0} = f_n$					

Bei der Neville-Formel interpoliert man an in der Numerierung aufeinderfolgenden k Knoten, $k = 1, 2, \ldots, n$. Man kann aber auch eine andere Berechnungsreihenfolge wählen. Z. B. kann man die ersten k Knoten $x_0, x_1, \ldots, x_{k-1}$ wählen und als letzten Knoten den Knoten mit der Nummer $k, k+1, \ldots, n$ hinzuwählen. Wir erhalten dann das sogenannte *Aitken-Schema*.

Programm 3.13. Dividierte Differenzen mit Neville-Reihenfolge

```
for i:=0 to n do  c[i]:=f[i]; {Vorbesetzung}
for i:=1 to n do
  for k:=n downto i do
  c[k]:=(c[k]-c[k-1])/(x[k]-x[k-i]);
end; {Die dividierten Differenzen stehen auf dem Vektor c}
```

Satz 3.14. *(Aitken-Rekursion)* Sei $q_{i,k}$ das Polynom in Π_k, das die Daten (x_0, f_0), $(x_1, f_1), \ldots, (x_{k-1}, f_{k-1}), (x_i, f_i)$, $k \le i \le n$ interpoliert. Dann gilt

$$q_{i,k}(x) = q_{i,k-1}(x) + (q_{i,k-1} - q_{k-1k-1})(x)\,\frac{x - x_i}{x_i - x_{k-1}}. \tag{3.13}$$

Insbesondere interpoliert $q_{n,n}$ die Daten (x_j, f_j), $j = 0, 1, \ldots, n$.

Beweis: Wir führen einen Induktionsbeweis nach k. Ganz offensichtlich folgt $q_{i,k} \in \Pi_k$ wenn $q_{i,k-1} \in \Pi_{k-1}$. Sei $k = 1$. Es ist nach Definition $q_{i,0} = f_i$ und nach (3.13) für $i \ge 1$ ist $q_{i,1} = f_i + \frac{f_i - f_0}{x_i - x_0}(x - x_i)$. Daher ist $q_{i,1}(x_0) = f_0$ und $q_{i,1}(x_i) = f_i$. Die Formel ist also für $k = 1$ richtig. Hat $q_{i,k-1}$ die geforderten Interpolationseigenschaften, so ist $q_{i,k}(x_j) = q_{i,k-1}(x_j) + (q_{i,k-1} - q_{k-1k-1})(x_j)\frac{x_j - x_i}{x_i - x_{k-1}} = f_j$ für $j = 0, 1, \ldots k-1$ und $j = i \ge k$. □

Der Kern des Programms zur Berechnung des Interpolationspolynoms an der Stelle xi nach Neville und nach Aitken steht in den Programmen 3.15 und 3.16.

Programm 3.15. Neville-Algorithmus

```
for k:=0 to n do
begin
  p[k]:=f[k]; sk:=xi-x[k];
  for i:=k-1 downto 0 do
  begin
    p[i]:=p[i+1]+(p[i+1]-p[i])*sk/(x[k]-x[i]);
  end; writeln;
end;  {Das Ergebnis steht auf p[0]}
```

Programm 3.16. Aitken-Algorithmus

```
for k:=0 to n do q[k]:=f[k];
for k:=1 to n do
begin
  for i:=k to n do
  begin
    q[i]:=q[i]+(q[i]-q[k-1])*(xi-x[i])/(x[i]-x[k-1]);
  end;
end; {Das Ergebnis steht auf q[n]}
```

Man kann die Berechnung der dividierten Differenzen auch vom Aitken-Schema ableiten. Ein kleines Programm dazu ist in Programm 3.18 angegeben.

Satz 3.17. (Dividierte Differenzen mit Aitken-Reihenfolge) Seien Daten (x_j, f_j) mit paarweise verschiedenen Knoten x_j, $j = 0, 1, \ldots, n$ gegeben. Wir setzen $h_{j,k} := f[x_0, x_1, \ldots, x_{k-1}, x_j]$, $j \leq k \leq n$, wobei $f[x_0, x_1, \ldots, x_{k-1}, x_j]$ die k-te dividierte Differenz bezüglich der Daten $(x_0, f_0), (x_1, f_1), \ldots, (x_{k-1}, f_{k-1}), (x_j, f_j)$, $k \leq j \leq n$ bedeutet. Dann gilt alternativ zu (3.12), S. 40 das folgende Schema:

$$\text{(3.14)}\quad \begin{aligned} h_{j,0} &= f_j, \quad j = 0, 1, \ldots, n, \\ h_{j,k} &= \frac{h_{j,k-1} - h_{k-1,k-1}}{x_j - x_{k-1}}, \ k = 1, 2, \ldots, n, j = k, k+1, \ldots, n. \end{aligned}$$

Beweis: Folgt aus der Aitkenschen Formel (3.13), S. 42, aus der man die Höchstkoeffizienten der auftretenden Polynome unmittelbar ablesen kann. □

Programm 3.18. Dividierte-Differenzen mit Aitken-Reihenfolge

```
{Die Abszissen x[0],...,x[n], und}
{die Ordinaten f[0],...,f[n] seien schon vorbesetzt}
  for k:=1 to n do
  begin
    fk:=f[k-1]; xk:=x[k-1];
    for j:=k to n do
    begin
      f[j]:=(f[j]-fk)/(x[j]-xk);
    end;
  end; {Das Ergebnis f[x_0],f[x_0,x_1],...,f[x_0,x_1,...,x_n]}
       {steht auf dem Vektor f}
```

Ein kleiner Vorteil sind die festen Subtrahenden in der inneren Schleife. Außerdem wird diese Form an späterer Stelle noch einmal gebraucht.

Vertauscht man im Neville- (oder Aitken-) Schema die x-Werte gegen die entsprechenden y-Werte, so kann man damit die Werte des Interpolationspolynoms $\tilde{p}$ durch (y_0, x_0),(y_1, x_1),..., (y_n, x_n) bestimmen, sofern die y-Werte alle paarweise verschieden sind. Trägt man den Graphen von $\tilde{p}$ über der y-Achse und das ursprüngliche Interpolationspolynom p in derselben Zeichnung über der x-Achse auf, so schneiden sich die beiden Graphen in den gegebenen Punkten. Man kann also erwarten, dass sich die Graphen von p und von $\tilde{p}$ zwischen den Knoten nicht sehr weit voneinander entfernen. Möchte man also zu vorgegebenem y die Gleichung $p(x) = y$ nach x auflösen, so kann man stattdessen näherungsweise den Wert $\tilde{x} = \tilde{p}(y)$ mit dem Neville-Schema auf einfache Weise bestimmen. Diese Methode zur Lösung von $p(x) = y$ heißt *inverse Interpolation*, man vergleiche dazu die Abbildung 3.21.

Beispiel 3.19. ***Inverse Interpolation mit Hilfe des Neville-Schemas***
Das Polynom $p(x) = -\frac{1}{10}(x^2 - 9x - 12)$, interpoliert die Daten $(-2, -1)$, $(1, 2)$, $(3, 3)$, das Interpolationspolynom durch $(-1, -2)$, $(2, 1)$, $(3, 3)$ lautet $\tilde{p}(y) = \frac{1}{4}(y^2 + 3y - 6)$. Wollen wir x näherungsweise so bestimmen, dass $p(x) = 0$ ist, so erhalten wir das Neville-Schema in Tabelle 3.20. Also ist $\tilde{x} = \tilde{p}(0) = -3/2$. Die Probe ergibt $p(\tilde{x}) = -\frac{3}{8}$. Die wirkliche Nullstelle liegt etwa bei $x = -1.179$.

Tabelle 3.20. Neville-Schema zur inversen Interpolation

i	y_i	x_i	$\tilde{p}_{i,1}$	$\tilde{p}_{i,2}$
0	-1	-2	-1	$-3/2$
1	2	1	-3	
2	3	3		

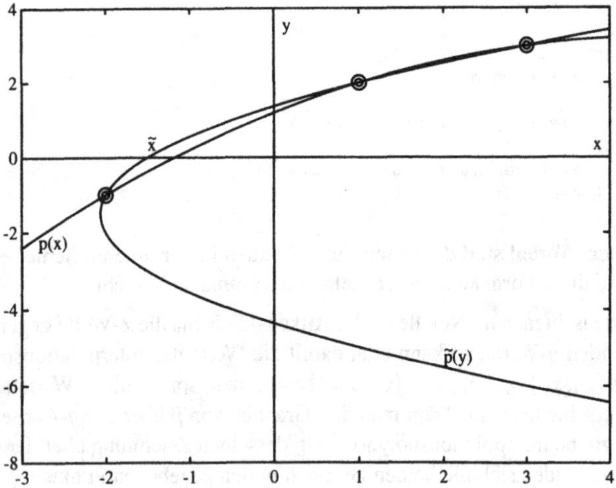

Abb. 3.21. Zur inversen Interpolation, Beispiel 3.19

Beispiel 3.22. ***Bestimmung eines Interpolationspolynoms durch vier Punkte***
Wir bestimmen das Interpolationspolynom durch $(0, 1)$, $(1, 2)$, $(3, 3)$, $(4, 2)$.

1.) Lagrangesche Methode:

$$\begin{aligned}
\ell_0(x) &= \frac{(x-1)(x-3)(x-4)}{(0-1)(0-3)(0-4)} = -(x-1)(x-3)(x-4)/12,\\
\ell_1(x) &= \frac{x(x-3)(x-4)}{(1-0)(1-3)(1-4)} = x(x-3)(x-4)/6,\\
\ell_2(x) &= \frac{x(x-1)(x-4)}{(3-0)(3-1)(3-4)} = -x(x-1)(x-4)/6,\\
\ell_3(x) &= \frac{x(x-1)(x-3)}{(4-0)(4-1)(4-3)} = x(x-1)(x-3)/12,\\
p(x) &= -\frac{(x-1)(x-3)(x-4)}{12}\cdot 1 + \frac{x(x-3)(x-4)}{6}\cdot 2\\
&\quad -\frac{x(x-1)(x-4)}{6}\cdot 3 + \frac{x(x-1)(x-3)}{12}\cdot 2.
\end{aligned}$$

2.) Newtonsche Methode: Wir bestimmen zuerst die dividierten Differenzen nach (3.12), S. 40. Mit den Werten der ersten Zeile aus Tabelle 3.23 erhalten wir unter Benutzung von (3.9), S. 39 die Newton-Form des Interpolationspolynoms

$$p_3(x) = 1 + x - \frac{1}{6}x(x-1) - \frac{1}{12}x(x-1)(x-3).$$

Tabelle 3.23. Dividierte Differenzen für $(0,1)$, $(1,2)$, $(3,3)$, $(4,2)$

x_0	$f_{0,0}$	$f_{0,1} = \frac{f_{1,0}-f_{0,0}}{x_1-x_0} = 1$	$f_{0,2} = \frac{f_{1,1}-f_{0,1}}{x_2-x_0}$	$f_{0,3} = \frac{f_{1,2}-f_{0,2}}{x_3-x_0}$
x_1	$f_{1,0}$	$f_{1,1} = \frac{f_{2,0}-f_{1,0}}{x_2-x_1} = \frac{1}{2}$	$= -\frac{1}{6}$	$= -\frac{1}{12}$
x_2	$f_{2,0}$	$f_{2,1} = \frac{f_{3,0}-f_{2,0}}{x_3-x_2} = -1$	$f_{1,2} = \frac{f_{2,1}-f_{1,1}}{x_3-x_1}$	
x_3	$f_{3,0}$		$= -\frac{1}{2}$	

3.) Neville-Formel (3.11), S. 40 zur Berechnung von $p_3(2)$:

Tabelle 3.24. Neville-Formel

$x_0 = 0$	$p_{0,0} = 1$	$p_{0,1} = 3$	$p_{0,2} = 8/3$	$p_{0,3} = 17/6$
$x_1 = 1$	$p_{1,0} = 2$	$p_{1,1} = 5/2$	$p_{1,2} = 3$	
$x_2 = 3$	$p_{2,0} = 3$	$p_{2,1} = 4$		
$x_3 = 4$	$p_{3,0} = 2$			

4.) Aitken-Formel (3.13), S. 42 zur Berechnung von $p_3(2)$:

Tabelle 3.25. Aitken-Formel

$x_0 = 0$	$q_{0,0} = 1$	$q_{1,1} = 3$	$q_{2,2} = 8/3$	$q_{3,3} = 17/6$
$x_1 = 1$	$q_{1,0} = 2$	$q_{2,1} = 7/3$	$q_{3,2} = 5/2$	
$x_2 = 3$	$q_{2,0} = 3$	$q_{3,1} = 3/2$		
$x_3 = 4$	$q_{3,0} = 2$			

3.1.1 Fehler der Interpolation

Interpoliert man eine gegebene Funktion f durch ein Polynom $p_n \in \Pi_n$, so ist ein zentrales Problem die Feststellung der *Approximationsgüte* des Interpolationspolynoms. Darunter versteht man in aller Regel ein geeignetes Maß für den *Interpolationsfehler*

(3.15) $$\varepsilon(x) = f(x) - p_n(x).$$

Satz 3.26. Interpoliere $p_n \in \Pi_n$ eine vorgegebene Funktion f, d. h., gelte $p_n(x_j) = f(x_j), j = 0, 1, \ldots, n$, wobei die x_j vorgegebene, paarweise verschiedene Knoten sind. Dann gilt für $x \neq x_j, j = 0, 1, \ldots, n$ die Formel

(3.16) $$\varepsilon(x) = f_{0,n+1} \prod_{j=0}^{n} (x - x_j).$$

Dabei ist $f_{0,n+1}$ die $(n + 1)$-te dividierte Differenz von f bezüglich der Knoten $x_0, x_1, \ldots, x_n, x$.

Beweis: Sei $x_{n+1} \neq x_j$ für $j = 0, 1, \ldots, n$. Das Interpolationspolynom p_{n+1} durch $(x_j, f(x_j))$, $0 \leq j \leq n + 1$ hat die Newtonsche Form (man vgl. (3.8), S. 39)

$$p_{n+1}(x) = p_n(x) + f_{0,n+1} \prod_{j=0}^{n} (x - x_j).$$

Setzen wir $x = x_{n+1}$, so erhalten wir

$$f(x_{n+1}) = p_{n+1}(x_{n+1}) = p_n(x_{n+1}) + f_{0,n+1} \prod_{j=0}^{n} (x_{n+1} - x_j).$$

Subtrahieren wir auf beiden Seiten $p_n(x_{n+1})$, so folgt (3.16) mit $x_{n+1} = x$. □

Die dividierte Differenz in der Fehlerformel (3.16) läßt sich in gewissen Fällen durch einen Ausdruck ersetzen, der nur von f, aber nicht mehr von den Knoten abhängt. Sei I ein Intervall. Unter $C^{n+1}(I)$ versteht man die auf I definierten, reellwertigen und $(n+1)$-mal stetig differenzierbaren Funktionen.

Satz 3.27. Seien $x_0, x_1, \ldots, x_{n+1}$ paarweise verschiedene Knoten in einem Intervall I gegeben und $f \in C^{n+1}(I)$. Dann gibt es ein $\xi \in I$ mit

$$\begin{aligned} f_{0,n+1} &= \frac{f^{(n+1)}(\xi)}{(n+1)!}, \\ \min_{j=0,1,\ldots,n+1} x_j < \; &\xi < \max_{j=0,1,\ldots,n+1} x_j. \end{aligned} \tag{3.17}$$

Beweis: Wir benutzen einen Satz von Rolle[1], der besagt, dass jede stetig differenzierbare Funktion zwischen zwei Nullstellen eine Stelle mit verschwindender Ableitung besitzt. Interpoliere $p_{n+1} \in \Pi_{n+1}$ die Daten $(x_j, f(x_j))$, $j = 0, 1, \ldots, n+1$. Wir können den Satz von Rolle anwenden auf

$$\tilde{\varepsilon} = f - p_{n+1} \tag{3.18}$$

und die Ableitungen von $\tilde{\varepsilon}$ bis zur Ordnung $n+1$. Der Fehler $\tilde{\varepsilon}$ besitzt $n+2$ Nullstellen $x_0, x_1, \ldots, x_{n+1}$, also hat die Ableitung $\tilde{\varepsilon}'$ nach dem Satz von Rolle $n+1$ Nullstellen, die zweite Ableitung $\tilde{\varepsilon}''$ hat entsprechend n Nullstellen und schließlich hat die $(n+1)$-te Ableitung

$$\tilde{\varepsilon}^{(n+1)} = f^{(n+1)} - (n+1)! f_{0,n+1}$$

noch eine Nullstelle ξ, d. h., es gilt (3.17). □

Korollar 3.28. Seien $x_0, x_1, \ldots, x_n$ paarweise verschiedene Knoten in einem Intervall $[a, b]$ gegeben und $f \in C^{n+1}[a, b]$. Das Polynom $p \in \Pi_n$ interpoliere die Daten $(x_j, f(x_j))$, $j = 0, 1, \ldots, n$. Dann ist für $x \in [a, b]$ der *Interpolationsfehler* $\varepsilon = f - p$ gegeben durch

$$\boxed{\varepsilon(x) = f(x) - p(x) = \prod_{j=0}^{n}(x - x_j)\frac{f^{(n+1)}(\xi)}{(n+1)!}, \; \xi \in [a, b].} \tag{3.19}$$

mit der Folgerung

$$|\varepsilon(x)| \le |\prod_{j=0}^{n}(x - x_j)| \max_{t \in [a,b]} \frac{|f^{n+1}(t)|}{(n+1)!} \le (b-a)^{n+1} \max_{t \in [a,b]} \frac{|f^{n+1}(t)|}{(n+1)!}. \tag{3.20}$$

[1] französischer Mathematiker Michel Rolle, 1652-1719, daher Aussprache Roll.

Beweis: Ist $x = x_j$ für ein $j = 0, 1, \ldots, n$, so gilt (3.19) trivialerweise. Ist dagegen $x \neq x_j$ für alle $j = 0, 1, \ldots, n$, so folgt (3.19) aus (3.16), S. 46 und (3.17). Die Folgerung (3.20) ist klar. □

Der Fehler (mittlerer Teil von (3.20)) besteht aus zwei Faktoren, von denen einer nur von f, der andere nur von den Knoten abhängt. Für beliebige Knoten x_j, $j = 0, 1, \ldots, n$ setzen wir

$$\omega(x) = \prod_{j=0}^{n}(x - x_j), \tag{3.21}$$

und nennen das in (3.21) eingeführte Polynom ω *Knotenpolynom*. Wir werden sehen, dass die Knotenwahl die Größenordnung von $\omega(x)$ ganz erheblich beeinflußt. Dazu zeichnen wir ω bei gegebenen $a < b$ einmal für *äquidistante* Knoten, d. h., $x_j = a + hj, j = 0, 1, \ldots, n; h = (b-a)/n$ und einmal für sogenannte *Tschebyscheffknoten* (man vgl. dazu die Abbildung 3.29)

$$x_j = \frac{1}{2}\{a + b + (b-a)\cos(\frac{2(n-j)+1}{2n+2}\pi)\},\ j = 0, 1, \ldots, n.^2 \tag{3.22}$$

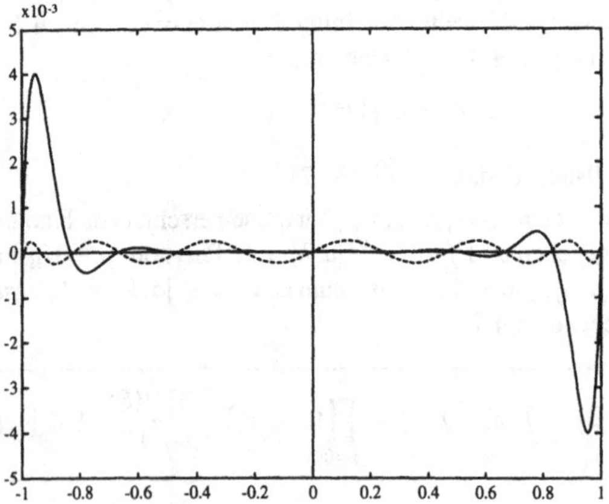

Abb. 3.29. Knotenpolynom ω aus (3.21) für $n = 12$ mit äquidistanten und Tschebyscheffknoten (gestrichelt)

[2]In der angegebenen Numerierung sind die Knoten x_j monoton *aufsteigend* geordnet!

Warum erweisen sich die Tschebyscheffknoten als besser? Wir benutzen zur Vereinfachung für $a < b,\ c < d$ die *lineare Transformation*

$$(3.23)\qquad y = c + \frac{x-a}{b-a}(d-c) \Longleftrightarrow x = a + \frac{y-c}{d-c}(b-a),$$

die $[a, b]$ umkehrbar eindeutig auf $[c, d]$ abbildet. Sei y_j das Bild von x_j unter dieser Abbildung. Setzen wir $\tilde{\omega}(y) = \prod_{j=0}^{n}(y - y_j)$, so ist $x - x_j = \frac{b-a}{d-c}(y - y_j)$ und daher

$$\omega(x) = \left(\frac{b-a}{d-c}\right)^{n+1}\tilde{\omega}(y),\ x \in [a, b],\ y \in [c, d].$$

Das Problem, $|\omega|$ in bezug auf die Knoten $x_j \in [a, b]$ zu minimieren ist damit äquivalent zur Minimierung von $|\tilde{\omega}|$ in bezug auf die Bildknoten $y_j \in [c, d]$. Wählen wir $[c, d] = [-1, 1]$, so erhalten die Tschebyscheffknoten unter der Transformation (3.23) die einfachere Gestalt

$$(3.24)\qquad y_j = \cos\frac{2(n-j)+1}{2n+2}\pi,\ j = 0, 1, \ldots, n.$$

Wir fassen die wesentlichen Ergebnisse zusammen.

Satz 3.30. Die durch

$$(3.25)\qquad T_n(y) = \cos[n \arccos y]\,, n = 0, 1, \ldots;\ y \in [-1, 1],$$

definierten Funktionen haben die folgenden Eigenschaften:

$$(3.26)\qquad T_{n+1}(y_j) = 0, \text{ mit } y_j \text{ nach (3.24)},\ j = 0, 1, \ldots, n,$$

$$(3.27)\qquad T_{n+1}(y) = 2\,y\,T_n(y) - T_{n-1}(y),\ n \geq 1;\ T_0 = 1;\ T_1(y) = y,$$

$$(3.28)\qquad T_n \in \Pi_n, \text{ d. h., } T_n \text{ ist ein Polynom vom Grad } n,$$

$$(3.29)\qquad T_{n+1}(y) = 2^n \prod_{j=0}^{n}(y - y_j) \text{ mit } y_j \text{ aus (3.24)},\ n \geq 0,$$

$$(3.30)\qquad 1 = \max_{y\in[-1,1]} |T_{n+1}(y)|,\ T_{n+1}(\cos(k\pi/(n+1))) = (-1)^k,$$

$k = 0, 1, \ldots, n+1$. Daneben hat T_{n+1} keine weiteren (lokalen und globalen) Extremwerte. Für das in (3.21) eingeführte Knotenpolynom ω gilt bei Wahl von Tschebyscheffknoten x_j aus (3.22)

$$(3.31)\qquad |\,\omega(x)| \leq 2\left(\frac{b-a}{4}\right)^{n+1} \text{ für alle } x \in [a, b].$$

Beweis: von (3.26):

$T_{n+1}(y_j) = \cos\big((n+1)\frac{2(n-j)+1}{2n+2}\pi\big) = \cos(\frac{2(n-j)+1}{2}\pi) = 0$. Die sog. *Dreitermrekursion* (3.27) wird durch vollständige Induktion nach $n+1$ bewiesen. Offensichtlich gilt die Behauptung für $n+1 = 0$ und für $n+1 = 1$, denn $T_0(y) = 1$, $T_1(y) = y$. Sei $T_k \in \Pi_k$ bereits nachgewiesen für alle $k \le n$. Wir benutzen das *Additionstheorem* (z. B. [1, ABRAMOWITZ & STEGUN, 1972, S. 72])

(3.32) $$\cos(z_1 + z_2) + \cos(z_1 - z_2) = 2\cos z_1 \cos z_2$$

und setzen $z_1 = n \arccos y$, $z_2 = \arccos y$. Daraus erhalten wir $y = \cos z_2$ und mit Definition (3.25) die gewünschten Eigenschaften (3.27) und (3.28).

(3.29): Da $T_{n+1} \in \Pi_{n+1}$ und $n+1$ Nullstellen y_j, $j = 0, 1, \ldots, n$ besitzt, hat T_{n+1} (nach Korollar 3.5, S. 37) notwendig die Form $T_{n+1}(y) = c\prod_{j=0}^{n}(y - y_j)$. Der Höchstkoeffizient $c = 2^n$ ergibt sich aus der Rekursion (3.27).

(3.30): Aus der Definition (3.25) folgt $|T_{n+1}(y)| \le 1$ für alle y. Für $k = 0, 1, \ldots, n+1$ ist $T_{n+1}(\cos(k\pi/(n+1))) = \cos k\pi = (-1)^k$. Das Maximum von $|T_{n+1}|$ wird also $(n+2)$-mal angenommen. Als Polynom in Π_{n+1} hat T_{n+1} höchstens n (lokale) Extremwerte in $]-1, 1[$. Neben den angegebenen $n+2$ Extremwerten kann $|T_{n+1}|$ keine weiteren Extremwerte besitzen. Auf ein (globales) Maximum von T_{n+1} folgt also ein (globales) Minimum und umgekehrt.

(3.31): Wir benutzen $\tilde{\omega}(y) = \prod_{j=0}^{n}(y - y_j)$ mit y_j aus (3.24). Aus (3.24) folgt dann $|T_{n+1}(y)| = 2^n|\tilde{\omega}(y)| \le 1$, also gilt $|\tilde{\omega}(y)| \le 2^{-n}$. Ersetzen wir y und y_j gemäß (3.23), S. 49 durch x bzw. x_j, so erhalten wir $\tilde{\omega}(y) = (\frac{2}{b-a})^{n+1}\omega(x)$ mit $\omega(x) = \prod_{j=0}^{n}(x - x_j)$ und x_j nach (3.22) und daraus die Behauptung. □

Die jetzt als Polynome entlarvten Funktionen T_n, definiert in (3.25) mit der Rekursion (3.27) heißen *Tschebyscheff-Polynome*.

Die angegebene Abschätzung (3.31) ist die beste, die man unter allen Knotenwahlen finden kann. Genauer gilt der

Satz 3.31. Sei ω wie in (3.21), S. 48 definiert. Unter allen Knotenwahlen ist $\max_{x\in I}|\omega(x)|$ für die Tschebyscheffknoten x_j aus (3.22), S. 48 minimal.

Beweis: Sei $\omega_0(x) = \prod_{j=0}^{n}(x - x_j)$ mit Tschebyscheffknoten x_j, und sei $\xi_j, j = 0, 1, \ldots, n$ eine bessere Knotenwahl, d. h., für $\omega(x) = \prod_{j=0}^{n}(x - \xi_j)$ gelte

(3.33) $$\max_{x\in I}|\omega(x)| < \max_{x\in I}|\omega_0(x)|.$$

Nach (3.30) hat ω_0 dasselbe oszillierende Verhalten wie T_{n+1}. Es ist $p := \omega - \omega_0 \in \Pi_n$, da ω und ω_0 beide mit x^{n+1} beginnen. Wegen (3.33) ist $p \neq 0$.

Seien m_j, m_{j+1} zwei aufeinanderfolgende Extremwerte von $\omega_0, j = 0, 1, \ldots, n$, d. h., $\omega_0(m_j)+\omega_0(m_{j+1}) = 0$ und $|\omega_0(m_j)| = |\omega_0(m_{j+1})| = \max_{x\in I} |\omega_0(x)|$, dann haben $p(m_j)$ und $p(m_{j+1})$ wegen (3.33) verschiedene Vorzeichen, und somit liegt zwischen m_j und m_{j+1} nach dem Zwischenwertsatz eine Nullstelle von p, d. h., p hat insgesamt $n+1$ Nullstellen, ein Widerspruch zu $p \neq 0$. □

Wir haben also mit Satz 3.31 die Frage, warum die Tschebyscheffknoten besser sind, beantwortet, sie minimieren nämlich den maximalen Ausschlag des Knotenpolynoms ω.

Am Anfang haben wir gezeigt, dass für jede Knotenwahl $x_0, x_1, \ldots, x_n$ mit paarweise verschiedenen Knoten das Interpolationsproblem $p(x_j) = y_j, p \in \Pi_n$ für beliebige $y_0, y_1, \ldots, y_n$ eindeutig lösbar ist. Es gilt also der

Satz 3.32. Sei $p(x) = \sum_{k=0}^{n} a_k x^k$. Dann hat das lineare Gleichungssystem

$$p(x_j) = \sum_{k=0}^{n} a_k x_j^k = y_j, j = 0, 1, \ldots, n \tag{3.34}$$

mit den Unbekannten $a_0, a_1, \ldots, a_n$ zu beliebigen $y_0, y_1, \ldots, y_n$ und zu paarweise verschiedenen Knoten $x_0, x_1, \ldots, x_n$ genau eine Lösung.

Beweis: Aus Korollar 3.3, S. 37. □

Das Gleichungssystem (3.34) hat die Matrix

$$\mathbf{A} = \begin{pmatrix} 1 & x_0 & x_0^2 & \ldots & x_0^n \\ 1 & x_1 & x_1^2 & \ldots & x_1^n \\ \vdots & & & & \vdots \\ 1 & x_n & x_n^2 & \ldots & x_n^n \end{pmatrix}.$$

Die Matrix $\mathbf{V} = \mathbf{A}^{\mathrm{T}}$ heißt *Vandermonde-Matrix*. Setzt man $\mathbf{a} = (a_0, a_1, \ldots, a_n)^{\mathrm{T}}$, $\mathbf{y} = (y_0, y_1, \ldots, y_n)^{\mathrm{T}}$, so kann man (3.34) auch in der kurzen Form

$$\mathbf{Aa} = \mathbf{y} \tag{3.35}$$

schreiben. Der Satz 3.32 ist von theoretischem Interesse. Benötigt man tatsächlich die in (3.34) angegebenen Koeffizienten a_k, so sollte man spezielle Lösungsmethoden verwenden. Hinweise dazu bei [86, REICHEL & OPFER, 1991]. Hinweise zur Definition und zum Gebrauch von Matrizen findet man im Abschnitt 6.1.1, S. 159.

3.1.2 Hermite-Interpolation

Wir beginnen mit einem kleinen Anwendungsbeispiel. Bestehe eine Straßenlaterne aus einem senkrechten Pfosten, an dem ein parabelförmiger Bogen befestigt ist, der an seinem freien Ende eine Lampe trägt. Aus technischen Gründen wird verlangt, dass die beiden Enden des Bogens einen vorgegebenen Abstand und eine vorgegebene Höhe, sagen wir h_0, h_1 über der Straße haben müssen, und dass die Lampe unter einem ebenfalls vorgegebenen Winkel α die Straße beleuchten soll.

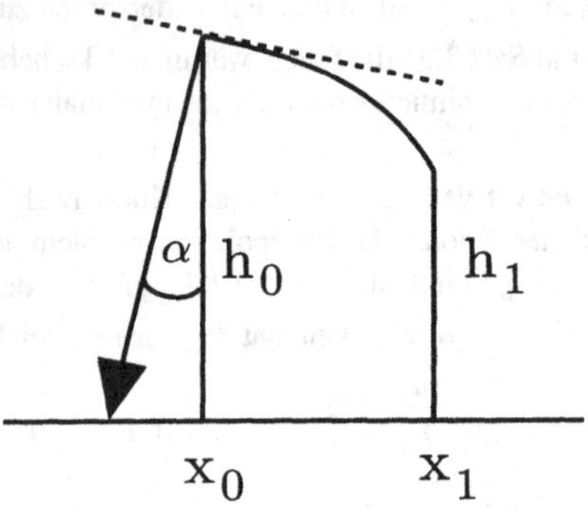

Abb. 3.33. Straßenlaterne mit parabelförmigem Bogen

Man vgl. dazu die Abbildung 3.33. Wir haben also das Problem, eine Parabel $p \in \Pi_2$ zu finden, so dass

$$p(x_0) = h_0, \quad p'(x_0) = h_0' = -\tan\alpha, \quad p(x_1) = h_1.$$

Machen wir den Ansatz $p(x) = a + b(x - x_0) + c(x - x_0)^2$, der ähnlich zur Newton-Form ist, so erhalten wir als Lösung

$$a = h_0, \; b = h_0', \; c = \frac{\frac{h_1 - h_0}{x_1 - x_0} - h_0'}{x_1 - x_0}.$$

Interessant ist, dass man diese Lösung aus dem gewöhnlichen Newton-Polynom dadurch erhalten kann, dass man den Knoten x_0 durch zwei geringfügig verschiedene Knoten x_0, $x_0 + \varepsilon$ ersetzt und dann den Grenzübergang $\varepsilon \to 0$ vornimmt. Aus diesem Grund sagt man auch, dass x_0 ein *Doppelknoten* ist.

Wir kommen jetzt zum allgemeinen Problem. Bei der *Hermite-Interpolation*[3] handelt es sich genau wie im vorigen Abschnitt um eine Interpolation auf dem gegegenen Gitter $x_0, x_1, \ldots, x_n$. Wir verlangen jedoch jetzt, dass das gesuchte Polynom nicht nur vorgegebene Werte, sondern dass es auch noch an gewissen Knoten vorgegebene Ableitungen annimmt. Gegeben sind bei diesem Problem

[3] französischer Mathematiker Charles Hermite, 1822–1901, Aussprache Ermiet.

Daten

$$\begin{array}{c} (x_0, f_0^{(0)}, f_0^{(1)}, \ldots, f_0^{(i_0)}), \\ (x_1, f_1^{(0)}, f_1^{(1)}, \ldots, f_1^{(i_1)}), \\ \vdots \\ (x_n, f_n^{(0)}, f_n^{(1)}, \ldots, f_n^{(i_n)}), \end{array}$$

und gesucht ist ein Polynom p von möglichst niedrigem Grad, so dass

$$p^{(i)}(x_j) = f_j^{(i)}, i = 0, 1, \ldots, i_j; \quad j = 0, 1, \ldots, n. \tag{3.36}$$

Ein weiteres, einfaches Beispiel ist die Hermite-Interpolation der Daten

$$(a, f_0, f_0'), \; ((a+b)/2, f_1), \; (b, f_2, f_2') \text{ mit } a \neq b. \tag{3.37}$$

Bei diesem Beispiel geht es also darum, ein Polynom zu finden, dass an den Rändern des Intervalls $I := [a, b]$ vorgegebene Werte und erste Ableitungen und in der Mitte von I nur einen vorgegebenen Wert annimmt.

Wie wir an dem Laternen-Beispiel gesehen haben, können wir dieses und auch das allgemeine Hermite-Interpolationsproblem mit nur einer geringfügigen Änderung der bereits bekannten Newton-Polynome lösen. Wir betrachten dazu die ersten dividierten Differenzen an zwei nahe beieinanderliegenden, benachbarten Knoten x_j, $x_j + \varepsilon$ und stellen uns vor, dass wir eine differenzierbare Funktion f interpolieren wollen:

$$f[x_j, x_j] := \lim_{\varepsilon \to 0} f[x_j, x_j + \varepsilon] = \lim_{\varepsilon \to 0} \frac{f(x_j + \varepsilon) - f(x_j)}{\varepsilon} = f'(x_j). \tag{3.38}$$

Wollen wir also an einem Knoten x_j den Wert *und* die erste Ableitung von f interpolieren, so können wir uns diesen Knoten als doppelten Knoten vorstellen und die erste dividierte Differenz durch f_j' ersetzen.

Beispiel 3.34. ***Hermite-Interpolation mit Doppelknoten***
Wir behandeln das obige Beispiel (3.37). Als Gitter wählen wir $\xi_0, \xi_1, \xi_2, \xi_3, \xi_4 = a, a, m, b, b$ mit $m = (a + b)/2$. Wir führen die doppelten Knoten a und b also zweimal auf. Die dividierten Differenzen ergeben sich aus der Tabelle 3.35. Das Newton-Polynom hat damit die folgende Gestalt:

$$\begin{aligned} p(x) &= f_0 + f_{01}(x-a) + f_{02}(x-a)^2 + f_{03}(x-a)^2(x-m) \\ &\quad + f_{04}(x-a)^2(x-m)(x-b), \end{aligned}$$

und eine separate Rechnung bestätigt, dass p das Interpolationsproblem (3.37) löst.

Tabelle 3.35. Hermite-Interpolation der Daten (3.37)

ξ_i	f_i	$f_{i,1}$	$f_{i,2}$	$f_{i,3}$	$f_{0,4}$
$\xi_0 = a$	f_0	f_0'	$\frac{f_{1,1} - f_{0,1}}{m - a}$	$\frac{f_{1,2} - f_{0,2}}{b - a}$	$\frac{f_{1,3} - f_{0,3}}{b - a}$
$\xi_1 = a$	f_0	$\frac{f_1 - f_0}{m - a}$	$\frac{f_{2,1} - f_{1,1}}{b - a}$	$\frac{f_{2,2} - f_{1,2}}{b - a}$	
$\xi_2 = m$	f_1	$\frac{f_2 - f_1}{b - m}$	$\frac{f_{3,1} - f_{2,1}}{b - m}$		
$\xi_3 = b$	f_2	f_2'			
$\xi_4 = b$	f_2				

Nach diesem einführenden Beispiel zeigen wir zuerst, dass das Hermite-Interpolationsproblem höchstens eine Lösung haben kann.

Satz 3.36. Das Hermite-Interpolationsproblem (3.36), S. 53 hat höchstens eine Lösung in Π_N mit N aus (3.40).

Beweis: Seien $p_1, p_2 \in \Pi_N$ zwei Lösungen und $q = p_1 - p_2$. Das Polynom q hat (höchstens) den Grad N und die Eigenschaft $q^{(i)}(x_j) = 0, i = 0, 1, \ldots, i_j$; $j = 0, 1, \ldots, n$, d.h., am Knoten x_j hat q eine $i_j + 1$-fache Nullstelle, insgesamt also $N + 1$ Nullstellen. Also ist $q = 0$ nach Lemma 2.4, S. 15. □

Wir konstruieren jetzt durch eine Modifikation des Neville-Algorithmus eine Lösung. Zum Interpolationsproblem (3.36), S. 53 definieren wir das *erweiterte Gitter*

(3.39) $$\xi_0, \xi_1, \ldots, \xi_N := \underbrace{x_0, x_0, \ldots, x_0}_{(i_0+1)\text{-mal}}, \underbrace{x_1, x_1, \ldots, x_1}_{(i_1+1)\text{-mal}}, \ldots, \underbrace{x_n, x_n, \ldots, x_n}_{(i_n+1)\text{-mal}}$$

(3.40) mit $$N := n + i_0 + i_1 + \cdots + i_n.$$

Mit $\#\xi_j$ bezeichnen wir die *Vielfachheit des Knotens* $\xi_j, 0 \le j \le N$. Ist $\xi_j = x_k$, so setzen wir $f^{(i)}(\xi_j) := f_k^{(i)}, 0 \le i \le \#\xi_j - 1$. Wir schreiben dann das Interpolationsproblem in der Form

(3.41) $$p^{(i)}(\xi_j) = f^{(i)}(\xi_j),\ 0 \le i \le \#\xi_j - 1,\ 0 \le j \le N.$$

Satz 3.37. (*Neville-Hermitesche Formel*). Die im folgenden Algorithmus bestimmten $p_{i,k}$ liegen in Π_k und interpolieren die gegebenen Daten an den $k+1$ nicht notwendig verschiedenen Stellen $\xi_i, \xi_{i+1}, \dots, \xi_{i+k}$, $i+k \leq N$, $0 \leq i$. Bei mehrfachen Knoten sind entsprechend (3.41) auch Ableitungen heranzuziehen. Der Algorithmus lautet:

$$\begin{aligned} p_{i,0}(x) &:= f_i, \\ p_{i,k}(x) &:= \begin{cases} \dfrac{(x-\xi_i)p_{i+1,k-1}(x) - (x-\xi_{i+k})p_{i,k-1}(x)}{\xi_{i+k}-\xi_i}, & \xi_i \neq \xi_{i+k}, \\ p_{i,k-1} + (x-\xi_i)^k \dfrac{f^{(k)}(\xi_i)}{k!}, \quad 1 \leq k \leq N & \text{sonst.} \end{cases} \end{aligned} \tag{3.42}$$

Beweis: Durch vollständige Induktion nach k. Für $k = 0$ ist die Behauptung richtig. Interpoliere $p_{j,k-1}$ an den Knoten $\xi_j, \xi_{j+1}, \dots, \xi_{j+k-1}, j = i, i+1$ unter Berücksichtigung der Vielfachheiten der beteiligten Knoten. Sei a) $\xi_i \neq \xi_{i+k}$. Dann haben die Knoten zwischen diesen Knoten höchstens die Vielfachheit $j + 1 \leq k$. Wir schreiben nur zum Zwecke des Beweises den Ausdruck (3.42) in die Form

$$P(x) := \frac{(x-u)p(x) - (x-w)q(x)}{w-u}, \quad w \neq u$$

mit der Folgerung

$$P^{(j)}(x) = \frac{(x-u)p^{(j)}(x) + jp^{(j-1)}(x) - (x-w)q^{(j)}(x) - jq^{(j-1)}(x)}{w-u}.$$

Daraus folgt weiter für $(j+1)$-fache Knoten u

$$P^{(j)}(u) = q^{(j)}(u) + \frac{j(p^{(j-1)}(u) - q^{(j-1)}(u))}{w-u} = q^{(j)}(u),$$

und entsprechend für $(j+1)$-fache Knoten w

$$P^{(j)}(w) = p^{(j)}(w) + \frac{j(p^{(j-1)}(w) - q^{(j-1)}(w))}{w-u} = p^{(j)}(w),$$

und entsprechend für $(j+1)$-fache Knoten v mit $u < v < w$

$$\begin{aligned} P^{(j)}(v) &= \frac{(v-u)p^{(j)}(v) + j(p^{(j-1)}(v) - q^{(j-1)}(v)) - (v-w)q^{(j)}(v)}{w-u} \\ &= p^{(j)}(v). \end{aligned}$$

Da es zwischen u und w höchstens $k-1$ Knoten geben kann, ist im letzten Fall $j+1 \leq k-1$. b) Sei $\xi_i = \xi_{i+k}$. Dann ist $p_{i,k}^{(j)}(\xi_i) = p_{i,k-1}^{(j)}(\xi_i), j \leq k-1$, und $p_{i,k}^{(k)}(\xi_i) = f^{(k)}(\xi_i)$. □

Wir zeigen jetzt, dass auch bei mehrfachen Knoten die dividierten Differenzen definiert werden können und stetig aus den bekannten Formeln für dividierte Differenzen mit getrennten Knoten hervorgehen. Dazu beweisen wir zuerst eine neue Formel für die bereits bekannten dividierten Differenzen.

Satz 3.38. (Hermite-Genocchi[4]) Sei $f \in C^n(\mathbb{R})$ und $x_j, j = 0, 1, \ldots, n$ seien paarweise verschieden. Dann gilt mit $\nabla x_j := x_j - x_{j-1},\ j \geq 1$ die Formel

$$f[x_0, x_1, \ldots, x_n] =$$
$$\int_0^1 \int_0^{t_1} \cdots \int_0^{t_{n-1}} f^{(n)}(x_0 + \nabla x_1 t_1 + \cdots + \nabla x_n t_n)\, \mathrm{d}t_n\, \mathrm{d}t_{n-1} \cdots \mathrm{d}t_1. \tag{3.43}$$

Beweis: Wir verwenden vollständige Induktion nach n. Für $n = 0$ ist $f[x_0] = f(x_0)$, die Behauptung also richtig. Das innere Integral kann man ausrechnen:

$$\int_0^{t_{n-1}} f^{(n)}(x_0 + \nabla x_1 t_1 + \cdots + \nabla x_n t_n)\, \mathrm{d}t_n =$$
$$\frac{1}{\nabla x_n}\Big(f^{(n-1)}(x_0 + \nabla x_1 t_1 + \cdots + \nabla x_{n-2} t_{n-2} + (x_n - x_{n-2}) t_{n-1}) -$$
$$f^{(n-1)}(x_0 + \nabla x_1 t_1 + \cdots + \nabla x_{n-1} t_{n-1})\Big).$$

Setzt man dieses Ergebnis wieder in (3.43) ein, so erhält man unter Anwendung der Induktionsvoraussetzung

$$f[x_0, x_1, \ldots, x_n] = \frac{1}{\nabla x_n}\Big(f[x_0, x_1, \ldots, x_{n-2}, x_n] - f[x_0, x_1, \ldots, x_{n-1}]\Big).$$

Das ist aber gerade die Aitkensche Form (3.14), S. 43 der dividierten Differenzen. Man setze dort $j = k = n$. □

Man sieht sofort, dass für $f \in \Pi_n$ der Ausdruck (3.43) $f[x_0, x_1, \ldots, x_n]$ nicht von den Knoten abhängt, und für $f \in \Pi_{n-1}$ verschwindet (Satz 3.8 iv, S. 38).

Korollar 3.39. Sei $f \in C^n(\mathbb{R})$. (a) Die dividierten Differenzen $f[x_0, x_1, \ldots, x_n]$ sind in bezug auf die Knoten $x_j, 0 \leq j \leq n$ stetig, und für alle Knotenwahlen

[4] italienischer Mathematiker Angelo Genocchi, 1817–1889, Aussprache Andschelo Dschenoki, ein sog. *palatales* g, wie *John* im Englischen.

definiert. (b) Für gleiche Knoten gilt

(3.44) $$f[\underbrace{x_j,\ldots,x_j,x_j}_{(k+1)\text{-mal}}] = \frac{f^{(k)}(x_j)}{k!},\ k=0,1,\ldots$$

Beweis: (a) Aus der Formel (3.43), da der Integrand in den Knoten stetig ist. (b) Ist $x_0 = x_1 = \cdots = x_n$, so ist nach (3.43)

$$f[\underbrace{x_0,x_0,\ldots,x_0}_{(n+1)\text{-mal}}] = f^{(n)}(x_0)\int_0^1\int_0^{t_1}\cdots\int_0^{t_{n-1}} \mathrm{d}t_n\,\mathrm{d}t_{n-1}\cdots\mathrm{d}t_1.$$

Das Integral kann man von innen nach außen berechnen: $\int_0^{t_{n-1}} \mathrm{d}t_n = t_{n-1}$, $\int_0^{t_{n-2}} t_{n-1}\,\mathrm{d}t_{n-1} = \frac{1}{2}t_{n-2}^2$, $\frac{1}{2}\int_0^{t_{n-3}} t_{n-2}^2\,\mathrm{d}t_{n-2} = \frac{1}{3!}t_{n-3}^3,\ldots,$ $\frac{1}{(n-2)!}\int_0^{t_1} t_2^{n-2}\,\mathrm{d}t_2 = \frac{1}{(n-1)!}t_1^{n-1}$, $\frac{1}{(n-1)!}\int_0^1 t_1^{n-1}\,\mathrm{d}t_1 = \frac{1}{n!} \Rightarrow$ (3.44). □

Satz 3.40. Das Hermite-Interpolationsproblem (3.36), S. 53 hat eine Lösung in Π_N mit N aus (3.40), S. 54. Man kann sie in der folgenden Form schreiben:

(3.45) $$p(x) = \sum_{j=0}^{N}\left\{f[\xi_0,\xi_1,\ldots,\xi_j]\prod_{k=0}^{j-1}(x-\xi_k)\right\}$$

mit dem in (3.39), S. 54 definierten Gitter. Die Größen $f[\xi_0,\xi_1,\ldots,\xi_j]$ sind die nach (3.12), S. 40 unter Verwendung der Zusatzregel (3.44) zu berechnenden dividierten j-ten Differenzen. Die dividierten Differenzen $f[\xi_i,\xi_{i+1},\ldots,\xi_{i+k}]$ sind die Höchstkoeffizienten des Hermiteschen Interpolationspolynoms, definiert auf dem erweiterten Gitter $\xi_i,\xi_{i+1},\ldots,\xi_{i+k}$, $0 \le i \le i+k \le N$.

Beweis: Das Interpolationspolynom hat auf dem (erweiterten) Gitter $\xi_i,\xi_{i+1},\ldots,\xi_{i+k}$, $0 \le i \le i+k \le N$ einen eindeutig bestimmten Höchstkoeffizienten, den wir nach wie vor mit $f[\xi_i,\xi_{i+1},\ldots,\xi_{i+k}]$ bezeichnen, und der aus der Neville-Hermiteschen Formel (3.42) abgelesen werden kann. Die entstehenden Formeln für $f[\xi_i,\xi_{i+1},\ldots,\xi_{i+k}]$ sind gerade die um die Zusatzregel vermehrte alte Formel. Nach dem Korollar 3.39 sind sie für jede Knotenwahl definiert. Analog zu der in (3.8) und (3.10), S. 39 vorgeführten Herleitung hat dann das gesuchte Interpolationspolynom die obige Form (3.45). □

Wir nennen das in (3.45) angegebene Polynom die *Hermite-Newtonsche Form* des Interpolationspolynoms oder kurz das *Hermite-Newton-Polynom*.

3.1.3 Fehler der Hermite-Interpolation

Die Lösungsformel (3.45) ist unmittelbar anwendbar auf die Bestimmung des Interpolationsfehlers $\varepsilon = f - p$. Es ist wegen der Stetigkeit der dividierten Differenzen in den Knoten klar, dass das Korollar 3.28, S. 47 auch für mehrfache Knoten gilt. D. h., wir haben für $f \in C^{N+1}(I)$ die Fehlerformel

$$\varepsilon(x) = f(x) - p(x) = \prod_{j=0}^{N}(x - \xi_j)\frac{f^{(N+1)}(\xi)}{(N+1)!}, \quad x, \xi \in I. \tag{3.46}$$

Ein einfacher Spezialfall besteht aus der Interpolation der Werte und Ableitungen einer gegebenen Funktion $f \in C^n$ bis zur Ordnung n an einer einzigen Stelle x_0. Wir suchen also $p \in \Pi_N$ mit

$$p^{(k)}(x_0) = f^{(k)}(x_0), \ k = 0, 1, \ldots, n.$$

Hier ist das erweiterte Gitter also $\xi_0, \xi_1, \ldots, \xi_n = x_0, x_0, \ldots, x_0$, d. h., insbesondere ist $N = n$. Die Lösung ist nach Satz 3.40, Formel (3.45)

$$p(x) = \sum_{j=0}^{n} \frac{f^{(j)}(x_0)}{j!}(x - x_0)^j.$$

Das ist das sog. *Taylor-Polynom* von f. Für $f \in C^{n+1}$ erhalten wir aus (3.46) die bekannte *Restglieddarstellung*

$$f(x) - p(x) = (x - x_0)^{n+1}\frac{f^{(n+1)}(\xi)}{(n+1)!}, \ \xi \in [\min(x_0, x), \max(x_0, x)].$$

Die Fehlerformel (3.46) wird später auch für gewisse Integrationsformeln höherer Genauigkeit nützlich sein.

Wir leiten einen wichtigen Spezialfall von (3.46) her, der für die später zu besprechenden Splines wichtig ist. Wir behandeln ein Interpolationsproblem mit nur zwei Knoten $a < b$.

Lemma 3.41. Seien $\kappa, k \in \mathbb{N}$ zwei natürliche Zahlen, $I = [a, b], a < b$ ein Intervall und $f \in C^{\kappa+k}(I)$. Mit p bezeichnen wir das Hermitesche Interpolationspolynom kleinsten Grades mit $p^{(j)}(a) = f^{(j)}(a), j = 0, 1, \ldots, \kappa - 1, p^{(j)}(b) = f^{(j)}(b), j = 0, 1, \ldots, k - 1$. Dann ist

$$f(x) - p(x) = (x - a)^{\kappa}(b - x)^{k}\frac{f^{(\kappa+k)}(\xi)}{(\kappa+k)!}, \quad x, \xi \in I, \quad \text{und} \tag{3.47}$$

$$\frac{(x-a)^\kappa(b-x)^k}{(\kappa+k)!} \leq d_{\kappa,k}(b-a)^{\kappa+k} \quad \text{mit}$$

$$d_{\kappa,k} := \frac{\kappa^\kappa k^k}{(\kappa+k)^{\kappa+k}(\kappa+k)!}. \tag{3.48}$$

Beweis: Formel (3.47) ist ein Spezialfall von (3.46). Sei $\varphi(x) := (x-a)^\kappa(b-x)^k$. Diese Funktion hat in $[a,b]$ genau ein Maximum bei $x_M := \frac{ak+b\kappa}{k+\kappa}$ (man setze φ' Null). Setzt man x_M in φ ein, so erhält man die Formel für $d_{\kappa,k}$. □

Beispiel 3.42. ***Hermite-Interpolation mit zwei Knoten***

Spezialisieren wir uns im obigen Lemma 3.41 auf $\kappa = k$ und $|\kappa - k| = 1$, so erhalten wir:

$$c_{2k} := d_{k,k} = \frac{1}{2^{2k}(2k)!}, \tag{3.49}$$

$$c_{2k+1} := d_{k,k+1} = d_{k+1,k} = \frac{(k+1)^{k+1}k^k}{(2k+1)^{2k+1}(2k+1)!}. \tag{3.50}$$

Speziell erhalten wir

$$\begin{array}{llllll} & & & c_2 & = & 1/8, \\ c_3 & = & 2/81, & c_4 & = & 1/384, \\ c_5 & = & 9/31\,250, & c_6 & = & 1/46\,080, \\ c_7 & = & 48/28\,824\,005, & c_8 & = & 1/10\,321\,920. \end{array} \tag{3.51}$$

3.2 Trigonometrische Interpolation

Wollen wir periodische Funktionen wie sin oder cos interpolieren, so ist es sinnvoll zur Interpolation Funktionen zu wählen, die dasselbe periodische Verhalten haben. Wir betrachten daher hier das Interpolationsproblem mit 2π-periodischen Funktionen zuerst in der einfacheren Form

$$t_N(x) = \sum_{j=0}^{N-1} c_j \exp(\mathrm{i}jx), \; x \in [0, 2\pi[, \tag{3.52}$$

die wir bereits im Abschnitt 2.2, S. 19 eingeführt haben. Eine reelle Form mit Sinus- und Kosinustermen werden wir am Schluß daraus herleiten. Benutzen wir bei fest vorgegebenem N wieder die äquidistanten Knoten

$$x_k = 2\pi k/N, \; k = 0, 1, \ldots, N-1, \tag{3.53}$$

so geht es darum, bei gegebenen reellen oder komplexen Werten

$$\tau_k, \; k = 0, 1, \ldots, N-1 \tag{3.54}$$

i. a. komplexe Zahlen $c_0, c_1, \ldots, c_{N-1}$ so zu finden, dass

$$\tau_k = t_N(x_k) = \sum_{j=0}^{N-1} c_j \exp(\mathrm{i}jx_k), \; k = 0, 1, \ldots, N-1. \tag{3.55}$$

Wir nennen dieses Problem *trigonometrisches Interpolationsproblem.* Es ist zweckmäßig wie in Abschnitt 2.2, S. 19 die Größe

$$w_N = \exp(\mathrm{i}2\pi/N) \tag{3.56}$$

einzuführen. Damit hat dann (3.55) die formal einfachere Form

$$\boxed{\tau_k = \sum_{j=0}^{N-1} c_j w_N^{jk}, \; k = 0, 1, \ldots, N-1.} \tag{3.57}$$

Setzen wir im obigen Ausdruck (3.52) $z = \exp(\mathrm{i}x)$, so hat (3.52) die Form

$$t_N(x) = \sum_{j=0}^{N-1} c_j z^j,$$

ist also ein Polynom in z. Da die N Knoten in der Form $z_k = \exp(\mathrm{i}x_k)$ paarweise verschieden sind, ist festzuhalten, dass das angegebene trigonometrische Interpolationsproblem immer eindeutig lösbar ist. Es geht also jetzt „nur" noch um die Bestimmung der Lösung. Dazu verwenden wir ein

Lemma 3.43. Sei $N \in \mathbb{N}$ fest, w_N wie in (3.56) gegeben. Dann gilt für alle $\ell \in \mathbb{Z}$ die Gleichung

$$S := \sum_{k=0}^{N-1} w_N^{k\ell} = \begin{cases} N & \text{falls } \ell = \nu N, \; \nu \in \mathbb{Z}, \\ 0 & \text{falls } \ell \neq \nu N, \nu \in \mathbb{Z}. \end{cases} \tag{3.58}$$

Beweis: Sei $z = w_N^\ell$, dann ist nach der Definition (3.58) der Summe $zS = S$. D. h., entweder ist $S \neq 0$ oder $S = 0$. Im ersten Fall ist notwendig $z = 1 \Leftrightarrow \ell = \nu N$ für ein $\nu \in \mathbb{Z}$. Damit haben wir beide Fälle bewiesen. □

Um die gesuchten Koeffizienten c_j in (3.57) zu finden, multiplizieren wir (3.57) für $\ell = 0, 1, \ldots, N-1$ mit $w_N^{-\ell k}$, summieren über k und erhalten unter Verwendung von Lemma 3.43 (man ersetze dort ℓ durch $j-\ell$)

$$\begin{aligned} \sum_{k=0}^{N-1} w_N^{-\ell k} \tau_k &= \sum_{k=0}^{N-1} w_N^{-\ell k} \sum_{j=0}^{N-1} c_j w_N^{jk} = \\ &= \sum_{j=0}^{N-1} c_j \sum_{k=0}^{N-1} w_N^{k(j-\ell)} = N c_\ell. \end{aligned}$$

Damit haben wir die Umkehrung von (3.57) gefunden, nämlich

$$c_j = \frac{1}{N} \sum_{k=0}^{N-1} \tau_k w_N^{-jk}, \; j = 0, 1, \ldots, N-1. \tag{3.59}$$

Wir untersuchen im Rest dieses Abschnitts den reellen Fall, d.h., wir nehmen jetzt an, dass alle $\tau_k, k = 0, 1, \ldots, N-1$ reell sind. Dann gilt für die in (3.59) angegebenen Koeffizienten

$$c_0 \in \mathbb{R}, \; c_{N-j} = \frac{1}{N} \sum_{k=0}^{N-1} \tau_k w_N^{-(N-j)k} = \overline{c_j}, \; j = 1, 2, \ldots, N-1, \tag{3.60}$$

wobei $\overline{c_j}$ die zu c_j konjugierte Größe bedeutet. Für gerades N folgt aus (3.60) $c_{\frac{N}{2}} = \overline{c_{\frac{N}{2}}}$, d. h., $c_{\frac{N}{2}}$ ist reell. Man vergleiche ggf. nochmal die Bemerkung 2.20 auf Seite 26 über komplexe Zahlen. Die Beziehung (3.60) bewirkt i.w., dass wir uns im reellen Fall auf die halbe Parameterzahl einschränken können. Etwas genauer gesagt, erwarten wir in diesem Fall eine reelle Lösung mit nur N reellen Parametern.

Satz 3.44. Wir setzen

$$M := \lfloor \frac{N+1}{2} \rfloor := \begin{cases} (N+1)/2 & \text{falls } N \text{ ungerade ist,*} \\ N/2 & \text{falls } N \text{ gerade ist,} \end{cases} \tag{3.61}$$

$$h_j(x) := \exp(\mathbf{i}(N-j)x) - \exp(-\mathbf{i}jx), \; j = 1, 2, \ldots, M-1, \tag{3.62}$$

$$t_N^{\mathbb{R}}(x) := c_0 + \sum_{j=1}^{M-1} 2\Re\{c_j \exp(\mathbf{i}jx)\} + c_M \cos Mx, \tag{3.63}$$

$$t_N^{\mathbb{C}}(x) := \sum_{j=1}^{M-1} \overline{c_j} h_j(x) + \mathbf{i} c_M \sin Mx \tag{3.64}$$

mit $c_M = 0$ falls N ungerade ist. Dann ist

$$t_N = t_N^{\mathbb{R}} + t_N^{\mathbb{C}}, \tag{3.65}$$

* Die Abbildung $n = \lfloor x \rfloor$, $x \in \mathbb{R}$ ist in der Fußnote ab Seite 17 erklärt.

(3.66) $$t_N^{\mathbb{R}}(x_k) = \tau_k,\ t_N^{\mathbb{C}}(x_k) = 0,\ k = 0, 1, \dots, N-1,$$

$t_N^{\mathbb{R}}$ ist reell, enthält N reelle Parameter und nur Terme bis zur Ordnung $M-1$ (N ungerade) bzw. M (N gerade) und löst eindeutig das reelle, trigonometrische Interpolationsproblem.

Beweis: Wegen (3.60) können wir in Formel (3.52), S. 59 die Terme mit $j = 1, N-1, j = 2, N-2$, etc. zusammenfassen und erhalten

$$\begin{aligned}
t_N(x) &= c_0 + \sum_{j=1}^{N-1} c_j \exp(\mathbf{i}jx) \\
&= c_0 + \sum_{j=1}^{M-1} \{c_j \exp(\mathbf{i}jx) + c_{N-j} \exp(\mathbf{i}(N-j)x)\} + c_M \exp(\mathbf{i}Mx) \\
&= c_0 + \sum_{j=1}^{M-1} \{c_j \exp(\mathbf{i}jx) + \overline{c_j} \exp(\mathbf{i}(N-j)x)\} + c_M \exp(\mathbf{i}Mx) \\
&= c_0 + \sum_{j=1}^{M-1} \{c_j \exp(\mathbf{i}jx) + \overline{c_j \exp(\mathbf{i}jx)} - \overline{c_j \exp(\mathbf{i}jx)} \\
&\quad + \overline{c_j} \exp(\mathbf{i}(N-j)x)\} + c_M\{\cos Mx + \mathbf{i} \sin Mx\} \\
&= c_0 + \sum_{j=1}^{M-1} 2\Re\{c_j \exp(\mathbf{i}jx)\} + c_M \cos Mx \\
&\quad + \sum_{j=1}^{M-1} \overline{c_j} h_j(x) + \mathbf{i} c_M \sin Mx = t_N^{\mathbb{R}}(x) + t_N^{\mathbb{C}}(x),
\end{aligned}$$

wobei alle Summanden mit dem Faktor c_M für ungerades N durch Null zu ersetzen, d. h. wegzulassen sind. Nun ist $t_N^{\mathbb{C}}(x_k) = 0$ für alle $k = 0, 1, \dots, N-1$. D. h., $t_N^{\mathbb{R}}$ ist die reelle Interpolierende mit den angegebenen Eigenschaften. □

Korollar 3.45. Wir setzen

(3.67) $$c_j := (a_j - \mathbf{i}b_j)/2 := \frac{1}{N} \sum_{k=0}^{N-1} \tau_k \{\cos(kx_j) - \mathbf{i} \sin(kx_j)\},$$

(3.68) $$a_j := \frac{2}{N} \sum_{k=0}^{N-1} \tau_k \cos(kx_j),\ b_j := \frac{2}{N} \sum_{k=0}^{N-1} \tau_k \sin(kx_j),\ j \le M.$$

Dann lautet mit M aus (3.61) die endgültige Lösung des reellen, trigonometrischen Interpolationsproblems

$$(3.69) \qquad t_N^{\mathbb{R}}(x) = \frac{a_0}{2} + \sum_{j=1}^{M-1} \{a_j \cos jx + b_j \sin jx\} + \frac{a_M}{2} \cos Mx,$$

wobei für ungerades N der Term $0.5\, a_M \cos Mx$ wegzulassen ist.

Beweis: Unmittelbar aus Formel (3.63) mit (3.67) und (3.68). □

Tabelle 3.46. Trigonometrische Interpolation der Wurzel für $N = 16$

j	a_j	b_j
0	3.3267027812	–
1	-0.1525166392	-0.5936065003
2	-0.0703741546	-0.3099105977
3	-0.0472395457	-0.1987107405
4	-0.0372163496	-0.1351848913
5	-0.0320419186	-0.0912912434
6	-0.0292133236	-0.0569517134
7	-0.0277717533	-0.0274421900
8	-0.0273271374	–

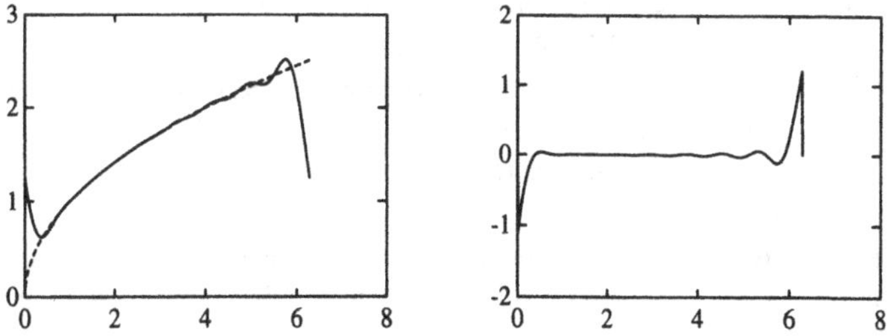

Abb. 3.47. Trigonometrische Interpolation der Wurzel, Fehler rechts

Man beachte, dass $a_M = a_{N/2}$ für gerades N ist. Weiter ist zu beachten, dass $t_N^{\mathbb{R}}$ nicht der Realteil von t_N ist, und dass $t_N^{\mathbb{C}}$ immer Terme höherer Ordnung (als $M-1$ bzw. M) enthält. In einem praktischen Fall sind also die in (3.68) angegebenen Koeffizienten a_j, b_j und spezielle Werte von $t_N^{\mathbb{R}}$ definiert in (3.69) auszurechnen. Dazu ist es zweckmäßig, für N eine Zweierpotenz zu wählen und die Methoden aus Abschnitt 2.2, S. 19 zu benutzen.

Beispiel 3.48. ***Trigonometrische Interpolation der Wurzel***
Wir interpolieren $f(x) = x^{0.5}, x \in]0, 2\pi[, f(0) = f(2\pi) = 0.5(2\pi)^{0.5}$. Für $N = 16$, $M = 8$ sind die Koeffizienten a_j, $j = 0, 1, \ldots, M$, $b_j, j = 1, 2, \ldots, M-1$ von $t_{16}^{\mathbb{R}}$ aus (3.69) in der Tabelle 3.46 zusammengestellt. Die Graphen von f und $t_{16}^{\mathbb{R}}$ und der Fehler $f - t_{16}^{\mathbb{R}}$ sind in Abbildung 3.47 wiedergegeben.

3.3 Interpolation in linearen Räumen

Die bisherigen Ergebnisse dieses Abschnitts könnten den Schluß nahe legen, dass jedes Interpolationsproblem eindeutig gelöst werden kann. Wir betrachten dazu in diesem Unterabschnitt das Interpolationsproblem in einem beliebigen, endlichdimensionalen Raum. Seien $v_1, v_2, \ldots, v_n$ Elemente eines Vektorraumes $\mathbf{X}$ über $\mathbb{K}$. Mit

$$V = \langle v_1, v_2, \ldots, v_n \rangle$$

bezeichnen wir den von diesen Elementen *aufgespannten* linearen Teilraum von $\mathbf{X}$. Der Raum V besteht aus allen Elementen vom Typ $v = \sum_{j=1}^{n} a_j v_j$ mit beliebigen Zahlen $a_j \in \mathbb{K}$, $j = 1, 2, \ldots, n$. Sind die Elemente v_j, $j = 1, 2, \ldots, n$ linear unabhängig, so ist $\dim V = n$, wobei $\dim V$ die *Dimension* von V bezeichnet. Wir betrachten drei einfache Beispiele.

Beispiel 3.49. ***Unlösbarkeit von Interpolationsproblemen***
In allen Fällen sei V ein Teilraum von $\mathbf{X} = \mathrm{C}[a, b]$, das ist die Menge aller auf $[a, b]$, $a < b$ definierten, stetigen, reellwertigen Funktionen.

1. Sei $V = \langle 1, t^2 \rangle \subset \mathrm{C}[-1, 1]$. Die Elemente in V haben also die Form $v(t) = a + bt^2$ mit beliebigen Koeffizienten $a, b \in \mathbb{R}$ und jedes $v \in V$ hat die Eigenschaft $v(-1) = v(1)$. Daher hat das Interpolationsproblem $v(-1) = y_1, v(1) = y_2$ mit $y_1 \neq y_2$ keine Lösung.

2. Sei $V = \langle \cos t, \cos 2t \rangle \subset \mathrm{C}[\pi/4, 3\pi/4]$. Die Elemente in V haben also die Form $v(t) = a \cos t + b \cos 2t$ mit beliebigen Koeffizienten $a, b \in \mathbb{R}$ und die Eigenschaft $v(\pi/4) = -v(3\pi/4)$. Das Interpolationsproblem $v(\pi/4) = y_1$, $v(3\pi/4) = y_2$ hat also für beliebige y_1, y_2 mit $y_1 + y_2 \neq 0$ keine Lösung.

3. Sei $V \subset \mathrm{C}[0, 2]$ der Raum aller stetigen, linearen Splines mit den drei Knoten $0, 1, 2$. Hier ist $\dim V = 3$ (man vgl. Formel (4.9), S. 87). Da jedes $v \in V$ in den Teilintervallen $[0, 1]$ und $[1, 2]$ linear ist, haben die beiden Probleme $v(0) = y_1, v(0.5) = y_2, v(1) = y_3$ und $v(1) = y_1, v(1.5) = y_2, v(2) = y_3$ bei beliebigen y_1, y_2, y_3 i.a. keine Lösung.

Es ist also sinnvoll, Räume in denen das Interpolationsproblem immer eindeutig gelöst werden kann, von Räumen zu unterscheiden, in denen das nicht möglich ist. Zur Unterscheidung wollen wir – nur vorübergehend – nicht nur stetige Funktionen auf einem Intervall $[a, b]$ betrachten, sondern auch stetige Funktionen auf Teilmengen B in mehrdimensionalen Räumen $\mathbb{K}^k$ mit einem festen, vorgegebenen k. Sei also $B \subset \mathbb{K}^k$ eine kompakte Menge[6] und $\mathrm{C}(B)$ die Menge aller auf B definierten und dort stetigen Funktionen mit Werten in $\mathbb{K}$. Wir setzen immer voraus, dass B für die zu besprechenden Anwendungen hinreichend viele Punkte enthält.

Definition 3.50. Sei $V \subset \mathrm{C}(B)$ ein Vektorraum der Dimension n. Ist das Interpolationsproblem

$$v(t_j) = y_j,\ j = 1, 2, \dots, n,\ v \in V$$

für jede Knotenwahl von paarweise disjunkten Knoten $t_j \in B$, $j = 1, 2, \dots, n$ und jede Wahl von Werten $y_j \in \mathbb{K}$, $j = 1, 2, \dots, n$ eindeutig lösbar, so heißt V ein *Haarscher Raum* oder *unisolvent*. Sind $v_1, v_2, \dots, v_n$ linear unabhängige Funktionen in $\mathrm{C}(B)$, so dass

$$V = \langle v_1, v_2 \dots, v_n \rangle,$$

ein Haarscher Raum ist, so heißen $v_1, v_2 \dots, v_n$ ein *Haarsches System* oder auch *Tschebyscheff-System*, kurz T-System.

Wie kann man nun Haarsche Räume erkennen?

Satz 3.51. Sei $V \subset \mathrm{C}(B)$ ein Vektorraum der Dimension n. Der Raum V ist genau dann ein Haarscher Raum, wenn jedes $v \in V, v \neq 0$ höchstens $n - 1$ Nullstellen (in B) hat.

Beweis: (a) Sei V ein Haarscher Raum und habe ein Element $v \in V$ mindestens n Nullstellen $t_1, t_2, \dots, t_n$, also $v(t_j) = 0$, $j = 1, 2, \dots, n$. Da das Interpolationsproblem eine eindeutig bestimmte Lösung hat, ist notwendig $v = 0$. (b) Sei V kein Haarscher Raum. Dann gibt es paarweise verschiedene Knoten t_j und Werte y_j, $j = 1, 2, \dots, n$, so dass das Interpolationsproblem keine oder (mindestens) zwei Lösungen hat. Hat es zwei verschiedene Lösungen v_1, v_2, so ist $v(t_j) = 0$, $j = 1, 2, \dots, n$ mit $v = v_1 - v_2 \neq 0$. Es gibt also ein $v \in V \backslash \{0\}$ mit mehr als $n - 1$ Nullstellen. Hat das Problem $v(t_j) = y_j, 1 \leq j \leq n$ keine Lösung, so hat nach einem Satz aus der linearen Algebra das homogene Problem $v(t_j) = 0, 1 \leq j \leq n$ eine nichttriviale Lösung. □

Ist V ein n-dimensionaler Haarscher Raum mit Basis $v_1, v_2, \dots, v_n$, so ist klar, dass die Matrix $M = (v_j(t_k))$ für jede Wahl von paarweise verschiedenen

[6] In endlich dimensionalen Räumen sind kompakte Mengen identisch mit abgeschlossenen und beschränkten Mengen.

Knoten t_k regulär ist, und dass auch umgekehrt aus der Regularität von M für beliebige aber paarweise verschiedene Knoten folgt, dass V ein Haarscher Raum ist.

Tabelle 3.52. Beispiele von Haarschen Räumen

Nr	$V = \langle v_1, v_2, \ldots, v_n \rangle$	dim	Def.bereich
1	Π_{n-1}, gewöhnliche Polynome, S. 13	n	bel. in $\mathbb{K}$
2	$\mathcal{T}_m$, trigonometrische Polynome, S. 19	$2m+1$	$[0, 2\pi[$
3	$1, e^{it}, e^{-it}, \ldots, e^{mit}, e^{-mit}$	$2m+1$	$[0, 2\pi[$
4	$\Pi_{n-1} \cup \mathcal{T}_m,\ n \geq 2$	$2m+n+1$	$[0, 2\pi]$
5	$1, \cos, \cos 2, \ldots, \cos m,$	$m+1$	$[0, \pi]$
6	$\sin, \sin 2, \ldots, \sin n,$	n	$]0, \pi[$
7	$v_j(t) = 1/(t-\lambda_j), \lambda_j \notin [a, b]$	n	$[a, b]$
8	$v_j(t) = p_j(t) \exp(\lambda_j t), p_j \in \Pi_{d_j}$	$n + \sum_{j=1}^{n} d_j$	$[a, b]$
9	$1, \cosh, \sinh, \ldots, \cosh m, \sinh m$	$2m+1$	$[a, b]$
10	$v_j(t) = t^{\lambda_j}$	n	$[a, b], 0 < a$
11	$v_j(t) = \exp(-(\lambda_j - t)^2)$	n	$[a, b]$
12	$t, \exp(t)$	2	$[0, 1]$
13	$\cos, \cos 2$	2	$[0, 2\pi/3[$
14	$\cos, \sin$	2	$[0, \pi[$
15	$\cos, \sin, \ldots, \cos m, \sin m,\ m \geq 2$	$2m$	$[0, \pi]$
16	$1, t^2, \ldots, t^{2m}; (1-t^2)t, \ldots, (1-t^2)t^{2m-1}$	$2m+1$	$[-1, 1[$

Man kann auch fragen, ob das hermitesche Interpolationsproblem in linearen Räumen differenzierbarer Funktionen immer lösbar ist. Das führt auf die sogenannten *erweiterten* Haarschen Räume. Diese Räume V mit $\dim V = n$ sind dadurch gekennzeichnet, dass jedes $v \in V \backslash \{0\}$ höchstens $n-1$ Nullstellen hat, wobei die *Vielfachheiten* der Nullstellen mitzuzählen sind, man vgl. [79, NÜRNBERGER, 1989, S. 4f.]. Dabei hat eine $k-1$ mal differenzierbare Funktion f eine k-fache Nullstelle an der Stelle t, wenn $f^{(j)}(t) = 0, j = 0, 1, \ldots, k-1$. So hat $f(t) = t^2$ bei Null eine doppelte Nullstelle. Ganz offensichtlich ist Π_{n-1}, der n-dimensionale Raum aller Polynome bis zum Grad $n-1$ ein erweiterter Haarscher Raum. Ein Gegenbeispiel steht in Aufgabe 3.35, S. 83.

In der Tabelle 3.52, S. 66 sind (ohne weiteren Nachweis) einige Haarsche Räume zusammengestellt. Eine große Anzahl von Haarschen Räumen mit entsprechenden Literaturhinweisen findet man bei [46, GREINER, 1982]. Für die in der Tabelle 3.52 benutzten λ gilt: $\lambda_1 < \lambda_2 < \cdots < \lambda_n$. Bei den Intervallen $[a,b]$ soll immer $a < b$ gelten. In den Fällen Nr. 2,3 der Tabelle handelt es sich um periodische Funktionen, so dass ein Definitionsbereich der Form $[\ ,\ [$ natürlich ist. Treten sonst nicht abgeschlossene Intervalle als Definitionsbereich auf, so bedeutet das, dass man sich von den entsprechenden offenen Rändern fernhalten muss. Für Nr. 13 der Tabelle sind also $[0,b]$ Definitionsbereiche mit beliebigem $0 < b < 2\pi/3$.

Die im Abschnitt 4 behandelten Splines haben die Eigenschaft, dass sie stückweise verschwinden können ohne mit der Nullfunktion identisch zu sein. In diesem Fall ist es zweckmäßig nicht die Nullstellen, sondern die Anzahl der Vorzeichenwechsel zu zählen. Ist $V \subset \mathrm{C}[a,b]$ ein n-dimensionaler Raum, und hat jedes $v \in V$ höchstens $n-1$ Vorzeichenwechsel, so nennt man V einen *schwachen Haarschen Raum.* Verschwindet $f \in \mathrm{C}[a,b]$ auf $[a_1,b_1]$ mit $a < a_1 \le b_1 < b$, und gibt es $a_0 \in [a, a_1[$ und $b_0 \in]b_1, b]$, so dass $f(x)f(y) < 0$ für alle $x \in [a_0, a_1[$ und alle $y \in]b_1, b_0]$, so sagen wir, dass f einen *Vorzeichenwechsel* besitzt. Der Standardfall ist $a_1 = b_1$, d. h. f hat dort eine Nullstelle.

Interessant und auch einfach zu beweisen ist die Tatsache, dass es auf mehrdimensionalen Bereichen B keine Haarschen Räume mit Dimension $n \ge 2$ gibt. dass es immer Haarsche Räume $V = \langle v \rangle$ der Dimension Eins auf beliebigen Bereichen $B \subset \mathbb{R}^k$ gibt, ist klar. Nach dem Satz 3.51, S. 65 müssen wir dazu nur eine Funktion $v \in \mathrm{C}(B)$ ohne Nullstellen finden. Beispiele sind $v = \mathrm{const} \neq 0$ oder $v(x) = \|x\| + 1, x \in \mathbb{R}^k$ mit einer beliebigen Norm[7] $\|\cdot\|$. Für $n \ge 2$ gibt es in mehrdimensionalen Bereichen jedoch immer Funktionen $v \neq 0$ mit mindestens n Nullstellen. Genauer gilt der folgende Satz.

Satz 3.53. Sei V ein Teilvektorraum von $\mathrm{C}(B)$ mit $B \subset \mathbb{R}^k$ und $\dim V = n \ge 2$. Gibt es in B drei (stetige) Kurven S_1, S_2, S_3 mit genau einem Schnittpunkt p, so ist V kein Haarscher Raum.

Beweis: Seien $V = \langle v_1, v_2, \ldots, v_n \rangle$ und $t_j \in B$, $j = 1, 2, \ldots, n$ paarweise verschiedene Knoten, so dass das Interpolationsproblem durch diese Knoten für jede rechte Seite eindeutig lösbar ist, und so dass $t_1 \in S_1$ und $t_2 \in S_2$. Außerdem setzen wir voraus, dass die anderen Knoten (so vorhanden) nicht auf diesen Kurven liegen. Die Matrix $M = (v_j(t_k))$ ist also regulär. Wir verwenden, dass die Determinante $\det M$ stetig von den Knoten abhängt. Wir verschieben (vgl. Abbildung 3.54) (a) $t_1 \to S_3$, (b) $t_2 \to S_1$ auf die frühere Position von t_1,

[7] Für den Normbegriff vergleiche man den Abschnitt 8.1, S. 226.

(c) $t_1 \to S_2$ auf die frühere Position von t_2. Insgesamt haben wir dabei erreicht, dass die Knoten t_1, t_2 vertauscht wurden, ohne dass sie sich dabei berühren oder überschneiden. In der Matrix M sind bei diesem Vorgang die Spalten Eins und Zwei vertauscht

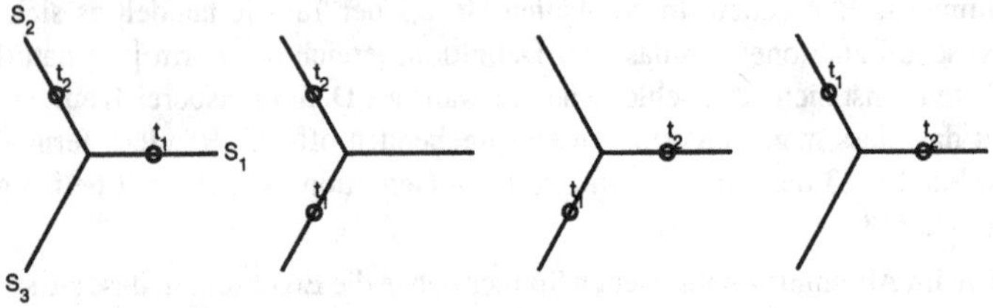

Abb. 3.54. Drei Kurven S_1, S_2, S_3 und die entsprechenden Verschiebungen

worden, d. h., die Determinante der neuen Matrix hat ein zur Determinante der alten Matrix entgegengesetztes Vorzeichen. Aus Stetigkeitsgründen muss daher die Determinante bei einer bestimmten Lage von t_1, t_2 verschwinden. Für diese Knotenwahl ist das Interpolationsproblem also nicht immer eindeutig lösbar, V also kein Haarscher Raum. □

Insbesondere ist also V kein Haarscher Raum, wenn der Definitionsbereich B eine zweidimensionale Kreisscheibe enthält. Diese negative Eigenschaft nennt man auch *Haarverlust*. In mehrdimensionalen Räumen kann man also nicht $m \geq 2$ linear unabhängige Funktionen v_j finden, so dass für beliebige Knotenwahlen x_j die Matrix $(v_j(x_k))$ nicht singulär ist. Daher ist die Idee, die Funktionen in Abhängigkeit von den Knoten zu wählen eine Untersuchung wert.

3.3.1 Radiale Funktionen

Definition 3.55. Eine Abbildung $f : \mathbb{R}^n \to \mathbb{R}$ heißt in bezug auf eine gegebene Norm $|| \quad ||$ des $\mathbb{R}^n$ *radial*, wenn $g : \mathbb{R} \to \mathbb{R}$ existiert mit $f(x) = g(||x||)$.

Eine Abbildung f ist also genau dann radial in bezug auf $|| \quad ||$, wenn

$$(3.70) \qquad ||x|| = ||y|| \Rightarrow f(x) = f(y).$$

Ist f radial, so ist auch $\varphi(x) := f(ax) + b$ radial für beliebige Konstanten a, b.

Beispiel 3.56. *Radiale Funktionen*
Sei $g(t) := t,\ t \in \mathbb{R}$. Dann ist $g(||x||) = ||x||$ und $f(x) = ||x||$ ist radial. Ist $g(t) := \exp(-t^2)$, so ist $f(x) = \exp(-||x||^2)$ ebenfalls radial.

Ist f eine radiale Funktion, und sind m paarweise verschiedene Knoten $x_j \in \mathbb{R}^n$ gegeben, so kann man $v_j(x) := f(x - x_j)$ definieren und untersuchen, ob ein $v \in V_m := \langle v_1, v_2, \ldots, v_m \rangle$ das Interpolationsproblem $v(x_k) = \phi_k, k = 1, 2, \ldots, m$ bei beliebig vorgegebenen Werten $\phi_k \in \mathbb{R}$ eindeutig löst. Notwendig und hinreichend für die eindeutige Lösbarkeit ist die Nicht-Singulariät der Matrix $M := \big(f(x_j - x_k)\big), j, k = 1, 2, \ldots, m$. Diese (symmetrischen) Matrizen (mit Diagonaleinträgen $f(0)$) wollen wir *radiale Matrizen* nennen. Die Funktionen $v_j(x) := f(x - x_j)$ wollen wir bei radialer Funktion f *radiale Splines* nennen. Hat die Matrix M eine bestimmte Eigenschaft, so wollen wir auch sagen, dass f diese Eigenschaft hat. Die Funktion f (ob radial oder nicht) heißt z. B. *positiv definit*, wenn die Matrix $M := \big(f(x_j - x_k)\big)$ positiv definit ist (für alle Knotenwahlen mit paarweise verschiedenen Knoten). Dieser Begriff wird später, am Ende von Abschnitt 6.1.1, S. 159 behandelt. Eine große Menge von positiv definiten Funktionen haben [13, CHENEY & LIGHT, 2000, Ch. 12, 13] angegeben.

Beispiel 3.57. ***Radiale Matrix***
Sei $|| \quad ||$ die euklidische Norm im $\mathbb{R}^n$ und $g(t) := t$. Es seien m beliebige, aber paarweise verschiedene Punkte $x_j \in \mathbb{R}^n$ gegeben. Die entsprechende radiale Matrix ist dann $M := \big(f(x_j - x_k)\big) = (||x_j - x_k||)$. [76, MICCHELLI, 1986] hat bewiesen, dass diese Matrizen für $m \geq 2$ nicht singulär sind. Für $m = 2$ und $m = 3$ kann man das leicht nachrechnen. Setzen wir $a = ||x_1 - x_2||, b = ||x_1 - x_3||, c = ||x_2 - x_3||$, so ist $\det M = -a^2 < 0$ im Fall $m = 2$, und $\det M = 2abc > 0$ bei $m = 3$. Das Interpolationsproblem $v(x_k) = \sum_{j=1}^{m} \alpha_j v_j(x_k) = \phi_k$ ist also (sogar bei beliebiger Norm) für $m = 2$, 3 immer lösbar. Wählen wir im Einheitsquadrat $[0, 1]^2 \subset \mathbb{R}^2$ die vier Eckpunkte $x_1 = (0, 0), x_2 = (1, 0), x_3 = (1, 1), x_4 = (0, 1)$ und $\phi_1 = \phi_3 = 1, \phi_2 = \phi_4 = 0$, dann ist

$$M = \begin{pmatrix} 0 & 1.0000 & 1.4142 & 1.0000 \\ 1.0000 & 0 & 1.0000 & 1.4142 \\ 1.4142 & 1.0000 & 0 & 1.0000 \\ 1.0000 & 1.4142 & 1.0000 & 0 \end{pmatrix}, \quad \alpha = \begin{pmatrix} -0.7071 \\ 1.0000 \\ -0.7071 \\ 1.0000 \end{pmatrix},$$

und die Lösung ist in Abbildung 3.60 gezeichnet. Wählen wir bei denselben Punkten z. B. die Maximumnorm oder die 1-Norm, so erhalten wir

$$M_\infty := \begin{pmatrix} 0 & 1 & 1 & 1 \\ 1 & 0 & 1 & 1 \\ 1 & 1 & 0 & 1 \\ 1 & 1 & 1 & 0 \end{pmatrix}, \quad M_1 := \begin{pmatrix} 0 & 1 & 2 & 1 \\ 1 & 0 & 1 & 2 \\ 2 & 1 & 0 & 1 \\ 1 & 2 & 1 & 0 \end{pmatrix}.$$

Im ersten Fall ist $\det M_\infty = -3$, im zweiten Fall $\det M_1 = 0$. Der letzte Fall ist also zur Interpolation nicht geeignet. Ganz generell ist aber bekannt ([3, BAXTER, 1991]), dass für p-Normen mit $1 < p \leq 2$, die entsprechenden radialen Matrizen nicht singulär sind, dass aber für $p > 2$ immer Knoten gefunden werden können, so dass die radialen Matrizen singulär sind. In der Tabelle 3.58 sind einige Beispiele (aus [13, CHENEY & LIGHT, 2000, S. 109]) von radialen Funktionen angegeben, die bei euklidischer Norm zu nicht-singulären radialen Matrizen führen, die also zur mehrdimensionalen Interpolation verwendet werden können.

Tabelle 3.58. Funktionen g, die nicht-singuläre radiale Matrizen M definieren

radiale Matrix M positiv definit	radiale Matrix M nicht-singulär
$g(t) := \frac{1}{1+t^2}$	$g(t) := t$
$g(t) := \exp(-t^2)$	$g(t) := \sqrt{1+t^2}$
$g(t) := \frac{1}{\sqrt{1+t^2}}$	$g(t) := \log(1+t^2)$

Das Beispiel $g(t) := \sqrt{1+t^2}$ führt auf sogenannte *Multiquadriken*, die in einer Arbeit von [50, HARDY, 1971] vorkommen. In der Arbeit von HARDY wurden diese Funktionen zum ersten Mal verwendet um topographische Karten und unregelmäßige Flächen darzustellen.

Beispiel 3.59. ***Lineare Splines***
Wir betrachten den vorigen Fall, aber eindimensional. Seien also m Punkte $t_j \in \mathbb{R}$ mit $t_1 < t_2 < \cdots < t_m$ gegeben und $v_j := |t - t_j|$, $j = 1, 2, \ldots, m$. Wir zeigen die lineare Unabhängigkeit der v_j. Sei dazu $v := \sum_{j=1}^m \alpha_j v_j = 0$. Für $t \geq t_m$ ist $v(t) = \sum_{j=1}^m \alpha_j(t - t_j) = t\sum_{j=1}^m \alpha_j - \sum_{j=1}^m \alpha_j t_j = 0$, also folgt $\sum_{j=1}^m \alpha_j = 0$. Für $t_{m-1} \leq t < t_m$ folgt entsprechend $\sum_{j=1}^{m-1} \alpha_j - \alpha_m = 0$. Setzen wir also t nacheinander zwischen alle Knoten, so erhalten wir zusammengefaßt das lineare, homogene Gleichungssystem $\sum_{j=1}^k \alpha_j - \sum_{j=k+1}^m \alpha_j = 0$ für $k = 1, 2, 3, \ldots, m$. Dieses Gleichungssystem hat die Matrix

$$M = \begin{pmatrix} 1 & -1 & -1 & \ldots & -1 \\ 1 & 1 & -1 & \ldots & -1 \\ \vdots & \vdots & \ddots & \ldots & \vdots \\ 1 & \ldots & \vdots & 1 & -1 \\ 1 & 1 & 1 & \ldots & 1 \end{pmatrix}.$$

Addiert man die letzte Zeile zu allen darüberstehenden Zeilen, so ergibt sich eine untere Dreiecksmatrix mit Diagonaleinträgen $2, 2, \ldots, 2, 1$. Die Determinante von M ist also $2^{m-1} > 0$. Damit ist notwendig $\alpha_1 = \alpha_2 = \cdots = \alpha_m = 0$, und die v_j sind linear unabhängig. Ist $1 \leq j_0 \leq m$ ein fester Index und $m \geq 2$, so kann man zeigen, dass alle Interpolationsprobleme vom Typ $v(t_{j_0}) = 1, v(t_j) = 0, j \neq j_0$ gelöst werden können.

Auch diese m stückweise linearen Funktionen, die man *Hutfunktionen* nennen könnte, bilden eine Basis. Basen von diesem Typ werden ausführlich im Abschnitt 4, S. 84 über B-Splines behandelt.

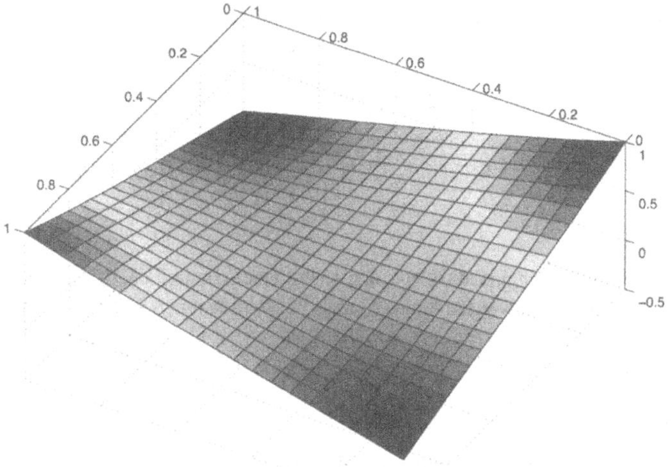

Abb. 3.60. Radiale Interpolation durch die vier Punkte $(0,0)$, $(1,0)$, $(1,1)$, $(0,1)$

Es gibt überraschenderweise sogar Funktionen $g : \mathbb{R} \to \mathbb{R}$ mit kompaktem Träger, so dass die entsprechende radiale Matrix $g(||x_j - x_k||)$ positiv definit ist. Allgemein versteht man unter dem *Träger* einer Funktion $g : \mathbb{K}^n \to \mathbb{K}$ die Menge $\mathrm{Tr}(g) := \overline{\{x \in \mathbb{K}^n : g(x) \neq 0\}}$, wobei mit dem Strich gesagt wird, dass der Abschluß gebildet werden muss. Die ersten Arbeiten dazu stammen von [105, H. WENDLAND, 1995] und [109, WU, 1995]. Informationen über radiale Splines kann man finden im Büchern von [13, CHENEY & LIGHT, 2000, Ch. 15–16], [11, BUHMANN, 2003]. Weitere Darstellungen der radialen Splines gibt es von [105, H. WENDLAND, 2005] und von [89, SCHABACK & H. WENDLAND, 2006].

3.4 Rationale Interpolation

Rationale Funktionen bieten sich an, wenn die zu interpolierende Funktion ein Verhalten hat, das einer rationalen Funktion ähnelt, wie z. B. $1/\sin$ in der Nähe von Null, tan in der Nähe von $\pi/2$, etc. Wir suchen also bei gegebenen Interpolationsdaten (x_j, f_j), $j = 0, 1, \ldots, n$ (x_j paarweise disjunkt) Zahlen $a_0, a_1, \ldots, a_{n+1}$ mit

$$r(x_j) = \frac{\sum_{k=0}^{m} a_k x_j^k}{\sum_{k=m+1}^{n+1} a_k x_j^{k-m-1}} = f_j,\ j = 0, 1, \ldots, n. \tag{3.71}$$

Es sei daran erinnert, dass von den $n+2$ Koeffizienten $a_0, a_1, \ldots, a_{n+1}$ einer zu Eins normiert werden kann, so dass tatsächlich nur $n+1$ Unbekannte zu bestimmen sind. Wir setzen $r = p/q$, $p \in \Pi_m$, $q \in \Pi_{n-m}$. Ein naheliegender Lösungsansatz ist

$$p(x_j) - f_j q(x_j) = 0,\ j = 0, 1, \ldots, n. \tag{3.72}$$

Das sind $n+1$ lineare, homogene Gleichungen für die $n+2$ Unbekannten $a_0, a_1, \ldots, a_{n+1}$.

Beispiel 3.61. ***Interpolation durch rationale Funktionen***
Wir wählen die Daten $(-1, 1/3), (0, 1), (1, 1/3)$ und $p, q \in \Pi_1$. Das Gleichungssystem (3.72) lautet mit $m = 1, n = 2$ dann

$$a_0 + a_1 x_j - f_j(a_2 + a_3 x_j) = 0,\ j = 0, 1, 2,$$

und insbesondere für die obigen Daten erhält man

$$\begin{array}{lllll} a_0 & -a_1 & -(1/3)a_2 & +(1/3)a_3 & = 0, \\ a_0 & & -a_2 & & = 0, \\ a_0 & +a_1 & -(1/3)a_2 & -(1/3)a_3 & = 0. \end{array}$$

Die Menge der Lösungen dieses Gleichungssystems ist $c(0, 1, 0, 3)$ mit einem beliebigen $c \in \mathbb{R}$. Wir erhalten für $c \neq 0$ daraus

$$r(x) = \frac{cx}{3cx} = \frac{1}{3} \text{ für } x \neq 0,$$

eine rationale Funktion, die offenbar nicht das gestellte Problem löst, da die Bedingung $r(0) = 1$ nicht erfüllt wird.

Dieses negative Ergebnis sollte uns nicht davon abhalten, rationale Interpolation zu benutzen. Wir werden nämlich sehen, dass der Aufwand (Rechen- und Programmieraufwand) nicht größer ist als bei der Polynominterpolation mit gleich vielen Parametern, dass aber die rationalen Interpolierenden vielfach einen wesentlich kleineren Fehler aufweisen, als die entsprechenden polynomialen Interpolierenden. Wir ignorieren also das im Beispiel 3.61 angegebene Verhalten und machen daher von jetzt an in diesem Abschnitt die Annahme, dass das gestellte rationale Interpolationsproblem (3.71) lösbar ist.

Definition 3.62. Zwei rationale Funktionen r, R heißen gleich, in Zeichen $r = R$, wenn ein aus mindestens zwei Punkten bestehendes Intervall I existiert, so dass $r(x) = R(x)$ für alle $x \in I$.

Diese Definition soll auch beinhalten, dass die beiden rationalen Funktionen r, R für alle $x \in I$ ausgewertet werden können, d. h. keine Nullstellen im Nenner haben.

Satz 3.63. Das rationale Interpolationsproblem (3.71) hat im Sinne der Definition 3.62 höchstens eine Lösung.

Beweis: Seien $r = p/q$, $R = P/Q$ zwei Lösungen von (3.71) und $s = pQ - Pq$. Dann ist $s \in \Pi_n$ und $s(x_j) = 0$ für alle $j = 0, 1, \ldots, n$, d. h., $s = 0 \Rightarrow pQ = Pq$. Für $p = P = 0$ ist die Behauptung richtig. Da nach der Definition einer rationalen Funktion für die Nenner $q \neq 0,\ Q \neq 0$ gilt, bleibt wegen $pQ = Pq$ nur der Fall $p \neq 0,\ P \neq 0$ zu diskutieren. In diesem Fall muss es aber ein Intervall I (mit mindestens zwei Punkten) geben, so dass $p(x)Q(x) = P(x)q(x) \neq 0$. □

Falls das Interpolationsproblem also überhaupt eine Lösung hat, ist sie eindeutig bestimmt. Wie schon erwähnt, sind damit aber noch nicht die Koeffizienten eindeutig festgelegt. Die rationalen Interpolierenden lassen sich verhältnismäßig einfach mit Hilfe eines Kettenbruchs darstellen, wenn in (3.71) Zähler- und Nennergrad i. w. gleich sind. Zur Vorbereitung dient die nächste Definition.

Definition 3.64. Seien die $n + 1$ Interpolationsdaten $(x_j, f_j),\ j = 0, 1, \ldots, n$ gegeben mit paarweise disjunkten x_j. (a) Wir setzen (soweit sinnvoll)

$$\varphi(x_j) = f_j, \tag{3.73}$$

$$\varphi(x_{j_1}, x_{j_2}, \ldots, x_{j_{k-1}}, x_{j_k}, x_{j_{k+1}}) =$$

$$= \frac{x_{j_k} - x_{j_{k+1}}}{\varphi(x_{j_1}, x_{j_2}, \ldots, x_{j_{k-1}}, x_{j_k}) - \varphi(x_{j_1}, x_{j_2}, \ldots, x_{j_{k-1}}, x_{j_{k+1}})} \tag{3.74}$$

und nennen diese Größen k-te *dividierte, inverse Differenzen*, $1 \leq k \leq n$. Die in (3.73) definierten Größen heißen sinngemäß *nullte* dividierte, inverse Differenzen.

(b) Unter Benutzung der Abkürzung

(3.75) $$\varphi_k = \varphi(x_0, x_1, \ldots, x_k),\ k = 0, 1, \ldots, n$$

für (3.73), (3.74) definieren wir den Kettenbruch

(3.76) $$r(x) = \frac{p(x)}{q(x)} = \varphi_0 + \cfrac{x - x_0}{\varphi_1 + \cfrac{x - x_1}{\varphi_2 + \cfrac{x - x_2}{\varphi_3 + \cfrac{\ddots}{\quad \cfrac{x - x_{n-2}}{\varphi_{n-1} + \cfrac{x - x_{n-1}}{\varphi_n}}}}}}.$$

Dieser Kettenbruch heißt *Thielescher Kettenbruch* in bezug auf die gegebenen Interpolationsdaten. Wir schreiben dafür auch sehr viel kürzer (man vgl. (2.29) auf Seite 32)

(3.77) $$r(x) = \varphi_0 + \frac{x - x_0}{\varphi_1 +}\ \frac{x - x_1}{\varphi_2 +}\ \cdots\ \frac{x - x_{n-1}}{\varphi_n}.$$

Lemma 3.65. Der Thielesche Kettenbruch stellt eine rationale Funktion $r = p/q$ mit $p \in \Pi_{\lfloor \frac{n+1}{2} \rfloor}$, $q \in \Pi_{\lfloor \frac{n}{2} \rfloor}$ dar, wobei $\lfloor\quad\rfloor$ als Fußboden einer reellen Zahl auf Seite 16 erklärt ist.

Beweis: Zum Zwecke des Beweises sei $r_k = p_k/q_k$ der zu den Interpolationsdaten $(x_0, f_0), (x_1, f_1), \ldots, (x_k, f_k)$ gehörende Thielesche Kettenbruch. Die Zahl k ist hier *nicht* der Polynomgrad von p_k, q_k. Aus der Definition 3.64(b) folgt

$$r_0 = \varphi_0,\ r_1 = \varphi_0 + \frac{x - x_0}{\varphi_1},$$
$$r_2 = \varphi_0 + \cfrac{x - x_0}{\varphi_1 + \cfrac{x - x_1}{\varphi_2}} = \varphi_0 + \frac{\varphi_2(x - x_0)}{\varphi_1\varphi_2 + x - x_1}.$$

Die Behauptung ist also für $n \le 2$ richtig. Den Beweis führen wir jetzt durch vollständige Induktion mit Hilfe der bereits früher eingeführten Formeln (2.30), S. 33, die hier lauten:

(3.78) $$p_{-1} = 1,\ p_0 = \varphi_0,\ q_{-1} = 0,\ q_0 = 1,$$

(3.79) $$p_k = \varphi_k p_{k-1} + (x - x_{k-1}) p_{k-2},$$

(3.80) $$q_k = \varphi_k q_{k-1} + (x - x_{k-1}) q_{k-2},\ k \ge 1.$$

Für ein beliebiges Polynom p sei ∂p der Polynomgrad von p. Dann ist nach den obigen Formeln und der Induktionsvoraussetzung $\partial p_k = 1 + \lfloor \frac{k-1}{2} \rfloor = \lfloor \frac{k+1}{2} \rfloor$, $\partial q_k = 1 + \lfloor \frac{k-2}{2} \rfloor = \lfloor \frac{k}{2} \rfloor$. □

Die wesentliche Eigenschaft des Thieleschen Kettenbruchs kommt zum Ausdruck im nächsten Satz.

Satz 3.66. Sei r der zu den $n+1$ Interpolationsdaten (x_j, f_j), $j = 0, 1, \ldots, n$ in (3.76) definierte Thielesche Kettenbruch. Dann gilt $r(x_j) = f_j$, $j = 0, 1, \ldots, n$.

Beweis: Wir schreiben den Thieleschen Kettenbruch in der auch für Rechenzwecke geeigneten Form

$$r_k(x) = \varphi_k + \frac{x - x_k}{r_{k+1}(x)}, \; k = 0, 1, \ldots, n-1, r_n(x) = \varphi_n. \tag{3.81}$$

Beweisen müssen wir dann $r_0(x_j) = f_j$, $j = 0, 1, \ldots, n$. Wir beweisen dazu durch vollständige Induktion nach k:

$$r_{n-k}(x_j) = \varphi(x_0, x_1, \ldots, x_{n-k-1}, x_j), \; n-k \leq j \leq n \tag{3.82}$$

mit den in Definition 3.64 eingeführten dividierten, inversen Differenzen. Für $k = 0$ ist die Behauptung wegen (3.82), (3.81) und (3.75) richtig. Sei sie für beliebiges $k < n$ richtig. Dann ist nach der Definition (3.81) und der Induktionsvoraussetzung (3.82)

$$\begin{aligned} r_{n-k-1}(x_j) &= \varphi_{n-k-1} + \frac{x_j - x_{n-k-1}}{r_{n-k}(x_j)} \\ &= \varphi_{n-k-1} + \frac{x_j - x_{n-k-1}}{\varphi(x_0, x_1, \ldots, x_{n-k-1}, x_j)} \\ &= \varphi_{n-k-1} + \cfrac{x_j - x_{n-k-1}}{\cfrac{x_{n-k-1} - x_j}{\varphi_{n-k-1} - \varphi(x_0, x_1, \ldots, x_{n-k-2}, x_j)}} \\ &= \varphi(x_0, x_1, \ldots, x_{n-k-2}, x_j). \end{aligned} \tag{3.83}$$

Damit ist (3.82) bewiesen. Für $k = n-1$ ergibt sich $r_0(x_j) = \varphi(x_j) = f_j$, $j = 0, 1, \ldots, n$. □

Programm 3.67. Dividierte inverse, dividierte Differenzen, Kettenbruch und Newton-Polynom im Vergleich (MATLAB-Programm)

```
t=linspace(0,1.5,5); %% 5 aequidistante Knoten
f=tan(t);            %% 5 Funktionswerte
n=length(t);         %% n = 5
tt=linspace(0,1.5);  %% 100 Werte zum Zeichnen
z=f;                 %% Fuer dividierte Differenzen
for k=1:n-1,
  for j=n:-1:k+1,    %% erste wesentliche Schleife
    f(j)=(t(k)-t(j))./(f(k)-f(j));   %% (a): inverse D.
    z(j)=(z(j)-z(j-1))./(t(j)-t(j-k));%% (b): divid.  D.
  end; %%for j
end; %%for k
h1=f(n)*ones(size(tt)); %% Kettenbruch bei tt
h2=z(n)*ones(size(tt)); %% Newton-Polynom bei tt
for j=n-1:-1:1,         %% zweite wesentliche Schleife
  h1=f(j)+(tt-t(j))./h1;%% (a): Werte Kettenbruch
  h2=z(j)+(tt-t(j)).*h2;%% (b): Werte Newton-Polynom
end; %%for j
```

Die Berechnung einer rationalen Interpolierenden setzt sich also aus zwei Teilen zusammen. Zuerst müssen in direkter Analogie zu den dividierten Differenzen (man vgl. Tabelle 3.11, S. 41) die dividierten, inversen Differenzen und dann in direkter Analogie zum Newton-Polynom der Kettenbruch ausgewertet werden. Die dividierten, inversen Differenzen erfordern $1+2+\cdots+n = 0.5n(n+1)$ Divisionen, zur Auswertung des Kettenbruchs an einer Stelle x benötigt man n Divisionen. Die weitgehende Analogie kann man sehr gut aus einem Vergleich der beiden Programmteile erkennen (Programm 3.67). Die Verwendung von MATLAB zur Berechnung der dividierten, inversen Differenzen ist sehr zweckmäßig, da auch singuläre Fälle (Nenner Null) in der Folge richtig weiter verarbeitet werden. Wird dagegen der rationale Ausdruck mit den Vorwärtsformeln (3.78) bis (3.80) berechnet, so ist für ein festes x die Anzahl der Multiplikationen/Divisionen $4n+1$, wobei $4n$ Multiplikationen zur Berechnung von p_n, q_n und eine Division zur Berechnung von p_n/q_n benötigt wird.

Wir wollen zum Schluß den Fehler der rationalen Interpolierenden untersuchen. Das Hauptproblem ist, dass wir nicht sicher sein können, dass zwischen den Knoten keine Pole, d. h. Nullstellen des Nenners liegen. Solche Fälle lassen sich aber leicht konstruieren.

Beispiel 3.68. ***Pole bei der rationalen Interpolation***

Die Hyperbel $r(x) = (5x+1)/x$ hat bei Null einen Pol und schneidet die Parabel $f(x) = x^2$ dreimal, nämlich bei $x_0 \approx -2.12841906$, $x_1 \approx -0.20163968$, $x_2 \approx 2.33005874$. Der Pol liegt also zwischen diesen Punkten. Interpoliert man f an den drei Stellen $(x_j, f(x_j))$, $j = 0, 1, 2$, z. B. mit dem Thieleschen Kettenbruch, so erhält man als Lösung gerade r, und man hat einen Pol im Interpolationsintervall. Bedingungen zur Vermeidung von Polen kann man in [9, BRAESS, 1986, S. 121ff.] finden.

Sei $f \in C^{(n+1)}[a,b]$ gegeben und $r = p/q$ eine Lösung des Interpolationsproblems durch die Daten $(x_j, f(x_j)), j = 0, 1, \ldots, n$ mit paarweise verschiedenen Knoten in $[a,b]$. Wir setzen $\omega(x) = (x - x_0)(x - x_1) \cdots (x - x_n)$. Der Interpolationsfehler ist definiert durch

(3.84) $$\varepsilon(x) = f(x) - r(x), x \in [a,b].$$

Zur Bestimmung von ε machen wir den Ansatz

(3.85) $$\varepsilon(x) = c(x)\frac{\omega(x)}{q(x)}$$

und definieren für festes von den Knoten verschiedenes $x \in [a,b]$

(3.86) $$F(t) = \varepsilon(t) - c(x)\frac{\omega(t)}{q(t)}.$$

Offensichtlich ist $F(x) = F(x_j) = 0,\ j = 0, 1, \ldots, n$, d. h., F hat $n+2$ Nullstellen in $[a,b]$. Also hat auch $q(t)F(t) = q(t)f(t) - p(t) - c(x)\omega(t)$ mindestens $n+2$ Nullstellen. Nach dem Satz von Rolle hat dann die $(n+1)$ste Ableitung von qF mindestens eine Nullstelle in $[a,b]$. Wegen $p^{(n+1)} = 0$ gibt es also ein $\xi \in [a,b]$ mit $(qF)^{(n+1)}\big|_{t=\xi} = (qf)^{(n+1)}\big|_{t=\xi} - (n+1)!c(x) = 0$, also

$$c(x) = \frac{1}{(n+1)!}(qf)^{(n+1)}\big|_{t=\xi}.$$

Damit haben wir als endgültige Formel

(3.87) $$\boxed{\varepsilon(x) = \frac{\omega(x)}{(n+1)!q(x)}(qf)^{(n+1)}\big|_{t=\xi};\ \xi \in [a,b].}$$

Im Spezialfall der Polynominterpolation ist $q = 1$ und (3.87) ist gerade die früher hergeleitete Fehlerformel für diesen Fall. Die Formel (3.87) hat den großen Nachteil, dass man sie nur *a posteriori*, d. h. nur *nach* Kenntnis der Lösung anwenden kann.

Beispiel 3.69. ***Vergleich rationaler mit polynomialer Interpolation***
Wir interpolieren $f(x) = \tan x, x \in [0, 1.5]$ an 5 äquidistanten Knoten durch ein Polynom $p_4 \in \Pi_4$ und durch eine rationale Funktion $r_4 = p/q$ mit $p, q \in$

Π_2. Die Graphen der beiden Fehlerfunktionen sind in Abbildung 3.70 dargestellt. Man erhält $\max|f - r_4| = 0.0261$, $\max|f - p_4| = 3.2033$. Der Fehler bei der rationalen Interpolation ist bei gleichem Aufwand also über 120-mal kleiner. Man kann die rationale Approximation noch wesentlich verbessern, wenn man den vierten Knoten von 1.125 nach 1.4 legt.

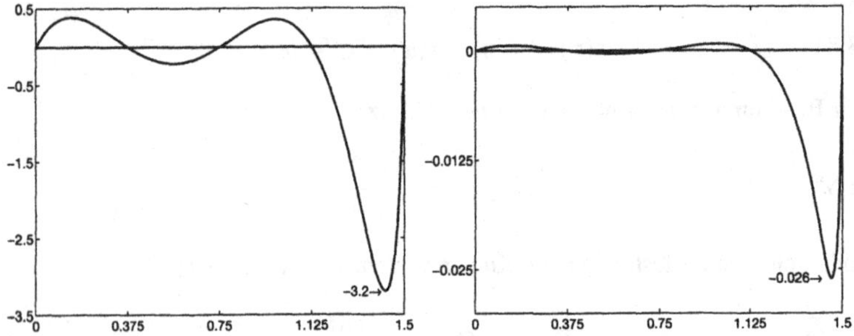

Abb. 3.70. Fehler der polynomialen und rationalen Interpolation von tan in $[0, 1.5]$ mit 5 äquidistanten Punkten

3.5 Aufgaben

Aufgabe 3.1. Wie verläuft qualitativ der Interpolationsfehler außerhalb des Interpolationsintervalls I, in der Nähe der Ränder von I und in der Mitte von I bei äquidistanten und bei Tschebyscheffknoten?

Aufgabe 3.2. Kann man jede stetige, insbesondere jede beliebig oft differenzierbare Funktion interpolieren in dem Sinne, dass bei abnehmender Maschenweite, das Interpolationspolynom gegen die interpolierte Funktion konvergiert?

Aufgabe 3.3. Ist es sinnvoll, lange Meßreihen, z. B. *meteorologische Daten*, zu vielen Zeitpunkten durch Polynome zu interpolieren? Man entwickle ggf. einfache Modelle zur Interpolation derartiger Datenmengen.

Aufgabe 3.4. Wie kann man aus der Methode der inversen Interpolation ein Verfahren zur Lösung von $f(x) = 0$ ableiten?

Aufgabe 3.5. Wie kann man mit Hilfe der bekannten Interpolationstechniken die Koeffizienten $a_j, j = 0, 1, \ldots, n$ des Interpolationspolynoms p in der Form $p(x) = \sum_{j=0}^{n} a_j x^j$ berechnen?

Aufgabe 3.6. Rechnet man die Koeffizienten $c_j, j = 0, 1, \ldots, n$ der Newton-Form

$$\begin{aligned} p(x) &= c_0 + c_1(x - x_0) + c_2(x - x_0)(x - x_1) + \cdots \\ &\quad \cdots + c_n(x - x_0)(x - x_1) \cdots (x - x_{n-1}) \end{aligned}$$

nacheinander mit Hilfe der Gleichungen $p(x_j) = f_j, j = 0, 1, \ldots, n$ aus, so ergibt sich eine gewisse Berechnungsvorschrift. Ist diese Vorschrift identisch mit der angegebenen Methode der dividierten Differenzen, Formel (3.12), S. 40?

Aufgabe 3.7. Seien $x_0, x_1, \ldots, x_n$ paarweise verschiedene Zahlen und

$$\ell_j = \prod_{\substack{k=0 \\ k \neq j}}^{n} \frac{x - x_k}{x_j - x_k}, \quad j = 0, 1, \ldots, n.$$

Man beweise, dass $s(x) = \sum_{j=0}^{n} \ell_j(x) = 1$ für alle x. Man folgere, dass $\lambda_n(x) = \sum_{j=0}^{n} |\ell_j(x)| \geq 1$ für alle x. Die Funktion λ_n heißt auch *Lebesgue-Funktion*. Hinweis: Man vermeide algebraische Manipulationen, vielmehr benutze man zum Beweis Eigenschaften von s aus.

Aufgabe 3.8. Man berechne die Lebesgue-Funktion λ_n der vorigen Aufgabe numerisch mit Darstellung des Graphen für äquidistante Knoten in $[0, 1]$ und $n = 1, 2, 4, 16$. Welches Wachstum mit n kann man für $\max_{x \in [0,1]} \lambda_n(x)$ beobachten?

Aufgabe 3.9. Sei $f \in C[a, b]$ gegeben, d. h., f ist eine auf dem Intervall $[a, b]$ definierte und dort stetige Funktion mit reellen Werten. Zu festem $n = 0, 1, \ldots$ seien beliebige reelle Daten $(x_j, f(x_j))$ mit $x_j \neq x_k$ für $j \neq k$ und $x_j \in [a, b]$, $j, k = 0, 1, \ldots, n$ gegeben.

1. Man schreibe ein Programm zur Berechnung des Interpolationspolynoms $p \in \Pi_n$ durch die obigen Daten in der (a) Lagrangeschen Form, (b) Newtonschen Form, (c) Nevilleschen Form, (d) Aitkenschen Form.

   Neben allgemeiner Knotenwahl sehe man insbesondere die folgenden Knotenwahlen vor ($j = 0, 1, \ldots, n$):

   (α) äquidistante Knoten:

   (α1) $x_j = a + j(b - a)/n$, $n \neq 0$,

   (α2) $x_j = a + (j + 1)(b - a)/(n + 2)$,

   (β) Tschebyscheffknoten $x_j = (a + b + (b - a)\cos(\frac{2j + 1}{2n + 2}\pi))/2$,

(γ) (gleichmäßig verteilte) Zufallsknoten.

2. Man teste das Programm für $[a,b] = [-1,1]$ und für $n = 2^{k+1}$, $k = -1(1)4$, ($n = 2(2^k - 1)$, $k = 0(1)4$ im Fall (α2)) an

   (a) $f(x) = 1/(1+25x^2)$, (Beispiel von Runge)
   (b) $\quad = |x|$,
   (c) $\quad = \sqrt{|x|}$,
   (d) $\quad = e^{(x+1)/2}$.

   Testen heißt Angabe des Fehlers

$$\varepsilon = \max_{x\in[a,b]} |f(x) - p(x)|,$$

   und einer Stelle $x_{\max}$ mit

$$|f(x_{\max}) - p(x_{\max})| = \max_{x\in[a,b]} |f(x) - p(x)|$$

   und einer experimentellen *Fehlerordnung* (Man vgl. Formel (4.3), S. 84).

Wie groß ist der Aufwand der Verfahren gemessen in Operationszahlen. Zu unterscheiden ist, ob eine Formel oft oder nur einmal angewendet wird.

Aufgabe 3.10. Man stelle verschiedene Anwendungsfälle vor, in denen Polynominterpolation hilfreich ist. In welchen Fällen würde man auf Tschebyscheff-Knoten zurückgreifen?

Aufgabe 3.11. Welche Basen des Π_n spielen bei der Polynominterpolation eine Rolle?

Aufgabe 3.12. Man zeige, dass die Lagrange-Koeffizienten $\ell_j, j = 0,1,\ldots,n$, definiert in (3.1), S. 37, eine Basis des Π_n bilden.

Aufgabe 3.13. Man zeige: $T_n(x) = \cosh(n \operatorname{arccosh} x)$, wobei T_n, $n = 0,1,\ldots$ die Tschebyscheff-Polynome sind.

Aufgabe 3.14. Seien T_n, $n = 0,1,\ldots$ die Tschebyscheff-Polynome. Man zeige:

$\int_{-1}^{1} 1/\sqrt{1-x^2}T_m(x)T_n(x)\,dx = 0$ für $m \neq n$. Hinweis: Man zeige $\int_0^{\pi} \cos(mx)\cos(nx)\,\mathrm{d}t = 0$ für $m \neq n$. Was kommt für $m = n$ heraus? Die angegebene Eigenschaft bezeichnet man als *Orthogonalität der T-Polynome* bezüglich der *Gewichtsfunktion* $\gamma(x) = 1/\sqrt{1-x^2}$.

Aufgabe 3.15. Seien $U_{n-1} = T_n'$ die Ableitungen der Tschebyscheff-Polynome T_n, $n \geq 1$ auf $[-1, 1]$. Man zeige dass die U_n orthogonal bezüglich der Gewichtsfunktion $\gamma(x) = \sqrt{1 - x^2}$ sind.

Aufgabe 3.16. Man berechne „von Hand" die Newton-Form des Interpolationspolynoms p durch die Daten $(\frac{1}{4}, -\frac{5}{8}), (\frac{1}{2}, -\frac{1}{4}), (1, 2), (2, 23)$. Insbesondere berechne man die dividierten Differenzen. Was erhält man für $p(0)$?

Aufgabe 3.17. Das in Aufgabe 3.16 angegebene Polynom p, das die Daten $(\frac{1}{4}, -\frac{5}{8})$, $(\frac{1}{2}, -\frac{1}{4}), (1, 2), (2, 23)$ interpoliert, hat offenbar zwischen $\frac{1}{2}$ und 1 eine Nullstelle. Man bestimme diese Nullstelle mit Handrechnung näherungsweise durch inverse Interpolation.

Aufgabe 3.18. Man berechne „von Hand" mit dem Neville-Algorithmus $p(-1)$, $p(0)$, wobei p in der vorigen Aufgabe gegeben ist.

Aufgabe 3.19. Man interpoliere Kosinus in $[0, \pi/2]$ an den drei Knoten $0, \pi/4$, $\pi/2$ durch eine Parabel p. Man schätze den Fehler $\max_{x\in[0,\pi/2]} |f(x) - p(x)|$ ab.

Aufgabe 3.20. $F(x) = (1/\pi) \int_0^\pi \cos(x \sin t)\, dt$ soll an den Knoten $x_j = x_0 + jh$, $j = 0, 1, \ldots$ tabelliert werden. Wie ist h zu wählen, damit bei kubischer Interpolation der Tabellenwerte ein Fehler $\leq 10^{-6}$ entsteht. Hinweis: Man versuche nicht, das Integral auszurechnen.

Aufgabe 3.21. Das Knotenpolynom $\omega(x) = \prod_{j=0}^{n}(x - x_j)$ wird bei äquidistanter Knotenwahl $x_j = a + jh$, $h = (b - a)/n$, $j = 0, 1, \ldots, n$ in Randnähe sehr groß. Man gebe eine untere realistische (d. h. möglichst große) Schranke für $\max_{x\in[a,b]} |\omega(x)|$ an. Wie verhält sich diese Schranke zu $\max_{x\in[a,b]} |\omega(x)|$ bei Tschebyscheffknoten? Was erhält man speziell für $n = 5$ und $n = 10$? Hinweis: Man berechne $\omega((x_0 + x_1)/2)$. Dazu benutze man die Transformation $x = a + hy$, die $[a, b]$ auf $[0, n]$ und die Knoten x_j auf j abbildet.

Aufgabe 3.22. Seien ℓ_j die Lagrange-Koeffizienten in bezug auf die Knoten x_j, $j = 0, 1, \ldots, n$ und $\omega(x) = \prod_{k=0}^{n}(x - x_k)$. Man zeige:
$\ell_j(x) = \omega(x)/(\omega'(x_j)(x - x_j))$.

Aufgabe 3.23. Man zeige

$$f[x_i, x_{i+1}, \ldots, x_{i+k}] = \sum_{j=i}^{i+k} \frac{f_j}{\prod\limits_{\substack{\ell=i \\ \ell \neq j}}^{i+k} (x_j - x_\ell)} = \sum_{j=i}^{i+k} \frac{f_j}{\omega'(x_j)}$$

für $0 \leq i \leq i + k \leq n$ und $\omega(x) = \prod_{\ell=i}^{i+k}(x - x_\ell)$. Ein leeres Produkt hat dabei den Wert Eins.

Aufgabe 3.24. Man beweise die *Leibnizsche Produktregel* für dividierte Differenzen:

$$fg[x_0, x_1, \dots, x_n] = \sum_{j=0}^{n} f[x_0, x_1, \dots, x_j] g[x_j, x_{j+1}, \dots, x_n].$$

Aufgabe 3.25. Man berechne mit Hilfe eines Programms $x \in [0, \pi/2]$ mit $\sin x = 0.54321012345$ auf acht Dezimalstellen durch inverse Interpolation mit äquidistanten Knoten in $[0, \pi/2]$.

Aufgabe 3.26. In welcher Beziehung steht die Newtonsche Darstellung des Interpolations-Polynoms bei zusammenfallenden Interpolationsknoten mit dem Taylor-Polynom?

Aufgabe 3.27. Für eine auf einem kompakten Intervall I definierte stetige Funktion f kommt an verschiedenen Stellen ein Ausdruck der Form $\max_{x \in I} |f(x)|$ vor. Man überlege sich, dass damit eine Norm in $C(I)$ definiert wird, die meistens mit $||f||_\infty$ abgekürzt wird.

Aufgabe 3.28. (Hermite-Interpolation) Man schreibe ein Programm zur Lösung des Hermite-Interpolationsproblems bei äquidistanten Knoten für $f_j = f(x_j)$, $f_j' = f'(x_j)$, $j = 0, 1, \dots, n$ und für $f(x) = \sin x$, $x \in [0, \pi/2]$, $f(x) = 1/(1 + 25x^2)$, $x \in [-1, 1]$. Für n setze man 1, 2, 4, 8, 16 und man berechne näherungsweise $E = \max |f(x) - p(x)|$, $E' = \max |f'(x) - p'(x)|$. Man vergleiche mit der theoretischen Fehlerabschätzung.

Aufgabe 3.29. Man leite das Schema der dividierten Differenzen für die Knotenfolge a, b, a mit $a \neq b$ her. Es ist also ein Newton-Polynom der Form $p(x) = f[a] + f[a, b](x - a) + f[a, b, a](x - a)(x - b)$ herzuleiten mit $p(a) = f_a, p(b) = f_b, p'(a) = f_a'$, wobei f_a, f_b, f_a' vorgegeben sind.

Aufgabe 3.30. Man berechne mit Hilfe der Formel (3.43), S. 56 von Hermite-Genocchi die folgenden dividierten Differenzen:

$$f[x_0, x_1], \quad f[x_0, x_0, x_1], \quad f[x_0, x_0, x_1, x_1].$$

Aufgabe 3.31. Man zeige: $\frac{\mathrm{d}}{\mathrm{d}x} f[x_0, x_1, \dots, x_n, x] = f[x_0, x_1, \dots, x_n, x, x]$.

Aufgabe 3.32. Man zeige, dass $V = \langle 1, t\cos t, t\sin t\rangle$ ein Haarscher Raum auf $[0, \pi]$ ist.

Aufgabe 3.33. Man zeige, dass $V = \langle t, \exp(t)\rangle$ in $[0, 1]$ ein Haarscher Raum ist, aber nicht in einem Intervall, das Eins im Inneren enthält.

Aufgabe 3.34. Man zeige, dass $V = \langle \sin\lambda_1 t, \sin\lambda_2 t \dots, \sin\lambda_n t\rangle, 0 < \lambda_1 < \lambda_2 < \dots < \lambda_n \leq a$ ein Haarscher Raum auf dem offenen Intervall $]0, \pi/a[$ ist.

Aufgabe 3.35. Man zeige, dass $V = \langle \cos, \cos 2 \rangle$ in $[0, 2\pi/3[$ ein Haarscher, aber kein erweiterter Haarscher Raum ist.

Aufgabe 3.36. Man interpoliere $f(x) = \tan(x)$ für $x \in [1, \pi/2[$ mit wenigen Knoten durch eine rationale Funktion r mit gleichem Zähler- und Nennergrad. Ist das System (3.72), S. 72 lösbar, und wie genau interpoliert r die Funktion tan?

Aufgabe 3.37. Man berechne für $N = 3$ explizit die Lösung des reellen trigonometrischen Interpolationsproblems, d. h., man berechne t_3, $t_3^{\mathbb{R}}$.

Aufgabe 3.38. Seien $x_j \in \mathbb{R}^n, j = 1, 2, \ldots, m$ paarweise verschiedene Punkte. Man zeige: Die Matrix

$$M := \exp(< x_j, x_k >), \quad j, k = 1, 2, \ldots, m$$

ist positiv definit. Hinweis: Man verwende, dass $\tilde{M} := \exp(-||x_j - x_k||^2)$ (bei euklidischer Norm) positiv definit ist. Man multipliziere den Exponenten aus. Folgerung: Die Funktionen $f_j(x) := \exp(- < x, x_j >)$ spannen einen Raum auf, in dem das Interpolationsproblem an den gegebenen Knoten eindeutig gelöst werden kann.

Aufgabe 3.39. Sei $g(t) := 1/t^2$ und $I := [-1, 1]$. Zu vorgegebenen, paarweise verschiedenen *Verschiebungen* $s_j \notin I$ definieren wir für $t \in I$ die Funktionen $v_j(t) := g(t - s_j)$, $j = 1, 2, \ldots, n$. Zeigen Sie für $n = 2$: Der Vektorraum $V := \langle v_1, v_2 \rangle$ ist für $s_j \in \mathbb{R}$ ein Haarscher Raum über $\mathbb{R}$ und für $s_j \in \mathbb{C}$ kein Haarscher Raum über $\mathbb{C}$. Hinweis: Im Falle $s_j \in \mathbb{C}$ wählen Sie $s_1 := \mathrm{i}, s_2 := -\mathrm{i}$.

4 Splines

4.1 Einführung

Wir werden in den ersten Abschnitten interpolierende Splines behandeln, im letzten Abschnitt über die B-Splines einen etwas allgemeineren Zugang vorführen, der aber ggf. im ersten Durchgang übergangen werden kann.

Bei der Interpolation einer Funktion f durch ein Polynom $p \in \Pi_n$ hatten wir gesehen, dass unter günstigen Bedingungen, nämlich $f \in C^{(n+1)}[a,b]$ (vgl. Formel (3.19), S. 47) und Tschebyscheffknoten (vgl. Formel (3.31), S. 49) für den Fehler $\varepsilon_n = \max_{t\in[a,b]} |f(t) - p(t)|$ die Abschätzung

$$\varepsilon_n \leq 2\left(\frac{b-a}{4}\right)^{n+1} \max_{t\in[a,b]} \frac{|f^{(n+1)}(t)|}{(n+1)!} \tag{4.1}$$

gilt. Für beliebige Knoten gilt (3.20), S. 47: $\varepsilon_n \leq (b-a)^{n+1} \max_{t\in[a,b]} \frac{|f^{(n+1)}(t)|}{(n+1)!}$. Diese Abschätzungen garantieren keine Konvergenz von $\varepsilon_n \to 0$ für $n \to \infty$, und auch im Konvergenzfall kann die Konvergenzgeschwindigkeit sehr langsam sein. Man vergleiche dazu Beispiel 4.1 und Formel (4.4) und Runges Beispiel in Aufgabe 3.9, S. 79.

Die Konvergenzgeschwindigkeit kann man in vielen Fällen experimentell bestimmen. Denn, numerische Verfahren, die von einer Zahl $h > 0$ abhängen, liefern häufig Näherungen, deren Fehler $\varepsilon(h) > 0$ für kleine $h > 0$ in etwa die Form

$$\varepsilon(h) = Kh^{\alpha} \tag{4.2}$$

haben, wobei K und $\alpha > 0$ unbekannt aber unabhängig von h sind. Ausgehend von dieser Formel kann man durch Auswertung für zwei verschiedenen Zahlen h_1, h_2 die Größe α aus (4.2) bestimmen. Die Konstante K kann man dann durch Division eliminieren und aus $\varepsilon(h_1)/\varepsilon(h_2) = (h_1/h_2)^{\alpha}$ die Größe α ermitteln zu

$$\alpha = \log(\varepsilon(h_1)/\varepsilon(h_2)) / \log(h_1/h_2). \tag{4.3}$$

Wir wollen α die *(experimentelle) Fehlerordnung* (engl. *decay exponent*) nennen. Man vgl. dazu Aufgabe 3.9, S. 79. In den meisten Fällen läßt sich h als *Maschenweite* interpretieren. Bei Polynominterpolation mit n Knoten wird man der Einfachheit meistens $h = 1/n$ setzen. Im nächten Beispiel ist die Fehlerordnung experimentell für einen Fall ausgerechnet.

Beispiel 4.1. ***Interpolationsfehler von*** $\sqrt{|t|}$ ***in*** $[-1, 1]$
Für die stetige, aber nichtdifferenzierbare Funktion $f(t) = \sqrt{|t|}, t \in [-1, 1]$ ergibt sich bei Verwendung von n Tschebyscheffknoten (also Polynomgrad $n - 1$) ein Interpolationsfehler $\varepsilon_{n-1} := \max_{t\in[-1,1]} \left|p(t) - \sqrt{|t|}\right|$, der aus der Tabelle 4.2 abgelesen werden kann.

Tabelle 4.2. Fehler ε_{n-1} und Fehlerordnung α bei n Knoten

n	ε_{n-1}	α	$\sqrt{n}\,\varepsilon_{n-1}$
1	1		
3	0.4397	0.75	0.7616
5	0.3335	0.54	0.7457
7	0.2802	0.52	0.7413
9	0.2466	0.51	0.7398
11	0.2227	0.51	0.7386
13	0.2047	0.50	0.7381
15	0.1905	0.50	0.7378
17	0.1789	0.50	0.7376
19	0.1692	0.50	0.7375
21	0.1609	0.50	0.7373
23	0.1537	0.50	0.7371
25	0.1475	0.50	0.7375

Der Fehler hat (nach den Experimenten) die Form

$$\varepsilon_{n-1} \approx \frac{c}{\sqrt{n}}. \tag{4.4}$$

Aus der obigen Tabelle entnimmt man $\varepsilon_{14} = 0.1905$. Will man für dieses Beispiel nur erreichen, dass $\varepsilon_{n-1} = 10^{-2}$ ist, so erhält man für n die Gleichung

$$10^{-2} = \varepsilon_{n-1} = \frac{\varepsilon_{n-1}}{\varepsilon_{14}}\varepsilon_{14} \approx \sqrt{\frac{15}{n}}0.1905$$

und daraus $n \approx 5443$, eine für praktische Fälle viel zu große Zahl. Wir haben im obigen Beispiel eine ungerade Anzahl n von Knoten gewählt, weil in diesem Fall immer der Nullpunkt zu den Knoten zählt, und so durch Interpolation eine bessere

Annäherung an $\sqrt{|t|}$ erreicht wird, als wenn der Nullpunkt nicht zu den Knoten gehört. Man vgl. etwa [6, DE BOOR, 1978, p. 29–35], der eine Tabelle für gerade Knotenzahlen angibt.

Betrachtet man (4.1), S. 84, so bleibt als Rettung die Verkleinerung von $b - a$, d. h., man muss das gegebene Intervall $I = [a, b]$ in kleinere Intervalle aufteilen und dann in diesen Intervallen separat interpolieren. Das führt zur folgenden Definition.

Definition 4.3. Sei

$$\Delta : t_0 := a < t_1 < \cdots < t_{n-1} < b =: t_n \tag{4.5}$$

eine gegebene *Einteilung* des Intervalls $I = [a, b]$ in n Teilintervalle. Die Menge der Punkte $\{t_0, t_1, \ldots, t_n\}$ nennen wir auch *Gitter* und jeden einzelnen Punkt darin *Gitterpunkt* oder *Knoten*. Die Zahl h definiert durch

$$h := \max_{j=0,1,\ldots,n-1} (t_{j+1} - t_j) \tag{4.6}$$

heißt *Maschenweite* des Gitters Δ.

Jede Funktion $S : I \to \mathbb{R}$ heißt *Spline*, wenn die *Restriktionen* (kurz Res) $R_j := \operatorname{Res} S|_{]t_j,t_{j+1}[}$, $j = 0, 1, \ldots, n-1$ Polynome sind. Man sagt, dass ein Spline die *Ordnung* k hat, wenn $R_j \in \Pi_{k-1}$ für alle $j = 0, 1, \ldots, n-1$. Die Ordnung ist mit anderen Worten die Anzahl der freien Parameter in jedem Intervall. Die Menge Π_{k-1} nennt man in diesem Zusammenhang auch die Menge der Polynome *der Ordnung* k. Für $k = 1, 2, 3, 4, 5, 6 \ldots$ nennt man die entsprechenden Splines *konstant, linear, quadratisch, kubisch, quartisch, quintisch* etc. Die t_j heißen auch *Splineknoten*. Für $1 \le j \le n-1$ heißen die Knoten t_j *innere* Splineknoten oder auch *Übergangs-* oder *Bruchstellen*.

In der angegebenen Allgemeinheit sind Splines beliebige, stückweise aus Polynomen zusammengesetzte Funktionen, mit den Knoten als Bruchstellen. Diese Funktionen heißen auch *stückweise polynomiale* Funktionen, abgekürzt sp-Funktionen, in englisch pp-Funktionen von *piecewise polynomial*, [6, DE BOOR, 1978, S. 85]. Der von diesen Funktionen aufgespannte Raum heiße $\mathbb{P}_{k,\mathbf{t}}$ wobei $\mathbf{t}$ den Vektor der Knoten bedeutet. Ist R_j die oben beschriebene Restriktion von S auf das Intervall $]t_j, t_{j+1}[$, so wollen wir unter $R_j(t_j)$ und $R_j(t_{j+1})$ (und entsprechend auch für Ableitungen von R_j) den rechts- bzw. linksseitigen Grenzwert verstehen.[1] Da R_j ein Polynom ist, macht das keine Probleme. Bei der bisher verwendeten Splinedefinition ist aber nicht notwendig $S(t_j) = R_j(t_j)$ oder

[1] d. h. $R_j(t_j) = \lim_{\substack{\tau \to t_j \\ \tau > t_j}} R_j(\tau)$, und entsprechend für den linksseiten Grenzwert.

$S(t_j) = R_{j-1}(t_j)$. Allerdings werden wir hier nur hinreichend glatte Splines betrachten, so dass diese Problematik keine Rolle spielen wird. In dem späteren Abschnitt 4.6, S. 100 über B-Splines gehen wir systematischer auf diese Frage ein und werden immer (mindestens) rechtsseitige Stetigkeit aller auftretenden Splines fordern.

Das gegebene Gitter Δ enthält n Teilintervalle. Ein Spline S der Ordnung k enthält also nk freie Parameter. Wollen wir erreichen, dass S - sagen wir κ-mal - stetig differenzierbar ist, so erhalten wir für jeden der $n-1$ inneren Knoten genau $\kappa + 1$, zusammen also $(n-1)(\kappa+1)$ Bedingungen. Diese Bedingungen heißen auch *Glattheitsbedingungen*. Die Menge aller Splines der Ordnung k, die in C^κ liegen, bildet einen Vektorraum, der mit $\mathbb{S}_{k,\kappa}$ bezeichnet werden soll.

Es ist plausibel, soll hier aber nicht bewiesen werden, dass

(4.7) $$\dim \mathbb{S}_{k,\kappa} = nk - (n-1)(\kappa+1).$$

Das ist die Anzahl der freien Parameter vermindert um die Anzahl der auftretenden Glattheitsbedingungen. Da die obige Dimension nicht negativ sein kann, erhalten wir für κ die natürliche Einschränkung

$$(n-1)(\kappa+1) \leq nk.$$

Das größte κ, für das diese Ungleichung für alle n richtig ist, ist $\kappa = k-1$. In diesem Fall ist $\dim \mathbb{S}_{k,k-1} = k$, eine von n unabhängige Größe, und der resultierende Spline ist ein einziges, vom Gitter unabhängiges Polynom der Ordnung k. Sehen wir von diesem Polynomfall ab, so erhalten wir für κ die Einschränkung

(4.8) $$\kappa \leq k-2 \text{ für } k \geq 2.$$

Die größtmögliche Glattheit erhalten wir also für $\kappa = k-2$. Wir benutzen im folgenden die Bezeichnung $\mathbb{S}_k := \mathbb{S}_{k,k-2}$. Aus (4.7) folgt insbesondere

(4.9) $$\dim \mathbb{S}_k = n + k - 1.$$

Die Formeln (4.7), (4.9) werden an späterer Stelle (vgl. (4.85), S. 110) bewiesen. Wir behandeln in den nächsten Abschnitten das Spline-Interpolationsproblem für lineare, quadratische und kubische Splines. Für lineare und kubische Splines werden wir den Fall

(4.10) $$S(t_j) = f_j,\ j = 0,1,\ldots,n;\ S \in \mathbb{S}_k$$

mit vorgegebenen Werten f_j auf dem in (4.5) gegebenem Gitter untersuchen. Für quadratische Splines ($k = 3$) jedoch wird es sich als zweckmäßig erweisen, das Problem in der Form

(4.11) $$S(\tau_j) = f_j,\ j = 1,2\ldots,n;\ \tau_j \in]t_{j-1},t_j[,\ S \in \mathbb{S}_3$$

zu behandeln. Es werden in diesem Fall also Interpolationsknoten τ_j verwendet, die von den Splineknoten verschieden sind.

Für gerade k, also insbesondere für lineare und kubische Splines verwenden wir ein allgemein gültiges Konstruktionsprinzip. Wir berechnen die Restriktionen $R_j \in \Pi_{k-1}$ von S intervallweise als Lösung eines Hermite-Interpolationsproblems. Dazu fassen wir die Ableitungen des Splines bis zur Ordnung $\frac{k}{2} - 1$ an den inneren Knoten als Unbekannte auf. Nach dem Abschnitt über Hermite-Interpolation ist dann klar, wie diese Restriktionen in Hermite-Newton-Form in eindeutiger Weise ausgerechnet werden können. Die Glattheitsbedingungen für $\frac{k}{2}, \frac{k}{2} + 1, \ldots, k-2$ dienen dann dazu, die in der Hermite-Newton-Form vorkommenden unbekannten Ableitungen auszurechnen. Genauer heißt das, dass die Stetigkeitsbedingungen an den inneren Knoten für die Ableitungen der Ordnungen $\frac{k}{2}, \frac{k}{2} + 1, \ldots, k-2$ als Bestimmungsgleichungen herangezogen werden. Diese Konstruktion liefert unabhängig von der Wahl der Unbekannten bereits einen $C^{\frac{k}{2}-1}$-Spline.

4.2 Lineare Splines

Wir behandeln das Interpolationsproblem (4.10) für $k = 2$ und verwenden im folgenden die Abkürzungen

$$\Delta f_j := f_{j+1} - f_j, \quad \Delta t_j := t_{j+1} - t_j, \quad j = 0, 1, \ldots, n-1. \tag{4.12}$$

Die Lösung (in Newtonscher Form) ist hier einfach, nämlich

$$R_j(t) = f_j + \frac{\Delta f_j}{\Delta t_j}(t - t_j), \; j = 0, 1, \ldots, n-1 \text{ für } t \in [t_j, t_{j+1}]. \tag{4.13}$$

Beispiel 4.4. ***Interpolation durch einen linearen Spline***
Wir interpolieren $f(t) := \sqrt{t}, t \in [0, 1]$ in $\mathbb{S}_2$. Aus Symmetriegründen haben wir dann auch $f(t) := \sqrt{|t|}, t \in [-1, 1]$ mitbehandelt. Wir wählen zuerst äquidistante Knoten $t_j := j/n$, $j = 0, 1, \ldots, n$ und haben $h = 1/n$. Der Interpolationsfehler ist

$$\varrho := \max_{t \in [0,1]} |f(t) - S(t)| = \max_{j=0,1,\ldots,n-1} \max_{t \in [t_j, t_{j+1}]} |f(t) - R_j(t)|. \tag{4.14}$$

Um den obigen Ausdruck berechnen zu können, sei $\ell(t) := \sqrt{a} + s(t-a)$ mit $s := (\sqrt{b} - \sqrt{a})/(b-a)$, also der lineare, f interpolierende Spline auf $I := [a, b]$ mit $0 \leq a < b$. Sei $\varepsilon(t) := \sqrt{t} - \ell(t)$. Wegen der *Konkavität* von f (z. B.

wegen $f''(t) < 0$ für alle $t > 0$) ist $\varepsilon(t) > 0$ für $t \in]a,b[$, und ε hat genau ein Maximum $t_{\text{Max}} \in]a,b[$. Aus $\varepsilon'(t) = 0$ erhält man $t_{\text{Max}} = 1/(4s^2)$ und (nach einiger Rechnung) $\varepsilon(t_{\text{Max}}) = \frac{(\sqrt{b}-\sqrt{a})^3}{4(b-a)}$. Setzen wir $b = a + h$, so ist $\varepsilon(t_{\text{Max}}) = \frac{(\sqrt{a+h}-\sqrt{a})^3}{4h}$ (bei festem $h > 0$) als Funktion von $a \geq 0$ strikt monoton fallend, denn $\frac{\mathrm{d}}{\mathrm{da}}(\sqrt{a+h} - \sqrt{a})^3 = \frac{3}{2}(\sqrt{a+h} - \sqrt{a})^2(\frac{1}{\sqrt{a+h}} - \frac{1}{\sqrt{a}}) < 0$. Das obige Maximum (4.14) wird also im ersten Intervall (also $j = 0$) angenommen, und somit ist

$$\varrho := \max_{t\in[0,1]} |f(t) - S(t)| = \frac{0.25}{\sqrt{n}}. \tag{4.15}$$

Im Vergleich zu (4.4), S. 85 haben wir bei hier bei äquidistanten Knoten dieselbe Fehlerordnung wie bei der Polynominterpolation mit n Tschebyscheffknoten.

Nach den obigen Rechnungen ist es naheliegend, die Knoten bei $t = 0$ zu konzentrieren. Eine Möglichkeit dazu ist

$$t_j := (j/n)^q, \ j = 0, 1, \ldots, n \tag{4.16}$$

zu wählen mit einem geeigneten festen $q > 1$. Aus numerischen Rechnungen (man vgl. Aufgabe 4.8, S. 122) entnehmen wir, dass die Fehlerordnung $q/2$ ist für $q \leq 4$.

Wählt man $q > 4$, so zeigen dieselben Rechnungen, dass sich die Fehlerordnung nicht mehr vergrößert aber der Fehler wieder größer wird. Mit unverändertem Aufwand erreichen wir also eine sehr günstige Annäherung an f, wenn wir $q = 4$ wählen. Die hier vorgeführten Ergebnisse gelten nicht nur für $f(t) = \sqrt{t}$, sondern auch für andere f, man vgl. [6, DE BOOR, 1978, Theorem III.2].

Nach diesem Beispiel kommen wir auf den allgemeinen Fall zurück. Wir wollen einige Überlegungen zur *Approximationsgüte* der linearen Splines anstellen.

Für $f \in \mathrm{C}^2[a,b]$ können wir sofort auf die frühere Abschätzung (3.19), S. 47 zurückgreifen, die hier

$$\boxed{\max_{t\in[a,b]} |f(t) - S(t)| \leq \frac{h^2}{8} \max_{t\in[a,b]} |f''(t)|} \tag{4.17}$$

liefert mit h aus (4.6), S. 86. Die Konstante $1/8$ kann man dem Beispiel 3.42, S. 59 mit $\kappa = k = 1$ zu entnehmen.

Insbesondere folgt aus der Formel sofort gleichmäßige Konvergenz $S \to f$ für $h \to 0$ für alle $f \in \mathrm{C}^2[a,b]$ mit der Fehlerordnung zwei.

Für stetige, aber nicht notwendig differenzierbare f können wir ebenfalls eine einfache Fehlerabschätzung gewinnen. Die *Lagrangesche Form* von R_j lautet mit Δt_j nach (4.12), S. 88.

$$R_j = ((t_{j+1} - t)f(t_j) + (t - t_j)f(t_{j+1}))/\Delta t_j.$$

Wegen $t_j \le t \le t_{j+1}$ gilt für diese t die Identität

$$((t_{j+1} - t) + (t - t_j))/\Delta t_j = (|t_{j+1} - t| + |t - t_j|)/\Delta t_j = 1.$$

Mit diesen Formeln erhält man

$$\begin{aligned} |f(t) - R_j(t)| &= |(t_{j+1} - t)(f(t) - f(t_j)) + (t - t_j)(f(t) - f(t_{j+1}))|/\Delta t_j \\ &\le ((t_{j+1} - t)|f(t) - f(t_j)| + (t - t_j)|f(t) - f(t_{j+1})|)/\Delta t_j \\ &\le \max_{t \in [t_j, t_{j+1}]} \max(|f(t) - f(t_j)|, |f(t) - f(t_{j+1})|). \end{aligned} \tag{4.18}$$

Ist f differenzierbar, so kann der *Mittelwertsatz* angewendet werden, der besagt, dass es zu verschiedenen u, v ein ξ zwischen u und v gibt mit $f(u) - f(v) = (u - v)f'(\xi)$. Für $f \in \mathrm{C}^1[a, b]$ folgt mit h aus (4.6), S. 86 also aus (4.18) die Abschätzung

$$\boxed{\max_{t \in [a,b]} |f(t) - S(t)| \le h \max_{t \in [a,b]} |f'(t)|.} \tag{4.19}$$

Für beliebige $f \in \mathrm{C}[a, b]$ kann die rechte Seite von (4.18) durch den sogenannten *Stetigkeitsmodul*

$$\omega(f, h) := \max\{|f(u) - f(v)| : u, v \in [a, b], |u - v| \le h\} \tag{4.20}$$

abgeschätzt werden, d. h., für $f \in \mathrm{C}[a, b]$ und h aus (4.6), S. 86 ist

$$\boxed{\max_{t \in [a,b]} |f(t) - S(t)| \le \omega(f, h).} \tag{4.21}$$

Aus (4.20) folgt $\lim_{\substack{h \to 0 \\ h > 0}} \omega(f, h) = 0$ für alle $f \in \mathrm{C}[a, b]$, d. h., auch (4.21) impliziert gleichmäßige Konvergenz von S gegen f.

4.3 Quadratische Splines

Ein quadratischer, stetiger Spline S mit den Splineknoten $t_0 < t_1 < \cdots < t_n$ ist auf jedem Teilintervall $[t_j, t_{j+1}]$ ein quadratisches Polynom, das wir mit R_j bezeichnen, $j = 0, 1, \ldots, n - 1$. Quadratische Polynome haben drei Koeffizienten und sind z. B. durch drei Interpolationsbedingungen eindeutig bestimmt. Eine naheliegende, aber nicht unbedingt gute Idee ist die Vorgabe von Werten an den Splineknoten und die Vorgabe eines Wertes an einer weiteren Stelle $\tau_{j+1} \in]t_j, t_{j+1}[$ in jedem Intervall. Dies würde eindeutig einen stetigen Spline S definieren, aber dieser Spline wird i. a. an den Splineknoten nicht differenzierbar sein.

Trotzdem hat diese Idee etwas Gutes. Wir benutzen hier nämlich zum ersten Mal Interpolationsknoten τ_j, die von den Splineknoten t_j verschieden sind.

Eine leichte Modifizierung der obigen Idee liefert schon etwas recht Brauchbares. Wir gehen hier aus von n Interpolationsknoten τ_j mit vorgegebenen Werten f_j, $j = 1, 2, \ldots, n$ und $n + 1$ Splineknoten t_j, $j = 0, 1, \ldots, n$ mit

(4.22) $$t_j < \tau_{j+1} < t_{j+1}, \quad j = 0, 1, \ldots, n-1.$$

Wir schreiben an den Splineknoten t_j jetzt keine Werte mehr vor, sondern versuchen, die Werte an diesen Stellen so zu bestimmen, dass der Spline insgesamt differenzierbar wird. Das gelingt tatsächlich. Die Bedingungen lauten:

(4.23) $$R_{j-1}(\tau_j) = f_j, \quad j = 1, 2, \ldots, n,$$

(4.24) $$R_{j-1}(t_j) = R_j(t_j) =: u_j,$$

(4.25) $$R'_{j-1}(t_j) = R'_j(t_j), \quad j = 1, 2, \ldots, n-1.$$

Das sind insgesamt $3n - 2$ Bedingungen für die $3n$ Koeffizienten, die den Spline S festlegen. Wir fügen daher noch zwei weitere Bedingungen hinzu, nämlich

(4.26) $$R_0(t_0) = u_0, \quad R_{n-1}(t_n) = u_n$$

mit vorgegenene Werten u_0, u_n.

Benutzen wir wieder die Newtonsche Form für quadratische Polynome an den drei aufeinanderfolgenden Stellen $t_{j-1} < \tau_j < t_j$, so ergeben sich für $j = 1, 2, \ldots, n$ die Koeffizienten aus der ersten Zeile der Tabelle 4.5. Der Vorteil dieser Form ist, dass mit Ausnahme der Bedingung (4.25) alle anderen Bedingungen bereits erfüllt sind: die Stetigkeit an den Splineknoten (Bedingung (4.24)) und die Interpolationsbedingungen (4.23), (4.26). Die Newton-Form selbst lautet also (intervallweise für $j = 1, 2, \ldots, n$):

(4.27) $$R_{j-1}(t) = u_{j-1} + s^+_{j-1}(t - t_{j-1}) + \sigma_{j-1}(t - t_{j-1})(t - \tau_j),$$

und ihre Ableitung ist (mit in Tabelle 4.5 definierten Größen s^+_{j-1}, σ_{j-1})

(4.28) $$R'_{j-1}(t) = s^+_{j-1} + \sigma_{j-1}(2t - t_{j-1} - \tau_j).$$

Die noch zu erfüllenden Bedingungen (4.25) lauten:

$$s^+_{j-1} + \sigma_{j-1}(t_j - t_{j-1} + t_j - \tau_j) = s^+_j + \sigma_j(t_j - \tau_{j+1}).$$

Tabelle 4.5. Dividierte Differenzen für quadratische Splines

t_{j-1}	u_{j-1}	$\dfrac{f_j - u_{j-1}}{\tau_j - t_{j-1}} =: s_{j-1}^+$	$\dfrac{s_j^- - s_{j-1}^+}{t_j - t_{j-1}} := \sigma_{j-1}$
τ_j	f_j	$\dfrac{u_j - f_j}{t_j - \tau_j} =: s_j^-$	
t_j	u_j		

Für die unbekannten Größen u_j, $j = 1, 2, \ldots, n-1$ ergibt sich daraus (nach einiger Rechnung) mit $\Delta t_j := t_{j+1} - t_j$, $a_j := t_j - \tau_j, b_j := \tau_{j+1} - t_j$ das lineare Gleichungssystem:

$$(\frac{1}{b_{j-1}} - \frac{1}{\Delta t_{j-1}})u_{j-1} + (\frac{1}{\Delta t_{j-1}} + \frac{1}{\Delta t_j} + \frac{1}{a_j} + \frac{1}{b_j})u_j + (\frac{1}{a_{j+1}} - \frac{1}{\Delta t_j})u_{j+1} =$$

$$= (\frac{1}{a_j} + \frac{1}{b_{j-1}})f_j + (\frac{1}{a_{j+1}} + \frac{1}{b_j})f_{j+1}, \tag{4.29}$$

wobei zur Lösung die beiden vorgegebenen Parameter u_0, u_n eingesetzt werden müssen. Der Erfolg der vorgeschlagenen Methode hängt also davon ab, ob das obige Gleichungssystem (4.29) bei jeder Datenkonstellation eindeutig gelöst werden kann. Das Gleichungssystem (4.29) hat einige Besonderheiten. In jeder Gleichung kommen höchstens drei aufeinanderfolgende Unbekannte, nämlich u_{j-1}, u_j, u_{j+1} vor. Daher nennt man ein derartiges Gleichungssystem *tridiagonal* und die entsprechende Matrix der Koeffizienten eine *Tridiagonalmatrix*. Der Begriff der *Matrix* (plural *Matrizen*) wird im Abschnitt 6.1.1, S. 159 näher erläutert. Gibt man dem Gleichungssystem (4.29) die formal einfachere Form

$$\beta_{j-1}u_{j-1} + \alpha_j u_j + \gamma_{j+1}u_{j+1} = r_j, \quad j = 1, 2, \ldots, n-1, \tag{4.30}$$

wobei sich die $\beta_{j-1}, \alpha_j, \gamma_{j+1}, r_j$ unmittelbar durch Vergleich mit (4.29) ergeben, so kann man leicht erkennen, dass alle auftretenden Koeffizienten $\beta_{j-1}, \alpha_j, \gamma_{j+1}$ positiv sind. Das Gleichungssystem (4.30) heißt *strikt Spalten-diagonaldominant*[2], wenn

$$\alpha_j > \beta_j + \gamma_j \text{ für alle } j = 1, 2, \ldots, n-1. \tag{4.31}$$

[2] Sei $\mathbf{A} = (a_{jk})$ eine beliebige Matrix. $\mathbf{A}$ heißt *strikt Spalten-diagonaldominant*, wenn $|a_{kk}| > \sum_{j \neq k} |a_{jk}|$ für alle k, $\mathbf{A}$ heißt *strikt Zeilen-diagonaldominant*, wenn $|a_{jj}| > \sum_{k \neq j} |a_{jk}|$ für alle j.

Das trifft im vorliegenden Fall zu, denn

$$\begin{aligned}\alpha_j - \beta_j - \gamma_j &= \Big(\frac{1}{\Delta t_{j-1}} + \frac{1}{\Delta t_j} + \frac{1}{a_j} + \frac{1}{b_j}\Big) - \Big(\frac{1}{b_j} - \frac{1}{\Delta t_j}\Big) - \Big(\frac{1}{a_j} - \frac{1}{\Delta t_{j-1}}\Big) \\ &= 2\Big(\frac{1}{\Delta_{j-1}} + \frac{1}{\Delta_j}\Big) > 0.\end{aligned}$$

Spaltendiagonaldominanz bedeutet also hier, dass das Diagonalelement größer ist als die Summe der restlichen Elemente in derselben Spalte. Entsprechend kann man auch *Zeilendiagonaldominanz* definieren. Das Gleichungssystem (4.29) ist jedoch nicht für alle Knotenlagen strikt *Zeilen*-diagonaldominant, s. Aufgabe 4.1, S. 121. Wir werden später zeigen (Lemma 6.11, S. 176), dass für strikt (Zeilen- oder Spalten-) diagonal dominante Systeme nicht nur die eindeutige Lösbarkeit folgt, sondern dass die Lösung in einer einfachen und numerisch stabilen Form berechnet werden kann.

Hat man die Parameter u_j bestimmt, so ist der Spline S stückweise nach (4.27) auszurechnen unter Benutzung der in der Tabelle 4.5 definierten Größen s_{j-1}^+, s_j^-.

Experimentell kann man leicht feststellen, dass die angegebene Methode quadratische Polynome reproduziert. Die Fehlerabschätzung

(4.32) $$\boxed{|f(t) - S(t)| \le \tfrac{1}{8} h^3 \max_{t\in[a,b]} |f'''(t)| \text{ für } f \in C^3[a,b],}$$

[6, DE BOOR, 1978, S. 81], gibt etwas präzisere Information.

Beispiel 4.6. ***Quadratischer Interpolationsspline***
Wir interpolieren $f(t) := t\sin(1/t)$ an den sieben Knoten $\boldsymbol{\tau} := \{0.05, 0.06, 0.075, 0.09, 0.13, 0.21, 0.4\}$ mit einem quadratischen Spline mit Splineknoten $\mathbf{t} = \{0.025, 0.055, 0.0675, 0.0825, 0.11, 0.17, 0.305, 0.45\}$. Diese Knoten erfüllen die Bedingungen (4.22), S. 91. Dieses (nicht ganz einfache) Beispiel werden wir später noch einmal behandeln, vgl. 4.10, S. 97 und 4.14, S. 99. Die Ergebnisse sind in der Figur 4.7 dargestellt. Die Matrix $\mathbf{M}$ der Koeffizienten und die rechte Seite $\mathbf{r}$ und die Lösung $\mathbf{u}$ sind unten (zum Nachrechnen) angegeben.

$$\mathbf{M} = \begin{pmatrix} 513.3333 & 53.3333 & 0 & 0 & 0 & 0 \\ 120.0000 & 413.3333 & 66.6667 & 0 & 0 & 0 \\ 0 & 66.6667 & 369.6970 & 13.6364 & 0 & 0 \\ 0 & 0 & 96.9697 & 153.0303 & 8.3333 & 0 \\ 0 & 0 & 0 & 33.3333 & 74.0741 & 3.1189 \\ 0 & 0 & 0 & 0 & 17.5926 & 35.3566 \end{pmatrix},$$

$$\mathbf{r} = \begin{pmatrix} -5.5378 \\ -2.4899 \\ -2.5110 \\ -6.7671 \\ 2.1715 \\ -4.8328 \end{pmatrix}, \quad \mathbf{u} = \begin{pmatrix} 0.0186 \\ -0.0106 \\ -0.0022 \\ -0.0048 \\ -0.0443 \\ 0.0562 \\ -0.1646 \\ 0.3578 \end{pmatrix}.$$

Wegen der vielen Schwingungen der gewählten Funktion f, hat es der ausgerechnete quadratische Spline S schwer, in der Nähe von f zu bleiben, insbesondere am Anfang des Intervalles. Im eigentlichen Interpolationsintervall $[a, b] := [\tau_1, \tau_n] = [0.05, 0.4]$ jedoch folgt der Spline S der gegebenen Funktion f recht gut.

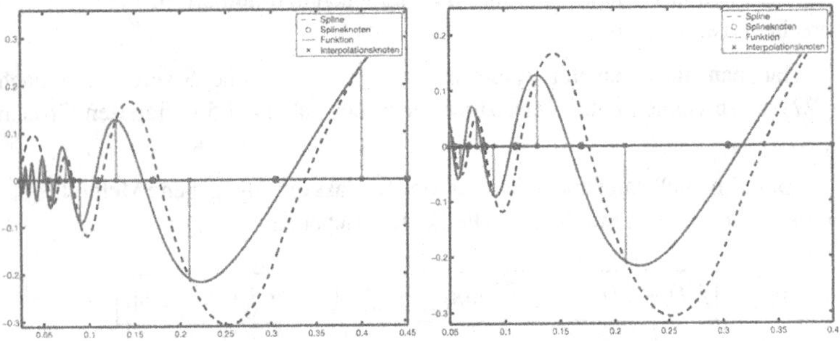

Abb. 4.7. Interpolation mit einem quadratischen Spline, rechts Ausschnitt

4.4 Kubische Splines

Wir wollen Splines $S \in \mathbb{S}_4$ (also $S \in C^2$) bestimmen mit $S(t_j) = f_j,\ j = 0, 1, \ldots, n$ wobei die Knoten t_j mit (4.5), S. 86 und die Werte f_j vorgegeben sind. Wir verwenden die bereits in der Einleitung beschriebene Methode. D. h. wir verwenden die Ableitungen $s_j := S'(t_j)$ an den inneren Knoten als Unbekannte, beschreiben dann die Restriktionen R_j von S auf den einzelnen Teilintervalle $[t_j, t_{j+1}]$ durch ihre Hermite-Newtonsche Form (3.45), S. 57 und bestimmen schließlich die unbekannten Ableitungen s_j dadurch, dass wir an den inneren Knoten Stetigkeit der zweiten Ableitung von S verlangen.

Die Hermite-Newtonschen Form lautet im vorliegenden Fall

$$(4.33)\quad \begin{aligned} R_j(t) &= f[t_j] + f[t_j,t_j](t-t_j) + f[t_j,t_j,t_{j+1}](t-t_j)^2 \\ &\quad + f[t_j,t_j,t_{j+1},t_{j+1}](t-t_j)^2(t-t_{j+1}), \end{aligned}$$

wobei sich die Koeffizienten wieder aus der ersten Zeile der nachfolgenden Tabelle 4.8 der dividierten Differenzen ergeben. Sie werden dort mit $c_{j0}, c_{j1}, c_{j2}, c_{j3}$ abgekürzt. Stetigkeit von S'' bedeutet $R_j''(t_j) = R_{j-1}''(t_j)$ für $j = 1, 2, \ldots, n-1$, wobei die zweiten Ableitungen aus (4.33) berechnet werden zu

$$(4.34)\quad \begin{aligned} R_j''(t_j) &= \frac{6\frac{\Delta f_j}{\Delta t_j} - 4s_j - 2s_{j+1}}{\Delta t_j}, \\ R_j''(t_{j+1}) &= \frac{-6\frac{\Delta f_j}{\Delta t_j} + 2s_j + 4s_{j+1}}{\Delta t_j}. \end{aligned}$$

Tabelle 4.8. Dividierte Differenzen für kubische Splines

t_j	$f_j := c_{j0}$	$s_j := c_{j1}$	$\dfrac{\frac{\Delta f_j}{\Delta t_j} - s_j}{\Delta t_j} := c_{j2}$	$\dfrac{s_{j+1} + s_j - 2\frac{\Delta f_j}{\Delta t_j}}{\Delta t_j^2} := c_{j3}$
t_j	f_j	$\dfrac{\Delta f_j}{\Delta t_j}$	$\dfrac{s_{j+1} - \frac{\Delta f_j}{\Delta t_j}}{\Delta t_j}$	
t_{j+1}	f_{j+1}	s_{j+1}		
t_{j+1}	f_{j+1}			

Wir erhalten also das lineare Gleichungssystem

$$(4.35)\quad \begin{aligned} &\Delta t_j s_{j-1} + 2(\Delta t_{j-1} + \Delta t_j)s_j + \Delta t_{j-1}s_{j+1} \\ &= 3\Big(\frac{\Delta f_j}{\Delta t_j}\Delta t_{j-1} + \frac{\Delta f_{j-1}}{\Delta t_{j-1}}\Delta t_j\Big),\ j = 1, 2, \ldots, n-1. \end{aligned}$$

Da wir, wie schon in der Einleitung bemerkt, $k - 2 = 2$ überzählige Unbekannte haben, kann man diese willkürlich auf verschiedene Weisen festsetzen. In seinem Buch diskutiert [6, DE BOOR, 1978, p. 54–57] sieben verschiedene Fälle. Eine sehr gebräuchliche, aber nicht unbedingt gute Methode ist die Forderung

$$(4.36)\quad S''(a) = R_0''(t_0) = S''(b) = R_{n-1}''(t_n) = 0,$$

die bedeutet, dass S links von a und rechts von b linear unter Beibehalt der zweimaligen Differenzierbarkeit fortgesetzt werden kann. Ein Spline, der (4.36) erfüllt, heißt *natürlicher Spline*. Die explizite Form von (4.36) ergibt sich aus (4.34):

(4.37) $$2s_0 + s_1 = 3\frac{\Delta f_0}{\Delta t_0}, \quad s_{n-1} + 2s_n = 3\frac{\Delta f_{n-1}}{\Delta t_{n-1}}.$$

dass die Wahl (4.36) nicht gut ist, kann man ohne viel Theorie daran erkennen, dass ein kubisches Polynom, z. B. $f(t) = t^3$ mit $f_j := f(t_j)$ durch einen kubischen natürlichen Spline nicht reproduziert wird, man vgl. Aufgabe 4.2, S. 121. Ersetzt man allerdings die sogenannten natürlichen Randbedingungen (4.36) durch die Bedingungen

(4.38) $$s_0 := f'(t_0), \quad s_n := f'(t_n),$$

sofern diese Werte bekannt sind, so wird ein kubisches Polynom durch den Spline reproduziert. Kubische Interpolationssplines mit den Randbedingungen (4.38) nennt man auch *vollständig*.

Wie man das Gleichungssystem (4.35), (4.37) löst, wird an späterer Stelle besprochen. Es ist jedoch schon hier zu beachten, dass in jeder dieser Gleichungen höchstens drei aufeinander folgende Unbekannte s_{j-1}, s_j, s_{j+1} vorkommen. Das Gleichungssystem ist also tridiagonal. Weiter ist dieses Gleichungssystem auch strikt Zeilen-diagonaldominant (s. Fußnote S. 92). Das kann man unmittelbar aus (4.35), (4.37) (oder (4.38)) ablesen. Das bedeutet nicht nur, dass das Gleichungssystem eindeutig lösbar ist, sondern auch, dass es sich in einer numerisch stabilen und einfachen Weise lösen läßt. Man vgl. die Gleichungen (4.29), S. 92, (6.24), S. 176 und Aufgabe 6.12, S. 197.

Es läßt sich für $f \in C^4[a, b]$ für kubische Interpolationssplines S mit den Randbedingungen (4.38) (man vgl. [49, HALL, 1968]) die Fehlerabschätzung herleiten:

(4.39) $$\boxed{|f(t) - S(t)| \le (5/384)h^4 \max_{t\in[a,b]} |f^{(iv)}(t)|.}$$

Daraus folgt gleichmäßige Konvergenz der kubischen Splines S mit der Ordnung vier gegen f und auch Konvergenz der ersten und zweiten Ableitung von S (mit Fehlerordnung drei bzw. zwei) gegen die erste bzw. zweite Ableitung von f. Man vgl. die Literatur, z. B. [6, DE BOOR, 1978, Ch. V].

Beispiel 4.9. ***Kubische Splineinterpolation***
Wir wählen wieder $f(t) := t\sin(1/t)$ mit den Splineknoten $t_0, t_1, \ldots, t_6 = 0.05$, 0.06, 0.075, 0.09, 0.13, 0.21, 0.4. S. Beispiel 4.6. Wir zeigen in Abbildung 4.10 die Interpolanten mit den natürlichen und vollständigen Randbedingungen. Das

Gleichungssystem für den natürlichen Spline S lautet explizit:

$$\begin{pmatrix} 2 & 1 & 0 & 0 & 0 & 0 & 0 \\ 0.015 & 0.05 & 0.01 & 0 & 0 & 0 & 0 \\ 0 & 0.015 & 0.06 & 0.015 & 0 & 0 & 0 \\ 0 & 0 & 0.04 & 0.11 & 0.015 & 0 & 0 \\ 0 & 0 & 0 & 0.08 & 0.24 & 0.04 & 0 \\ 0 & 0 & 0 & 0 & 0.19 & 0.54 & 0.08 \\ 0 & 0 & 0 & 0 & 0 & 1 & 2 \end{pmatrix} \begin{pmatrix} s_0 \\ s_1 \\ \vdots \\ \\ \vdots \\ s_6 \end{pmatrix} = \begin{pmatrix} -28.4262 \\ -0.2241 \\ -0.1209 \\ -0.8867 \\ 0.7992 \\ -1.8413 \\ 7.0915 \end{pmatrix}.$$

Die Splinekoeffizienten $c_{j0}, c_{j1}, c_{j2}, c_{j3}$ ergeben sich daraus - intervallweise - zu

$$\begin{array}{rlrr} 4.5647e-02 & -1.4040e+01 & 4.5648e+02 & 4.5648e+04 \\ -4.9107e-02 & -3.4577e-01 & 4.7262e+02 & -5.9788e+04 \\ 5.2046e-02 & 3.8051e-01 & -6.5402e+02 & 4.4467e+04 \\ -8.9400e-02 & -9.2349 & 3.6694e+02 & -7.8266e+03 \\ 1.2830e-01 & 7.5976 & -1.4779e+02 & 1.3925e+03 \\ -2.0974e-01 & -7.1369 & 5.0004e+01 & -1.3159e+02 \end{array}.$$

Die 2. Ableitungen (Formel (4.34)) an den Knoten haben die folgenden Werte:

$$-3.1086 \cdot 10^{-13}, 2.7389 \cdot 10^{3}, -2.6421 \cdot 10^{3}, 1.3600 \cdot 10^{3}, -5.1838 \cdot 10^{2}, 1.5001 \cdot 10^{2}, 0.$$

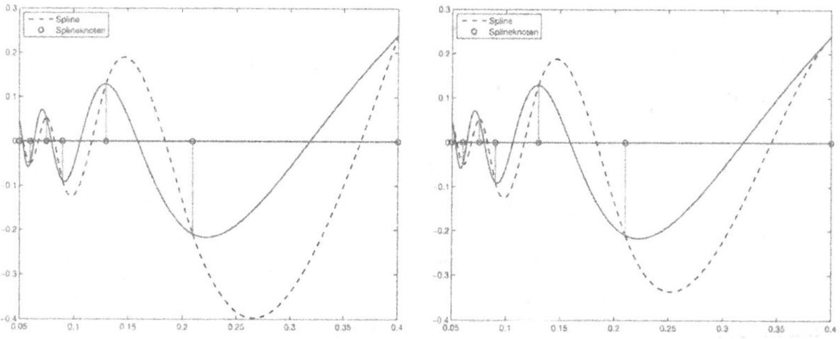

Abb. 4.10. Kubische Splineinterpolation, natürlicher und vollständiger Spline

Die Matrix und die rechte Seite für den vollständigen Spline stimmen mit Ausnahme der ersten und letzten Zeile mit den obigen Angaben überein. Die rechte Seite an der ersten und letzten Position ist: $-7.2487, 2.6013$. Die Splinekoeffizienten sind entsprechend:

$$\begin{array}{rrrr}
4.5647e-02 & -7.2487 & -2.2267e+02 & 9.2007e+04 \\
-4.9107e-02 & -2.5015 & 6.1633e+02 & -6.6742e+04 \\
5.2046e-02 & 9.7166e-01 & -6.9343e+02 & 4.6166e+04 \\
-8.9400e-02 & -9.4438 & 3.7216e+02 & -7.9849e+03 \\
1.2830e-01 & 7.5532 & -1.4724e+02 & 1.4924e+03 \\
-2.0974e-01 & -6.4527 & 4.6403e+01 & -2.3765e+02
\end{array}$$

Die 2. Ableitungen an den Knoten haben die folgenden Werte: $-2.2855 \cdot 10^3$, $3.2349 \cdot 10^3, -2.7718 \cdot 10^3, 1.3831 \cdot 10^3, -5.3326 \cdot 10^2, 1.8311 \cdot 10^2, -8.7807 \cdot 10^1$.

4.5 Lokale Splines

Um kubische Splines berechnen zu können, muss ten wir ein lineares Gleichungssystem lösen, d. h., die einzelnen Polynomstücke können nicht unabhängig voneinander berechnet werden. In diesem Abschnitt wollen wir Splines behandeln, die intervallweise berechnet werden können.

Definition 4.11. Sei das folgende Gitter vorgegeben:

$$\Delta : t_0 = a < t_1 < \cdots < t_{n-1} < b = t_n. \tag{4.40}$$

Unter einem *lokalen Spline* der Ordnung k auf diesem Gitter verstehen wir einen Spline der Ordnung k, bei dem die einzelnen Polynomstücke R_j eindeutig allein aus Werten und Ableitungen auf $I_j := [t_j, t_{j+1}]$ bestimmt werden können.

Beispiel 4.12. ***Lokale, lineare, quadratische, kubische Splines***
(a) Die linearen Splines sind bereits stückweise durch vorgegebene Werte an den beiden Randknoten von I_j eindeutig bestimmt, und somit Beispiele für lokale Splines. (b) Für quadratische Splines haben wir bereits eine Möglichkeit diskutiert: Man interpoliere an den Splineknoten t_j, t_{j+1} und an einer Zwischenstelle. Man könnte auch an den Knoten t_{2j}, t_{2j+1} interpolieren und zusätzlich am Knoten t_{2j} eine Ableitung vorschreiben. Es wird jedoch in keinem Fall ein C^1-Spline erzeugt. (c) Gibt man an jedem Knoten Werte und erste Ableitungen vor, so kann ein kubische Polynomstück R_j auf I_j aus den vier vorgegebenen Werten eindeutig ermittelt werden. Das Ergebnis ist ein lokaler C^1-Spline.

Wegen der geschilderten Nachteile für quadratische und allgemeiner für Splines ungerader Ordnung ist die Verwendung lokaler Splines i. w. für Splines gerader Ordnung attraktiv.

Satz 4.13. Sei S auf dem Gitter (4.40) ein lokaler Spline der Ordnung $2k$, definiert durch $R_j^{(\kappa)}(t_j) = f_j^{(\kappa)}$ mit vorgegebenen Werten $f_j^{(\kappa)}$, $\kappa = 0, 1, \ldots, k-1$, $j = 0, 1, \ldots, n$. Dann ist $S \in C^{k-1}$. Habe das Gitter die Maschenweite h und interpoliere S am gegebenen Gitter eine C^{2k}-Funktion f, so gilt

$$(4.41) \qquad \boxed{|f(t) - S(t)| \leq c_{2k} h^{2k} \max_{t \in [a,b]} |f^{(2k)}(t)|,}$$

wobei c_{2k} in (3.49), S. 59 definiert ist.

Beweis: Aus dem Lemma 3.41, S. 58 mit $\kappa = k$ und dem Beispiel 3.42, S. 59. □

Für lineare, kubische, quintische Splines ist nach (3.51), S. 59 $c_2 = 1/8, c_4 = 1/384, c_6 = 1/46\,080$. Um einen kubischen, lokalen Spline auszurechnen, sind genau die in Tabelle 4.8, S. 95 bereitgestellten dividierten Differenzen erforderlich. Das kubische Polynomstück R_j hat dann die Form

$$(4.42)\; R_j(t) : \; = \; f_{j0} + f_{j1}(t - t_j) + f_{j2}(t - t_j)^2 + f_{j3}(t - t_j)^2(t - t_{j+1})$$

mit

$$(4.43) \quad f_{j0} : \; = \; f_j; \quad f_{j1} := s_j;$$

$$(4.44) \quad f_{j2} : \; = \; \big((f_{j+1} - f_j)/(t_{j+1} - t_j) - s_j\big)/(t_{j+1} - t_j);$$

$$(4.45) \quad f_{j3} : \; = \; \Big(s_{j+1} + s_j - 2(f_{j+1} - f_j)/(t_{j+1}) - t_j)\Big)/(t_{j+1}) - t_j)^2.$$

Dabei sind f_j, f_{j+1} die vorgegebenen Werte, und s_j, s_{j+1} die vorgegebenen

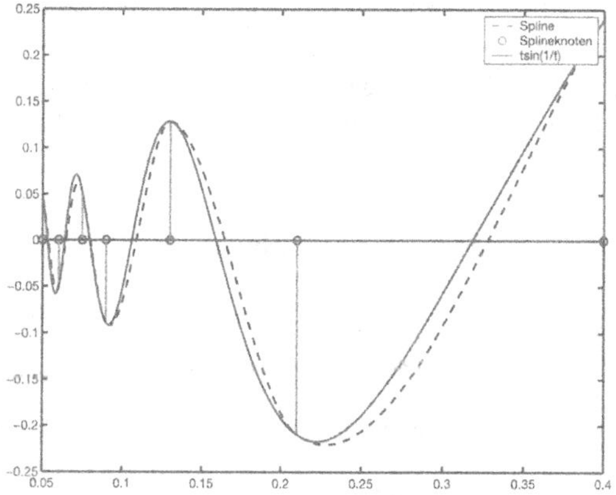

Abb. 4.14. Kubische, lokale Spline-Interpolation (gestrichelt) von $t\sin(1/t)$

Ableitungen am Knoten t_j, bzw. t_{j+1} sind. Wir behandeln das Beispiel 4.6, S. 93 hier nochmal.

Beispiel 4.15. ***Interpolation von*** $f(t) := t\sin(\frac{1}{t})$ ***mit lokalem, kubischem Spline*** Seien die folgenden Interpolationsknoten gegeben: $t_0 := a, t_1, \ldots, t_6 := b = 0.05, 0.06, 0.075, 0.09, 0.13, 0.21, 0.4$. Dann ergibt sich der kubische, lokale Spline S aus der Abbildung 4.14. Wir erkennen eine sehr viel bessere Übereinstimmung zwischen dem Spline S und der Funktion f im Vergleich zum (nicht lokalen) kubischen und quadratischen Spline in den Abbildungen 4.10, 4.7.

4.6 B-Splines

B-Splines bilden in erster Linie eine Vektorraumbasis der bereits besprochenen Splines. Daher der Buchstabe B. Die bereits früher aufgestellten Behauptungen über die Dimension der entsprechenden Splineräume können hiermit bewiesen werden. Die B-Splines bilden aber nicht irgendeine Basis (davon gibt es viele), sondern eine Basis mit verschiedenen guten Eigenschaften: Jeder einzelne B-Spline hat einen Träger von minimaler Länge, und die B-Splines können effektiv und numerisch stabil mit einer einfachen Rekursionsformel ausgerechnet werden. Wir erinnern an die Definition eines Trägers: Ist $f : \mathbb{R} \to \mathbb{R}$ irgendeine Funktion, so heißt die Menge $\mathrm{Tr}(f) := \overline{\{x \in \mathbb{R} : f(x) \neq 0\}}$ *Träger* von f. Der Strich bedeutet, dass der Abschluß gebildet werden muss. Die B-Splines werden so definiert, dass sie - wie man sagt - eine *Zerlegung der Eins* bilden, eine Eigenschaft, die sie besonders für CAD-Anwendungen (CAD von engl. *Computer Aided Design*) attraktiv macht. Wir kommen darauf zurück.

Wir folgen hier i. w. Darstellungen von [8, DE BOOR & HÖLLIG, 1987] und [7, DE BOOR, 1996], in denen die Eigenschaften der B-Splines direkt aus der definierenden Rekursion hergeleitet werden.

4.6.1 Rekursive Definition der B-Splines

Wir gehen aus von einer nach beiden Seiten unendlichen Knotenfolge

$$\cdots t_{j-1} \leq t_j \leq t_{j+1} \cdots, \quad j \in \mathbb{Z}, \tag{4.46}$$

bei der sich Knoten wiederholen dürfen. Weitere Einschränkungen werden wir später machen. Unter der *Indikatorfunktion* χ_M einer Menge M verstehen wir eine reellwertige Funktion, definiert durch

$$\chi_M(t) := \begin{cases} 1 & \text{für } t \in M, \\ 0 & \text{für } t \notin M. \end{cases} \tag{4.47}$$

Wir definieren zuerst B-Splines der *Ordnung* $k = 1$ als stückweise konstante Funktionen der Form

$$B_{j1} := \begin{cases} \chi_{[t_j,t_{j+1}[} & \text{falls } t_j < t_{j+1}, \\ 0 & \text{sonst.} \end{cases} \tag{4.48}$$

Zu beachten ist, dass wir uns mit der Definition (4.48) für rechtsseite Stetigkeit der B_{j1} entschieden haben. Die bereits genannte Zerlegung der Eins der B-Splines hat die folgende Form:

$$B_{j1}(t) \geq 0 \text{ für alle } j \text{ und alle } t, \quad \sum_{j\in\mathbb{Z}} B_{j1}(t) = 1 \text{ für jedes feste } t. \tag{4.49}$$

Obwohl die letzte Summe formal unendlich ist, hat sie für jedes t höchstens einen nicht verschwindenden Term. Sie ist also wohldefiniert. Ohne weitere Voraussetzungen an die Knoten jedoch, ist aber (4.49) generell nicht richtig. Sind zum Beispiel alle Knoten gleich, so sind alle $B_{j1} = 0$.

Der Träger von B_{j1} ist entweder leer ($t_j = t_{j+1}$), oder er besteht aus dem kompakten Intervall $[t_j, t_{j+1}]$ ($t_j < t_{j+1}$). Wir definieren für alle $j \in \mathbb{Z}$ und alle $k = 2, 3, \ldots$ und alle $t \in \mathbb{R}$ die folgenden linearen Funktionen:

$$\omega_{jk}(t) := \begin{cases} \dfrac{t - t_j}{t_{j+k-1} - t_j} & \text{falls } t_j < t_{j+k-1}, \\ 0 & \text{sonst,} \end{cases} \tag{4.50}$$

und mit diesen die B-Splines B_{jk} *der Ordnung* k für alle $j \in \mathbb{Z}$ durch

$$\boxed{B_{jk} := \begin{cases} B_{j1} \quad (\text{nach } (4.48)) & \text{falls } k = 1, \\ \omega_{jk}B_{j,k-1} + (1 - \omega_{j+1,k})B_{j+1,k-1} & \text{falls } k > 1. \end{cases}} \tag{4.51}$$

Damit sind alle B-Splines definiert. Beispielsweise bilden die B-Splines zweiter Ordnung

$$B_{j2} := \omega_{j2}B_{j1} + (1 - \omega_{j+1,2})B_{j+1,1} \tag{4.52}$$

stückweise lineare Funktionen, die außerhalb $[t_j, t_{j+2}[$ verschwinden. Sind alle drei Knoten verschieden, also $t_j < t_{j+1} < t_{j+2}$, so ist B_{j2} an diesen drei Knoten und somit auf ganz $\mathbb{R}$ stetig. An den Rändern ist das klar wegen $B_{j2}(t_j) = B_{j2}(t_{j+2}) = 0$. Aber auch bei t_{j+1} ist B_{j2} stetig: Aus der definierenden Formel entnimmt man $B_{j2}(t_{j+1}) = (1 - \omega_{j+1,2})(t_{j+1}) = 1$, und der Term $\omega_{j2}\chi_{[t_j,t_{j+1}[}$ geht für $t \to t_{j+1}^-$ (also von links) auch gegen 1. Ist jedoch $t_j = t_{j+1} < t_{j+2}$, so ist B_{j2} auf $[t_j, t_{j+2}[$ linear, aber bei t_j nicht stetig. Sind alle drei Knoten gleich, so ist $B_{j2} = 0$. Entsprechend gilt für Splines dritter Ordnung durch zweimalige Anwendung der Formel (4.51)

$$\begin{aligned} B_{j3} &= \omega_{j3}\omega_{j2}B_{j1} \\ &\quad +\big(\omega_{j3}(1-\omega_{j+1,2}) + (1-\omega_{j+1,3})\omega_{j+1,2}\big)B_{j+1,1} \\ &\quad +(1-\omega_{j+1,3})(1-\omega_{j+2,2})B_{j+2,1}. \end{aligned} \tag{4.53}$$

Dieser Spline ist außerhalb $[t_j, t_{j+3}[$ Null und in $[t_j, t_{j+3}[$ stückweise aus drei quadratischen Polynomen zusammengesetzt. Man vergleiche die Abbildung 4.17, S. 103. Wendet man obige Formel (4.51) $k-1$ mal an, so erhält man

$$B_{jk} = \sum_{\ell=j}^{j+k-1} p_{\ell k} B_{\ell 1}, \tag{4.54}$$

wobei die $p_{\ell k}$ Polynome in Π_{k-1} sind, also (höchstens) den Grad $k-1$ haben. Wir erhalten also mit B_{jk} einen aus k Polynomstücken zusammengesetzten Spline, der außerhalb $[t_j, t_{j+k}[$ verschwindet. Für $t_j = t_{j+k}$ ist $B_{jk} = 0$.

Lemma 4.16. (i) Sei $t_j < t_{j+k}$. Dann gilt: (a) $B_{jk}(t) > 0$ für $t \in]t_j, t_{j+k}[$, (b) $B_{jk}(t) = 0$ für $t < t_j$ und $t \geq t_{j+k}$. (c) Ist $t_j = t_{j+1} = \cdots = t_{j+k-1}$, dann ist $B_{jk}(t_j) = 1$. (d) Ist $t_j < t_{j+k-1}$, dann ist $B_{jk}(t_j) = 0$. (ii) Sei $t_j = t_{j+k}$. Dann ist $B_{jk} = 0$.

Beweis: Teil (ii) und (i) (b) hatten wir schon gesehen. Es bleiben (a), (c), (d) von (i). (a) Wir führen einen Beweis durch vollständige Induktion nach k. Nach (i) gibt es einen Index j_0 mit $j \leq j_0 < j+k$, so dass $t_{j_0} < t_{j_0+1}$ und nach (4.48) ist $B_{j_0,1}$ auf $]t_{j_0}, t_{j_0+1}[$ positiv. Seien jetzt alle $B_{j,k-1}$ auf $]t_j, t_{j+k-1}[$ positiv, sofern $t_j < t_{j+k-1}$. Wir betrachten die in die Definition (4.51) eingehenden linearen Funktionen ω_{jk} und $1-\omega_{j+1,k}$ auf $[t_j, t_{j+k}]$. Wir haben

$$\omega_{jk}(t_j) = 0, \qquad \omega_{jk}(t_{j+k}) \begin{cases} \geq 1 & \text{falls } t_j < t_{j+k-1}, \\ = 0 & \text{falls } t_j = t_{j+k-1}, \end{cases}$$

$$(1-\omega_{j+1,k})(t_{j+k}) = 0, \qquad (1-\omega_{j+1,k})(t_j) \begin{cases} \geq 1 & \text{falls } t_{j+1} < t_{j+k}, \\ = 0 & \text{falls } t_{j+1} = t_{j+k}. \end{cases}$$

Wegen $B_{j1} \geq 0$ folgt also aus der Rekursion (4.51) $B_{jk} \geq 0$ für alle $j \in \mathbb{Z}$ und alle $k \geq 1$. Nach (i) ist (α) $t_j < t_{j+k-1}$ oder (β) $t_{j+1} < t_{j+k}$. Im Fall (α) ist ω_{jk} auf $]t_j, t_{j+k}[$ positiv. Nach der Induktionsannahme ist $B_{j,k-1}$ auf $]t_j, t_{j+k-1}[$ positiv. Ist $t_{j+k-1} = t_{j+k}$, so ist nach (4.51) dort auch B_{jk} positiv. Ist jedoch $t_{j+k-1} < t_{j+k}$, so ist auch $1-\omega_{j+1,k}$ auf $]t_j, t_{j+k}[$ positiv und wegen der Positivität von $B_{j+1,k-1}$ auf $]t_{j+1}, t_{j+k}[$ ist nach (4.51) auch B_{jk} auf $]t_j, t_{j+k}[$ positiv. Analog argumentiert man im Fall (β). (c): Nach (4.51) ist $B_{jk}(t_j) =$

$B_{j+1,k-1}(t_j) = B_{j+1,k-1}(t_{j+1}) = B_{j+2,k-2}(t_{j+1}) = B_{j+2,k-2}(t_{j+2}) = \cdots = B_{j+k-1,1}(t_{j+k-2}) = B_{j+k-1,1}(t_{j+k-1}) = 1$. Die letzte Gleichung folgt aus (4.48). (d): Es gibt ein $1 \leq \kappa < k$ mit $t_j = t_{j+1} = \cdots = t_{j+\kappa-1} < t_{j+\kappa}$. Wie in (c) erhalten wir $B_{jk}(t_j) = B_{j+1,k-1}(t_j) = B_{j+1,k-1}(t_{j+1}) = B_{j+2,k-2}(t_{j+1}) = B_{j+2,k-2}(t_{j+2}) = \cdots = B_{j+\kappa-1,k-\kappa+1}(t_{j+\kappa-1}) = B_{j+\kappa,k-\kappa}(t_{j+\kappa-1}) = 0$ nach (4.51) und (b). □

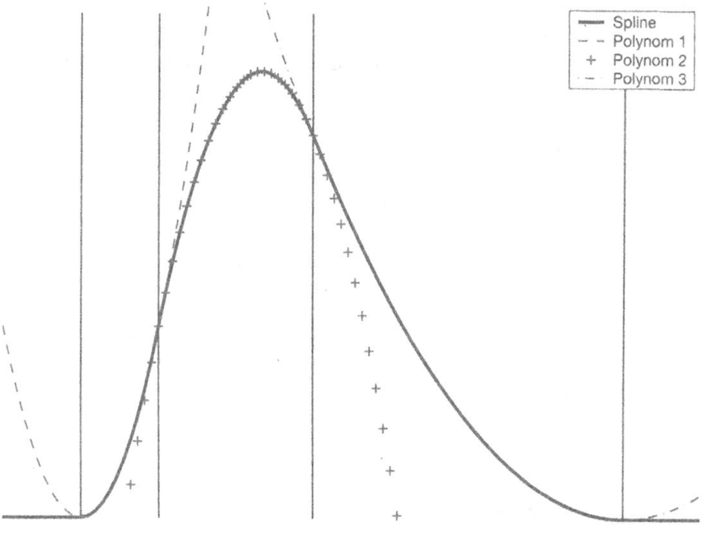

Abb. 4.17. Quadratischer B-Spline mit seinen drei Polynomstücken

Ein quadratischer Spline mit seinen Polynomstücken ist in Abbildung 4.17 wiedergegeben. Der abgebildete Spline sieht an den Übergangsstellen glatt aus. Einen Nachweis dafür haben wir aber noch nicht.

Korollar 4.18. Sei B_{jk} ein B-Spline der Ordnung k definiert durch die Knoten $t_j, t_{j+1}, \ldots, t_{j+k}$ mit $t_j < t_{j+k}$. Dann ist

$$(4.55)\ \pi_{jk} := \{t : B_{jk}(t) \neq 0\} = \begin{cases}]t_j, t_{j+k}[& \text{für } t_j < t_{j+k-1}, \\ [t_j, t_{j+k}[& \text{für } t_j = t_{j+1} = \cdots = t_{j+k-1}. \end{cases}$$

Beweis: Folgt unmittelbar aus dem Lemma 4.16. □

Jeder individuelle B-Spline B_{jk} ist durch die $k+1$ Knoten $t_j, t_{j+1}, \ldots, t_{j+k}$ vollständig bestimmt, daher ist auch die Schreibweise

$$B(t_j, t_{j+1}, \ldots, t_{j+k}) := B_{jk} \tag{4.56}$$

sinnvoll. Die Auswertung an einer Stelle t soll mit $B(t_j, t_{j+1}, \ldots, t_{j+k})(t)$ bezeichnet werden.

Beispiel 4.19. ***Bernstein-Polynome als B-Splines***
Wir betrachten die Knotenfolge $\mathrm{t} := \{\ldots, 0, 0, 1, 1, \ldots\}$ und konstruieren die dazugehörigen B-Splines. In diesen Fall sind nur B-Splines von Interesse mit $t_j = 0$, und $t_{j+k} = 1$. Die verschiedenen B-Splines unterscheiden sich in der Anzahl der Nullen und Einsen. Jeder B-Spline ist außerhalb $[0, 1[$ Null und in $[0, 1[$ ein einziges Polynom. Ist $t_j = t_{j+1} = \cdots = t_{j+\mu} = 0, t_{j+\mu+1} = t_{j+\mu+2} = \cdots = t_{j+k} = 1$, so haben wir $\mu + 1$ Nullen und $\nu + 1$ Einsen mit $\nu := k - (\mu + 1)$, oder äquivalent $\mu + \nu = k - 1$. Wir verwenden hier eine neue Schreibweise

$$B_{(\mu,\nu)} := B(\underbrace{0, \ldots, 0}_{(\mu+1)\text{-mal}}, \underbrace{1, \ldots, 1}_{(\nu+1)\text{-mal}}), \quad \mu, \nu \geq 0, \tag{4.57}$$

wobei auf der rechten Seite die Schreibweise (4.56) verwendet wurde. Die Rekursion (4.51) lautet für diesen Fall

$$B_{(\mu,\nu)}(t) := tB_{(\mu,\nu-1)}(t) + (1-t)B_{(\mu-1,\nu)}(t). \tag{4.58}$$

Daraus folgt (mit Hilfe vollständiger Induktion)

$$B_{(\mu,\nu)}(t) := \binom{\mu+\nu}{\mu}(1-t)^\mu t^\nu, \quad t \in [0, 1[. \tag{4.59}$$

Wegen

$$1 = 1^{\mu+\nu} = (t + 1 - t)^{\mu+\nu} = \sum_{\mu+\nu=k-1} B_{(\mu,\nu)}(t) \tag{4.60}$$

haben wir hier die Zerlegung der Eins direkt bewiesen. Die Polynome $B_{(\mu,\nu)}$ heißen *Bernstein-Polynome*. Als Funktion auf ganz $\mathbb{R}$ ist $B_{(\mu,\nu)}$ am linken Knoten $(\nu - 1)$-mal stetig differenzierbar und am rechten Knoten $(\mu - 1)$-mal. Für $\nu = 0$ und für $\mu = 0$ sind die Splines am linken, bzw. rechten Knoten nicht stetig. Wegen der (vereinbarten) rechtsseitigen Stetigkeit gilt für alle diese B-Splines $B_{(\mu,\nu)}(1) = 0$.

4.6.2 Der von den B-Splines aufgespannte Raum $\mathbb{S}_{k,\mathbf{t}}$

Sei $\mathbf{t} := \{t_j\}, j \in \mathbb{Z}$ eine gegebene Knotenfolge mit (4.46), S. 100. Wir bezeichnen den von den B-Splines B_{jk} bei vorgegebener Ordnung k aufgespannten Vektorraum mit $\mathbb{S}_{k,\mathbf{t}}$. Ein typisches Element s in diesem Raum hat also die Form

$$s = \sum_{j\in\mathbb{Z}} a_j B_{jk}, \quad a_j \in \mathbb{R}. \tag{4.61}$$

Obwohl die Summe nicht endlich ist, gibt es zu jedem vorgegebenen $t \in \mathbb{R}$ nur endlich viele, nämlich k Summanden, die einen Beitrag liefern können. Ist $t \in [t_{j_0}, t_{j_0+1}[$, so liefern nach dem Lemma 4.16, S. 102 höchstens die B-Splines $B_{j_0-k+1,k}, B_{j_0-k+2,k}, \ldots, B_{j_0,k}$ einen Beitrag zur Summe.

Über die Knoten treffen wir jetzt neben (4.46) die zusätzliche Vereinbarung

$$\lim_{j\to\pm\infty} t_j = \pm\infty. \tag{4.62}$$

Bei der Bestimmung der B-Splines B_{jk} setzen wir $t_j < t_{j+k}$ voraus, denn für $t_j = t_{j+k}$ gilt $B_{jk} = 0$. Wir beweisen jetzt den folgenden Satz, der eine explizite Darstellung der Monome $(t-a)^{k-1}$ durch B-Splines enthält.

Satz 4.20. (Marsdens[3] Identität) Bei gegebener Knotenfolge $\mathbf{t}$ mit (4.62) sei für beliebiges $\tau \in \mathbb{R}$

$$\psi_{j1}(\tau) := 1,\ \psi_{jk}(\tau) := (t_{j+1}-\tau)(t_{j+2}-\tau)\cdots(t_{j+k-1}-\tau),\ k > 1. \tag{4.63}$$

Dann ist

$$(t-\tau)^{k-1} = \sum_{j\in\mathbb{Z}} \psi_{jk}(\tau) B_{jk}(t). \tag{4.64}$$

Beweis: Sei $\{a_j\}, j \in \mathbb{Z}$ eine beliebige Folge reeller Zahlen. Dann ist nach der Rekursion (4.51), S. 101

$$\sum_{j\in\mathbb{Z}} a_j B_{jk} = \sum_{j\in\mathbb{Z}} \big(a_{j-1}(1-\omega_{jk}) + a_j\omega_{jk}\big) B_{j,k-1}. \tag{4.65}$$

Setzen wir $a_j := \psi_{jk}(\tau)$, so ist $a_{j-1}(1-\omega_{jk}(t)) + a_j\omega_{jk}(t) = \big((t_j-\tau)(1-\omega_{jk}(t)) + (t_{j+k-1}-\tau)\omega_{jk}(t)\big)\psi_{j,k-1}(\tau) = (t-\tau)\psi_{j,k-1}(\tau)$. Das kann man z. B. durch Einsetzen einfach herausfinden. Damit gewinnen wir die Formel

$$\sum_{j\in\mathbb{Z}} \psi_{jk}(\tau) B_{jk}(t) = (t-\tau) \sum_{j\in\mathbb{Z}} \psi_{j,k-1}(\tau) B_{j,k-1}(t) \tag{4.66}$$

[3]Benannt nach [72, MARSDEN, 1970]

und somit mit (4.63) und (4.48), S. 101

$$\sum_{j\in\mathbb{Z}} \psi_{jk}(\tau)B_{jk}(t) = (t-\tau)^{k-1}\sum_{j\in\mathbb{Z}} \psi_{j,1}(\tau)B_{j,1}(t) = (t-\tau)^{k-1}. \tag{4.67}$$

Damit haben wir die Darstellung (4.64) bewiesen. □

Da τ im obigen Satz beliebig war, haben wir gezeigt, dass

$$\Pi_{k-1} \subset \mathbb{S}_{k,\mathbf{t}}. \tag{4.68}$$

Wir können sogar eine explizite Darstellung gewinnen. Dazu dividieren wir (4.64) durch $k-1$ und differenzieren nach τ. Unter $D^{\nu-1}$ verstehen wir entsprechend die $(\nu-1)$-te Ableitung (nach τ), und $(-D)^{\nu-1}$ heißt $(-1)^{\nu-1}D^{\nu-1}$. Das gibt

$$\frac{(t-\tau)^{k-\nu}}{(k-\nu)!} = \sum_{j\in\mathbb{Z}} \frac{(-D)^{\nu-1}\psi_{jk}(\tau)}{(k-1)!}B_{jk}(t), \quad \nu > 0. \tag{4.69}$$

Wir erinnern uns an die Darstellung (2.5), S. 15 für Polynome (vom Grad $k-1$)

$$p(t) = \sum_{\nu=1}^{k} \frac{(t-\tau)^{k-\nu}}{(k-\nu)!}p^{(k-\nu)}(\tau). \tag{4.70}$$

Setzen wir die gerade gewonnene Formel (4.69) ein, so erhalten wir für jedes $p \in \Pi_{k-1}$

$$p(t) = \sum_{j\in\mathbb{Z}} \lambda_{jk}(p)B_{jk}(t) \text{ mit} \tag{4.71}$$

$$\lambda_{jk}(p) := \sum_{\nu=1}^{k} \frac{(-D)^{\nu-1}\psi_{jk}(\tau)}{(k-1)!}D^{k-\nu}p(\tau). \tag{4.72}$$

Für $p=1$ ist $\lambda_{jk}(p) = \frac{(-D)^{k-1}\psi_{jk}(\tau)}{(k-1)!} = 1$, denn $(-D)^{k-1}\psi_{jk}(\tau) = (k-1)!$, da ψ_{jk} ein Polynom ist, das mit $(-\tau)^{k-1}$ beginnt. Also ist

$$\sum_{j\in\mathbb{Z}} B_{jk} = 1. \tag{4.73}$$

Damit haben wir die Zerlegung der Eins im allgemeinen bewiesen. Weiter ist $D^{k-2}\psi_{jk}$ ein lineares Polynom mit Nullstelle

$$t^*_{jk} := \frac{1}{k-1}\sum_{\ell=1}^{k-1} t_{j+\ell}. \tag{4.74}$$

Wir haben also

$$\lambda_{jk}(p) = p(t^*_{jk}) \text{ für } p \in \Pi_1,$$

und daher

(4.75)
$$p = \sum_{j\in\mathbb{Z}} p(t^*_{jk})B_{jk} \text{ für } p \in \Pi_1.$$

Man kann in die Formel (4.72) für p auch einen Spline einsetzen. Das ergibt den nachfolgenden Satz, der bei der Berechnung der Ableitung eines Splines noch einmal verwendet wird.

Satz 4.21. Sei $\tau \in [t_j, t_{j+k}[$ und $p := \sum_\ell a_\ell B_{\ell,k}$. Dann folgt aus Formel (4.72)

(4.76)
$$\lambda_{jk}(\sum_\ell a_\ell B_{\ell,k}) = a_j.$$

Beweis: Wir zeigen $\lambda_{jk}(B_{\ell,k}) = \delta_{j\ell}$ ($\delta_{j\ell}$=Kronecker-Symbol). Sei $\tau \in [t_r, t_{r+1}[\subset [t_j, t_{j+k}[$. Nur die B-Splines $B_{r-k+1,k}, B_{r-k+2,k}, \ldots, B_{r,k}$ können einen Beitrag auf $[t_r, t_{r+1}[$ leisten. Alle anderen B-Splines sind dort Null. Also ist $\lambda_{jk}(B_{\ell,k}) = 0$ für $\ell < r-k+1$ und $\ell > r$. Für $\ell = r-k+1, r-k+2, \ldots, r$ sei p_ℓ die Restriktion von $B_{\ell,k}$ auf $[t_r, t_{r+1}[$. Dann ist $\lambda_{jk}(p_\ell) = \lambda_{jk}(B_{\ell,k})$. Nach der Formel (4.71) gilt auf $[t_r, t_{r+1}[$ auch $p_\ell = \sum_{j=r-k+1}^{r} \lambda_{jk}(p_\ell)p_j$. Wegen der linearen Unabhängigkeit der vorkommenden Polynome p_j ist notwendig $\lambda_{jk}(B_{\ell,k}) = \lambda_{jk}(p_\ell) = \delta_{j\ell}$. Man vgl. ggf. Korollar 4.25, S. 109. □

4.6.3 Stückweise polynomiale Funktionen in $\mathbb{S}_{k,\mathbf{t}}$

Sei wieder $\mathbf{t}$ eine gegebene Knotenfolge und $\mathbb{S}_{k,\mathbf{t}}$ der von den B-Splines B_{jk} aufgespannte Raum. Mit $\mathbb{P}_{k,\mathbf{t}}$ bezeichnen wir den von den stückweise polynomialen Funktionen mit Polynomgrad $< k$ aufgespannten Raum. Diese Funktionen hatten wir früher als sp-Funktionen (stückweise polynomial) bezeichnet. Nun ist folgendes klar:

(4.77)
$$\mathbb{S}_{k,\mathbf{t}} \subset \mathbb{P}_{k,\mathbf{t}}.$$

Es geht also darum, festzustellen, welche Funktionen aus $\mathbb{P}_{k,\mathbf{t}}$ in $\mathbb{S}_{k,\mathbf{t}}$ liegen. Marsdens Identität (4.64) liefert speziell $(t - t_\ell)^{k-1} = \sum_{j\in\mathbb{Z}} \psi_{jk}(t_\ell)B_{jk}(t)$, und es ist klar, dass jede Teilsumme auch in $\mathbb{S}_{k,\mathbf{t}}$ liegt. Ein wesentlicher Schritt ist in dem folgenden Lemma enthalten.

Lemma 4.22. Es gilt mit $(t - t_\ell)_+ := \max(0, t - t_\ell)$ die Identität

(4.78)
$$(t - t_\ell)_+^{k-1} = \sum_{j\geq\ell} \psi_{jk}(t_\ell)B_{jk}(t).$$

Beweis: Wir bezeichnen nur für diesen Beweis die Summe rechts in (4.78) mit $S(t)$. Ganz offensichtlich ist $S(t) = 0$ für alle $t < t_\ell$, weil alle in der Summe vorkommenden B-Splines dort verschwinden. Ist $t = t_\ell$ und $B_{\ell k}(t_\ell) > 0$, so ist t_ℓ ein k-facher Knoten und $\psi_{\ell k}(t_\ell) = 0$. Für $t \geq t_{\ell+k}$ spielen bei der Berechnung von $S(t)$ nur die Splines B_{jk} mit $j \geq \ell$ eine Rolle, also ist auch für diesen Fall die Behauptung richtig. Der Rest folgt aus $\psi_{\ell-k+1,k}(t_\ell) = \psi_{\ell-k+2,k}(t_\ell) = \cdots = \psi_{\ell-1,k}(t_\ell) = 0$. Die Summe würde sich also nicht verändern, wenn man sie schon bei $\ell - k + 1$ beginnen ließe. □

Die links in (4.78) stehenden Splines heißen *abgeschnittene Potenzfunktionen* oder kürzer *abgeschnittene Potenzen*. Bis jetzt haben wir also gezeigt, dass die Polynome und die abgeschnittenen Potenzen in $\mathbb{S}_{k,\mathbf{t}}$ liegen. Wir werden sehen, dass damit dieser Raum bereits ausgeschöpft wird. Dazu definieren wir die *Vielfachheit* eines Splineknotens t_j, bezeichnet mit $\#t_j$ durch

(4.79) $$\#t_j := \#\{k : t_k = t_j\} \quad \text{und die Zahlen} \quad \nu_{jk} := k - \#t_j.$$

Korollar 4.23. Es gilt

(4.80) $$(t - t_\ell)_+^{k-\nu} \in \mathbb{S}_{k,\mathbf{t}} \quad \text{für} \quad 1 \leq \nu \leq \#t_\ell.$$

Beweis: Für $\#t_\ell = 1$ folgt die Behauptung unmittelbar aus dem Lemma 4.22. Für $\#t_\ell > 1$ können wir von der Formel (4.69) (statt von der Formel (4.64)) ausgehen und feststellen, dass auch $D^{\nu-1}\psi_{jk}(t_\ell) = 0$, wenn $1 \leq \nu \leq \#t_\ell$. Der Rest folgt wie im Beweis zum Lemma. □

Satz 4.24. Ein Element $s \in \mathbb{P}_{k,\mathbf{t}}$ liegt genau dann in $\mathbb{S}_{k,\mathbf{t}}$, wenn s an allen Knoten t_j gerade $(\nu_{jk} - 1)$-mal stetig differenzierbar ist, mit ν_{jk} nach (4.79).

Beweis: Nur zum Zwecke des Beweises bezeichnen wir mit $\tilde{\mathbb{P}}_{k,\mathbf{t}}$ den Teilraum von $\mathbb{P}_{k,\mathbf{t}}$ bei dem alle Elemente an den Knoten t_j gerade $(\nu_{jk} - 1)$-mal stetig differenzierbar sind. Sei $I = [a, b]$ ein beliebiges Intervall mit $a < b$. Wir zeigen die Behauptung für die auf dieses Intervall restringierten (endlich dimensionalen) Räume. Da I beliebig ist, haben wir dann den Satz bewiesen. Wir benutzen die gewählten Bezeichnungen auch für die Restriktionen. Der auf I restringierte Raum $\mathbb{S}_{k,\mathbf{t}}$ wird aufgespannt von den B-Splines B_{jk} für die $]t_j, t_{j+k}[\, \cap I \neq \emptyset$. Der auf I restringierte Raum $\tilde{\mathbb{P}}_{k,\mathbf{t}}$ wird aufgespannt von

(4.81) $$\begin{array}{ll} (t-a)^{k-\nu}, & \nu = 1, 2, \ldots, k, \\ (t-t_j)_+^{k-\nu}, & \nu = 1, 2, \ldots, \#t_j, \ \text{für alle } j \text{ mit } a < t_j < b. \end{array}$$

Denn jede Funktion $s \in \mathbb{P}_{k,\mathbf{t}}$ mit nur einem einzigen Knoten t_j, an dem s gerade

$(\nu_{jk}-1)$-mal stetig differenzierbar ist, hat die eindeutige Form

$$s(t) = p(t) + \sum_{\nu=1}^{\#t_j} c_\nu (t-t_j)_+^{k-\nu} \quad \text{mit} \quad p \in \Pi_{k-1}$$

und mit geeigneten Konstanten c_ν. Jede Funktion in $\tilde{\mathbb{P}}_{k,\mathbf{t}}$ liegt nach (4.81) wegen (4.68), S. 106, (4.80) in $\mathbb{S}_{k,\mathbf{t}}$, also

$$\tilde{\mathbb{P}}_{k,\mathbf{t}} \subset \mathbb{S}_{k,\mathbf{t}}. \tag{4.82}$$

Die Anzahl der in (4.81) auftretenden, linear unabhängigen Funktionen ist

$$m := k + \sum_{a<t_j<b} \#t_j. \tag{4.83}$$

Die Anzahl der B-Splines, die in I einen Träger besitzen, ist genau so groß. Ist nämlich j der kleinste Index mit $]t_j, t_{j+k}[\, \cap I \neq \emptyset$, und ℓ der größte Index mit $]t_\ell, t_{\ell+k}[\, \cap I \neq \emptyset$, so haben genau die Splines $B_{j-k+1,k}, B_{j-k+2,k}, \ldots, B_{j-1,k}$, $B_{jk}, \ldots, B_{\ell k}$ einen Träger in I. Das sind offensichtlich m Stück mit m nach (4.83). Damit ist m eine obere Schranke für die Dimension von $\mathbb{S}_{k,\mathbf{t}}$. Da $\dim \tilde{\mathbb{P}}_{k,\mathbf{t}} = m$, müssen die Räume wegen (4.82) übereinstimmen. Als Nebenprodukt erhalten wir, dass die aufgezählten B-Splines (mit Träger in I) linear unabhängig sind und der auf das Intervall I restringierte Raum $\mathbb{S}_{k,\mathbf{t}}$ die Dimension m hat. □

Korollar 4.25. Sei $t_j < t_{j+1}$ für ein festes j. Mit $p_{j-k+1}, p_{j-k+2}, \ldots, p_j$ bezeichnen wir die k Polynomrestriktionen von $B_{j-k+1,k}, B_{j-k+2,k}, \ldots, B_{jk}$ auf $]t_j, t_{j+1}[$ im Raum $\mathbb{S}_{k,\mathbf{t}}$. Dann sind diese k Polynome linear unabhängig.

Beweis: Nach Formel (4.83) hat der von den Polynomen aufgespannte Raum die Dimension k, ist also mit Π_{k-1} identisch. □

Korollar 4.26. Sei $t_j < t_{j+k-1}$ für alle j. Dann gilt für $s \in \mathbb{S}_{k,\mathbf{t}}$, dass $s' \in \mathbb{S}_{k-1,\mathbf{t}}$. Dabei ist s' die (intervallweise ausgerechnete) Ableitung von s.

Beweis: Nach der Voraussetzung ist s an allen Knoten stetig, mit einem möglichen Sprung in der Ableitung am Knoten t_j, wenn $\#t_j = k-1$. Für die Ableitung, aufgefaßt als sp-Funktion rechnet man jetzt alle Bedingungen das Satzes 4.24 nach. □

4.6.4 B-Splines auf einem Intervall

Wir gehen hier von einer Knotenfolge $a = x_0 < x_1 < \cdots < x_{n-1} < x_n = b$ aus und wollen Splines der Ordnung k betrachten, die auf $I := [a, b]$ definiert sind und an den inneren Knoten x_j, $j = 1, 2, \ldots, n-1$ gerade $(\nu_j - 1)$-mal stetig differenzierbar sind. An jedem inneren Knoten x_j haben wir also ν_j Bedingungen (Stetigkeit des Splines, der ersten Ableitung, ..., der $(\nu_j - 1)$-ten Ableitung). Nun kennen wir bereits eine B-Spline-Basis, indem wir die Knotenfolge

$$(4.84)\quad \mathbf{t} := \ldots, \underbrace{x_1, x_1, \ldots, x_1}_{(k-\nu_1)-\text{mal}}, \underbrace{x_2, x_2, \ldots, x_2}_{(k-\nu_2)-\text{mal}}, \ldots, \underbrace{x_{n-1}, x_{n-1}, \ldots, x_{n-1}}_{(k-\nu_{n-1})-\text{mal}}, \ldots$$

wählen und an den beiden Rändern jeweils k Knoten $\leq a$ und $\geq b$ ergänzen. Numerieren wir die ersten k Knoten $\leq a$ mit $t_{1-k}, t_{2-k}, \ldots, t_0$, so geht die Numerierung bis $m := kn - (\nu_1 + \nu_2 + \cdots + \nu_{n-1}) = k + \sum_{a<t_j<b} \#t_j$. Das ist die Dimension des B-Spline-Raumes. Eine sehr praktikable Ergänzung ist $t_{1-k} = t_{2-k} = \cdots = t_0 = a, \quad t_{m+1} = t_{m+2} = \cdots = t_{m+k} = b.$

Für Knoten mit der gleichen Vielfachheit, also $\#t_j := k - (\kappa + 1)$ bei vorgegebenem $-1 \leq \kappa \leq k-2$ ist

$$(4.85)\qquad m = \dim \mathbb{S}_{k,\mathbf{t}} = nk - (n-1)(\kappa + 1).$$

Für einfache Knoten (also $\kappa = k - 2$) spezialisiert sich diese Formel auf $m = n + k - 1$. Beide Formeln waren bereits als (4.7), (4.9), S. 87 ohne Beweis vorgekommen. Die Größe κ gibt hier die Glattheit an, die die Splines s haben, also $s \in \mathrm{C}^\kappa(I)$.

Um auch die (linksseitige) Stetigkeit am rechten Knoten zu gewährleisten, ist der letzte B-Spline erster Ordnung $B_{m,1}$ neu zu definieren:

$$(4.86)\qquad B_{m,1} := \chi_{[x_{n-1}, b]}.$$

Das zieht auch eine Ergänzung der Formel (4.55), S. 103 für die positiven Werte des letzten B-Splines B_{mk} nach sich, nämlich

$$(4.87)\qquad \pi_{mk} := \{t : B_{mk}(t) \neq 0\} =]t_m, t_{m+k}] =]x_{n-1}, b].$$

Wie im Lemma 4.16, S. 102 beweist man leicht, dass $B_{mk}(b) = 1$.

4.6.5 Auswertung von Splines in $\mathbb{S}_{k,\mathbf{t}}$ und die Berechnung der Ableitung

Es geht hier zuerst um die Auswertung von (4.61), S. 105 für gegebene Werte $t \in \mathbb{R}$. Wir nehmen wieder an, dass die gegebene Knotenfolge $\mathbf{t}$ nicht fällt und die Bedingung (4.62), S. 105 erfüllt. Einen ersten Anlauf haben wir bereits in

Formel (4.65), S. 105 gemacht. Wir gehen aus von einer gegebenen nach beiden Seiten unendlichen Zahlenfolge $a_j, j \in \mathbb{Z}$ und einem gegebenen $t \in \mathbb{R}$. Gesucht ist
$s(t) := \sum_{j\in\mathbb{Z}} a_j B_{jk}(t)$. Wir verfahren nach der Rekursionsformel (4.51), S. 101:

$$\begin{aligned}
&\sum_{j\in\mathbb{Z}} a_j B_{jk} \\
= \quad &\sum_{j\in\mathbb{Z}} (a_{j-1}(1-\omega_{jk}) + a_j\omega_{jk})B_{j,k-1} \\
=: \quad &\sum_{j\in\mathbb{Z}} a_j^{(1)} B_{j,k-1} = \sum_{j\in\mathbb{Z}} \left(a_{j-1}^{(1)}(1-\omega_{j,k-1}) + a_j^{(1)}\omega_{j,k-1}\right)B_{j,k-2} \\
=: \quad &\sum_{j\in\mathbb{Z}} a_j^{(2)} B_{j,k-2} =: \cdots =: \sum_{j\in\mathbb{Z}} a_j^{(k-1)} B_{j,1}.
\end{aligned}$$

Liegt das gegebene $t \in [t_\ell, t_{\ell+1}[$, so ist offensichtlich $\sum_{j\in\mathbb{Z}} a_j B_{jk}(t) = a_\ell^{(k-1)}$. Insgesamt verfahre man bei gegebener Stelle t, gegebenen Koeffizienten a_j, gegebener Ordnung k und gegebener Knotenfolge **t** also folgendermaßen:

(4.88) Man bestimme ℓ mit: $t \in [t_\ell, t_{\ell+1}[$.

(4.89) Man setze: $a_j^{(0)} := a_j, \quad \ell - k + 1 \le j \le \ell.$

(4.90) Man berechne: $a_j^{(\sigma+1)} := a_{j-1}^{(\sigma)}(1-\omega_{j,k-\sigma}) + a_j^{(\sigma)}\omega_{j,k-\sigma}$

(4.91) für $\ell - k + \sigma + 2 \le j \le \ell, \quad \sigma := 0, 1, 2, \ldots, k-2,$

(4.92) $s(t) := \sum_{j\in\mathbb{Z}} a_j B_{jk}(t) = a_\ell^{(k-1)}.$

Die Formel (4.90) ist numerisch stabil, wegen $0 \le \omega_{j,k-\sigma}(t) \le 1$, d. h. es werden zur Bestimmung von $a_j^{(\sigma+1)}$ nacheinander Konvexkombinationen ausgerechnet, also Summen der Form $(1-\lambda)x + \lambda y$ mit $0 \le \lambda \le 1$. Auslöschungen sind somit ausgeschlossen. Rechnet man die Schleife (4.90) für j rückwärts (also $j = \ell, \ell-1, \ldots, \ell-k+\sigma+2$), so kann man die Koeffizienten a_j überschreiben, und so die oberen Indizes ignorieren. Der angegebene Algorithmus heißt (z. B. bei [25, FARIN, 1994, S. 129]) auch *de Boor-Algorithmus*. Er spielt eine entscheidende Rolle in den CAD-Anwendungen, die in Abschnitt 4.6.7, S. 117 besprochen werden.

Will man die Summe $\sum a_j B_{jk}$ z. B. über ein längeres Intervall als Funktion von t zeichnen, so ist zweckmäßig auch das ℓ in einer Schleife von $\ell_{\min}$ bis $\ell_{\max}$ laufen zu lassen und für jedes feste ℓ eine größere Zahl von t-Werten zu berechnen. Es ist zu beachten, dass die t-Werte über die linearen Funktionen ω in die Berechnung eingehen.

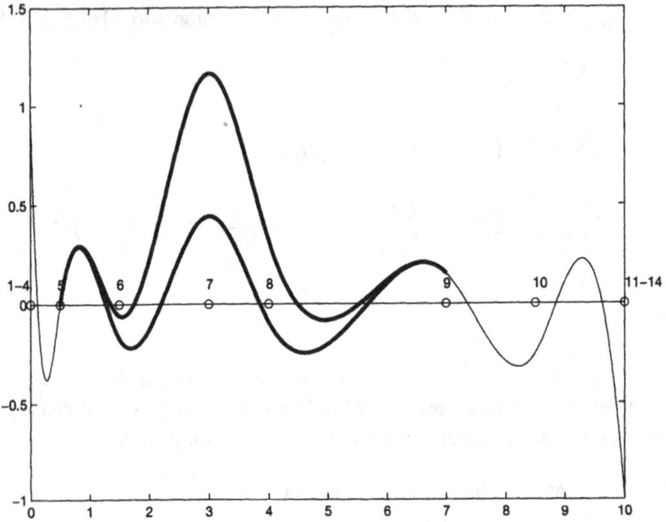

Abb. 4.27. Zwei Splines mit unterschiedlichem Koeffizienten a_5, Knoten von 1 bis 14 numeriert

Eine wichtige Eigenschaft der Splines in $\mathbb{S}_{k,\mathbf{t}}$ ist ihr *lokaler Charakter*. Das heißt folgendes: Ändert man einen Koeffizienten a_{j_0} in der Darstellung (4.61), S. 105 ab, so ändert sich der gesamte Spline nur auf dem Intervall $[t_{j_0}, t_{j_0+k}[$, da B_{j_0} außerhalb dieses Intervalls verschwindet und somit dort keinen Beitrag zur Summe liefert.

Beispiel 4.28. ***Lokaler Charakter von B-Spline-Summen***
Wir zeichnen zuerst unter Benutzung des obigen Algorithmus den Spline $\sum_{j=1}^{10}(-1)^{j+1}B_{j,4}$ zur Knotenfolge $t_1, t_2, \ldots, t_{14} = 0, 0, 0, 0, 0.5, 1.5, 3, 4, 7, 8.5, 10, 10, 10, 10$. In dieselbe Zeichnung zeichnen wir den um den Koeffizienten $a_5 = 2$ (statt $a_5 = 1$) abgeänderten Spline. Das Ergebnis ist in Abbildung 4.27 zu besichtigen. Man sieht, dass sich beide Splines außerhalb des Intervalls $[t_5, t_9[$ nicht unterscheiden. Beide Splines haben genau soviele Vorzeichenwechsel wie die gegebenen Koeffizientenfolgen, nämlich neun.

Wir kommen jetzt zur Berechnung der Ableitung. Bei einem linearen Spline $s \in \mathbb{S}_{2,\mathbf{t}}$ existiert die Ableitung an den Knoten i. a. nicht. Trotzdem können wir die Ableitung intervallweise ausrechnen und erhalten einen stückweise konstanten Spline, also $s' \in \mathbb{S}_{1,\mathbf{t}}$. Dabei ist an den Knoten die Ableitung so zu definieren, dass sie rechtsseitig stetig ist. Voraussetzen sollten wir, dass keine doppelten Knoten auftreten. Der lineare Spline wäre nämlich dort unstetig und nach unserer Definition wäre die resultierende Ableitung am doppelten Knoten Null und somit überflüssig. Wir setzen daher bei Berechnung der Ableitung eines Splines der Ordnung k voraus, dass $t_j < t_{j+k-1}$ für alle j gilt. Entscheidend zur Berechnung der Ableitung ist das folgende Lemma.

Lemma 4.29. Sei $t_j < t_{j+k-1}$ für alle j. Für die in (4.72), S. 106 definierten λ_{jk} gilt dann für $s \in \mathbb{S}_{k,\mathbf{t}}$

$$\lambda_{j,k-1}(s') = \frac{k-1}{t_{j+k-1} - t_j}\big(\lambda_{jk} - \lambda_{j-1,k}\big)(s), \tag{4.93}$$

wenn $\tau \in [t_j, t_{j+k-1}[$ (in der Definition der λs) gewählt wird.

Beweis: Für hinreichend differenzierbare Funktionen f lautete die Formel

$$\lambda_{jk}(f) := \sum_{\nu=1}^{k} \frac{(-D)^{\nu-1}\psi_{jk}(\tau)}{(k-1)!} D^{k-\nu} f(\tau)$$

mit ψ_{jk} nach (4.63), S. 105 und $\tau \in [t_j, t_{j+k-1}[$. Die Formel

$$(t_{j+k-1} - t_j)\psi_{j,k-1} = \psi_{j,k} - \psi_{j-1,k} \tag{4.94}$$

folgt unmittelbar aus der Definition der ψ_{jk}. Dann folgt

$$\begin{aligned}(\lambda_{jk} - \lambda_{j-1,k})f(\tau) &= \sum_{\nu=1}^{k} \frac{(-D)^{\nu-1}(\psi_{jk} - \psi_{j.k-1})(\tau)}{(k-1)!} D^{k-\nu} f(\tau) \\ &= (t_{j+k-1} - t_j)\sum_{\nu=1}^{k-1} \frac{(-D)^{\nu-1}\psi_{j.k-1}(\tau)}{(k-1)!} D^{k-\nu} f(\tau).\end{aligned}$$

Andererseits folgt aus der Definition

$$\begin{aligned}\lambda_{j,k-1}(Df)(\tau) &= \sum_{\nu=1}^{k-1} \frac{(-D)^{\nu-1}\psi_{j,k-1}(\tau)}{(k-2)!} D^{k-1-\nu} Df(\tau) \\ &= (k-1)\sum_{\nu=1}^{k-1} \frac{(-D)^{\nu-1}\psi_{j,k-1}(\tau)}{(k-1)!} D^{k-\nu} f(\tau).\end{aligned}$$

Aus dem Vergleich ergibt sich die obige Formel (4.93). □

Satz 4.30. Sei $\mathbf{t} := \{t_j\}$, $j \in \mathbb{Z}$ eine gegebene Knotenfolge mit $t_j < t_{j+k-1}$ für alle $j \in \mathbb{Z}$ und $s := \sum_j a_j B_{jk}$ ein Spline. Dann gilt für die Koeffizienten der Ableitung $s' = \sum_j a'_j B_{j,k-1}$ die Formel

$$a'_j = (k-1)\frac{a_j - a_{j-1}}{t_{j+k-1} - t_j}, \quad j \in \mathbb{Z}. \tag{4.95}$$

Beweis: Aus den Formeln (4.93) und (4.76), S. 107. □

Korollar 4.31. Unter den Voraussetzungen des vorigen Satzes gilt

$$B'_{jk} = (k-1)\Big(\frac{B_{j,k-1}}{t_{j+k-1} - t_j} - \frac{B_{j+1,k-1}}{t_{j+k} - t_{j+1}}\Big). \tag{4.96}$$

Beweis: Der B-Spline $B_{j_0 k}$ kann in der Form $s = \sum_j a_j B_{jk}$ mit $\{a_j\} := \{\delta_{j,j_0}\}$ (δ_{j,j_0} Kronecker-Symbol) dargestellt werden. Unter Anwendung der Formel (4.95) ergibt sich die Behauptung. □

Zur Berechnung der 2. Ableitung vgl. man die Aufgabe 4.13, S. 122.

4.6.6 Interpolation mit B-Splines in $\mathbb{S}_{k,\mathbf{t}}$

Wir gehen wieder aus von einer Spline-Knotenfolge $\mathbf{t} := \{t_j\}$, die Splines $B_1, B_2, \dots, B_m$ der Ordnung k definiert und von einer Interpolations-Knotenfolge $\boldsymbol{\tau} := \{\tau_j\}$. Wir lassen in diesem Abschnitt den Index k an den Splines weg, da durchgehend nur Splines der Ordnung k betrachtet werden. Wir wollen bei vorgegebenen Werten s_j die Frage untersuchen, unter welchen Bedingungen an die Interpolationsknoten $\boldsymbol{\tau}$ das Interpolationsproblem

$$s(\tau_j) = s_j, \quad j = 1, 2, \dots, m \quad \text{mit} \quad s := \sum_{\ell=1}^{m} a_\ell B_\ell \tag{4.97}$$

gelöst werden kann. Ganz offensichtlich ist das genau dann möglich, wenn die Matrix $\mathbf{M} := (m_{j\ell}) := (B_\ell(\tau_j))$ nicht singulär ist. Eine Antwort auf diese Frage haben [91, SCHOENBERG & WHITNEY, 1953] gegeben. Sie lautet.

Satz 4.32. Seien die Splineknoten $t_1 \le t_2 \le \cdots \le t_{m+k}$ mit $t_j < t_{j+k}$ gegeben und B_j die auf $[t_j, t_{j+k}[$ definierten B-Splines k-ter Ordnung. Das Interpolationsproblem (4.97) mit den Interpolationsknoten $\tau_1 < \tau_2 < \cdots < \tau_m$ ist genau dann lösbar, wenn für alle $j = 1, 2, \dots, m$ mit π_{jk} nach (4.55), S. 103, (4.87), S. 110 gilt:

(4.98) $B_j(\tau_j) > 0$ oder in anderen Worten genau wenn $\tau_j \in \pi_{jk}$.

Beweis: Es ist nach Lemma 4.16, S. 102 $B_j(t) = 0$, wenn $t \notin [t_j, t_{j+k}[$. Wir untersuchen die Matrix $\mathbf{M} := (B_\ell(\tau_j))$. (a) Gelte (4.98) nicht. Dann existiert also ein Index j_0 mit $\tau_{j_0} \notin]t_{j_0}, t_{j_0+k}[$. Entweder ist dann $B_\ell(\tau_j) = 0$ für $\ell \geq j_0$ und $j \leq j_0$ oder $B_\ell(\tau_j) = 0$ für $\ell \leq j_0$ und $j \geq j_0$. Bei der Behandlung von Gleichungssystemen, insbesondere in Abschnitt 6.2.1, S. 169 werden wir sehen, dass derartige Matrizen nicht zu lösbaren Gleichungssystemen führen. Die Matrix $\mathbf{M}$ ist also, wie man sagt, *singulär.* (b) Gelte (4.98). Wir führen die Aussage, dass das Gleichungssystem (4.97) nicht lösbar ist zu einem Widerspruch. Wir schreiben es in die Form $\mathbf{Ma} = \mathbf{s}$. Unlösbarkeit bedeutet (vgl. Satz 6.2, S. 162), dass ein Vektor $\mathbf{a} \neq \mathbf{0}$ existiert mit $\mathbf{Ma} = \mathbf{0}$. Mit diesem $\mathbf{a}$ definieren wir den Spline $s := \sum_{\ell=1}^{m} a_\ell B_\ell$ als Funktion auf ganz $\mathbb{R}$, wobei $\mathbf{a} = (a_1, a_2, \ldots, a_m)^{\mathrm{T}}$ gesetzt wurde. Der Spline ist nicht die Nullfunktion und jedes τ_j ist eine Nullstelle. Die weitere Idee ist folgende: Gibt es genau einen nicht verschwindenden Koeffizienten, sagen wir a_{j_0}, so liegt s in dem eindimensionalen Raum $\langle B_{j_0} \rangle$, dessen Elemente außerhalb $[t_{j_0}, t_{j_0+k}[$ verschwinden, aber in $]t_{j_0}, t_{j_0+k}[$ keine Nullstelle haben, im Widerspruch zu $s(\tau_{j_0}) = 0$. Ist $J := \{j : a_j \neq 0\}$ und $\iota = \#J$, so kann man zeigen, dass der ι-dimensionale Raum $\langle B_\ell, \ell \in J \rangle$ höchstens $\iota - 1$ isolierte Nullstellen besitzt, aber nach (4.98) mindestens ι isolierte Nullstellen hat, ein Widerspruch. □

Der vorige Satz erlaubt also für quadratische Splines ($k = 3$) ein Splinegitter $\mathbf{t} := (a := t_1 = t_2 = t_3 < t_4 < \cdots < t_{m+1} = t_{m+2} = t_{m+3} =: b)$ mit Interpolationsknoten $\boldsymbol{\tau}$ mit $\tau_1 := a, t_j < \tau_j < t_{j+3}, j = 2, 3, \ldots, m-1, \tau_m = b$. Bei kubischen Splines ($k = 4$) kann man an den Splineknoten interpolieren. Das Splinegitter sei in diesem Fall $\mathbf{t} = (a := t_1 = t_2 = \cdots = t_4 < t_5 < \cdots < t_{m+1} = t_{m+2} = \cdots = t_{m+4} =: b)$. Als Interpolationsgitter $\boldsymbol{\tau}$ kann man wählen $\tau_1 = a, a < \tau_2 < t_5, \tau_{2+j} = t_{4+j}, j = 1, 2, \ldots, m-4, t_m < \tau_{m-1} < b, \tau_m = b$. Im kubischen Fall interpolieren wir also an allen Splineknoten und zusätzlich an zwei weiteren Stellen, τ_2, τ_{m-1}, die von Splineknoten verschieden sind. Diese Bedingungen heißen in der Literatur aus offensichtlichen Gründen (cf. [6, DE BOOR, 1978, S. 55]) *not-a-knot*-Bedingungen. Bei der Behandlung kubischer Interpolationssplines an den Splineknoten hatten wir bereits das Fehlen von zwei Bedingungen diskutiert, s. S. 95 ff.

Beispiel 4.33. ***Quadratische Splineinterpolation mit B-Splines***
Wir behandeln das Beispiel 4.6, S. 93 mit den hier besprochenen Mitteln noch einmal. Wir hatten Interpolationsknoten $\boldsymbol{\tau} := \{0.05, 0.06, 0.075, 0.09, 0.13, 0.21, 0.4\}$ und Splineknoten $\mathbf{t} := \{0.025, 0.055, 0.0675, 0.0825, 0.11, 0.17, 0.305, 0.45, 0.45, 0.45\}$, wobei wir hier bereits den rechten Knoten gemäß (4.97) als dreifachen Knoten gewählt haben. Die zu interpolierende Funktion war $f(t) := t\sin(1/t)$. Um das frühere Gleichungssystem (für die unbekannten Werte an den inneren Splineknoten) lösen zu können, hatten wir die beiden Interpolationsbedingungen

$s(t_1) = f(t_1), s(t_8) = f(t_8)$ hinzugefügt und als Ergebnis einen C^1-Spline erhalten. Um auch hier an diesen Stellen zu interpolieren, erweitern wir die Interpolationsknoten vorne um t_1 und hinten um t_8. Das Gitter der Splineknoten erweitern wir so, dass auch der erste Knoten ein dreifacher Knoten wird, vgl. Tabelle 4.34. Gesucht ist also ein quadratischer Spline $s = \sum_{\ell=1}^{9} a_\ell B_\ell$ mit Spline- und Interpolationsknoten entsprechend der Tabelle 4.34. Zu lösen ist $\mathbf{M}\mathbf{a} = \mathbf{r}$. Wir müssen die Matrix $\mathbf{M} := B_\ell(\tau_j),\ j, \ell = 1, 2, \ldots, 9$ ausrechnen: $\mathbf{M} =$

$$\begin{pmatrix} 1 & 0 & 0 & 0 & 0 & 0 & 0 & 0 & 0 \\ 0.0278 & 0.4820 & 0.4902 & 0 & 0 & 0 & 0 & 0 & 0 \\ 0 & 0.1059 & 0.8214 & 0.0727 & 0 & 0 & 0 & 0 & 0 \\ 0 & 0 & 0.1364 & 0.7754 & 0.0882 & 0 & 0 & 0 & 0 \\ 0 & 0 & 0 & 0.3422 & 0.6344 & 0.0234 & 0 & 0 & 0 \\ 0 & 0 & 0 & 0 & 0.3048 & 0.6611 & 0.0342 & 0 & 0 \\ 0 & 0 & 0 & 0 & 0 & 0.3428 & 0.6148 & 0.0423 & 0 \\ 0 & 0 & 0 & 0 & 0 & 0 & 0.0616 & 0.5092 & 0.4293 \\ 0 & 0 & 0 & 0 & 0 & 0 & 0 & 0 & 1 \end{pmatrix},$$

$$\mathbf{r} = (0.0186, 0.0456, -0.0491, 0.0520, -0.0894, 0.1283, -0.2097, 0.2394, 0.3578)^T,$$

$$\mathbf{a} = (0.0186, 0.1889, -0.0937, 0.1076, -0.2107, 0.3189, -0.5350, 0.2332, 0.3578)^T.$$

Da die B-Splines dritter Ordnung bei einfachen Splineknoten bereits einen C^1-Spline liefern, erhalten wir hier dasselbe Ergebnis wie früher, nur in anderer Darstellung. Man vgl. die Abbildung 4.7, S. 94.

Tabelle 4.34. Interpolations- und Splineknoten für einen quadratischen Spline

Nr	1	2	3	4	5	6
τ	0.025	0.05	0.06	0.075	0.09	0.13
t	0.025	0.025	0.025	0.055	0.0675	0.0825

Nr	7	8	9	10	11	12
τ	0.21	0.4	0.45			
t	0.11	0.17	0.305	0.45	0.45	0.45

Beispiel 4.35. ***Kubische Splineinterpolation mit B-Splines***
Wir behandeln das Beispiel 4.6, S. 93 für kubische Splines nach dem angegebenen Muster. Wir hatten neun Interpolationsknoten $\tau := (0.025, 0.05, 0.06, 0.075, 0.09, 0.13, 0.21, 0.4, 0.45)$ und wählen dazu als Splinegitter $\mathbf{t} := (0.025, 0.025, 0.025, 0.025, 0.06, 0.075, 0.09, 0.13, 0.21, 0.45, 0.45, 0.45, 0.45)$. Der gesuchte kubische Spline s hat also die Form $s = \sum_{\ell=1}^{9} a_\ell B_\ell$ mit $s(\tau_j) = f(\tau_j)$, $j = 1, 2, \ldots, 9$, wobei $f(t) := t \sin(1/t)$ gewählt wird. Wir müssen also die Matrix $\mathbf{M} := B_\ell(\tau_j),\ j, \ell = 1, 2, \ldots, 9$ bestimmen und die gesuchten Koeffizienten $\mathbf{a}$

aus $\mathbf{Ma} = \mathbf{r}$ mit $r_j = f(\tau_j)$ berechnen. Im vorliegenden Fall erhalten wir $\mathbf{a} = (0.0186, 0.4866, -0.2804, 0.1501, -0.3017, 0.5083, -1.1116, 0.3585, 0.3578)^{\mathrm{T}}$.

4.6.7 B-Splines als CAD-Werkzeug

Beim CAD (*Computer Aided Design*) geht es darum, Kurven und Flächen, die gewissen Vorstellungen von Designern, z. B. Autokonstrukteuren entsprechen sollen mit Computerhilfe zu zeichnen. Wir beschränken uns auf das Zeichnen von Kurven. Eine *Kurve* ist eine stetige Abbildung $t \in [a,b] \to \mathbf{x}(t) \in \mathbb{R}^n$. Die Menge $S := \{\mathbf{x}(t) : t \in [a,b]\}$ nennt man *Spur* der Kurve (auch andere Wörter sind hier gebräuchlich). Die Theorie der Kurven und Flächen gehört in die *Differentialgeometrie*, auf die wir aber nicht eingehen können, vgl. [12, DO CARMO, 1993]. Zu einer beliebigen nicht fallenden Knotenfolge $\mathbf{t} = \{t_j\}$ betrachten wir die B-Splines B_{jk} der Ordnung k und bilden Summen vom Typ

$$s := \sum_j \mathbf{a}_j B_{jk}, \quad \mathbf{a}_j \in \mathbb{R}^n. \tag{4.99}$$

Da die B-Splines eine Zerlegung der Eins bilden, ist die Summe ausgewertet für ein festes t nichts anderes als eine Konvexkombination der gegebenen Punkte $\mathbf{a}_j$. Diese Punkte heißen auch *Kontrollpunkte*. Läuft die Summe (4.99) von $j = 1$ bis $j = m$ bei $k = 2$, so heißt die geradlinige Verbindung der Punkte $\mathbf{a}_1, \mathbf{a}_2, \ldots, \mathbf{a}_m$ in dieser Reihenfolge das *Kontrollpolygon* dieser Punkte. Ist $\mathbf{a}_1 = \mathbf{a}_m$, so ist das Kontrollpolygon geschlossen. Guckt man sich den Auswertealgorithmus (4.88) bis (4.92), S. 111 noch einmal an, so sieht man, dass es keine Rolle spielt, ob die Koeffizienten Zahlen oder Vektoren sind. Um (4.99) zu berechnen, kann der angegebene Algorithmus verwendet werden. Die so definierten Kurven heißen auch *Bézier-Kurven*.[4] Oft werden die Bernstein-Polynome (vgl. (4.58), S. 104) als B-Splines verwendet. In diesem Fall schreibt man (4.99) in die Form

$$s := \sum_{\mu+\nu=k-1} \mathbf{a}_{(\mu,\nu)} B_{(\mu,\nu)}. \tag{4.100}$$

Da alle (nichttrivialen) $\omega_{j,k-\sigma}$ aus dem angegebenen Algorithmus (mit t) übereinstimmen, vereinfacht sich der angegebene Algorithmus zu

$$\begin{aligned} \mathbf{a}_{(\mu,\nu)}(t) &= (1-t)\mathbf{a}_{(\mu+1,\nu)}(t) + t\mathbf{a}_{(\mu,\nu+1)}(t), \\ \mu + \nu &= \ell, \quad \ell = k-2, k-3, \ldots, 0. \end{aligned} \tag{4.101}$$

[4] Pierre Bézier entwickelte in den 1960er Jahren seine Ideen bei der Autofirma Renault

Das gesuchte Ergebnis - für ein festes t - ist dann $s = \mathbf{a}_{(0,0)}$. Die gegebenen k Koeffizienten sind $\mathbf{a}_{(0,k-1)}, \mathbf{a}_{(1,k-2)}, \ldots, \mathbf{a}_{(k-1,0)}$. Der Algorithmus (4.101) heißt *de Casteljau-Algorithmus.*[5] Der wesentliche Teil des Algorithmus (4.101) kann mit zwei Schleifen, wie im Programm 4.36 angegeben, ausgeführt werden. Ein einfacher Trick vereinfacht die Programmierung erheblich: Man faßt die Kontrollpunkte als komplexe Zahlen auf. Auch der früher (Seite 111) angegebene de Boor-Algorithmus kann mit diesem Trick für Kontrollpunkte im $\mathbb{R}^2$ unverändert ausgeführt werden.

Programm 4.36. de Casteljau-Algorithmus. Die Kontrollpunkte $a_1, a_2, \ldots, a_k$, die Zahl k und der Vektor der Auswertungspunkte t sind vorzugeben

```
1 %Die Anfangsbesetzung ist wie in Zeile 4 vorzunehmen.
2 clear; t=linspace(0,1); k=5; a(1)=-5+3i; a(2)=-2-2.5i;
3 a(3)=0; a(4)=2-2.5i; a(5)=5+3i;
4 for j=1:k, A(j,:)=a(j)*ones(size(t)); end; %for j
5 plot(a(:),'--'), hold on; plot(a(:),'s'); plot(a(:),'*');
6 %Kontrollpolygon gestrichelt, Kontrollpunkte markiert
7 for r=k-1:-1:1
8   for j=1:r
9    A(j,:)=(1-t).*A(j,:)+t.*A(j+1,:);
10   %a(j)=(1-t)*a(j)+t*a(j+1); %fuer einen einzigen t-Wert
11  end; %for j
12 end; %for k %Das Ergebnis steht auf A(1,:), bzw auf a(1).
13 set(gcf,'DefaultLineLineWidth',2); %dickere Linie
14 plot(A(1,:)); hold off %alle Werte von t werden verbunden
15 set(gcf,'DefaultLineLineWidth',0.5);%normaldicke Linie
```

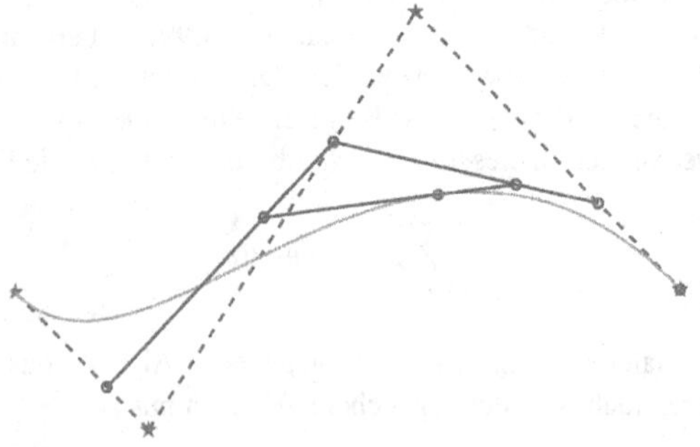

Abb. 4.37. Konstruktion von Bézier-Kurven mit dem de Casteljau-Algorithmus

[5]Paul de Casteljau entwickelte in den 60er Jahren seine Ideen bei der Autofirma Citroën

An einem einfachen Bild (Abbildung 4.37) kann man die Wirkungsweise des de Casteljau-Algorithmus gut erkennen. Gezeichnet ist das Kontrollpolygon (gestrichelt) und die Konstruktion eines Punktes der Bézier-Kurve. Wir zählen einige Eigenschaften der Bézier-Kurven auf. Haben wir m Kontrollpunkte und wollen wir Splines der Ordnung k verwenden, so ist die Anzahl der zu wählenden Knoten $m+k$. Als Knoten wählen wir

$$t_1 = t_2 = \cdots = t_k < t_{k+1} \leq \cdots \leq t_m < t_{m+1} = t_{m+2} = \cdots = t_{m+k}.$$

Ist $k = m$, so liegt der Bernstein-Fall vor, und wir wählen $t_j = 0, t_{j+k} = 1, j = 1, 2, \ldots, k$. Ist andererseits $k = 2$, so ist die entstehende Bézier-Kurve das Kontrollpolygon, wenn die inneren Knoten $t_j,\ k+1 \leq j \leq m$ strikt wachsen.

Satz 4.38. Gelte für $j \geq 2$ und $j \leq m$ für die Knoten $t_j < t_{j+k-1}$. Sei

$$s := \sum_{j=1}^{m} \mathbf{a}_j B_{jk}. \quad \text{Dann ist die Ableitung}$$

$$s' = (k-1) \sum_{j=2}^{m} \frac{\mathbf{a}_j - \mathbf{a}_{j-1}}{t_{j+k-1} - t_j} B_{j,k-1}. \tag{4.102}$$

Ist speziell $s = \sum_{j=1}^{k} \mathbf{a}_j B_{jk}$ (Bernstein-Fall), so ist

$$s' = (k-1) \sum_{j=2}^{k} (\mathbf{a}_j - \mathbf{a}_{j-1}) B_{j,k-1}.$$

Beweis: Folgt aus (4.95), S. 114. □

Es ist zu beachten, dass im Bernstein-Fall der B-Spline B_{jk} das Bernstein-Polynom $B_{jk} = \binom{k-1}{j-1} t^{j-1}(1-t)^{k-j}, j = 1, 2, \ldots, k$ vom Grad $k-1$ mit der Nummer $j-1$ darstellt.

Definition 4.39. Sei s wie im Satz 4.38 und $s'(t) \neq \mathbf{0}$ der Vektor der Steigung von s an einer Stelle $t \in \mathbb{R}$. Jedes positive Vielfache von $s'(t)$ heißt *Richtung* der Kurve s an der Stelle t.

Satz 4.40. Bei m Kontrollpunkten $\mathbf{a}_j, j = 1, 2, \ldots, m$ und obiger Knotenwahl ist (a) $s(t_1) = \mathbf{a}_1, s(t_{m+k}) = \mathbf{a}_m$ und (b) die Richtungen von s stimmen an den beiden Endpunkten mit den Richtungen des Kontrollpolygons an diesen Endpunkten überein.

Beweis: (a) Es ist nach Lemma 4.16, S. 102 und nach (4.87), S. 110 $B_{1k}(t_1) = B_{mk}(t_{m+k}) = 1$, und $B_{jk}(t_1) = 0$ für $j > 1$ und $B_{jk}(t_{m+k}) = 0$ für $j < m$.

(b) Die Steigung des Kontrollpolygons ist am ersten und letzten Punkt nach dem Satz 4.38 $\mathbf{a}_2 - \mathbf{a}_1$ bzw. $\mathbf{a}_m - \mathbf{a}_{m-1}$. Die Steigung von s nach Formel (4.102) bei t_2 und bei t_{m+k-1} ist $\frac{k-1}{t_{k+1}-t_2}(\mathbf{a}_2 - \mathbf{a}_1)$ bzw. $\frac{k-1}{t_{m+k-1}-t_m}(\mathbf{a}_m - \mathbf{a}_{m-1})$, die Steigungen unterscheiden sich also nur um einen positiven Faktor, die Richtungen stimmen also überein. □

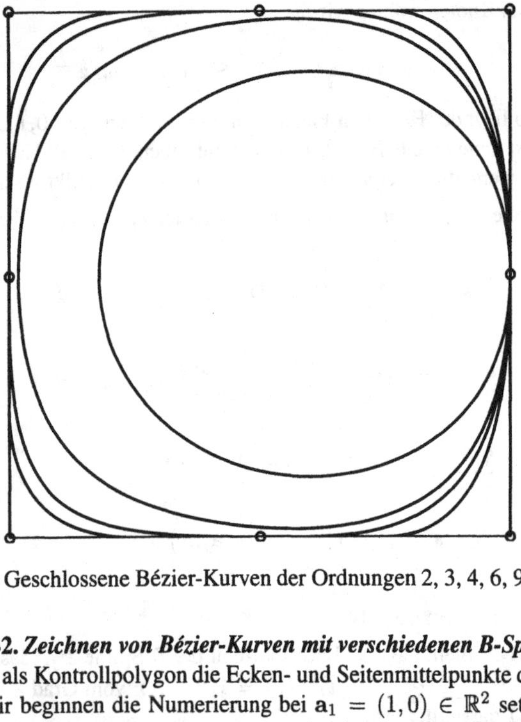

Abb. 4.41. Geschlossene Bézier-Kurven der Ordnungen 2, 3, 4, 6, 9

Beispiel 4.42. ***Zeichnen von Bézier-Kurven mit verschiedenen B-Splines***
Wir wählen als Kontrollpolygon die Ecken- und Seitenmittelpunkte des Quadrats $[-1, 1]^2$. Wir beginnen die Numerierung bei $\mathbf{a}_1 = (1, 0) \in \mathbb{R}^2$ setzen in positiver Orientierung fort und enden bei $\mathbf{a}_9 = (1, 0)$. Das Kontrollpolygon ist also geschlossen. Wir benutzen bei Ordnung k und $m = 9$ Kontrollpunkten die $m + k$ Knoten $0, \ldots, 0, 1, 2, \ldots, m-k, m-k+1, m-k+1, \ldots, m-k+1$. Die Anzahl der Randknoten ist jeweils k. Im Bernstein-Fall besteht das gesamte Gitter nur aus $2k$ Randknoten Null und Eins. Bei den vorgegebenen neun Kontrollpunkten haben wir die Bézier-Kurven in Abbildung 4.41 für $k = 2, 3, 4, 6, 9$ gezeichnet. Für $k = 2$ entsteht das Kontrollpolygon, für $k = 9$ die Bézier-Kurve mit Bernstein-Polynomen im inneren der Abbildung.

4.7 Aufgaben

Aufgabe 4.1. Man zeige: Das Gleichungssystem (4.29), S. 92 ist unter den Bedingungen $\frac{\tau_j - t_{j-1}}{t_j - \tau_j} \leq 1 - 0.5\sqrt{2}$ und $\frac{t_{j+1} - \tau_{j+1}}{t_{j+1} - t_j} \leq 1 - 0.5\sqrt{2} \approx 0.30$ nicht strikt Zeilen-diagonaldominant. Hinweis: Unter Verwendung der Bezeichnung (4.30), S. 92 sei

$$\kappa_j := \alpha_j - (\beta_{j-1} + \gamma_{j+1}) =$$
$$\left(\frac{2}{\Delta t_{j-1}} + \frac{1}{t_j - \tau_j} - \frac{1}{\tau_j - t_{j-1}}\right) + \left(\frac{2}{\Delta t_j} + \frac{1}{\tau_{j+1} - t_j} - \frac{1}{t_{j+1} - \tau_{j+1}}\right).$$

Man zeige, dass unter den angegebenen Bedingungen beide Klammern nicht positiv sind.

Aufgabe 4.2. (a) Sei $f(t) = t^3$ und S der natürliche kubische Spline der f an den Knoten $t_j = j, j = 0, 1, \ldots, 3$ interpoliert. Man zeige, dass $f \neq S$. Hinweis: Man zeige $S'(0) \neq 0$. (b) Man zeige, dass noch nicht einmal quadratische Polynome durch natürliche, kubische Splines reproduziert werden.

Aufgabe 4.3. Wie genau approximieren Splines der Ordnung $k = 2, 3, 4$?

Aufgabe 4.4. Wie genau approximiert die Ableitung eines interpolierenden kubischen Splines die Ableitung der interpolierten Funktion? Man benutze kubische Splines zur angenäherten Berechnung einer Ableitung.

Aufgabe 4.5. Sei S ein Spline der Ordnung k. Welche Konsequenzen hat die Forderung, dass S an einem inneren Knoten t_j mindestens $(k-1)$-mal differenzierbar sein soll?

Aufgabe 4.6. Wie kann man unter Kenntnis der zweiten Ableitungen $M_j = S''(t_j)$, $j = 0, 1, \ldots, n$ den interpolierenden kubischen Spline S bestimmen? Man diskutiere verschiedene Möglichkeiten, z. B. Bestimmung der Ableitungen s_j aus M_j und Verwendung von (4.33), S. 95 oder Bestimmung des Splines aus einer neuen Darstellung der Form

$$R_j(x) = a_j + b_j(x - t_j) + \frac{c_j}{2}(x - t_j)^2 + \frac{d_j}{6}(x - t_j)^3. \tag{4.103}$$

Die Bestimmung des Splines aus den zweiten Ableitungen M_j nennt man auch *Momentenmethode*.

Aufgabe 4.7. Faßt man die zweiten Ableitungen $M_j = S''(t_j) = R_j''(t_j)$ als Unbekannte auf, so leite man aus (4.35), S. 95 das folgende Gleichungssystem her ($j = 1, 2, \ldots, n-1$):

$$\Delta t_{j-1} M_{j-1} + 2(\Delta t_{j-1} + \Delta t_j) M_j + \Delta t_j M_{j+1} = 6\left(\frac{\Delta f_j}{\Delta t_j} - \frac{\Delta f_{j-1}}{\Delta t_{j-1}}\right).$$

Aufgabe 4.8. Man schreibe ein Programm zur Berechnung der Interpolierenden einer auf $[a, b]$ stetigen Funktion f durch stückweise lineare, stetige Funktionen mit den Knoten (**) $\Delta : \quad a = t_0 < t_1 < \cdots < t_n = b$. Man benutze $f(x) = \sqrt{x}, x \in [0, 1]$ und die Knoten $t_j = (jh)^k$, $h = 1/n$, $j = 0, 1, \ldots, n$ mit $k = 0.5(0.5)6$ als Testfälle. Wie groß ist in Abhängigkeit von k die experimentelle Fehlerordnung? Welches k liefert die größte Fehlerordnung?

Aufgabe 4.9. Seien mit den Knoten Δ aus (**) eine beliebige Menge von Splineknoten, $\tau_j \in]t_j, t_{j+1}[$ und f_j, $j = 0, 1, \ldots, n-1$ gegeben. Wie muss ein Spline $S \in \mathbb{S}_2$ konstruiert werden, der die Daten (τ_j, f_j), $j = 0, 1, \ldots, n-1$ interpoliert? Reichen die Interpolationsbedingungen aus, um den Spline eindeutig festzulegen? Wenn nein, diskutiere man verschiedene Möglichkeiten dazu.

Aufgabe 4.10. Man konstruiere einen natürlichen Spline $S \in \mathbb{S}_4$ der die Daten $(0, 1)$, $(0.5, -0.5)$, $(1, 2)$ interpoliert.

Aufgabe 4.11. Im Falle $\mathbf{t} = \mathbb{Z}$ heißen die resultierenden B-Splines *kardinale B-Splines*. Für die Knoten gilt also $t_j = j \in \mathbb{Z}$. Man zeige: (a) Alle kardinalen B-Splines derselben Ordnung k gehen durch Verschiebung um eine ganze Zahl auseinander hervor. Setzen Sie dazu $N_k := B_{0k}$, und zeigen Sie dann $B_{jk}(t) = N_k(t-j)$, $k \geq 1$. (b) Beweisen Sie die folgende Rekursion für kardinale Splines.

$$(k-1)N_k(t) = tN_{k-1}(t) + (k-t)N_{k-1}(t-1), \quad k > 1.$$

Aufgabe 4.12. Seien $B_{(\mu,\nu)}$ die in (4.57), S. 104 eingeführten Bernstein B-Splines. Zeigen Sie direkt aus (4.58), S. 104:

$$B_{(\mu,0)}(t) = (1-t)^{\mu}\chi_{[0,1[}, \quad B_{(0,\nu)} = t^{\nu}\chi_{[0,1[}.$$

Aufgabe 4.13. Sei $\mathbf{t} := \{t_j\}, j \in \mathbb{Z}$ eine (nicht fallende) Knotenfolge mit $t_j < t_{j+k-2}$ (also insbesondere auch $k > 2$) und $s := \sum_{j\in\mathbb{Z}} a_j B_{jk}$ ein beliebiger Spline. Man zeige, dass die für zweite Ableitung $s'' = \sum_{j\in\mathbb{Z}} a_j'' B_{j,k-2}$ mit a_j' nach (4.95), S. 114 gilt:

$$a_j'' = \frac{1}{k-2} \frac{a_j' - a_{j-1}'}{t_{j+k-2} - t_j}.$$

Aufgabe 4.14. (a) Beweisen Sie, dass bei gegebenen $m \geq 2$ Kontrollpunkten $\mathbf{a}_1, \mathbf{a}_2, \ldots, \mathbf{a}_m$ und gegebener Knotenfolge $t_1 = t_2 < t_3 \leq t_4 \leq \cdots \leq t_m < t_{m+1} = t_{m+2}$ bei $k = 2$ mit $s := \sum_{j=1}^{m} B_{j,2}$ das Kontrollpolygon definiert wird, sofern $t_3 < t_4 \cdots < t_m$ ist. (b) Welches Ergebnis entsteht falls einmal $t_j = t_{j+1}$ vorkommt für $2 \leq j \leq m$.

5 Numerische Integration

Unter numerischer Integration versteht man die approximative Auswertung von Integralen, insbesondere solche vom Typ

$$(5.1) \qquad I(f) = \int_a^b f(x)\,\mathrm{d}x, \quad I(f) = \int_R f(x)\,\mathrm{d}x,$$

wobei im zweiten Fall R ein mehrdimensionaler Bereich und entsprechend x ein Vektor und $\mathrm{d}x$ eine Abkürzung für $\mathrm{d}x_1\,\mathrm{d}x_2 \cdots$ ist. Das erste Integral I aus (5.1) kann interpretiert werden als Fläche zwischen a und b auf der x-Achse und dem Graphen von f über $[a, b]$. Das zweite Integral (5.1) kann aufgefaßt werden als Volumen zwischen R und dem Graphen von f. Man vergleiche die Figur 5.1.

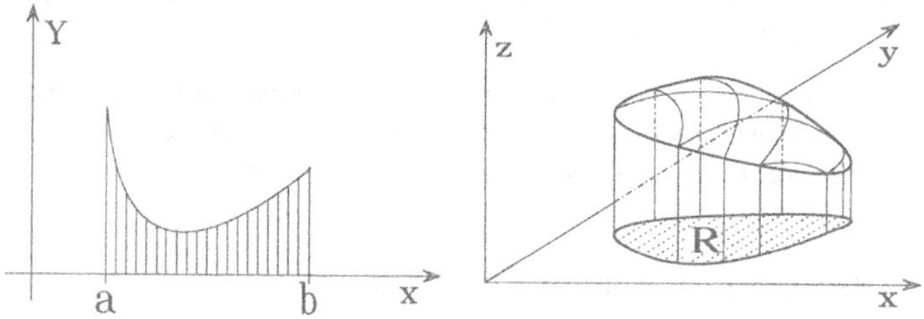

Abb. 5.1. Integration über ein Intervall $[a, b]$ und über einen zweidimensionalen Bereich R

Warum braucht man numerische Integration? Es gibt dafür verschiedene Gründe. In vielen Fällen ist selbst bei einfachem f das Integral I nicht nach den üblichen Regeln, d. h., durch Aufsuchen einer *Stammfunktion*[1] F von f und durch $I(f) = F(b) - F(a)$ zu berechnen. Beispiele für derartige Funktionen sind $f(x) = \sin x^2$, $f(x) = 1/(xe^x)$, $f(x) = e^{-x^2}$, $f(x) = \sin x/\sqrt{x}$. Auch wenn die Stammfunktion berechenbar ist, kann es sinnvoll sein, numerisch zu integrieren, wenn nämlich der Aufwand zur Bestimmung einer Stammfunktion unverhältnismäßig hoch ist. Beispiele sind rationale Funktionen. Man vgl. dazu Aufgabe 5.10, S. 153.

[1] Jede Funktion F mit $F' = f$ heißt *Stammfunktion* von f.

Ein weiterer Grund ist der, dass f in vielen Fällen gar nicht in geschlossener Form bekannt ist, sondern z. B. durch Messungen ermittelt wurde. Will man etwa die Durchflußmenge M pro Zeiteinheit eines Flusses an einer bestimmten Stelle ermitteln, so wird der Flußquerschnitt Q mit Hilfe von Messungen ermittelt. Kennt man die Fließgeschwindigkeit v, so ist $M = F(Q)v$, und $F(Q)$ ist die Fläche des Flußquerschnitts. Hier ist es also nötig, eine Formel für $F(Q)$ auf der Grundlage der gemessenen Daten für Q zu entwickeln.

Wir wollen in diesem Paragraphen nur den ersten Fall von (5.1) betrachten, und nur einige Methoden entwickeln. Die Größe I sei daher im Rest dieses Abschnitts immer definiert durch die erste Formel in (5.1) mit einem Intervall $[a, b]$ als Integrationsbereich. Für weitergehende Fragen konsultiere man die Spezialliteratur z. B. Bücher von [19, DAVIS & RABINOWITZ, 1984] und [24, ENGELS, 1980]. Die resultierenden Formeln zur angenäherten Berechnung von I heißen auch *Integrations-* oder *Quadraturformeln*.

Zur Ableitung einer großen Klasse von derartigen Formeln werden die folgenden einfachen Grundgedanken herangezogen.

1. Ist f ein Polynom, oder ist f stückweise aus Polynomen zusammengesetzt, so ist $I(f)$ exakt zu ermitteln.

2. Wird f durch ein Polynom oder stückweise durch Polynome hinreichend genau angenähert, so ist der Unterschied zwischen I und dem nach 1) exakt berechenbaren Integral über die Annäherung vernachlässigbar klein.

5.1 Interpolatorische Formeln

Wenn wir die Annäherung von f durch ein Interpolationspolynom bewirken, so erhalten wir bereits eine Fülle von Integrationsformeln, nämlich sogenannte *interpolatorische Integrationsformeln*. Wir plazieren dazu $n+1$ Knoten x_j, $j = 0, 1, \ldots, n$ in das Intervall $[a, b]$, so dass

$$a \le x_0 < x_1 < \cdots < x_n \le b \tag{5.2}$$

und integrieren statt f das Interplationspolynom p, hier in der Lagrangeschen Form. Wir erhalten damit bereits die erste große Klasse von Integrationsformeln, die wir mit $I_n(f)$ bezeichnen, nämlich

$$\begin{aligned} I_n(f) &:= \int_a^b p(x)\,\mathrm{d}x = \int_a^b \sum_{j=0}^n \ell_j(x) f(x_j)\,\mathrm{d}x \\ &= \sum_{j=0}^n f(x_j) \int_a^b \ell_j(x)\,\mathrm{d}x, \end{aligned} \tag{5.3}$$

wobei ℓ_j die in (3.1), S. 37 definierten Lagrange-Koeffizienten sind. Um zu einer praktikablen Formel zu kommen, müssen wir nur noch die *Gewichte* w_j berechnen:

$$w_j = \int_a^b \ell_j(x)\,\mathrm{d}x, \quad j = 0, 1, \ldots, n. \tag{5.4}$$

Beispiel 5.2. ***Integrationsformeln für einen bis vier Knoten***
Ein Knoten, $n = 0$. Wir wählen x_0 in der Mitte zwischen a und b, also $x_0 = (a+b)/2$. In diesem Fall ist $\ell_0 = 1$ und daher $w_0 = b - a$. Wir erhalten also die einfache Formel

$$I_0(f) = (b-a) f(\frac{a+b}{2}), \tag{5.5}$$

die auch *Mittelpunkts-* oder *Rechtecksregel*, manchmal auch *Tangentenregel* heißt.

Zwei Knoten, $n = 1$. Wir setzen $x_0 = a$ und $x_1 = b$. Dann ist $\ell_0(x) = (x-b)/(a-b)$, $\ell_1(x) = (x-a)/(b-a)$ und $w_0 = w_1 = (b-a)/2$, also

$$I_1(f) = (b-a)\frac{f(a)+f(b)}{2}. \tag{5.6}$$

Diese Formel heißt *Trapezregel*, weil $I_1(f)$ die Fläche des Trapezes mit den Ecken $(a,0)$, $(b,0)$, $(b, f(b))$, $(a, f(a))$ ist. Unter einem *Trapez* versteht man i.a. ein Viereck, bei dem zwei gegenüberliegende Seiten parallel sind.

Drei Knoten, $n = 2$. Wir wählen $x_0 = a, \quad x_1 = (a+b)/2, \quad x_2 = b$. Es bedarf einer kleinen Mühe, um herauszufinden, dass

$$w_0 = \frac{b-a}{6}, \quad w_1 = \frac{2}{3}(b-a), \quad w_2 = \frac{b-a}{6}$$

ist, so dass wir schließlich

$$I_2(f) = \frac{b-a}{6}\{f(a) + 4f(\frac{a+b}{2}) + f(b)\} \tag{5.7}$$

erhalten. Diese Formel heißt *Simpsons Regel* oder *Keplersche Faßregel* [2].

Vier Knoten, $n = 3$. Wir wählen $x_0 = a, \quad x_1 = a + \frac{b-a}{3}, \quad x_2 = a + \frac{2(b-a)}{3}$, $x_3 = b$. Die Auswertung der Integrale (5.4) liefert schließlich

$$I_3(f) = \frac{b-a}{8}\,\{f(x_0) + 3f(x_1) + 3f(x_2) + f(x_3)\}. \tag{5.8}$$

[2] [71, V. MANGOLDT & KNOPP, 1958, Bd. 3, S. 175].

Diese Formel heißt *Drei-Achtel-Regel* oder auch *pulcherrima (die Schönste).*

Durch fleißiges Ausrechnen des Integrals (5.4) kann man beliebige weitere Formeln erzeugen.[3]

Definition 5.3. Bei äquidistanter Knotenwahl (5.2) heißen die resultierenden Integrationsformeln (5.3), (5.4) *Newton-Cotes-Formeln.* Die Newton-Cotes-Formeln heißen *abgeschlossen,* wenn $x_0 = a, \quad x_n = b$ ist. Die Newton-Cotes-Formeln heißen *offen,* wenn $a < x_0$ und $x_n < b$ ist.

Ein Beispiel für eine offene Newton-Cotes-Formel ist die Rechtecksregel (5.5), ein Beispiel für eine abgeschlossene Newton-Cotes-Formeln ist Simpsons Regel (5.7).

Wir betrachten jetzt bei beliebiger Knotenwahl Integrationsformeln vom Typ

$$I_n(f) = \sum_{j=0}^{n} w_j f(x_j) \tag{5.9}$$

unabhängig von der Gewinnung der Gewichte w_j. Wir setzen voraus, dass die Knoten wie in (5.2) angegeben angeordnet sind.

Definition 5.4. Man sagt, dass Formel (5.9) die *Ordnung* $k \in \mathbb{N}$ hat, wenn $I_n(p) = I(p)$ für alle $p \in \Pi_{k-1}$. Die Formel (5.9) heißt *interpolatorisch,* wenn ihre Ordnung $n + 1$ beträgt.

Eine Formel der Ordnung k kat also nach dieser Definition auch jede kleinere Ordnung als k. Eine interpolatorische Formel mit $n + 1$ Knoten hat also die Eigenschaft, dass alle Polynome bis zum Grad n exakt mit der Integrationsformel integriert werden können. Will man prüfen, ob eine Formel die Ordnung k hat, so genügt es wegen der Linearität von I_n aus (5.9) zu zeigen, dass $I_n(p_j) = I(p_j)$, $j = 1, 2, \ldots, k$ für eine (zweckmäßige) Polynombasis $p_1, p_2, \ldots, p_k$ von Π_{k-1}.

Satz 5.5. Die nach (5.3), (5.4) abgeleiteten Integrationsformeln, insbesondere die Newton-Cotes-Formeln sind interpolatorisch.

Beweis: Ist $f \in \Pi_n$, so stimmt f mit dem an $n + 1$ Stellen interpolierenden Polynom p überein. Also ist $I_n(f) = I(p) = I(f)$. □

Wir werden sehen, dass manche Integrationsformeln eine höhere Ordnung als erwartet haben.

Beispiel 5.6. ***Ordnung der Rechtecksregel***
Nach ihrer Herleitung hat die Rechtecksregel die Ordnung Eins, d. h., konstante Funktionen werden mit (5.5) exakt integriert. Sei $f(x) = x - (a + b)/2$, d. h.,

[3] Weitere ausgerechnete Formeln findet man z. B. im Buch von [90, Schmeißer & Schirmeier, 1976, S. 203–204].

$f \in \Pi_1$. Offensichtlich ist $I(f) = \int_a^{(a+b)/2} f(x)\,dx + \int_{(a+b)/2}^b f(x)\,dx = 0$, und nach (5.5) ist $I_0(f) = (b-a)((a+b)/2-(a+b)/2) = 0$. D. h., die Rechtecksregel hat sogar die Ordnung Zwei.

Beispiel 5.7. ***Ordnung der Simpson-Regel***
Simpsons Regel hat nach ihrer Herleitung die Ordnung Drei. Wir erhalten für $f(x) := (x - (a + b)/2)^3$ das Integral $I(f) = 0$ wegen $\int_a^{(a+b)/2} f(x)\,dx = -\int_{(a+b)/2}^b f(x)\,dx$ und

$$I_2(f) = \frac{b-a}{6}((a - \frac{a+b}{2})^3 + 4(\frac{a+b}{2} - \frac{a+b}{2})^3 + (b - \frac{a+b}{2})^3) = 0.$$

Also hat Simpsons Regel sogar die Ordnung Vier.

Satz 5.8. Sei I_n aus (5.9) eine interpolatorische Integrationsformel mit den paarweise verschiedenen Knoten $x_j \in [a,b], j = 0,1,\ldots,n$, und sei $f \in C^{n+1}[a,b]$. Dann ist

$$(5.10)\quad |I(f) - I_n(f)| \le \frac{1}{(n+1)!} \max_{x\in[a,b]} |f^{(n+1)}(x)| \int_a^b \prod_{j=0}^n |x - x_j|\,dx.$$

Beweis: Interpoliere $p \in \Pi_n$ die Funktion f an den Knoten $x_0, x_1, \ldots, x_n$ und sei $\varepsilon = f - p$. Dann ist $I(f) - I_n(f) = I(f) - I(p) = I(f-p) = I(\varepsilon)$. Die Behauptung folgt aus Formel (3.19), S. 47. □

Die Differenz $I(f) - I_n(f)$ heißt auch *Quadraturfehler*. Wie wir an den Beispielen 5.6 und 5.7 gesehen haben, gibt die Formel (5.10) die erreichbare Ordnung nicht immer richtig wieder. Dasselbe Argument wie in Beispiel 5.7 läßt sich auf jede Formel mit einer ungeraden Anzahl k von und symmetrisch verteilten Knoten anwenden, indem man $f(x) = (x - (a+b)/2)^k$ exakt und numerisch integriert. Man vgl. Aufgabe 5.5, S. 153. Wir verfolgen hier einen etwas anderen Weg.

Lemma 5.9. Seien $2m+1$ Knoten $x_j, j = 0,1,\ldots,2m$ in $[a,b]$ mit (zum Mittelpunkt) symmetrischer Lage gegeben, d. h., $b - x_{2m-j} = x_j - a$ für $j = 0,1,\ldots,2m$. Dann ist

$$(5.11)\qquad \int_a^b \prod_{j=0}^{2m} (x - x_j) = 0.$$

Beweis: Wir setzen $\omega(x) = \prod_{j=0}^{2m}(x - x_j)$. Wegen der Symmetrie der Knoten ist

$$\omega(a+b-x) = \prod_{j=0}^{2m}(a+b-x-x_j) = \prod_{j=0}^{2m}(x_{2m-j}-x) = -\prod_{j=0}^{2m}(x-x_j) = -\omega(x).$$

Wir substituieren im Integral $x = a + b - y$ und erhalten dann

$$\int_a^b \omega(x)\,\mathrm{d}x = -\int_b^a \omega(a+b-y)\,\mathrm{d}y = \int_a^b \omega(a+b-y)\,\mathrm{d}y = -\int_a^b \omega(y)\,\mathrm{d}y.$$

Daraus folgt die Behauptung $\int_a^b \omega(x)\,\mathrm{d}x = 0$. □

Korollar 5.10. Seien (wie im Lemma 5.9) $2m+1$ Knoten x_j, $j = 0, 1, \ldots, 2m$ mit symmetrischer Lage und ein weiterer davon verschiedener Knoten x_{2m+1} gegeben. Das Polynom p_{2m+j} interpoliere die Daten (x_0, f_0), $(x_1, f_1), \ldots$, (x_{2m+j}, f_{2m+j}), $j = 0, 1$. Dann ist

$$\int_a^b p_{2m+1}(x)\,\mathrm{d}x = \int_a^b p_{2m}(x)\,\mathrm{d}x. \tag{5.12}$$

Beweis: Die Newton-Form für p_{2m+1} lautet (vgl. Formel (3.8), S. 39):

$$p_{2m+1}(x) = p_{2m}(x) + f[x_0, x_1, \ldots, x_{2m+1}](x - x_0)(x - x_1)\cdots(x - x_{2m}).$$

Aus dem Lemma 5.9 folgt durch Integration die Behauptung. □

Korollar 5.11. Seien $2m+1$ Knoten $x_0, x_1, \ldots, x_{2m}$ in $[a, b]$ mit symmetrischer Lage gegeben und $f \in C^{2m+2}$. Dann gilt für interpolatorische Formeln I_{2m} für beliebiges x_{2m+1} die Abschätzung

$$|I(f) - I_{2m}(f)| \le \frac{1}{(2m+2)!} \max_{x\in[a,b]} |f^{(2m+2)}(x)| \int_a^b |\prod_{j=0}^{2m+1}(x - x_j)|\,\mathrm{d}x. \tag{5.13}$$

Beweis: Aus (5.12) folgt, dass man die entsprechende interpolatorische Formel I_{2m} auch unter Hinzunahme eines weiteren Punktes x_{2m+1} mit Hilfe von p_{2m+1} hätte herleiten können. Die Formel (5.13) ergibt sich dann aus (5.10) zunächst unter der Voraussetzung $x_{2m+1} \neq x_j$ für $j = 0, 1, \ldots, 2m$. Da auf der linken Seite jedoch x_{2m+1} gar nicht vorkommt, muss (5.13) auch gelten für $x_{2m+1} \to x_{j_0}$ und $0 \le j_0 \le 2m$. □

Beispiel 5.12. ***Abschätzung des Quadraturfehlers***
Wir wenden obige Formel (5.13) an. Für die Rechtecksregel ($m = n = 0$) erhalten wir

$$|I(f) - I_0(f)| \le \frac{1}{2} \max_{x\in[a,b]} |f''(x)| \int_a^b |(x - x_0)(x - x_1)|\,\mathrm{d}x.$$

Setzen wir $x_1 = x_0 = (a+b)/2$, so ergibt sich

$$|I(f) - I_0(f)| \leq \frac{(b-a)^3}{24} \max_{x\in[a,b]} |f''(x)|. \tag{5.14}$$

Für Simpsons Regel ($m = 1$ bzw. $n = 2$) lautet (5.13):

$$|I(f) - I_2(f)| \leq \frac{1}{24} \max_{x\in[a,b]} |f^{(4)}(x)| \int_a^b |\prod_{j=0}^{3}(x - x_j)| \, dx.$$

Setzen wir $x_0 = a,\ x_1 = (a+b)/2,\ x_2 = b,\ x_3 = x_1$, so ist

$$\int_a^b |\prod_{j=0}^{3}(x - x_j)| \, dx = (b-a)^5/120.$$

Also erhält man schließlich die Fehlerformel

$$|I(f) - I_2(f)| \leq \frac{(b-a)^5}{2880} \max_{x\in[a,b]} |f^{(4)}(x)|. \tag{5.15}$$

Für die Trapezregel ($n = 1$) müssen wir die Formel (5.10), S. 127 anwenden, da ihre Knotenanzahl gerade ist. Wir erhalten

$$|I(f)-I_1(f)| \leq \frac{1}{2} \max_{x\in[a,b]} |f''(x)| \int_a^b (x-a)(b-x)\, dx = \frac{(b-a)^3}{12} \max_{x\in[a,b]} |f''(x)|. \tag{5.16}$$

5.2 Zusammengesetzte Formeln

Es ist aufgrund des Konvergenzverhaltens der Interpolationspolynome plausibel, dass es wenig Sinn hat, Newton-Cotes-Formeln höherer Ordnung abzuleiten und zu benutzen. Wir verfolgen daher eine andere Idee. Wir zerlegen das Grundintervall $J = [a,b]$ in L Teilintervalle $J_1, J_2, \ldots, J_L$, so dass $\bigcup_{\ell=1}^{L} J_\ell = J$ und $J_j \cap J_k$ für $j \neq k$ höchstens aus einem Punkt bestehen. Dann gilt

$$I(f) = \int_J f(x)\, dx = \sum_{\ell=1}^{L} \int_{J_\ell} f(x)\, dx, \tag{5.17}$$

und wir können in jedem Teilintervall J_ℓ eine Integrationsformel verwenden. Das führt auf *zusammengesetzte Integrationsformeln*. Wir behandeln in diesem Abschnitt nur den Fall, dass alle Teilintervalle gleich lang sind, und in jedem Teilintervall dieselbe Quadraturformel verwendet wird. Im nächsten Abschnitt behandeln wir auch den Fall verschieden langer Teilintervalle. Wir setzen

(5.18) $$h = (b-a)/L,\ J_\ell = [a + (\ell - 1)h, a + \ell h],\ \ell = 1, 2, \ldots, L.$$

Die *zusammengesetzte Mittelpunktsformel* (Bezeichnung I^M) lautet dann:

(5.19) $$I^M(f) = h \sum_{\ell=1}^{L} f(x_\ell),\ x_\ell = a + h(\ell - \frac{1}{2}).$$

Als Fehler ergibt sich aus (5.14)

(5.20) $$|I(f) - I^M(f)| \le \frac{b-a}{24} h^2 \max_{x \in [a,b]} |f''(x)|.$$

Die *zusammengesetzte Trapezregel* (Bezeichnung I^T) lautet entsprechend:

(5.21) $$I^T(f) = \frac{h}{2} \left\{ f(a) + 2 \sum_{\ell=1}^{L-1} f(a + \ell h) + f(b) \right\}.$$

Als Fehler ergibt sich aus (5.16)

(5.22) $$|I(f) - I^T(f)| \le \frac{b-a}{12} h^2 \max_{x \in [a,b]} |f''(x)|.$$

Die *zusammengesetzte Simpson-Regel* (Bezeichnung I^S) lautet entsprechend:

(5.23) $$\begin{aligned} I^S(f) = \frac{h}{6}\{f(a) &+ 2\textstyle\sum_{\ell=1}^{L-1} f(a + \ell h) \\ &+ 4 \textstyle\sum_{\ell=1}^{L} f(a + (2\ell - 1)\frac{h}{2}) + f(b)\}. \end{aligned}$$

Als Fehler ergibt sich aus (5.15)

(5.24) $$|I(f) - I^S(f)| \le \frac{b-a}{2880} h^4 \max_{x \in [a,b]} |f^{(4)}(x)|.$$

Es ist zu beachten, dass die Maschenweite bei der zusammengesetzten Simpson-Regel nicht h aus (5.18) ist, sondern $\tilde{h} = h/2$ ist.

5.3 Konvergenzuntersuchungen

Wir haben eine ganze Reihe von Integrationsformeln kennengelernt, sind aber nach wie vor nicht in der Lage zu entscheiden, ob eine gegebene Integrationsformel für wachsende Knotenanzahl gegen das gesuchte Integral konvergiert.

Wir betrachten zu diesem Zweck eine Folge von Integrationsformeln

(5.25) $$I_n(f) = \sum_{j=0}^{n} w_j^{(n)} f(x_j^{(n)}), \quad n = 0, 1, 2, \ldots$$

zur Integration von $f \in C[a, b]$, und wir treffen die folgende **Voraussetzung**:

(5.26) $$I_n(p) \to I(p) \text{ für jedes Polynom } p \text{ von beliebigem Grad.}$$

Die Voraussetzung ist einerseits plausibel und andererseits in vielen konkreten Fällen auch leicht nachprüfbar. Z. B. erfüllen die zusammengesetzten Trapez- und Mittelpunktsformeln diese Voraussetzung, da diese Formeln i.w. die numerische Realisierung der Integraldefinition mit Hilfe von Riemann-Summen darstellen.

Satz 5.13. Gelte die Voraussetzung (5.26), und gebe es eine Konstante c, so dass

(5.27) $$\sum_{j=0}^{n} |w_j^{(n)}| \le c \text{ für alle } n = 0, 1, 2, \ldots$$

Dann konvergiert die Quadraturformel (5.25) für jede stetige Funktion, d. h.,

(5.28) $$I_n(f) \to I(f) \text{ für alle } f \in C[a, b].$$

Beweis: Nach einem Satz von Weierstraß gibt es zu vorgegebenem $\varepsilon > 0$ zu jedem $f \in C[a, b]$ ein Polynom p, so dass $\max_{x \in [a,b]} |f(x) - p(x)| \le \varepsilon$. Wegen der Voraussetzung (5.26) gibt es zu diesem ε ein n_0, so dass $|I_n(p) - I(p)| \le \varepsilon$ für alle $n \ge n_0$. Daher gilt für alle $n \ge n_0$ die Abschätzung

$$\begin{aligned} |I_n(f) - I(f)| &= |I_n(f-p) + I_n(p) - I(p) + I(p-f)| \\ &\le |I_n(f-p)| + |I_n(p) - I(p)| + |I(p-f)| \\ &\le \varepsilon \textstyle\sum_{j=0}^{n} |w_j^{(n)}| + \varepsilon + (b-a)\varepsilon \\ &\le (c + 1 + b - a)\varepsilon. \end{aligned}$$

Also konvergiert $I_n(f)$ gegen $I(f)$. □

Korollar 5.14. Gelte (5.26) und gelten für die in (5.25) vorkommenden Gewichte

(5.29) $$w_j^{(n)} \geq 0 \text{ für } j = 0, 1, \ldots, n \text{ und alle } n.$$

Dann sind die Formeln I_n konvergent, d. h., es gilt (5.28).

Beweis: Wir wenden (5.26) für $p = 1$ an. Dann ist

$$I_n(1) = \sum_{j=0}^{n} w_j^{(n)} = \sum_{j=0}^{n} |w_j^{(n)}| \to I(1) = b - a.$$

Also muss (5.27) gelten. Die Behauptung folgt dann aus Satz 5.13. □

Im Lichte dieses Ergebnisses ist es interessant, dass die Newton-Cotes-Formeln die Bedingung (5.29) i. a. nicht erfüllen und somit - wie zu erwarten - keine Konvergenz garantiert werden kann. Für abgeschlossene Newton-Cotes-Formeln taucht bei $n = 8$, für offene Newton-Cotes-Formeln bereits bei $n = 2$ das erste Mal ein negatives Gewicht auf. Man vgl. Aufgabe 5.7, S. 153.

Korollar 5.15. Die zusammengesetzte Simpson-Regel hat die Konvergenzeigenschaft (5.28), konvergiert also für jede stetige Funktion.

Beweis: Die Gewichte der Simpson-Formel sind nach (5.23) $h/6, h/3,\ 2h/3$, also alle positiv. Die Konvergenzbedingung (5.26) folgt aus (5.24). Setzt man dort nämlich für f ein Polynom ein, so lautet die rechte Seite const$\cdot h^4$. Für wachsende n geht aber h gegen Null. Die Behauptung folgt aus Korollar 5.14. □

Es ist zu beachten, dass die Konvergenzaussage des Korollars 5.15 nicht allein aus (5.24) hätte bewiesen werden können, da (5.24) nur für $f \in C^{(4)}[a, b]$ gilt. Man kann aber sogar zeigen, dass *jede* zusammengesetzte Newton-Cotes-Formel fester Ordnung bei wachsender Anzahl der Teilintervalle konvergiert [90, (SCHMEISSER & SCHIRMEIER, 1976, S. 205]).

5.4 Extrapolation und Adaption

Mit den bisher angegebenen Mitteln lassen sich keine konvergenten Integrationsformeln mit wachsender Ordnung konstruieren. Um zu derartigen Formeln zu kommen, gibt es verschiedene Ansätze, die wir hier aber nur kurz skizzieren. Ausführlich werden die sogenannten adaptiven Formeln besprochen. Das sind Formeln, die bei Bedarf das zugrunde liegende Gitter lokal und automatisch durch das Programm verfeinern. Eine andere Technik beruht darauf, durch geeignete Wahl der Knoten interpolatorische Formeln wachsender Ordnung zu gewinnen.

Es kommen die sogenannten Gauß-Formeln heraus, die in Abschnitt 4.5 hergeleitet werden.

Eine weitere Methode zur Gewinnung von konvergenten *Formeln wachsender Ordnung* ist *Extrapolation* der Maschenweite h gegen Null. Um diese Methode zu erklären, nehmen wir an, dass wir es nur mit Formeln mit äquidistanten Knoten zu tun haben. Mit h bezeichnen wir den Abstand von zwei Nachbarknoten und nennen h *Maschenweite* der Integrationsformel. Mit I_h bezeichnen wir (nur vorübergehend) eine entsprechend ausgewählte Integrationsformel. Ist bekannt, dass diese Integrationsformel I_h die Darstellung

(5.30) $$I_h(f) = I(f) + c_1 h^{k_1} + c_2 h^{k_2} + \cdots, \; k_1 < k_2 < \cdots$$

mit der *Ordnung* k_1 besitzt[4], so hat die Formel

(5.31) $$\tilde{I}_{h/2} = \frac{2^{k_1} I_{h/2} - I_h}{2^{k_1} - 1} = I + \tilde{d}h^{k_2} + \cdots$$

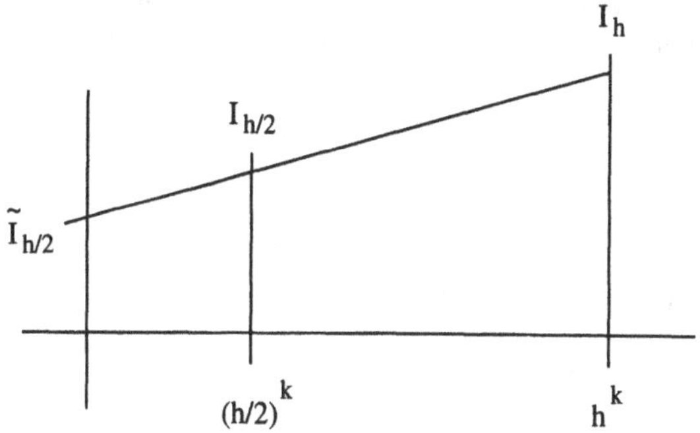

Abb. 5.16. $\tilde{I}_{h/2}$ als extrapolierter Wert aus I_h und $I_{h/2}$

offensichtlich eine höhere Ordnung (nämlich k_2) als die alte Formel. Ein typisches Beispiel für (5.30) ist (bei entsprechend häufiger Differenzierbarkeit von f) die *Euler-Maclaurinsche-Summenformel* für die zusammengesetzte Trapezregel, bei der $k_j = 2j$ ist, auf die wir aber hier nicht näher eingehen können. Eine ausführliche Darstellung mit Beispielen findet man bei [52, HENRICI, 1977, S. 455]. Die Idee der wiederholten Extrapolation führt auf die sogenannten *Romberg-Integrationsformeln*, die konvergieren aber nicht interpolatorisch sind. Zur

[4] Die Formel (5.30) hat im Sinne unserer früheren Definition 5.4, S. 126 die Ordnung k_1 weil die Konstanten $c_1, c_2, \ldots$ für $f \in \Pi_{k_1 - 1}$ verschwinden.

Konstruktion vergleiche man die Figur 5.16 (dort wird k statt k_1 benutzt). Bei der Romberg-Integration startet man üblicherweise mit der Trapezregel (Ordnung $k_1 = 2, k_i = 2i, i = 1, 2, \ldots$) $I_h, I_{h/2}, I_{h/4}, I_{h/8}, \ldots$ zu den Maschenweiten $h, h/2, h/4, h/8, \ldots$ (man vgl. Aufgaben 5.17 und 5.18, S. 154) und berechnet daraus nach (5.31) $\tilde{I}_{h/2}, \tilde{I}_{h/4}, \tilde{I}_{h/8}, \ldots$, etc. Man erhält ein dreieckiges Rechenschema, das in vielen Fällen sehr gute Ergebnisse liefert.

Statt Formeln mit wachsender Ordnung zu verwenden, ist es häufig zweckmäßig, bei fester Integrationsformel die Knotenwahl der gegebenen Funktion f geeignet anzupassen. Derartige Formeln heißen *adaptive Integrationsformeln.* Hier wird also bewußt von äquidistanter Knotenwahl abgewichen. Wir beschreiben eine adaptive Methode auf der Grundlage der zusammengesetzten *Simpson-Formel.*

Sei f auf $[a, b]$ mit der zusammengesetzten Simpson-Regel und der vorgegebenen Genauigkeit $\varepsilon > 0$ zu integrieren, und seien weiter $J_i = [x_{i-1}, x_i] \subset [a, b]$ und $h_i = x_i - x_{i-1}, i = 1, 2, \ldots, L$, wobei L, die Anzahl der Teilintervalle, am Anfang der Rechnung unbekannt ist. Wir integrieren f auf J_i mit der einfachen und mit der einmal zusammengesetzten Simpson-Formel. Wir definieren also

$$\begin{aligned}
P_i(f) &:= \tfrac{h_i}{6}\,\{f(x_{i-1}) + 4f(x_{i-1} + \tfrac{h_i}{2})) + f(x_i)\},\\
Q_i(f) &:= \tfrac{h_i}{12}\,\{f(x_{i-1}) + 4f(x_{i-1} + \tfrac{h_i}{4})\\
&\qquad +2f(x_{i-1} + \tfrac{h_i}{2}) + 4f(x_{i-1} + \tfrac{3h_i}{4}) + f(x_i)\},\\
I^i(f) &:= \textstyle\int_{J_i} f(x)\,\mathrm{d}x
\end{aligned}$$

und setzen voraus, dass

$$I^i - P_i = ch_i^5 + \cdots \tag{5.32}$$

Eine derartige Formel ist in Anbetracht der Fehlerformel (5.15), S. 129 plausibel. Aus (5.32) folgern wir

$$\begin{aligned}
I^i - Q_i &= 2c(h_i/2)^5 + \cdots & \Longrightarrow\\
16(I^i - Q_i) &= 32c(h_i/2)^5 + \cdots = ch_i^5 + \cdots\\
&= I^i - P_i + \cdots\\
&= I^i - Q_i + Q_i - P_i + \cdots & \Longrightarrow\\
I^i - Q_i &= (Q_i - P_i)/15 + \cdots
\end{aligned}$$

wobei mit den Punkten $\cdots$ Terme höherer Ordnung in h angedeutet werden sollen. Die erste Zeile entsteht dadurch, dass wir die Formel mit halber Maschenweite zweimal anwenden. Vernachlässigen wir den letzten nur angedeuteten Term, so erhalten wir (näherungsweise)

$$|\sum_{i=1}^{L}(I^i - Q_i)| \leq \sum_{i=1}^{L}|I^i - Q_i| \leq \frac{1}{15}\sum_{i=1}^{L}|Q_i - P_i|.$$

Wählen wir die Knoten so, dass

$$|Q_i - P_i| \leq \frac{15h_i\varepsilon}{b-a}, \tag{5.33}$$

so erhalten wir die gewünschte Abschätzung

$$|\int_a^b f(x)\,\mathrm{d}x - \sum_{i=1}^{L} Q_i(f)| \leq \frac{1}{15}\frac{15\varepsilon}{b-a}\sum_{i=1}^{L} h_i = \varepsilon.$$

Wie läßt sich (5.33) realisieren? Man startet mit $x_0 = a, x_1 = b$ und berechnet P_1, Q_1. Ist (5.33) erfüllt, so hört man auf zu rechnen und $Q_1(f)$ ist die gesuchte Näherung mit Genauigkeit ε. Ist das nicht der Fall, so wähle man den Intervallmittelpunkt als neuen Punkt und prüfe (5.33) für die beiden entstehenden Intervalle. Man fahre mit diesem Halbierungsverfahren solange fort, bis (5.33) für alle Teilintervalle erfüllt ist. Die Summe $\sum_{i=1}^{L} Q_i(f)$ ist schließlich die gesuchte Näherung. Im nachfolgenden Pascal-Programm ist das adaptive Verfahren realisiert und für die nichtdifferenzierbare Funktion $f_a, 0 < a < 1$, getestet mit $a = 0.1$ und

$$f_a(x) = \begin{cases} 1/x & \text{für } x \geq a, \\ 1/a & \text{für } x < a \text{ und } x \in [0,1]. \end{cases}$$

Programm 5.17. Pascal-Programm zur adaptiven Simpson-Integration

```
program simpson_adaptiv;
{Integration von f ueber [a,b]. Das Ausgangsintervall und die
resultierenden Teilintervalle werden solange halbiert, bis
der Gesamtfehler <= eps. In den Teilintervallen wird jeweils
Simpsons Formel verwendet.}
const  eps=0.0005; {eps ist die vorgegebene Genauigkeit} alpha=0.1;
var  a,b,l,integral: real;    zehler:integer;

function f(x: real): real; {f ist die zu integrierende Testfunktion}
begin
  if  x <= alpha  then  f:=1/alpha  else  f:=1/x
end;  { f }
```

```
function simpson(a,b: real) : real;
{Simpsons Formel in der einfachsten Form}
begin
  simpson:=(f(a)+4*f((a+b)/2)+f(b))*(b-a)/6;
end;  { simpson }

function adaption(a,b,alte_Schetzung: real) : real;
var c,h,ac_integral,cb_integral,neue_Schetzung: real;
begin
  c:=(a+b)/2;   h:=b-a;
  ac_integral:=simpson(a,c);      cb_integral:=simpson(c,b);
  neue_Schetzung:=ac_integral+cb_integral;
  if abs(neue_Schetzung-alte_Schetzung) > h*l { Bedingung (5.33) }
  then adaption:=adaption(a,c,ac_integral)+adaption(c,b,cb_integral)
  else
  begin
    zehler:=1+zehler;
    writeln(zehler:4,a:12:6,b:12:6,h:12:6); {Zwischenergebnisse}
    adaption:=neue_Schetzung+(neue_Schetzung-alte_Schetzung)/15;
  end;
end;  { adaption }

begin { Hauptprogramm }
  a:=0;  b:=1;  zehler:=0;  l:=15*eps/(b-a);
  {  die globale Variable l dient zum Testen von (5.33)  }
  writeln('  i      x[i-1]       x[i]        h[i] ');
  writeln('  -------------------------------------');
  integral:=adaption(a,b,simpson(a,b));
  writeln('      berechnetes integral:    ',integral:10:6);
  writeln('          exaktes integral:    ',1-ln(alpha):10:6);
  writeln('     tatsaechlicher Fehler:    ',1-ln(alpha)-integral:10:6)
  writeln('        Fehlerschranke eps:    ',eps:10:6);
end. { Hauptprogramm }
```

Tabelle 5.18. Ergebnisse adaptives Simpson mit berechneten Knoten

i	x[i-1]	x[i]	h[i]
1	0.000000	0.062500	0.062500
2	0.062500	0.093750	0.031250
3	0.093750	0.097656	0.003906
4	0.097656	0.101563	0.003906
5	0.101563	0.109375	0.007813
6	0.109375	0.125000	0.015625
7	0.125000	0.187500	0.062500
8	0.187500	0.250000	0.062500
9	0.250000	0.500000	0.250000
10	0.500000	1.000000	0.500000

```
berechnetes integral:   3.302634,   exaktes integral: 3.302585
tatsaechlicher Fehler: -0.000049, Fehlerschranke eps: 0.000500
```

Man kann bei Verwendung der adaptiven Formeln jedoch auch fehlgeleitet werden. Integriert man z. B. $\cos 4kx$ über $[0, 2\pi]$ für ganzzahliges $k > 0$, so ergeben die ersten Adaptionsschritte den falschen Eindruck, dass der Integrand mit der konstanten Funktion Eins übereinstimmt. Die Adaption bricht dann mit dem falschen Wert 2π ab. Man vgl. [107, WERNER, 1992, S. 266].

5.5 Gauß-Quadratur

Wir wollen Quadraturformeln vom bekannten Typ

(5.9) $$I_n(f) = \sum_{j=0}^{n} w_j f(x_j)$$

entwickeln, die eine *möglichst hohe Ordnung* besitzen. Bei beliebiger Knotenwahl haben die bereits behandelten interpolatorischen Quadraturformeln (mindestens) die Ordnung $n + 1$. Da auch jede Formel mit einer höheren Ordnung als $n + 1$ definitionsgemäß interpolatorisch ist, (man vgl. Definition 5.4 und Satz 5.5, S. 126) sind die Formeln, nach denen wir suchen notwendig interpolatorisch. Es geht also darum, die Knoten $x_0, x_1, \ldots, x_n$ so geschickt zu bestimmen, dass die resultierende Formel (5.9) eine möglichst hohe Ordnung hat.

Wir bezeichnen mit Π die Menge aller Polynome mit reellen Koeffizienten ohne irgend eine Gradbeschränkung. Mit Π_n bezeichnen wir nach wie vor die Menge aller Polynome bis zum Grad n. Die zu entwickelnden Methoden gestatten es, ohne besonderen Mehraufwand Integrale vom Typ

(5.34) $$I(f) := \int_a^b \gamma(x) f(x) \, dx$$

zu betrachten, bei der γ eine gegebene *Gewichtsfunktion* ist von der wir folgendes verlangen:

- Die Funktion γ hat keine negativen Werte,
- die Integrale $\int_a^b \gamma(x)p(x) \, dx$ existieren für alle Polynome $p \in \Pi$,
- $\int_a^b \gamma(x)p(x) \, dx \neq 0$ für alle Polynome $p \neq 0$ ohne Vorzeichenwechsel in $]a, b[$.

Es wird zugelassen, dass die Integrationsgrenzen a, b mit $-\infty$ bzw. mit ∞ zusammenfallen, sofern die obigen Bedingungen für eine Gewichtsfunktion erfüllt sind. In diesem Fall sind aber nicht mehr alle stetigen Funktionen im Sinne von (5.34) integrierbar. Ist beispielsweise γ eine positive, stetige Gewichtsfunktion (ein Beispiel ist e^{-x} für alle $x \geq 0$) auf einem unendlichen Intervall, so ist $f = 1/\gamma$ stetig aber $I(f)$ existiert nicht. Unsere Überlegungungen aus den früheren Abschnitten dieses Kapitels können ohne weiteres auf Integrale vom Typ (5.34) ausgedehnt werden. Die früher auftretenden Integrale müssen jeweils um den Faktor γ ergänzt werden. Insbesondere kann der Begriff der Ordnung einer Integrationsformel unverändert übernommen werden. Nicht mehr gültig sind jedoch der Konvergenzsatz 5.13, S. 131 und das Korollar 5.14, S. 132 für unendlich lange Intervalle, da der im Beweis verwendete Satz von Weierstraß nur für kompakte Intervalle gilt. Das Lemma 5.9, S. 127 mit dem z. B. die höhere Ordnung der Simpson-Formel erklärt wurde, bleibt nur bestehen, wenn auch die Gewichtsfunktion γ auf dem gegebenen Intervall symmetrisch zum Mittelpunkt ist. Sprechen wir in diesem Abschnitt von *Integration* oder von *Integrieren*, so meinen wir damit die Bildung des Integrals (5.34).

Kennt man die Knoten $x_0, x_1, \ldots, x_n$, so ergeben sich die Gewichte w_j wieder über die Lagrange-Koeffizienten $\ell_j \in \Pi_n$ definiert in (3.1), S. 37 nach der Formel (5.4), S. 125, die hier lautet:

$$w_j = \int_a^b \gamma(x)\ell_j(x)\,\mathrm{d}x, \; j = 0, 1, \ldots, n.$$

Eine erste Information über die erreichbare Ordnung steht im nächsten Satz.

Satz 5.19. Die Ordnung einer Quadraturformel vom Typ (5.9), S. 126 beträgt höchstens $2n + 2$.

Beweis: Wir integrieren $\omega^2(x) = \prod_{j=0}^{n}(x - x_j)^2$ numerisch nach (5.9) und erhalten $I_n(\omega^2) = 0$, und daher

$$I(\omega^2) - I_n(\omega^2) = \int_a^b \gamma(x)\omega^2(x)\,\mathrm{d}x > 0,$$

d. h., $\omega^2 \in \Pi_{2n+2}$ kann nicht exakt mit (5.9) integriert werden. □

Es ist zweckmäßig, die folgende abkürzende Schreibweise einzuführen:

$$(5.35) \qquad < f, g > := \int_a^b \gamma(x)f(x)g(x)\,\mathrm{d}x, \quad f, g \in \mathrm{C}[a, b],$$

sofern das Integral existiert. Auf der Menge aller Polynome Π ist $< \; , \; >$ ein *Skalarprodukt*. Die formalen Eigenschaften sind auf Seite 239 zusammengefaßt. Man vgl. Aufgabe 5.29, S. 155. Gilt $< f, g >= 0$, so sagen wir, dass f und g *senkrecht* aufeinander stehen. Wir sagen auch, dass f und g *orthogonal* zueinander sind und bezeichnen diesen Sachverhalt auch durch $f \perp g$. Ist G eine Menge, so bedeutet $f \perp G$, dass $f \perp g$ für alle $g \in G$. Wir werden sehen, dass es tatsächlich Quadraturformeln mit der Ordnung $2n+2$ gibt. Bevor wie den entscheidenden Satz formulieren, zwei wichtige Informationen über Polynome $\omega \in \Pi_{n+1}$, die auf dem Polynomraum Π_n im Sinne des Skalarprodukts (5.35) senkrecht stehen.

Satz 5.20. Sei $\omega \in \Pi_{n+1}$ mit $n \geq 0$ und

$$< \omega, p >= 0 \text{ für alle } p \in \Pi_n. \tag{5.36}$$

Dann ist entweder $\omega = 0$ oder ω hat genau $n+1$ (paarweise verschiedene) Nullstellen in $]a, b[$.

Beweis: Sei $\omega \neq 0$. Mit $\xi_0 < \xi_1 < \cdots < \xi_\ell$ bezeichnen wir die Nullstellen von ω in $]a, b[$ an denen ω das Vorzeichen wechselt. Wir setzen $s(x) = \prod_{j=0}^{\ell}(x - \xi_j)$ falls es solche Nullstellen gibt, andernfalls setzen wir $s = 1$. Das Polynom ωs hat dann in jedem Fall in $]a, b[$ keine Vorzeichenwechsel, also $< \omega, s > \neq 0 \Rightarrow s \notin \Pi_n \Rightarrow$ Grad $s > n \Rightarrow \ell = n$. Das Polynom ω hat daher genau $n+1$ - notwendig verschiedene - Nullstellen in $]a, b[$. □

Korollar 5.21. Sei $\omega \in \Pi_{n+1}$ und $\omega \neq 0$. Aus (5.36) folgt, dass ω bis auf einen multiplikativen Faktor eindeutig bestimmt ist.

Beweis: Sei $\omega \in \Pi_{n+1}$ ein Polynom, das (5.36) erfüllt. Dann erfüllt auch jedes Vielfache von ω die Bedingung (5.36). Seien ω_1, ω_2 zwei nicht verschwindende Polynome, die (5.36) erfüllen, und sei $\Delta\omega = \omega_1 - \omega_2$. Dann ist $< \Delta\omega, p >= < \omega_1, p > - < \omega_2, p >= 0$, d.h., auch $\Delta\omega$ erfüllt (5.36). Durch entsprechende Multiplikation von ω_1 und ω_2 mit geeigneten Zahlfaktoren kann man erreichen, dass ω_1, ω_2 den gleichen Höchstkoeffizienten haben, also $\Delta\omega \in \Pi_n$. Nach dem Satz 5.20 ist $\Delta\omega = 0$, und somit stimmen ω_1, ω_2 bis auf einen Faktor überein. □

Die beiden Sätze besagen, dass ein senkrecht auf dem Raum Π_n stehendes Polynom $\omega \neq 0$ den genauen Grad $n+1$ hat, lauter einfache Nullstellen, alle in $]a, b[$ gelegen, besitzt und bis auf einen Faktor eindeutig bestimmt ist. Die Festlegung des Höchstkoeffizienten direkt oder durch eine Bedingung nennt man *Normierung* des entsprechenden Polynoms. Nach diesen Vorabinformationen jetzt der entscheidende Satz über die gesuchten Quadraturformeln möglichst hoher Ordnung.

Satz 5.22. Die Quadraturformel vom Typ (5.9), S. 126 hat die Ordnung $2n+2$ genau dann, wenn die Knoten $x_j \in]a, b[$, $j = 0, 1, \ldots, n$ so gewählt werden, dass für $\omega \in \Pi_{n+1}$ mit $\omega(x) = \prod_{j=0}^{n}(x - x_j)$ die Bedingung (5.36) gilt.

Beweis: (a) Sei (5.9) eine Formel der Ordnung $2n+2$. Dann ist $I_n(f) = I(f)$ für alle $f \in \Pi_{2n+1}$, insbesondere für alle $f = \omega p \in \Pi_{2n+1}$ mit $p \in \Pi_n$, d. h., es gilt (5.36). (b) Gelte (5.36), und sei $f \in \Pi_{2n+1}$. Wir können f durch ω dividieren und erhalten $f = \omega p + r, \quad p, r \in \Pi_n$. Durch Integration und Anwendung von (5.36) ergibt sich daraus $I(f) = I(r)$. Andererseits ist $I_n(f) = I_n(r)$. Da (5.9), S. 126 nach unseren Vorbemerkungen interpolatorisch ist, folgt $I(r) = I_n(r)$ und somit $I(f) = I_n(f)$. □

Sei $q_{n+1} \in \Pi_{n+1}$ jetzt irgendein nach (5.36) auf Π_n senkrecht stehendes Polynom mit genauem Grad $n+1$ und $q_0 = 1$, $n \geq 0$. Dann ist $q_j \perp q_k$ für $j \neq k$, und $j, k \geq 0$. Die Polynome $q_0, q_1, \ldots$ bilden also eine Folge von paarweise zueinander orthogonalen Polynomen im Sinne des durch (5.35) auf Π definierten Skalarprodukts.

Die bisherigen Sätze sagen noch nicht, dass Polynome mit den obigen Eigenschaften tatsächlich existieren. Nach einem allgemeinen Prinzip jedoch können in einem Vektorraum mit Skalarprodukt linear unabhängige Elemente immer in paarweise zueinander orthogonale Elemente umgerechnet werden (Gram-Schmidtsches Orthogonalisierungsverfahren, Satz 8.65, S. 265). Die linear unabhängigen Polynome $1, x, x^2, \ldots$ können also paarweise orthogonalisiert werden. Die Existenz der diskutierten orthogonalen Polynome ist damit gesichert. Jede Gewichtsfunktion definiert also bis auf einen Faktor eindeutige *orthogonale Polynome* $q_0 = 1$ und $q_{n+1} \in \Pi_{n+1}$, $n \geq 0$. Wir kommen auf spezielle Fälle gleich zurück. Es ist ziemlich leicht einzusehen, dass die Orthogonalität der Polynome $q_0, q_1, \ldots$ deren lineare Unabhängigkeit nach sich zieht. (Ein formaler Beweis steht in Lemma 8.28, S. 241). Es gilt also $\langle q_0, q_1, \ldots, q_n \rangle = \Pi_n$. Die orthogonalen Polynome q_j, $0 \leq j \leq n$ bilden also eine Basis des Vektorraumes Π_n. Das ist der Schlüssel für den folgenden zentralen Satz über orthogonale Polynome.

Satz 5.23. Seien $q_{n+1} \in \Pi_{n+1}$ bezüglich des Skalarprodukts (5.35) orthogonale Polynome mit den Höchstkoeffizienten h_{n+1}, $n+1 \geq 0$. Dann gibt es Zahlen c_{n+1}, a_n, b_{n-1} so, dass

(5.37) $c_{n+1} q_{n+1} = (x - a_n) q_n - b_{n-1} q_{n-1}, \ n \geq 0, \ q_{-1} = 0, q_0 = 1$ mit

$$(5.38) \quad c_{n+1} = \frac{h_n}{h_{n+1}}, \ a_n = \frac{< x q_n, q_n >}{< q_n, q_n >}, \ b_{n-1} = \frac{h_{n-1} < q_n, q_n >}{h_n < q_{n-1}, q_{n-1} >}.$$

Haben die h_{n-1}, h_n, h_{n+1} dasselbe Vorzeichen, so gilt $c_{n+1} > 0, b_{n-1} > 0$.

Beweis: Es ist $x q_n \in \Pi_{n+1}$. Wegen der linearen Unabhängigkeit der orthogonalen Polynome gibt es eindeutig bestimmte Zahlen $\alpha_j^{(n+1)}$, $j = 0, 1, \ldots, n+1$ mit

$$(5.39) \qquad x q_n = \sum_{j=0}^{n+1} \alpha_j^{(n+1)} q_j.$$

Aus der Definition des Skalarprodukts (5.35) folgt für jedes $k \geq 0$ die Gleichung $< x q_n, q_k > = < q_n, x q_k >$. Wegen $x q_k \in \Pi_{k+1}$ ist nach (5.36) $< q_n, x q_k > = 0$

für $k+1 < n$ bzw. $k < n-1$. Bilden wir mit der Gleichung (5.39) das Skalarprodukt mit q_k, so erhalten wir $< xq_n, q_k >= \alpha_k^{(n+1)} < q_k, q_k >$. Für $k < n-1$ folgt $\alpha_k^{(n+1)} = 0$ und damit (5.37) wenn $c_{n+1} = \alpha_{n+1}^{(n+1)}, a_n = \alpha_n^{(n+1)}, b_{n-1} = \alpha_{n-1}^{(n+1)}$ gesetzt wird. Die erste Gleichung von (5.38) folgt unmittelbar durch Vergleich der Höchstkoeffizienten in (5.37). Die zweite Gleichung folgt aus der angegebenen Formel für $< xq_n, q_k >$ für $k = n$. Um die dritte Gleichung zu erhalten, multiplizieren wir (5.37) im Sinne eines Skalarprodukts mit q_{n-1} und erhalten $< xq_n, q_{n-1} >= b_{n-1} < q_{n-1}, q_{n-1} >$. Setzen wir $xq_{n-1} = \sum_{j=0}^{n} \alpha_j^{(n)} q_j$, so ist $\alpha_n^{(n)} h_n = h_{n-1}$, also $< xq_n, q_{n-1} >=< xq_{n-1}, q_n >= \alpha_n^{(n)} < q_n, q_n >$. Daraus folgt der dritte Teil von (5.38) und auch die Bemerkung am Schluß.[5] □

Der Satz besagt also, dass wir die orthogonalen Polynome q_{n+1} allein aus q_n und q_{n-1} ausrechnen können. Die Gleichung (5.37) heißt daher auch *Dreitermrekursion*. Die in (5.38) angegebenen Koeffizienten können bei bekannten Höchstkoeffizienten theoretisch aus den als bekannt angenommenen q_n, q_{n-1} berechnet werden und zwar in der Reihenfolge $a_n, q_{n+1}, b_n, n = 0, 1, \ldots$ Um a_n berechnen zu können, ist eine Quadraturformel der Ordnung $2n+2$, und um b_n berechnen zu können eine Quadraturformel der Ordnung $2n+3$ erforderlich. Gehen wir davon aus, dass alle $a_{j-1}, q_j, b_{j-1}, j = 1, 2, \ldots, n$ und a_n bereits bekannt sind, so können wir, wenn wir schon einmal einen Blick auf den nächsten Satz 5.25 werfen, eine Quadraturformel der Ordnung $2n+2$ entwickeln. Das reicht aber nicht, um b_n zu berechnen, und außerdem ist bereits auch a_n in diese Berechnung eingegangen. Die drei in (5.38) vorkommenden Skalarprodukte müssen daher in aller Regel mit einer von außen hinzukommenden Quadraturformel berechnet werden, [39, GAUTSCHI, 1994]. Die in Satz 5.23 angegebenen Formeln (5.37), (5.38) heißen auch *Darboux-Stieltjes-Formeln* und der entsprechende Algorithmus zur Berechnung der entsprechenden Koeffizienten heißt *Stieltjes-Algorithmus*. Besonders einfach gestaltet sich die Berechnung der q_{n+1}, wenn alle Koeffizienten a priori bekannt sind. Ein Beispiel dafür hatten wir bereits früher bei den Tschebyscheff-Polynomen in Gleichung (3.27), S. 49 kennengelernt. In der nachfolgenden Tabelle 5.24 geben wir eine Übersicht über einige der gebräuchlichen orthogonalen Polynome.[6]

[5]Dieser Beweis läßt sich offensichtlich unverändert für *jedes* Skalarprodukt $< \ , \ >$ auf Π durchführen, das die Eigenschaft $< xp, q >=< p, xq >$ hat. Die obigen Formeln gelten also für jedes Skalarprodukt mit dieser Eigenschaft.

[6]T. steht in der Tabelle für Tschebyscheff

Tabelle 5.24. Orthogonale Polynome für verschiedene Gewichte γ

a	b	γ	c_{n+1}	a_n	b_{n-1}	q_1	Bez. Name
-1	1	1	$\frac{n+1}{2n+1}$	0	$\frac{n}{2n+1}$	x	P_n Legendre
-1	1	$\frac{1}{\sqrt{1-x^2}}$	0.5	0	0.5	x	T_n T.
-1	1	$\sqrt{1-x^2}$	0.5	0	0.5	$2x$	U_n T. 2. Art
0	∞	e^{-x}	$-n-1$	$1+2n$	$-n$	$1-x$	L_n Laguerre
$-\infty$	∞	e^{-x^2}	0.5	0	n	$2x$	H_n Hermite

Die an zweiter und dritter Stelle angegebenen Polynome gehören in die Klasse der *Jacobi-Polynome* $P_n^{\alpha,\beta}$. Ihre Gewichte sind $\gamma(x) = (1-x)^\alpha(1+x)^\beta$, mit $\alpha, \beta > -1$ und $x \in [-1, 1]$. Die Koeffizienten entnehme man [1, ABRAMOWITZ & STEGUN, 1964, Tabelle 22.7, S. 782].

Wir geben im folgenden ein Schema von [45, GOLUB & WELSCH, 1969] an, mit dem wir die Knoten und auch die Gewichte allein aus den Koeffizienten (5.38) ausrechnen können. Dazu müssen wir aber einen Vorgriff machen auf die im Abschnitt 6.1.1, S. 159 näher besprochenen *Matrizen* und auf die im Abschnitt 9, S. 301 erläuterten *Eigenwerte* und *Eigenvektoren* von Matrizen. Es ist ggf. zweckmäßig, diesen Teil im ersten Durchlauf zu überspringen. Zur Berechnung der Knoten und Gewichte bemerken wir zunächst, dass sowohl die Knoten als auch die Gewichte nicht von irgendeiner speziellen Normierung der Polynome q_{n+1} abhängen. Wir können also diese Polynome mit beliebigen (nichtverschwindenden) Faktoren multiplizieren und daher ohne irgend eine Einschränkung annehmen, dass $b_{n-1} > 0$ für alle $n \geq 1$. Das können wir z. B. erreichen, wenn alle Höchstkoeffizienten dasselbe Vorzeichen haben. Wir definieren unter diesen Annahmen die $(n+1) \times (n+1)$ *Tridiagonalmatrix*

$$(5.40) \qquad \mathbf{A}_{n+1} = \begin{pmatrix} a_0 & \sqrt{b_0} & & \cdots & 0 \\ \sqrt{b_0} & a_1 & \ddots & & \vdots \\ & \ddots & \ddots & \ddots & \\ \vdots & & \ddots & \cdots & \sqrt{b_{n-1}} \\ 0 & \cdots & & \sqrt{b_{n-1}} & a_n \end{pmatrix}, \quad n \geq 0.$$

Satz 5.25. Für eine Gewichtsfunktion γ seien die Koeffizienten c_{n+1}, a_n, b_{n-1} der Dreitermrekursion (5.37) zur Berechnung der orthogonalen Polynome q_{n+1} mit $c_{n+1} = 1$ bekannt. (a) Die Eigenwerte der in (5.40) definierten Matrix $\mathbf{A}_{n+1}$ sind genau die Nullstellen $x_0, x_1, \ldots, x_n$ von q_{n+1}. (b) Für die Gewichte w_i der entsprechenden Gauß-Quadraturformel gilt: $w_i = [(\mathbf{v}_i)_{(1)}]^2$, das ist das Quadrat der ersten Komponente des zum Eigenwert x_i gehörenden Eigenvektors $\mathbf{v}_i$, wobei diese Eigenvektoren alle durch $\mathbf{v}_i^T\mathbf{v}_i =< q_0, q_0 >$ normiert sein müssen.

Beweis: Die Eigenwerte von $\mathbf{A}_{n+1}$ sind definitionsgemäß die Nullstellen des *charakteristischen Polynoms*

$$p_{n+1}(z) = \det(\mathbf{A}_{n+1} - z\mathbf{I}),$$

wobei $\mathbf{I}$ die Einheitsmatrix ist. Zur Berechnung der Determinante verwenden wir den *Laplaceschen Entwicklungssatz*, entwickeln nach der letzten Spalte und erhalten

$$p_{n+1}(z) = (a_n - z)p_n - b_{n-1}p_{n-1},\ n \geq 0,\ p_{-1} = 0,\ p_0 = 1.$$

Setzt man $p_j = (-1)^j q_j$ für $j = n+1, n, n-1$, so erhält man gerade die Dreitermrekursion (5.37) mit $c_n = c_{n+1} = 1$. Die Nullstellen des charakteristischen Polynoms p_{n+1} stimmen also mit den Nullstellen des orthogonalen Polynoms q_{n+1} überein. (b) Wir setzen $\tilde{\mathbf{u}} = (\tilde{p}_0, \tilde{p}_1, \ldots, \tilde{p}_n)^T$ mit $\tilde{p}_j \in \Pi_j$. Die Gleichung $\mathbf{A}_{n+1}\tilde{\mathbf{u}} = x\tilde{\mathbf{u}}$ ist dann für ein festes x äquivalent zu $\sqrt{b_0}\tilde{p}_1 = (x - a_0)\tilde{p}_0$, $\sqrt{b_i}\tilde{p}_{i+1} = (x - a_i)\tilde{p}_i - \sqrt{b_{i-1}}\tilde{p}_{i-1}$, $i = 1, 2, \ldots, n-1$, $\sqrt{b_{n-1}}\tilde{p}_{n-1} = (x - a_n)\tilde{p}_n$. Setzen wir $\tilde{p}_0 = q_0, \tilde{p}_i = q_i/\sqrt{b_0 b_1 \cdots b_{i-1}}$, $i \geq 1$, so erhalten wir gerade die Dreitermrekursion (5.37) für die q's mit $c_i = c_{i+1} = 1$. Da die Gleichung $\mathbf{A}_{n+1}\mathbf{u} = \lambda\mathbf{u}$ nur für Eigenwerte λ richtig sein kann, und wir bereits wissen, dass die Knoten x_i die Eigenwerte sind, haben wir also

$$\mathbf{A}_{n+1}\mathbf{u}_i = x_i\mathbf{u}_i,\ \mathbf{u}_i = \left(q_0, q_1(x_i)/\sqrt{b_0}, \ldots, q_n(x_i)/\sqrt{b_0 b_1 \cdots b_{n-1}}\right)^T.$$

Sei $\mathbf{U}$ die Matrix, die spaltenweise die Eigenvektoren $\mathbf{u}_i$ enthält und $\mathbf{w} = (w_0, w_1, \ldots, w_n)^T$ der Vektor der gesuchten Gewichte. Wegen $q_0 = 1$ besteht die erste Zeile von $\mathbf{U}$ nur aus Einsen. Dann ist $\mathbf{U}\mathbf{w} = (< q_0, q_0 >, 0, \ldots, 0)^T$. Denn

$$\sum_{j=0}^{n} w_j q(x_j) =< q_0, q >= \begin{cases} < q_0, q_0 > & \text{für } q = q_0, \\ 0 & \text{für } q = q_j,\ 1 \leq j \leq n+1, \end{cases}$$

da die gesuchte Quadraturformel Polynome bis zum Grad $2n+1$ exakt integriert. Wir verwenden, dass die zu verschiedenen Eigenwerten gehörenden Eigenvektoren einer symmetrischen Matrix orthogonal im Sinne des üblichen $\mathbb{R}^n$-Skalarprodukts sind. Man vgl. Korollar 9.14, S. 308. Multiplizieren wir also die für $\mathbf{U}\mathbf{w}$ stehende Gleichung mit einem Eigenvektor $\mathbf{u}_i$ von links, so erhalten wir $\mathbf{u}_i^T\mathbf{u}_i w_i =< q_0, q_0 >$ und daher $w_i =< q_0, q_0 > /\mathbf{u}_i^T\mathbf{u}_i$. Um die geforderte

Normierung zu erreichen, setzen wir $\mathbf{u}_i = d_i \mathbf{v}_i$ mit $\mathbf{v}_i^T \mathbf{v}_i =< q_0, q_0 >$. Daraus folgt $\mathbf{u}_i^T \mathbf{u}_i = d_i^2 < q_0, q_0 >$. Betrachten wir nur die ersten Komponenten, so erhalten wir $1 = d_i (\mathbf{v}_i)_{(1)}$. Setzen wir das in die Gleichung für w_i ein, so ist $w_i =< q_0, q_0 > / \mathbf{u}_i^T \mathbf{u}_i = [(\mathbf{v}_i)_{(1)}]^2$. □

Mit einem Programm, das die Eigenwerte und -vektoren einer Tridiagonalmatrix berechnet, hat man also ein bequemes Mittel die gesuchten Knoten und Gewichte einer Gauß-Quadraturformel zu berechnen, sofern die Koeffizienten bekannt oder einfach berechnet werden können.

Es gibt einen bemerkenswerten Spezialfall, bei dem alle Gewichte gleich groß sind, der also zum Integrieren besonders gut geeignet ist.

Beispiel 5.26. ***Gauß-Tschebyscheff-Formeln***
Wir benutzen die Gewichtsfunktion $\gamma(x) = 1/\sqrt{1-x^2}$ für $x \in I = [-1, 1]$. Die entsprechenden orthogonalen Polynome sind die Tschebyscheff-Polynome $T_j, j = 0, 1, 2\ldots$ Das läßt sich verhältnismäßig leicht nachrechen. Man vgl. Aufgabe 3.14, S. 80 und den Satz 3.30, S. 49, in dem die wesentlichen Eigenschaften der Tschebyscheff-Polynome zusammengestellt sind. Wir wollen zeigen, dass sich für die Gewichte w_j und die Knoten x_j die folgenden einfachen Formeln ergeben:

$$\text{(5.41)} \qquad w_j = \frac{\pi}{n+1}, \quad x_j = \cos \frac{(2j+1)}{2n+2}\pi, \quad j = 0, 1, \ldots, n.$$

Die Aussage über die Knoten x_j folgt aus den allgemeinen Sätzen und der Formel (3.24), S. 49. Um die Formel für die Gewichte zu beweisen, benutzen wir den Satz 5.25. Dazu müssen wir also die Eigenvektoren zu den Knoten (=Eigenwerten) x_j der in (5.40) angegebenen Matrix $\mathbf{A}_{n+1}$ bestimmen. Sei λ jetzt irgend einer dieser Knoten und $\mathbf{v} = (v_0, v_1, \ldots, v_n)^T$ ein dazugehöriger Eigenvektor. Nach dem Satz 5.25 muss $\mathbf{v}$ in der Form $\mathbf{v}^T\mathbf{v} = < T_0, T_0 > = \int_{-1}^{1} (1-x^2)^{-0.5}\, dx = \pi$ normiert werden. Dann ist v_0^2 das gesuchte Gewicht. Setzt man $q_0 = T_0, q_j = 2^{1-j} T_j, j \geq 1$, dann haben alle Polynome q_j den Höchstkoeffizienten Eins und für die Polynome q_j gilt mit $q_0(x) := 1$, $q_1 := x$ und für $j = 2, 3, \ldots$ die Rekursion

$$\text{(5.42)} \quad q_2(x) = x q_1(x) - 0.5 q_0, \quad q_{j+1}(x) = x q_j(x) - 0.25 q_{j-1}(x).$$

Die in der Tridiagonalmatrix (5.40) benötigten Zahlen sind daher $a_0 = 0, b_0 = 1/2, a_j = 0, b_j = 1/4, j \geq 1$. Für den zu bestimmenden Eigenvektor $\mathbf{v}$ gilt daher die Gleichung

$$(5.43)\quad (\mathbf{A}_{n+1} - \lambda \mathbf{I})\mathbf{v} = \begin{pmatrix} -\lambda & \sqrt{0.5} & & \dots & 0 \\ \sqrt{0.5} & -\lambda & 0.5 & & \vdots \\ & 0.5 & \ddots & \ddots & \\ \vdots & & \ddots & \dots & 0.5 \\ 0 & \dots & & 0.5 & -\lambda \end{pmatrix} \mathbf{v} = \mathbf{0}.$$

Daraus erhält man

$$v_1 = \sqrt{2}\lambda v_0 = \sqrt{2}T_1(\lambda)v_0, v_2 = 2\lambda v_1 - \sqrt{2}v_0 = \sqrt{2}(2\lambda^2 - 1)v_0 = \sqrt{2}T_2(\lambda)v_0,$$

$$v_{j+1} = 2\lambda v_j - v_{j-1} = \sqrt{2}T_{j+1}(\lambda)v_0,\ j = 2, 3, \dots, n-1.$$

Die letzte Gleichung ergibt sich durch vollständige Induktion aus dem Ansatz $v_j = \sqrt{2}T_j(\lambda)$ und der Rekursion $T_{j+1}(x) = 2xT_j(x) - T_{j-1}(x)$, $j \geq 1$, $T_0 = 1, T_1(x) = x$. Aus der obigen Normbedingung erhält man $\pi = \mathbf{v}^{\mathrm{T}}\mathbf{v} = \sum_{j=0}^{n} v_j^2$, also

$$(5.44)\qquad \{1 + 2\sum_{j=1}^{n} T_j^2(\lambda)\}v_0^2 = \pi.$$

Aus der einfachen trigonometrischen Formel $2\cos^2\alpha = \cos 2\alpha + 1$ erhält man $2T_j^2 = T_{2j} + 1$. Aus (5.44) ergibt sich somit

$$(5.45)\qquad \{n + 1 + \sum_{j=1}^{n} T_{2j}(\lambda)\}v_0^2 = \pi.$$

Wir zeigen zum Schluß, dass $\sum_{j=1}^{n} T_{2j}(\lambda) = 0$ ist. Wegen $\lambda = \cos\frac{(2k+1)}{2n+2}\pi$ für ein k, $0 \leq k \leq n$ und der Definition der Tschebyscheff-Polynome über den Kosinus folgt $\sum_{j=1}^{n} T_{2j}(\lambda) = \sum_{j=1}^{n} \cos\frac{j(2k+1)}{n+1}\pi = \sum_{j=1}^{\lfloor n/2 \rfloor}(\cos\frac{j(2k+1)}{n+1}\pi + \cos\frac{(n+1-j)(2k+1)}{n+1}\pi) = 0$. Aus (5.45) ergibt sich somit die gewünschte Formel (5.41) für die Gewichte.

Wir kommen jetzt wieder zur numerischen Integration zurück und gehen jetzt davon aus, dass die gesuchten orthogonalen Polynome und ihre Nullstellen gefunden werden können. Die Nullstellen nennen wir *Gauß-Knoten*. Sind ℓ_j wie üblich die Lagrange-Koeffizienten, so gilt hier für die Gewichte w_j wegen $\ell_j^2 \in \Pi_{2n}$ die aufschlußreiche Formel

$$(5.46)\qquad <\ell_j, \ell_j> = I_n(\ell_j^2) = \sum_{k=0}^{n} w_k \ell_j^2(x_k) = w_j > 0,$$

d. h., die Gewichte sind alle positiv und *alle* resultierenden Gauß-Formeln sind daher nach Korollar 5.14, S. 132 mit wachsender Ordnung für kompakte Intervalle konvergent.

Zum Schluß dieses Abschnitts wollen wir noch eine Abschätzung des Quadraturfehlers

$$I(f) - I_n(f),\ f \in C^{2n+2}[a,b]$$

herleiten, wenn als Knoten die Gauß-Knoten $x_0, x_1, \ldots, x_n$ in $]a,b[$ gewählt werden. Für das Hermite-Polynom $p \in \Pi_{2n+1}$, das Werte und erste Ableitungen $f(x_0), f'(x_0), f(x_1), f'(x_1), \ldots, f(x_n), f'(x_n)$ von f interpoliert, haben wir nach (3.46), S. 58 den Interpolationsfehler

$$(5.47) \quad \varepsilon(x) = f(x) - p(x) = \prod_{j=0}^{n}(x - x_j)^2 \frac{f^{(2n+2)}(\xi(x))}{(2n+2)!}, \quad x, \xi \in [a,b].$$

Da $p \in \Pi_{2n+1}$ exakt mit I_n integriert werden kann, gilt $I(p) = I_n(f)$ und somit folgt $I(\varepsilon) = I(f) - I(p) = I(f) - I_n(f)$. Nach der Konstruktion von p hat $f - p$ an den Knoten doppelte Nullstellen. Also ist $f^{(2n+2)}(\xi(x))$ als Funktion von x stetig, trotz der undurchsichtigen Abhängigkeit von ξ von x. Das erkennt man leicht, indem man Formel (5.47) durch das Produkt $\prod_{j=0}^{n}(x-x_j)^2$ teilt. Da dieses Produkt zudem nur ein Vorzeichen hat, kann der (erweiterte) Mittelwertsatz der Integralrechnung ([71, V. MANGOLDT-KNOPP, 1958 Bd. 3, S. 127]) angewendet werden, der liefert:

$$(5.48) \quad \boxed{I(f) - I_n(f) = \frac{f^{(2n+2)}(\xi)}{(2n+2)!} < q_{n+1}, q_{n+1} > /(h_{n+1}^2), \quad \xi \in [a,b].}$$

Dabei ist $q_{n+1} \in \Pi_{n+1}$ das entsprechende zum Gewicht γ gehörende Orthogonalpolynom mit Höchstkoeffizient h_{n+1}. Werden die Polynome nach den Formeln (5.37), (5.38) berechnet, so stehen die in der Fehlerabschätzung (5.48) benötigten Skalarprodukte zur Verfügung.

Beispiel 5.27. *Gauß-Quadraturformel der Ordnung Vier*
Wir verwenden die Gewichtsfunktion $\gamma = 1$ und setzen $M = (a+b)/2$. Um die in (5.40) definierte Matrix $\mathbf{A}_2$ zu berechnen, bestimmen wir: $< q_0, q_0 >= b - a$, $< xq_0, q_0 >= (b^2 - a^2)/2$, $a_0 = M$, $q_1 = x - M$, $< q_1, q_1 >= (b-a)^3/12$, $b_0 = (b-a)^2/12$, $< xq_1, q_1 >= (b-a)^3 M/12$, $a_1 = M$. Dann ist $\mathbf{A}_2 = \begin{pmatrix} M & \sqrt{b_0} \\ \sqrt{b_0} & M \end{pmatrix}$. Als charakteristisches Polynom erhalten wir $p_2(z) = (M - z)^2 - b_0$. Die beiden Knoten sind also $x_{0,1} = M \pm \sqrt{b_0}$. Um die Gewichte zu berechnen, bestimmen wir die beiden im Beweis zu Satz 5.25

vorkommenden Eigenvektoren. Wir erhalten $\mathbf{u}_{0,1} = (1, \pm 1)^{\mathrm{T}}$ und $\mathbf{u}_{0,1}^{\mathrm{T}} \mathbf{u}_{0,1} = 2$. Damit erhalten wir für die Gewichte $w_{0,1} = (b-a)/2$. Zusammengefaßt erhalten wir also mit $M = (a+b)/2$

$$(5.49) \quad I_1(f) = \frac{b-a}{2}\{f(M - \sqrt{b_0}) + f(M + \sqrt{b_0})\}, \quad \sqrt{b_0} = (b-a)\sqrt{3}/6.$$

Diese Formel mit zwei Knoten hat die Ordnung Vier, dieselbe Ordnung wie Simpsons Formel. Als Fehler erhalten wir

$$I(f) - I_1(f) = (b-a)^5/4320 f^{(4)}(\xi), \ \xi \in [a, b],$$

der um den Faktor 1.5 kleiner ist als der Fehler der Simpson-Formel (5.15), S. 129. Für $n = 0$ ist $\mathbf{A}_1 = (M)$, d. h., die Gauß-Formel für $n = 0$ stimmt mit der Mittelpunktsformel überein.

Beispiel 5.28. ***Dreitermrekursion für stückweise lineares Gewicht***
Wir wollen die Anwendung der Dreitermrekursion an einem nicht Standardbeispiel vorführen. Wir wählen $[a, b] = [-1, 1]$ und die stetige Gewichtsfunktion

$$(5.50) \qquad \gamma(x) := \begin{cases} -2x - 1 & \text{für } x \in [-1, -0.5], \\ 0 & \text{für } x \in]-0.5, 0.5[, \\ 2x - 1 & \text{für } x \in [0.5, 1]. \end{cases}$$

Die Berechnung der Skalarprodukte kann zurückgeführt werden auf die Berechnung der k-ten *Momente* $m_k = \int_a^b \gamma(x) x^k \, dx$, $k \geq 0$. [7]Im obigen Fall erhält man die explizite Formel $m_k = \frac{2}{(k+1)(k+2)}(k + \frac{1}{2^{k+1}})$ für gerades k und $m_k = 0$ für ungerades k. Wir wählen alle Höchstkoeffizienten Eins. Also ist $c_{n+1} = 1$, $n \geq 0$ und die Rekursion (5.37) lautet: $q_{n+1} = (x - a_n) q_n - b_{n-1} q_{n-1}$, $n \geq 1$ mit $q_{-1} = 0, q_0 = 1$. Die Ergebnisse sind in Tabelle 5.29, S. 148 zusammengestellt.

Explizit ausgerechnete Formeln auch in bezug auf verschiedene Skalarprodukte mit Fehlerdarstellungen findet man in der Literatur, z. B. in [1, ABRAMOWITZ & STEGUN, 1964, S. 916–919], [90, SCHMEISSER & SCHIRMEIER, 1976, S. 288–290], [99, STROUD & SECREST, 1966]. Eine ausführliche Übersicht über Gauß-Quadratur findet man bei [38, GAUTSCHI, 1981].

[7] Tatsächlich ist es besser, sogenannte *modifizierte Momente* zu benutzen. Man vgl. [29, B. FISCHER & GOLUB, 1991].

Tabelle 5.29. Orthogonale Polynome q, Knoten x, Gewichte w bei Gewichtsfunktion (5.50)

n		q		$\pm x$	w
1		1	x	0	0.5
2	–	0.70833 33333		0.84162 54115	0.25
		1	x^2		
3	–	0.75882 35294	x	0.87110 47752	0.23336 56331
		1	x^3	0	0.03326 87339
4		0.42110 78363		0.93188 57747	0.14564 50563
	–	1.35332 87101	x^2	0.69636 02610	0.10435 49437
		1	x^4		
5		0.46517 00433	x	0.94176 06209	0.12909 82634
	–	1.41139 51845	x^3	0.72421 13761	0.11932 60829
		1	x^5	0	0.00315 13075

Es gibt eine von [66, Laurie, 1999] stammende Umformulierung der Dreitermrekursion in eine Zweitermrekursion, die in vielen Fällen numerische Vorteile bietet.

Satz 5.30. Beginne das Integrationsintervall bei $a = 0$. Die rechte Grenze sei $0 < b \in \mathbb{R}$ oder $b = \infty$. Dann ist die in Satz 5.23 angegebene Dreitermrekursion bei Höchstkoeffizienten Eins äquivalent zur folgenden *Zweitermrekursion* mit $u_n, q_n \in \Pi_n$ wobei die q_n die gesuchten orthogonalen Polynome sind:

$$\begin{aligned}
&(5.51) \quad & u_{n+1} &= xq_n - e_n u_n, \quad u_0 = 1,\ e_0 = 0,\\
&(5.52) \quad & q_{n+1} &= u_{n+1} - f_{n+1} q_n, \quad q_0 = 1, \quad n = 0, 1, \ldots \text{ mit}\\
&(5.53) \quad & f_{n+1} &:= \frac{< u_{n+1}, q_n >}{< q_n, q_n >}, \quad e_n := \frac{< q_n, q_n >}{< u_n, q_{n-1} >}.
\end{aligned}$$

Beweis: (a) 2term⇒3term: Aus (5.51), (5.52) erhält man $q_{n+1} = (xq_n - e_n u_n) - f_{n+1} q_n = (xq_n - e_n[q_n + f_n q_{n-1}]) - f_{n+1} q_n = (x - [e_n + f_{n+1}])q_n - e_n f_n q_{n-1}$. Wir müssen also zeigen, dass $a_n = e_n + f_{n+1}$ und $b_{n-1} = e_n f_n$ mit den Koeffizienten a_n, b_{n-1} aus Satz 5.23, S. 140. Wir haben

$$\begin{aligned}
e_n f_n &= \frac{< q_n, q_n >}{< u_n, q_{n-1} >} \frac{< u_n, q_{n-1} >}{< q_{n-1}, q_{n-1} >} = b_{n-1} > 0,\ n \geq 1,\\
e_n + f_{n+1} &= e_n + \frac{< u_{n+1}, q_n >}{< q_n, q_n >} = e_n + \frac{< xq_n - e_n u_n, q_n >}{< q_n, q_n >}\\
&= e_n + \frac{< xq_n, q_n >}{< q_n, q_n >} - e_n \frac{< u_n, q_n >}{< q_n, q_n >} = a_n,\ n \geq 0,
\end{aligned}$$

denn $< u_n, q_n > = < q_n, q_n >$. (b) 3term⇒2term: s. [66]. □

Die Berechnungsreihenfolge im Zweitermalgorithmus ist u_j, f_j, q_j, e_j; $j = 1, 2, \ldots$ Die bekannten Koeffizienten a_n, b_{n-1} orthogonaler Polynome haben in vielen Fällen in der Form e_n, f_{n+1} eine sehr viel einfachere Gestalt, [66, Table 1]. Der Zweiterm-Algorithmus basiert i. w. auf einer Cholesky-Zerlegung (s. Abschnitt 6.2.2, S. 174) der symmetrischen Matrix $\mathbf{A}_{n+1}$ aus (5.40), S. 142 der Form $\mathbf{A}_{n+1} = \mathbf{L}\mathbf{L}^{\mathrm{T}}$, wobei $\mathbf{L}$ eine linke (oder untere) Bidiagonalmatrix (s. 8.3.3, S. 256) ist. Diese Zerlegung funktioniert, wenn $\mathbf{A}_{n+1}$ positiv definit ist, also nur positive Eigenwerte hat. Da die Eigenwerte die Knoten der entsprechenden Quadraturformel sind, funktioniert die Zerlegung nicht, wenn $\mathbf{A}_{n+1}$ den Eigenwert Null hat, wie im Beispiel 5.26, S. 144. Um dieser Schwierigkeit zu entgehen, empfiehlt der Verfasser eine Transformation des Intervalls $[a, b]$ auf das Intervall $[0, c]$ für den Fall, dass $0 \in]a, b[$, s.(3.23), S. 49.

Beispiel 5.31. ***Zweitermrekursion für Tschebyscheff-Polynome***
Wir betrachten die Tschebyscheffpolynome mit Höchstkoeffizient Eins auf $[0, 2]$. Die Dreitermrekursion (5.42), S. 144 lautet für diesen Fall

$$\begin{aligned} q_0(x) &= 1, \quad q_1(x) = x - 1, \quad q_2(x) = (x-1)q_1(x) - \frac{1}{2}q_0, \\ q_{j+1}(x) &= (x-1)q_j(x) - \frac{1}{4}q_{j-1}(x),\ j = 2, 3, \ldots \end{aligned}$$

Die entsprechenden Koeffizienten sind in diesem Fall $a_j = 1,\ j \geq 0$, $b_0 = 1/2,\ b_j = 1/4,\ j \geq 1$. Die Zweitermrekursion lautet für diesen Fall

$$\begin{aligned} u_0(x) &= 1,\ p_0(x) = 1, \quad u_1(x) = x,\ p_1(x) = u_1(x) - 1, \\ u_{j+1}(x) &= xp_j - \frac{1}{2}u_j(x), \\ p_{j+1}(x) &= u_{j+1} - \frac{1}{2}p_j(x), j = 1, 2, 3, \ldots \end{aligned}$$

Die entsprechenden Koeffizienten sind hier $e_j = 1/2,\ j \geq 1,\ f_1 = 1$, $f_j = 1/2,\ j \geq 2$. Also ist $a_j = f_{j+1} + e_j, j \geq 0, b_{j-1} = e_j f_j, j \geq 1$. Die Polynome p_j, q_j sind identisch. Das Standard-Tschebyscheff-Polynom hat die Form $T_j := 2^{j-1}p_j$. Zeichnet man auch die Polynome $2^{j-1}u_j, j \geq 1$ für viele j, so stellt man fest, dass alle Graphen von der Parabel $y^2 = 2x$ für $x \in [0, 2]$ eingehüllt werden.

5.6 Integration singulärer Funktionen

Unter einer singulären Funktion f wollen wir eine Funktion verstehen, die mit Ausnahme endlich vieler Stellen auf einem Intervall $[a, b]$ definiert und stetig ist, so dass f in jeder Umgebung einer Unstetigkeitsstelle unbeschränkt ist. In der Analysis wird gezeigt, dass derartige singuläre Funktionen existieren, die trotzdem ein endliches Integral besitzen. Ein Prototyp ist

$$I(f) = \int_0^1 1/\sqrt{x}\, \mathrm{d}x = 2. \tag{5.54}$$

Der angegebene Integralwert kann hier leicht mit klassischen Methoden über die Bestimmung einer Stammfunktion ermittelt werden. Eine leichte Veränderung des Integranden führt jedoch sofort in eine Situation, die nicht mehr mit klassischen Mitteln behandelt werden kann. Beispiele sind

$$I(f) = \int_0^1 \frac{1}{\sqrt{\sin x}}\, \mathrm{d}x,\; I(f) = \int_0^1 \frac{\cos x}{\sqrt{x}}\, \mathrm{d}x,\; I(f) = \int_{-1}^1 \frac{g(x)}{\sqrt{1-x^2}}\, \mathrm{d}x.$$

Wir wollen stetige (nicht singuläre) Funktionen *schwach singulär* nennen, bei denen die erste (oder eine beliebige) Ableitung singulär ist im obigen Sinne. Ein Beispiel ist $f(x) = \sqrt{x}$ an der Stelle $x = 0$. Eine Technik zur Integration von singulären Funktionen wäre die Verwendung von Quadraturformeln mit Knoten, die die singulären Stellen vermeiden, ggf. auch adaptive Formeln unter Vermeidung der singulären Stellen. In den angegebenen Fällen wären z. B. offene Formeln, wie die Mittelpunktsformel geeignet. Die Ausführung dieser Idee führt aber auf extrem langsam konvergente Formeln. Wir wollen zwei Methoden zur Integration von singulären Funktionen kennen lernen. Bei der ersten Methode handelt es sich darum, die Singularität durch einen Kunstgriff abzumildern oder zum Verschwinden zubringen. Bei der zweiten Methode steckt man die Singularität in die Gewichtsfunktion einer Gauß-Integrationsformel.

5.6.1 Regularisierung

Eine Idee, die unter dem Stichwort *Abziehen der Singularität* oder *Regularisierung* bekannt ist, besteht aus Anwendung der folgenden Formel:

$$I(f) = I(f-s) + I(s). \tag{5.55}$$

Dabei ist s eine im klassischen Sinne explizit integrierbare Funktion, die denselben Singularitätstyp hat wie f, so dass also die Differenz $f - s$ singularitätenfrei ist. In Formel (5.55) wird dann numerische Integration nur noch zur Bestimmung von $I(f-s)$ verwendet. Wir erläutern das Vorgehen an einem Beispiel.

Beispiel 5.32. ***Integration einer singulären Funktion***
Wir wollen $I(f) = \int_0^1 \cos x/\sqrt{x}\, \mathrm{d}x$ näherungsweise bestimmen. Nach (5.54)

und (5.55) ist

(5.56) $$I(f) = \int_0^1 (\cos x/\sqrt{x} - 1/\sqrt{x})\ \mathrm{d}x + 2.$$

Als Integranden für die numerische Integration haben wir jetzt $(f - s)(x) = (\cos x - 1)/\sqrt{x}$ mit $(f - s)(0) = 0$. Die Mittelpunktsformel liefert für beide Fälle (ohne und mit Abziehen der Singularität) die in Tabelle 5.33, Seite 151 angegebenen Werte. Wir verwenden dabei die Bezeichnungen aus (5.19), S. 130.

Hat man eine stetige, aber nicht-differenzierbare Funktion $f \in C[a, b]$ zu integrieren, deren Ableitung im angegebenen Sinne singulär ist, so werden die angegebenen Formeln nur langsam konvergieren. Eine *Regularisierung* kann man ebenfalls nach dem Muster von (5.55) vornehmen. Beispiel:

$$\int_0^1 \sqrt{\sin x}\ \mathrm{d}x = \int_0^1 \left(\sqrt{\sin x} - \sqrt{x}\right)\ \mathrm{d}x + \frac{2}{3}.$$

Hier ist sogar $\sqrt{\sin x} - \sqrt{x} \in C^2[0, 1]$. Man vgl. Aufgabe 5.22, S. 154.

Tabelle 5.33. Berechnung von $I(f) = \int_0^1 \cos x x^{-0.5}\ \mathrm{d}x$ mit der Mittelpunktsformel ohne und mit Abziehen der Singularität und mit Gauß-Integration

L	$I^M(f)$	$I^M(f-s)+2$	n	Gauß
1	1.24108 91611	1.82687 55988	1	1.80861 63954
2	1.39135 31871	1.81400 29179	2	1.80904 93862
4	1.50923 05167	1.81038 64371	3	1.80904 84748
8	1.59586 23329	1.80940 13311	4	1.80904 84758
16	1.65799 66748	1.80913 99902		
32	1.70216 03011	1.80907 19414		
64	1.73344 72019	1.80905 44462		
128	1.75558 52668	1.80904 99868		
256	1.77124 30095	1.80904 88568		
512	1.78231 56553	1.80904 85716		

5.6.2 Anwendung der Gauß-Quadratur

Die Grundidee ist hier, dass man man das zu berechnende Integral in die Form

$$I(f) = \int_a^b \gamma(x) f(x)\ \mathrm{d}x$$

bringt, wobei γ die Singularität enthält. Zur Integration zieht man dann eine Gauß-Formel zum Gewicht γ heran. Das erläutern wir am nachfolgenden Beispiel.

Beispiel 5.34. ***Integration einer singulären Funktion mit Gauß-Quadratur***
Wir berechnen das oben bereits verwendete Integral[8]

$$I(\cos) = \int_0^1 \frac{\cos x}{\sqrt{x}}\, dx$$

mit Hilfe einer Gauß-Formel zum Gewicht $\gamma(x) = 1/\sqrt{x}$ für $x \in]0,1]$. Seien P_n die auf $[-1,1]$ zum Gewicht $\gamma = 1$ gehörenden orthogonalen (Legendre-) Polynome. Dann ist für $m \neq n$

$$\begin{aligned} 0 &= < P_{2m}, P_{2n} >= \int_{-1}^{1} P_{2m}(x) P_{2n}(x)\, dx \\ &= 2\int_0^1 P_{2m}(x)P_{2n}(x)\, dx = \int_0^1 \frac{1}{\sqrt{y}} P_{2m}(\sqrt{y}) P_{2n}(\sqrt{y})\, dy. \end{aligned}$$

Die in bezug auf das Gewicht $1/\sqrt{x}$ in $]0,1]$ orthogonalen Polynome sind also $Q_n(x) = P_{2n}(\sqrt{x})$. Die Integrationsknoten sind damit die Quadrate der Knoten der Legendre Polynome. Als Gewichte erhält man nach einer ähnlichen Rechnung die doppelten Gewichte der Legendre-Polynome. Die entsprechenden Rechenergebnisse sind für $n+1$ Knoten in der letzten Spalte der Tabelle 5.33 wiedergegeben. Mit nur 5 Knoten ($n = 4$) wird bereits eine Genauigkeit von 10 Stellen (nach dem Komma) erreicht, die mit über 500 Knoten mit den anderen Formeln nicht erreicht wurde. In diesem Beispiel hätte man durch die Integraltransformation $\sqrt{x} = y$ angewendet auf $I(\cos)$ und anschließender Integration mit Gauß zum Gewicht $\gamma = 1$ dasselbe gute Ergebnis erhalten. Ersetzt man aber $\sqrt{x}$ z. B. durch x^α mit $0 < \alpha < 1$, so wird man durch eine entsprechende Integraltransformation die Singularität nicht vollständig los.

5.7 Aufgaben

Aufgabe 5.1. Nach welcher Grundregel werden alle interpolatorischen Integrationsformeln hergeleitet?

Aufgabe 5.2. Man bestimme die allgemeinen interpolatorischen Quadraturformeln mit einem, mit zwei und mit drei Knoten und spezialisiere die Ergebnisse auf symmetrische (nicht notwendig äquidistante) Knotenlage.

[8] Dies Integral gehört in die Klasse der *Fresnel-Integrale*, benannt nach Augustin Jean Fresnel, einem französischem Ingenieur, 1788–1827 (Aussprache *Fren'el*).

Aufgabe 5.3. Wie bestimmt man den Fehler einer interpolatorischen Quadraturformel?

Aufgabe 5.4. Man bestimme den Quadraturfehler für die in Aufgabe 5.2 genannten Fälle.

Aufgabe 5.5. Seien $x_0, x_1, \ldots, x_{2m}$ symmetrisch verteilte Knoten in einem Intervall $[a, b]$, d. h., $M - x_j = x_{2m-j} - M$ für $j = 0, 1, \ldots, 2m$ und $M = (a + b)/2$. Ferner seien I_{2m} die durch die Knoten definierte interpolatorische Quadraturformel und I das exakte Integral. Man zeige $I(p) = I_{2m}(p) = 0$ mit $p(x) = (x - M)^{2m+1}$. Man mache sich klar, dass damit gezeigt ist, dass die resultierende Formel I_{2m} die Ordnung $2m + 2$ hat. Hinweis: Es ist wesentlich, die Symmetrie der Gewichte $w_j = w_{2m-j}$ zu zeigen.

Aufgabe 5.6. Man leite die *Drei-Achtel-Regel* mit Fehlerabschätzung her.

Aufgabe 5.7. Seien $a < b$ und $x_0 = (3a + b)/4$, $x_1 = (a + b)/2$, $x_2 = (a + 3b)/4$. Man zeige:

$$\int_a^b f(x)\,\mathrm{d}x = \frac{b-a}{3}(2f(x_0) - f(x_1) + 2f(x_2)) + R \text{ mit}$$

$$|R| \leq \frac{7}{720}\left(\frac{b-a}{2}\right)^5 \max_{x\in[a,b]}\left|f^{(4)}(x)\right|.$$

Hinweis: Die angegebene Formel ist eine Newton-Cotes-Formel mit negativem Gewicht.

Aufgabe 5.8. Sei $a < b$. Man zeige direkt, dass die interpolatorische Quadraturformel zu den Knoten $x_0 = a, x_1 = (a + b)/2, x_2 = b, x_3$ mit beliebigem $x_3 \neq x_j, j = 0, 1, 2$ Simpsons Regel ist.

Aufgabe 5.9. Was ist die Ordnung einer Quadraturformel?

Aufgabe 5.10. Man zeige, dass $F(x) := 0.5\log(x^2(x^2 + x + 1)) - (3x + 2)/(x^2 + x + 1) - 13/\sqrt{3}\arctan((2x + 1)/(\sqrt{3}))$ eine Stammfunktion ist von $f(x) := (2x^4 + 2x^2 - 5x + 1)/(x(x^2 + x + 1)^2)$.

Aufgabe 5.11. Was bedeutet Konvergenz von Quadraturformeln und welche Kriterien garantieren Konvergenz von Quadraturformeln?

Aufgabe 5.12. Welcher Satz der Analysis wird entscheidend zum Konvergenzsatz für Quadraturformeln verwendet?

Aufgabe 5.13. Man zeige, dass alle zusammengesetzten Newton-Cotes-Formeln konvergent sind.

Aufgabe 5.14. Man zeige, dass der Wert $\tilde{I}_{h/2}$, der sich aus der Figur 5.16, S. 133 ergibt, identisch ist mit dem Formelwert nach (5.31), S. 133.

Aufgabe 5.15. Man wende die Extrapolationsformel (5.31), S. 133 für $\tilde{I}_{h/2}$ auf die Mittelpunktsformel und die Trapezregel an. Welche Formeln kommen heraus?

Aufgabe 5.16. Man leite eine adaptive Integrationsmethode auf der Basis der Mittelpunktsformel her und probiere sie aus an $\int_0^1 1/\sqrt{x}\,dx = 2$.

Aufgabe 5.17. Ist $T(h, f)$ eine Abkürzung für die zusammengesetzte Trapezregel mit Knotenabstand h zur Integration einer Funktion f, so zeige man, dass

$$T(h/2, f) = T(h, f)/2 + (h/2)\sum f(x_i),$$

wobei in der letzten Summe nur über die „neuen" Knoten $a + \frac{h}{2}, a + \frac{3}{2}h, \ldots, b - \frac{3}{2}h, b - \frac{h}{2}$ zu summieren ist.

Aufgabe 5.18. Ausgehend von (5.30), S. 133 entwickle man in Analogie zu (5.31), S. 133 eine Extrapolationsformel aus I_h und $I_{h/3}$. Wie sieht eine entsprechende Extrapolationsformel für beliebige, verschiedene Maschenweiten $h, \tilde{h}$ aus?

Aufgabe 5.19. Warum ist bei interpolatorischen Quadraturformeln stets die Summe der Gewichte gleich der Länge des Integrationsintervalls?

Aufgabe 5.20. Die Simpsonsche Regel heißt auch Keplersche Faßregel. Man gebe eine Näherungsformel für den Inhalt V eines Fasses an, in die die Höhe h, der Durchmesser D in halber Höhe und der Durchmesser d an den Enden des Fasses eingeht ($V = \pi\frac{h}{12}(d^2 + 2D^2)$).

Aufgabe 5.21. Man schreibe ein Programm zur numerischen Berechnung von $\int_a^b f(x)\,dx$ mit der zusammengesetzten Mittelpunktsformel und der zusammengesetzten Trapezregel. Man teste das Programm (soweit möglich) an $f(x) = \sin x,\ x \in [0, \pi/2]$, $f(x) = e^x,\ x \in [-1, 1]$, $f(x) = \cos x/\sqrt{x},\ x \in]0, 1]$ und vergleiche die Resultate (soweit möglich) mit den exakten Werten.

Aufgabe 5.22. Man integriere auf $[0, 1]$ mit der zusammengesetzten Trapezregel die beiden Funktionen $f(x) = \sqrt{\sin x}$ und $g(x) = \sqrt{\sin x} - \sqrt{x}$ und bestimme jeweils experimentell die Fehlerordnung. Man beachte: $I(f - g) = 2/3$.

Aufgabe 5.23. Sei S ein kubischer Spline, der f an den Knoten $a = t_0 < t_1 < \cdots < t_n = b$ interpoliert. Auf der Grundlage der Formel (4.33), S. 95 entwickle man eine Integrationsformel für f, indem man $\int_a^b S(x)\,dx$ berechnet. Wie lautet diese Formel speziell für äquidistante Knoten und wie für drei Knoten, d. h. für $n = 2$ mit beliebigem $t_1 \in]a, b[$.

Aufgabe 5.24. Man schreibe ein Programm für die Berechnung von $\int_a^b f(x)\,dx$ mit der zusammengesetzten Simpson-Regel. Man probiere das Programm aus für $f(x) = \sqrt{1 - \sin x},\ a = 0,\ b = \pi/2$ und den Schrittweiten $h := \pi/2;\ h/2,\ h/4,\ h/8,\ h/16$.

Aufgabe 5.25. Man probiere das adaptive Simpson-Verfahren mit einem Programm aus für das Beispiel der vorigen Aufgabe und vergleiche die Ergebnisse (Aufwand, Genauigkeit). Als Genauigkeit gebe man 10^{-2}, 10^{-4}, 10^{-8} vor.

Aufgabe 5.26. Man konstruiere Quadraturformeln für $\int_a^b f(x)\,dx$, indem man f durch ein Polynom p möglichst niedrigen Grades ersetzt, das die Eigenschaften

1. $p(a) = f(a)$; $p'(\hat{x}) = f'(\hat{x})$; $p(b) = f(b)$;
2. $p'(a) = f'(a)$; $p(\hat{x}) = f(\hat{x})$; $p'(b) = f'(b)$

für ein $\hat{x} \in [a, b]$ besitzt. Ist eine derartige Konstruktion immer möglich? Welche Ordnung haben die gewonnenen Formeln? Man probiere die gewonnenen Formeln aus an $f(x) = (x - 0.5)^2$ und $f(x) = (x - 0.5)^3$ für $[a, b] = [0, 1]$ (Handrechnung!).

Aufgabe 5.27. Man bestimme eine Quadraturformel (mit Fehlerabschätzung) auf der Basis einer Hermite-Interpolation $p^{(j)}(a) = f^{(j)}(a)$, $p^{(j)}(b) = f^{(j)}(b)$, $j = 0, 1, \dots, m$ und $a < b$. Man untersuche zunächst den Fall $m = 1$.

Aufgabe 5.28. (a) Man leite die Gauß-Formel I_1 (5.49), S. 147 und die dazugehörige Fehlerabschätzung explizit her. (b) Man vergleiche mit Hilfe eines Programms die zusammengesetzte Simpson-Regel mit der zusammengesetzten Gauß-Formel, indem man verschiedene f numerisch integriert und mit dem exakten Integral vergleicht. Insbesondere berücksichtige man auch den Aufwand, gemessen an der Anzahl der Auswertungen von f. Man wähle $[a, b] = [0, 1]$ und $f =$

(i) f_a, $a = 0.1$, $a = 0.01$, siehe S. 135, Ergebnis: $1 - \ln a$;

(ii) cos, Ergebnis: $\sin 1$; (iii) $\sqrt{\cdot}$, Ergebnis: $2/3$.

Aufgabe 5.29. Man zeige, dass das in (5.35), S. 138 eingeführte „Produkt" $< \;,\; >$ nicht notwendig ein Skalarprodukt auf $C[a, b]$ ist. Hinweis: Man verwende eine stückweise lineare Gewichtsfunktion.

Aufgabe 5.30. Man berechne die Rekursionskoeffizienten a_2, b_1 von Beispiel 5.27, S. 146 und leite daraus die entsprechende Gauß-Formel mit drei Knoten her.

Aufgabe 5.31. Man berechne nach den Angaben der Tabelle 5.24, S. 142 alle dort vorkommenden orthogonalen Polynome bis zum Grad Vier.

Aufgabe 5.32. Man zeige, dass die *Monome* $1, x, x^2, \dots$ für keine Gewichtsfunktion γ auf einem Intervall eine orthogonale Folge bilden können.

Aufgabe 5.33. Sei γ eine auf $I := [-1, 1]$ definierte, gerade Gewichtsfunktion, also $\gamma(-x) = \gamma(x)$ für alle $x \in I$. Man zeige, dass in der Dreitermrekursion

$c_{n+1}q_{n+1}(x) = (x - a_n)q_n(x) - b_{n-1}q_{n-1}(x)$ für die entsprechenden orthogonalen Polynome q_n immer $a_n = 0$ gilt und $q_{2n}(-x) = q_{2n}(x)$, $q_{2n+1}(-x) = -q_{2n+1}(x)$, insbesondere $q_{2n+1}(0) = 0$.

Aufgabe 5.34. Man finde die entsprechende Zweitermrekursion für die Legendre-Polynome auf $[0, 2]$.

Aufgabe 5.35. Seien u_j die aus der Zweitermrekursion resultierenden Polynome für den Tschebyscheff-Fall aus Beispiel 5.31, S. 149. Man zeichne $2^{j-1}u_j$ für alle $j \leq 20$ in eine Figur. Gibt es noch weiße Stellen in der Zeichnung? Gibt es weiße Stellen, wenn man alle diese Funktionen in ein Blatt zeichnet?.

6 Lineare Gleichungssysteme

6.1 Aufgabenstellung

Wir beginnen mit einem Beispiel.

Beispiel 6.1. ***Produktionsmodell von Leontief***
In der Volkswirtschaftslehre muss man typischerweise eine ganze Reihe von Objekten untersuchen, die in einer wechselseitigen Abhängigkeit voneinander stehen. Um das Prinzip deutlich zu machen, mit dem eine Behandlung dieser Abhängigkeit versucht werden kann, werden wir die Situation stark vereinfachen und die Wirtschaft nur in die drei *Sektoren*, nämlich

- Landwirtschaft,
- Industrie,
- Transportwesen

aufteilen. Wir nehmen folgende Abhängigkeiten an:

a) Bei der Produktion landwirtschaftlicher Güter (Lebensmittel) im Werte von 1000 € werden landwirtschaftliche Güter im Wert von 300 €, Industrieprodukte (Dünger, Landmaschinen, ...) im Wert von 100 € und Transportleistungen im Wert von 100 € verbraucht.

b) Die Herstellung von Industrieprodukten im Wert von 1000 € benötigt Lebensmittel im Wert von 200 €, andere Industrieprodukte im Wert von 400 € und Transportleistungen im Wert von 100 €.

c) Zur Erbringung von Transportleistungen im Wert von 1000 € sind Lebensmittel im Wert von 100 €, industriell gefertigte Güter (Fahrzeuge, Treibstoff, ...) im Wert von 200 € und Transportleistungen (z. B. zur Treibstoffversorgung) im Wert von 100 € erforderlich.

Fragestellung: Welche Mengen müssen die einzelnen Sektoren produzieren, damit die Gesamtwirtschaft folgende Überschüsse erwirtschaftet?

Gewünschter Überschuß Landwirtschaft: 20.000 €.
Gewünschter Überschuß Industrie: 40.000 €.
Gewünschter Überschuß Transportwesen: 0 €.

Lösungsansatz: Die Größe x_L gebe an, wieviele Mengeneinheiten im Wert von je 1000 € die Landwirtschaft produziert. Die Größen x_I und x_T seien die entsprechenden Werte für Industrie und Transportwesen. Die gesuchten Mengen müssen also folgende Bedingungen erfüllen (die Koeffizienten für x_L ergeben sich aus den Abhängigkeiten a), für x_I, x_T entsprechend aus b) bzw. c)):

$$\begin{array}{rrrcl} 0.7x_L & -0.2x_I & -0.1x_T & = & 20, \\ -0.1x_L & +0.6x_I & -0.2x_T & = & 40, \\ -0.1x_L & -0.1x_I & +0.9x_T & = & 0. \end{array}$$

Etwas verallgemeinert ergibt sich aus diesem Beispiel eine Aufgabenstellung, die das Lösen eines *linearen Gleichungssystems* verlangt, nämlich

$$\begin{array}{ccccccccc} a_{11}x_1 & + & a_{12}x_2 & + & \cdots & + & a_{1n}x_n & = & b_1, \\ a_{21}x_1 & + & a_{22}x_2 & + & \cdots & + & a_{2n}x_n & = & b_2, \\ \vdots & & \vdots & & & & \vdots & & \vdots \\ a_{m1}x_1 & + & a_{m2}x_2 & + & \cdots & + & a_{mn}x_n & = & b_m \end{array} \tag{6.1}$$

mit gegebenen Zahlen a_{ij} und b_i und gesuchten Zahlen x_j, $i = 1, 2, \ldots, m$, $j = 1, 2, \ldots, n$.

Die *Koeffizienten* a_{ij}, die *rechten Seiten* b_i und die *Lösungen* x_j fassen wir in je einem rechteckigen Zahlenfeld (auch *Matrix* genannt) zusammen:

$$\mathbf{A} := \begin{pmatrix} a_{11} & \ldots & a_{1n} \\ \vdots & \ddots & \vdots \\ a_{m1} & \ldots & a_{mn} \end{pmatrix}, \ \mathbf{x} := \begin{pmatrix} x_1 \\ \vdots \\ x_n \end{pmatrix}, \ \mathbf{b} := \begin{pmatrix} b_1 \\ \vdots \\ b_m \end{pmatrix} \tag{6.2}$$

und schreiben für (6.1):

$$\begin{pmatrix} a_{11} & \ldots\ldots & a_{1n} \\ \vdots & \ddots & \vdots \\ a_{m1} & \ldots\ldots & a_{mn} \end{pmatrix} \begin{pmatrix} x_1 \\ \vdots \\ x_n \end{pmatrix} = \begin{pmatrix} b_1 \\ \vdots \\ b_m \end{pmatrix}$$

oder kurz:

$$\mathbf{A}\mathbf{x} = \mathbf{b}. \tag{6.3}$$

Eine ausführliche Übersicht über Lösungsmethoden bei linearen Gleichungssystemen gibt [73, MEISTER, 2008].

6.1.1 Matrizen

Dieser kurze Abschnitt enthält einige Hinweise und Bezeichnungsweisen zu den in (6.3) gerade eingeführten und oft verwendeten Größen. Am Schluß sind die Notationen noch einmal in einer Tabelle zusammengefaßt. Bei entsprechenden Vorkenntnissen kann dieser Abschnitt übergangen werden.

Für ein Zahlenfeld (6.2), d. h. für ein rechteckig angeordnetes Feld von Zahlen schreiben wir kurz $\mathbf{A} = (a_{ij})$, $\mathbf{b} = (b_i)$, $\mathbf{x} = (x_j)$. **A** heißt eine *Matrix* (plural *Matrizen*), **x** und **b** heißen *Vektoren*. In verschiedenen Programmiersprachen heißen diese Zahlenfelder *arrays*. Die Zahlen a_{ij} heißen auch die *Einträge* oder *Elemente* der Matrix **A**. Die Einträge eines Vektors heißen auch *Komponenten* des Vektors. Bei einer Matrix $\mathbf{A} = (a_{ij})$ bezeichnet der erste Index die *Zeilennummer* und der zweite Index die *Spaltennummer* des Elements a_{ij}. Alle Elemente a_{ij} mit dem gleichen ersten Index i bilden entsprechend eine *Zeile*, alle Elemente mit demselben zweiten Index j eine *Spalte*. Eine Matrix mit gleicher Zeilen- und Spaltenanzahl n heißt *quadratisch*, und n heißt dann die *Ordnung* der quadratischen Matrix. Eine Matrix mit m Zeilen und n Spalten nennt man auch $(m \times n)$-Matrix (gesprochen m mal n oder m kreuz n Matrix).

Die Matrixelemente a_{jj} mit gleicher Zeilen- und Spaltennummer heißen *Diagonalelemente*. Die Menge aller Diagonalelemente einer Matrix nennt man *Diagonale* oder *Hauptdiagonale*. Unter einer *Nebendiagonalen* einer Matrix versteht man alle Elemente a_{jk} mit $j - k = 1$ (*untere* Nebendiagonale oder *Subdiagonale*) oder $j - k = -1$ (*obere* Nebendiagonale oder *Superdiagonale*). Eine Matrix, die außerhalb der Diagonalen nur Nullen enthält, heißt *Diagonalmatrix*. Ist $\mathbf{A} = (a_{ij})$, $1 \le i \le m, 1 \le j \le n$, so wollen wir unter diag **A** diejenige $(m \times n)$-Diagonalmatrix verstehen, die dieselben Diagonalelemente (in derselben Reihenfolge) enthält wie **A**, also

$$\operatorname{diag} \mathbf{A} = (d_{ij}) = \left(\begin{cases} a_{jj} & \text{für } i = j, \\ 0 & \text{für } i \neq j \end{cases} \right), \ 1 \le i \le m, 1 \le j \le n.$$

Ist $\mathbf{a} = (a_1, a_2, \dots, a_n)$ ein Vektor, so versteht man unter diag **a** die folgende Matrix:

$$\operatorname{diag} \mathbf{a} = (d_{ij}) = \left(\begin{cases} a_j & \text{für } i = j, \\ 0 & \text{für } i \neq j \end{cases} \right), \ 1 \le i, j \le n.$$

Eine Matrix, die oberhalb (bzw. unterhalb) der Diagonalen nur Nullen enthält, heißt *untere* (bzw. *obere*) *Dreiecksmatrix* . Ist $\mathbf{A} = (a_{ij})$ eine obere Dreiecksmatrix, so ist $a_{ij} = 0$ für alle $i > j$. Entsprechend ist eine untere Dreiecksmatrix durch $a_{ij} = 0$ für alle $i < j$ gekennzeichnet. Eine untere Dreiecksmatrix heißt auch *linke*, eine obere auch *rechte* Dreiecksmatrix.

Ist **A** eine m-zeilige und n-spaltige Matrix mit reellen Einträgen, so schreiben wir dafür auch $\mathbf{A} \in \mathbb{R}^{m \times n}$. Hat die Matrix komplexe Einträge, so schreiben wir

$\mathbf{A} \in \mathbb{C}^{m\times n}$. Unter $\mathbb{K}$ verstehen wir die Menge der reellen *oder* die Menge der komplexen Zahlen. Wir benutzen $\mathbb{K}$ also, wenn es nicht darauf ankommt, ob wir es mit reellen oder mit komplexen Zahlen zu tun haben. Es ist zu beachten, dass Matrizen der Form $\mathbf{u} \in \mathbb{K}^{1\times n}$ *Zeilenvektoren* und Matrizen der Form $\mathbf{v} \in \mathbb{K}^{m\times 1}$ *Spaltenvektoren* heißen und auch im Falle $m = n$ unterschieden werden müssen. Derartige Vektoren können aber immer in offensichtlicher Weise mit Elementen des $\mathbb{K}^n$ bzw. $\mathbb{K}^m$ identifiziert werden.

Eine Matrix ist jedoch nicht nur eine Versammlung von rechteckig angeordneten Zahlen, sondern gleichzeitig das wesentliche Darstellungsmittel für *lineare Abbildungen*[1] im $\mathbb{K}^n$. Es wird nämlich jede lineare Abbildung $f : \mathbb{K}^n \to \mathbb{K}^m$ durch eine Matrix $\mathbf{A} \in \mathbb{K}^{m\times n}$ dargestellt und umgekehrt. Die Darstellung hat die Form $f(\mathbf{x}) = \mathbf{Ax}$, wobei wir im Moment unter $\mathbf{Ax}$ eine Abkürzung für die linke Seite von (6.1), S. 158 verstehen wollen.

Ist f eine lineare Abbildung und $\mathbf{a} \in \mathbb{K}^m$ fest gewählt, so heißt $\tilde{f} := f + \mathbf{a}$ eine *affin lineare* Abbildung. Daher sind Matrizen und ihre Eigenschaften ein bevorzugtes Studienobjekt der *linearen Algebra*.

Ist f eine lineare Abbildung und c eine Konstante, so kann man die Abbildung cf durch $(cf)(\mathbf{x}) := cf(\mathbf{x})$ definieren. Sind f, g zwei lineare Abbildungen, so kann man die Summe $f + g$ durch $(f + g)(\mathbf{x}) := f(\mathbf{x}) + g(\mathbf{x})$ erklären. Die Menge der linearen Abbildungen bildet also selbst einen *Vektorraum*.

Wie drücken sich diese Definitionen jetzt durch die entsprechenden Matrizen aus? Ist $f(\mathbf{x}) = \mathbf{Ax}$ mit $\mathbf{A} = (a_{ij})$ und $\mathbf{A} \in \mathbb{K}^{m\times n}$, dann wird cf durch die Matrix $c\mathbf{A} = (ca_{ij})$ beschrieben, d. h., jedes Matrixelement wird mit c malgenommen. Ist darüberhinaus $g(\mathbf{x}) = \mathbf{Bx}$ mit $\mathbf{B} \in \mathbb{K}^{m\times n}$, so wird die Summe $f + g$ durch $\mathbf{A} + \mathbf{B} = (a_{ij} + b_{ij})$ beschrieben, d. h., die entsprechenden Matrixelemente werden addiert.

Bei den quadratischen und kubischen Splines (Gleichungen (4.29), S. 92, (4.35), S. 95 und Aufgabe 4.7, S. 121) hatten wir bereits Gleichungen mit Matrizen kennengelernt, die nur in der unmittelbaren Nachbarschaft der Diagonalelemente von Null verschiedene Einträge besaßen. Derartige Matrizen heißen *tridiagonal*. Eine Matrix $\mathbf{A} = (a_{jk})$ heißt also tridiagonal oder *Tridiagonalmatrix*, wenn $a_{jk} = 0$ für $|j - k| > 1$.

Man kann Abbildungen nicht nur addieren bzw. mit einer Zahl malnehmen, sondern auch hintereinander ausführen. Hat man zwei lineare Abbildungen $f : \mathbb{K}^\ell \to \mathbb{K}^m$, $g : \mathbb{K}^n \to \mathbb{K}^\ell$, dargestellt durch $f(\mathbf{z}) = \mathbf{Az}$, $g(\mathbf{x}) = \mathbf{Bx}$ mit $\mathbf{A} \in \mathbb{K}^{m\times\ell}$, $\mathbf{B} \in \mathbb{K}^{\ell\times n}$, so ist die *zusammengesetzte Abbildung* $h = f \circ g$:

[1] Lineare Abbildungen $f : \mathbf{X} \to \mathbf{Y}$ zwischen Vektorräumen $\mathbf{X}, \mathbf{Y}$ über $\mathbb{K}$ sind definiert durch $f(x+y) = f(x)+f(y)$ (Additivität) und $f(\alpha x) = \alpha f(x)$ (Homogenität) für alle $x, y \in \mathbf{X}, \alpha \in \mathbb{K}$.

$\mathbb{K}^n \to \mathbb{K}^m$ gegeben durch das (nicht-kommutative)[2] *Matrizenprodukt*

$$(6.4)\quad \mathbf{C} = \mathbf{AB} = (c_{ij}) = \left(\sum_{k=1}^{\ell} a_{ik}b_{kj}\right), \; i = 1,2,\ldots,m, \; j = 1,2,\ldots,n.$$

Auch $\mathbf{Ax}$ läßt sich jetzt als Produkt einer $(m \times n)$- mit einer $(n \times 1)$-Matrix auffassen. Das Ergebnis ist eine $(m \times 1)$-Matrix. Die *identische Abbildung* $f(\mathbf{x}) = \mathbf{x}$ wird in der Form $f(\mathbf{x}) = \mathbf{Ix}$ durch die quadratische Matrix $\mathbf{I} = \operatorname{diag}(1,1,\ldots,1)$ beschrieben, d. h., die Diagonalelemente von $\mathbf{I}$ sind alle Eins, und alle anderen Elemente sind Null. Die Matrix $\mathbf{I}$ heißt *Einheitsmatrix* weil sie bezüglich der Matrixmultiplikation als *Einselement* aufgefaßt werden kann. Es kommt häufig eine Aufteilung einer gegegenen Matrix $\mathbf{A}$ in Teilmatrizen vor, die man *Blöcke* nennt. Eine in Blöcke aufgeteilte Matrix heißt *Blockmatrix*. Die Multiplikation für Block-Matrizen gestaltet sich folgendermaßen

$$(6.5)\begin{pmatrix} \mathbf{A}_{11} & \mathbf{A}_{12} \\ \mathbf{A}_{21} & \mathbf{A}_{22} \end{pmatrix}\begin{pmatrix} \mathbf{B}_{11} & \mathbf{B}_{12} \\ \mathbf{B}_{21} & \mathbf{B}_{22} \end{pmatrix} = \begin{pmatrix} \mathbf{A}_{11}\mathbf{B}_{11} + \mathbf{A}_{12}\mathbf{B}_{21} & \mathbf{A}_{11}\mathbf{B}_{12} + \mathbf{A}_{12}\mathbf{B}_{22} \\ \mathbf{A}_{21}\mathbf{B}_{11} + \mathbf{A}_{22}\mathbf{B}_{21} & \mathbf{A}_{21}\mathbf{B}_{12} + \mathbf{A}_{22}\mathbf{B}_{22} \end{pmatrix}.$$

Dabei sind $\mathbf{A} \in \mathbb{K}^{m\times\ell}$, $\mathbf{B} \in \mathbb{K}^{\ell\times n}$ und die Zerlegung $m = m_1 + m_2$, $\ell = \ell_1 + \ell_2$, $n = n_1 + n_2$ bestimmt die Größen der Blöcke. Z. B. ist $\mathbf{A}_{11} \in \mathbb{K}^{m_1\times\ell_1}$ und $\mathbf{A}_{11}\mathbf{B}_{11} + \mathbf{A}_{12}\mathbf{B}_{21} \in \mathbb{K}^{m_1\times n_1}$.

Quadratische Matrizen $\mathbf{A}$ unterteilen wir in zwei Klassen. Ist $\mathbf{Ax} = \mathbf{b}$ für jedes $\mathbf{b}$ eindeutig lösbar, so nennen wir $\mathbf{A}$ *nicht singulär* oder *regulär*. Andernfalls heißt $\mathbf{A}$ *singulär*. Ist $\mathbf{A}$ nicht singulär, so existiert eine Matrix $\mathbf{B}$ mit $\mathbf{AB} = \mathbf{I}$. Man kann nämlich jede Spalte von $\mathbf{B}$ als Unbekannte und die entprechende Spalte von $\mathbf{I}$ als rechte Seite auffassen. Wegen der eindeutigen Lösbarkeit für jede rechte Seite ist damit $\mathbf{B}$ eindeutig definiert. Ist $\mathbf{AB} = \mathbf{I}$, so schreibt man $\mathbf{B} = \mathbf{A}^{-1}$ und nennt $\mathbf{A}^{-1}$ die *Inverse* von $\mathbf{A}$. Wir nennen bei nicht singulärer (bzw. bei singulärer) Matrix auch das dazugehörige lineare Gleichungssystem nicht singulär (bzw. singulär). Es gelten die folgenden wichtigen Regeln für nicht singuläre Matrizen:

$$\mathbf{A}^{-1}\mathbf{A} = \mathbf{AA}^{-1} = \mathbf{I},\; (\mathbf{AB})^{-1} = \mathbf{B}^{-1}\mathbf{A}^{-1}.$$

In der linearen Algebra werden Kriterien für die Lösbarkeit von linearen Gleichungssystemen hergeleitet und weiter untersucht, wann ein beliebiges (d.h. nicht notwendig quadratisches) lineares Gleichungssystem

$$(6.6)\qquad \mathbf{Ax} = \mathbf{b}, \quad \mathbf{A} \in \mathbb{K}^{m\times n}, \quad \mathbf{b} \in \mathbb{K}^m, \quad \mathbf{x} \in \mathbb{K}^n$$

lösbar ist und welche Struktur (Vektorraum, lineare Mannigfaltigkeit) die Menge der Lösungen hat. Der bekannteste und wichtigste Satz über die Lösbarkeit von (6.6) ist:

[2]Bsp: $\mathbf{A} = \begin{pmatrix} 1 & 2 \\ 3 & 4 \end{pmatrix}$, $\mathbf{B} = \begin{pmatrix} 4 & 3 \\ 2 & 1 \end{pmatrix} \Rightarrow \mathbf{AB} = \begin{pmatrix} 8 & 5 \\ 20 & 13 \end{pmatrix} \neq \mathbf{BA} = \begin{pmatrix} 13 & 20 \\ 5 & 8 \end{pmatrix}$.

Satz 6.2. (a) Das Gleichungssystem (6.6) ist genau dann lösbar, wenn der Rang der um die rechte Seite $\mathbf{b}$ erweiterten Matrix $(\mathbf{A}|\mathbf{b})$ genau so groß ist wie der Rang von $\mathbf{A}$. (b) Sei $m = n$. Das Gleichungssystem (6.6) ist genau dann für jeden Vektor $\mathbf{b}$ lösbar, wenn es für $\mathbf{b} = \mathbf{0}$ nur die Lösung $\mathbf{x} = \mathbf{0}$ gibt.

Beweis: Z. B. [31, G. FISCHER, 1997, S. 123 ff.]. □

Ein Gleichungssystem mit $\mathbf{b} = \mathbf{0}$ nennt man ein *homogenes* Gleichungssystem, andernfalls heißt es *inhomogen*. Insbesondere folgt aus (b), dass ein für jedes $\mathbf{b}$ lösbares Gleichungssystem die Lösung eindeutig ist.

Zu den wichtigen Kenngrößen einer linearen Abbildung f, dargestellt durch $f(\mathbf{x}) = \mathbf{A}\mathbf{x}$ gehören das *Bild* und der *Kern* oder *Nullraum* dieser Abbildung definiert durch (man vgl. auch (9.14), S. 311)

$$\text{(6.7)} \qquad \text{Bild}(\mathbf{A}) := \{\mathbf{y} \in \mathbb{K}^m : \mathbf{y} = \mathbf{A}\mathbf{x}, \mathbf{x} \in \mathbb{K}^n\},$$

$$\text{(6.8)} \qquad \text{Kern}(\mathbf{A}) := \{\mathbf{x} \in \mathbb{K}^n : \mathbf{A}\mathbf{x} = \mathbf{0} \in \mathbb{K}^m\}.$$

Zu den häufig vorkommenden Matrixoperationen gehört die *Transposition* einer Matrix $\mathbf{A} = (a_{ij}) \in \mathbb{K}^{m\times n}$. Darunter versteht man das Vertauschen von Zeilen und Spalten der Matrix $\mathbf{A}$, bezeichnet mit $\mathbf{A}^{\mathrm{T}} = \mathbf{B} = (b_{ji}) \in \mathbb{K}^{n\times m}$ mit $b_{ji} = a_{ij}$. Die Matrix $\mathbf{A}^{\mathrm{T}}$ heißt die zu $\mathbf{A}$ *transponierte Matrix*. Den Übergang $\mathbf{A} \to \mathbf{A}^{\mathrm{T}}$ nennt man auch *Stürzen* von $\mathbf{A}$, und entsprechend nennt man $\mathbf{A}^{\mathrm{T}}$ auch die *gestürzte* Matrix. Eine Matrix $\mathbf{A}$ mit der Eigenschaft $\mathbf{A} = \mathbf{A}^{\mathrm{T}}$ heißt *symmetrisch*. Offensichtlich können nur quadratische Matrizen symmetrisch sein. Ist $\mathbf{A} = (a_{ij}) \in \mathbb{C}^{m\times n}$ eine komplexe Matrix, so ist $\overline{\mathbf{A}} := (\overline{a_{ij}})$, wobei unter $\overline{a_{ij}}$ die zu a_{ij} komplex konjugierte Zahl verstanden wird. Einige Hinweise zu komplexen Zahlen findet man in Bemerkung 2.20, S. 26. Eine ähnliche Operation wie die Transposition wird für komplexe Matrizen $\mathbf{A}$ durch $\mathbf{A}^* = \left(\overline{\mathbf{A}}\right)^{\mathrm{T}}$ definiert. Ist $\mathbf{A} = \mathbf{A}^*$, so heißt $\mathbf{A}$ *hermitesch* (ausgesprochen *hermitsch* [eigentlich sogar *ermitsch*]). Für reelle Matrizen ist $\mathbf{A}^{\mathrm{T}} = \mathbf{A}^*$. Es ist

$$(\mathbf{A}\mathbf{B})^{\mathrm{T}} = \mathbf{B}^{\mathrm{T}}\mathbf{A}^{\mathrm{T}},\ (\mathbf{A}\mathbf{B})^* = \mathbf{B}^*\mathbf{A}^*,$$

wobei wir hier nur voraussetzen müssen, dass die Anzahl der Spalten von $\mathbf{A}$ mit der Anzahl der Zeilen von $\mathbf{B}$ übereinstimmt. Es kommen auch quadratische Matrizen der Ordnung n vor, die zur Südwest–Nordost–Diagonalen symmetrisch sind. Solche Matrizen heißen *persymmetrisch*. Für eine persymmetrische Matrix $\mathbf{A} = (a_{jk})$ gilt $a_{jk} = a_{n+1-k,n+1-j}$, $j, k = 1, 2, \ldots, n$. Hat eine quadratische, reelle (komplexe) Matrix $\mathbf{A}$ die Eigenschaft $\mathbf{A}^{\mathrm{T}}\mathbf{A} = \mathbf{I}$ $(\mathbf{A}^*\mathbf{A} = \mathbf{I})$, so heißt $\mathbf{A}$ *orthogonal (unitär)*. Wir werden später noch eine andere Definition für diese Begriffe kennenlernen.

Ist $\mathbf{v}$ ein Spaltenvektor, so ist der transponierte Vektor $\mathbf{v}^{\mathrm{T}}$ ein Zeilenvektor. Unter $\mathbf{a} = (a_1, a_2, \ldots, a_n)^{\mathrm{T}}$ versteht man aufwendig ausgeschrieben die $(n \times 1)$-Matrix

$$\mathbf{a} = \begin{pmatrix} a_1 \\ a_2 \\ \vdots \\ a_n \end{pmatrix}.$$

Die obigen Matrixoperationen erlauben, *quadratische Formen* (auch *Quadriken* genannt) in der kurzen Schreibweise $\mathbf{x}^{\mathrm{T}}\mathbf{A}\mathbf{x}$ (alle Größen reell) oder als $\mathbf{x}^*\mathbf{A}\mathbf{x}$ (einige Größen komplex) mit einer quadratischen Matrix $\mathbf{A}$ zu schreiben. Hat eine reelle und symmetrische Matrix $\mathbf{A}$ die Eigenschaft, dass die quadratische Form $\mathbf{x}^{\mathrm{T}}\mathbf{A}\mathbf{x} > 0$ ausfällt für alle reellen $x \neq 0$, so heißt $\mathbf{A}$ *positiv definit*. Entsprechend heißt eine komplexe und hermitesche Matrix $\mathbf{A}$ positiv definit, wenn $\mathbf{x}^*\mathbf{A}\mathbf{x} > 0$ für alle komplexen $\mathbf{x} \neq 0$. Man vgl. Aufgabe 6.15, S. 197. Gilt in den obigen definierenden Ungleichungen nur $\geq$ für jedes $\mathbf{x}$, so heißt $\mathbf{A}$ *positiv semidefinit*. Entsprechend kann *negativ (semi-) definit* definiert werde. Kann die angegebene quadratische Form positive und negative Werte annehmen, so heißt $\mathbf{A}$ *indefinit*. Ist eine Matrix $\mathbf{A}$ *definit* (d. h. positiv oder negativ definit), so ist eine wichtige Konsequenz, dass $\mathbf{A}$ nicht singulär ist. Wäre nämlich $\mathbf{A}$ singulär, so existierte ein Vektor $\mathbf{x} \neq \mathbf{0}$ mit $\mathbf{A}\mathbf{x} = \mathbf{0}$, und damit wäre $\mathbf{x}^*\mathbf{A}\mathbf{x} = 0$, d. h. $\mathbf{A}$ nicht definit.

Einige Begriffe benutzen wir ohne weitere Erklärung. Dazu gehören die Begriffe *linear abhängig*, *linear unabhängig*, *Rang* und *Determinante* einer Matrix und *Dimension* eines linearen Raumes. Wir fassen die angegebenen (und einige erst später vorkommenden) Definitionen in der Tabelle 6.3, S. 164 zusammen. Wir gehen immer von der Bezeichnung $\mathbf{A} = (a_{jk}) \in \mathbb{C}^{m \times n}$ aus und nennen solche Matrizen in der Tabelle *beliebig*.

6.2 Das Gaußsche Eliminationsverfahren

Falls nichts anderes gesagt wird, nehmen wir in diesem Abschnitt $m = n$ an, d. h., dass das System (6.1), S. 158 genau so viele Gleichungen wie Unbekannte hat. Probleme mit $m < n$ werden uns später im Abschnitt über Optimierung und Probleme mit $m > n$ in der Ausgleichsrechnung begegnen. Wir wollen im folgenden untersuchen, wie man im Falle nicht singulärer Matrizen die Lösung der entsprechenden Gleichungssysteme möglichst schnell und genau berechnen kann.

Tabelle 6.3. Übersicht über Matrix-Notationen

(Typ: b=beliebig, q=quadratisch, $\mathbb{R}$=reell)

Typ	Name oder Bezeichnung	Definition
b	Einträge=Elemente	jedes individuelle a_{jk}
b	(Haupt-)Diagonalelemente	a_{jj}
b	untere Nebendiagonalelemente	$a_{j+1,j}$
b	obere Nebendiagonalelemente	$a_{j,j+1}$
b	Zeile ℓ	alle $a_{\ell k}$, ℓ fest
b	Spalte ℓ	alle $a_{j\ell}$, ℓ fest
b	quadratische Matrix	$m = n$
q	Ordnung von $\mathbf{A}$	n
b	Diagonalmatrix	$a_{jk} = 0$ für $j \neq k$
b	$(d_{jk}) = \mathbf{D} = \text{diag}\,\mathbf{A}$	$d_{jj} = a_{jj}, d_{jk} = 0, j \neq k$
q	$(d_{jk}) = \mathbf{D}$ $= \text{diag}\,(a_1, a_2, \ldots, a_n)$	$d_{jj} = a_j, d_{jk} = 0, j \neq k$
q	Einheitsmatrix $\mathbf{I}$	$\mathbf{I} = \text{diag}\,(1, 1, \ldots, 1)$
b	obere (rechte) Dreiecksmatrix	$a_{jk} = 0$ für $j > k$
b	untere (linke) Dreiecksmatrix	$a_{jk} = 0$ für $j < k$
b	obere Hessenbergmatrix	$a_{jk} = 0$ für $j > k + 1$
b	untere Hessenbergmatrix	$a_{jk} = 0$ für $j < k + 1$
q	regulär=nicht singulär	$\mathbf{Ax} = \mathbf{b}$ lösbar $\forall\, \mathbf{b}$
q	singulär=nicht regulär	$\mathbf{Ax} = \mathbf{b}$ nicht lösbar $\forall\, \mathbf{b}$
b	Tridiagonalmatrix	$a_{jk} = 0, \lvert j - k \rvert > 1$
q	zu $\mathbf{A}$ inverse Matrix $\mathbf{B} = \mathbf{A}^{-1}$	$\mathbf{BA} = \mathbf{I}\ (= \mathbf{AB})$
b	transponierte=gestürzte Matrix $(b_{kj}) = \mathbf{B} = \mathbf{A}^{\mathrm{T}}$	$b_{kj} = a_{jk}$
b	$(b_{kj}) = \mathbf{B} = \mathbf{A}^*$	$b_{kj} = \overline{a_{jk}}$
q	symmetrisch	$\mathbf{A} = \mathbf{A}^{\mathrm{T}}$
q	persymmetrisch	$a_{jk} = a_{n+1-k,n+1-j},\ j, k = 1, 2, \ldots, n$
q	hermitesch	$\mathbf{A} = \mathbf{A}^*$
q, $\mathbb{R}$	orthogonal	$\mathbf{A}\mathbf{A}^{\mathrm{T}} = \mathbf{I}$
q	unitär	$\mathbf{A}\mathbf{A}^* = \mathbf{I}$
q, $\mathbb{R}$	positiv definit	$\mathbf{x}^{\mathrm{T}}\mathbf{Ax} > 0\ \forall$ reellen $\mathbf{x} \neq \mathbf{0}$
q	positiv definit	$\mathbf{x}^*\mathbf{Ax} > 0\ \forall$ komplexen $\mathbf{x} \neq \mathbf{0}$
q	indefinit	$\mathbf{x}^*\mathbf{Ax}$ ist pos. u. neg.
q	normal	$\mathbf{A}^*\mathbf{A} = \mathbf{A}\mathbf{A}^*$

Die Klärung dieser Frage ist auch deshalb interessant, weil es viele Aufgabenstellungen (innerhalb und außerhalb der Mathematik) gibt, die das Lösen eines linearen Gleichungssystems als Teilproblem enthalten. Es macht keine Schwierigkeiten, ein lineares Gleichungssystem zu lösen, wenn es die folgende Gestalt hat:

$$\text{(6.9)}\qquad \begin{pmatrix} a_{11}x_1 + & a_{12}x_2 & + \cdots + & a_{1n}x_n & = & b_1, \\ & a_{22}x_2 & + \cdots + & a_{2n}x_n & = & b_2, \\ & & \ddots & \vdots & & \vdots \\ & & & a_{nn}x_n & = & b_n \end{pmatrix}.$$

Wenn $a_{ii} \neq 0$ ist für alle $i = 1, 2, \ldots, n$, dann hat das System die eindeutig bestimmte Lösung

$$\text{(6.10)}\qquad \begin{aligned} x_n &= b_n / a_{nn}, \\ x_{n-1} &= (b_{n-1} - a_{n-1,n}x_n)/a_{n-1,n-1}, \\ \vdots & \qquad\qquad \vdots \\ x_2 &= (b_2 - a_{2n}x_n - \cdots - a_{23}x_3)/a_{22}, \\ x_1 &= (b_1 - a_{1n}x_n - \cdots - a_{13}x_3 - a_{12}x_2)/a_{11}. \end{aligned}$$

Diese Vorgehensweise nennt man *Rückwärtseinsetzen*. Das Besondere am Gleichungssystem (6.9) ist die obere Dreiecksform der Matrix **A** (d. h. alle $a_{ij} = 0$ mit $i > j$).

Erfreulicherweise lassen sich alle nicht singulären Gleichungssysteme auf diese spezielle Form bringen. Die Lösungsmenge eines linearen Gleichungssystems ändert sich nämlich nicht, wenn man zu einer Gleichung (d. h. einer Zeile von **A** und **b**) das Vielfache einer anderen Gleichung addiert. Die Lösungsmenge ändert sich ebenfalls nicht, wenn man die Reihenfolge der Gleichungen vertauscht. Diese Eigenschaften nutzen wir aus, um das Gleichungssystem so umzuformen, dass alle Elemente von **A** unterhalb der Hauptdiagonalen zu Null gemacht (d. h. *eliminiert*) werden.

In der Ausgangsform bezeichnen wir das gegebene Gleichungssystem mit $\mathbf{A}^{(0)}\mathbf{x} = \mathbf{b}^{(0)}$. Auch die Elemente der Matrix **A** und des Vektors **b** erhalten den oberen Index Null.

Im ersten Schritt subtrahieren wir für $i = 2, \ldots, n$ von der i-ten Gleichung das $a_{i1}^{(0)}/a_{11}^{(0)}$-fache der ersten Gleichung. Das so entstehende Gleichungssystem nennen wir $\mathbf{A}^{(1)}\mathbf{x} = \mathbf{b}^{(1)}$. Es hat dieselbe Lösungsmenge wie $\mathbf{A}^{(0)}\mathbf{x} = \mathbf{b}^{(0)}$, aber $\mathbf{A}^{(1)}$ enthält in der ersten Spalte unterhalb der Hauptdiagonalen nur Nullen:

$$\mathbf{A}^{(1)} = \begin{pmatrix} a_{11}^{(1)} & a_{12}^{(1)} & \dots & a_{1n}^{(1)} \\ 0 & a_{22}^{(1)} & \dots & a_{2n}^{(1)} \\ \vdots & \vdots & \ddots & \vdots \\ 0 & a_{n2}^{(1)} & \dots & a_{nn}^{(1)} \end{pmatrix}, \ \mathbf{b}^{(1)} = \begin{pmatrix} b_1^{(1)} \\ b_2^{(1)} \\ \vdots \\ b_n^{(1)} \end{pmatrix}.$$

Wir nehmen an, dass die Matrix des Systems $\mathbf{A}^{(i)}\mathbf{x} = \mathbf{b}^{(i)}$ nach i Schritten in den ersten i Spalten unterhalb der Hauptdiagonalen nur Nullen enthält, d. h.,

$$\mathbf{A}^{(i)} = \begin{pmatrix} a_{11}^{(i)} & a_{12}^{(i)} & \dots & a_{1i}^{(i)} & a_{1,i+1}^{(i)} & \dots & a_{1n}^{(i)} \\ 0 & a_{22}^{(i)} & \dots & a_{2i}^{(i)} & a_{2,i+1}^{(i)} & \dots & a_{2n}^{(i)} \\ \vdots & \vdots & \ddots & \vdots & \vdots & & \vdots \\ 0 & 0 & & a_{ii}^{(i)} & a_{i,i+1}^{(i)} & \dots & a_{in}^{(i)} \\ 0 & 0 & \dots & 0 & a_{i+1,i+1}^{(i)} & \dots & a_{i+1,n}^{(i)} \\ \vdots & \vdots & & \vdots & \vdots & \ddots & \vdots \\ 0 & 0 & \dots & 0 & a_{n,i+1}^{(i)} & \dots & a_{nn}^{(i)} \end{pmatrix}. \tag{6.11}$$

Im $(i+1)$-ten Schritt subtrahieren wir für $k = i+2, i+3, \dots, n$ von der k-ten Gleichung das $a_{k,i+1}^{(i)}/a_{i+1,i+1}^{(i)}$-fache der $(i+1)$-ten Gleichung. Es entsteht die Matrix $\mathbf{A}^{(i+1)}$ und die rechte Seite $\mathbf{b}^{(i+1)}$. Die Matrix $\mathbf{A}^{(i+1)}$ hat in den ersten $i+1$ Spalten unterhalb der Hauptdiagonalen nur Nullen. Nach insgesamt $n-1$ Schritten haben wir so die Form (6.9) erreicht. Diese Methode der Herstellung einer oberen Dreiecksmatrix mit anschließendem Rückwärtseinsetzen heißt *Gaußsches Eliminationsverfahren*.

Definieren wir die Matrizen

$$\mathbf{L}_i = \begin{pmatrix} 1 & 0 & \dots & 0 & 0 & 0 & \dots & 0 \\ 0 & 1 & \dots & 0 & 0 & 0 & \dots & 0 \\ \vdots & \vdots & \ddots & \vdots & \vdots & & & \vdots \\ 0 & 0 & \dots & 1 & 0 & 0 & \dots & 0 \\ 0 & 0 & \dots & 0 & 1 & 0 & & 0 \\ 0 & 0 & \dots & 0 & -l_{i+2,i+1} & 1 & & 0 \\ \vdots & \vdots & & \vdots & \vdots & & \ddots & \vdots \\ 0 & 0 & \dots & 0 & -l_{n,i+1} & 0 & \dots & 1 \end{pmatrix}, \tag{6.12}$$

$$\begin{aligned} l_{k,i+1} &= a_{k,i+1}^{(i)} \,/\, a_{i+1,i+1}^{(i)} \\ \text{für } k &= i+2, i+3, \dots, n, \quad i = 0, 1, \dots, n-2, \end{aligned} \tag{6.13}$$

so erkennt man, dass die Operationen im $(i+1)$-ten Schritt auch mit

$$\mathbf{A}^{(i+1)} = \mathbf{L}_i\mathbf{A}^{(i)}, \quad \mathbf{b}^{(i+1)} = \mathbf{L}_i\mathbf{b}^{(i)} \tag{6.14}$$

hätten beschrieben werden können. Wir erhalten insgesamt also

$$\mathbf{A}^{(n-1)} = \mathbf{L}_{n-2}\mathbf{A}^{(n-2)} = \mathbf{L}_{n-2}\mathbf{L}_{n-3}\ldots\mathbf{L}_0\mathbf{A}^{(0)}. \tag{6.15}$$

Es ist einfach nachzurechnen, dass $\Lambda_i\mathbf{L}_i = \mathbf{I}$ (*Einheitsmatrix*) ist mit

$$\Lambda_i = \begin{pmatrix} 1 & 0 & \ldots & 0 & 0 & 0 & \ldots & 0 \\ 0 & 1 & \ldots & 0 & 0 & 0 & \ldots & 0 \\ \vdots & \vdots & \ddots & \vdots & \vdots & & & \vdots \\ 0 & 0 & \ldots & 1 & 0 & 0 & \ldots & 0 \\ 0 & 0 & \ldots & 0 & 1 & 0 & & 0 \\ 0 & 0 & \ldots & 0 & l_{i+2,i+1} & 1 & & 0 \\ \vdots & \vdots & & & \vdots & & \ddots & \vdots \\ 0 & 0 & \ldots & 0 & l_{n,i+1} & 0 & \ldots & 1 \end{pmatrix}. \tag{6.16}$$

Etwas mühsamer festzustellen ist, dass sich das Produkt

$$\mathbf{L} = \Lambda_0\Lambda_1\ldots\Lambda_{n-2} = \begin{pmatrix} 1 & 0 & \ldots & 0 & 0 \\ l_{21} & 1 & \ldots & 0 & 0 \\ \vdots & & \ddots & & \vdots \\ l_{n-1,1} & l_{n-1,2} & \ldots & 1 & 0 \\ l_{n1} & l_{n2} & \ldots & l_{n,n-1} & 1 \end{pmatrix} \tag{6.17}$$

in der angegebenen Form als eine linke Dreiecksmatrix ausrechnen läßt.

Multiplizieren wir Gleichung (6.15) der Reihe nach von links mit Λ_{n-2}, $\Lambda_{n-3}, \ldots, \Lambda_0$, so erhalten wir

$$\mathbf{L}\mathbf{A}^{(n-1)} = \mathbf{A}^{(0)}. \tag{6.18}$$

Die schließlich ausgerechnete Matrix $\mathbf{R} := \mathbf{A}^{(n-1)}$ ist eine obere (oder rechte) Dreiecksmatrix. D. h., wir haben die Ausgangsmatrix $\mathbf{A}$ mit dem Gaußschen Eliminationsverfahren in ein Produkt $\mathbf{A} = \mathbf{LR}$ einer linken mit einer rechten Dreiecksmatrix zerlegt. Die Darstellung (6.18) heißt daher auch *LR-Zerlegung* oder *Dreieckszerlegung* von $\mathbf{A}$. Man beachte, dass $\mathbf{L}_{n-2}\mathbf{L}_{n-3}\ldots\mathbf{L}_0 = \mathbf{L}^{-1}$ in der Darstellung (6.15) eine untere Dreiecksmatrix mit Einsen in der Diagonalen ist.

Programm 6.4. Pascal-Programm Gaußsches Eliminationsverfahren

```
for i:=1 to n-1 do {Hier beginnt die Gauss-Elimination*******}
  for k:=i+1 to n do
  begin
    c:=a[k,i]/a[i,i]; a[k,i]:=c;
    for j:=i+1 to n do
    begin
      a[k,j]:=a[k,j]-c*a[i,j];
    end;
  end; {In der unteren Haelfte von A sind die Multiplikatoren}
       {l[k,i] gespeichert, in der rechten Haelfte incl. der*}
       {Diagonalen die rechte Matrix R***********************}
```

Die in **L** auftretenden Zahlen unterhalb der Hauptdiagonalen können bequem in dem nicht gebrauchten unteren Teil von $\mathbf{A}^{(n-1)}$ gespeichert werden. Die Berechnung dieser Dreieckszerlegung mit dem besprochenen Gaußschen Eliminationsverfahren kann wie im Pascal-Programm 6.4 realisiert werden.

Bemerkungen:

i) Im i-ten Schritt $i = 1, 2, \ldots, n-1$ ändern sich die ersten i Zeilen von $\mathbf{A}^{(i-1)}$ und $\mathbf{b}^{(i-1)}$ nicht mehr.

ii) Sollte im i-ten Schritt $a_{ii}^{(i-1)} = 0$ sein, dann kann das Verfahren in der angegebenen Form nicht durchgeführt werden. Wir kommen darauf im nächsten Abschnitt zurück.

iii) Das Gaußsche Verfahren läßt sich genau dann in der angegebenen Form durchführen, wenn $a_{ii}^{(i-1)} \neq 0$ für alle $i = 1, 2, \ldots, n-1$. Das bedeutet in der Sprache des Originalsystems **Ax=b**, dass alle Teilgleichungssysteme (sog. *k-te Hauptabschnittssysteme*)

$$\begin{array}{ccccccccc} a_{11}x_1 & + & a_{12}x_2 & + & \cdots\cdots & + & a_{1k}x_k & = & b_1, \\ a_{21}x_1 & + & a_{22}x_2 & + & \cdots\cdots & + & a_{2k}x_k & = & b_2, \\ \vdots & & \vdots & & & & \vdots & & \vdots \\ a_{k1}x_1 & + & a_{k2}x_2 & + & \cdots\cdots & + & a_{kk}x_k & = & b_k \end{array}$$

für $k = 1, 2, \ldots, n$ nicht singulär sind. Bei dem Beispiel

$$\begin{pmatrix} 0 & 1 \\ 1 & 0 \end{pmatrix} \begin{pmatrix} x_1 \\ x_2 \end{pmatrix} = \begin{pmatrix} 1 \\ 1 \end{pmatrix}$$

hat das Gesamtsystem ganz offensichtlich die Lösung $x_1 = x_2 = 1$, aber das erste Hauptabschnittssystem $0 \cdot x_1 = 1$ hat keine Lösung. Das Gaußsche Eliminationsverfahren muss also modifiziert werden, wenn es auch die Lösungen des obigen Beispiels finden soll.

6.2.1 Pivotsuche

Wie wir an der obigen Bemerkung iii) sehen, läßt sich das Gaußsche Eliminationsverfahren in der bisher angegebenen Form nicht durchführen, wenn wir im Laufe der Rechnung auf ein verschwindendes Diagonalelement stoßen.

Eine einfache und wirksame Gegenmaßnahme ist das Vertauschen von Zeilen oder Spalten, da derartige Vertauschungen die Lösungsmenge nicht verändern. Wir können damit meistens bewirken, dass nach geeigneten Vertauschungen das anstehende Diagonalelement ungleich Null ist.

Wir betrachten dazu noch einmal – ausgehend von der Matrix $\mathbf{A}^{(i)}$, man vergleiche die Form (6.11), S. 166 – den $(i+1)$-ten Eliminationsschritt. Wir nehmen $a_{i+1,i+1}^{(i)} = 0$ und $a_{kk}^{(i)} \neq 0$ für alle $k = 1, 2, \ldots i$ an. Da wir die bereits partiell vorhandene rechte Dreiecksgestalt von $\mathbf{A}^{(i)}$ nicht wieder zerstören wollen, werden wir Vertauschungen von Zeilen und Spalten nur mit Nummern ab $i+1$ vornehmen. Wir betrachten drei Fälle.

1. Rechts neben $a_{i+1,i+1}^{(i)}$ sind auch alle Elemente derselben Zeile Null. In diesem Fall ist die gesamte $(i+1)$-te Zeile Null und das Gleichungssystem hat eine singuläre Matrix.

2. Unterhalb $a_{i+1,i+1}^{(i)}$ sind auch alle Elemente derselben Spalte Null. In diesem Fall enthält das $(n-i) \times (n-i)$ Teilgleichungssystem aus den letzten Zeilen und Spalten ab Nummer $i+1$ die Variablen $x_1, x_2, \ldots, x_{i+1}$ nicht mehr. Dieses Teilgleichungssystem kann daher unabhängig von dem übrigen Gleichungssystem gelöst werden, enthält aber in der ersten Spalte nur Nullen, ist daher singulär.

3. Die gesamte Teilmatrix ab Zeile und Spalte $i+1$ ist Null. Mit den bereits gebrachten Argumenten ist dann auch die gesamte Matrix singulär.

Satz 6.5. Sei die Matrix $\mathbf{A}$ nicht singulär, und sei $\mathbf{A}^{(i)} = (a_{jk}^{(i)})$ die mit i Schritten nach dem Gaußschen Eliminationsverfahren hergestellte Matrix (man vgl. (6.11), S. 166), und seien $a_{kk}^{(i)} \neq 0$ für alle $k = 1, 2, \ldots, i$ und $a_{i+1,i+1}^{(i)} = 0$.

(a) Sei $i \leq n-2$. Dann gibt es ein Matrixelement $a_{i+1,k}^{(i)} \neq 0$ für ein $k \geq i+2$ und ein Matrixelement $a_{j,i+1}^{(i)} \neq 0$ für ein $j \geq i+2$.

(b) Im Falle $i = n-1$ ist $a_{nn}^{(n-1)} \neq 0$.

Beweis: (a) ergibt sich aus der Diskussion der drei angegebenen Fälle 1) bis 3).

(b) Ist $a_{nn}^{(n-1)} = 0$, so ist die gesamte letzte Zeile von $\mathbf{A}^{(n-1)}$ Null, und daher das Ausgangsgleichungssystem singulär, ein Widerspruch zur Annahme. □

Dieser Satz garantiert also, dass wir sogar in derselben Spalte oder Zeile wie $a^{(i)}_{i+1,i+1}$ ein zum Vertauschen geeignetes Element finden können, das den Platz des Diagonalelements einnehmen kann. Da es in der Regel sogar mehrere zur Vertauschung geeignete Elemente gibt, können wir unter den Vertauschungskandidaten einen solchen wählen, der insgesamt die Elimination günstig beeinflußt. Mit dem Gaußschen Eliminationsverfahren (wenn es sich durchführen läßt) erzeugen wir nach (6.18), S. 167 eine Links-Rechts-Zerlegung $\mathbf{A} = \mathbf{LR}$ der gegebenen Matrix $\mathbf{A}$. Durch Rundungsfehler erzeugen wir tatsächlich eine Zerlegung der Form $\hat{\mathbf{L}}\hat{\mathbf{R}}$ und gelöst wird ein Gleichungssystem der Form $(\mathbf{A}+\mathbf{E})\hat{\mathbf{x}} = \mathbf{b}$ mit einer unbekannten Matrix $\mathbf{E}$, für die man aber die folgende Abschätzung herleiten kann:

$$|\mathbf{E}| \le n\mathbf{m}(3|\mathbf{A}| + 5|\hat{\mathbf{L}}|\,|\hat{\mathbf{R}}|) + O(\mathbf{m}^2) \tag{6.19}$$

([44, Golub & VanLoan, 1996, S. 106]). Dabei bezeichnet $\mathbf{m}$ die Maschinengenauigkeit, n die Ordnung von $\mathbf{A}$ und $|\mathbf{E}|$ etc. bezeichnet die Matrix der Beträge der Einträge von $\mathbf{E}$. Es ist also erstrebenswert, die Einträge von $|\hat{\mathbf{L}}|$ und $|\hat{\mathbf{R}}|$ möglichst klein zu halten.

Beispiel 6.6. ***Links-Rechts-Zerlegungen im Vergleich***

$$\begin{aligned}
\mathbf{A} &:= \begin{pmatrix} \varepsilon & 1 \\ 1 & 1 \end{pmatrix} = \begin{pmatrix} 1 & 0 \\ \varepsilon^{-1} & 1 \end{pmatrix}\begin{pmatrix} \varepsilon & 1 \\ 0 & 1-\varepsilon^{-1} \end{pmatrix} = \mathbf{LR},\\
\mathbf{A} &:= \begin{pmatrix} 1 & 1 \\ \varepsilon & 1 \end{pmatrix} = \begin{pmatrix} 1 & 0 \\ \varepsilon & 1 \end{pmatrix}\begin{pmatrix} 1 & 1 \\ 0 & 1-\varepsilon \end{pmatrix} = \mathbf{LR},
\end{aligned}$$

mit $0 < \varepsilon << 1$. Wir sehen, dass im ersten Fall große Elemente ε^{-1} in $|\hat{\mathbf{L}}|$ und in $|\hat{\mathbf{R}}|$ vorkommen, während im zweiten Fall, bei dem die beiden Zeilen von $\mathbf{A}$ vertauscht worden sind, dort keine großen Elemente vorkommen.

Wir betrachten die auszuführenden Grundoperationen bei der LR-Zerlegung, die alle die Gestalt

$$a^{(i+1)}_{jk} = a^{(i)}_{jk} - \frac{a^{(i)}_{j,i+1}}{a^{(i)}_{i+1,i+1}} a^{(i)}_{i+1,k}, \quad i+2 \le j,k \le n \tag{6.20}$$

besitzen. Die Zahlen $l_{j,i+1} = \frac{a^{(i)}_{j,i+1}}{a^{(i)}_{i+1,i+1}}$ sind Bestandteile der linken Matrix $\mathbf{L}$ und $a^{(i+1)}_{jk}$ sind Elemente der rechten Matrix $\mathbf{R}$. Haben wir jetzt ein Diagonalelement $a^{(i)}_{i+1,i+1}$, das sich nur wenig von Null unterscheidet, so werden sowohl Elemente in $\mathbf{L}$ als auch in $\mathbf{R}$ groß. Nach der Abschätzung (6.19) kann man die Elemente in

$|\hat{\mathbf{L}}|$ und in $|\hat{\mathbf{R}}|$ jedoch klein halten, wenn man das Diagonalelement durch geeignete Vertauschungen möglichst groß wählt.

Aus den bisherigen Überlegungen ergeben sich (leicht) verschiedene Strategien zur Wahl eines neuen Diagonalelements. Das aktuell zur Elimination benutzte Diagonalelement heißt *Pivotelement* (frz. pivot [pivó]: Drehpunkt, Angelpunkt) und die Suche nach einem geeigneten Pivotelement heißt entsprechend *Pivotsuche*. Mögliche Strategien angewendet auf $\mathbf{A}^{(i)}$ lauten:

Spaltenpivotsuche: Unter den Elementen $a_{j,i+1}^{(i)}$, $j = i+1, i+2, \ldots, n$ wähle man ein dem Betrage nach größtes als neues Diagonalelement. Sitzt dieses Element in Zeile j_0, so vertausche man Zeile j_0 mit Zeile $i+1$.

Totale Pivotsuche: Unter den Elementen $a_{jk}^{(i)}$, $j, k \geq i+1$ wähle man ein dem Betrage nach größtes als neues Diagonalelement. Sitzt dieses Element in Zeile j_0 und Spalte k_0, so vertausche man Zeile j_0 mit Zeile $i+1$ und Spalte k_0 mit Spalte $i+1$.

Bei großen Matrizen ist eine vereinfachende Variante zu den genannten Strategien sinnvoll. Man suche wie angegeben, aber nur solange bis man ein Element gefunden hat, das einen vorgegebenen Schwellenwert $s > 0$ erreicht oder überschreitet. Diese Strategie heißt *Schwellenwertmethode*.

Es ist zu beachten, dass die angegebenen Vertauschungen von Zeilen und Spalten, die ja sehr aufwendig sein können, tatsächlich nicht ausgeführt werden müssen. Es ist dazu zweckmäßig, sich neben und unter der Matrix $\mathbf{A}$ je einen zusätzlichen *Merkvektor* zu definieren, in den man die entsprechenden Vertauschungen einträgt und den man vor der Rechnung mit $1, 2, \ldots, n$ besetzt.

Unter Verwendung eines derartigen Merkvektors ist die Spaltenpivotsuche weniger aufwendig als die totale Pivotsuche. Bei der ersten Strategie benötigen wir $n + (n-1) + (n-2) + \cdots + 1 = n(n+1)/2$ Suchschritte, im zweiten Verfahren brauchen wir $n^2 + (n-1)^2 + \cdots + 1 = n^3/3 + n^2/2 + n/6$ Schritte.

Wir betrachten jetzt einige Beispiele, die deutlich machen, dass auch in einfachen Fällen immer eine Pivotsuche eingeschaltet werden sollte. Wir benutzen durchgehend sechsstellige Arithmetik und runden Operationen vom Typ $a - b * c$ erst *nach* ihrer Ausführung.

Beispiel 6.7. ***Lösung eines linearen Gleichungssystems***
Wir behandeln $\mathbf{A}^{(0)}\mathbf{x} = \mathbf{b}^{(0)}$ zuerst ohne Pivotsuche mit

$$\mathbf{A}^{(0)} = \begin{pmatrix} 11 & 44 & 1 \\ 0.1 & 0.4 & 3 \\ 0 & 1 & -1 \end{pmatrix} \;; \quad \mathbf{b}^{(0)} = \begin{pmatrix} 1 \\ 1 \\ 1 \end{pmatrix}.$$

Die exakte Lösung ist
$\mathbf{x}^T = (1/329)(-1732,\ 438,\ 109) = (-5.26444,\ 1.33131,\ 0.331307).$

1. Eliminationsschritt: Wir subtrahieren $(0.1/11)$-mal die erste Zeile von der zweiten Zeile und erhalten

$$\mathbf{A}^{(1)} = \begin{pmatrix} 11 & 44 & 1 \\ 0 & -4.00000\text{E-}08 & 2.99091 \\ 0 & 1 & -1 \end{pmatrix} \; ; \; \mathbf{b}^{(1)} = \begin{pmatrix} 1 \\ 0.990909 \\ 1 \end{pmatrix}.$$

2. Eliminationsschritt:

$$\mathbf{A}^{(2)} = \begin{pmatrix} 11 & 44 & 1 \\ 0 & -4.00000\text{E-}08 & 2.99091 \\ 0 & 0 & 7.47727\text{E+}07 \end{pmatrix} \; ; \; \mathbf{b}^{(2)} = \begin{pmatrix} 1 \\ 0.990909 \\ 2.47727\text{E+}07 \end{pmatrix}.$$

Daraus erhält man $\mathbf{x}^T = (-41.8765, \;\; 10.4843, \;\; 0.331307)$, ein Vektor, der wenig mit der Lösung zu tun hat. Hätte man in den Operationen $a - b * c$ erst das Produkt für sich gerundet, wäre bereits bei der Berechnung des mittleren Diagonalelements von $\mathbf{A}^{(1)}$ Null heraus gekommen, und die Rechnung hätte abgebrochen werden müssen.

Wir behandeln dasselbe Problem mit Spaltenpivotsuche:
1. Eliminationsschritt:

$$\mathbf{A}^{(1)} = \begin{pmatrix} 11 & 44 & 1 \\ 0 & -4.00000\text{E-}08 & 2.99091 \\ 0 & 1 & -1 \end{pmatrix} \; ; \; \mathbf{b}^{(1)} = \begin{pmatrix} 1 \\ 0.990909 \\ 1 \end{pmatrix}.$$

2. Eliminationsschritt:

$$\mathbf{A}^{(2)} = \begin{pmatrix} 11 & 44 & 1 \\ 0 & 1 & -1 \\ 0 & 0 & 2.99091 \end{pmatrix} \; ; \; \mathbf{b}^{(2)} = \begin{pmatrix} 1 \\ 1 \\ 0.990909 \end{pmatrix}$$

mit (fast richtiger) Lösung $\mathbf{x}^T = (-5.26445, \;\; 1.33131, \;\; 0.331307)$.

Wir haben an dem Beispiel gesehen, dass Verzicht auf Pivotsuche total falsche Ergebnisse liefern kann.

Mit der Pivotsuche sind jedoch noch nicht alle auftretenden numerischen Probleme gelöst. Auf zwei Punkte wollen wir noch hinweisen:

a) Ein singuläres Gleichungssystem wird (jedenfalls theoretisch) vom Gauß-verfahren daran erkannt, dass im Laufe der Rechnung an einer bestimmten Stelle alle Pivotsuchen erfolglos verlaufen, d. h. ein verschwindendes Pivotelement produzieren. Durch Rundungsfehler könnte es aber passieren, dass das System trotzdem als lösbar erscheint. Eine hieraus berechnete Lösung hat wenig Sinn. Man behilft sich in der Praxis üblicherweise so, dass man ein Gleichungssystem für nicht behandelbar erklärt, wenn ein Pivotelement betragsmäßig kleiner als ein vorgegebenes ε (z. B. $\varepsilon = 10^{-8}$) vorkommt.

b) Aufgrund von Rechenungenauigkeiten wird in der Regel die berechnete Lösung $\hat{\mathbf{x}}$ nicht mit der exakten Lösung $\mathbf{x}$ übereinstimmen, und es wird nur $\mathbf{A}\hat{\mathbf{x}} \approx \mathbf{b}$ gelten. Daher muss man sich fragen, ob die Größe des bekannten *Residuums* (auch *Defekt* genannt) $\mathbf{r} := \mathbf{b} - \mathbf{A}\hat{\mathbf{x}}$ eine Aussage über die Größe des unbekannten *Fehlers* $\varepsilon := \mathbf{x} - \hat{\mathbf{x}}$ zuläßt. Aus der Gleichung für das Residuum folgt sofort $\mathbf{Br} := \mathbf{B}(\mathbf{b} - \mathbf{A}\hat{\mathbf{x}})$ für jede nicht singuläre Matrix $\mathbf{B}$. Man kann also durch Wahl von $\mathbf{B}$ das Residuum der neuen Gleichung beliebig groß machen, ohne dass sich der Fehler ändert.

Zu der in b) aufgeworfenen Frage stellen wir nun einige Überlegungen an. In Analogie zur Länge eines Vektors im dreidimensionalen Raum definieren wir folgendermaßen:

Definition 6.8. Als *euklidische Länge* des Vektors $\mathbf{y} = (y_1, \ldots, y_n)$ bezeichnen wir die Zahl

$$||\mathbf{y}||_2 := \sqrt{\sum_{i=1}^{n} |y_i|^2}. \tag{6.21}$$

In der Sprache der Analysis handelt es sich bei $||\cdot||_2$ um eine *Norm* über die in Abschnitt 8.1, S. 226 noch ausführlicher berichtet wird.

Etwas präziser lautet unsere Frage aus b) nun: Besteht ein Zusammenhang zwischen der Länge $||\mathbf{A}\hat{\mathbf{x}} - \mathbf{b}||_2$ des Residuums und der Länge $||\mathbf{x} - \hat{\mathbf{x}}||_2$ des Fehlers? Kann man insbesondere schließen, dass $||\mathbf{x} - \hat{\mathbf{x}}||_2$ klein ist, wenn $||\mathbf{A}\hat{\mathbf{x}} - \mathbf{b}||_2$ klein ist? Gleichungssysteme, zu denen Vektoren $\hat{\mathbf{x}}$ existieren, die mit der Lösung (fast) nichts zu tun haben, und die beim Einsetzen nur ein kleines Residuum erzeugen, lassen sich jedoch leicht konstruieren.

Beispiel 6.9. ***Kleines Residuum und großer Fehler***
Wir betrachten den Schnittpunkt zweier Geraden. Der Einfachheit halber sei eine dieser Geraden die x_1-Achse mit der Gleichung $x_2 = 0$, die andere Gerade sei $x_2 = mx_1$ mit einem kleinen Wert $m \neq 0$. Der Schnittpunkt ist offensichtlich $x = (0, 0)$, und das Residuum für ein beliebiges $\hat{\mathbf{x}} = (\hat{x}_1, 0)$ ist $\mathbf{r} = (0, -m\hat{x}_1)$. Ist nun beispielsweise $\hat{x}_1 = 10^5, m = 10^{-10}$, so ist $||\mathbf{x} - \hat{\mathbf{x}}||_2 = \hat{x}_1 \approx 10^5$ aber $||\mathbf{r}||_2 = m\hat{x}_1 \approx 10^{-5}$. Hat das behandelte Problem die Form $\mathbf{Ax} = \mathbf{b}$, so ist

$$\mathbf{A} = \begin{pmatrix} 0 & 1 \\ m & -1 \end{pmatrix}, \quad \mathbf{b} = \begin{pmatrix} 0 \\ 0 \end{pmatrix}.$$

Definition 6.10. Ein Problem heißt *schlecht konditioniert*, wenn eine kleine Änderung der Eingabewerte eine große Änderung der Ausgabewerte zur Folge hat.

Diese vage, qualitative Definition kann erst mit später zur Verfügung stehenden Mitteln genauer gefaßt werden. Man vgl. Aufgabe 6.11, S. 196 und Beispiel 8.14, S. 234.

6.2.2 Gauß-Variationen, Cholesky-Zerlegung

Sei $\mathbf{A} = (a_{j\ell}) \in \mathbb{K}^{n\times n}$ eine gegebene, nicht singuläre Matrix. Beim Gaußschen Eliminationsverfahren hatten wir (ggf. unter Vertauschung von Zeilen oder Spalten) eine Dreieckszerlegung $\mathbf{A} = \mathbf{LR}$ mit einer linken und einer rechten Dreiecksmatrix $\mathbf{L}$ bzw. $\mathbf{R}$ mit $\operatorname{diag}\mathbf{L} = \mathbf{I}$ hergestellt. Wir haben dort auch bemerkt, dass eine Dreickszerlegung (ohne Vertauschungen) genau dann möglich ist, wenn alle *Hauptabschnittsuntermatrizen* $\mathbf{A}_k = (a_{ij}),\ i,j = 1,2,\ldots,k;\ k = 1,2,\ldots,n$ nicht singulär sind, und dass eine derartige Eigenschaft immer durch geeignete Zeilen- oder Spaltenpermutationen gewährleistet werden kann. Wir nehmen zuerst an, dass $\mathbf{A}$ diese Eigenschaft hat. Wir wollen untersuchen, wie Dreieckszerlegungen

$$\mathbf{A} = \mathbf{LR},\ \mathbf{L}\text{ linke, }\mathbf{R}\text{ rechte Dreiecksmatrix}$$

im allgemeinen erzeugt werden können. Setzen wir für $j,k,\ell = 1,2,\ldots,n$

$$\mathbf{L} = (l_{jk}), l_{jk} = 0 \text{ für } j < k;\ \mathbf{R} = (r_{k\ell}), r_{k\ell} = 0 \text{ für } k > \ell,$$

so folgt aus $\mathbf{A} = \mathbf{LR}$

$$a_{j\ell} = \sum_{k=1}^{\min(j,\ell)} l_{jk}r_{k\ell};\ j,\ell = 1,2,\ldots,n.$$

Dies ist ein Gleichungssystem mit n^2 Gleichungen und n^2+n Unbekannten, nämlich den von Null verschiedenen Einträgen von $\mathbf{L}$ und $\mathbf{R}$. Um zu einer eindeutigen Lösung zu kommen, können wir n Einträge, z. B. die Diagonalelemente von $\mathbf{L}$ oder von $\mathbf{R}$ vorgeben. Da wir angenommen haben, dass $\mathbf{A}$ nicht singulär ist, sind auch $\mathbf{L}$ und $\mathbf{R}$ notwendig nicht singulär; das heißt insbesondere, dass die Diagonalelemente von $\mathbf{L}$ und $\mathbf{R}$ nicht verschwinden. Sind die Diagonalelemente $l_{jj} \neq 0$ von $\mathbf{L}$ vorgegeben, so können wir ausgehend von obiger Formel $K = \min(j,\ell)$ setzen und in der Reihenfolge $K = 1,2,\ldots,n$ rechnen: (Verfahren von Doolittle)

$$\text{(6.22)}\qquad \begin{aligned} r_{K\ell} &= (a_{K\ell} - \textstyle\sum_{k=1}^{K-1} l_{Kk}r_{k\ell})/l_{KK},\ \ell \geq K,\\ l_{jK} &= (a_{jK} - \textstyle\sum_{k=1}^{K-1} l_{jk}r_{kK})/r_{KK},\ j \geq K+1. \end{aligned}$$

In der zweiten Zeile von (6.22) rechnen wir erst ab $j = K+1$, weil wir l_{KK} bereits kennen. Wir berechnen also zuerst die erste Zeile von $\mathbf{R}$, dann die noch nicht berechneten Teile der ersten Spalte von $\mathbf{L}$, dann die noch nicht berechneten

Teile der zweiten Zeile von $\mathbf{R}$, die nicht berechneten Teile der zweiten Spalte von $\mathbf{L}$, usw. Sind hingegen die Diagonalelemente $r_{kk} \neq 0$ vorgegeben, so rechnen wir für $K = 1, 2, \ldots, n$ anders herum: (Verfahren von Crout)

$$\begin{aligned} l_{jK} &= (a_{jK} - \textstyle\sum_{k=1}^{K-1} l_{jk} r_{kK})/r_{KK},\ j \geq K, \\ r_{K\ell} &= (a_{K\ell} - \textstyle\sum_{k=1}^{K-1} l_{Kk} r_{k\ell})/l_{KK},\ \ell \geq K+1. \end{aligned} \tag{6.23}$$

Hier rechnen wir also zuerst die erste Spalte von $\mathbf{L}$ aus, dann den noch nicht berechneten Teil der ersten Zeile von $\mathbf{R}$ etc., wobei in allen Fällen bei $K = 1$ die Summe durch Null zu ersetzen ist. Die einfachsten Fälle sind $l_{jj} = 1$ bzw. $r_{kk} = 1$. In diesen Fällen können natürlich die Divisionen durch l_{KK} bzw. durch r_{KK} unterbleiben. Im ersten Fall erhalten wir bei anderer Berechnungsreihenfolge dieselben Ergebnisse wie bei der Gauß-Elimination. Zum Vergleich ziehen wir die Formel (6.14), S. 167 in der Form $\mathbf{A}^{(i)} = \mathbf{L}_{i-1}\mathbf{A}^{(i-1)}$ heran und verwenden die Tatsache, dass die ersten i Zeilen von $\mathbf{A}^{(i-1)}$ bereits mit den ersten i Zeilen von $\mathbf{R}$ übereinstimmen. Aus (6.14), S. 167 folgt $a_{K\ell}^{(i)} = a_{K\ell}^{(i-1)} - l_{Ki} a_{i\ell}^{(i-1)} = a_{K\ell}^{(i-1)} - l_{Ki} r_{i\ell}$ und somit

$$a_{K\ell}^{(i)} = a_{K\ell}^{(0)} - \sum_{k=1}^{i} l_{Kk} r_{k\ell},\ \ell \geq K.$$

Das bedeutet: im Vergleich zu (6.22) (mit $l_{KK} = 1$) werden die Skalarprodukte (unter Skalarprodukten verstehn wir hier Ausdrücke der Form $\sum x_j y_j$) nur partiell gebildet und zwischengespeichert. Wir bezeichnen wie auch andere Autoren (z. B. [90, SCHMEISSER & SCHIRMEIER, 1976, S. 99/100]) das aus (6.22) abgeleitete Verfahren als *Verfahren von Doolittle* und das aus (6.23) abgeleitete Verfahren als *Verfahren von Crout*. Man wird aber selbst bei einfachen Matrizen $\mathbf{A}$ nicht ohne Pivotsuche auskommen. Beim Verfahren (6.22) von Doolittle wird man $|r_{K\ell_0}| = \max_{\ell \geq K} |r_{K\ell}|$ und beim Verfahren (6.23) von Crout $|l_{j_0 K}| = \max_{j \geq K} |l_{jK}|$ berechnen, und im ersten Fall (Doolittle) die Spalten K und ℓ_0 und im zweiten Fall (Crout) die Zeilen j_0 und K von $\mathbf{A}$ vertauschen. Dabei müssen die Vertauschungen nicht notwendig physikalisch ausgeführt werden. Es genügt eine entsprechende Indexvertauschung ([90, SCHMEISSER & SCHIRMEIER, 1976, S. 100]).

Besonders einfach gestalten sich die Formeln (von Doolittle und Crout) wenn $\mathbf{A} = (a_{jk})$ eine Tridiagonalmatrix ist, d. h. $a_{jk} = 0$ für $|j - k| > 1$. Die Formeln von Crout lauten dann mit $r_{kk} = 1$:

$$\begin{aligned} l_{11} &= a_{11}, \\ r_{j,j+1} &= a_{j,j+1}/l_{jj}, \\ l_{j+1,j+1} &= a_{j+1,j+1} - a_{j+1,j}r_{j,j+1}, \\ l_{j+1,j} &= a_{j+1,j},\ j = 1, 2, \ldots, n-1. \end{aligned} \tag{6.24}$$

Wie man sieht, werden zur Dreieckszerlegung einer Tridiagonalmatrix nur $2n$ Mult/Div benötigt. Man vgl. auch die Aufgabe 6.12, S. 197. Eine Tridiagonalmatrix $\mathbf{A} = (a_{jk})$ heißt *strikt (Zeilen-)diagonaldominante*, wenn

$$|a_{11}| > |a_{12}|, |a_{jj}| > |a_{j,j-1}| + |a_{j,j+1}|, j = 2, 3 \ldots, n-1, |a_{nn}| > |a_{n,n-1}|.$$

Der Begriff der strikten Diagonaldominanz war bereits in Abschnitt 3, S. 92 eingeführt worden.

Lemma 6.11. Sei $\mathbf{A} = (a_{jk})$ eine strikt diagonaldominante Tridiagonalmatrix. Dann sind $\mathbf{A}$ und alle Hauptabschnittssysteme von $\mathbf{A}$ regulär, insbesondere sind alle in (6.24) auftretenden Nenner l_{jj} nicht Null.

Beweis: Wegen $|l_{11}| = |a_{11}| > |a_{12}|$ ist die Behauptung für $j = 1$ richtig. Weiter ist $|r_{12}| = |a_{12}|/|l_{11}| < 1$. Den Rest beweist man durch vollständige Induktion. Seien also $|l_{jj}| > 0$ und $|r_{jj+1}| < 1$. Dann folgt aus (6.24) und der Diagonaldominanz unter Anwendung der Dreiecksungleichung $|l_{j+1j+1}| > 0$ und $|r_{j+1,j+2}| = |a_{j+1,j+2}|/|a_{j+1,j+1} - a_{j+1,j}r_{j,j+1}| < 1$. □

Sei jetzt die gegebene Matrix $\mathbf{A}$ symmetrisch (im komplexen Fall hermitesch). Wir verfolgen jetzt der Einfachheit nur den reellen Fall (der komplexe Fall ergibt sich analog; überall wo „^{T}" auftaucht, schreibe man „*"). Wir machen für diesen Fall den folgenden verallgemeinerten Ansatz:

$$\begin{aligned} \mathbf{A} &= \mathbf{LDL}^{\mathrm{T}} \text{ mit} \\ \mathbf{D} &= (d_{ij}) = \operatorname{diag}\mathbf{D},\ \operatorname{diag}\mathbf{L} = \mathbf{I}. \end{aligned} \tag{6.25}$$

Unter Berücksichtigung der Symmetrie von $\mathbf{A}$ erhalten wir

$$a_{j\ell} = \sum_{k=1}^{\ell} d_{kk}l_{jk}l_{\ell k} = \sum_{k=1}^{\ell-1} d_{kk}l_{jk}l_{\ell k} + d_{\ell\ell}l_{j\ell};\ 1 \le \ell \le j \le n.$$

Daraus ergibt sich für $K = 1, 2, \ldots, n$:

$$\begin{aligned} d_{KK} &= a_{KK} - \textstyle\sum_{k=1}^{K-1} d_{kk}l_{Kk}^2; \\ l_{jK} &= (a_{jK} - \textstyle\sum_{k=1}^{K-1} d_{kk}l_{jk}l_{Kk})/d_{KK},\ j \ge K+1. \end{aligned} \tag{6.26}$$

Die Zerlegung (6.25) spielt in manchen Optimierungsverfahren für symmetrische aber indefinite Matrizen $\mathbf{A}$ eine wichtige Rolle, in denen es darum geht, einen Vektor $\mathbf{y}$ mit $\mathbf{y}^T\mathbf{A}\mathbf{y} < 0$ zu finden, cf. [42, GILL, MURRAY & WRIGHT, 1981, p.107].

Ein wichtiger Spezialfall ist positive Definitheit von $\mathbf{A}$. Setzen wir $\mathbf{y} = \mathbf{L}^T\mathbf{x}$ für $\mathbf{x} \neq 0$, so folgt

$$\mathbf{x}^T\mathbf{A}\mathbf{x} = \mathbf{y}\mathbf{D}\mathbf{y} > 0 \text{ für alle } \mathbf{y} \neq 0,$$

da $\mathbf{L}$ eine nicht singuläre Matrix ist. Ist also $\mathbf{A}$ positiv definit, so sind alle Diagonalelemente von $\mathbf{D}$ positiv. Definieren wir für diesen Fall

$$\begin{aligned} \mathbf{D}^{1/2} &= \operatorname{diag}(\sqrt{d_{11}}, \sqrt{d_{22}}, \ldots, \sqrt{d_{nn}}), \text{ so ist} \\ \mathbf{A} &= (\mathbf{L}\mathbf{D}^{1/2})(\mathbf{L}\mathbf{D}^{1/2})^T \end{aligned}$$

eine Dreieckszerlegung von $\mathbf{A}$, die *Cholesky-Zerlegung* von $\mathbf{A}$ heißt. Diese Zerlegung lautet explizit (für $K = 1, 2, \ldots, n$)

$$\begin{aligned} l_{KK} &= \left(a_{KK} - \textstyle\sum_{k=1}^{K-1} l_{Kk}^2\right)^{1/2}; \\ l_{jK} &= \left(a_{jK} - \textstyle\sum_{k=1}^{K-1} l_{jk}l_{Kk}\right)/l_{KK},\ j \geq K+1. \end{aligned} \tag{6.27}$$

Aber auch bei positiv definiten Matrizen ist es sinnvoll, direkt mit der Zerlegung (6.25) zu arbeiten und auf das Wurzelziehen zu verzichten. Wir gehen darauf im Abschnitt 6.2.3, Seite 179 näher ein. Verfahren, die mit der Cholesky-Zerlegung arbeiten, heißen *Cholesky-Verfahren.* Die oben angegebenen Dreieckszerlegungen benötigen $\approx n^3/3$ wesentliche Operationen, die Zerlegung (6.25) und die daraus abgeleitete Cholesky-Zerlegung jedoch nur $n^3/6$, wobei bei der Cholesky-Zerlegung noch n Quadratwurzeln hinzukommen. Außerdem ist bei symmetrischen, positiv definiten Matrizen die oben erwähnte Eigenschaft, dass alle Hauptabschnitte nicht singulär sind, immer erfüllt. Die Zerlegung (6.25) und die Cholesky-Zerlegung lassen sich in diesem Fall also immer ohne Pivotsuche durchführen. Es ist jedoch darauf hinzuweisen, dass bei nicht positiv definiten Matrizen eine Zerlegung der Form (6.25) nicht unbedingt existiert, wie man am folgenden Beispiel leicht erkennt: $\mathbf{A} = \begin{pmatrix} 0 & 1 \\ 1 & 0 \end{pmatrix}$.

Beispiel 6.12. ***Verschiedene Dreieckszerlegungen***
Wir zerlegen die folgende Matrix $\mathbf{A}$ nach den vier angegebenen Methoden.

$$\mathbf{A} = \begin{pmatrix} 9 & -36 & 30 \\ -36 & 192 & -180 \\ 30 & -180 & 180 \end{pmatrix} = \begin{pmatrix} 1 & 0 & 0 \\ -4 & 1 & 0 \\ 10/3 & -5/4 & 1 \end{pmatrix} \begin{pmatrix} 9 & -36 & 30 \\ 0 & 48 & -60 \\ 0 & 0 & 5 \end{pmatrix} =$$

$$\begin{pmatrix} 9 & 0 & 0 \\ -36 & 48 & 0 \\ 30 & -60 & 5 \end{pmatrix} \begin{pmatrix} 1 & -4 & 10/3 \\ 0 & 1 & -5/4 \\ 0 & 0 & 1 \end{pmatrix} =$$

$$\begin{pmatrix} 1 & 0 & 0 \\ -4 & 1 & 0 \\ 10/3 & -5/4 & 1 \end{pmatrix} \begin{pmatrix} 9 & 0 & 0 \\ 0 & 48 & 0 \\ 0 & 0 & 5 \end{pmatrix} \begin{pmatrix} 1 & -4 & 10/3 \\ 0 & 1 & -5/4 \\ 0 & 0 & 1 \end{pmatrix} =$$

$$\begin{pmatrix} 3 & 0 & 0 \\ -12 & 4\sqrt{3} & 0 \\ 10 & -5\sqrt{3} & \sqrt{5} \end{pmatrix} \begin{pmatrix} 3 & -12 & 10 \\ 0 & 4\sqrt{3} & -5\sqrt{3} \\ 0 & 0 & \sqrt{5} \end{pmatrix}.$$

6.2.3 Mehrere rechte Seiten

Für das angegebene Leontief-Modell einer Volkswirtschaft kann es sinnvoll sein, die zu produzierenden Mengen mit verschiedenen Annahmen über die Überschüsse durchzurechnen. Dies bedeutet, dass das entsprechende Gleichungssystem für mehrere rechte Seiten, aber mit unveränderter Matrix gelöst werden muss. Natürlich könnten wir jedesmal das Gleichungssystem von neuem lösen, aber es gibt einen Weg, den Arbeitsaufwand für diese Berechnung erheblich zu reduzieren.

Wir erinnern daran, dass das Gaußsche Eliminationsverfahren angewendet auf eine Matrix **A** eine Dreieckszerlegung der Form

(6.28) $\quad \mathbf{A} = \mathbf{LR}$, **L** linke, **R** rechte Dreiecksmatrix

liefert, wobei $\mathbf{L} = (l_{ij})$ in (6.13), S. 166, (6.17), S. 167 angegeben ist und in der unteren Hälfte von **R** gespeichert werden kann. Hat man also **Ax=b** mit verschiedenen rechten Seiten **b** zu lösen, so löse man nacheinander

(6.29) $$\mathbf{Ly} = \mathbf{b}, \quad \mathbf{Rx} = \mathbf{y}.$$

Das erste Gleichungssystem kann durch Vorwärtseinsetzen mit $1 + 2 + \cdots + n - 1 = (n-1)n/2$, das zweite durch Rückwärtseinsetzen mit $1 + 2 + \cdots + n = (n+1)n/2$ wesentlichen Operationen (d. h. Multiplikationen und Divisionen) gelöst werden, in der Summe also mit $(n-1)n/2 + n(n+1)/2 = n^2$ wesentlichen Operationen. Man vgl. dazu Tabelle 6.13. Für ein Gleichungssystem mit m rechten Seiten benötigen wir

(6.30) $$\frac{n^3}{3} + mn^2 - \frac{n}{3} \quad \text{wesentliche Operationen.}$$

Für $m = n$ braucht man also i. w. $4n^3/3$ wesentliche Operationen. Dieser Fall tritt auf, wenn zur Matrix **A** eine Matrix **B** mit $\mathbf{AB} = \mathbf{I}$ ausgerechnet werden muss.

Das Lösen von (6.29) läßt sich durch den Programmteil 6.14 leicht realisieren. Für symmetrische, nichtsinguläre Matrizen **A** hatten wir im Abschnitt 6.2.2, S. 174 eine Zerlegung vom Typ

(6.31)
$$\begin{aligned} \mathbf{A} &= \mathbf{L}\mathbf{D}\mathbf{L}^{\mathrm{T}} \text{ mit} \\ \operatorname{diag}\mathbf{L} &= \mathbf{I},\ \mathbf{D} = \operatorname{diag}\mathbf{D} \end{aligned}$$

kennengelernt. Zur Lösung von $\mathbf{Ax} = \mathbf{b}$ löse man die folgenden gestaffelten Gleichungssysteme nacheinander:

(6.32)
$$\text{(a) } \mathbf{Lz} = \mathbf{b},\ \text{(b) } \mathbf{Dy} = \mathbf{z},\ \text{(c) } \mathbf{L}^{\mathrm{T}}\mathbf{x} = \mathbf{y}.$$

Tabelle 6.13. Operationszahlen bei der Gauß-Elimination

	Dreiecks-zerlegung $\mathbf{A} = \mathbf{L}\cdot\mathbf{R}$	Vorwärts-einsetzen $\mathbf{L}\cdot\mathbf{y} = \mathbf{b}$	Rückwärts-einsetzen $\mathbf{R}\cdot\mathbf{x} = \mathbf{y}$	Summe
Additionen	$\frac{n^3}{3} - \frac{n^2}{2} + \frac{n}{6}$	$\frac{(n-1)n}{2}$	$\frac{(n-1)n}{2}$	$\frac{n^3}{3} + \frac{n^2}{2} - \frac{5n}{6}$
Multiplikationen	$\frac{n^3}{3} - \frac{n^2}{2} + \frac{n}{6}$	$\frac{(n-1)n}{2}$	$\frac{(n-1)n}{2}$	$\frac{n^3}{3} + \frac{n^2}{2} - \frac{5n}{6}$
Divisionen	$\frac{(n-1)n}{2}$	0	n	$\frac{(n+1)n}{2}$
Mult. + Div.	$\frac{(n^3-1)n}{3}$	$\frac{(n-1)n}{2}$	$\frac{(n+1)n}{2}$	$\frac{n^3}{3} + n^2 - \frac{n}{3}$

Um (a) und (c) zu lösen, benötigt man zusammen $n^2 - n$, für (b) n Mult/Div, also zusammen n^2 wesentliche Operationen. Benutzt man hingegen für symmetrische, positiv definite Matrizen die Cholesky-Zerlegung $\mathbf{A} = (\mathbf{LD}^{1/2})(\mathbf{LD}^{1/2})^{\mathrm{T}}$, so benötigt man zur Auflösung von $\mathbf{Ax} = \mathbf{b}$ neben n Quadratwurzeln $n^2 + n$ wesentliche Operationen.

Programm 6.14. Vorwärts- und Rückwärtseinsetzen beim Eliminationsverfahren

```
        {Ausgehend von Ax = LRx = b werden die Gleichungssysteme***}
        {Ly = b durch Vorwaertseinsetzen und Rx = y durch*********}
        {Rueckwaertseinsetzen geloest*****************************}
        {Hier beginnt das Vorwaertseinsetzen, L steht in der ******}
        {unteren Haelfte von A************************************}
    for i:=1 to n do
    begin
        s:=b[i];
```

```
        for k:=1 to i-1 do
        begin
            s:=s-a[i,k]*y[k];
        end;
        y[i]:=s;
        {Wenn man Platz sparen will oder muss, kann man am Schluss}
        {b[i]:=s setzen. Dann muss auch im naechsten Schritt******}
        {y durch b ersetzt werden**********************************}
    end;{Vorwaertseinsetzen ist hier zu Ende**********************}
        {Hier beginnt das Rueckwaertseinsetzen*******************}
    for i:=n downto 1 do
    begin
        {Man vgl. den Kommentar zum Vorwaertseinsetzen***********}
        s:=y[i];
        for k:=i+1 to n do
        begin
            s:=s-a[i,k]*x[k];
        end;
        x[i]:=s/a[i,i];
        {Auch hier koennte x durch b ersetzt werden***************}
    end;{Rueckwaertseinsetzen ist hier zu Ende*******************}
```

6.3 Iterative Lösungsverfahren

Das Gaußverfahren liefert uns theoretisch in endlich vielen Schritten die exakte Lösung des Gleichungssystems $\mathbf{Ax} = \mathbf{b}$ oder zeigt, dass $\mathbf{A}$ singulär ist. Bei der Durchführung des Verfahrens auf dem Rechner wird aber trotzdem das Ergebnis mit gewissen Ungenauigkeiten behaftet sein. Außerdem muss man alle Eliminationsschritte ausführen, um überhaupt eine Lösung(snäherung) zu erhalten. Deshalb könnte man versuchen, Verfahren zu entwickeln, die zwar von vornherein nur Näherungen der Lösung liefern, aber auf Wunsch schon nach kurzer Rechenzeit wieder beendet werden können. Verfahren, die eine Näherungslösung als Eingabe akzeptieren und als Ausgabe eine (verbesserte) Näherungslösung liefern, heißen *iterative Verfahren* oder kurz *Iterationsverfahren* (abgeleitet von [lat.] *iterare* wiederholen, man konsultiere [95, STOWASSER, 1991]). Gegenüber direkten Lösungsverfahren haben sie den Vorteil, dass sie auf Rundungsfehler in den Eingabedaten weniger empfindlich reagieren. Bei ihrer Konstruktion geht man ja ohnehin davon aus, dass die Eingabedaten nur näherungsweise richtig sind. Um zu einem Iterationsverfahren zu gelangen, benutzen wir

$$\mathbf{Ax} = \mathbf{b} \quad \Leftrightarrow \quad \mathbf{x} = \mathbf{b} + (\mathbf{I} - \mathbf{A})\mathbf{x}.$$

Abgeleitet aus der letzten Gleichung rechnen wir dann nach der folgenden *Iterationsvorschrift*

(6.33) $$\mathbf{x}^{(k+1)} = \mathbf{b} + (\mathbf{I} - \mathbf{A})\mathbf{x}^{(k)}, \ k = 0, 1, \ldots,$$

wobei $\mathbf{x}^{(0)}$ beliebig gewählt werden kann. Die Iterationsvorschrift (6.33) heißt auch *Richardson-Iteration.* Um zu einer größeren Vielfalt von Iterationsmöglichkeiten zu kommen, benutzt man dieselbe Idee, aber angewendet auf das *präkonditionierte* System

(6.34) (a) $\mathbf{P}^{-1}\mathbf{A}\mathbf{x} = \mathbf{P}^{-1}\mathbf{b}$, oder (b) $\mathbf{P}^{-1}\mathbf{A}\mathbf{Q}\mathbf{y} = \mathbf{P}^{-1}\mathbf{b}, \ \mathbf{Q}\mathbf{y} = \mathbf{x}$

mit beliebigen nicht singulären Matrizen $\mathbf{P}, \mathbf{Q}$, die in diesem Zusammenhang *links-* bzw. *rechts-Präkonditionierer* heißen. Bei der Auswahl der Präkonditionierer haben wir gewisse Freiheiten, die dazu benutzt werden sollen, den Rechengang günstig zu gestalten. Das resultierende Iterationsverfahren lautet im Falle (a)

(6.35) $$\mathbf{x}^{(k+1)} = \mathbf{P}^{-1}\mathbf{b} + (\mathbf{I} - \mathbf{P}^{-1}\mathbf{A})\mathbf{x}^{(k)}, \ k = 0, 1, \ldots,$$

oder äquivalent

(6.36) $$\mathbf{P}\mathbf{x}^{(k+1)} = \mathbf{b} + (\mathbf{P} - \mathbf{A})\mathbf{x}^{(k)}, \ k = 0, 1, \ldots.$$

Die Größen $\mathbf{x}^{(k)}$, $k = 0, 1, \ldots$ heißen auch die *Iterierten* des Verfahrens, und (6.36) ist für jedes feste k als ein lineares Gleichungssystem mit Matrix $\mathbf{P}$ und rechter Seite $\mathbf{b} + (\mathbf{P} - \mathbf{A})\mathbf{x}^{(k)}$ aufzufassen. Im Fall (b) von (6.34) ändert sich nur die Matrix, aber nicht das Verfahren, d. h., in (6.36) ersetze man $\mathbf{x}$ durch $\mathbf{y}$ und $\mathbf{A}$ durch $\mathbf{A}\mathbf{Q}$. Erst am Schluß ist $\mathbf{x} = \mathbf{Q}\mathbf{y}$ auszurechnen.

Der beste (links-)Präkonditionierer ist ganz offensichtlich $\mathbf{P} = \mathbf{A}$. In diesem Fall erhält man aus (6.35) unabhängig von $\mathbf{x}_0$ nach einem Schritt die Lösung. Diese Wahl ist natürlich zu aufwendig. Es ist daher naheliegend, $\mathbf{P}$ in einfacher Weise so zu wählen, dass $\mathbf{P}^{-1}\mathbf{A}$ die Einheitsmatrix in einem gewissen Sinne approximiert. Benutzen wir die Vorschrift (6.36) als Grunditeration, so sollten wir bei der Wahl von $\mathbf{P}$ die folgenden Regeln beachten:

i) Das Gleichungssystem (6.36) muss arithmetisch *einfach* lösbar sein.

ii) Die Iterierten $\mathbf{x}^{(k)}$ müssen bei jeder Wahl von $\mathbf{x}^{(0)}$ (möglichst schnell) gegen die Lösung von $\mathbf{A}\mathbf{x}=\mathbf{b}$ konvergieren, d. h. $||\mathbf{x}^{(k)} - \mathbf{x}||_2 \to 0$ für $k \to \infty$, (man vgl. Definition 6.8, S. 173).

Wir nehmen an, dass $\mathbf{A}$ durch Zeilen- bzw. Spaltenvertauschungen so umgeordnet worden ist, dass kein Hauptdiagonalelement Null ist (ist dies unmöglich, dann ist $\mathbf{A}$ singulär, man vgl. Aufgabe 6.24, S. 199). Zur Beschreibung von möglichen Präkonditionierern benutzen wir die nicht singulären Matrizen diag $\mathbf{A}$, $\mathbf{A}_L, \mathbf{A}_R$ mit

$$(6.37)\ \mathbf{A}_L := (l_{ij}) : l_{ij} := \begin{cases} a_{ij} & i \geq j, \\ 0 & \text{sonst,} \end{cases} \quad \mathbf{A}_R := (r_{ij}) : r_{ij} := \begin{cases} a_{ij} & i \leq j, \\ 0 & \text{sonst.} \end{cases}$$

Beispiel 6.15. diag$\mathbf{A}$, $\mathbf{A}_L, \mathbf{A}_R$ ***für*** $n = 2$

$$\mathbf{A} := \begin{pmatrix} a & b \\ c & d \end{pmatrix}, \ \text{diag}\,\mathbf{A} = \begin{pmatrix} a & 0 \\ 0 & d \end{pmatrix}, \ \mathbf{A}_L = \begin{pmatrix} a & 0 \\ c & d \end{pmatrix}, \ \mathbf{A}_R = \begin{pmatrix} a & b \\ 0 & d \end{pmatrix}.$$

Die zur Konstruktion von Iterationsverfahren traditionellen Präkonditionierer von $\mathbf{A}$ mit den in (6.37) eingeführten Matrizen diag $\mathbf{A}$, $\mathbf{A}_L$ sind:

a) $\mathbf{P} = \text{diag}\,\mathbf{A}$: *Gesamtschrittverfahren von Jacobi,*
b) $\mathbf{P} = \mathbf{A}_L$: *Einzelschrittverfahren von Gauß-Seidel,*
c) $\mathbf{P} = \mathbf{A}_L - (1 - \frac{1}{\omega})\text{diag}\,\mathbf{A}$: *SOR-Verfahren von David Young.*

Die Namen dieser Verfahren rühren daher, dass das Gesamtschrittverfahren (GSV) zunächst alle Komponenten von $\mathbf{x}^{(k+1)}$ berechnet, bevor diese in der weiteren Rechnung verwendet werden, während beim Einzelschrittverfahren (ESV) in die Berechnung von $\mathbf{x}^{(k+1)}$ die zuvor berechneten Werte $x_j^{k+1}, j = 1, \ldots, i-1$ sofort eingehen. Das in c) angegebene SOR-Verfahren (für [engl.] *successive overrelaxation*) ist definiert für beliebige Parameter $\omega \neq 0$. Für $\omega = 1$ stimmt es offensichtlich mit dem ESV überein. Der Name *over*relaxation ist entstanden, weil sich für die zuerst untersuchten (positiv definiten) Matrizen $\omega > 1$ als geeignete Wahl herausgestellt hat.

Im einzelnen ergeben sich die Rechenvorschriften: Man wähle $\mathbf{x}^{(0)} \in \mathbb{R}^n$ beliebig und nehme dann für $k = 0, 1, \ldots$

a) Gesamtschrittverfahren (oder Jacobi-Verfahren):

$$a_{ii}x_i^{(k+1)} = -\sum_{j=1}^{i-1} a_{ij}x_j^{(k)} - \sum_{j=i+1}^{n} a_{ij}x_j^{(k)} + b_i, \qquad i = 1, 2, \ldots, n,$$

b) Einzelschrittverfahren (oder Gauß-Seidel-Verfahren):

$$a_{ii}x_i^{(k+1)} = -\sum_{j=1}^{i-1} a_{ij}x_j^{(k+1)} - \sum_{j=i+1}^{n} a_{ij}x_j^{(k)} + b_i, \quad i = 1, 2, \ldots, n,$$

c) SOR-Verfahren:

$$\begin{aligned} a_{ii}z_i^{(k+1)} &= -\sum_{j=1}^{i-1} a_{ij}x_j^{(k+1)} - \sum_{j=i+1}^{n} a_{ij}x_j^{(k)} + b_i, \\ x_i^{(k+1)} &= \omega z_i^{(k+1)} + (1-\omega)x_i^{(k)}, \qquad i = 1, 2, \ldots, n. \end{aligned}$$

Beim Gauß-Eliminationsverfahren konnten wir direkt sehen, dass jeder Rechenschritt die Lösungsmenge des Gleichungssystems nicht verändert (abgesehen von

Rundungsfehlern). Deshalb war sofort einsichtig, dass das Verfahren tatsächlich die gesuchte Lösung des Gleichungssystems liefert. Hier ist der Beweis, dass die Folge der $\mathbf{x}^{(k)}$ gegen die Lösung des Gleichungssytems konvergiert, nicht so leicht zu führen. Darum werden wir zunächst nur ein (hinreichendes) Konvergenzkriterium angeben, den Beweis aber erst in einem späteren Kapitel führen.

Jedes dieser Iterationsverfahren wird generiert von einer (affin linearen) Abbildung f, die jedem Vektor $\mathbf{x}^{(k)}$ einen neuen Vektor $\mathbf{x}^{(k+1)} = f(\mathbf{x}^{(k)})$ zuordnet. Für den Lösungsvektor $\mathbf{x}$ unseres Gleichungssytems gilt $\mathbf{x} = f(\mathbf{x})$, daher heißt $\mathbf{x}$ dann ein *Fixpunkt* von f. Der später zu beweisende *Fixpunktsatz* gibt an, welche Eigenschaften die Abbildung f haben muss , damit sichergestellt ist, dass f einen Fixpunkt besitzt und dass , von einem beliebigen $\mathbf{x}^{(0)}$, die Folge

$$\mathbf{x}^{(k+1)} = f(\mathbf{x}^{(k)}), \quad k = 0, 1, \ldots$$

gegen diesen Fixpunkt konvergiert. Für das Gesamt- (GSV) und das Einzelschrittverfahren (ESV) liefert dieser Fixpunktsatz den folgenden Satz.

Satz 6.16. (Konvergenzsatz für GSV und ESV)[3] Für die Matrix **A** sei (evtl. nach Zeilen- oder Spaltenvertauschung)

(6.38) $$\rho := \max_{i=1,\ldots,n} \sum_{\substack{k=1\\k\neq i}}^{n} \left|\frac{a_{ik}}{a_{ii}}\right| < 1.$$

Dann gilt:

a) Das lineare Gleichungssystem **Ax=b** ist regulär, d. h. eindeutig lösbar.

b) Die vom GSV oder ESV erzeugte Folge $\mathbf{x}^{(k)}$ konvergiert für jeden Startpunkt $\mathbf{x}_0$ gegen die Lösung $\mathbf{x}$.

c) Der Abstand eines Folgengliedes $\mathbf{x}^{(k)}$ von der Lösung $\mathbf{x}$ ist abschätzbar durch

$$\max_{i=1,\ldots,n} |x_i^{(k)} - x_i| \le \frac{\rho^k}{1-\rho} \cdot \max_{i=1,\ldots,n} |x_i^{(1)} - x_i^{(0)}|. \qquad \square$$

Das Kriterium (6.38) kann auch in die Form

(6.39) $$\sum_{\substack{k=1\\k\neq i}}^{n} |a_{ik}| < |a_{ii}| \quad \text{für alle } i = 1, 2, \ldots, n$$

[3]Man vgl. Kapitel 10.5, S. 350, Konvergenzuntersuchungen für lineare Probleme.

gebracht werden. Das bedeutet, dass das Diagonalelement in jeder Zeile die Summe der anderen Elemente (immer dem Betrage nach) derselben Zeile überwiegt. Daher sagt man auch, dass **A** *diagonaldominant* ist, wenn (6.39) gilt (genauer eigentlich: *zeilendiagonaldominant*). Man sagt auch, dass das *Zeilensummenkriterium* erfüllt ist. Man vgl. Aufgabe 6.22, S. 199.

Beispiel 6.17. ***Anwendung des GSV und ESV***
Wir wenden das GSV und ESV auf das Gleichungssystem

$$\mathbf{A} = \begin{pmatrix} 0.7 & -0.2 & -0.1 \\ -0.1 & 0.6 & -0.2 \\ -0.1 & -0.1 & 0.9 \end{pmatrix}, \quad \mathbf{b} = \begin{pmatrix} 20 \\ 40 \\ 0 \end{pmatrix}$$

an. Wir wählen $\mathbf{x}^{(0)} = \mathbf{0}$. Die Rechenergebnisse finden sich in Tabelle 6.18.

Tabelle 6.18. GSV und ESV für Beispiel 6.17 mit $\varepsilon^k = \max_{i=1,2,3} |x_i^{k-1} - x_i^k|$

	$k=$	0	1	2	4	8	Lösung
	x_1^k	0	28.571	47.619	52.784	53.712	53.731
GSV	x_2^k	0	66.667	71.429	79.491	80.578	80.597
	x_3^k	0	0	10.582	14.291	14.914	14.925
	ε^k		67	19	2.3	0.03	—
	x_1^k	0	28.571	50.567	53.637	53.732	53.731
ESV	x_2^k	0	71.429	78.798	80.549	80.597	80.597
	x_3^k	0	11.111	14.374	14.910	14.925	14.925
	ε^k		71	22	0.5	0.0004	—

Man erkennt, dass das ESV hier schneller konvergiert als das GSV. I. a. kann man jedoch derartige Aussagen nicht machen. Es gibt Matrizen für die das GSV konvergiert, aber nicht das ESV und umgekehrt. Man vgl. dazu die Beispiele in Aufgabe 6.25, S. 199 und [90, SCHMEISSER & SCHIRMEIER, 1976, S. 91]. Eine Übersicht über neue Methoden zur iterativen Lösung von linearen Gleichungssystemen findet man bei [27, B. FISCHER, 1996], [34, FREUND, GOLUB & NACHTIGAL, 1992] und bei [48, HACKBUSCH, 1992]. Über die meisten Fragen zu linearen Gleichungssystemen und allgemeiner zu Fragen der numerischen linearen Algebra informieren [44, GOLUB & VAN LOAN, 1996]. Insbesondere auf Stabilitätsfragen gehen [61, KIEŁBASIŃSKI & SCHWETLICK, 1988] ein.

6.4 Methode der konjugierten Gradienten

Als außerordentlich wirksam und den angegebenen iterativen Verfahren vielfach überlegen hat sich das Verfahren der *konjugierten Gradienten* erwiesen. Dieses Verfahren beruht darauf, dass nicht das Gleichungssystem $\mathbf{A}\mathbf{x} = \mathbf{b}$ direkt gelöst wird, sondern ein äquivalentes Optimierungsproblem. Diese Ideen gehen zurück auf [54, HESTENES & STIEFEL, 1952].

Zur Beschreibung müssen wir etwas ausholen. Sei $f : \mathbb{R}^n \to \mathbb{R}$ eine Funktion von der wir ein (oder das) Minimum berechnen wollen. Eine sehr weit verbreitete Technik, auf die fast alle gängigen Optimierungsverfahren zurückzuführen sind, ist die folgende:

(a) Man wähle einen *Startpunkt* $\mathbf{x}_0 \in \mathbb{R}^n$ und eine *Startrichtung* $\mathbf{h}_0 \in \mathbb{R}^n$ mit $\mathbf{h}_0 \neq \mathbf{0}$.

(b) Man löse das eindimensionale Minimierungsproblem

$$\min_{\alpha \in \mathbb{R}} f(\mathbf{x}_0 + \alpha \mathbf{h}_0) =: f(\mathbf{x}_0 + \alpha_0 \mathbf{h}_0). \tag{6.40}$$

(c) Man setze $\mathbf{x}_1 := \mathbf{x}_0 + \alpha_0 \mathbf{h}_0$ und wähle eine neue Richtung $\mathbf{h}_1$ und wiederhole (b) mit $\mathbf{x}_1, \mathbf{h}_1$ statt mit $\mathbf{x}_0, \mathbf{h}_0$, usw. Es gilt also i. a.

$$\mathbf{x}_{j+1} := \mathbf{x}_j + \alpha_j \mathbf{h}_j \implies \mathbf{x}_{j+1} = \mathbf{x}_0 + \sum_{\ell=0}^{j} \alpha_\ell \mathbf{h}_\ell. \tag{6.41}$$

Die Freiheit bei diesem Verfahren liegt abgesehen vom Startpunkt $\mathbf{x}_0$ bei der Wahl der Richtungen in jedem Schritt. Wir nennen alle diese Verfahren *Richtungsverfahren*. Sie sind bestimmt durch $\mathbf{x}_0, \mathbf{h}_0, \mathbf{h}_1, \ldots$, wenn wir unterstellen, dass alle Schritte eindeutig ausführbar sind.

Wir gehen in diesem ganzen Abschnitt aus von einer gegebenen Matrix $\mathbf{A} \in \mathbb{R}^{n\times n}$ und einem gegebenen Vektor $\mathbf{b} \in \mathbb{R}^n$, den wir auch *rechte Seite* nennen. Wir werden die weiteren Untersuchungen nur für symmetrische, positiv definite Matrizen $\mathbf{A}$ durchführen (sogenannte SPD-Matrizen), die in den Anwendungen oft vorkommen und für die die Theorie relativ glatt durchläuft. Eine quadratische Matrix $\mathbf{A}$ ist *symmetrisch*, wenn für alle Zeilen- und Spaltennummern j, die j-te Zeile mit der j-ten Spalte übereinstimmt, in Formeln $\mathbf{A} = \mathbf{A}^{\mathrm{T}}$, wobei das hochgestellte ^{T} die Vertauschung von allen Zeilen mit allen Spalten derselben Nummer bedeutet. Eine symmetrische Matrix $\mathbf{A}$ ist *positiv definit*, wenn die quadratische Form $q(\mathbf{x}) := \mathbf{x}^{\mathrm{T}}\mathbf{A}\mathbf{x} > 0$ ist für alle $\mathbf{x} \neq \mathbf{0}$. Für eine 2×2-Matrix $\mathbf{A} = \begin{pmatrix} a_{11} & a_{12} \\ a_{12} & a_{22} \end{pmatrix}$ wäre mit $\mathbf{x} := (x_1, x_2)^{\mathrm{T}}$ entsprechend

$q(\mathbf{x}) = a_{11}x_1^2 + 2a_{12}x_1x_2 + a_{22}x_2^2$. Wenn wir in diesem Abschnitt von positiv definiten Matrizen sprechen, meinen wir damit immer auch symmetrische Matrizen. Wir erinnern daran, dass eine positiv definite Matrix nicht singulär ist, denn für singuläre Matrizen $\mathbf{A}$ gibt es $\mathbf{x} \neq \mathbf{0}$ mit $\mathbf{Ax} = \mathbf{0}$, also auch $\mathbf{x}^T\mathbf{Ax} = 0$, ein Widerspruch zur positiven Definitheit von $\mathbf{A}$.

Satz 6.19. Sei $\mathbf{A}$ eine SPD-Matrix. Dann sind die folgenden beiden Probleme (6.42) und (6.43) äquivalent. D. h., jedes Problem hat genau eine Lösung und die Lösung von (6.42) ist auch die Lösung von (6.43) und umgekehrt.

(6.42) $$\mathbf{Ax} = \mathbf{b},$$

(6.43) $$\min_{\mathbf{x}\in\mathbb{R}^n} f(\mathbf{x}) \quad \text{mit} \quad f(\mathbf{x}) := \frac{1}{2}\mathbf{x}^T\mathbf{Ax} - \mathbf{b}^T\mathbf{x}.$$

Beweis: (i) Durch Nachrechnen oder Anwenden des Satzes von Taylor erhält man die für diesen Abschnitt zentrale Formel

(6.44) $$f(\mathbf{x}+\mathbf{h}) = f(\mathbf{x}) + \mathbf{h}^T(\mathbf{Ax}-\mathbf{b}) + \frac{1}{2}\mathbf{h}^T\mathbf{Ah} \quad \text{für alle } \mathbf{x}, \mathbf{h} \in \mathbb{R}^n.$$

Sei $\hat{\mathbf{x}}$ die Lösung von (6.42). Dann folgt also nach (6.44) $f(\hat{\mathbf{x}}+\mathbf{h}) = f(\hat{\mathbf{x}}) + 0.5\mathbf{h}^T\mathbf{Ah}$. Daraus folgt wegen $\mathbf{h}^T\mathbf{Ah} > 0$ für alle $\mathbf{h} \neq \mathbf{0}$ die Ungleichung $f(\hat{\mathbf{x}}) < f(\hat{\mathbf{x}}+\mathbf{h})$, d. h., $\hat{\mathbf{x}}$ ist eindeutiges Minimum.
(ii) Sei $\hat{\mathbf{x}}$ eine Lösung von (6.43). Dann ist nach der Definition eines Minimums und nach den bereits angestellten Rechnungen $f(\hat{\mathbf{x}}) \le f(\hat{\mathbf{x}}+\mathbf{h}) = f(\hat{\mathbf{x}}) + \mathbf{h}^T(\mathbf{A}\hat{\mathbf{x}}-\mathbf{b}) + 0.5\mathbf{h}^T\mathbf{Ah}$ und also $\mathbf{h}^T(\mathbf{A}\hat{\mathbf{x}}-\mathbf{b}) + 0.5\mathbf{h}^T\mathbf{Ah} \ge 0$ für alle $\mathbf{h}$. Sei $\mathbf{y} = \mathbf{A}\hat{\mathbf{x}} - \mathbf{b} \neq \mathbf{0}$. Dann können wir $\mathbf{h} = -\frac{\mathbf{y}^T\mathbf{y}}{\mathbf{y}^T\mathbf{Ay}}\mathbf{y}$ setzen, und wir erhalten $\mathbf{h}^T(\mathbf{A}\hat{\mathbf{x}}-\mathbf{b}) + 0.5\mathbf{h}^T\mathbf{Ah} = -0.5\frac{(\mathbf{y}^T\mathbf{y})^2}{\mathbf{y}^T\mathbf{Ay}} < 0$, einen Widerspruch, d. h., $\mathbf{y} = \mathbf{A}\hat{\mathbf{x}} - \mathbf{b} = \mathbf{0}$, und $\hat{\mathbf{x}}$ ist (eindeutige) Lösung von (6.42). □

Im folgenden sei immer f wie in (6.43), Satz 6.19 definiert.

Definition 6.20. Bei gegebenen $\mathbf{x}, \mathbf{x}_j,\ j \ge 0$ heißen die im folgenden definierten Größen $\mathbf{r}$, bzw. $\mathbf{r}_j$ das *Residuum* und die Größen $\mathbf{e}$ bzw. $\mathbf{e}_j$ die *Fehler* von $\mathbf{x}$, bzw. von $\mathbf{x}_j$, wobei $\hat{\mathbf{x}}$ die Lösung von $\mathbf{Ax} = \mathbf{b}$ bedeutet:

(6.45) $$\mathbf{r} = \mathbf{b} - \mathbf{Ax} \text{ bzw. } \mathbf{r}_j = \mathbf{b} - \mathbf{Ax}_j, \quad \mathbf{e} = \hat{\mathbf{x}} - \mathbf{x} \text{ bzw. } \mathbf{e}_j = \hat{\mathbf{x}} - \mathbf{x}_j.$$

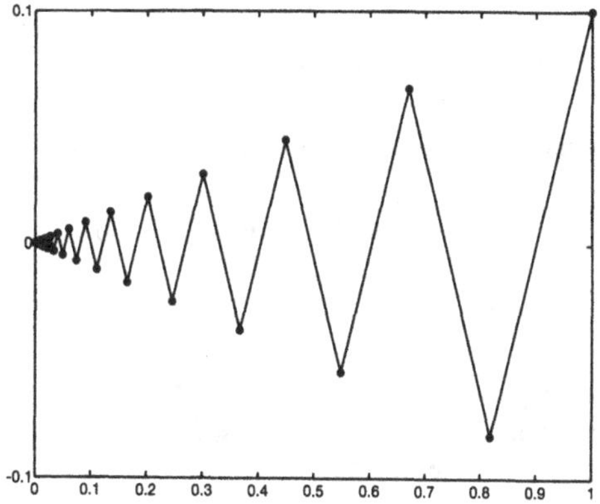

Abb. 6.21. Zickzackweg beim Verfahren des steilsten Abstiegs

Das Residuum wird vielfach zur Beurteilung der Güte einer Näherungslösung von $\mathbf{Ax} = \mathbf{b}$ verwendet. Im Gegensatz zum Fehler kann es auch berechnet werden, wenn die Lösung $\hat{\mathbf{x}}$ des Gleichungssystems noch nicht bekannt ist. Wichtiger in diesem Zusammenhang ist jedoch auch die Interpretation des Residuums als *Richtung des steilsten Abstiegs*. Unter der Richtung des steilsten Abstiegs versteht man i. a. die Richtung $-f'(\mathbf{x}) = -(\mathbf{Ax} - \mathbf{b})$, die hier gerade auf das Residuum von $\mathbf{x}$ führt. Ein Richtungsverfahren, das auf diesen Richtungen basiert, funktioniert aber oft nicht gut. Um dies zu erkennen, verfolge man was passiert, wenn man sich selbst in einem flachen Tal nach dieser Regel bewegt: ein langer Zickzackweg führt zum tiefsten Punkt. Man vergleiche dazu die Abbildung 6.21. Dem Bild ist die Minimierungsaufgabe $f(x_1, x_2) := x_1^2 + 10x_2^2 = \min$ mit Startwert $(1, 0.1)$ zugrunde gelegt. Es ist zu beachten, dass die in Abb. 6.21 wegen der Skalenverschiedenheit auf der x- und y-Achse spitz erscheinenden Winkel tatsächlich rechte Winkel sind. Das kann man auch aus der Zeichnung nachvollziehen. Liest man die Koordinaten für die ersten drei Punkte aus der Zeichnung ab, so erhält man in etwa: $z_1 := (1, 0.1), z_2 := (0.82, -0.08), z_3 := (0.68, 0.06)$, und damit sind die ersten beiden Richtungen $y_1 := z_2 - z_1 = (-0.18, -0.18), y_2 := z_3 - z_2 = (-0.14, 0.14)$ und $< y_1, y_2 >= 0$, also stehen die beiden Richtungen y_1, y_2 senkrecht aufeinander.

Für die in (6.43) definierte Funktion f läßt sich leicht nachrechnen, dass mit dem eben eingeführten Fehler e gilt:

$$f(\mathbf{x}) = \frac{1}{2}\,\mathbf{e}^{\mathrm{T}}\mathbf{A}\mathbf{e} + \text{const mit const} = \frac{1}{2}\,\hat{\mathbf{x}}^{\mathrm{T}}\mathbf{b}.$$

Da die Konstante nichts zur Minimierung beiträgt, hätten wir statt f auch

$$(6.46) \qquad \tilde{f}(\mathbf{x}) := \frac{1}{2}\,\mathbf{e}^{\mathrm{T}}\mathbf{A}\mathbf{e} \text{ mit } \mathbf{e} \text{ nach } (6.45)$$

in (6.43) benutzen können. Diese Interpretation werden wir später noch einmal verwenden.

Lemma 6.22. Sei $\mathbf{A}$ positiv definit. Dann hat bei beliebigem Vektor $\mathbf{h} \neq \mathbf{0}$ das eindimensionale Minimierungsproblem $\min_{\alpha\in\mathbb{R}} f(\mathbf{x}+\alpha\mathbf{h})$ mit $f(\mathbf{x}) := 0.5\,\mathbf{x}^{\mathrm{T}}\mathbf{A}\mathbf{x} - \mathbf{b}^{\mathrm{T}}\mathbf{x}$ die Lösung

$$\begin{aligned}
&(6.47) & \hat{\alpha} &:= \frac{\mathbf{h}^{\mathrm{T}}\mathbf{r}}{\mathbf{h}^{\mathrm{T}}\mathbf{A}\mathbf{h}}, \text{ und es gilt}\\
&(6.48) & \mathbf{h}^{\mathrm{T}}\{\mathbf{A}(\mathbf{x}+\hat{\alpha}\mathbf{h}) - \mathbf{b}\} &= 0,\\
&(6.49) & \min_{\alpha\in\mathbb{R}} f(\mathbf{x}+\alpha\mathbf{h}) &= f(\mathbf{x}) - \frac{1}{2}\frac{\{\mathbf{h}^{\mathrm{T}}\mathbf{r}\}^2}{\mathbf{h}^{\mathrm{T}}\mathbf{A}\mathbf{h}}.
\end{aligned}$$

Beweis: Die zentrale Formel (6.44)

$$f(\mathbf{x}+\alpha\mathbf{h}) = f(\mathbf{x}) + \alpha\mathbf{h}^{\mathrm{T}}(\mathbf{A}\mathbf{x}-\mathbf{b}) + \frac{1}{2}\alpha^2\mathbf{h}^{\mathrm{T}}\mathbf{A}\mathbf{h}$$

hatten wir bereits im Beweis zu Satz 6.19, S. 186 kennengelernt. Als Funktion von α erhält man daraus das Minimum durch Nullsetzen der Ableitung nach α. Daraus folgen die angegebenen Formeln. □

Nach diesen Vorbereitungen stellt sich die Frage, wie man die Richtungen zur Minimierung von f tatsächlich wählt. Wir setzen

$$(6.50) \quad H_{j+1} = \langle \mathbf{h}_0, \ldots, \mathbf{h}_j \rangle,\ R_{j+1} = \langle \mathbf{r}_0, \ldots, \mathbf{r}_j \rangle,\ j = 0, 1, \ldots, n-1,$$

für die von den Richtungen $\mathbf{h}_0, \mathbf{h}_1, \ldots, \mathbf{h}_j$ bzw. von den Residuen $\mathbf{r}_0, \mathbf{r}_1, \ldots, \mathbf{r}_j$ aufgespannten Vektorräume. Nach (6.41) ist $\mathbf{x}_{j+1} - \mathbf{x}_0 \in H_{j+1}$. Wir wollen untersuchen, ob wir die Bestimmung von $\mathbf{x}_{j+1}$ zurückführen können auf eine Minimierung in dem kleineren Teilraum H_j und auf eine eindimensionale Minimierung bezüglich $\langle \mathbf{h}_j \rangle$. Sei zu diesen Zweck $\mathbf{y} \in H_{j+1}$. Dann hat $\mathbf{y}$ die Darstellung

$$\mathbf{y} = \mathbf{x} + \alpha\mathbf{h}_j,\ \mathbf{x} \in H_j, \alpha \in \mathbb{R}.$$

Wenden wir Formel (6.44) an, so erhalten wir

$$f(\mathbf{y}) = f(\mathbf{x}) + \alpha \mathbf{h}_j^{\mathrm{T}} \mathbf{A}\mathbf{x} + \frac{1}{2}\alpha^2 \mathbf{h}_j^{\mathrm{T}} \mathbf{A}\mathbf{h}_j - \alpha \mathbf{h}_j^{\mathrm{T}} \mathbf{b}.$$

Der zweite Summand hängt sowohl von $\mathbf{x}$ als auch von α ab. Können wir diesen Term zum Verschwinden bringen, ist das Problem $\min_{\mathbf{y}\in H_{j+1}} f(\mathbf{y})$ in zwei getrennte Probleme, nämlich $\min_{\mathbf{x}\in H_j} f(\mathbf{x})$ und in $\min_{\alpha\in\mathbb{R}}(0.5\alpha^2 \mathbf{h}_j \mathbf{A}\mathbf{h}_j - \alpha\mathbf{h}_j^{\mathrm{T}}\mathbf{b})$ aufspaltbar. Die Forderung $\mathbf{h}_j^{\mathrm{T}}\mathbf{A}\mathbf{x} = 0$ bedeutet aber gerade, dass $\mathbf{h}_j^{\mathrm{T}}\mathbf{A}\mathbf{h}_\ell = 0$ für alle $\ell = 0, 1, \ldots, j-1$ wegen $\mathbf{x} \in H_j$. Das führt auf folgende Definition.

Definition 6.23. Sei $\mathbf{A}$ hermitesch positiv definit. Zwei Vektoren $\mathbf{x} \neq \mathbf{0}, \mathbf{y} \neq \mathbf{0}$ heißen *konjugiert in bezug auf* $\mathbf{A}$ (oder $\mathbf{A}$-konjugiert), wenn

$$< \mathbf{x}, \mathbf{y} >_{\mathbf{A}} := \mathbf{x}^{\mathrm{T}}\mathbf{A}\mathbf{y} = 0.$$

Lemma 6.24. Die eben eingeführte Größe $< \cdot, \cdot >_{\mathbf{A}}$ ist ein Skalarprodukt im $\mathbb{R}^n$, entsprechend ist $\|\mathbf{x}\|_{\mathbf{A}} = \sqrt{< \mathbf{x}, \mathbf{x} >_{\mathbf{A}}}$ eine Norm, die wir $\mathbf{A}$-Norm von $\mathbf{x}$ nennen.

Beweis: Als Übung. Skalarprodukte werden formal auf Seite 239, Normen am Anfang von Abschnitt 8.1, S. 226 eingeführt. □

Zwei Richtungen $\mathbf{h}_1, \mathbf{h}_2$ sind also konjugiert, wenn sie bezüglich des Skalarprodukts $< \cdot, \cdot >_{\mathbf{A}}$ orthogonal sind. Daher wird in der Literatur (z. B. [68, LUENBERGER, 1969, p.291]) auch von $\mathbf{A}$-Orthogonalität gesprochen. Sind in irgendeinem Raum mit Skalarprodukt $h_1, h_2, \ldots$ paarweise zueinander orthogonal und von Null verschieden, so sind sie auch linear unabhängig (s. Lemma 8.28, S. 241).

Die Verwendung konjugierter Richtungen läßt sich also als Globalstrategie auffassen, aus *allen* vorhergehenden Richtungen jeweils den kleinstmöglichen Wert von f auszurechnen. Die wesentliche Konsequenz steht im nachfolgenden Satz.

Satz 6.25. Seien n paarweise konjugierte Richtungen $\mathbf{h}_0, \mathbf{h}_1, \ldots, \mathbf{h}_{n-1}$ in bezug auf eine positiv definite Matrix $\mathbf{A}$ gegeben. Wählen wir diese Richtungen nacheinander im oben beschriebenen Richtungsverfahren bei beliebigem $\mathbf{x}_0$, so minimiert $\mathbf{x}_j$ die Funktion f im Teilraum H_j und

(6.51) $$\mathbf{h}_j^{\mathrm{T}}\mathbf{r}_k = 0 \text{ für alle } 0 \leq j < k \leq n \text{ und } \mathbf{A}\mathbf{x}_n = \mathbf{b}.$$

Beweis: Die Minimalität von f im Raum H_j an der Stelle x_j ergibt sich aus den bereits angestellten Rechnungen. Für jedes Richtungsverfahren gilt $\mathbf{x}_k = \mathbf{x}_{k-1} +$

$\alpha_{k-1}\mathbf{h}_{k-1}$, $k \geq 1$, also

(6.52) $$\mathbf{x}_k = \mathbf{x}_{j+1} + \sum_{\ell=j+1}^{k-1} \alpha_\ell \mathbf{h}_\ell,\ 0 \leq j < k \leq n.$$

Aus Formel (6.48) folgt

(6.53) $$\mathbf{h}_j^\mathrm{T}\mathbf{r}_{j+1} = 0,\ 0 \leq j \leq n-1.$$

Weiter ist nach (6.52) $\mathbf{A}\mathbf{x}_k - \mathbf{b} = \mathbf{A}(\mathbf{x}_{j+1} + \sum_{\ell=j+1}^{k-1} \alpha_\ell \mathbf{h}_\ell) - \mathbf{b} = \mathbf{A}\mathbf{x}_{j+1} - \mathbf{b} + \sum_{\ell=j+1}^{k-1} \alpha_\ell \mathbf{A}\mathbf{h}_\ell, 0 \leq j < k \leq n$. Multiplizieren wir diese Gleichung mit $\mathbf{h}_j^\mathrm{T}$, so ist

$$\mathbf{h}_j^\mathrm{T}(\mathbf{A}\mathbf{x}_k - \mathbf{b}) = \mathbf{h}_j^\mathrm{T}(\mathbf{A}\mathbf{x}_{j+1} - \mathbf{b}) + \sum_{\ell=j+1}^{k-1} \alpha_\ell \mathbf{h}_j^\mathrm{T}\mathbf{A}\mathbf{h}_\ell = 0,$$

denn der erste Summand verschwindet wegen (6.53), der zweite wegen $\mathbf{h}_j^\mathrm{T}\mathbf{A}\mathbf{h}_\ell = 0$ für $j \neq \ell$. Für $k = n$ folgt $\mathbf{h}_j^\mathrm{T}(\mathbf{A}\mathbf{x}_n - \mathbf{b}) = 0$ für alle $0 \leq j \leq n-1$, also ist notwendig $\mathbf{A}\mathbf{x}_n = \mathbf{b}$, denn die $\mathbf{h}_j$ sind linear unabhängig, wie wir bereits hinter Lemma 6.24 bemerkt haben. □

Dieser Satz besagt gerade, dass das Residuum $\mathbf{r}_k$ orthogonal ist zu allen Elementen von H_j, in Zeichen

(6.54) $$\mathbf{r}_k \perp H_j \text{ für alle } 0 \leq j \leq k.$$

Damit wir wirklich nach diesem Richtungsverfahren rechnen können, benötigen wir noch eine Methode, konjugierte Richtungen möglichst effektiv herzustellen. Wir modifizieren zur Bestimmung der konjugierten Richtungen die in der Definition 6.20, S. 186 eingeführten Residuen in der Form $\mathbf{h}_{j+1} = \mathbf{r}_{j+1} + \beta_j \mathbf{h}_j$ und versuchen die β_j so zu bestimmen, dass *alle* Richtungen paarweise konjugiert sind. Aus $\mathbf{h}_j^\mathrm{T}\mathbf{A}\mathbf{h}_{j+1} = \mathbf{h}_j^\mathrm{T}\mathbf{A}\{\mathbf{r}_{j+1} + \beta_j \mathbf{h}_j\} = 0$ folgt notwendig $\beta_j = -\mathbf{h}_j^\mathrm{T}\mathbf{A}\mathbf{r}_{j+1}/\mathbf{h}_j^\mathrm{T}\mathbf{A}\mathbf{h}_j$. dass diese Wahl tatsächlich *alle* Richtungen zueinander konjugiert, ist Inhalt des nächsten Satzes.

Satz 6.26. Sei $\mathbf{A}$ eine SPD-Matrix, $\mathbf{x}_0 \in \mathbb{R}^n$ beliebig und $\mathbf{h}_0 = \mathbf{r}_0$. Wir definieren

$$
\begin{aligned}
&(6.55) & \alpha_j &= \mathbf{r}_j^\mathrm{T}\mathbf{h}_j/\mathbf{h}_j^\mathrm{T}\mathbf{A}\mathbf{h}_j,\\
&(6.56) & \mathbf{x}_{j+1} &= \mathbf{x}_j + \alpha_j \mathbf{h}_j,\\
&(6.57) & \beta_j &= -\mathbf{r}_{j+1}^\mathrm{T}\mathbf{A}\mathbf{h}_j/\mathbf{h}_j^\mathrm{T}\mathbf{A}\mathbf{h}_j,\\
&(6.58) & \mathbf{h}_{j+1} &= \mathbf{r}_{j+1} + \beta_j \mathbf{h}_j,\ j = 0, 1, \ldots, n-1. \quad \text{Dann gilt}\\
&(6.59) & \mathbf{h}_j^\mathrm{T}\mathbf{A}\mathbf{h}_k &= 0,\ \mathbf{r}_j^\mathrm{T}\mathbf{r}_k = 0,\ j \neq k,\ \mathbf{A}\mathbf{x}_n = \mathbf{b}.
\end{aligned}
$$

Beweis: Nach Formel (6.58) mit $k = j + 1$ ist

$$\mathbf{h}_j^T \mathbf{A} \mathbf{h}_k = \mathbf{h}_j^T \mathbf{A} \mathbf{r}_k + \beta_{k-1} \mathbf{h}_j^T \mathbf{A} \mathbf{h}_{k-1}.$$

Für $j = k-1$ heben sich nach der Definition (6.57) von β_j die beiden Summanden weg. Seien $\mathbf{h}_0, \mathbf{h}_1, \ldots, \mathbf{h}_{k-1}$ bereits zueinander konjugiert. Dann ist $\mathbf{h}_j^T \mathbf{r}_k = 0$ für $j = 0, 1, \ldots, k-1$ nach Satz 6.25 Formel (6.51). Mit (6.58) folgt $\mathbf{r}_k^T \mathbf{r}_j = \mathbf{r}_k^T(\mathbf{h}_j - \beta_{j-1}\mathbf{h}_{j-1}) = 0$ für $j = 1, 2, \ldots, k-1$. Für $j = k$ folgt aus dieser Formel $\mathbf{r}_j^T \mathbf{r}_j = \mathbf{r}_j^T \mathbf{h}_j$, somit $\alpha_j > 0$ falls $\mathbf{r}_j \neq \mathbf{0}$. Wegen $\mathbf{h}_0 = \mathbf{r}_0$ ist auch $\mathbf{r}_k^T \mathbf{r}_0 = 0$. Weiter ist nach (6.56) $\mathbf{r}_{j+1} = \mathbf{r}_j - \alpha_j \mathbf{A}\mathbf{h}_j$. Für $\mathbf{r}_j \neq \mathbf{0}$ ist also $\mathbf{A}\mathbf{h}_j = (\mathbf{r}_j - \mathbf{r}_{j+1})/\alpha_j$ und somit $\mathbf{h}_k^T \mathbf{A}\mathbf{h}_j = \mathbf{h}_k^T(\mathbf{r}_j - \mathbf{r}_{j+1})/\alpha_j = 0$ für $j = 0, 1, \ldots, k-2$. Damit haben wir gezeigt, dass auch $\mathbf{h}_0, \mathbf{h}_1, \ldots, \mathbf{h}_k$ konjugiert sind. Daraus folgt auch nach den durchgeführten Rechnungen die mittlere Formel in (6.59). dass $\mathbf{x}_n$ das Gleichungssystem löst, folgt aus Satz 6.25. □

Das in Satz 6.26 beschriebene Verfahren ist das eigentliche *Verfahren der konjugierten Richtungen*, auch *cg-Verfahren* genannt, von [engl.] *conjugate gradients*. Aus rechentechnischen Gründen sind noch einige Vereinfachungen vorzunehmen. Aus dem eben geführten Beweis übernehmen wir $\mathbf{r}_j^T \mathbf{h}_j = \mathbf{r}_j^T \mathbf{r}_j$. Wir ersetzen daher (6.55) durch $\alpha_j = \mathbf{r}_j^T \mathbf{r}_j / \mathbf{h}_j^T \mathbf{A}\mathbf{h}_j$. Danach ist dann $\mathbf{r}_j^T \mathbf{r}_j = \alpha_j \mathbf{h}_j^T \mathbf{A}\mathbf{h}_j$. Nun ist $\mathbf{r}_{j+1} = \mathbf{r}_j - \alpha_j \mathbf{A}\mathbf{h}_j$ und $\mathbf{r}_{j+1}^T \mathbf{r}_j = 0$ nach (6.59). Also ist $\mathbf{r}_{j+1}^T \mathbf{r}_{j+1} = -\alpha_j \mathbf{r}_{j+1}^T \mathbf{A}\mathbf{h}_j$. Das führt auf $\beta_j = \mathbf{r}_{j+1}^T \mathbf{r}_{j+1} / \mathbf{r}_j^T \mathbf{r}_j$. Damit besteht das endgültige Verfahren der konjugierten Gradienten aus den Schritten:

(6.60) $\quad \mathbf{h}_0 = \mathbf{r}_0 = \mathbf{b} - \mathbf{A}\mathbf{x}_0$ (zweckmäßig $\mathbf{x}_0 = \mathbf{0}$),

(6.61) $\quad \alpha_j = \mathbf{r}_j^T \mathbf{r}_j / \mathbf{h}_j^T \mathbf{A}\mathbf{h}_j,$

(6.62) $\quad \mathbf{x}_{j+1} = \mathbf{x}_j + \alpha_j \mathbf{h}_j,$

(6.63) $\quad \mathbf{r}_{j+1} = \mathbf{r}_j - \alpha_j \mathbf{A}\mathbf{h}_j,$

(6.64) $\quad \beta_j = \mathbf{r}_{j+1}^T \mathbf{r}_{j+1} / \mathbf{r}_j^T \mathbf{r}_j,$

(6.65) $\quad \mathbf{h}_{j+1} = \mathbf{r}_{j+1} + \beta_j \mathbf{h}_j, \ j = 0, 1, \ldots, n-1.$

Bei der Umsetzung in ein Programm ist natürlich vor (6.64) noch eine Prüfung auf $\mathbf{r}_j = \mathbf{0}$ vorzunehmen. Fällt diese Prüfung positiv aus, ist $\mathbf{x}_j$ bereits Lösung und das Programm abzubrechen. Pro Schritt ist die Anzahl der Operationen also Matrix mal Vektor, 2 Skalarprodukte, 3 (Vektor plus Vektor, Skalar mal Vektor), 2 Divisionen. Das sind zusammen (pro Schritt)

$$\text{Aufwand}_{\text{konjugierte Gradienten}} = n^2 + 5n \text{ Mult/Div und } n^2 + 4n \text{ Add.}$$

Bei n Durchläufen sind das also im wesentlichen n^3 Operationen. Bei größeren n zeigt die Erfahrung, dass man oft mit wesentlich weniger als mit n Durchläufen bereits zum Ende kommt. Das hat zuerst [87, REID, 1971] bemerkt, der ein Gleichungssystem mit 4080 Gleichungen in 40 Schritten mit dem cg-Verfahren gelöst hat. Wir wollen uns überlegen, wie man ein derartiges Verhalten erklären kann. Nach Formel (6.41), S. 185 ist

$$\mathbf{x}_{j+1} \in \mathbf{x}_0 + H_{j+1} \text{ mit } H_{j+1} = \langle \mathbf{h}_0, \mathbf{h}_1, \ldots, \mathbf{h}_j \rangle,$$

und nach (6.65) gilt mit $R_{j+1} = \langle \mathbf{r}_0, \mathbf{r}_1, \ldots, \mathbf{r}_j \rangle$ auch

$$H_{j+1} = R_{j+1},\ j = 0, 1, \ldots, n-1. \tag{6.66}$$

Es ist zweckmäßig, für beliebige Matrizen $\mathbf{B}$, Vektoren $\mathbf{h}$ und $k \in \mathbb{N}$ den folgenden Raum, der *Krylow-Raum* heißt, einzuführen:

$$\mathcal{K}(\mathbf{B}, \mathbf{h}, k) = \langle \mathbf{h}, \mathbf{B}\mathbf{h}, \mathbf{B}^2\mathbf{h}, \ldots, \mathbf{B}^{k-1}\mathbf{h} \rangle. \tag{6.67}$$

Lemma 6.27. Der von den Residuen $\mathbf{r}_0, \mathbf{r}_1, \ldots, \mathbf{r}_j$ aufgespannte Raum stimmt überein mit dem von $\mathbf{h}_0, \mathbf{A}\mathbf{h}_0, \ldots, \mathbf{A}^j\mathbf{h}_0$ aufgespannten Krylow-Raum, oder in Formeln:

$$R_{j+1} = \mathcal{K}(\mathbf{A}, \mathbf{h}_0, j+1). \tag{6.68}$$

Beweis: Wir führen einen Induktionsbeweis. Für $j = 0$ ist die Aussage richtig. Sei die Behauptung bis $j - 1$ richtig. Nach (6.63) ist $\mathbf{r}_j = \mathbf{r}_{j-1} - \alpha_{j-1}\mathbf{A}\mathbf{h}_{j-1}$. Nach der Induktionsvoraussetzung und (6.66) gilt: $r_{j-1}, h_{j-1} \in \mathcal{K}(\mathbf{A}, \mathbf{h}_0, j)$, also $\mathbf{r}_j, \mathbf{h}_j \in \mathcal{K}(\mathbf{A}, \mathbf{h}_0, j+1)$. Da $\dim H_{j+1} = \dim R_{j+1} = j + 1$, folgt die Behauptung. □

Das Lemma besagt, dass der Abbruch des cg-Verfahrens mit $\mathbf{r}_m = \mathbf{0}$ auf $\dim \mathcal{K}(\mathbf{A}, \mathbf{h}_0, j+1) = m$ für $j \geq m$ zurückgeführt werden kann. Die Dimension dieses Krylow-Raumes ist also entscheidend dafür, wann das cg-Verfahren spätestens (mit der Lösung) abbrechen muss.

Sei $\mathbf{e}_j$ der bereits in (6.45), S. 186 eingeführte Fehler von $\mathbf{x}_j$. Aus (6.41), S. 185 folgt die Formel $\mathbf{e}_{j+1} - \mathbf{e}_0 = \sum_{k=0}^{j} \alpha_k \mathbf{h}_k$, und nach dem Lemma 6.27 in Verbindung mit (6.66) gilt daher $\mathbf{e}_{j+1} - \mathbf{e}_0 \in \mathcal{K}(\mathbf{A}, \mathbf{h}_0, j+1)$. Benutzt man $\mathbf{h}_0 = \mathbf{r}_0 = \mathbf{b} - \mathbf{A}\mathbf{x}_0 = \mathbf{A}\mathbf{e}_0$, so erhält man $\mathbf{e}_{j+1} - \mathbf{e}_0 \in \langle \mathbf{A}\mathbf{e}_0, \mathbf{A}^2\mathbf{e}_0, \ldots, \mathbf{A}^{j+1}\mathbf{e}_0 \rangle$. Diesen Sachverhalt kann man kurz so ausdrücken:

$$\mathbf{e}_j = p(\mathbf{A})\mathbf{e}_0,\ p \in \Pi_j, p(0) = 1,\ j = 0, 1, \ldots \tag{6.69}$$

Wegen $\mathbf{A}\mathbf{e}_j = \mathbf{r}_j$ folgt aus (6.69) die fast identische Gleichung

$$\mathbf{r}_j = p(\mathbf{A})\mathbf{r}_0,\ p \in \Pi_j, p(0) = 1,\ j = 0, 1, \ldots \tag{6.70}$$

Auch bei ganz anders hergeleiteten Iterationsverfahren, gelten häufig die beiden Formeln (6.69) und (6.70), ([80, OPFER & SCHOBER, 1984]). Iterationsverfahren vom Typ (6.69) heißen auch *polynomiale Verfahren* ([27, B. FISCHER, 1996]). Zur Erklärung des frühzeitigen Abbruchs des cg-Verfahrens ziehen wir die Formel (6.46), S. 188 heran und benutzen die in Lemma 6.24, S. 189 eingeführte **A**-Norm und die Formel (6.69). Damit ist

$$(6.71) \qquad \sqrt{2\tilde{f}(\mathbf{x}_j)} = ||\mathbf{e}_j||_{\mathbf{A}} = ||p(\mathbf{A})\mathbf{e}_0||_{\mathbf{A}} \leq ||p(\mathbf{A})||_{\mathbf{A}}||\mathbf{e}_0||_{\mathbf{A}},$$

wobei $||p(\mathbf{A})||_{\mathbf{A}}$ die zur Vektornorm $||\quad||_{\mathbf{A}}$ gehörende Operatornorm von $p(\mathbf{A})$ ist, die wir weiter hinten, Satz 9.23, S. 313 erklärt und ausgerechnet haben:

$$(6.72) \qquad ||p(\mathbf{A})||_{\mathbf{A}} = \max_{\lambda\in\sigma(\mathbf{A})} |p(\lambda)|, \ p \text{ Polynom.}$$

Da das cg-Verfahren in jedem Schritt gerade die in (6.71) angegebene **A**-Norm minimiert, folgt daraus $||\mathbf{e}_j||_{\mathbf{A}} = 0$ und somit $\mathbf{e}_j = \hat{\mathbf{x}} - \mathbf{x}_j = 0$, falls es ein Polynom $p \in \Pi_j$ mit $p(0) = 1$ gibt, so dass $||p(\mathbf{A})||_{\mathbf{A}} = 0$ ausfällt.

Wir beweisen das folgende Lemma.

Lemma 6.28. Sei $\mathbf{A} \in \mathbb{R}^{n\times n}$ eine SPD-Matrix mit $m \leq n$ (paarweise verschiedenen) Eigenwerten. Dann gibt es ein Polynom $p \in \Pi_m$ mit $p(0) = 1$ und $||p(\mathbf{A})||_{\mathbf{A}} = 0$.

Beweis: Seien $x_0 = 0, x_1, \ldots, x_m$ paarweise verschiedene reelle Werte, dann existiert nach bekannten Sätzen aus der Interpolationstheorie ein Polynom $p \in \Pi_m$ mit $p(x_0) = 1, p(x_j) = 0, j = 1, 2, 3, \ldots, m$. Hat **A** die Eigenwerte $\lambda_1, \lambda_2, \ldots, \lambda_m$, so können wir daher ein Polynom $p \in \Pi_m$ finden mit $p(\lambda_j) = 0, j = 1, 2, \ldots, m$ und $p(0) = 1$. Für dieses Polynom ist $||p(\mathbf{A})||_{\mathbf{A}} = 0$ nach (6.72). □

Hat also die Matrix **A** gerade $m \leq n$ Eigenwerte, so erhält man mit dem cg-Verfahren (spätestens) nach m Schritten die Lösung. Dieser Effekt ist besonders dramatisch, wenn m im Vergleich zur Ordnung der Matrix **A** sehr klein ist, und das wird häufig beobachtet bei Matrizen, die sich aus der Diskretisierung von Differentialgleichungen ergeben. Weitere Informationen insbesondere auch im Zusammenhang mit Präkonditionierungstechniken geben [28, B. FISCHER & FREUND, 1992]. Wir beschließen diesen Abschnitt mit einigen Beispielen.

Beispiel 6.29. ***Vandermonde-Matrix***
Eine Matrix, die einerseits leicht generierbar ist und andererseits jeden Gleichungslöser früher oder später zur Verzweiflung treibt, ist die Vandermondematrix **V**. Seien $n \in \mathbb{N}, a, b$ mit $a < b$ vorgegeben. Wir lösen $\mathbf{Ax} = \mathbf{b}$ mit $\mathbf{A} = \mathbf{V}\mathbf{V}^{\mathrm{T}} = (v_{jk}),\ v_{jk} = \sum_\ell x_\ell^{j+k}$ und $x_j = a + j(b-a)/n,\ j, k = 0, 1, \ldots, n,\ a < b$. Die Matrix $\mathbf{A} \in \mathbb{R}^{n+1\times n+1}$ hat hier die Eigenschaft, dass jeweils alle Elemente

übereinstimmen für die gilt: „Zeilennummer j + Spaltennummmer k = const“. Derartige Matrizen heißen *Hankel-Matrizen*. Die rechte Seite $\mathbf{b} = (b_j)$ definieren wir so, dass wir die Lösung kennen, z. B. $b_j = \sum_{k=0}^{n} v_{jk}$. In diesem Fall ist die Lösung $\mathbf{x}^T = (1, 1, \ldots, 1) \in \mathbb{R}^{n+1}$. Nehmen wir zum Beispiel $n = 127$, erhalten wir nach 18 Schritten für das Residuum $\mathbf{r}^T\mathbf{r} = 1.26 \cdot 10^{-15}$ und beobachten eine Genauigkeit der Lösung von 10^{-4} (Rechnungen auf IBM RISC 6000/320). Selbst auf kleineren Rechnern (z. B. auf dem jetzt schon historischen ATARI) konnten Probleme bis $n = 1000$ mühelos gerechnet werden.

Beispiel 6.30. ***Modellproblem***
Hier dient ein physikalisches Problem und dessen mathematische Beschreibung als Hintergrund. Die Temperaturverteilung u in einer quadratischen Platte, die am Rand eine feste, vorgegebene Temperatur u_0 hat, wird beschrieben durch die sogenannte *Potentialgleichung*

$$\Delta u := u_{xx} + u_{yy} = 0, \text{ im Inneren der Platte; } u = u_0 \text{ am Rand.}$$

Als Quadrat wählen wir $Q = [0,1] \times [0,1]$. Die Funktion u hängt also von zwei Variablen x, y ab. Die Größen u_{xx}, u_{yy} bedeuten zweite Ableitungen nach x bzw. nach y. Zur Lösung zerlegen wir Q in kleine, kongruente Quadrate der Seitenlänge $h = 1/n$ und ersetzen Δu durch Differenzenquotienten an den Kreuzungspunkten der kleinen Quadrate. Die unbekannten Größen bezeichnen wir mit zwei Indizes, $x_{ij} \approx u(ih, jh)$, $i, j = 1, 2, \ldots, n-1$. Das mit den Differenzenquotienten gebildete Ersatzproblem lautet dann

$$4x_{ij} - (x_{i,j-1} + x_{i,j+1} + x_{i-1,j} + x_{i+1,j}) = 0, \; i, j = 1, 2, \ldots, n-1,$$

$$x_{ij} = u_0(ih, jh) \text{ für } i = 0 \text{ oder } j = 0 \text{ oder } i = n \text{ oder } j = n.$$

Das ist ein lineares Gleichungssystem mit $(n-1)^2$ Unbekannten. Es ist hier nicht nötig, die $(n-1)^2 \times (n-1)^2$-Matrix explizit hinzuschreiben. Diese Matrix enthält in jeder Zeile maximal 5 nicht verschwindende Elemente, im ganzen also höchsten $5(n-1)^2$ Elemente ungleich Null, also mindestens $(n-1)^4 - 5(n-1)^2$ Nullen. Solche Matrizen nennt man *dünn besetzt*, auch [engl.] *sparse*. Dieses Modellproblem (oder leichte Verallgemeinerungen davon) dient zum Testen von Gleichungslösern verschiedener Konstruktion. Insbesondere interessiert man sich für den Aufwand, einen Fehler um einen vorgegebenen Faktor zu verkleinern. Ein Buch über iterative Verfahren zur Lösung derartiger linearer Gleichungssysteme von [47, HACKBUSCH, 1991] gibt weitere Informationen.

6.5 Aufgaben

Aufgabe 6.1. Wie läßt sich das in Beispiel 6.1, S. 157 beschriebene Leontief-Modell realistischer gestalten?

Aufgabe 6.2. Man löse mit dem Gaußverfahren das Gleichungssystem auf S. 158.

Aufgabe 6.3. Man zeichne ein Flußdiagramm für die algorithmische Durchführung des Gaußschen Eliminationsverfahrens, insbesondere berücksichtige man

- die Eliminationsschritte,
- das Vorwärts- und Rückwärtseinsetzen.

Aufgabe 6.4. Wieviele Additionen und wieviele Multiplikationen benötigt das Gaußverfahren zur Lösung eines $n \times n$-Gleichungssystems?

Aufgabe 6.5. Wie kann man die notwendige Buchführung über die Spaltenvertauschungen bei der totalen Pivotsuche realisieren?

Aufgabe 6.6. Welche Einsparungen an Rechenoperationen bringt die Verwendung einer Dreieckszerlegung gegenüber dem wiederholten Lösen des gesamten Systems?

Aufgabe 6.7. Wie gewinnt man aus dem Konvergenzsatz für das GSV und ESV eine „a posteriori - Fehlerabschätzung"?

Aufgabe 6.8. Wie hoch ist der Rechenaufwand (Additionen, Multiplikationen) für einen Schritt des GSV bzw. ESV?

Aufgabe 6.9. Lassen sich GSV und ESV immer durchführen?

Aufgabe 6.10. Mit beliebigen Zahlen l_{ij} definieren wir die folgenden Matrizen für $1 \le i, j \le n-1$ und vorgegebenem $n \in \mathbb{N}$.

$$\mathbf{A}_i = \begin{pmatrix} 1 & 0 & \cdots & & & & 0 & 0 \\ 0 & 1 & \cdots & & & & 0 & 0 \\ \vdots & & \ddots & & & & \vdots & 0 \\ & & & 1 & & & & \vdots \\ & & & -l_{i+1,i} & 1 & & & \\ & & & -l_{i+2,i} & 0 & \ddots & & \\ & & & \vdots & \vdots & & 1 & 0 \\ 0 & 0 & \cdots & -l_{ni} & 0 & \cdots & 0 & 1 \end{pmatrix},$$

$$
\mathbf{B}_i = \begin{pmatrix}
1 & 0 & \cdots & & & & 0 & 0 \\
0 & 1 & \cdots & & & & 0 & 0 \\
\vdots & & \ddots & & & & \vdots & 0 \\
 & & & 1 & & & & \vdots \\
 & & & l_{i+1,i} & 1 & & & \\
 & & & l_{i+2,i} & 0 & \ddots & & \\
 & & & \vdots & \vdots & & 1 & 0 \\
0 & 0 & \cdots & l_{ni} & 0 & \cdots & 0 & 1
\end{pmatrix},
$$

$$
\mathbf{C} = \begin{pmatrix}
1 & 0 & \cdots & & & 0 & 0 \\
l_{21} & 1 & \cdots & & & 0 & 0 \\
l_{31} & l_{32} & \ddots & & & & \vdots \\
\vdots & \vdots & & 1 & & & \\
 & & & l_{i+1,i} & \ddots & & \\
 & & & l_{i+2,i} & & & \\
 & & & \vdots & & 1 & 0 \\
l_{n1} & l_{n2} & \cdots & l_{ni} & \cdots & l_{n,n-1} & 1
\end{pmatrix}.
$$

Man zeige: Für alle $i = 1, 2, \ldots, n-1$ gilt $\mathbf{A}_i\mathbf{B}_i = \mathbf{I}$, $\mathbf{I}$ = Einheitsmatrix und $\mathbf{B}_1\mathbf{B}_2 \cdots \mathbf{B}_{n-1} = \mathbf{C}$.

Aufgabe 6.11. Die Matrix $\mathbf{H} = (h_{ij})$ mit

$$h_{ij} = \frac{1}{(i+j-1)}; \quad i, j = 1, 2, \ldots, n$$

heißt *Hilbert-Matrix*. Obwohl diese Matrix theoretisch gute Eigenschaften hat (z. B. symmetrisch, positiv definit, insbesondere regulär), sind Gleichungssysteme mit dieser Matrix nur schwer zu lösen. Wählen wir als rechte Seite $\mathbf{r}$ den Vektor mit den Komponenten $r_i = \sum_{j=1}^{n} h_{ij}$ (Summe der i-ten Zeile von $\mathbf{H}$), $i = 1, 2, \ldots, n$, so hat das Gleichungssystem $\mathbf{Hx} = \mathbf{r}$ die Lösung $\mathbf{x} = (1, 1, \ldots, 1)^{\mathrm{T}}$. Für $n = 4$ erhalten wir bei vierstelliger Zahlendarstellung das System

$$
\begin{pmatrix}
1 & 0.5 & 0.3333 & 0.25 \\
0.5 & 0.3333 & 0.25 & 0.2 \\
0.3333 & 0.25 & 0.2 & 0.1667 \\
0.25 & 0.2 & 0.1667 & 0.1429
\end{pmatrix}
\cdot
\begin{pmatrix} x_1 \\ x_2 \\ x_3 \\ x_4 \end{pmatrix}
=
\begin{pmatrix} 2.0833 \\ 1.2833 \\ 0.95 \\ 0.7595 \end{pmatrix}.
$$

Dieses Gleichungssystem hat auch bei genauer Rechnung die Lösung $\mathbf{x} = (1.0185, 0.7832, 1.5355, 0.6457)^{\mathrm{T}}$, d. h., das durch Rundung leicht veränderte System hat eine Lösung, die weit von der Lösung des unveränderten Systems abweicht. Hier kann also kein noch so guter Algorithmus Abhilfe schaffen. Man diskutiere und rechne dieses Beispiel auch für andere n. Die Hilbert-Matrix ist ein Paradebeispiel für eine *schlecht konditionierte Matrix.*

Aufgabe 6.12. Man setze voraus, daß die Zerlegung $\mathbf{A} = \mathbf{LR}$ der Tridiagonalmatrix $\mathbf{A}$ möglich ist mit

$$\mathbf{A} = \begin{pmatrix} a_1 & c_1 & 0 & 0 \\ b_2 & a_2 & \ddots & \\ & \ddots & a_{n-1} & c_{n-1} \\ 0 & & b_n & a_n \end{pmatrix}, \quad \mathbf{L} = \begin{pmatrix} \alpha_1 & & & 0 \\ b_2 & \alpha_2 & & \\ & \ddots & \ddots & \\ 0 & & b_n & \alpha_n \end{pmatrix},$$

$$\mathbf{R} = \begin{pmatrix} 1 & \gamma_1 & & 0 \\ & 1 & \ddots & \\ & & \ddots & \gamma_{n-1} \\ 0 & & & 1 \end{pmatrix}.$$

Man gebe eine Vorschrift zur Berechnung von $\alpha_1, \alpha_2, \ldots, \alpha_n, \gamma_1, \gamma_2, \ldots, \gamma_{n-1}$ an und löse ausgehend von dieser Zerlegung das Gleichungssystem $\mathbf{Ax} = \mathbf{d}$. Man zähle die insgesamt benötigten Operationen (Add/Sub einerseits und Mult/Div andererseits).

Aufgabe 6.13. Sei $\mathbf{E} = (e_{jk})$ die *falsche* Einheitsmatrix der Ordnung n: $e_{jk} = 1$ falls $j + k = n + 1$ und $e_{jk} = 0$ in allen anderen Fällen. Man bestimme mit den Verfahren von Doolittle und Crout (mit Pivotsuche) eine Dreieckszerlegung von $\mathbf{E}$, wobei die vorgegebenen Diagonalelemente als $1, 2, \ldots, n$ zu wählen sind.

Aufgabe 6.14. Man führe die drei angegebenen Dreieckszerlegungen (6.22), (6.23), (6.25), S. 174–176 aus für $\mathbf{A} = \mathbf{VV}^{\mathrm{T}} \in \mathbb{R}^{n+1 \times n+1}$, wobei $\mathbf{V}$ die in Beispiel 6.29, S. 193 definierte Vandermonde-Matrix mit $n = 2, 3, 4$ ist.

Aufgabe 6.15. Sei $\mathbf{A} \in \mathbb{K}^{n \times n}$ und $\mathbf{x}^*\mathbf{Ax} \in \mathbb{R}$ für alle $\mathbf{x} \in \mathbb{C}^n$. Man zeige: $\mathbf{A} = \mathbf{A}^*$.

Aufgabe 6.16. Man schreibe ein Programm zur Lösung des $n \times n$-Gleichungssystems $\mathbf{Ax} = \mathbf{b}$ unter Benutzung des Gaußschen Eliminationsverfahrens in der einfachsten Form ohne Pivotsuche aber mit Abspeicherung der ausgerechneten Größen l_{ij} in der unteren Hälfte von $\mathbf{A}$. Man teste das Programm mit $\mathbf{A} = (a_{ij})$, $\mathbf{b} = (b_i)$, $i, j = 1, 2, \ldots, n$ für die folgenden Fälle:

1. $a_{ij} = 1/(i + j - 1), b_i = 1, n = 2, 4, 8, 16,$
   Wie sieht im Fall $n = 4$ die Dreieckszerlegung $\mathbf{A} = \mathbf{LR}$ explizit aus?

2. $a_{ij} = 1/(i + j - 1)$, $b_i = \sum_{j=1}^{n} 1/(i + j - 1), n = 2, 4, 8, 16,$

3. $$\begin{pmatrix} 1 & 0.95105652 & 0.80901699 & 0.58778525 & 0.30901699 & 9.22539000 \\ 1 & 0.58778525 & -0.30901699 & -0.95105652 & -0.80901699 & -6.60079152 \\ 1 & 0 & -1 & 0 & 1 & 3 \\ 1 & -0.58778525 & -0.30901699 & 0.95105652 & -0.80901699 & -1.34348039 \\ 1 & -0.95105652 & 0.80901699 & -0.58778525 & 0.30901699 & 0.71888191 \end{pmatrix}$$

Die letzte Spalte ist die rechte Seite!

Aufgabe 6.17. Seien $n \in \mathbb{N}$ und die Daten (t_j, y_j), $j = 0, 1, \ldots, n$ vorgegeben, wobei die Knoten t_j als paarweise verschieden vorausgesetzt werden. Man schreibe ein Programm zur Bestimmung des interpolierenden kubischen natürlichen Splines S, der diese Daten interpoliert. Sind die Werte y_j die Werte einer gegebenen Funktion f an den Stellen t_j, so bestimme man auch den Fehler $\max|f(x) - S(x)|$ und die Fehlerordnung. Man benutze die Formeln (4.33), (4.35), S. 95 und nutze bei der Lösung ihre spezielle Struktur aus (man vgl. dazu Aufgabe 6.12 über die Dreieckszerlegung einer Tridiagonalmatrix).

Aufgabe 6.18. Wie Aufgabe 6.17, nur benutze man statt (4.35), S. 95 die Formel aus Aufgabe 4.7, S. 121 und statt (4.33), S. 95 benutze man (4.103), S. 121, mit

$$\begin{aligned} a_j = y_j, \quad b_j &= \Delta y_j/\Delta t_j - (2M_j + M_{j+1})(\Delta t_j/6), \\ c_j = M_j, \quad d_j &= (M_{j+1} - M_j)/\Delta t_j. \end{aligned}$$

Hinweis zu den Aufgaben 6.17 und 6.18: Man verwende äquidistante Knoten, $n = 2, 4, 8, 16$ und

1. $f_1(x) = \exp(-x^2)$, $x \in [-1, 1]$,
2. $f_2(x) = 1/(1 + 25x^2)$, $x \in [-1, 1]$,
3. $f_3(x) = \begin{cases} f_1(x) & \text{für} \quad x \in [0, 1], \\ f_2(x) & \text{für} \quad x \in [-1, 0[, \end{cases}$ mit obigen f_1, f_2.

Aufgabe 6.19. Man schreibe ein Programm zur Gauß-Elimination mit totaler Pivotsuche ohne explizite Vertauschung von Zeilen und Spalten. Man teste das Programm an der Matrix $\mathbf{A}$ mit den Elementen $a_{ij} = 1/(2n + 1 - i - j)$ und den rechten Seiten $b_i = \sum_{j=1}^{n}(-1)^j a_{ij}$, $b'_i = \sum_{j=1}^{n}(-1)^{j+1} a_{ij}$ für $i, j = 1, 2, \ldots, n; n = 2, 4, 8, 16$ und an 3) aus Aufgabe 6.16. Zur Behandlung von mehreren rechten Seiten nutze man die Dreiecksszerlegung von $\mathbf{A}$ aus. Man vergleiche die Ergebnisse mit den entsprechenden Ergebnissen ohne Pivotsuche.

Aufgabe 6.20. Bei der Ausführung des Gaußschen Eliminationsverfahrens bis zur Lösung wurden in Abhängigkeit von n, der Anzahl der Unbekannten, die folgenden *Operationszahlen* gezählt, wobei in der Tabelle 6.31 *AM* für eine Addition verbunden mit einer Multiplikation und D für eine Division steht. Man leite daraus die für alle n gültige Formel für AM, D her.

Tabelle 6.31. Operationszahlen für das Gaußsche Eliminationsverfahren bei kleinen n

$n:$	2	3	4	5
$Op.:$	$3(AM+D)$	$11AM+6D$	$26AM+10D$	$50AM+15D$

Aufgabe 6.21. Für einen interpolierenden natürlichen kubischen Spline durch die Punkte $(0,1)$, $(1,0.37)$, $(2,0.018)$, $(4,0)$ schreibe man das Gleichungssystem (4.35),(4.36), S. 95 aus Kapitel 3 für die unbekannten Steigungen $s_i, i=0,1,2,3$ explizit auf und führe ausgehend von $s^0=(0,-0.74,-0.072,0)$ einen Iterationsschritt für das Einzelschrittverfahren und das Gesamtschrittverfahren „von Hand" durch.

Aufgabe 6.22. Eine quadratische (nicht notwendig symmetrische) Matrix $\mathbf{A}=(a_{jk})$, $1\le j,k\le n$ mit $|a_{jj}|>\sum_{\substack{k=1\\k\ne j}}^{n}|a_{jk}|$ für alle $1\le j\le n$. heiße *Zeilendiagonaldominant*. Seien alle $a_{jj}>0$. Man zeige:

(a): Eine symmetrische, diagonaldominante Matrix ist positiv definit.

(b): Seien $\mathbf{A}$ und $\mathbf{A}^{\mathrm{T}}$ diagonaldominant, dann ist $\mathbf{x}^{\mathrm{T}}\mathbf{A}\mathbf{x}>0$ für alle $\mathbf{x}\ne 0$, insbesondere ist $\mathbf{A}$ nicht singulär.

Aufgabe 6.23. Man schreibe ein Programm zur Lösung von $\mathbf{A}\mathbf{x}=\mathbf{b}$ mit der $\mathbf{LDL}^{\mathrm{T}}$-Zerlegung. Für den Fall, daß der Algorithmus nicht durchführbar ist, schaffe man einen geeigneten Ausgang aus dem Programm. Man teste das Programm an der Hilbert-Matrix $\mathbf{A}=(a_{ij})$ mit $a_{ij}=1/(i+j-1)$ und $b=(b_i)$ mit $b_i=\sum_{j=1}^{n}a_{ij}$. Man rechne solange (d. h. für alle $n=1,2,\ldots$), bis zum erstem Mal $\max_{i=1,2,\ldots,n}|1-x_i|\ge 5\cdot 10^{-2}$ auftritt.

Aufgabe 6.24. Sei $\mathbf{A}$ eine reguläre Matrix der Ordnung n. Man zeige, dass durch Zeilen- und Spaltenpermutationen stets erreicht werden kann, dass kein Diagonalelement von $\mathbf{A}$ verschwindet. Kommt man allein mit Zeilen- oder Spaltenpermutationen aus? Hinweis: Kann man in der Matrix n nicht verschwindende Elemente markieren, so dass nicht zwei in derselben Zeile oder Spalte stehen, so existiert eine entsprechende Permutation. dass solche Markierung mglich ist, ergibt sich aus einer Determinantenformel. Die Determinante von $\mathbf{A}$ ist i. w. darstellbar als Summe von Produkten von jeweils n Matrixelementen, so dass zwei verschiedene am Produkt beteiligte Matrixelemente niemals in derselben Zeile oder Spalte stehen.

Aufgabe 6.25. Man schreibe ein Programm zur Lösung von **Ax=b** mit dem Gesamt- und Einzelschrittverfahren. Man prüfe im Programm ob das (hinreichende)

Konvergenzkriterium erfüllt ist. Man teste das Programm an den Matrizen

$$\mathbf{A} = \begin{pmatrix} 2 & -1 & -4 \\ 1 & -2 & -4 \\ 4 & -4 & -2 \end{pmatrix} \text{ und } \mathbf{A} = \begin{pmatrix} 2 & -1 & 2 \\ 1 & 2 & -2 \\ 2 & 2 & 2 \end{pmatrix}.$$

Man wähle $\mathbf{b} = \mathbf{0}$ und $\mathbf{x}^{(0)} = (1,1,1)$. Man stelle geeignete Prüfungen auf Konvergenz bzw. Divergenz an. Welche Schlüsse können aus den Ergebnissen gezogen werden?

Aufgabe 6.26. Werden beim Richtungsverfahren nacheinander die Einheitsvektoren[4] benutzt, so zeige man, daß das resultierende Verfahren das ESV ist. Man beweise damit, daß das ESV für positiv definite Matrizen konvergiert.

Aufgabe 6.27. Seien $\mathbf{A} \in \mathbb{R}^{n\times n}$, $\mathbf{b}, \mathbf{h}_0, \mathbf{h}_1, \ldots, \mathbf{h}_{n-1} \in \mathbb{R}^n$ gegeben und $f(\mathbf{x}) = 0.5\mathbf{x}^{\mathrm{T}}\mathbf{A}\mathbf{x} - \mathbf{b}^{\mathrm{T}}\mathbf{x}$. Man zeige: Sind die hs konjugiert in bezug auf $\mathbf{A}$, so ist

$$F(\mathbf{h}_0, \mathbf{h}_1, \ldots, \mathbf{h}_{n-1}) := f(\sum_{j=0}^{n-1} \alpha_j \mathbf{h}_j) =: \sum_{j=0}^{n-1} F_j(\mathbf{h}_j).$$

Die Minimierung von f zerfällt bei konjugierten **h**s also in n eindimensionale Minimierungsprobleme.

Aufgabe 6.28. Seien $\mathbf{A}$ eine symmetrische und positiv definite Matrix der Ordnung n, $\mathbf{b}$ eine rechte Seite und $\mathbf{h}_0, \mathbf{h}_1, \ldots, \mathbf{h}_{n-1}$ vorgegebene, bezüglich $\mathbf{A}$ paarweise konjugierte Richtungen. Man finde einen Vektor x_0 so, daß das Richtungsverfahren zur Lösung von $\mathbf{A}\mathbf{x} = \mathbf{b}$ für die gegebenen Richtungen mit Startwert x_0 dieselben Vektoren $x_j = x_0$ (aber i. a. nicht die Lösung des Gleichungssystems) für alle $j = 1, 2, \ldots, n-1$ liefert. Die Lösung wird also erst im letzten Schritt gefunden.

Aufgabe 6.29. Man beweise die folgende Aussage. Sei $\mathbf{A}$ symmetrisch und positiv definit und sei $\mathbf{x}$ die Lösung von $\mathbf{A}\mathbf{x} = \mathbf{b}$. Das Minimum von $g(\mathbf{y}) = 0.5\|\mathbf{x} - \mathbf{y}\|_{\mathbf{A}}^2$ für $\mathbf{y} \in H_{j+1}$ wird angenommen für $\mathbf{y} = \mathbf{x}_{j+1}$. Die verwendete Norm ist dabei in Lemma 6.24, S. 189 erklärt. Hinweis: Man zeige: Für f nach (6.43), S. 186 gilt: $g(\mathbf{y}) = f(\mathbf{x} - \mathbf{y}) - \mathbf{b}^{\mathrm{T}}(\mathbf{x} - \mathbf{y}) = f(\mathbf{x}) - \mathbf{b}^{\mathrm{T}}\mathbf{x} + f(\mathbf{y})$.

[4]Das sind Vektoren der Form $(0, 0, \ldots, 0, 1, 0, \ldots, 0)$. Der j-te Einheitsvektor hat dabei die Eins an der j-ten Stelle.

7 Lineare Optimierung

7.1 Aufgabenstellung

Bereits in der Schule werden Aufgaben behandelt, bei denen es darum geht, Maximal- oder Minimalstellen gewisser Funktionen zu finden. Entweder soll einfach nur ein Extremum (oder alle Extrema) gefunden werden, z. B. das Maximum von $f(x) = 10 + 3x - 7x^2 + 5x^3$, oder es sind zusätzlich noch Nebenbedingungen zu beachten. Ein typisches Beispiel dafür ist die Bestimmung der Abmessungen einer Konservendose, die bei vorgebenem Inhalt die kleinste Oberfläche hat. Aufgaben dieses Typs heißen *Optimierungsaufgaben.* In diesem Kapitel soll es um eine spezielle Aufgabenform gehen. Wir wollen Optimierungsaufgaben untersuchen, bei denen die zu optimierende Funktion linear von den unbekannten Größen abhängt und bei denen alle Nebenbedingungen als lineare Gleichungen oder Ungleichungen geschrieben werden können. Derartige Aufgaben heißen *lineare Optimierungsaufgaben.* Aufgaben dieses Typs sind bei Benutzung von Rechenanlagen verhältnismäßig einfach zu lösen und gleichzeitig – etwa bei der Planung wirtschaftlicher Aktivitäten in einem Betrieb – weitverbreitet. Typischerweise haben diese Aufgaben eine große Anzahl von Unbekannten und, um die Realität gut zu erfassen, auch eine große Anzahl von einzuhaltenden Nebenbedingungen. Daher spielen für derartige Aufgaben Computer-orientierte Lösungstechniken eine große Rolle.

Ausführliche Informationen zu unrestringierten und restringierten Optimierungsaufgaben findet man bei [41, GEIGER & KANZOW, 2 Bände].

Beispiel 7.1. ***Ernährungsplan***
Bei dem vorzustellenden Problem handelt es sich vermutlich um das älteste und am meisten strapazierte lineare Optimierungsproblem in der mathematischen Literatur ([94, STIGLER, 1945]). Dieses Problem wird wegen einer mangelhaften Übersetzung von englisch *diet* in deutsch *Diät* in der deutschen Literatur mißverständlich meistens als *Diätproblem* eingeführt: Aus einem Angebot von n *Nahrungsmitteln* (Brot, Fleisch, Gemüse, Obst, ...) ist ein Essen zusammenzustellen, das möglichst billig ist, trotzdem aber Mindestgehalte bestimmter m *Grundsubstanzen* (Eiweiß, Fett, Kohlehydrate, Vitamine, Mineralstoffe, ...) enthält. Ein

konkretes Beispiel: [101, J. VARGA, 1991, S. 98–100].

Diese Aufgabe läßt sich folgendermaßen mathematisch formulieren: Bezeichne für $i = 1, 2, \ldots, m; j = 1, 2, \ldots, n$

x_j: die unbekannte zu verwendende Menge vom j-ten Nahrungsmittel,

a_{ij}: die Menge der i-ten Grundsubstanz im j-ten Nahrungsmittel,

b_i: die Menge der i-ten Grundsubstanz, die das Menü mindestens enthalten muss,

c_j: den Preis für das j-te Nahrungsmittel,

wobei sich alle Angaben auf eine feste Mengeneinheit beziehen. Dann lautet die Aufgabe: Man finde Zahlen $x_1, x_2, \ldots, x_n$, so dass die Gesamtkosten $S := \sum_{j=1}^{n} c_j x_j$ minimal ausfallen unter Einhaltung der *Nebenbedingungen*

$$\begin{aligned} \textstyle\sum_{j=1}^{n} a_{ij}x_j &\geq b_i \quad \text{für} \quad i = 1, \ldots, m, \\ x_j &\geq 0 \quad \text{für} \quad j = 1, \ldots, n. \end{aligned}$$

In diesem Fall hat die Optimierungsaufgabe also die formale Gestalt: Finde ein $\mathbf{x} \in \mathbb{R}^n$ mit

$$\text{(7.1)} \qquad \text{unter} \quad \left.\begin{aligned} \mathbf{c}^T\mathbf{x} &\stackrel{!}{=} \min \\ \mathbf{A}\mathbf{x} &\geq \mathbf{b}, \\ \mathbf{x} &\geq \mathbf{0}, \end{aligned}\right\}$$

wobei $\mathbf{c} \in \mathbb{R}^n$, $\mathbf{b} \in \mathbb{R}^m$, $\mathbf{A} \in \mathbb{R}^{m \times n}$ gegeben sind und das Zeichen $\geq$ zwischen Vektoren $\mathbf{y}, \mathbf{z}$ bedeutet: $\mathbf{z} \geq \mathbf{y} \iff z_j \geq y_j$ für alle j. Das Zeichen $\stackrel{!}{=}$ min bedeutet, dass der links davon stehende Ausdruck minimiert werden soll.

Bei einem beliebigen Optimierungsproblem heißt die zu minimierende (oder zu maximierende) Funktion *Zielfunktion*, hier also $\mathbf{c}^T\mathbf{x}$. Jeder Vektor, der alle Nebenbedingungen einhält, heißt *zulässiger Vektor*, in (7.1) also jedes $\mathbf{x} \in \mathbb{R}^n$ mit $\mathbf{A}\mathbf{x} \geq \mathbf{b}$ und $\mathbf{x} \geq \mathbf{0}$. Die Menge aller zulässigen Vektoren heißt *zulässige Menge* oder *zulässiger Bereich* der Optimierungsaufgabe. Ein zulässiges $\mathbf{x}$ heißt *optimal*, wenn $\mathbf{c}^T\mathbf{x} \leq \mathbf{c}^T\mathbf{y}$ für alle zulässigen Vektoren $\mathbf{y} \in \mathbb{R}^n$ gilt. Jedes optimale $\mathbf{x}$ ist also eine *Lösung* der Aufgabe (7.1).

Je nach Aufgabenstellung kann man auch auf andere Schreibweisen kommen. Da es unser Ziel ist, ein Lösungsverfahren für alle linearen Optimierungsaufgaben zu finden, soll hier kurz zusammengestellt werden, wie sich die verschiedenen Schreibweisen ineinander überführen lassen:

i) Eine Maximierungsaufgabe wird zu einer Minimierungsaufgabe durch Übergang zum Negativen der Zielfunktion:

$$\mathbf{c}^T\mathbf{x} = \max \iff -\mathbf{c}^T\mathbf{x} = \min$$

(beidesmal unter denselben Nebenbedingungen)

ii) Eine Ungleichung

$$a_{i1}x_1 + \cdots + a_{in}x_n \geq b_i$$

innerhalb der Nebenbedingungen kann durch Einführen einer *Schlupfvariablen* $y_i \geq 0$ in die Gleichung

$$a_{i1}x_1 + \cdots + a_{in}x_n - y_i = b_i$$

überführt werden.

iii) Eine Gleichung

$$a_{i1}x_1 + \cdots + a_{in}x_n = b_i$$

innerhalb der Nebenbedingungen kann durch zwei Ungleichungen

$$a_{i1}x_1 + \cdots + a_{in}x_n \geq b_i,$$

$$-a_{i1}x_1 - \cdots - a_{in}x_n \geq -b_i$$

ersetzt werden.

iv) Eine Komponente x_j von $\mathbf{x}$, für die keine Vorzeichenbedingung besteht, kann durch den Ausdruck $x_j = x_j^+ - x_j^-$ mit $x_j^+, x_j^- \geq 0$ ersetzt werden.

v) Eine „$\leq$"-Ungleichung kann durch Multiplikation mit -1 in eine „$\geq$"-Ungleichung überführt werden.

Jede Optimierungsaufgabe mit linearer Zielfunktion und linearen Nebenbedingungen kann also auf die folgende Form gebracht werden:

$$\text{(7.2)} \qquad \text{unter} \quad \left.\begin{array}{rcl} \mathbf{c}^{\mathrm{T}}\mathbf{x} & \stackrel{!}{=} & \min \\ \mathbf{A}\mathbf{x} & = & \mathbf{b}, \\ \mathbf{x} & \geq & \mathbf{0}. \end{array}\right\}$$

In dieser Form wollen wir die Aufgabe jetzt weiter untersuchen. Die Form (7.2) heißt meistens *kanonische Form*, die Form (7.1) *Standardform* der *linearen Optimierungsaufgabe*.

Hinweis: Die Überführung einer vorgelegten Aufgabe in eine andere Form kann eine Vergrößerung der Anzahl der Nebenbedingungen (bei iii)) oder eine Vergrößerung der Komponentenzahl von $\mathbf{x}$ (bei ii) und iv)) mit sich bringen. Im letzteren Fall muss auch der Vektor $\mathbf{c}$ entsprechend mehr Komponenten erhalten. Für jede Schlupfvariable erhält **c** eine Komponente mit dem Wert Null; bei iv) tritt x_j^+ an die Stelle von x_j und für x_j^- erhält **c** eine Komponente mit dem Wert $-c_j$.

Beispiel 7.2. ***Umwandlung von Nebenbedingungen***
Die Aufgabe

$$\begin{array}{lrrcl} & -2x_1 & +3x_2 & \stackrel{!}{=} & \text{max} \\ \text{unter} & x_1 & +x_2 & \geq & 5, \\ & -x_1 & +x_2 & \leq & 7, \\ & x_1 & & \leq & 10, \\ & x_1 & & & \text{nicht vorzeichenbeschränkt,} \\ & & x_2 & \geq & 0, \end{array}$$

wird so zu

$$\begin{array}{lrcrcrcrcrcrcr} & 2x_1^+ & - & 2x_1^- & - & 3x_2 & + & 0y_1 + & & 0y_2 & & +0y_3 & \stackrel{!}{=} & \text{min} \\ \text{unter} & x_1^+ & - & x_1^- & + & x_2 & - & y_1 & & & & & = & 5, \\ & x_1^+ & - & x_1^- & - & x_2 & & & & -y_2 & & & = & -7, \\ & -x_1^+ & + & x_1^- & & & & & & & & -y_3 & = & -10, \\ & x_1^+ & & & & & & & & & & & \geq & 0, \\ & & & x_1^- & & & & & & & & & \geq & 0, \\ & & & & & x_2 & & & & & & & \geq & 0, \\ & & & & & & & y_1 & & & & & \geq & 0, \\ & & & & & & & & & y_2 & & & \geq & 0, \\ & & & & & & & & & & & y_3 & \geq & 0. \end{array}$$

Probleme in Standardform mit nur zwei Unbekannten x_1, x_2 wie in Beispiel 7.2 angegeben, lassen sich auf einfache Weise graphisch lösen. Jede Ungleichung beschreibt eine Halbebene im $\mathbb{R}^2$, alle Ungleichungen zusammen beschreiben daher den zulässigen Bereich (wenn er nicht leer ist) als eine konvexe, geradlinig berandete Menge im $\mathbb{R}^2$. Ist $\mathbf{c}^T\mathbf{x}$ die Zielfunktion, so sind $\mathbf{c}^T\mathbf{x} = \text{const}$ Geraden, die für verschiedene Konstanten alle parallel sind. Durch Parallelverschiebung dieser Geraden über dem gezeichneten zulässigen Bereich solange bis nur ein Randpunkt oder oder ein geradliniges Stück der Berandung auf der Geraden liegt, kann man die Lösung finden. Diese Lösungstechnik, die nur für Probleme mit zwei Variablen angewendet werden kann, heißt *graphische Methode* zur Lösung des Optimierungsproblems.

7.2 Basisvektoren

Wir untersuchen von jetzt an das lineare Optimierungsproblem in der bereits eingeführten kanonischen Form (7.2), S. 203: Man finde einen Vektor $\mathbf{x} \in \mathbb{R}^n$, so dass bei gegebenen $\mathbf{c} \in \mathbb{R}^n$, $\mathbf{b} \in \mathbb{R}^m$, $\mathbf{A} \in \mathbb{R}^{m \times n}$

$$(7.2) \qquad \text{unter} \quad \left.\begin{array}{rcl} \mathbf{c}^{\mathrm{T}}\mathbf{x} & \stackrel{!}{=} & \min \\ \mathbf{A}\mathbf{x} & = & \mathbf{b}, \\ \mathbf{x} & \geq & \mathbf{0}. \end{array}\right\}$$

Wir treffen die folgenden generellen Voraussetzungen.

Voraussetzungen 7.3. Für die Matrix $\mathbf{A} \in \mathbb{R}^{m \times n}$ gelte $m < n$ und Rang $\mathbf{A} = m$. Diese Voraussetzungen über $\mathbf{A}$ stellen sicher, dass das Gleichungssystem $\mathbf{A}\mathbf{x} = \mathbf{b}$ keine überzähligen Gleichungen enthält und lösbar ist. Die Voraussetzungen werden für die theoretischen Untersuchungen gebraucht. Tatsächlich „merkt" der zu entwickelnde Algorithmus, ob die Voraussetzung Rang $\mathbf{A} = m$ erfüllt ist. Ein wesentlicher Schritt zur Lösung des gestellten Problems ist die Tatsache, dass der Lösungsvektor nur noch in einer endlichen Menge von zulässigen Vektoren gesucht werden muss. Dazu benötigen wir die auf den ersten Blick etwas unanschaulich aussehende Definition.

Definition 7.4. Seien die Voraussetzungen 7.3 erfüllt. Eine m-elementige Indexmenge $I \subset \{1, 2, \ldots, n\}$ heißt *Basisindexmenge*, wenn die Spalten $\mathbf{a}^j$ von $\mathbf{A}$ mit den Nummern $j \in I$ eine Basis des $\mathbb{R}^m$ bilden, also linear unabhängig sind. Ein zulässiger Vektor $\mathbf{x} = (x_1, x_2, \ldots, x_n)^{\mathrm{T}}$ (der also $\mathbf{A}\mathbf{x} = \mathbf{b}$ und $\mathbf{x} \geq \mathbf{0}$ erfüllt) heißt *Basisvektor*, wenn eine Basisindexmenge I existiert mit $x_j = 0$ für $j \notin I$.

Ein zulässiger Vektor $\mathbf{x}$ ist z. B. ein Basisvektor, wenn die zu positiven Komponenten von $\mathbf{x}$ gehörenden Spalten von $\mathbf{A}$ linear unabhängig sind. Wie man dann die dazugehörige Basisindexmenge konstruiert, wird am Beginn des Beweises zu Satz 7.5 näher ausgeführt. Zu einer Basisindexmenge gibt es also höchstens einen Basisvektor. Geometrisch handelt es sich bei den Basisvektoren um die *Ecken* des zulässigen Bereichs. Wir wollen diese Deutung aber um kurz zu bleiben, nicht weiter verfolgen. Die Wichtigkeit des neuen Begriffs *Basisvektor* kommt im folgenden Satz zum Ausdruck.

Satz 7.5. Seien die Voraussetzungen 7.3 erfüllt. (a) Besitzt das Problem (7.2) einen zulässigen Vektor, so besitzt (7.2) auch einen Basisvektor. (b) Hat (7.2) eine Lösung, so gibt es einen Basisvektor, der (7.2) löst.

Beweis: (a) Sei $\mathbf{x}^* = (x_1^*, x_2^*, \ldots, x_n^*)^{\mathrm{T}}$ ein zulässiger Vektor von (7.2) und $I := \{i : x_i^* > 0\}$. Mit $\mathbf{a}^j$, $j = 1, 2, \ldots, n$ bezeichnen wir die Spaltenvektoren der Matrix $\mathbf{A}$. Fall i: Seien die Spalten $\mathbf{a}^j$, $j \in I$ linear unabhängig. Ist $\#I = m$[1], so ist $\mathbf{x}^*$ bereits Basisvektor zur Basisindexmenge I. Sind die Spalten unabhängig, aber $\#I < m$, so kann man (nach einem Satz aus der linearen Algebra) wegen Rang $\mathbf{A} = m$ die unabhängigen Spalten $\mathbf{a}^j$, $j \in I$ zu einer Basis (aus m Spalten) ergänzen. Vergrößert man die Indexmenge I entsprechend, so ist $\mathbf{x}^*$ Basisvektor zu dieser vergrößerten Basisindexmenge. In diesen Überlegungen ist auch der Fall $I = \emptyset$, d. h. $x_i^* = 0$ für alle $i \in \{1, 2, \ldots, n\}$ eingeschlossen. In diesem besonderen Fall definiert jede Basisindexmenge einen Basisvektor. Fall ii: Seien die Spalten $\mathbf{a}^j$, $j \in I$ linear abhängig. Dann hat $\mathbf{Ay} = \mathbf{0}$ eine Lösung mit $y_j = 0$ für alle $j \notin I$ und $y_i \neq 0$ für mindestens ein $i \in I$. D. h., die Zahl $\mu := \min_{i \in I, y_i \neq 0} x_i^*/|y_i|$ ist positiv und aus ihrer Definition folgt $x_i - \mu|y_i| \geq 0$ für alle $i \in I$ (sogar für alle $i \in \{1, 2, \ldots, n\}$). Für $y_i > 0$ folgt daraus $x_i^* + \mu y_i \geq x_i^* - \mu y_i \geq 0$, für $y_i < 0$ folgt daraus $x_i^* - \mu y_i \geq x_i^* + \mu y_i = x_i^* - \mu|y_i| \geq 0$. Setzen wir $\mathbf{u}^{(1)} = \mathbf{x}^* + \mu\mathbf{y}$, $\mathbf{u}^{(2)} = \mathbf{x}^* - \mu\mathbf{y}$, so gilt $\mathbf{u}^{(1)} \geq \mathbf{0}$, $\mathbf{u}^{(2)} \geq \mathbf{0}$, $\mathbf{Au}^{(1)} = \mathbf{Ax}^* + \mu\mathbf{Ay} = \mathbf{Ax}^* = \mathbf{b}$, $\mathbf{Au}^{(2)} = \mathbf{Ax}^* - \mu\mathbf{Ay} = \mathbf{b}$, und beide Vektoren sind also zulässig. Einer der Vektoren $\mathbf{u}^{(1)}$, $\mathbf{u}^{(2)}$ hat mehr Nullkomponenten als $\mathbf{x}^*$. Mit diesem Vektor wiederholen wir die obige Schlußweise, und wir erhalten schließlich einen Basisvektor von (7.2). (b) Ist $\mathbf{x}^*$ eine Lösung, so folgt $\mathbf{c}^T\mathbf{u}^{(1)} = \mathbf{c}^T\mathbf{x}^* + \mu\mathbf{c}^T\mathbf{y} \geq \mathbf{c}^T\mathbf{x}^*$ und $\mathbf{c}^T\mathbf{u}^{(2)} = \mathbf{c}^T\mathbf{x}^* - \mu\mathbf{c}^T\mathbf{y} \geq \mathbf{c}^T\mathbf{x}^*$ wegen der Minimalität von $\mathbf{c}^T\mathbf{x}^*$. Wir erhalten $\mathbf{c}^T\mathbf{y} \geq 0$ und $-\mathbf{c}^T\mathbf{y} \geq 0$ und daher $\mathbf{c}^T\mathbf{y} = 0$. D. h., $\mathbf{u}^{(1)}$ und $\mathbf{u}^{(2)}$ sind auch Lösungen des Ausgangsproblems. Der Rest folgt aus Teil (a). □

Es gibt höchstens $\binom{n}{m} := \dfrac{n!}{m!(n-m)!}$ Basisindexmengen. Da jede Basisindexmenge aber höchstens einen Basisvektor definiert, ist die Anzahl der Basisvektoren ebenfalls durch $\binom{n}{m}$ beschränkt. Indem wir willkürlich $n - m$ Komponenten von $\mathbf{x}$ Null setzen und die restlichen in eindeutiger Weise aus dem Gleichungssystem $\mathbf{Ax{=}b}$ berechnen, könnten wir im Prinzip alle Lösungskandidaten und damit nach Satz 7.5 auch die Lösung des gestellten Problems bestimmen. Die Anzahl der zu bestimmenden Vektoren ist aber fast immer prohibitiv zu groß. Daher benötigen wir ein systematisches Verfahren, z. B ein solches das nur Basisvektoren in Betracht zieht, die den Wert der Zielfunktion verkleinern.

7.3 Das Simplexverfahren

Der grundlegende Satz 7.5 sagt, dass jedes Optimierungsproblem der Form (7.2), das überhaupt zulässige Vektoren enthält auch Basisvektoren enthält, und dass ein lösbares Problem von Basisvektoren gelöst werden kann. Da es nur endlich viele

[1] Das Zeichen $\#\{\cdots\}$ heißt Anzahl der Elemente von $\{\cdots\}$.

Basisvektoren gibt, ist es naheliegend bei der Suche nach Lösungen, nur Basisvektoren zuzulassen. Von George Dantzig stammt ein Verfahren (ca. 1951), aus einem gegebenen Basisvektor $\mathbf{x}^{(0)}$ einen neuen Basisvektor $\mathbf{x}^{(1)}$ zu konstruieren, für den $\mathbf{c}^T\mathbf{x}^{(1)} \le \mathbf{c}^T\mathbf{x}^{(0)}$ gilt und bei dem sich die beiden Basisindexmengen nur um ein Element unterscheiden.

Das Auffinden eines Basisvektors am Anfang der Rechnung kann durch Lösen eines *Hilfsproblems* erfolgen. Das besprechen wir im nächsten Abschnitt.

Mit $\mathbf{a}^j$, $j = 1, 2, \ldots, n$ bezeichnen wir nach wie vor die Spalten von $\mathbf{A}$. Sei $\mathbf{x}^{(0)}$ ein Basisvektor mit Basisindexmenge I und $\overline{\mathbf{x}}$ irgendein zulässiger Vektor. Wie können wir die Zielfunktionswerte $\mathbf{c}^T\overline{\mathbf{x}}$ und $\mathbf{c}^T\mathbf{x}^{(0)}$ vergleichen? Jeder der Spaltenvektoren $\mathbf{a}^j$ von $\mathbf{A}$ läßt sich eindeutig als Linearkombination

$$\mathbf{a}^j = \sum_{i \in I} d_{ij}\mathbf{a}^i, \quad j = 1, 2, \ldots, n \tag{7.3}$$

der Spaltenvektoren aus der Basis darstellen. Für $j \in I$ ist daher insbesondere[2]

$$d_{ij} = \delta_{ij} := \begin{cases} 1 & \text{für } i = j, \\ 0 & \text{sonst.} \end{cases} \tag{7.4}$$

Da sowohl $\mathbf{x}^{(0)}$ als auch $\overline{\mathbf{x}}$ zulässig sind, gilt:

$$\sum_{i \in I} x_i^{(0)}\mathbf{a}^i = \mathbf{b} = \sum_{j=1}^{n} \overline{x}_j\, \mathbf{a}^j = \sum_{j=1}^{n} \overline{x}_j\, (\sum_{i \in I} d_{ij}\mathbf{a}^i) = \sum_{i \in I}(\sum_{j=1}^{n} d_{ij}\overline{x}_j\,)\mathbf{a}^i.$$

Da die $\mathbf{a}^i, i \in I$ linear unabhängig sind, ist die Darstellung von $\mathbf{b}$ eindeutig, also:

$$\begin{aligned}
\text{für alle } i \in I: \quad x_i^{(0)} &= \sum_{j=1}^{n} d_{ij}\overline{x}_j = \sum_{j \in I} d_{ij}\overline{x}_j + \sum_{j \notin I} d_{ij}\overline{x}_j\,. \\
\text{Also gilt für } i \in I: \quad x_i^{(0)} &= \overline{x}_i + \sum_{j \notin I} d_{ij}\overline{x}_j\,, \\
\text{oder} \quad \overline{x}_i &= x_i^{(0)} - \sum_{j \notin I} d_{ij}\overline{x}_j\,.
\end{aligned}$$

[2]Die hier in (7.4) eingeführte Größe δ_{ij} heißt auch *Kronecker-Symbol*.

Für den Zielfunktionswert $\mathbf{c}^T\overline{\mathbf{x}}$ gilt dann:

$$
\begin{aligned}
\mathbf{c}^T\overline{\mathbf{x}} &= \sum_{j=1}^{n} c_j\overline{x}_j = \sum_{i\in I} c_i\overline{x}_i + \sum_{j\notin I} c_j\overline{x}_j \\
&= \sum_{i\in I} c_i(x_i^{(0)} - \sum_{j\notin I} d_{ij}\overline{x}_j) + \sum_{j\notin I} c_j\overline{x}_j \\
&= \sum_{i\in I} c_i x_i^{(0)} + \sum_{j\notin I} \overline{x}_j\,(c_j - \sum_{i\in I} d_{ij}c_i) \\
&= \mathbf{c}^T\mathbf{x}^{(0)} + \sum_{j\notin I} \overline{x}_j\,(c_j - \sum_{i\in I} d_{ij}c_i).
\end{aligned} \tag{7.5}
$$

Wir setzen

$$
\sigma_j := \sum_{i\in I} d_{ij}c_i \quad \text{und} \quad t_j := c_j - \sigma_j \quad \text{für alle} \quad j = 1, 2, \ldots, n. \tag{7.6}
$$

Satz 7.6. a) Genau dann ist $\mathbf{c}^T\overline{\mathbf{x}} < \mathbf{c}^T\mathbf{x}^{(0)}$, wenn $\sum_{j\notin I} t_j\overline{x}_j < 0$. b) Ist $t_j \geq 0$ für alle $j \notin I$, so ist $\mathbf{x}^{(0)}$ Lösung von (7.2).

Beweis: a) folgt direkt aus (7.5) in der Form $\mathbf{c}^T\overline{\mathbf{x}} = \mathbf{c}^T\mathbf{x}^{(0)} + \sum_{j\notin I} t_j\overline{x}_j$. b) Unter den getroffenen Voraussetzungen ist $\sum_{j\notin I} t_j\overline{x}_j \geq 0$, also $\mathbf{c}^T\overline{\mathbf{x}} \geq \mathbf{c}^T\mathbf{x}^{(0)}$ für jedes zulässige $\overline{\mathbf{x}}$. Also ist $\mathbf{x}^{(0)}$ Lösung. □

Ist also $\mathbf{x}^{(0)}$ keine Lösung, so existiert ein $r \notin I$ mit $t_r < 0$.

Satz 7.7. Existiere ein Index $r \notin I$ mit $t_r < 0$. a) Für jedes $\delta \in \mathbb{R}$ löst $\mathbf{x}(\delta) \in \mathbb{R}^n$ mit

$$
x_j(\delta) = \begin{cases} x_j^{(0)} - \delta d_{jr} & \text{für } j \in I, \\ \delta & \text{für } j = r, \\ 0 & \text{sonst,} \end{cases} \tag{7.7}
$$

das Gleichungssystem $\mathbf{A}\mathbf{x}(\delta) = \mathbf{b}$ und $\mathbf{c}^T\mathbf{x}(\delta) = \mathbf{c}^T\mathbf{x}^{(0)} + \delta t_r$. b) Ist $d_{ir} \leq 0$ für alle $i \in I$, so hat die Aufgabe (7.2) keine Lösung.

Beweis: a) Die j-te Spalte von $\mathbf{A}$ bezeichnen wir wieder mit $\mathbf{a}^j$, $j = 1, 2, \ldots, n$. Dann ist

$$
\begin{aligned}
\mathbf{A}\mathbf{x}(\delta) &= \sum_{j=1}^{n} x_j(\delta)\mathbf{a}^j = \sum_{j\in I} x_j(\delta)\mathbf{a}^j + \delta\mathbf{a}^r = \sum_{j\in I}(x_j^{(0)} - \delta d_{jr})\mathbf{a}^j + \delta\mathbf{a}^r \\
&= \mathbf{A}\mathbf{x}^{(0)} + \delta(\mathbf{a}^r - \sum_{j\in I} d_{jr}\mathbf{a}^j) = \mathbf{A}\mathbf{x}^{(0)} = \mathbf{b}.
\end{aligned}
$$

Weiter ist (man vgl. auch (7.5))

$$\mathbf{c}^{\mathrm{T}}\mathbf{x}(\delta) = \sum_{j\in I} c_j x_j(\delta) + c_r\delta = \mathbf{c}^{\mathrm{T}}\mathbf{x}^{(0)} + \delta(c_r - \sum_{j\in I} d_{jr}c_j) = \mathbf{c}^{\mathrm{T}}\mathbf{x}^{(0)} + \delta t_r.$$

b) Sind alle $d_{jr} \leq 0$ für $j \in I$, so ist $\mathbf{x}(\delta)$ für jedes $\delta \geq 0$ zulässig und $\mathbf{c}^{\mathrm{T}}\mathbf{x}(\delta)$ kann daher beliebig kleine Werte annehmen, somit ist die Zielfunktion nach unten unbeschränkt und das Problem (7.2) unlösbar. □

Satz 7.8. Sei $\mathbf{x}^{(0)}$ Basisvektor zur Basisindexmenge I. Existiere ein $r \notin I$ mit $t_r < 0$, sei $d_{ir} > 0$ für mindestens ein $i \in I$, und sei

(7.8) $$\tilde{\delta} := \min_{i\in I}\left\{\frac{x_i^{(0)}}{d_{ir}} : d_{ir} > 0\right\} =: \frac{x_s^{(0)}}{d_{sr}}.$$

Dann gilt mit $\mathbf{x}(\tilde{\delta})$ nach (7.7) und $\tilde{\delta}$ aus (7.8):

i) $\mathbf{x}(\tilde{\delta})$ ist zulässig,

ii) $\mathbf{x}(\tilde{\delta})$ ist Basisvektor zur Basisindexmenge $J = (I \cup \{r\})\backslash\{s\}$,

iii) $\mathbf{c}^{\mathrm{T}}\mathbf{x}(\tilde{\delta}) \leq \mathbf{c}^{\mathrm{T}}\mathbf{x}^{(0)}$.

Beweis: i) Wegen Satz 7.7a) müssen wir nur $\mathbf{x}(\tilde{\delta}) \geq \mathbf{0}$ zeigen. Die Wahl von $\tilde{\delta}$ nach (7.8) impliziert aber gerade $\mathbf{x}(\tilde{\delta}) \geq \mathbf{0}$. ii) Mit $\mathbf{a}^j$ bezeichnen wir wieder die Spalten von $\mathbf{A}$, $j = 1, 2, \ldots, n$. Sei $\sum_{j\in J} e_j\mathbf{a}^j = \mathbf{0}$. Wir müssen $e_j = 0$ für alle $j \in J$ zeigen. Es ist

$$\begin{aligned}
\textstyle\sum_{j\in J} e_j\mathbf{a}^j &= \textstyle\sum_{j\in I\backslash\{s\}} e_j\mathbf{a}^j + e_r\mathbf{a}^r \\
&= \textstyle\sum_{j\in I\backslash\{s\}} e_j\mathbf{a}^j + e_r\sum_{j\in I} d_{jr}\mathbf{a}^j \\
&= \textstyle\sum_{j\in I\backslash\{s\}} (e_j + e_r d_{jr})\mathbf{a}^j + e_r d_{sr}\mathbf{a}^s.
\end{aligned}$$

Aus der linearen Unabhängigkeit der $\mathbf{a}^i, i \in I$ folgt $e_i + e_r d_{ir} = 0$ für $i \in I\backslash\{s\}$ und $e_r d_{sr} = 0$. Wegen $d_{sr} > 0$ folgt $e_r = 0$ und somit auch $e_i = 0$ für $i \in I\backslash\{s\}$. Also $e_j = 0$ für alle $j \in J$. iii) folgt wegen $\tilde{\delta} \geq 0$ und $t_r < 0$ aus Satz 7.7a). □

Es ist zweckmäßig, die Koeffizienten d_{ij} zu einer Koeffizientenmatrix $\mathbf{D} := (d_{ij}), i \in I, j = 1, 2, \ldots, n$, der sogenannten *Tableaumatrix* zusammenzufassen. Das in (7.8) vorkommende Element d_{sr} heißt *Pivotelement*, s heißt *Pivotzeile*, r heißt *Pivotspalte*. Beim Übergang von I zu J wird $s \in I$ gegen $r \notin I$ ausgetauscht.

Im vorigen Satz kann der Fall $\mathbf{c}^T\mathbf{x}(\tilde{\delta}) = \mathbf{c}^T\mathbf{x}^{(0)}$ eintreten, d. h., $\mathbf{x}(\tilde{\delta})$ verbessert den Wert der Zielfunktion nicht. Betrachtet man noch einmal die Darstellung von $\mathbf{c}^T\mathbf{x}(\tilde{\delta})$ aus dem Beweis von Satz 7.7, so ist dieser Fall offensichtlich nur möglich, wenn $\tilde{\delta} = 0$ ist.

Defintion 7.9. Wir nennen einen Basisvektor $\mathbf{x}^{(0)}$ zur Basisindexmenge I *entartet*, wenn es einen Index $i \in I$ mit $x_i^{(0)} = 0$ gibt.

Bei nicht entartetem Basisvektor $\mathbf{x}^{(0)}$ ist also stets $\tilde{\delta} > 0$. Bei entartetem Basisvektor können beide Fälle $\tilde{\delta} = 0$ und $\tilde{\delta} > 0$ vorkommen. Es kann eine Folge $\mathbf{x}^{(k)}, \mathbf{x}^{(k+1)}, \ldots, \mathbf{x}^{(k+l)}, \mathbf{x}^{(k)}$ von übereinstimmenden, entarteten Basisvektoren geben, bei der schließlich die Basisindexmenge von $\mathbf{x}^{(k)}$ erneut auftritt. Eine derartige Folge nennt man einen *Zyklus*. In diesem Fall tritt man also auf der Stelle und kommt nicht zu einer Lösung. Man kann jedoch durch geeignete Maßnahmen derartige Zyklen vermeiden. Man konsultiere etwa [35, GALE, 1960, S. 123–128]. Beispiele von Zyklen findet man in [37, GASS, 1969, Ch. 7]

In der Praxis kommen Zyklen jedoch sehr selten vor, so dass man in der Praxis auf besondere Maßnahmen zur Vermeidung von Zyklen verzichten kann.

Korollar 7.10. Das Optimierungsproblem ist genau dann unlösbar, wenn entweder (a) die zulässige Menge leer ist, oder (b) die Zielfunktion nach unten unbeschränkt ist.

Beweis: Ist die zulässige Menge nicht leer, so haben wir in den Sätzen 7.6, 7.7 und 7.8 alle Möglichkeiten für Lösbarkeit und Unlösbarkeit diskutiert. Für Unlösbarkeit bleibt nur der in Satz 7.7 angegebene Fall der Unbeschränktheit der Zielfunktion. Der Fall, dass man zyklisch immer wieder dieselben Basisvektoren erzeugt, kann nach einem Verfahren, das z. B. bei [35, GALE, 1960, S. 123–128] beschrieben wird, ausgeschlossen werden. □

Definition 7.11. Der Übergang von einem Basisvektor $\mathbf{x}^{(k)}$ zu einem neuen $\mathbf{x}^{(k+1)}$ nach dem angegebenen Rechenschema heißt *Simplexverfahren*.

Die zulässige Menge $\{\mathbf{x} : \mathbf{A}\mathbf{x} \geq \mathbf{b}, \mathbf{x} \geq \mathbf{0}\}$ ist leer oder ein Polyeder im $\mathbb{R}^n$ und die Basisvektoren $\mathbf{x}^{(k)}, \mathbf{x}^{(k+1)}$ können als *benachbarte Ecken* dieses Polyeders aufgefaßt werden, die bei Entartung allerdings zusammenfallen. In diesem Fall sind nur die Basisindexmengen, die $\mathbf{x}^{(k)}, \mathbf{x}^{(k+1)}$ definieren, verschieden.

Satz 7.12. Sind alle Basisvektoren $\mathbf{x}^{(k)}, k = 0, 1, \ldots$, die nach dem Simplexverfahren erzeugt werden, nicht entartet, so bricht das Verfahren nach endlich vielen Schritten ab. Im letzten Schritt wird entweder die Lösung geliefert, oder die Aussage, dass das Problem wegen unbeschränkter Zielfunktion unlösbar ist.

Beweis: Nach den Voraussetzungen sind alle $\mathbf{x}^{(k)}$ verschieden. Da es nur endlich viele Basisvektoren gibt, muss das Verfahren abbrechen. □

Ist der zulässige Bereich ein n-dimensionaler Würfel, so haben [62, KLEE & MINTY, 1972] gezeigt, dass bei geeignet gewählter Zielfunktion das Simplexverfahren alle 2^n Ecken des Würfels durchlaufen kann. Eine lange gehegte Vermutung, die sich aus vielen Experimenten erhärtet hatte (z. B. [64, KUHN & QUANDT, 1963], [85, QUANDT & KUHN, 1964]), dass nämlich die Anzahl der Iterationen beim Simplexverfahren durch ein Polynom in m, n eingeschränkt werden kann, wurde damit widerlegt.

7.4 Praktische Durchführung

Wir beschreiben *einen* Iterationsschritt des *Simplexverfahrens*. Dazu sei eine m-elementige Basisindexmenge I, die zu einem Basisvektor $\mathbf{x}$ gehört, bekannt. Den Basisvektor $\mathbf{x}$ braucht man an dieser Stelle noch nicht zu kennen. Wir definieren zu dieser Basisindexmenge I die $(m \times m)$-Matrix

$$\text{(7.9)} \qquad \mathbf{B} := (\mathbf{a}^i), \quad i \in I, \quad \mathbf{a}^i := i\text{-te Spalte von } \mathbf{A},$$

die definitionsgemäß regulär ist. Sei $\mathbf{D} := (d_{ij}),\ i \in I,\ j = 1, 2, \ldots, n$ die Tableaumatrix, die früher durch

$$\text{(7.10)} \qquad \mathbf{a}^j = \sum_{i \in I} d_{ij}\mathbf{a}^i, \quad j = 1, 2, \ldots, n, \ \text{mit } d_{ij} = \delta_{ij} \text{ für } j \in I$$

definiert wurde. Es gilt also wegen (7.9) und (7.10) $\mathbf{A} = \mathbf{B}\mathbf{D}$, oder in äquivalenter Form

$$\text{(7.11)} \qquad \mathbf{A}^{\mathrm{T}} = \mathbf{D}^{\mathrm{T}}\mathbf{B}^{\mathrm{T}}.$$

Wir setzen in Übereinstimmung mit (7.6), S. 208

$$\text{(7.12)} \qquad \begin{array}{l} \boldsymbol{\sigma} := (\sigma_1, \sigma_2, \ldots, \sigma_n)^{\mathrm{T}}, \quad \sigma_j := \sum_{i \in I} d_{ij} c_i, \quad j = 1, 2, \ldots, n, \\ \tilde{\mathbf{c}} := (c_i), \ i \in I. \end{array}$$

Dann ist wegen (7.12)

$$\text{(7.13)} \qquad \boldsymbol{\sigma} = \mathbf{D}^{\mathrm{T}}\tilde{\mathbf{c}}.$$

Wir benutzen zum Rechnen jetzt nur die in (7.9) vorhandene Information, nämlich I. Der Vektor $\boldsymbol{\sigma}$ kann aus (7.11) und (7.13) ohne Benutzung von $\mathbf{D}$ ausgerechnet werden. Multiplizieren wir nämlich (7.11) mit einem beliebigen Vektor $\mathbf{y} \in \mathbb{R}^m$ von rechts, so erhalten wir $\mathbf{A}^{\mathrm{T}}\mathbf{y} = \mathbf{D}^{\mathrm{T}}\mathbf{B}^{\mathrm{T}}\mathbf{y}$. Bestimmen wir jetzt $\mathbf{y}$ so, dass $\mathbf{B}^T\mathbf{y} = \tilde{\mathbf{c}}$ ist, so ist $\mathbf{A}^T\mathbf{y} = \mathbf{D}^T\tilde{\mathbf{c}} = \boldsymbol{\sigma}$, d. h., um $\boldsymbol{\sigma}$ zu berechnen, lösen wir das lineare Gleichungssystem

$$\boxed{\mathbf{B}^T\mathbf{y} = \tilde{\mathbf{c}}} \tag{7.14}$$

und bestimmen $\boldsymbol{\sigma}$ nach der Formel

$$\boldsymbol{\sigma} = \mathbf{A}^T\mathbf{y}. \tag{7.15}$$

Die Pivotspalte r erhält man daraus, sofern

$$t_r = c_r - \sigma_r := \min_{j \notin I}(c_j - \sigma_j) < 0; \tag{7.16}$$

man vgl. dazu Satz 7.6 und Satz 7.7, S. 208. Die r-te Spalte $\mathbf{d}^r$ von $\mathbf{D}$, die in (7.8) benötigt wird, ergibt sich aus **BD=A** zu

$$\boxed{\mathbf{B}\mathbf{d}^r = \mathbf{a}^r,} \tag{7.17}$$

wobei $\mathbf{a}^r$, wie üblich, die r-te Spalte von $\mathbf{A}$ bezeichnet. Gleichzeitig kann man den entsprechenden Basisvektor $\tilde{\mathbf{x}}$ (ohne die Nullkomponenten) mittels

$$\boxed{\mathbf{B}\tilde{\mathbf{x}} = \mathbf{b}} \tag{7.18}$$

ausrechnen, man löse also (7.17), (7.18) simultan in der Form $\mathbf{B}(\mathbf{d}^r, \tilde{\mathbf{x}}) = (\mathbf{a}^r, \mathbf{b})$. Sind $\mathbf{d}^r = (d_{ir})$ und $\tilde{\mathbf{x}}$ bekannt, so kann nach der Formel (7.8), S. 209 die Pivotzeile s bestimmt werden und damit auch die neue Basisindexmenge

$$J = (I \cup \{r\}) \setminus \{s\}. \tag{7.19}$$

Die fehlenden Komponenten von $\tilde{\mathbf{x}}$ müssen am Schluß durch Null ergänzt werden um den gesamten Lösungsvektor $\mathbf{x}$ zu erhalten.

Dieses Verfahren, nämlich die Lösung der drei eingerahmten Gleichungssysteme ist für große m aufwendig, für kleine m (bei schnellen Rechnern etwa ≤ 50) durchaus passabel.

Eine erhebliche Verringerung des Rechenaufwandes kann erreicht werden, wenn einmalig vor dem ersten Schritt eine Zerlegung von **B** (etwa nach dem Gaußschen Eliminationsverfahren) hergestellt wird und diese dann von Schritt zu Schritt durch besondere Maßnahmen wieder hergestellt wird. Das führt auf sogenannte *Modifikationstechniken*, die im Abschnitt 7.5, S. 216 behandelt werden.

Kann man für das Problem (7.2) keinen Basisvektor finden, so kann die Lösung eines *Hilfsproblems* Abhilfe schaffen.

Definition 7.13. Sei $\mathbf{e} = (1, 1, \dots, 1)^{\mathrm{T}} \in \mathbb{R}^m$. Das folgende Problem (7.20) nennen wir *Hilfsproblem der linearen Optimierung*:

$$\text{(7.20)} \qquad \text{unter den Nebenbedingungen} \qquad \left.\begin{array}{ll} \mathbf{e}^{\mathrm{T}}\mathbf{y} & \overset{!}{=} \min \\ \mathbf{A}\mathbf{x} + \mathbf{y} & = \mathbf{b}, \\ \mathbf{z} := \begin{pmatrix} \mathbf{x} \\ \mathbf{y} \end{pmatrix} & \geq \mathbf{0}. \end{array}\right\}$$

Satz 7.14. Sei das Problem (7.2), S. 203 unter der nichteinschränkenden Voraussetzung $\mathbf{b} \geq \mathbf{0}$ zu lösen. Für das obige Hilfsproblem (7.20) gilt dann:
(a) Der Vektor $\mathbf{z} = \binom{\mathbf{0}}{\mathbf{b}}$ ist ein Basisvektor zur Basisindexmenge $I = \{n+1, n+2, \dots, n+m\}$.
(b) Existiert eine Lösung $\mathbf{z} = \binom{\mathbf{x}}{\mathbf{y}}$ mit $\mathbf{e}^{\mathrm{T}}\mathbf{y} > 0$, so hat das Ausgangsproblem (7.2) keine zulässigen Vektoren, ist also unlösbar.
(c) Ist $\mathbf{z} = \binom{\mathbf{x}}{\mathbf{y}}$ eine Lösung von (7.20) mit $\mathbf{e}^{\mathrm{T}}\mathbf{y} = 0$, so ist $\mathbf{x}$ zulässig für (7.2).

Beweis: (a) Da $\mathbf{A}\mathbf{x} + \mathbf{y} = \mathbf{A}\mathbf{x} + \mathbf{I}\mathbf{y}$ ($\mathbf{I} = (m \times m)$-Einheitsmatrix), trifft die Definition eines Basisvektors direkt auf $\mathbf{z}$ zu. (b) Sei $\hat{\mathbf{x}}$ zulässig für (7.2). Dann ist $\hat{\mathbf{z}} = \begin{pmatrix} \hat{\mathbf{x}} \\ \mathbf{0} \end{pmatrix}$ auch zulässig für (7.20), und daher ist die Zielfunktion nach oben durch Null beschränkt, ein Widerspruch zu $\mathbf{e}^{\mathrm{T}}\mathbf{y} > 0$, d. h., es gibt in diesm Fall kein zulässiges $\hat{\mathbf{x}}$ für (7.2). (c) Aus den Voraussetzungen folgt $\mathbf{y} = \mathbf{0}$, also ist $\mathbf{x}$ zulässig für (7.2).

Bemerkungen 7.15. (i) Wir haben mit (b) auch den Fall, dass die zulässige Menge von (7.2) leer ist, behandelt. (ii) Die im Falle (c) des vorigen Satzes ausgerechnete Basisindexmenge I für (7.20) ist auch eine Basisindexmenge für (7.2) falls $i \in I \Rightarrow i \leq n$. Ist das nicht der Fall, so gibt es zwei Möglichkeiten: Es gelingt durch Fortsetzung des Simplexverfahrens für (7.20) (ohne weitere Verkleinerung der Zielfunktion) eine Basisindexmenge für (7.2) zu finden oder das gelingt nicht. Im zweiten Fall bedeutet das, dass der Rang von $\mathbf{A}$ nicht maximal war. An dieser Stelle wird das also bemerkt. Um weiterzukommen, muss man überzählige Zeilen aus dem Gleichungssystem $\mathbf{A}\mathbf{x} = \mathbf{b}$ entfernen. Man vergleiche dazu die Literatur, z. B. [16, COLLATZ & WETTERLING, 1971, S. 36–38].

Die Lösung von (7.2) über das Problem (7.20) nennt man auch *Zweiphasenmethode* im Gegensatz zur *Einphasenmethode*, bei der im Problem (7.20) die Zielfunktion durch

$$\text{(7.21)} \qquad S_1\mathbf{c}^{\mathrm{T}}\mathbf{x} + S_2\mathbf{e}^{\mathrm{T}}\mathbf{y}$$

mit geeigneten Konstanten $S_1, S_2 \geq 0$ ersetzt wird. Wenn man mit dieser Methode arbeiten will, muss man zeigen, dass die Lösungen unter geeigneten Annahmen (großer Quotient S_2/S_1) nicht von den gewählten Zahlen S_1, S_2 abhängen. Die Wahl $S_1 = 0$ führt auf die hier verwendete Zweiphasenmethode.

Der Nachteil der hier beschriebenen Zweiphasenmethode ist, dass nach Beendigung der Rechnungen für (7.20) das Simplexverfahren für (7.2) neu gestartet werden muss. Da im Hilfsproblem die eigentliche Zielfunktion gar nicht vorkommt, kann man auch nicht erwarten, dass der ausgerechnete zulässige Vektor ein besonders guter Startvektor für (7.2) ist. Üblicherweise rechnet man daher mit der Zielfunktion

$$\mathbf{c}^{\mathrm{T}}\mathbf{x} + S\mathbf{e}^{\mathrm{T}}\mathbf{y}, \tag{7.22}$$

wobei man $S > 0$ hinreichend groß wählen muss.

Die zur Lösung eines linearen Optimierungsproblems notwendigen Rechenschritte sind in der Übersicht 7.17, S. 215 schematisch zusammengefaßt.

Beispiel 7.16. ***Lösung eines linearen Optimierungsproblems***
Wir lösen $\mathbf{c}^{\mathrm{T}}\mathbf{x} \overset{!}{=} \min$, $\mathbf{A}\mathbf{x} = \mathbf{b}$, $\mathbf{x} \geq \mathbf{0}$ mit $\mathbf{c}^{\mathrm{T}} = (-120, -360, 0, 0, 0)$ und

$$\mathbf{A} = \begin{pmatrix} 1 & 1 & 1 & 0 & 0 \\ 30 & 60 & 0 & 1 & 0 \\ 2 & 10 & 0 & 0 & 1 \end{pmatrix}, \quad \mathbf{b} = \begin{pmatrix} 1200 \\ 42000 \\ 5200 \end{pmatrix}.$$

Erster Schritt: $I = \{3, 4, 5\}$, $\mathbf{B} = \mathbf{I}$ = Einheitsmatrix, $\tilde{\mathbf{c}} = (c_3, c_4, c_5)^{\mathrm{T}} = (0, 0, 0)^{\mathrm{T}}$. Also hat nach (7.14), S. 212 das System $\mathbf{B}^{\mathrm{T}}\mathbf{y} = \tilde{\mathbf{c}}$ die Lösung $\mathbf{y} = \mathbf{0}$ und somit $\boldsymbol{\sigma} = \mathbf{0}$ und $t_2 = \min_{j=1,2}(c_j - 0) = -360$, d. h. $r = 2$. Aus (7.17), S. 212 folgt $\mathbf{B}\mathbf{d} = \mathbf{a}^2 = (1, 60, 10)^{\mathrm{T}}$, d. h. $\mathbf{d} = \mathbf{a}^2$ und aus (7.18), S. 212 folgt $\tilde{\mathbf{x}} = \mathbf{b} = (1200, 42000, 5200)^{\mathrm{T}}$. Nach (7.8), S. 209 erhält man $\tilde{\delta} = \min_{j\in I}\left\{\frac{x_j}{d_j} : d_j > 0\right\} = x_5/d_5 = 520$, und somit $s = 5$.

Zweiter Schritt: $I = \{3, 4, 5\} \cup \{r\} \backslash \{s\} = \{3, 4, 2\}$, $\mathbf{B} = \begin{pmatrix} 1 & 0 & 1 \\ 0 & 1 & 60 \\ 0 & 0 & 10 \end{pmatrix}$, $\tilde{\mathbf{c}} = (0, 0, -360)^{\mathrm{T}}$, $\mathbf{B}^{\mathrm{T}}\mathbf{y} = \tilde{\mathbf{c}}$ hat die Lösung $\mathbf{y} = (0, 0, -36)^{\mathrm{T}}$ und daraus folgt $\boldsymbol{\sigma} = \mathbf{A}^{\mathrm{T}}\mathbf{y} = (-72, -360, 0, 0, -36)^{\mathrm{T}}$ und $t_1 = \min_{j=1,5}(c_j - \sigma_j) = -48$, $r = 1$. Aus $\mathbf{B}\mathbf{d} = \mathbf{a}^1 = (1, 30, 2)^{\mathrm{T}}$ folgt $\mathbf{d} = (4/5, 18, 1/5)^{\mathrm{T}}$, und aus $\mathbf{B}\tilde{\mathbf{x}} = \mathbf{b}$ folgt $\tilde{\mathbf{x}} = (680, 10800, 520)^{\mathrm{T}}$ und $\tilde{\delta} = \min_{j\in I}\left\{\frac{x_j}{d_j} : d_j > 0\right\} = x_4/d_4 = 600$, also $s = 4$.

Dritter Schritt: $I = \{3, 1, 2\}$, $\mathbf{B} = \begin{pmatrix} 1 & 1 & 1 \\ 0 & 30 & 60 \\ 0 & 2 & 10 \end{pmatrix}$, $\tilde{\mathbf{c}} = (0, -120, -360)^{\mathrm{T}}$, $\mathbf{B}^{\mathrm{T}}\mathbf{y} = \tilde{\mathbf{c}}$ hat die Lösung $\mathbf{y} = (0, -8/3, -20)^{\mathrm{T}}$ und daraus folgt $\boldsymbol{\sigma} = \mathbf{A}^{\mathrm{T}}\mathbf{y} = (-120, -360, 0, -8/3, -20)^{\mathrm{T}}$ und alle $t_j \geq 0$, $j = 4, 5$, d. h., wir sind bei der Lösung angelangt, die sich aus $\mathbf{B}\tilde{\mathbf{x}} = \mathbf{b}$ zu $\tilde{\mathbf{x}} = (x_3, x_1, x_2)^{\mathrm{T}} = (200, 600, 400)^{\mathrm{T}}$ ergibt. Damit ist $\mathbf{x} = (600, 400, 200, 0, 0)^{\mathrm{T}}$ die endgültige Lösung, und die Zielfunktion hat den Wert $\mathbf{c}^{\mathrm{T}}\mathbf{x} = -216000$.

Man beachte, dass die Basisindexmengen I zweckmäßigerweise nicht nach der Größe der Indizes geordnet werden sollten.

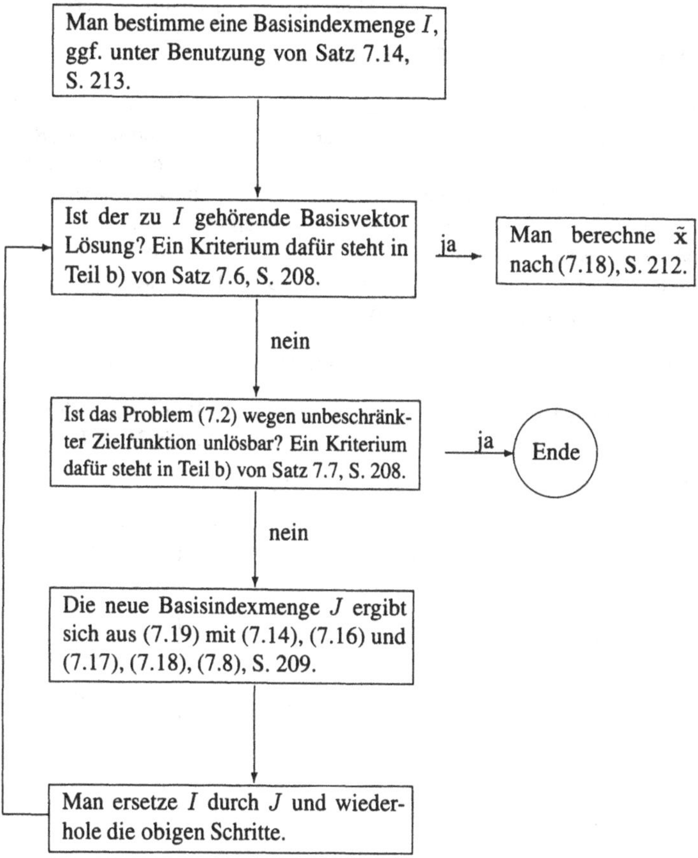

Übersicht 7.17. Rechenschritte für das Simplexverfahren

7.5 Modifikationstechniken

Sei $\mathbf{B} = (\mathbf{b}^1, \dots, \mathbf{b}^m)$ eine $m \times m$-Matrix mit den Spalten $\mathbf{b}^1, \dots, \mathbf{b}^m$ und

$$(7.23) \qquad \mathbf{FB} = \mathbf{R}, \quad \mathbf{R} \text{ rechte Dreiecksmatrix}, \quad \mathbf{F} \text{ regulär}$$

sei eine bekannte Zerlegung, die man z. B. durch Gauß-Elimination (LR-Zerlegung) oder mit dem noch zu besprechenden Householder-Verfahren (QR-Zerlegung) gewinnen kann. Wir setzen $\mathbf{R} = (\mathbf{r}^1, \dots, \mathbf{r}^m)$, d. h., $\mathbf{r}^1, \dots, \mathbf{r}^m$ bezeichnen die Spalten der rechten Matrix $\mathbf{R}$. Sei nun $\mathbf{b}$ ein weiterer vorgegebener Vektor und $\mathbf{B}'$ die Matrix, die aus $\mathbf{B}$ durch Streichen von $\mathbf{b}^p$ und Hinzufügen von $\mathbf{b}$ als letzter Spalte entsteht, wobei $p \in \{1, \dots, m\}$ eine vorgegebene Spaltennummer ist: $\mathbf{B}' = (\mathbf{b}^1, \dots, \mathbf{b}^{p-1}, \mathbf{b}^{p+1}, \dots, \mathbf{b}^m, \mathbf{b})$. Gesucht ist eine (7.23) entsprechende Zerlegung für $\mathbf{B}'$, also

$$(7.24) \qquad \mathbf{F}'\mathbf{B}' = \mathbf{R}', \quad \mathbf{R}' \text{ rechte Dreiecksmatrix}, \quad \mathbf{F}' \text{ regulär},$$

und zwar möglichst einfach durch Umrechnen von (7.23) in (7.24). Wir beschreiben dazu zwei Methoden. Sehen wir uns zunächst die Matrix $\mathbf{H} := \mathbf{FB}'$ an:

$$\mathbf{H} = (\mathbf{r}^1, \dots, \mathbf{r}^{p-1}, \mathbf{r}^{p+1}, \dots, \mathbf{r}^m, \mathbf{Fb})$$

$$= \begin{pmatrix}
\times & \times & \cdots & \times & \times & \cdots & & & \times \\
 & \times & \cdots & \times & \times & \cdots & & & \times \\
 & & \ddots & \vdots & \vdots & & & & \vdots \\
 & & & \times & \times & & & & \vdots \\
 & & & & \times & & & & \vdots \\
 & & & & \times & \times & & & \vdots \\
 & 0 & & & & \times & \ddots & & \vdots \\
 & & & & & & \ddots & & \vdots \\
 & & & & & & & \times & \times
\end{pmatrix}. \quad \leftarrow p\text{-te Zeile}$$

$\uparrow$
p-te Spalte

Die Matrix $\mathbf{H}$ enthält als letzte Spalte den Vektor $\mathbf{h} = \mathbf{Fb}$, davor die Spalten von $\mathbf{R}$ mit Ausnahme der p-ten Spalte. Matrizen, die wie $\mathbf{H}$ nur noch in der Subdiagonalen und darüber nicht verschwindende Einträge haben, nennt man *(obere) Hessenbergmatrizen*. Die $m - p$, i. a. von 0 verschiedenen Matrixelemente unterhalb der Diagonalen von $\mathbf{H}$ können nun leicht durch Gauß-Eliminationsschritte mit

Spaltenpivotsuche zu Null gemacht werden; dabei braucht man nur eine Vertauschung *benachbarter* Zeilen in Betracht zu ziehen. Einem solchen Eliminationsschritt entspricht eine Multiplikation von links mit einer Matrix $\mathbf{G}_i$, die entweder von der Form

$$\begin{pmatrix} 1 & & & & & & & 0 \\ & \ddots & & & & & & \\ & & 1 & & & & & \\ & & & 1 & 0 & & & \\ & & & -\ell_{i+1} & 1 & & & \\ & & & & & 1 & & \\ & & & & & & \ddots & \\ 0 & & & & & & & 1 \end{pmatrix} \begin{matrix} \\ \\ \\ \leftarrow \quad i \\ \leftarrow \quad i+1 \\ \\ \\ \\ \end{matrix}$$

(falls kein Zeilentausch stattfindet) oder von der Form

$$\begin{pmatrix} 1 & & & & & & & 0 \\ & \ddots & & & & & & \\ & & 1 & & & & & \\ & & & 0 & 1 & & & \\ & & & 1 & -\ell_{i+1} & & & \\ & & & & & 1 & & \\ & & & & & & \ddots & \\ 0 & & & & & & & 1 \end{pmatrix} \begin{matrix} \\ \\ \\ \leftarrow \quad i \\ \leftarrow \quad i+1 \\ \\ \\ \\ \end{matrix}$$

(falls ein Zeilentausch stattfindet) ist. Aufgrund der Pivotsuche ist $|\ell_{i+1}| \leq 1$. Nach $m - p$ Eliminationsschritten hat man

$$\text{(7.25)} \qquad \mathbf{G}_{m-1} \cdots \mathbf{G}_p \mathbf{H} =: \mathbf{R}'$$

mit einer rechten Dreiecksmatrix $\mathbf{R}'$ erreicht. Setzt man hierin $\mathbf{H} = \mathbf{F}\mathbf{B}'$ ein, so erhält man mit

$$\text{(7.26)} \qquad \mathbf{G}_{m-1} \cdots \mathbf{G}_p \mathbf{F} =: \mathbf{F}'$$

eine Zerlegung der gewünschten Form (7.24).

Für die numerische Rechnung kann man aus (7.25) und (7.26) ablesen, daß man $\mathbf{R}'$ und $\mathbf{F}'$ dadurch erhält, daß man die Eliminationsschritte *simultan* auf $\mathbf{H}$ und $\mathbf{F}$ anwendet. Während das direkte Ausrechnen einer Zerlegung (7.24) durch Gauß-Elimination ca. $c \cdot m^3$ Multiplikationen und Divisionen kostet, verbraucht das beschriebene Aufdatieren von (7.23) lediglich ca. $(m-p)^2$ Operationen.

Wir geben noch eine weitere Methode an, bei der eine möglichst einfache Matrix $\mathbf{T}$ gefunden werden soll, so daß bei unveränderten Bezeichnungen das Matrixprodukt

(7.27) $$\tilde{\mathbf{H}} := \mathbf{TH} = \mathbf{TFB}'$$

die Gestalt

$$\begin{pmatrix}
\times & \times & \dots & \times & \times & \dots & & & \times \\
 & \times & \dots & \times & \times & \dots & & & \times \\
 & & \ddots & \vdots & \vdots & & & & \vdots \\
 & & & & & & & & \vdots \\
 & & & \times & \times & & & & \vdots \\
 & & & & 0 & 0 & \dots & 0 & \times \\
 & & & & \times & \times & & & \vdots \\
 & 0 & & & & \times & \ddots & & \vdots \\
 & & & & & & \ddots & & \vdots \\
 & & & & & & & \times & \times
\end{pmatrix} \quad \leftarrow \quad p\text{-te Zeile}$$

$\uparrow$ (unter der Spalte)
p-te Spalte

(7.28)

hat. Die endgültige Form erhält man dann durch Verschieben der p-ten Zeile nach hinten und Vorschieben der nachfolgenden Zeilen.

Als Transformation $\mathbf{T}$ benutzen wir eine *elementare Zeilenmatrix* der Form

(7.29) $$\mathbf{T} = \mathbf{I} - \mathbf{e_p v}^{\mathrm{T}}.$$

Dabei ist $\mathbf{e_p}$ der p-te Einheitsvektor und $\mathbf{v}^{\mathrm{T}} = (0, 0, \dots, 0, v_{p+1}, v_{p+2}, \dots, v_m)$ ein Vektor, dessen Komponenten wir durch Vorwärtseinsetzen aus dem Gleichungssystem

(7.30) $$\mathbf{R}^{\mathrm{T}}\mathbf{v} = \mathbf{r}$$

bestimmen, wobei $\mathbf{r}^{\mathrm{T}} = (0, 0, \dots, 0, r_{p,p+1}, r_{p,p+2}, \dots, r_{pm})$ aus der bekannten p-ten Zeile der rechten Matrix $\mathbf{R}$ abgelesen wird. Man beachte, dass in $\mathbf{r}$ an Stelle des Diagonalelements von $\mathbf{R}$ Null steht. Damit erhalten wir dann

(7.31) $$\tilde{\mathbf{H}} = \mathbf{TH} = (\mathbf{I} - \mathbf{e_p v}^{\mathrm{T}})\mathbf{H} = \mathbf{H} - \mathbf{e_p v}^{\mathrm{T}}\mathbf{H},$$

wobei die Matrix $\mathbf{e_p v}^{\mathrm{T}}\mathbf{H}$ nur in der p-ten Zeile von Null verschiedene Einträge besitzt, die wegen (7.30) mit Ausnahme des letzten Elements alle mit den entsprechenden Elementen von $\mathbf{H}$ übereinstimmen. Damit haben wir die gewünschte

Form hergestellt, die abgesehen von den erwähnten Änderungen in der p-ten Zeile **H** total unverändert läßt. Wollen wir also die neue Form (7.28) von $\tilde{\mathbf{H}}$ herstellen, so ersetzen wir in **H** alle Elemente der p-ten Zeile bis auf das letzte durch Null, und ersetzen das letzte Element durch

$$\tilde{h}_{pm} := h_{pm} - \mathbf{v}^{\mathrm{T}}\mathbf{h}, \tag{7.32}$$

wobei $\mathbf{h} = \mathbf{F}\mathbf{b}$ die letzte Spalte von **H** und **v** die Lösung von (7.30) bedeutet. Bis auf die angegebenen Zeilenvertauschungen wird **F** wegen (7.27) nach der Formel

$$\tilde{\mathbf{F}} := \mathbf{T}\mathbf{F} = (\mathbf{I} - \mathbf{e_p}\mathbf{v}^{\mathrm{T}})\mathbf{F} = \mathbf{F} - \mathbf{e_p}\mathbf{v}^{\mathrm{T}}\mathbf{F} \tag{7.33}$$

umgerechnet. Die Matrix $\mathbf{e_p}\mathbf{v}^{\mathrm{T}}\mathbf{F}$ enthält wiederum nur in der Zeile p von Null verschiedene Einträge. Setzen wir, wie bisher schon mehrfach geübt, $\mathbf{F} = (\mathbf{f}^1, \mathbf{f}^2, \ldots, \mathbf{f}^m)$, so ist

$$(\tilde{\mathbf{F}})_{pj} := (\mathbf{F} - \mathbf{e_p}\mathbf{v}^{\mathrm{T}}\mathbf{F})_{pj} = (\mathbf{F})_{pj} - \mathbf{v}^{\mathrm{T}}\mathbf{f}^j, \; j = 1, 2, \ldots, m, \tag{7.34}$$

wobei die unteren Indizes die Matrixelemente bezeichnen. Die beiden Verfahren lassen sich algorithmisch so fassen:

Schritt 0: Gegeben Matrizen **B**, **F**, **R** mit (7.23), Vektor **b**, Spaltennummer p.

Schritt 1: Man berechne $\mathbf{h} = \mathbf{F}\mathbf{b}$ (m^2 Op.).

Schritt 2: Man bilde die Matrix **H**.

Hier verzweigen die beiden Algorithmen. Für den ersten Algorithmus ist der mit **A3** bezeichnete Schritt auszuführen, für den zweiten die mit **B** bezeichneten Schritte.

Schritt A3: Man eliminiere mit dem Gaußschen Verfahren in der rechteckigen Matrix $(\mathbf{H}, \mathbf{F})$ die Subdiagonalelemente von **H** unter Einschaltung einer Spaltenpivotsuche ($(m-p)(m+1+(m+1-p)/2)$ Op.). Man erhält die gewünschte Matrix $(\mathbf{H}', \mathbf{F}')$. Hier endet der erste Algorithmus.

Schritt B3: Man löse $\mathbf{R}^{\mathrm{T}}\mathbf{v} = \mathbf{r} = p$-te Zeile von **R** ($(m-p)(m-p+1)/2$ Op.).

Schritt B4: Dazu setze man in $\tilde{\mathbf{H}}$ die p-te Zeile Null und berechne das letzte Element der p-ten Zeile nach (7.32) ($m - p$ Op.).

Schritt B5: Man bilde $\tilde{\mathbf{F}}$ nach (7.33) und (7.34) ($m(m-p)$ Op.).

Schritt B6: Man schiebe in den Matrizen $\tilde{\mathbf{H}}, \tilde{\mathbf{F}}$ die p-te Zeile nach hinten und alle nachfolgenden Zeilen eine Zeile nach oben. Man erhält die gewünschten Matrizen $\mathbf{H}'$, $\mathbf{F}'$. Hier endet der zweite Algorithmus.

Der Vorteil dieser Methode ist, daß relativ wenige Elemente verändert werden. Das ist insbesondere für *dünn besetzte Matrizen* wichtig (das sind solche mit vielen Nullen), bei denen dann die vorhandenen Nullen zum großen Teil erhalten bleiben. Hinweise zu den Modifikationstechniken findet man in den Büchern von [32, FLETCHER, 1987, Ch. 8.5], [78, NAZARETH, 1987, Ch. 6].

Beispiel 7.18. ***Modifikationstechniken***
Wir zeigen die einzelnen Schritte bei beiden Methoden. Wir gehen aus von $\mathbf{FB} = \mathbf{R}$ und ersetzen die erste Spalte von $\mathbf{B}$ durch $\mathbf{b} := (1, 2, 3, 4)^T$ mit

$$\mathbf{F} = \begin{pmatrix} 1 & 0 & 0 & 0 \\ -0.2500 & 1 & 0 & 0 \\ 0.3333 & 0.6667 & 1 & 0 \\ 0.3067 & 0.1849 & 0.2059 & 1 \end{pmatrix}, \quad \mathbf{B} = \begin{pmatrix} -8 & 7 & -7 & 2 \\ -2 & 7 & 7 & 9 \\ 4 & -7 & 9 & -1 \\ 2 & -2 & -1 & 5 \end{pmatrix},$$

$$\mathbf{R} = \begin{pmatrix} -8 & 7 & -7 & 2 \\ 0 & 5.25 & 8.75 & 8.5 \\ 0 & 0 & 11.3333 & 5.6667 \\ 0 & 0 & 0 & 7.0714 \end{pmatrix}, \quad \mathbf{B}' = \begin{pmatrix} 7 & -7 & 2 & 1 \\ 7 & 7 & 9 & 2 \\ -7 & 9 & -1 & 3 \\ -2 & -1 & 5 & 4 \end{pmatrix}.$$

Methode 1, Schritt 1: ($\mathbf{G}_4\mathbf{H}$ und $\mathbf{G}_4\mathbf{F}$ zusammengefaßt)

$$= \begin{pmatrix} 7 & -7 & 2 & 1 & 1 & 0 & 0 & 0 \\ 0 & 14 & 7 & 1 & -1 & 1 & 0 & 0 \\ 0 & 11.3333 & 5.6667 & 4.6667 & 0.3333 & 0.6667 & 1 & 0 \\ 0 & 0 & 7.0714 & 5.2941 & 0.3067 & 0.1849 & 0.2059 & 1 \end{pmatrix},$$

Methode 1, Schritt 2: ($\mathbf{G}_3\mathbf{G}_4\mathbf{H}$ und $\mathbf{G}_3\mathbf{G}_4\mathbf{F}$ zusammengefaßt)

$$= \begin{pmatrix} 7 & -7 & 2 & 1 & 1 & 0 & 0 & 0 \\ 0 & 14 & 7 & 1 & -1 & 1 & 0 & 0 \\ 0 & 0 & 0 & 3.8571 & 1.1429 & -0.1429 & 1 & 0 \\ 0 & 0 & 7.0714 & 5.2941 & 0.3067 & 0.1849 & 0.2059 & 1 \end{pmatrix},$$

Methode 1, Schritt 3: ($\mathbf{G}_2\mathbf{G}_3\mathbf{G}_4\mathbf{H} = \mathbf{R}'$ und $\mathbf{G}_2\mathbf{G}_3\mathbf{G}_4\mathbf{F} = \mathbf{F}'$ zusammengefaßt)

$$= \begin{pmatrix} 7 & -7 & 2 & 1 & 1 & 0 & 0 & 0 \\ 0 & 14 & 7 & 1 & -1 & 1 & 0 & 0 \\ 0 & 0 & 7.0714 & 5.2941 & 0.3067 & 0.1849 & 0.2059 & 1 \\ 0 & 0 & 0 & 3.8571 & 1.1429 & -0.1429 & 1 & 0 \end{pmatrix}.$$

Methode 2:

$$\tilde{\mathbf{H}} = \begin{pmatrix} 0 & 0 & 0 & 6.3529 \\ 5.25 & 8.75 & 8.5 & 1.75 \\ 0 & 11.3333 & 5.6667 & 4.6667 \\ 0 & 0 & 7.0714 & 5.2941 \end{pmatrix}, \tilde{\mathbf{F}} = \begin{pmatrix} 1.8824 & -0.2353 & 1.6471 & 0 \\ -0.25 & 1 & 0 & 0 \\ 0.3333 & 0.6667 & 1 & 0 \\ 0.3067 & 0.1849 & 0.2059 & 1 \end{pmatrix},$$

$$\mathbf{R}' = \begin{pmatrix} 5.25 & 8.75 & 8.5 & 1.7500 \\ 0 & 11.3333 & 5.6667 & 4.6667 \\ 0 & 0 & 7.0714 & 5.2941 \\ 0 & 0 & 0 & 6.3529 \end{pmatrix}, \mathbf{F}' = \begin{pmatrix} -0.25 & 1 & 0 & 0 \\ 0.3333 & 0.6667 & 1 & 0 \\ 0.3067 & 0.1849 & 0.2059 & 1 \\ 1.8824 & -0.2353 & 1.6471 & 0 \end{pmatrix}.$$

Umfangreichere Tests deuten jedoch darauf hin, dass die erste Methode stabiler ist, und dass die zweite Methode auch nicht den erhofften Gewinn bei der Erhaltung von Nullen hat.

Das Simplexverfahren beschreibt eine Wanderung auf dem Rand des zulässigen Bereichs, bei der man von einer Ecke zu einer benachbarten Ecke geht. Es ist nahe liegend, auch durch das Innere des zulässigen Bereichs zu gehen. Solche Methoden heißen *innere-Punkt-Methoden*. Die erste, Aufsehen erregende Arbeit stammt von [60, KHACHIYAN, 1979], der eine Methode, die *Ellipsoidmethode*, vorgestellt hat, die in polynomialer Schrittzahl die Lösung findet. Praktisch hat diese Methode allerdings keinen Erfolg gehabt. Eine von [59, KARMARKAR, 1984] entwickelte Methode, die *projektive Methode*, ist, mit entsprechenden Weiterentwicklungen, im Einsatz. Für Details ziehe man die bereits erwähnten Bücher von [41, GEIGER & KANZOW] heran.

7.6 Aufgaben

Aufgabe 7.1. In der Schule wurden Extrema (Maxima/Minima) einer Funktion dadurch bestimmt, daß man die Nullstellen der ersten Ableitung darauf untersuchte, ob die zweite Ableitung dort von Null verschieden (negativ/positiv) ist. Wieso gehen wir in diesem Paragraphen anders vor?

Aufgabe 7.2. Man formuliere folgendes Problem als lineare Optimierungsaufgabe: *Transportproblem:* In den Orten $A_1, \ldots, A_m$ werden die Mengen $a_1, \ldots,$ a_m eines Gutes produziert. In den Orten $B_1, \ldots, B_n$ befinden sich Nachfrager, die von diesem Gut die Mengen $b_1, \ldots, b_n$ benötigen. Die Gesamtproduktion ist genau so hoch wie die Nachfrage. Die Kosten für den Transport einer Mengeneinheit von A_i nach B_j betragen c_{ij}. Es soll ein Transportplan aufgestellt werden, der bei minimalen Kosten alle Nachfrager mit der von ihnen gewünschten Menge beliefert.

Aufgabe 7.3. Man formuliere folgendes Problem als lineares Optimierungsproblem: *Zuordnungproblem:* Eine Firma hat für m Positionen (Jobs) $n \geq m$ Bewerber. Die Firma bewertet die Besetzung der Position i mit Bewerber j mit Hilfe einer Zahl c_{ij}. Wie sollte die Firma die Besetzung vornehmen unter der Voraussetzung, daß alle Positionen besetzt werden?

Aufgabe 7.4. (Für Jungunternehmer) Eine kleine illegale Schnapsbrennerei erzeugt in fünf Destilliergeräten Alkohol:

Gerät	1	2	3	4	5
Prozentzahl	70	80	85	90	99
Wochenproduktion in Litern	200	400	400	500	300

Aus diesen Rohprodukten werden zwei Schnapssorten zusammengemischt. Die eine dieser Sorten, die unter der Marke „Feuerfusel" auf dem Markt eingeführt ist, enthält (mindestens) 85 % Alkohol, während das Spitzenprodukt „Höllenstein edel" 95 % enthält. Ein fester Kunde der Firma bezieht regelmäßig jede Woche 80 Liter Feuerfusel. Da dieser Kunde über weitreichende Beziehungen verfügt, erscheint es ratsam, ihn unter allen Umständen zu beliefern. Die gesamte Wochenproduktion findet Abnehmer, der Höllenstein für € 3,75 pro Liter und der Feuerfusel für € 2,85 pro Liter. Aus den Restbeständen der wöchentlichen Produktion wird noch Brennspiritus mit einem Alkoholgehalt von mindestens 90 % gemischt und für € 2,75 pro Liter abgesetzt, die übrigen Sorten können zu einem Literpreis von € 1,25 für medizinische Zwecke verramscht werden. Man formuliere das Problem mit dem Ziel, einen möglichst hohen Erlös zu erreichen, mathematisch.

Aufgabe 7.5. Man entwickle ein Modell für das folgende Problem. Zehn Jungen $J_1, J_2, \ldots, J_{10}$ und zehn Mädchen $M_1, M_2, \ldots, M_{10}$ wollen paarweise etwas unternehmen. Jedes Mädchen und jeder Junge gibt eine Prioritätenliste von drei Personen an. Wie kann man die Paarbildung in optimaler Weise gestalten?

Aufgabe 7.6. Man löse graphisch: $x + y = \min$ unter den Nebenbedingungen $x, y \geq 0$, $2x + 3y \geq 1$, $-x + y \leq 1$, $2x + y \geq 1$, $x + 2y \geq 1$. Besitzt der zulässige Bereich entartete Ecken?

Aufgabe 7.7. Wie könnte man die Beispiele 7.2 und 7.16 (Seite 204 und 214) zeichnerisch lösen?

Aufgabe 7.8. Man skizziere einen einfachen zweidimensionalen Bereich $\{\mathbf{x} : \mathbf{A}\mathbf{x} \leq \mathbf{b},\ \mathbf{x} \geq 0\}$ mit einer entarteten Ecke (=Basisvektor).

Aufgabe 7.9. Eine kleine Firma beliefert den Markt mit bunten Weihnachtstellern. Neben anderen Leckereien befinden sich auch immer Nüsse auf diesen Tellern.

Die Firma hat 900 kg Haselnüsse und 600 kg Walnüsse in ihrem Lager. Nach Aussagen des Weihnachtsmannes erfreuen sich die folgenden drei Mischungen größter Beliebtheit:

Mi1: besteht nur aus Haselnüssen und kostet 25 € pro kg.

Mi2: besteht zu 2/3 aus Haselnüssen und zu 1/3 aus Walnüssen und kostet 40 € pro kg.

Mi3: besteht zu 1/4 aus Haselnüssen und zu 3/4 aus Walnüssen und kostet 50 € pro kg.

Da in der Weihnachtszeit das Geld besonders locker sitzt, versucht die Firma nun herauszufinden, wieviel kg sie von jeder Mischung herstellen muß, um den Gewinn zu maximieren. (a) Man formuliere das Problem mathematisch. (b) Man zeichne die zulässige Menge. (c) Man bestimme die Lösung durch „abklappern" aller Basisvektoren.

Aufgabe 7.10. Zu dem Optimierungsproblem $\mathbf{c}^T\mathbf{x} \stackrel{!}{=} \min$ unter $\mathbf{Ax{=}b}$, $\mathbf{x} \geq \mathbf{0}$ mit $\mathbf{x} \in \mathbb{R}^5$ soll die Bedingung $x_5 \leq 2$ hinzugefügt werden. Wie muß diese Bedingung umformuliert werden, damit sie die gleiche Gestalt hat wie die anderen Nebenbedingungen?

Aufgabe 7.11. Man versuche eine „duale" Formulierung des Diätproblems, bei dem die entsprechenden Nahrungsmittel künstlich aus den erforderlichen Chemikalien (Eiweiß, Vitamin etc.) zusammengesetzt werden und die Preise für die Chemikalien als Variable aufgefaßt werden. Man stelle sich den Chemiker als Konkurrenten zum Koch vor, der konventionell mit Fleisch, Kartoffeln etc. arbeitet. Das entstehende Problem heißt *duales Optimierungsproblem*.

Aufgabe 7.12. Man überführe $\mathbf{Ax} \geq \mathbf{b}$, $\mathbf{x} \geq \mathbf{0}$, $\mathbf{c}^T\mathbf{x} \stackrel{!}{=} \min$ in $\tilde{\mathbf{A}}\tilde{\mathbf{x}} = \tilde{\mathbf{b}}$, $\tilde{\mathbf{x}} \geq \mathbf{0}$, $\tilde{\mathbf{c}}^T\tilde{\mathbf{x}} \stackrel{!}{=} \min$ und umgekehrt.

Aufgabe 7.13. Man berechne „von Hand" einen Basisvektor zum Problem

$$\begin{array}{rcrcrcrcl}
x_1 & - & & & x_3 & + & x_4 & = & 3, \\
2x_1 & - & x_2 & & & & & = & 3, \\
3x_1 & + & 2x_2 & & & - & x_4 & = & 1, \\
x_1 & & & & & & & \geq & 0, \\
 & & x_2 & & & & & \geq & 0, \\
 & & & & x_3 & & & \geq & 0, \\
 & & & & & & x_4 & \geq & 0.
\end{array}$$

Aufgabe 7.14. Man maximiere („von Hand") $2x_1 + 4x_2 + x_3 + x_4$ unter den Nebenbedingungen

$$\begin{array}{rcrcrcrcl} x_1 & + & 3x_2 & + & & & x_4 & \leq & 4, \\ 2x_1 & + & x_2 & & & & & \leq & 3, \\ & & x_2 & + & 4x_3 & + & x_4 & \leq & 3, \\ x_1 & & & & & & & \geq & 0, \\ & & x_2 & & & & & \geq & 0, \\ & & & & x_3 & & & \geq & 0, \\ & & & & & & x_4 & \geq & 0. \end{array}$$

Aufgabe 7.15. Wie kann man das Simplexverfahren zur Bestimmung eines Vektors $\mathbf{x}$ mit $\mathbf{Ax=b}$, $\mathbf{x} \geq \mathbf{0}$ benutzen?

Aufgabe 7.16. Wie ändert sich das Simplextableau, wenn das Problem $\mathbf{Ax=b}$, $\mathbf{x} \geq \mathbf{0}$, $\mathbf{c}^T\mathbf{x} \stackrel{!}{=} \min$ umformuliert wird in $\mathbf{Ax=b}$, $-\mathbf{c}^T\mathbf{x} + x_{n+1} = 0$, $\mathbf{x} \geq \mathbf{0}$, $x_{n+1} \stackrel{!}{=} \min$?

Aufgabe 7.17. Seien $\mathbf{B}$, $\mathbf{B}'$ zwei nach (7.9), S. 211 zu bildende aufeinanderfolgende Matrizen des Simplexverfahrens. Wie unterscheiden sich $\mathbf{B}$ und $\mathbf{B}'$? Ist eine Zerlegung $\mathbf{FB} = \mathbf{R}$ bekannt, wie kann man daraus eine neue Zerlegung $\mathbf{F}'\mathbf{B}' = \mathbf{R}'$ berechnen, wobei $\mathbf{R}$, $\mathbf{R}'$ rechte Dreiecksmatrizen und $\mathbf{F}$, $\mathbf{F}'$ beliebige reguläre Matrizen sind.

Aufgabe 7.18. Man stelle graphisch in einer $x-y-$Ebene den Bereich B dar, der durch die folgenden Ungleichungen beschrieben wird.

$$\begin{array}{rcl} jx + y/j & \geq & 2, \quad j = 1/3, 1/2, 1, 2, 3, \\ x, y & \geq & 0. \end{array}$$

Man bestimme das Minimum von (a) $f(x, y) = x$, (b) $f(x, y) = x + 2y$ auf B.

Aufgabe 7.19. Man berechne von Hand alle Basisvektoren $\mathbf{x}$ von $\mathbf{Ax=b}$, $\mathbf{x} \geq \mathbf{0}$ mit

$$\mathbf{A} = \begin{pmatrix} 3 & -4 & -2 & 8 \\ 6 & 0 & 5 & -3 \end{pmatrix} \quad \text{und} \quad \mathbf{b} = \begin{pmatrix} -1 \\ 2 \end{pmatrix}.$$

Aufgabe 7.20. Man löse durch Handrechnung mit dem Simplexverfahren

$$x_1 + 6x_2 - 7x_3 + x_4 + 5x_5 \quad = \quad \min$$

unter den Nebenbedingungen

$$\begin{array}{c} x_i \geq 0, \quad i = 1, 2, \ldots, 5, \\ \begin{array}{rcrcrcrcrcr} 5x_1 & - & 4x_2 & + & 13x_3 & - & 2x_4 & + & x_5 & = & 20, \\ x_1 & - & x_2 & + & 5x_3 & - & x_4 & + & x_5 & = & 8. \end{array} \end{array}$$

Man zeige, daß $\mathbf{x}^{(0)} = (3,0,0,0,5)^{\mathrm{T}}$ ein Basisvektor zur Indexmenge $I = \{1,5\}$ ist, und starte die Rechnung mit diesem I.

Aufgabe 7.21. Der Vektor $x = (0,5,4,3,2,0)^{\mathrm{T}}$ ist zulässig für **Ax=b**, $\mathbf{x} \geq \mathbf{0}$ mit

$$\mathbf{A} = \begin{pmatrix} 6 & -4 & 5 & 3 & 6 & 8 \\ -2 & 2 & 4 & -4 & -1 & 0 \end{pmatrix}, \qquad \mathbf{b} = \begin{pmatrix} 21 \\ 12 \end{pmatrix}.$$

Man konstruiere daraus nach dem Vorgehen im Beweis des Satzes 7.5 b), Seite 205 einen Basisvektor.

Aufgabe 7.22. Man schreibe ausgehend von einer bekannten Indexmenge I, die zu einem Basisvektor gehört ein Programm zur Lösung von $(*)$ in allgemeiner Form. Man teste das Programm an dem obigen Beispiel. Zur Lösung der linearen Gleichungssysteme benutze man eine Prozedur, die mit dem Gaußschen Verfahren mit Pivotsuche arbeitet.

Aufgabe 7.23. Das folgende Problem ist als lineares Optimierungsproblem zu formulieren und durch Handrechnung mit dem Simplexverfahren zu lösen.

Ein Unternehmer kann auf einer Maschine drei Produkte P_1, P_2, P_3 herstellen. Die Maschine ist 45 Stunden in der Woche in Betrieb und kann pro Stunde 50, 25, bzw. 75 Stück der Artikel P_1, P_2, P_3 produzieren. Diese Artikel bringen einen Gewinn von 4, 12, bzw. 3 € pro Stück. Die Absatzmöglichkeiten sind durch 1000, 500, bzw. 1500 Stück begrenzt. Wie sollte man die Belegung der Maschinen wählen damit der Gewinn maximal ausfällt?

Aufgabe 7.24. Man betrachte zu

$$P : \mathbf{c}^{\mathrm{T}}\mathbf{x} = \min, \ \mathbf{Ax{=}b}, \ \mathbf{x} \geq \mathbf{0}, \ \mathbf{b} \geq \mathbf{0}$$

das folgende weitere Hilfsproblem:

$$H : \mathbf{c}^{\mathrm{T}}\mathbf{x} + S\mathbf{e}^{\mathrm{T}}\mathbf{y} = \min, \ \mathbf{y} + \mathbf{Ax} = \mathbf{b}, \ \mathbf{x} \geq \mathbf{0}, \ \mathbf{y} \geq \mathbf{0}, \ \mathbf{e}^{\mathrm{T}} = (1,1,\ldots,1)$$

mit einem hinreichend großen $S > 0$. Man schreibe ein Programm zur Lösung dieses Hilfsproblems und teste es für $S = 1, 10, 1\,000\,000$ am Beispiel $\mathbf{c}^{\mathrm{T}} = (1,6,-7,1,5)$, und

$$\mathbf{b} = \begin{pmatrix} 20 \\ 8 \\ 16 \end{pmatrix}, \quad \mathbf{A} = \begin{pmatrix} 5 & -4 & 13 & -2 & 1 \\ 1 & -1 & 5 & -1 & 1 \\ 7 & -5 & 11 & -1 & -1 \end{pmatrix}.$$

8 Ausgleichs- und Approximationsprobleme

Bei Ausgleichs- und Approximationsproblemen geht es darum, bekannte Größen wie *Daten* oder *Funktionen* durch leicht ausrechenbare Größen *näherungsweise* darzustellen. Unter Daten versteht man dabei eine endliche Menge von Punkten, wie wir sie auch schon bei der Interpolation kennengelernt haben. In vielen Fällen werden Daten aus Messungen gewonnen, sind also mit gewissen Fehlern behaftet. Funktionen dagegen stellen wir uns im Regelfall als fehlerfrei ausrechenbar vor. Bei der näherungsweisen Darstellung werden wir daher in den beiden Fällen verschiedene Ansprüche an die Genauigkeit stellen. Haben wir Daten oder Funktionen und eine entsprechende Näherung, so müssen wir in der Lage sein, den Unterschied zu bemessen. Das geschieht über einen im nächsten Abschnitt zu definierenden *Abstand* zwischen den gegebenen und den angenäherten Größen. Dazu bedienen wir uns eines Abstandsbegriffs, der mit Hilfe von *Normen* definiert wird.

In diesem Kapitel beschäftigen wir uns weiter mit einigen einfachen Aspekten der linearen Approximation im allgemeinen und mit zwei speziellen Approximationsproblemen, nämlich Datenapproximation in der euklidischen und Funktionsapproximation in der sogenannten Tschebyscheff-Norm.

8.1 Normen von Vektoren und linearen Abbildungen

Dieser Abschnitt enthält Definitionen, Eigenschaften und Beispiele von Normen insbesondere auch von Matrixnormen. Er kann bei entsprechenden Vorkenntnissen übergangen werden.

Definition 8.1. Sei $\mathbf{X}$ ein *Vektorraum* über $\mathbb{K}$ ($\mathbb{K} = \mathbb{R}$ oder $\mathbb{K} = \mathbb{C}$). Eine Abbildung $|| \ || : \mathbf{X} \longrightarrow \mathbb{R}$ heißt *Norm* von $\mathbf{X}$, wenn

(a) $||x|| \neq 0$ für alle $x \neq \mathbf{0}$ ($\mathbf{0}$ ist Nullelement in $\mathbf{X}$),

(b) $||\alpha x|| = |\alpha| \, ||x||$ für alle $\alpha \in \mathbb{K}$, alle $x \in \mathbf{X}$,

(c) $||x + y|| \leq ||x|| + ||y||$ für alle $x, y \in \mathbf{X}$.

Ein Vektorraum $\mathbf{X}$, in dem eine Norm $\|\ \|$ definiert ist, heißt *normierter Raum* mit der Bezeichnung $(\mathbf{X}, \|\ \|)$.

Satz 8.2. Eine Norm $\|\ \|$ hat die folgenden weiteren Eigenschaften:

(d) $\|x\| > 0$ für alle $x \neq \mathbf{0}$,

(e) $\|x\| = 0 \Longleftrightarrow x = \mathbf{0}$,

(f) $\varrho(x, y) := \|x - y\|$ kann als *Abstand (Metrik)* zwischen x, y aufgefasst werden,

(g) $\|x - y\| \geq |\, \|x\| - \|y\| \,|$,

(h) $f(x) := \|x\|$ ist stetig (als Abbildung $f : \mathbf{X} \to \mathbb{R}$).

Beweis: (d) Aus (b) folgt $0 = \|\mathbf{0}\|$, aus (c) und (b) ergibt sich $0 = \|x - x\| \leq 2\|x\|$. Wegen (a) folgt (d). (e) folgt aus (a) und (d). (g) folgt aus (c) wegen $\|x + (y - x)\| \leq \|x\| + \|y - x\| \Longrightarrow \|y - x\| \geq \|y\| - \|x\|$. Vertauscht man x, y so erhält man (g) wegen $\|-x\| = \|x\|$ (nach (b)). (f) $\varrho(x, y) = \varrho(y, x)$, aus (e) folgt $\varrho(x, y) = 0 \Longleftrightarrow x = y$, aus (c) folgt $\varrho(x, y) \leq \varrho(x, z) + \varrho(z, y)$. (h) $|f(x) - f(y)| = |\, \|x\| - \|y\| \,| \leq \|x - y\|$ nach (g), $\Rightarrow$ (h). □

Definition 8.3. Zwei Normen $\widehat{\|\ \|}, \|\ \|$ in demselben Vektorraum $\mathbf{X}$ heißen *äquivalent*, wenn zwei positive Konstanten $0 < k \leq K$ existieren mit

$$(8.1) \qquad k\|x\| \leq \widehat{\|x\|} \leq K\|x\| \text{ für alle } x \in \mathbf{X}.$$

Die Äquivalenz von zwei Normen hat zur Folge, dass eine Folge in $\mathbf{X}$ genau dann in einer der beiden Normen konvergiert, wenn sie in der anderen konvergiert. Die Menge der in beiden Normen konvergenten Folgen ist also identisch. Das folgt einfach aus (8.1).

Beispiel 8.4. ***Normen in endlich-dimensionalen Räumen***
Sei $\mathbf{X} := \mathbb{K}^n$. Dann sind

$$(8.2) \qquad \|x\|_p := \left(\sum_{j=1}^{n} |x_j|^p \right)^{1/p}, \quad p \geq 1,$$

$$(8.3) \qquad \|x\|_\infty := \max_{j=1,2,\ldots,n} |x_j|$$

Normen. Die in (8.2) definierten Normen heißen *p-Normen* oder *Hölder-Normen*. Ist $p = 1$, so heißt die dazugehörige Norm auch *Summennorm*. Für $p = 2$ heißt die entsprechende Norm auch *euklidische Norm*, und $\|x\|_2$ hatten wir bereits früher als euklidische Länge von x eingeführt. Die Norm $\|\ \|_\infty$ heißt *Maximumsnorm*. Der Nachweis, dass $||x||_p$ für jedes $p \geq 1$ eine Norm ist, ist aufwendig. Wir zeigen nur, dass $||x||_\infty$ eine Norm ist. Die Normeigenschaften (a), (b) sind offenbar erfüllt. Es ist

$$\begin{aligned} ||x+y||_\infty &:= \max_{j=1,2,\ldots,n} |x_j + y_j| \leq \max_{j=1,2,\ldots,n} (|x_j| + |y_j|) \\ &\leq \max_{j=1,2,\ldots,n} |x_j| + \max_{j=1,2,\ldots,n} |y_j| =: ||x||_\infty + ||y||_\infty , \end{aligned}$$

also gilt auch (c). Die Bezeichnung $||x||_\infty$ hat einen Sinn. Für $x \neq \mathbf{0}$ ist

$$\lim_{p\to\infty} ||x||_p = \lim_{p\to\infty} \max_{k=1,2,\ldots,n} |x_k| \left\{ \sum_{j=1}^{n} \left(\frac{|x_j|}{\max |x_k|} \right)^p \right\}^{1/p} = ||x||_\infty .$$

In $\mathbf{X} = \mathbb{K}^n$ sind alle Normen äquivalent. Folgen im $\mathbb{K}^n$ sind also unabhängig von der gewählten Norm konvergent oder nicht konvergent. Das kann man leicht beweisen, wenn man den Satz von Heine-Borel benutzt, der besagt, dass eine Menge im $\mathbb{K}^n$ genau dann kompakt ist, wenn sie abgeschlossen und beschränkt ist. Der Rand der *Normeinheitskugel* $S_\infty := \{x \in \mathbb{K}^n : ||x||_\infty = 1\}$ ist also kompakt, und jede Norm $\|\ \|$ ist stetig (Satz 8.2, (h)). Dann definieren wir $K := \max_{x\in S} ||x|| > 0, K \geq k := \min_{x\in S} ||x|| > 0$. Also ist $k \leq ||x|| \leq K$ für alle $x \in S$ oder $k \leq ||\frac{x}{||x||_\infty}|| \leq K$ für alle $x \neq \mathbf{0}$, denn $\frac{x}{||x||_\infty} \in S$. Damit folgt (8.1).

Beispiel 8.5. ***Normen in Funktionenräumen***
Sei $\mathbf{X} := \mathrm{C}[a,b]$. Dabei bezeichnet $\mathrm{C}[a,b]$ die Menge aller auf $[a,b]$ stetigen Funktionen. In diesem Fall sind für $x \in \mathbf{X}$

$$(8.4) \qquad ||x||_p := \left(\int_a^b |x(t)|^p \, \mathrm{d}t \right)^{1/p} , \quad p \geq 1 ,$$

$$(8.5) \qquad ||x||_\infty := \max_{t\in[a,b]} |x(t)|$$

Normen. Diese Normen heißen genau wie im endlich-dimensionalen Fall *p-Normen* oder *Hölder-Normen*. Die Maximumsnorm $\|\ \|_\infty$ heißt in diesem Zusammenhang auch *gleichmäßige*[1] oder *Tschebyscheff*-Norm. Der Nachweis, dass $||x||_p$ für jedes $p \geq 1$ eine Norm ist, verläuft analog zum endlich-dimensionalen

[1] Diese Norm definiert gerade die *gleichmäßige* Konvergenz.

Fall. Die in (8.4) definierten p-Normen haben nicht nur für stetige Funktionen einen Sinn. Unter dem Raum $L_p[a,b]$, $p \geq 1$ versteht man i. w.[2] die Menge aller auf $[a,b]$ definierten Funktionen x für die $\|x\|_p$ nach (8.4) einen endlichen Wert hat. Dazu gehören z. B. für jedes $p \geq 1$ die stückweise stetigen Funktionen wie $x(t) = \operatorname{sign} t$ für $t \in [-1,1]$. Besonders wichtig ist der Spezialfall $L_2[a,b]$. Das ist i.w. die Menge aller Funktionen f für die $|f|^2$ über $[a,b]$ integrierbar ist. Diese Funktionen heißen auch *quadratisch integrierbar*. Wir benutzen aus der Analysis den folgenden Satz.

Satz 8.6. Lineare Abbildungen $f: \mathbb{K}^m \to \mathbb{K}^n$ sind für alle Normen stetig.

Beweis: Z.B. [55, HEUSER, 1991, S. 50]. □

Auch linearen Abbildungen lassen sich Normen zuordnen.

Satz 8.7. Sei L der Vektorraum aller linearen Abbildungen $f: \mathbb{K}^m \longrightarrow \mathbb{K}^n$, und $\|\ \|$ seien Normen des $\mathbb{K}^m$ bzw. des $\mathbb{K}^n$. Dann ist

$$(8.6) \qquad \|f\| := \sup_{x \neq 0} \frac{\|f(x)\|}{\|x\|}, \quad f \in \mathrm{L}$$

eine Norm in L (natürlich in Abhängigkeit von den gewählten Vektornormen).

Beweis: Es ist zu zeigen, dass das Supremum überhaupt existiert. Wir multiplizieren für $x \neq \mathbf{0}$ Zähler und Nenner mit $1/\|x\|$. Dann ist

$$(8.6') \qquad \|f\| = \sup_{x \neq 0} \frac{\left\| f\left(\frac{x}{\|x\|}\right) \right\|}{\left\| \frac{x}{\|x\|} \right\|} = \sup_{\|y\|=1} \|f(y)\|.$$

Nach Satz 8.2, S. 227 (h) und Satz 8.6, S. 229 ist $\|f(\cdot)\|$ stetig. Da $\{y \in \mathbb{K}^m : \|y\| = 1\}$ kompakt ist, existiert das Supremum. Die formalen Normeigenschaften a) bis c) sind leicht nachzurechnen. □

Die Norm (8.6) heißt *Operatornorm* von f. Man kann sich $\|f\|$ als maximalen *Streckungsfaktor* der Abbildung f vorstellen. Es ist zu beachten, dass trotz einheitlicher Bezeichnung die Normen im Definitionsbereich und im Bildraum von f verschieden sein können auch wenn diese Räume übereinstimmen. Eine wichtige Folgerung aus (8.6) ist

$$(8.7) \qquad \|f(x)\| \leq \|f\|\,\|x\| \quad \text{für alle} \quad x \in \mathbb{K}^m, \quad f \in \mathrm{L}.$$

[2] genauer müsste hier die Menge der *meßbaren* Funktionen stehen, und zwei Funktionen f, g müssen identifiziert werden, wenn sie sich nur um eine Funktion h mit $\|h\|_p = 0$ unterscheiden.

Wir wollen von jetzt an in diesem Abschnitt für Vektoren und Matrizen fettgedruckte Buchstaben benutzen. Da lineare Abbildungen $f : \mathbb{K}^m \to \mathbb{K}^n$ durch Matrizen $\mathbf{A} \in \mathbb{K}^{n\times m}$ dargestellt werden, d. h. $f(\mathbf{x}) = \mathbf{Ax}$, hat (8.7) auch die Form

$$(8.7') \qquad ||\mathbf{Ax}|| \leq ||\mathbf{A}||\,||\mathbf{x}||.$$

Die Berechnung von $||\mathbf{A}||$ bei gegebenen Vektornormen nach (8.6) kann im Einzelfall schwierig sein. Für quadratische Matrizen $\mathbf{A}$ verwenden wir zur Berechnung von $||\mathbf{A}||$ nach (8.6) im Bild- und Urbildraum *immer* dieselbe Norm. Aus (8.7′) folgt für quadratische Matrizen (Aufgabe 8.2, S. 295)

$$(8.8) \qquad ||\mathbf{AB}|| \leq ||\mathbf{A}||\,||\mathbf{B}||.$$

Um eine wichtige Norm für Matrizen beschreiben zu können, müssen wir hier einen kleinen Vorgriff auf den Abschnitt über Eigenwerte machen. Ist $\mathbf{A}$ eine beliebige, quadratische Matrix so heißt die Menge

$$\sigma(\mathbf{A}) = \{\lambda \in \mathbb{C} : \mathbf{Ax} = \lambda\mathbf{x},\ \mathbf{x} \neq \mathbf{0}\}$$

Spektrum von $\mathbf{A}$, die Elemente von $\sigma(\mathbf{A})$ *Eigenwerte* von $\mathbf{A}$ und jedes $\mathbf{x} \neq \mathbf{0}$ mit $\mathbf{Ax} = \lambda\mathbf{x}$ für ein $\lambda \in \sigma(\mathbf{A})$ heißt zum Eigenwert λ gehörender *Eigenvektor*. Die Zahl

$$(8.9) \qquad \varrho(\mathbf{A}) = \max\{|\lambda| : \lambda \in \sigma(\mathbf{A})\}$$

heißt *Spektralradius* von $\mathbf{A}$. Der Spektralradius ist also der Radius des kleinsten Kreises um Null (in $\mathbb{C}$), der alle Eigenwerte enthält. Es ist zu beachten (man vergleiche Kapitel 9), dass auch bei reeller Matrix, $\sigma(\mathbf{A})$ i. a. komplexe Zahlen enthält. Der Spektralradius ist i. a. keine Norm (man vgl. Aufgabe 9.5, S. 330).

Satz 8.8. Sei $\mathbf{A}$ eine beliebige quadratische Matrix. Die zu den Vektornormen $||\ \ ||_p$ für $p = 1, 2, \infty$ gehörenden Operatornormen von $\mathbf{A}$ ergeben sich aus der Tabelle 8.9.

Beweis: ($p = 1$) a) Sei $\mathbf{y} \in \mathbb{K}^n$ mit $||\mathbf{y}||_1 = 1$ und $||\mathbf{A}||_1 = ||\mathbf{Ay}||_1$. Dann ist

$$\begin{aligned} ||\mathbf{A}||_1 &= \sum_i |\sum_j a_{ij} y_j| \\ &\leq \sum_i \sum_j |a_{ij}||y_j| = \sum_j \left(|y_j| \sum_i |a_{ij}| \right) \leq \\ &\leq \sum_j |y_j| \,(\max_j \sum_i |a_{ij}|) = S; \Rightarrow ||\mathbf{A}||_1 \leq S. \end{aligned}$$

b) Sei $\mathbf{A} \neq \mathbf{0}$ und $S = \sum_i |a_{ij_0}|$. Sei e_{j_0} der j_0-te Einheitsvektor. Dann ist $||\mathbf{A}e_{j_0}||_1 = \sum_i |a_{ij_0}| = S \leq ||\mathbf{A}||_1$. Insgesamt also $S = ||\mathbf{A}||_1$.

($p = 2$) Wir benutzen, dass die hermitesche (im reellen Fall symmetrische) Matrix $\mathbf{A}^*\mathbf{A}$ ein Orthonormalsystem von Eigenvektoren $\mathbf{u}_1, \mathbf{u}_2, \ldots, \mathbf{u}_n$ besitzt.[3] D. h., $\mathbf{u}_j^*\mathbf{u}_k = \delta_{jk}$ und $\mathbf{A}^*\mathbf{A}\ \mathbf{u}_j = \lambda_j \mathbf{u}_j$, $j = 1, 2, \ldots, n$. Für jedes $\mathbf{x}$ ist $\mathbf{x}^*\mathbf{A}^*\mathbf{A}\mathbf{x} = (\mathbf{A}\mathbf{x})^*\mathbf{A}\mathbf{x} = ||\mathbf{A}\mathbf{x}||_2^2 \geq 0$, daraus folgt $\lambda_j \geq 0$ für alle $j = 1, 2, \ldots, n$ und $\varrho(\mathbf{A}^*\mathbf{A}) = \max \lambda_j$. a) Sei $\mathbf{y} \in \mathbb{K}^n$ mit $||\mathbf{y}||_2 = 1$ und $||\mathbf{A}||_2 = ||\mathbf{A}\mathbf{y}||_2$. Dann ist $||\mathbf{A}||_2^2 = ||\mathbf{A}\mathbf{y}||_2^2 = \mathbf{y}^*\mathbf{A}^*\mathbf{A}\mathbf{y}$. Für $\mathbf{y}$ gibt es eine eindeutige Darstellung $\mathbf{y} = \sum_j \alpha_j \mathbf{u}_j$, also

$$
\begin{aligned}
||\mathbf{A}||_2^2 &= \mathbf{y}^*\mathbf{A}^*\mathbf{A}\mathbf{y} = \mathbf{y}^*\mathbf{A}^*\mathbf{A}\sum_j \alpha_j \mathbf{u}_j \\
&= \mathbf{y}^*\sum_j \alpha_j\, \mathbf{A}^*\mathbf{A}\mathbf{u}_j = \mathbf{y}^*\sum_j \alpha_j \lambda_j \mathbf{u}_j \\
&= \Big(\sum_j \alpha_j \mathbf{u}_j\Big)^*\Big(\sum_k \alpha_k \lambda_k \mathbf{u}_k\Big) \\
&= \sum_j |\alpha_j|^2 \lambda_j \leq \max \lambda_j = \varrho\,(\mathbf{A}^*\mathbf{A}) = T^2
\end{aligned}
$$

wegen $1 = \mathbf{y}^*\mathbf{y} = \sum_j |\alpha_j|^2$. Also $||\mathbf{A}||_2 \leq T$. b) Sei $T^2 = \varrho\,(\mathbf{A}^*\mathbf{A}) = \lambda_{j_0}$. Für $\mathbf{y} = \mathbf{u}_{j_0}$ ist dann $||\mathbf{y}||_2 = 1$ und $||\mathbf{A}\mathbf{y}||_2^2 = \mathbf{y}^*\mathbf{A}^*\mathbf{A}\mathbf{y} = \mathbf{y}^*\lambda_{j_0}\mathbf{y} = \lambda_{j_0} = T^2 \leq ||\mathbf{A}||_2^2$, also folgt die Behauptung $T = \{\varrho\,(\mathbf{A}^*\mathbf{A})\}^{1/2}$.

($p = \infty$) a) Sei $\mathbf{y} \in \mathbb{K}^n$ mit $||\mathbf{y}||_\infty = 1$ und $||\mathbf{A}||_\infty = ||\mathbf{A}\mathbf{y}||_\infty$. Dann ist $||\mathbf{A}||_\infty = \max\limits_i |\sum\limits_j a_{ij} y_j| \leq \max\limits_i \sum\limits_j |a_{ij}||y_j| \leq \max\limits_j |y_j|\ \max\limits_i \sum\limits_j |a_{ij}|$ $= \max\limits_i \sum\limits_j |a_{ij}| = Z$, also $||\mathbf{A}||_\infty \leq Z$. b) Für $\mathbf{A} = \mathbf{0}$ ist die Behauptung richtig. Sei $\mathbf{A} \neq \mathbf{0}$ und $Z = \sum_j |a_{i_0 j}|$. Wir setzen $y_j = \mathrm{sign} a_{i_0 j}$, $j = 1, 2, \ldots, n$. Dann ist $||\mathbf{y}||_\infty = 1$, und

$$
||\mathbf{A}\mathbf{y}||_\infty = \max_i |\sum_j a_{ij}\ \mathrm{sign} a_{i_0 j}| = \sum_j |a_{i_0 j}| = Z \leq ||\mathbf{A}||_\infty .
$$

Aus a) und b) erhalten wir die Behauptung $Z = ||\mathbf{A}||_\infty$. □

[3] $\mathbf{A}^* = \mathbf{A}^T$ für reelle $\mathbf{A}$, entsprechend für Vektoren, vgl. Korollar 9.14 und Formel (9.11), S. 308.

Tabelle 8.9. Vektor- und zugehörige Operatornorm

Vektornorm des Vektors x	zugehörige Operatornorm der Matrix $\mathbf{A} = (a_{ij})$
$\lVert\mathbf{x}\rVert_1$	Spaltensummennorm $S := \max\limits_j \sum\limits_i \lvert a_{ij}\rvert =: \lVert\mathbf{A}\rVert_1$
$\lVert\mathbf{x}\rVert_2$	Spektralnorm $T := (\varrho(\mathbf{A}^*\mathbf{A}))^{1/2}$ [4] $=: \lVert\mathbf{A}\rVert_2$
$\lVert\mathbf{x}\rVert_\infty$	Zeilensummennorm $Z := \max\limits_i \sum\limits_j \lvert a_{ij}\rvert =: \lVert\mathbf{A}\rVert_\infty$

Für diejenigen, die sich diesen Satz nicht merken können, ein kleiner mnemotechnischer[5] Hinweis: Ordnet man die Vektornormen $\lVert\ \rVert_p$ nach der Größe p, so sind die Namen für die zugehörigen Operatornormen alphabetisch geordnet.

Definition 8.10. Eine Norm im Vektorraum der $(n \times n)$-Matrizen heißt *Matrixnorm*, wenn neben den Normeigenschaften auch (8.8), S. 230 gilt.

Ist $\mathbf{I}$ die Einheitsmatrix, so ist nach (8.8), S. 230 $\lVert\mathbf{I}\rVert \geq 1$ für jede Matrixnorm $\lVert\ \rVert$. Für die Operatornorm ist stets $\lVert\mathbf{I}\rVert = 1$. Das folgt sofort aus (8.6), S. 229. Die in (8.8), S. 230 ausgedrückte Eigenschaft heißt auch *Submultiplikativität* der Matrixnorm.

Definition 8.11. Eine Matrixnorm und eine Vektornorm heißen *verträglich*, wenn

$$\lVert\mathbf{A}x\rVert \leq \lVert\mathbf{A}\rVert\, \lVert x\rVert \quad \text{für alle } \mathbf{A} \text{ und alle } x\,.$$

Man kann zu jeder Matrixnorm eine verträgliche Vektornorm finden. Man vergleiche Aufgabe 8.4, S. 295. Nach der Definition ist die Operatornorm die kleinste Norm, die mit der entsprechenden Vektornorm verträglich ist.

Satz 8.12. a) Für jede Matrixnorm $\lVert\ \rVert$ gilt

$$(8.10) \qquad \varrho(\mathbf{A}) \leq \lVert\mathbf{A}\rVert\,, \qquad \varrho = \text{Spektralradius.}$$

b) Zu jedem $\varepsilon > 0$ und jeder Matrix $\mathbf{A}$ existiert eine Matrixnorm $\hat{\lVert}\ \hat{\rVert}$ mit

$$(8.11) \qquad \hat{\lVert}\mathbf{A}\hat{\rVert} \leq \varrho(\mathbf{A}) + \varepsilon\,.$$

[4] Für reelle Matrizen $\mathbf{A}$ ist $\mathbf{A}^* = \mathbf{A}^T$.

[5] *Mnemosyne*: Göttin des Gedächtnisses (Duden).

Beweis: [90, SCHMEISSER & SCHIRMEIER, 1976, S. 85], Aufgabe 8.6, S. 295. □

Fassen wir eine $(n \times n)$-Matrix als n^2-Vektor auf, so kann man Vektornormen auf Matrizen übertragen. Aber i. a. erhält man dabei keine Matrixnormen.

Beispiel 8.13. ***Normen von Matrizen und Matrixnormen***
Sei $\mathbf{A} = (a_{ij})$. 1) $||\mathbf{A}|| = \max\limits_{i,j} |a_{ij}|$ ist keine Matrixnorm, denn

$$\mathbf{A} := \begin{pmatrix} 1 & 1 \\ 0 & 1 \end{pmatrix}, \; \mathbf{B} := \begin{pmatrix} 1 & 0 \\ 1 & 1 \end{pmatrix}, \; \mathbf{AB} = \begin{pmatrix} 2 & 1 \\ 1 & 1 \end{pmatrix}$$

führt auf $||\mathbf{AB}|| = 2 > ||\mathbf{A}|| \, ||\mathbf{B}|| = 1$. Es ist jedoch $\|\mathbf{A}\| := n \max_{ij} |a_{ij}|$ eine Matrixnorm (Aufgabe 8.5, S. 295).

2) $||\mathbf{A}||_{\mathrm{F}} := \left\{ \sum\limits_{i,j=1}^{n} |a_{ij}|^2 \right\}^{1/2}$ ist eine mit $|| \; ||_2$ verträgliche Matrixnorm

$$(8.12) \qquad \text{und} \qquad ||\mathbf{A}||_2 \leq ||\mathbf{A}||_{\mathrm{F}} \leq \sqrt{n}||\mathbf{A}||_2.$$

Die Matrixnorm $||\mathbf{A}||_{\mathrm{F}}$ heißt auch *Frobenius-Norm*. Offensichtlich ist $||\,\mathbf{I}\,||_{\mathrm{F}} = \sqrt{n} > 1$ für $n > 1$, d. h., $|| \; ||_{\mathrm{F}}$ ist keine Operatornorm. Ausführliche Beweise zu den angegebenen Formeln und Sätzen findet man z. B. in dem Buch von [90, SCHMEISSER & SCHIRMEIER, 1976, S. 81–88].

Die gerade eingeführten Matrixnormen gestatten eine quantitative Fassung des bereits früher eingeführten Begriffs der Kondition eines linearen Gleichungssystems. Dazu vergleichen wir bei gegebener regulärer Matrix $\mathbf{A}$ die Lösungen der beiden linearen Gleichungssysteme

$$\mathbf{Ax} = \mathbf{b} \neq \mathbf{0}, \quad \mathbf{A\hat{x}} = \mathbf{\hat{b}}.$$

Wir nehmen dabei an, dass sich $\mathbf{b}$ und $\mathbf{\hat{b}}$ nur wenig unterscheiden. Man kann sich vorstellen, dass $\mathbf{\hat{b}}$ durch Abrundung aus $\mathbf{b}$ entstanden ist. Die wesentliche Frage ist, ob sich dann auch $\mathbf{x}$ und $\mathbf{\hat{x}}$ wenig unterscheiden. Ganz offensichtlich ist auch $\mathbf{A}(\mathbf{x} - \mathbf{\hat{x}}) = \mathbf{b} - \mathbf{\hat{b}}$. Daraus folgt

$$\|\mathbf{x} - \mathbf{\hat{x}}\| = \|\mathbf{A}^{-1}(\mathbf{b} - \mathbf{\hat{b}})\| \leq \|\mathbf{A}^{-1}\| \, \|\mathbf{b} - \mathbf{\hat{b}}\|$$

für beliebige miteinander verträgliche Matrix- und Vektornormen. Für dieselben Normen gilt auch

$$\|\mathbf{b}\| = \|\mathbf{Ax}\| \leq \|\mathbf{A}\| \, \|\mathbf{x}\| \Longrightarrow 1/(\|\mathbf{x}\|) \leq \|\mathbf{A}\|/\|\mathbf{b}\| \Longrightarrow$$

(8.13)
$$\frac{\|\mathbf{x}-\hat{\mathbf{x}}\|}{\|\mathbf{x}\|} \leq \|\mathbf{A}^{-1}\| \, \|\mathbf{A}\| \, \frac{\|\mathbf{b}-\hat{\mathbf{b}}\|}{\|\mathbf{b}\|}.$$

Die Zahl

$$\operatorname{Kond}(\mathbf{A}) := \|\mathbf{A}^{-1}\| \, \|\mathbf{A}\|$$

heißt *Kondition* der regulären Matrix $\mathbf{A}$. Wegen $1 \leq \|\mathbf{I}\| = \|\mathbf{A}^{-1}\mathbf{A}\| \leq \|\mathbf{A}^{-1}\| \, \|\mathbf{A}\| = \operatorname{Kond}(\mathbf{A})$ ist immer $\operatorname{Kond}(\mathbf{A}) \geq 1$. Nach der Ungleichung (8.13) ist die Kondition der Verstärkungsfaktor des relativen Fehlers von $\mathbf{b}$. Bei großer Kondition müssen wir auf einen großen relativen Fehler von $\mathbf{x}$ gefaßt sein, auch wenn $\mathbf{b}$ nur einen kleinen relativen Fehler aufweist. Matrizen mit großer Kondition sind die an anderer Stelle besprochenen Hilbert-Matrizen und Frobenius-Begleitmatrizen. Die kleinste Kondition, nämlich $\operatorname{Kond}(\mathbf{A}) = 1$ haben Matrizen mit $\|\mathbf{A}\| = \|\mathbf{A}^{-1}\| = 1$. Beispiele sind die später in diesem Kapitel zu besprechenden orthogonalen oder unitären Matrizen. Im allgemeinen wird die Ungleichung (8.13) allerdings zu zu pessimistischen Abschätzungen führen.

Beispiel 8.14. ***Kondition einer*** 2×2***-Matrix***
Wir berechnen für $0 < m << 1$ die Kondition der früher schon in Beispiel 6.9, S. 173 vorkommenden Matrix

$$\mathbf{A} := \begin{pmatrix} 0 & 1 \\ m & -1 \end{pmatrix} \quad \Rightarrow \quad \mathbf{A}^{-1} = \frac{1}{m}\begin{pmatrix} 1 & 1 \\ m & 0 \end{pmatrix}.$$

Zur Berechnung der Normen, müssen wir die maximalen Eigenwerte von $\mathbf{B} := \mathbf{A}\mathbf{A}^{\mathrm{T}} = \begin{pmatrix} 1 & -1 \\ -1 & m^2+1 \end{pmatrix}$ und von $\mathbf{C} := \mathbf{A}^{-1}(\mathbf{A}^{-1})^{\mathrm{T}} = \frac{1}{m^2}\begin{pmatrix} 2 & m \\ m & m^2 \end{pmatrix}$ berechnen. Dann ist $\operatorname{Kond}(\mathbf{A}) = \sqrt{\lambda_{\max}(\mathbf{B})\lambda_{\max}(\mathbf{C})}$. Tatsächlich muss man wegen $\lambda_{\max}(\mathbf{C}) = 1/\lambda_{\min}(\mathbf{B})$ die inverse Matrix $\mathbf{A}^{-1}$ nicht kennen (man vgl. Formel (9.48) in Aufgabe 9.7, S. 330). Für kleines m erhält man daraus (vgl. Aufgabe 8.7, S. 296)

(8.14)
$$\operatorname{Kond}(\mathbf{A}) \approx \frac{2}{m}.$$

8.2 Lineare Approximation

Wir wollen in diesem Abschnitt kurz die wesentlichen Definitionen und Phänomene, die sich auf Approximationsprobleme beziehen, zusammenstellen und dazu einige einfache Beispiele angeben. In den weiteren beiden Abschnitten werden dann ein Datenapproximationsproblem und ein Funktionsapproximationsproblem ausführlicher behandelt. Ein Approximationsproblem wird in einem normierten

Raum $(\mathbf{X}, \|\ \ \|)$ formuliert, in dem ein gegebenes Element $f \in \mathbf{X}$ durch Elemente v einer vorgegebenen Menge $V \subset \mathbf{X}$ möglichst gut approximiert wird in dem Sinne, dass $\|f - v\|$ möglichst klein werden soll. Wir fassen diesen Sachverhalt zusammen.

Definition 8.15. Seien $(\mathbf{X}, \|\ \ \|)$ ein normierter Raum (über $\mathbb{K}$), $f \in \mathbf{X}, V \subset \mathbf{X}$, $V \neq \emptyset$ gegeben. Jedes Element $\hat{v} \in V$ mit

$$\|f - \hat{v}\| \leq \|f - v\| \text{ für alle } v \in V \tag{8.15}$$

heißt *beste Approximation* von f (auch b. A. abgekürzt). Die Zahl $\operatorname{dist}(f, V) := \inf_{v \in V} \|f - v\|$ (auch mit $\varrho_V(f)$ bezeichnet) heißt *Minimalabstand* zwischen f und V. Das Problem, eine beste Approximation $\hat{v}$ von f zu finden, heißt *Approximationsproblem*. Das Approximationsproblem heißt *linear*, wenn V ein linearer Teilraum von $\mathbf{X}$ ist.

Es ist zweckmäßig, sich ein Approximationsproblem immer als das folgende *Quadrupel* Q vorzustellen:

$$Q := \left(\mathbf{X}, \|\ \ \|, V, f\right). \tag{8.16}$$

In diesem Quadrupel Q wird der Vektorraum $\mathbf{X}$ bezeichnet, die darin definierte Norm $\|\ \ \|$, die Teilmenge $V \subset \mathbf{X}$ der Approximanden und schließlich die zu approximierende Funktion $f \in \mathbf{X}$, wobei f auch weggelassen werden kann, wenn es um Approximation von beliebigen f geht.

Wir haben in der obigen Definition nichts über die Wahl von f gesagt. Ist aber $f \in V$, so hat das Approximationsproblem immer die eindeutig bestimmte Lösung $v = f$, und $\operatorname{dist}(V, f) = 0$. Derartige Probleme sind also uninteressant, und sinnvollerweise wird man daher immer $f \notin V$ annehmen. Das reicht noch nicht ganz aus, um $\operatorname{dist}(V, f) > 0$ zu garantieren. Möchte man z. B. von einem Punkt $x \in \mathbb{R}^2$ mit $||x||_2 = 1$ einen Punkt $y \in \mathbb{R}^2$ auf der offenen Einheitskreisscheibe finden, der von x den kleinsten Abstand hat, so ist $\operatorname{dist}(x, y) = 0$, es gibt aber kein y, das diesen Abstand annimmt. Es ist also plausibel, V immer als abgeschlossen vorauszusetzen. Ein Approximationsproblem, das diese beiden Eigenschaften (V abgeschlossen, $f \notin V$) hat, wollen wir *nichttrivial* nennen. Wir geben einige Beispiele für Approximationsprobleme.

Beispiel 8.16. ***Tschebyscheff-Approximation***
Sei $Q := (\mathrm{C}[a, b], \|\ \ \|_\infty, V)$. In diesem Fall spricht man von *gleichmäßiger* oder *Tschebyscheff-Approximation*. Der Raum $\mathrm{C}[a, b]$ besteht dabei aus allen auf $[a, b]$ stetigen Funktionen mit reellen (machmal auch komplexen) Werten. Besonders häufig ist der Fall $V = \Pi_n$, der Polynome bis zum Grad n. In diesem Fall ist $\dim V = n + 1$, und man spricht von *gleichmäßig bester Approximation* mit *Polynomen*.

Beispiel 8.17. ***Approximation in*** L_1
Sei $Q := (L_1[a,b], \|f\|_1 := \int_a^b |f(t)|\,\mathrm{d}t, V)$. Dabei besteht $L_1[a,b]$ aus den meßbaren, auf $[a,b]$ absolut integrierbaren Funktionen.

Beispiel 8.18. ***Periodische Schwingungen***
In einem *Synthesizer* (was das ist, brauchen wir hier nicht zu wissen) werden elektrische *Schwingungen* (periodische Änderungen der Spannung **U** über der Zeit t) erzeugt, z. B. a) Sinusschwingungen, b) Rechtecksschwingungen, c) Dreiecksschwingungen, d) Sägezahnschwingungen. Diese vier Schwingungsformen sind in Figur 8.19 dargestellt,

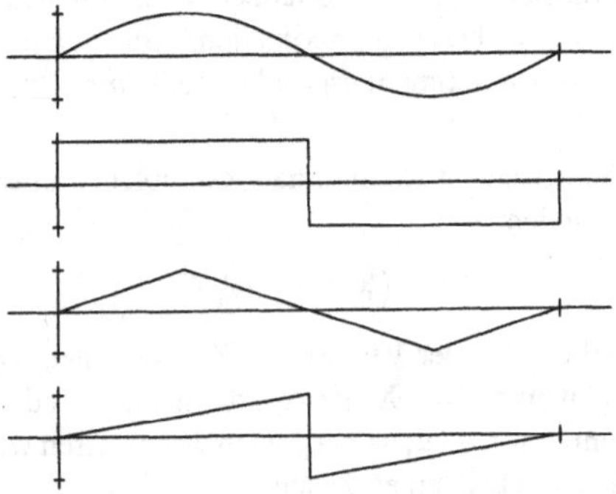

Abb. 8.19. Verschiedene Schwingungsformen

Wir fassen diese Schwingungen als 2π-periodisch auf, und fragen, ob wir sie durch einen *Sinusgenerator* approximieren können. Bei gegebener auf $[0, 2\pi]$ definierter Funktion f mit $f(0) = f(2\pi)$ ist also eine Funktion $v \in V := \langle \sin, \sin 2, \ldots, \sin n \rangle$ gesucht, die f approximiert. Hier ist die Wahl des Raumes **X** und die Wahl der Norm $\| \quad \|$ zu diskutieren. Wählen wir die (unstetige) Rechtecksschwingung $f(t) = \operatorname{sign}(t - \pi), t \in [0, 2\pi]$, und als Norm die Maximumsnorm, so gilt für jede stetige Funktion v:

$$\|f - v\|_\infty \geq 1.$$

Jede Funktion $\hat{v}$ mit $\|f - \hat{v}\|_\infty = 1$ ist dann eine beste Approximation von f. Einige Beispiele solcher Funktionen sind in Figur 8.20 gezeichnet, nämlich $\hat{v}_1 = \mathbf{0}$, $\hat{v}_2(t) = \sin t$, $\hat{v}_3(t) = \sin t + \sin 3t$. Die angegebene Wahl ist daher ungeeignet. Die Bilder legen es nahe, hier $\mathbf{X} = L_1[0, 2\pi]$ mit der entsprechenden Norm zu wählen. Mit der L_1-Norm fallen die Abstände $\|f - \hat{v}_j\|$, $j = 1, 2, 3$ alle verschieden aus. Man vgl. Aufgabe 8.18, S. 296.

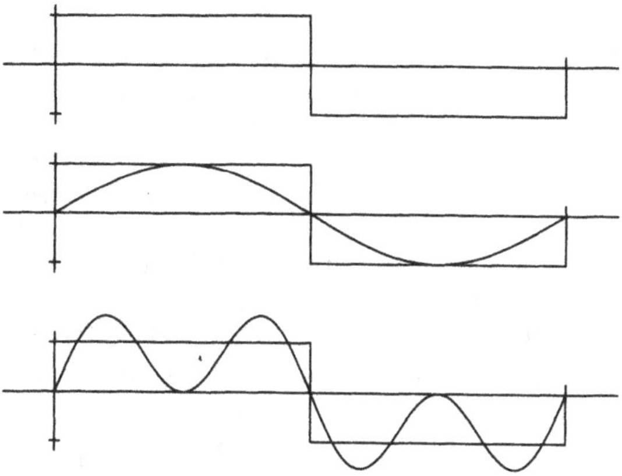

Abb. 8.20. Verschiedene beste Approximationen der Rechtecksschwingung

Ohne weitere Voraussetzungen über das Approximationsproblem (8.16) wird man keine interessanten Aussagen machen können. Dazu einige Beispiele.

Beispiel 8.21. ***Nichtexistenz von besten Approximationen***
Sei das Approximationsproblem $Q := (\mathrm{C}[0,1], \|\ \ \|_\infty, \Pi, \exp)$ gegeben. Dabei ist $V := \Pi$, die Menge aller Polynome (ohne irgendeine Gradbeschränkung). Da Π ein Vektorraum ist, ist das Approximationsproblem linear. Aus der Analysis ist bekannt (Satz von Weierstraß), dass $\operatorname{dist}(f, V) = \operatorname{dist}(\exp, \Pi) = 0$ ist. Es existiert aber kein Polynom p mit $p = \exp$. Das Approximationsproblem ist also unlösbar.

Beispiel 8.22. ***Mehrere beste Approximationen***
Wir wählen hier $Q := (\mathrm{C}[-1,1], \|\ \ \|_\infty, \langle\, t\,\rangle, |t| - 1)$. Also ist V die Menge aller Geraden im $\mathbb{R}^2$ durch den Nullpunkt. Wegen $|f(0) - v(0)| = 1$ für jedes $v \in V$ ist $\|f - v\|_\infty \geq 1$. Andererseits ergibt sich $\|f - v\|_\infty = 1$ für jedes $v(t) = at$ mit $|a| \leq 1$. Also sind alle derartigen v beste Approximationen von f.

Beispiel 8.23. ***Datenapproximation***
Sei E eine endliche Menge (der Einfachheit halber) in $\mathbb{R}$ und $Q := (\mathrm{C}(E), \|\ \ \|, \langle 1, t\rangle, f)$. Der Raum $\mathbf{X} := \mathrm{C}(E)$ ist in diesem Fall die Menge *aller* Abbildungen $E \to \mathbb{R}$, da jede Abbildung auf E stetig ist. Ist $\#E = n$, so ist $\dim \mathbf{X} = n$, denn jedes $f \in \mathbf{X}$ kann durch den n-Vektor seiner Werte repräsentiert werden. Approximationsprobleme in diesen Räumen heißen *Datenapproximationsprobleme* oder *diskrete* Approximationsprobleme. Wir behandeln ein Zahlenbeispiel bei

zwei verschiedenen Normen. Sei $E = \{e_1, e_2, e_3\} = \{1, 2, 4\}$ und $f \in \mathbf{X}$ gegeben durch die drei Werte $f_1 := f(e_1) = 0$; $f_2 := f(e_2) = 1$; $f_3 := f(e_3) = -2$. Die Elemente v von V sind dadurch gekennzeichnet, dass die drei Punkte (e_j, v_j) mit $v_j := v(e_j), j := 1, 2, 3$ immer auf einer geraden Linie im $\mathbb{R}^2$ liegen. Benutzen wir die euklidische Norm, so müssen wir $v = a + bt$ so finden, dass $(f_1 - v_1)^2 + (f_2 - v_2)^2 + (f_3 - v_3)^2 = (a+b)^2 + (1-a-2b)^2 + (2+a+4b)^2$ minimal ausfällt. Als Lösung erhält man $v(t) = 3/2 - (11/14)t$ und $\operatorname{dist}(f, V) = 5/\sqrt{14} \approx 1.336$. Wählt man die Maximumsnorm, so ist das Maximum über $|f_j - v_j|, j = 1, 2, 3$ zu minimieren. Die Lösung ist $v(t) = 3/2 - (2/3)t$ und $\operatorname{dist}(f, V) = 5/6$. Man erkennt in diesem Fall $f_j - v_j = (-1)^j(5/6)$. Die beiden Lösungsgeraden unterscheiden sich wenig, wohl aber die beiden Normen.

Zur Existenz von besten Approximationen gibt es eine triviale Aussage, auf die sich aber viele Existenzaussagen zurückführen lassen.

Lemma 8.24. Sei im Approximationsproblem $Q = (\mathbf{X}, \|\ \ \|, V, f)$ die Menge V kompakt. Dann existiert zu jedem $f \in \mathbf{X}$ eine b. A.

Beweis: Die Abbildung g definiert durch $g(v) := \|f - v\|$ ist stetig, hat daher auf der kompakten Menge V ein Minimum. □

Satz 8.25. Sei das Approximationsproblem $Q = (\mathbf{X}, \|\ \ \|, V, f)$ gegeben und V ein endlich-dimensionaler linearer Teilraum von $\mathbf{X}$. Dann existiert zu jedem $f \in \mathbf{X}$ eine b. A.

Beweis: Die Kugel

$$K := \{v \in V \ : \ \|v\| \leq 2\|f\|\}$$

ist in einem endlich dimensionalen Raum kompakt, die stetige Funktion g, definiert durch $g(v) := \|f - v\|$ hat also nach dem Lemma 8.24 in K ein Minimum, das für $\hat{v}$ angenommen werde. Nun ist $\|f - v\| > \|f\| \geq \operatorname{dist}(f, V)$ für jedes $v \notin K$, denn $\|f - v\| \geq \|v\| - \|f\| > 2\|f\| - \|f\| = \|f\|$. Eine b. A. muss also in K liegen, und damit ist $\hat{v}$ eine b. A. von f. □

Die im vorigen Beweis vorkommende Abschätzung $\|\hat{v}\| \leq 2\|f\|$ für jede beste Approximationen $\hat{v} \in V$ gilt offensichtlich allein unter der Voraussetzung, dass $0 \in V$ liegt.

Besonders angenehm sind Approximationsprobleme, wenn sich die Norm $\|\ \ \|$ von einem *Skalarprodukt* $<\ ,\ >$ ableiten läßt.

Definition 8.26. Sei $\mathbf{X}$ ein Vektorraum über $\mathbb{K}$. Eine Abbildung

$$\varphi : \mathbf{X} \times \mathbf{X} \to \mathbb{K}$$

heißt *Skalarprodukt*, wenn sie die folgenden Eigenschaften hat:

a) φ ist linear in der ersten Komponente, (vgl. Fußnote S. 160)

b) $\varphi(x, y) = \overline{\varphi(y, x)}$ ($\overline{\quad\quad}$ bedeutet konjugiert komplex),

c) $\varphi(x, x) > 0$ für alle $x \neq \mathbf{0}$.

Die Eigenschaft c) heißt *positive Definitheit* des Skalarprodukts. Die Eigenschaft b) impliziert Additivität auch in der zweiten Komponente. Statt der Homogenität (s. Fußnote auf S. 160) gilt für die zweite Komponente $\varphi(x, \alpha y) = \overline{\alpha}\varphi(x, y)$ für alle $\alpha \in \mathbb{K}$. Es ist üblich, Skalarprodukte mit spitzen Klammern zu bezeichnen, so wie wir es oben auch schon getan haben, also

$$< x, y > := \varphi(x, y).$$

Ist $\mathbb{K} = \mathbb{R}$, so ist ein Skalarprodukt also eine bilineare, symmetrische, positiv definite Funktion (auch *Form* genannt), und die Striche $\overline{\quad\quad}$ können entfallen. *Bilinear* heißt dabei linear in beiden Komponenten. Da i. a. das Skalarprodukt in der zweiten Komponente nicht alle Eigenschaften der Linearität hat, nennt man das Skalarprodukt auch eine *sesquilineare* Form (von *sesqui* [lat.] anderthalb). Allein aus der Definition folgt die folgende wichtige *Schwarzsche Ungleichung* (auch Cauchy-Schwarz und Schwarz-Bunjakowski genannt).

Satz 8.27. (Schwarzsche Ungleichung) Sei $(\mathbf{X}, <\ ,\ >)$ ein Vektorraum über $\mathbb{K}$ mit Skalarprodukt. Dann gilt

$$(8.17) \qquad |< x, y >| \leq \sqrt{< x, x >< y, y >}.$$

Gleichheit gilt in (8.17) genau dann, wenn x und y linear abhängig sind. Die vermittels

$$(8.18) \qquad ||x|| := \sqrt{< x, x >}$$

definierte Größe ist eine Norm für $\mathbf{X}$.

Beweis: ([56, HIRZEBRUCH & SCHARLAU, S. 84]) Wir beweisen die Ungleichung (8.17) in der Form $|< x, y >|^2 \leq < x, x >< y, y >$. Es gilt nach c) aus der Definition 8.26

$$< x + \lambda y, x + \lambda y > =$$

$$< x, x > + \overline{\lambda} < x, y > + \lambda < y, x > + |\lambda|^2 < y, y > \geq 0.$$

Ist $< y, y > > 0$, so setzen wir $\lambda := - < x, y > / < y, y >$ und erhalten nach b)

$$< x, x > - \frac{|< x, y >|^2}{< y, y >} - \frac{|< x, y >|^2}{< y, y >} + \frac{|< x, y >|^2}{< y, y >} =$$

$$< x, x > - \frac{|< x, y >|^2}{< y, y >} \geq 0.$$

Durch Multiplikation mit $< y, y >> 0$ erhalten wir die gewünschte Ungleichung. Ist $< x, x >> 0$, so vertausche man x und y. Ist $< x, x >=< y, y >= 0$, so setze man $\lambda := - < x, y >$ und erhält $< x, y >= 0$. Um den zweiten Teil zu beweisen, können wir annehmen, dass $x \neq 0$ und $y \neq 0$. Seien x, y linear abhängig. Es gibt also ein $\mu \neq 0$ mit $y = \mu x$. Dann gilt $| < x, \mu x > |^2 = |\mu|^2 | < x, x > |^2$ und die rechte Seite $< x, x >< \mu x, \mu x >= |\mu|^2 | < x, x > |^2$ stimmt also mit der linken überein. Gilt $| < x, y > |^2 =< x, x >< y, y >$, so rechne man die angegebene Ungleichungskette rückwärts und erhält $x + \lambda y = 0$. Um zu beweisen, dass durch (8.18) eine Norm definiert wird, ist nur der Beweis der Dreiecksungleichung erforderlich. Nun gilt unter Benutzung von (8.17) und von $\Re z \leq |z|$ für alle komplexen z

$$\begin{aligned} ||x+y||^2 &= < x+y, x+y >=< x, x > + < x, y > + < y, x > + < y, y > \\ &= < x, x > +2\Re < x, y > + < y, y > \\ &\leq < x, x > +2| < x, y > | + < y, y > \\ &\leq < x, x > +2\sqrt{< x, x >< y, y >} + < y, y >= (||x|| + ||y||)^2. \square \end{aligned}$$

Prototypen für Skalarprodukte sind die üblichen Skalarprodukte für Vektoren im $\mathbb{R}^n$ und im $\mathbb{C}^n$. Sind $x := (x_1, x_2, \ldots, x_n), y := (y_1, y_2, \ldots, y_n)$ zwei Vektoren des $\mathbb{R}^n$, und $u := (u_1, u_2, \ldots, u_n), v := (v_1, v_2, \ldots, v_n)$ zwei Vektoren im $\mathbb{C}^n$, so ist

$$< x, y >:= \sum_{j=1}^{n} x_j y_j, \quad < u, v >:= \sum_{j=1}^{n} u_j \overline{v_j}.$$

Die von diesen Skalarprodukten abgeleiteten Normen sind die üblichen euklidischen Normen $\|x\|_2^2 =< x, x >= \sum_{j=1}^{n} |x_j|^2$. Das übliche Skalarprodukt $< x, y >$ im $\mathbb{R}^n$ kann gedeutet werden als ein Maß für den Winkel zwischen den beiden Vektoren x, y. Haben die beiden Vektoren die (euklidische) Länge Eins, so ist gerade

$$< x, y >= \cos(\text{Winkel zwischen } x \text{ und } y).$$

Ist also $< x, y >= 0$, so ist der Winkel zwischen x und y gerade 90 Grad. Die beiden Vektoren stehen also *senkrecht* aufeinander. Man sagt auch, x und y sind *orthogonal* zueinander, in Zeichen $x \perp y$. Diese Sprech- und Bezeichnungsweise übernimmt man auch für beliebige Skalarprodukte. Hat man in einem Vektorraum mit Skalarprodukt eine Menge von paarweise orthogonalen Elementen, so sind diese notwendig linear unabhängig. Wir wollen auch zulassen, dass diese Menge nur aus einem Element h besteht. In diesem Fall soll h definitionsgemäß linear unabhängig heißen, wenn $h \neq 0$.

Lemma 8.28. Sei $\mathbf{X}$ ein Vektorraum mit Skalarprodukt und $\mathbf{H} \subset \mathbf{X}$ sei eine Teilmenge mit der Eigenschaft, dass $\mathbf{0} \notin \mathbf{H}$, und dass jeweils zwei verschiedene Elemente von $\mathbf{H}$ orthogonal zueinander sind. Ist dann $h_1, h_2, \ldots, h_n$ irgend eine endliche Teilmenge von $\mathbf{H}$ mit paarweise verschiedenen Elementen, so sind diese Elemente linear unabhängig.

Beweis: Sei $\sigma := \sum_{j=1}^{n} \alpha_j h_j = \mathbf{0}$. Wir müssen zeigen, dass daraus $\alpha_1 = \alpha_2 = \cdots = \alpha_n = 0$ folgt. Wir wählen $1 \leq k \leq n$ fest und bilden das Skalarprodukt mit h_k: $0 =< \sigma, h_k >= \sum_{j=1}^{n} < \alpha_j h_j, h_k >= \sum_{j=1}^{n} \alpha_j < h_j, h_k >= \alpha_k < h_k, h_k >$. Wegen $< h_k, h_k >> 0$ folgt $\alpha_k = 0$ für jedes k, $1 \leq k \leq n$. □

Beispiel 8.29. ***L_2 als Vektorraum mit Skalarprodukt***
Sei $\mathbf{X} := L_2[a,b]$. Dann ist $< f, g >= \int_a^b f(t)\overline{g(t)}\, dt$ ein Skalarprodukt. Im Regelfall wird man es mit reellwertigen Funktionen zu tun haben. Dann ist $< f, g >= \int_a^b f(t)g(t)\, \mathrm{d}t$. Die Funktion $f(t) = 1/\sqrt{t}$ z. B. ist auf $[0,1]$ integrierbar, aber $f \notin L_2[0,1]$, da $f^2(t) = 1/t$ nicht auf $[0,1]$ integrierbar ist. Nach diesem Beispiel ist $L_1[a,b] \not\subset L_2[a,b]$ (es gilt aber $L_2[a,b] \subset L_1[a,b]$).

Für Approximationsprobleme in Räumen mit Skalarprodukt gilt jetzt der folgende schöne Satz.

Satz 8.30. Sei $(\mathbf{X}, < \, , \, >)$ ein Vektorraum über $\mathbb{K}$ mit Skalarprodukt, $f \in \mathbf{X}$, $V \subset \mathbf{X}$ ein linearer Teilraum. Dann gilt:

i) Das Approximationsproblem hat höchstens eine Lösung.

ii) Das Element $\hat{v}$ ist eine beste Approximation von f genau dann, wenn

$$< f - \hat{v}, v >= 0 \text{ für alle } v \in V. \tag{8.19}$$

iii) Ist $\hat{v}$ eine beste Approximation von f, so gilt (s. auch Aufgabe 8.8, S. 296)

$$||f - \hat{v}||^2 + ||\hat{v}||^2 = ||f||^2. \tag{8.20}$$

Beweis: Wir zeigen zuerst ii). Aus den dabei anzustellenden Rechnungen folgt dann i) mit. Gelte (8.19) nicht. Es gibt also ein $v \in V$ mit $< f - \hat{v}, v >= a \neq 0$. Notwendig ist dieses $v \neq \mathbf{0}$. Wir setzen $w = \hat{v} + av/||v||^2 \in V$. Dann ist (nach einfacher Rechnung)

$$\begin{aligned} ||f - w||^2 &= \left\langle f - \hat{v} - \frac{av}{||v||^2}, f - \hat{v} - \frac{av}{||v||^2} \right\rangle \\ &= ||f - \hat{v}||^2 - \frac{|a|^2}{||v||^2} < ||f - \hat{v}||^2. \end{aligned}$$

Also ist $\hat{v}$ nicht beste Approximation. Gelte jetzt (8.19). Dann ist für alle $v \in V$ mit $v \neq \hat{v}$:

$$\begin{aligned} \|f-v\|^2 &= < f-v,\ f-v >=< f-\hat{v}+\hat{v}-v,\ f-\hat{v}+\hat{v}-v > \\ &= \|f-\hat{v}\|^2+\|\hat{v}-v\|^2+< f-\hat{v},\hat{v}-v > + < \hat{v}-v, f-\hat{v} > \\ &= \|f-\hat{v}\|^2+\|\hat{v}-v\|^2 > \|f-\hat{v}\|^2 , \end{aligned}$$

d. h., es gilt (8.15), S. 235. Gleichzeitig haben wir damit i) gezeigt, wegen $\|f-\hat{v}\|^2 < \|f-v\|^2$ für alle $v \neq \hat{v}$. iii) $\|f-\hat{v}\|^2 + \|\hat{v}\|^2 =< f-\hat{v}, f-\hat{v} > + < \hat{v},\hat{v} >=< f-\hat{v}, f > - < f-\hat{v},\hat{v} > + < \hat{v},\hat{v} >=< f-\hat{v}, f > + < \hat{v},\hat{v} >= \|f\|^2 - < \hat{v}, f > + < \hat{v},\hat{v} >= \|f\|^2 - < \hat{v}, f-\hat{v} >= \|f\|^2$. □

Die in (8.19) angegebene Gleichung bedeutet, dass $f-\hat{v}$ auf allen Elementen $v \in V$ senkrecht steht, in Zeichen $f-\hat{v} \perp V$. Man sagt auch, dass $\hat{v}$ die *Projektion* von f auf V ist. Man vergleiche Figur 8.31. Die Gleichung (8.20) kann auch ohne Zusammenhang zur Approximation geschrieben werden als

(8.20′) $$f \perp g \Rightarrow \|f\|^2 + \|g\|^2 = \|f+g\|^2 \quad \text{(Pythagoras).}$$

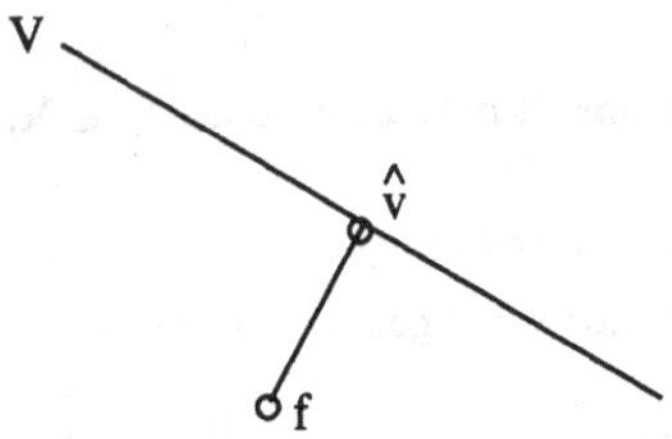

Abb. 8.31. Projektion $\hat{v}$ von f auf V

Wir schließen diesen Abschnitt mit einer einfachen aber wichtigen Ergänzung zum Satz 8.30.

Korollar 8.32. Sei zusätzlich zu den in Satz 8.30 genannten Voraussetzungen V ein endlich dimensionaler Raum. Dann hat das lineare Approximationsproblem genau eine Lösung.

Beweis: Existenz und Eindeutigkeit folgen aus den Sätzen 8.25, 8.30. □

8.3 Überbestimmte Gleichungssysteme

Wir behandeln in diesem Abschnitt die näherungsweise Darstellung von Daten. Als Hauptziel betrachten wir die Minimierung der quadratischen Abweichung. Wir benutzen also die euklidische Norm als Maß der Abweichung. Andere Maße für die Abweichung werden am Schluß kurz behandelt.

8.3.1 Ausgleichung im quadratischen Mittel

Wir beginnen mit einigen Anwendungsbeispielen. In der *Geodäsie* hat man z. B. das Problem, dass ein Dreieck aus gemessenen Stücken rekonstruiert werden muss, die Anzahl der Messungen aber größer ist als zur mathematischen Konstruktion notwendig.[6] Ein schönes Beispiel ist die von C. F. GAUSS vorgenommene auf dem 10-Mark-Schein abgebildete Vermessung ([21, Deutsche Bundesbank, 1999]). Man ist daher bemüht, aus den gemessenen Daten ein „im Mittel richtiges“ Dreieck zu konstruieren.

Misst man z. B. die *Auslenkung einer Spiralfeder* bei verschiedenen angehängten Gewichten, so wird man Messdaten erhalten, die i.w. auf einer Geraden liegen, man vgl. Figur 8.34, links. Wir formulieren dieses Problem etwas ausführlicher in dem folgenden Beispiel.

Beispiel 8.33. ***Approximation durch eine Gerade***
Gegeben sind Messdaten $(t_i, y_i) \in \mathbb{R}^2$, $i = 1, 2, \dots, m$ (Figur 8.34, links). Es ist hier jedoch nicht erforderlich, dass die t_i paarweise verschieden sind. Gesucht ist eine Gerade $p(t) = \alpha + \beta t$ mit $p(t_i) = y_i$, $i = 1, 2, \dots, m$. Für $m \geq 3$ gibt es i. a. keine Lösung. Setzen wir

$$\mathbf{A} := \begin{pmatrix} 1 & t_1 \\ 1 & t_2 \\ \vdots & \vdots \\ 1 & t_m \end{pmatrix}; \quad \mathbf{b} := \begin{pmatrix} y_1 \\ y_2 \\ \vdots \\ y_m \end{pmatrix}; \quad \mathbf{x} := \begin{pmatrix} \alpha \\ \beta \end{pmatrix}, \tag{8.21}$$

so geht es um die (näherungsweise) Lösung von $\mathbf{Ax} = \mathbf{b}$. Unter gewissen Annahmen über die Art der Messdaten, (auf die wir hier aber nicht eingehen können) ist es sinnvoll, eine Lösung zu suchen, die den Ausdruck

$$J(\alpha, \beta) = \sum_{i=1}^{m} (y_i - \alpha - \beta t_i)^2 = \|\mathbf{b} - \mathbf{Ax}\|_2^2 \tag{8.22}$$

(auch *quadratische Abweichung* genannt) minimiert. Wir kommen auf die Lösung in Beispiel 8.41, S. 247 zurück.

Misst man die *Fallstrecke* s eines Massenpunktes in Abhängigkeit von der Fallzeit t (oder umgekehrt), so erhält man Messdaten wie sie in Figur 8.35 wiedergegeben sind. Wiederholte Experimente haben die Annahme einer quadratischen Abhängigkeit $s = ct^2$ bestätigt.

Die Frage, welche Kurve eine *durchhängende Kette* beschreibt, hat die Mathematiker lange beschäftigt. Als Übung hänge man eine feingliedrige Kette an

[6] Anmerkung eines *Geodäten*: Das eigentliche Problem besteht darin, mit Hilfe von Messungen vernünftige, d. h. insbesondere zuverlässige, Ergebnisse zu erhalten. Insofern ist das Problem der Ausgleichung nur ein zweitrangiges, da das wesentliche Problem in den Messungen selber liegt.

eine mit Millimeterpapier versehene Pinnwand, messe die Lage an ca. 10 Stellen und versuche, daraus eine Hypothese über die Kurve zu entwickeln. Vergleiche dazu die Figur 8.34, rechts.

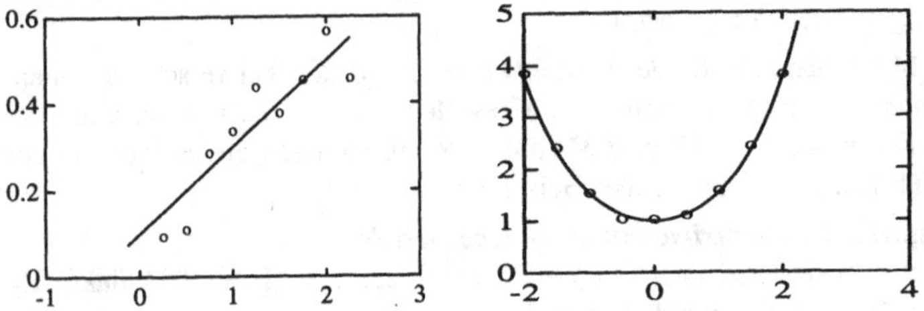

Abb. 8.34. Auslenkung einer Spiralfeder und durchhängende Kette

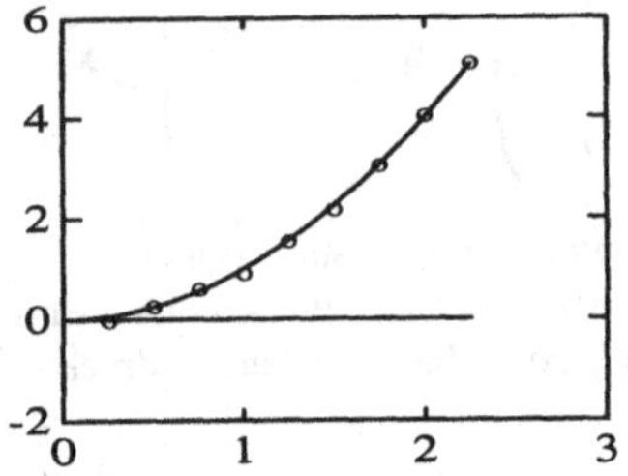

Abb. 8.35. Fallstrecke s in Abhängigkeit von der Fallzeit t

Bei vielen Beobachtungen aus der Naturwissenschaft, Verhaltensforschung und Wirtschaftswissenschaft wird man ähnliche Ergebnisse erhalten, nämlich Daten, die wir uns hier als Punkte in der Ebene $\mathbb{R}^2$ vorstellen, die wenigstens näherungsweise durch eine Kurve verbunden werden sollen. Das allgemeine Problem ist analog zum (linearen) Interpolationsproblem, nur dass wir Gleichheit i. a. nicht erreichen können. Die Methode der Messung der Abweichung ist von entscheidender Bedeutung für die entstehende Theorie. Wir gehen also ähnlich wie bei der Interpolation von m gegebenen Daten $(t_j, y_j) \in \mathbb{R}^2$, $j = 1, 2, \ldots, m$ und einem Vektorraum $V \subset \mathrm{C}[a, b]$ aus mit $t_j \in [a, b]$ in dem unsere zur Verbindung der Daten zugelassenen Kurven liegen sollen. Wir nehmen $\dim V = n$ und $V = \langle v_1, v_2, \ldots, v_n \rangle$ an. Es wird nicht gefordert, dass die Knoten t_j paarweise verschieden sind. Wir suchen also $v \in V$, so dass

$$v(t_j) = \sum_{k=1}^{n} x_k v_k(t_j) \approx y_j,\ j = 1, 2, \ldots, m.$$

Wir setzen $\mathbf{b} = (y_1, y_2, \ldots, y_m)^{\mathrm{T}}$, $\mathbf{A} = (a_{jk})$, mit $a_{jk} = v_k(t_j), j = 1, 2, \ldots, m$, $k = 1, 2, \ldots, n$ und $\mathbf{x} = (x_1, x_2. \ldots, x_n)^{\mathrm{T}}$. Wir versuchen also das lineare Problem

(8.23) $$\mathbf{Ax} = \mathbf{b}, \quad \mathbf{A} \in \mathbb{R}^{m \times n}, \quad \mathbf{b} \in \mathbb{R}^m, \quad \mathbf{x} \in \mathbb{R}^n.$$

in einem geeigneten Sinn zu lösen. Für $m > n$ ist (8.23) ein *überbestimmtes*, für $m < n$ ein *unterbestimmtes* Gleichungssystem. Die zuletzt genannten Gleichungssysteme treten z. B. in der Optimierung auf. Dort wird unter den Lösungen eine bestimmt, die im Hinblick auf ein besonderes Ziel besonders gut geeignet ist. Überbestimmte Gleichungssysteme haben dagegen i. a. keine Lösung. Wenn wir also (8.23) lösen wollen, müssen wir uns einigen, was das heißen soll.

Wenden wir (8.22) auch auf (8.23) an, so lautet das allgemeine Problem:

(8.24) $$\begin{cases} \text{Gesucht ist } \hat{\mathbf{x}} \in \mathbb{R}^n \text{ mit} \\ \|\mathbf{b} - \mathbf{A}\hat{\mathbf{x}}\| \le \|\mathbf{b} - \mathbf{Ax}\| \ \text{ für alle } \mathbf{x} \in \mathbb{R}^n, \end{cases}$$

wobei in Anlehnung an (8.22) für $\|\ \ \|$ immer die euklidische Norm, d. h.

(8.25) $$\|\mathbf{a}\| = \sqrt{<\mathbf{a}, \mathbf{a}>} = \sqrt{\sum_{j=1}^{m} |a_j|^2}$$

genommen wird. Wir lassen also in diesem Abschnitt die Zwei bei $\|\ \ \|_2$ weg. Im Prinzip ist (8.24) für jede beliebige Norm ein interessantes Problem.

Setzen wir für das Bild unter der Abbildung $f(\mathbf{x}) = \mathbf{Ax}$ den Raum

(8.26) $$\mathbf{V} := \{\mathbf{y} \in \mathbb{R}^m : \mathbf{y} = \mathbf{Ax}, \ \ \mathbf{x} \in \mathbb{R}^n\},$$

so ist $\mathbf{V} = f(\mathbb{R}^n)$, und $\mathbf{V}$ ist ein linearer Teilraum im $\mathbb{R}^m$ mit $\dim \mathbf{V} = r =$ Rang $\mathbf{A}$. Das Problem (8.24) kann jetzt auch in der Form

(8.27) $$\begin{cases} \text{Gesucht ist } \hat{\mathbf{y}} \in \mathbf{V} \text{ mit} \\ \|\mathbf{b} - \hat{\mathbf{y}}\| \le \|\mathbf{b} - \mathbf{y}\| \quad \text{für alle } \mathbf{y} \in \mathbf{V} \end{cases}$$

geschrieben werden. Das ist nach Definition 8.15, S. 235 ein lineares Approximationsproblem. Nach Satz 8.30 und nach dem Korollar 8.32 wissen wir, dass das Problem genau eine Lösung hat, die durch (8.19), S. 241 charakterisiert ist.

Sei $\dim \mathbf{V} = r$ und $\mathbf{v}_1, \mathbf{v}_2, \ldots, \mathbf{v}_r$ eine Basis von $\mathbf{V}$, dann ergeben sich aus (8.19), S. 241 die folgenden Gleichungen

$$< \mathbf{b} - \hat{\mathbf{v}}, \mathbf{v}_j >= 0, \quad j = 1, 2, \ldots, r.$$

Setzen wir

$$\hat{\mathbf{v}} = \sum_{k=1}^{r} x_k \mathbf{v}_k \,,$$

so erhalten wir für $\hat{v}$ das eindeutig lösbare, lineare Gleichungssystem

$$\sum_{k=1}^{r} < \mathbf{v}_k, \mathbf{v}_j > x_k =< \mathbf{b}, \mathbf{v}_j >, \; j = 1, 2, \ldots, r. \tag{8.28}$$

Satz 8.36. Sei $\dim \mathbf{V} = r$ und $\mathbf{v}_1, \mathbf{v}_2, \ldots, \mathbf{v}_r$ eine Basis von $\mathbf{V}$. Dann ist folgende Matrix $\mathbf{M}$ symmetrisch und positiv definit:

$$\mathbf{M} := (< \mathbf{v}_j, \mathbf{v}_k >) \,, \; j, k = 1, 2, \ldots, r. \tag{8.29}$$

Beweis: Die Symmetrie ist klar. Seien $\mathbf{x} = (x_1, x_2, \ldots, x_r)^{\mathrm{T}} \neq \mathbf{0}, \mathbf{v} = \sum_{k=1}^{r} x_k \mathbf{v}_k$. Dann ist $\mathbf{v} \neq \mathbf{0}$ und daher

$$\begin{aligned} < \mathbf{v}, \mathbf{v} > &= \left\langle \sum_{j=1}^{r} x_j \mathbf{v}_j \quad , \quad \sum_{k=1}^{r} x_k \mathbf{v}_k \right\rangle \\ &= \sum_{j,k=1}^{r} x_j x_k \; < \mathbf{v}_j, \mathbf{v}_k >= \mathbf{x}^{\mathrm{T}} \mathbf{M} \mathbf{x} > 0. \end{aligned}$$

□

Korollar 8.37. Die für beliebige $\mathbf{v}_1, \mathbf{v}_2, \ldots, \mathbf{v}_r \in \mathbf{V}$ in (8.29) definierte Matrix $\mathbf{M}$ ist stets positiv semidefinit.

Beweis: Wie zu Satz 8.36, es kann jedoch nicht auf $\mathbf{v} \neq \mathbf{0}$ geschlossen werden, d. h., es folgt nur $\mathbf{x}^{\mathrm{T}} \mathbf{M} \mathbf{x} \geq 0$. □

Es gilt auch die Umkehrung, s. Aufgabe 8.31, S. 298. Die in (8.29) vorkommende Matrix heißt *Gramsche* Matrix. Das Gleichungssystem (8.28) könnte also ohne Pivotsuche mit dem Cholesky-Verfahren gelöst werden. Wählt man die Basis orthogonal, d. h. $< \mathbf{v}_j, \mathbf{v}_k >= \mathbf{0}$ für $j \neq k$, so ist die Lösung von (8.28) direkt angebbar, nämlich

$$x_k = \frac{< \mathbf{b}, \mathbf{v}_k >}{||\mathbf{v}_k||^2} \,, \quad k = 1, 2, \ldots, r. \tag{8.30}$$

Korollar 8.38. $\hat{\mathbf{x}}$ löst (8.24) genau dann, wenn $< \mathbf{b} - \mathbf{A}\hat{\mathbf{x}}, \mathbf{A}\mathbf{x} >= 0$ für alle $\mathbf{x} \in \mathbb{R}^n$.

Beweis: Mit Satz 8.30 unter Benutzung von $\mathbf{v} = \mathbf{A}\mathbf{x}$, $\hat{\mathbf{v}} = \mathbf{A}\hat{\mathbf{x}}$. □

Lemma 8.39. Seien $\mathbf{B} \in \mathbb{R}^{m\times n}$, $\mathbf{x} \in \mathbb{R}^n$, $\mathbf{y} \in \mathbb{R}^m$. Dann ist

$$< \mathbf{y}, \mathbf{B}\mathbf{x} > = < \mathbf{B}^{\mathrm{T}}\mathbf{y}, \mathbf{x} > \quad . \tag{8.31}$$

Beweis: Sei $\mathbf{B} = (b_{jk})$, dann ist $\mathbf{B}^{\mathrm{T}} = (c_{kj})$ mit $c_{kj} = b_{jk}$, $j = 1, 2, \ldots, m$; $k = 1, 2, \ldots, n$ und

$$\begin{aligned} < \mathbf{y}, \mathbf{B}\mathbf{x} > &= \sum_{j=1}^{m} y_j \,(\sum_{k=1}^{n} b_{jk}x_k) &= \sum_{j=1,k=1}^{m,n} b_{jk}x_k y_j \,, \\ < \mathbf{B}^{\mathrm{T}}\mathbf{y}, \mathbf{x} > &= \sum_{k=1}^{n}(\sum_{j=1}^{m} c_{kj}y_j)\, x_k &= \sum_{j=1,k=1}^{m,n} b_{jk}x_k y_j . \end{aligned}$$ □

Satz 8.40. Der Vektor $\hat{\mathbf{x}}$ ist bei euklidischer Norm $\| \quad \|$ eine Lösung des Ausgangsproblems (8.24), genau dann wenn

$$\mathbf{A}^{\mathrm{T}}\mathbf{A}\hat{\mathbf{x}} = \mathbf{A}^{\mathrm{T}}\mathbf{b}. \tag{8.32}$$

Beweis: Nach Korollar 8.38 und Lemma 8.39 gilt $< \mathbf{A}^{\mathrm{T}}\mathbf{b} - \mathbf{A}^{\mathrm{T}}\mathbf{A}\hat{\mathbf{x}}, \mathbf{x} >= \mathbf{0}$ für alle $\mathbf{x} \in \mathbb{R}^n$. Daraus folgt (8.32). □

Die Gleichungen (8.32) heißen auch *Normalgleichungen.*

Beispiel 8.41. ***Lineare Regression***
Wir lösen das in Beispiel 8.33, S. 243 angegebene Problem unter der Annahme: $m \geq 2$, nicht alle Knoten t_j gleich. Das Problem ist auch als Problem der *linearen Regression* bekannt ist. Es ist zweckmäßig und üblich, die folgenden Größen einzuführen:

$$\overline{t} = \frac{1}{m}\sum_{j=1}^{m} t_j,\ \overline{y} = \frac{1}{m}\sum_{j=1}^{m} y_j,\ \overline{\overline{t}} = \frac{1}{m}\sum_{j=1}^{m} t_j^2,\ \overline{\overline{y}} = \frac{1}{m}\sum_{j=1}^{m} y_j^2,\ \overline{\overline{u}} = \frac{1}{m}\sum_{j=1}^{m} t_j y_j,$$

und die Lösung $p(t) = \alpha + \beta t$ in die Form $p(t) = \alpha + \beta\overline{t} + \beta(t - \overline{t})$ zu schreiben. Wir erhalten dann

$$\mathbf{A}^{\mathrm{T}}\mathbf{A} = m\begin{pmatrix} 1 & \overline{t} \\ \overline{t} & \overline{\overline{t}} \end{pmatrix}, \qquad \mathbf{A}^{\mathrm{T}}\mathbf{b} = m\begin{pmatrix} \overline{y} \\ \overline{\overline{u}} \end{pmatrix},$$

mit der Lösung

(8.33a) $$\beta = \frac{\overline{\overline{u}} - \overline{t}\overline{y}}{\overline{\overline{t}} - (\overline{t})^2} = \frac{\sum_{j=1}^{m}(t_j - \overline{t})(y_j - \overline{y})}{\sum_{j=1}^{m}(t_j - \overline{t})^2}, \qquad \alpha + \beta\overline{t} = \overline{y}.$$

Die endgültige *Regressionsgerade* $p(t) = \overline{y} + \beta(t - \overline{t})$ geht also durch den *Schwerpunkt* $(\overline{t}, \overline{y})$ der gegebenen Daten. Für die Abweichung zwischen den Daten und der Geraden erhält man mit $\mathbf{x} = (\alpha, \beta)^{\mathrm{T}} = (\overline{y} - \beta\overline{t}, \beta)^{\mathrm{T}}$ nach Satz 8.30 iii) und einiger Rechnung

(8.32b) $$||\mathbf{b} - \mathbf{A}\mathbf{x}||^2 = <\mathbf{b}, \mathbf{b} - \mathbf{A}\mathbf{x}> = (1 - r^2)\sum_{j=1}^{m}(y_j - \overline{y})^2,$$

wobei r der *Korrelationskoeffizient* ist, definiert durch

$$r^2 := \frac{(\overline{\overline{u}} - \overline{t}\overline{y})^2}{(\overline{\overline{t}} - \overline{t}^2)(\overline{\overline{y}} - \overline{y}^2)} = \frac{\left(\sum_{j=1}^{m}(t_j - \overline{t})(y_j - \overline{y})\right)^2}{\sum_{j=1}^{m}(t_j - \overline{t})^2 \sum_{j=1}^{m}(y_j - \overline{y})^2}.$$

Es gilt $r^2 \leq 1$, und die Nähe von r^2 zu Eins signalisiert Daten, die fast auf einer Geraden liegen, während umgekehrt die Nähe von r^2 zu Null ein ungeordnetes Verhalten der Daten bedeutet. Offensichtlich ist r^2 invariant gegen Vertauschen der t- und y-Werte. Es ist üblich, das Vorzeichen von r mit dem Vorzeichen der Steigung β übereinstimmen zu lassen. Ist dann r in der Nähe von $+1$, so liegen die Daten auf einer steigenden Geraden, andernfalls auf einer fallenden Geraden.

Wir hatten gesehen, dass im Bildraum $\mathbf{V} = f(\mathbb{R}^n)$ mit $f(\mathbf{x}) = \mathbf{A}\mathbf{x}$ das Gleichungssystem (8.28) eine eindeutig bestimmte Lösung $\mathbf{v}$ haben muss. Damit hat (8.32) aber noch nicht eine eindeutig bestimmte Lösung.

Satz 8.42. Das Gleichungssystem (8.32) hat für jedes $\mathbf{b}$ eine eindeutig bestimmte Lösung $\mathbf{x}$ genau dann, wenn Rang $\mathbf{A} = n$ ist.

Beweis: (8.32) ist genau dann eindeutig lösbar, wenn die $(n \times n)$ Matrix $\mathbf{A}^{\mathrm{T}}\mathbf{A}$ den Rang n hat. Da $\mathbf{A}$ und $\mathbf{A}^{\mathrm{T}}\mathbf{A}$ denselben Rang haben, folgt die Behauptung. dass Rang $\mathbf{A}$ = Rang $\mathbf{A}^{\mathrm{T}}\mathbf{A}$, kann man so einsehen: Ist $\mathbf{B}$ eine beliebige Matrix, so ist Kern $\mathbf{B} = \{\mathbf{x} \ : \ \mathbf{B}\mathbf{x} = \mathbf{0}\}$. Offenbar ist Kern$\mathbf{A} \subset$ Kern$\mathbf{A}^{\mathrm{T}}\mathbf{A}$, denn

$\mathbf{Ax} = \mathbf{0}$ impliziert $\mathbf{A}^T\mathbf{Ax} = \mathbf{0}$. Sei $\mathbf{x} \in \text{Kern}\mathbf{A}^T\mathbf{A}$, d. h., $\mathbf{A}^T\mathbf{Ax} = \mathbf{0}$. Dann ist $< \mathbf{A}^T\mathbf{Ax}, \mathbf{x} >=< \mathbf{Ax}, \mathbf{Ax} >= ||\mathbf{Ax}||^2 = \mathbf{0}$, also $\mathbf{x} \in \text{Kern}\mathbf{A}$. Wir haben damit $\text{Kern}\mathbf{A} = \text{Kern}\mathbf{A}^T\mathbf{A}$ bewiesen. Da für beliebige n-spaltige Matrizen $\mathbf{B}$ die Formel $\dim \text{Kern}\mathbf{B} = n - \text{Rang}\,\mathbf{B}$ gilt, folgt die Behauptung $\text{Rang}\,\mathbf{A} = \text{Rang}\,\mathbf{A}^T\mathbf{A}$. □

Korollar 8.43. Das in Figur 8.34, S. 244 (linke Seite) mittels der Daten (t_i, y_j), $i = 1, 2, \ldots, m$ definierte lineare Ausgleichsproblem hat für beliebige y_i eine eindeutig bestimmte Lösung genau dann, wenn

$$\text{Rang} \begin{pmatrix} 1 & t_1 \\ 1 & t_2 \\ \vdots & \vdots \\ 1 & t_m \end{pmatrix} = 2.$$

Das trifft genau dann zu, wenn ein Paar t_i, t_j mit $t_i \neq t_j$ existiert.

Beweis: Der Sachverhalt folgt mit (8.21) aus Satz 8.42. Der Rang der angegebenen Matrix ist genau dann zwei, wenn $(t_1, t_2, \ldots, t_m) \neq \alpha(1, 1, \ldots, 1)$ für alle $\alpha \in \mathbb{R}$. □

8.3.2 Householder-Transformationen, QR-Zerlegungen

Ist im Ausgangsproblem (8.23), S. 245 $\mathbf{A}$ eine rechte Dreiecksmatrix, so läßt sich die Lösungsmethode wesentlich vereinfachen. Dieser Begriff war früher schon (Kapitel 5) für quadratische Matrizen eingeführt worden. Wir wollen in diesem Abschnitt nicht zwischen reellen und komplexen Größen unterscheiden. Kommt also für einen Vektor $\mathbf{x}$ oder eine Matrix $\mathbf{A}$ die Bezeichnung $\mathbf{x}^*$ bzw. $\mathbf{A}^*$ vor, so kann man im reellen Fall dafür immer $\mathbf{x}^T$ bzw. $\mathbf{A}^T$ schreiben.

Definition 8.44. Eine Matrix $\mathbf{R} \in \mathbb{K}^{m\times n}$, $\mathbf{R} = (r_{ij})$ heißt *rechte* (auch *obere*) *Dreiecksmatrix*, wenn $r_{ij} = 0$ für $i > j$.

Sei $\mathbf{R} \in \mathbb{K}^{m\times n}$ eine rechte Dreiecksmatrix und $r = \min(m, n)$. Dann ist $\text{Rang}\,\mathbf{R} = r$, wenn $r_{ii} \neq 0$ für $i = 1, 2, \ldots, r$. Wir behandeln wieder das Problem

$$\mathbf{Rx} = \mathbf{c} \tag{8.33}$$

im Sinne von (8.24), S. 245 mit einer rechten Dreiecksmatrix $\mathbf{R}$. Wir setzen voraus, dass $r_{ii} \neq 0$ für $i = 1, 2, \ldots, r$. Für $m \geq n = r$ setzen wir $\hat{\mathbf{R}} = (r_{ij})$ mit $i, j = 1, 2, \ldots, r$, $\hat{\mathbf{c}} = (c_i)$, $i = 1, 2, \ldots, r$, $\overline{\mathbf{c}} = (c_i)$, $i = r+1, r+2, \ldots, m$. Das Gleichungssystem (8.33) hat dann (im Falle $m \geq n$) die Gestalt

$$\mathbf{Rx} = \begin{pmatrix} \hat{\mathbf{R}} \\ \mathbf{0} \end{pmatrix} \mathbf{x} = \begin{pmatrix} \hat{\mathbf{c}} \\ \overline{\mathbf{c}} \end{pmatrix} = \mathbf{c}\,, \tag{8.33'}$$

und $$||\mathbf{c}-\mathbf{R}\mathbf{x}||^2 = ||\hat{\mathbf{c}}-\hat{\mathbf{R}}\mathbf{x}||^2 + ||\overline{\mathbf{c}}\,||^2.$$

Aufgrund der Voraussetzungen kann $\hat{\mathbf{R}}\mathbf{x} = \hat{\mathbf{c}}$ gelöst werden, und daher ist dann die Lösung $\hat{\mathbf{x}}$ von $\hat{\mathbf{R}}\mathbf{x} = \hat{\mathbf{c}}$ auch die Lösung von (8.33′), da in diesem Fall

$$||\mathbf{c}-\mathbf{R}\hat{\mathbf{x}}||^2 = ||\overline{\mathbf{c}}\,||^2$$

nicht mehr verkleinert werden kann. Die Lösung $\hat{\mathbf{x}}$ kann natürlich durch Rückwärtseinsetzen aus

(8.34) $$\hat{\mathbf{R}}\hat{\mathbf{x}} = \hat{\mathbf{c}}$$

in einfacher Weise ohne den Umweg über (8.32), S. 247 berechnet werden.

Hat $\mathbf{A}$ im Gleichungssystem (8.23) nicht rechte Dreiecksgestalt, so ist es naheliegend, das System (8.23) in Analogie zur Gauß-Elimination entsprechend umzuformen. Dazu benutzen wir sogenannte *Householder-Transformationen*. Die Umformung geschieht in der Weise, dass wir aus $\mathbf{Ax}=\mathbf{b}$ durch Multiplikation mit einer Matrix $\mathbf{F} \in \mathbb{K}^{m\times m}$ die Gleichung $\mathbf{FAx} = \mathbf{Fb}$ erzeugen, mit einer rechten Dreiecksmatrix $\mathbf{R} := \mathbf{FA} \in \mathbb{K}^{m\times n}$. Zu lösen ist dann $\mathbf{Rx} = \mathbf{c} := \mathbf{Fb}$.

Ist $\mathbf{F}$ beliebig, so ist jedoch i. a. nicht gewährleistet, dass $||\mathbf{Fb}-\mathbf{FAx}||$ und $||\mathbf{b}-\mathbf{Ax}||$ an derselben Stelle $\mathbf{x}$ ihr Minimum annehmen. Behandeln wir z. B. das lineare Ausgleichsproblem durch die drei Punkte $(0,0)$, $(\frac{1}{2},a)$, $(1,1)$, so erhält man nach den angegebenen Formeln die Lösung $\mathbf{x} = ((\frac{2a-1}{6}),1)$. Wählen wir aber $\mathbf{F} := \begin{pmatrix} 1 & 0 & 0 \\ -2 & 1 & 1 \\ -1 & 2 & -1 \end{pmatrix}$, so ist $\mathbf{FA} = \begin{pmatrix} 1 & 0 \\ 0 & 3/2 \\ 0 & 0 \end{pmatrix}$ eine rechte Dreiecksmatrix und $\mathbf{Fb} = \begin{pmatrix} 0 \\ a+1 \\ 2a-1 \end{pmatrix}$, und das Problem $||\mathbf{Fb}-\mathbf{FAx}|| = \min$ hat die Lösung $\mathbf{x} = (0, \frac{2\,(a+1)}{3})$, die von der Lösung des Ausgleichsproblem verschieden ist. Beide Probleme $||\mathbf{b}-\mathbf{Ax}|| = \min$ und $||\mathbf{Fb}-\mathbf{FAx}|| = \min$ haben sicher dieselben Lösungen, wenn $||\mathbf{Fy}|| = ||\mathbf{y}||$ für alle $\mathbf{y} \in \mathbb{K}^m$, wegen $||\mathbf{b}-\mathbf{Ax}|| = ||\mathbf{F}(\mathbf{b}-\mathbf{Ax})|| = ||\mathbf{Fb}-\mathbf{FAx}||$ für alle $\mathbf{x} \in \mathbb{K}^n$.

Definition 8.45. Sei $||\quad||$ eine beliebige Norm in $\mathbb{K}^m$. Eine Matrix $\mathbf{F} \in \mathbb{K}^{m\times m}$ heißt (bezüglich der Norm $||\quad||$) *orthogonal*, wenn gilt:

(8.35) $$||\mathbf{Fy}|| = ||\mathbf{y}|| \quad \text{für alle} \quad \mathbf{y} \in \mathbb{K}^m.$$

Eine Matrix $\mathbf{F}$ ist also orthogonal, wenn die Oberfläche $S := \{\mathbf{x} : ||\mathbf{x}|| = 1\}$ der Normkugel $K := \{\mathbf{x} : ||\mathbf{x}|| \le 1\}$ mit $\mathbf{F}$ in sich abgebildet wird. Man vgl. die Aufgabe 8.12, S. 296.

Satz 8.46. Sei $\mathbf{F}$ orthogonal (bezüglich einer Vektornorm $\|\ \ \|$). Dann hat $\mathbf{F}$ die folgenden Eigenschaften: a) $\mathbf{F}$ ist regulär, b) $\mathbf{F}^{-1}$ ist orthogonal, c) $\|\mathbf{F}\| = 1$ in der zur Vektornorm gehörigen Operatornorm, d) ist $\mathbf{F}\mathbf{x} = \lambda\mathbf{x}$ für ein $\mathbf{x} \neq \mathbf{0}$, so ist $|\lambda| = 1$, e) $|\det(\mathbf{F})| = 1$, f) ist die gegebene Vektornorm die euklidische Vektornorm, so ist $\mathbf{F}^{-1} = \mathbf{F}^*$.

Beweis: a) Aus (8.35) folgt $\|\mathbf{F}\mathbf{y}\| = \|\mathbf{y}\| > 0$ für jedes $\mathbf{y} \neq \mathbf{0}$. Das homogene Gleichungssystem $\mathbf{F}\mathbf{y} = \mathbf{0}$ hat also nur die Nullösung. b) Nach a) existiert $\mathbf{F}^{-1}$. Da $\mathbf{F}$ orthogonal ist, gilt $\|\mathbf{y}\| = \|\mathbf{F}(\mathbf{F}^{-1}\mathbf{y})\| = \|\mathbf{F}^{-1}\mathbf{y}\|$, c) folgt unmittelbar aus der Definition (8.35) der Orthogonalität und der Operatornorm (8.6), S. 229, d) aus der angegebenen Gleichung folgt wegen der Orthogonalität von $\mathbf{F}$ die Gleichung $\|\mathbf{F}\mathbf{x}\| = |\lambda|\,\|\mathbf{x}\| = \|\mathbf{x}\|$. Wegen $\mathbf{x} \neq 0$, folgt daraus $|\lambda| = 1$. e) folgt aus d), man vgl. (9.6), S. 304 und die Bemerkungen danach. f) Die Gleichung (8.35) ist für die euklidische Norm äquivalent zu

$$\mathbf{y}^*\mathbf{F}^*\mathbf{F}\mathbf{y} = \mathbf{y}^*\mathbf{y} \quad \text{für alle } \mathbf{y} \in \mathbb{K}^m. \tag{8.35'}$$

Setzt man $\mathbf{y} = \mathbf{e}_j + \mathbf{e}_k$, $\mathbf{e}_j = j$-ter Einheitsvektor, so erhält man aus (8.35′) die Gleichung $\mathbf{F}^*\mathbf{F} = \mathbf{I}$ oder $\mathbf{F}^{-1} = \mathbf{F}^*$. □

Will man den komplexen Fall $\mathbb{K} = \mathbb{C}$ betonen, so werden orthogonale Matrizen auch *unitär* genannt.

Wir konstruieren jetzt $\mathbf{F}$ als Produkt von sogenannten *elementaren* Matrizen.

Definition 8.47. Ist $\mathbf{I} \in \mathbb{K}^{m\times m}$ die Einheitsmatrix, so heißt $\mathbf{M} \in \mathbb{K}^{m\times m}$ *elementar*, wenn

$$\operatorname{Rang}(\mathbf{M} - \mathbf{I}) \leq 1. \tag{8.36}$$

Satz 8.48. Sei $\mathbf{B} \in \mathbb{K}^{m\times m}$. Die Matrix $\mathbf{B}$ hat den Rang Eins genau dann, wenn $\mathbf{x}, \mathbf{z} \in \mathbb{K}^m$, beide $\neq \mathbf{0}$ existieren mit $\mathbf{B} = \mathbf{x}\mathbf{z}^*$.

Beweis: Aufgabe 8.13, S. 296. □

Das Produkt $\mathbf{x}\mathbf{z}^*$ nennt man eine *Dyade* oder *dyadisches Produkt*. Das ist eine $(m \times m)$-Matrix mit den Elementen $x_j\overline{z_k}$, im reellen Fall also $x_j z_k$, $j, k = 1, 2, \ldots, m$, wenn $\mathbf{x} := (x_1, \ldots, x_m)^{\mathrm{T}}$, $\mathbf{z} := (z_1, \ldots, z_m)^{\mathrm{T}}$ gesetzt wird.

Wir wollen die Dreiecksgestalt von $\mathbf{A}$ durch Multiplikation mit $\mathbf{F}$ herstellen und $\mathbf{F}$ als Produkt von (speziellen) elementaren Matrizen gewinnen.

Definition 8.49. Eine Matrix $\mathbf{H} \in \mathbb{K}^{m\times m}$ heißt *Householder-Matrix*, wenn sich $\mathbf{H}$ darstellen läßt als

$$\mathbf{H} = \mathbf{I} - 2\boldsymbol{\omega}\boldsymbol{\omega}^* \quad \text{mit } \|\boldsymbol{\omega}\| = 1. \tag{8.37}$$

Satz 8.50. Householder-Matrizen haben die folgenden Eigenschaften:

a) $\mathbf{H}^* = \mathbf{H}$, b) sie sind elementar,
c) $\mathbf{H}^{-1} = \mathbf{H}$, d) $\mathbf{H}^*\mathbf{H} = \mathbf{H}\mathbf{H}^* = \mathbf{I}$,
e) $\mathbf{x}^*\omega = 0 \Rightarrow \mathbf{H}\mathbf{x} = \mathbf{x}$, f) $\mathbf{H}\omega = -\omega$,
g) $\omega^*(\mathbf{H}\mathbf{x} + \mathbf{x}) = 0$ (Spiegelung an der $(\mathbf{H}\mathbf{x} + \mathbf{x})$-Achse).

Beweis: a) und b) folgen unmittelbar aus der Definition. c) $\mathbf{H}\mathbf{H} = (\mathbf{I} - 2\omega\omega^*)(\mathbf{I} - 2\omega\omega^*) = \mathbf{I} + 4\omega\omega^*\omega\omega^* - 4\omega\omega^* = \mathbf{I}$. d) folgt aus a) und c). e) $\mathbf{H}\mathbf{x} = \mathbf{x} - 2\omega(\omega^*\mathbf{x}) = \mathbf{x} - 2\omega(\overline{\mathbf{x}^*\omega}) = \mathbf{x}$. f) $\mathbf{H}\omega = \omega - 2\omega\omega^*\omega = -\omega$. g) $\omega^*(\mathbf{x} - 2\omega\omega^*\mathbf{x} + \mathbf{x}) = \omega^*\mathbf{x} - 2(\omega^*\omega)\omega^*\mathbf{x} + \omega^*\mathbf{x} = 0$. □

Die letzte Eigenschaft g) bedeutet, dass $\mathbf{H}\mathbf{x}$ als Spiegelung von $\mathbf{x}$ an der Geraden durch $\mathbf{H}\mathbf{x} + \mathbf{x}$, die senkrecht auf ω steht, aufgefasst werden kann. Daher spricht man auch von einer *Householder-Spiegelung*. Die wesentliche Information über die zu besprechenden Umformungen ist in dem folgenden Satz enthalten.

Satz 8.51. Sei $\mathbf{x} \in \mathbb{K}^n$ und $\mathbf{x} \neq \mathbf{0}$. Dann existiert eine orthogonale Matrix $\mathbf{H}$ mit $\mathbf{H}\mathbf{x} =: \mathbf{u} = u\mathbf{e}_1$ mit $u \neq 0$ und $\mathbf{e}_1 := (1, 0, \ldots, 0)^{\mathrm{T}} \in \mathbb{R}^n$.

Beweis: Wir zeigen, dass eine Householder-Matrix $\mathbf{H}$ mit den angegebenen Eigenschaften konstruiert werden kann. Sei ω ein beliebiger Vektor mit $||\omega|| = 1$. Zu lösen ist also die Gleichung

$$\mathbf{H}\mathbf{x} := (\mathbf{I} - 2\omega\omega^*)\mathbf{x} = \mathbf{u} = u\mathbf{e}_1.$$

Daraus folgt $2\omega(\omega^*\mathbf{x}) = \mathbf{x} - \mathbf{u}$. Der Vektor ω muss also ein Vielfaches vom Vektor $\mathbf{x} - \mathbf{u}$ sein und die Länge Eins haben. Wegen der Orthogonalität von $\mathbf{H}$ folgt weiter $||\mathbf{H}\mathbf{x}|| = ||\mathbf{x}|| = ||\mathbf{u}|| = |u|$. Damit ist der Betrag von u bestimmt. Wir können daher $u = \gamma||\mathbf{x}||$ setzen mit einem noch zu wählenden γ mit $|\gamma| = 1$. Setzen wir

$$\tilde{\omega} := \mathbf{x} - \gamma||\mathbf{x}||\mathbf{e}_1 \quad \text{und} \quad \omega := \frac{\tilde{\omega}}{||\tilde{\omega}||}, \tag{8.38}$$

so ist noch über die Wahl von γ nachzudenken. Wir setzen $\tilde{\omega}$ aus (8.38) in $2\omega(\omega^*\mathbf{x}) = \mathbf{x} - \mathbf{u}$ ein. Das gibt $2(\mathbf{x} - \gamma||\mathbf{x}||\mathbf{e}_1)((\mathbf{x} - \gamma||\mathbf{x}||\mathbf{e}_1)^*\mathbf{x}) = (\mathbf{x} - \gamma||\mathbf{x}||\mathbf{e}_1)\big((\mathbf{x} - \gamma||\mathbf{x}||\mathbf{e}_1)^*(\mathbf{x} - \gamma||\mathbf{x}||\mathbf{e}_1)\big)$. Nach Ausmultiplizieren und Sortieren bleibt nur die Gleichung $\overline{\gamma}x_1 = \gamma\overline{x_1}$ übrig, wobei die oberen Striche den Übergang zum konjugiert Komplexen andeuten. Das Produkt $\overline{\gamma}x_1$ muss also reell sein. Wir wählen als Lösung

$$\gamma := \begin{cases} -1 & \text{falls } x_1 = 0, \quad (\Rightarrow \tilde{\omega}_1 = ||\mathbf{x}|| > 0), \\ -\text{sign}(x_1) := -\dfrac{x_1}{|x_1|} & \text{sonst } (\Rightarrow \tilde{\omega}_1 = \text{sign}(x_1)(|x_1| + ||\mathbf{x}||)). \end{cases} \tag{8.39}$$

Diese Wahl erfüllt sowohl im Reellen wie im Komplexen die angegebene Bedingung. Sie hat den Vorteil, dass bei der Bildung von $\tilde{\omega}$ in der ersten Komponente keine Auslöschung eintreten kann. □

Die in (8.38) mit γ nach (8.39) definierten Vektoren $\tilde{\omega}$ heißen auch *Householder-Vektoren*. Man kann sie so normieren, dass immer die erste Komponente Eins ist, so dass man sie - ohne die Eins - in der frei werdenden unteren Hälfte von $\mathbf{A}$ speichern kann. Die Aussage des obigen Satzes kann als die einfachste Form der *QR-Zerlegung* aufgefasst werden. Stellen wir uns nämlich $\mathbf{x}$, $\mathbf{u}$ als einspaltige Matrizen vor, so gilt $\mathbf{A} := \mathbf{x} = \mathbf{H}^*\mathbf{u}$. Dabei ist $\mathbf{Q} := \mathbf{H}^*$ eine orthogonale Matrix und $\mathbf{R} := \mathbf{u} \neq \mathbf{0}$ eine rechte Dreiecksmatrix. Wir haben also eine Zerlegung der Form $\mathbf{A} = \mathbf{QR}$ gewonnen.

Beispiel 8.52. ***QR-Zerlegung für einen einzigen Vektor***
(a) Sei $\mathbf{x} = (0,1,2,3)^{\mathrm{T}}$. Dann ist (auf vier Stellen gerundet) $\tilde{\omega} = (1, 0.2673, 0.5345, 0.8018)^{\mathrm{T}}$ und $\mathbf{Q} := \mathbf{H}^* =$

$$\begin{pmatrix} 0.0000 & -0.2673 & -0.5345 & -0.8018 \\ -0.2673 & 0.9286 & -0.1429 & -0.2143 \\ -0.5345 & -0.1429 & 0.7143 & -0.4286 \\ -0.8018 & -0.2143 & -0.4286 & 0.3571 \end{pmatrix}, \quad \mathbf{R} := \mathbf{u} = \begin{pmatrix} -3.7417 \\ 0 \\ 0 \\ 0 \end{pmatrix}.$$

(b) Sei $\mathbf{x} = (1,2,3,4+\mathbf{i})^{\mathrm{T}}$. Dann ist $\tilde{\omega} = (1, 0.3045, 0.4568, 0.6090 + 0.1523\mathbf{i})^{\mathrm{T}}$ und $\mathbf{Q} := \mathbf{H}^* =$

$$\begin{pmatrix} -0.1796 & -0.3592 & -0.5388 & -0.7184 + 0.1796\mathbf{i} \\ -0.3592 & 0.8906 & -0.1641 & -0.2188 + 0.0547\mathbf{i} \\ -0.5388 & -0.1641 & 0.7539 & -0.3282 + 0.0820\mathbf{i} \\ -0.7184 - 0.1796\mathbf{i} & -0.2188 - 0.0547\mathbf{i} & -0.3282 - 0.0820\mathbf{i} & 0.5351 \end{pmatrix}$$

$$\mathbf{R} := \mathbf{u} = (-5.5678, 0, 0, 0)^{\mathrm{T}}.$$

Beim allgemeinen Verfahren starten wir mit $\mathbf{A}^{(0)} := \mathbf{A} \in \mathbb{K}^{m \times n}$ (gegeben mit $m \geq n$) und verfahren nach dem Schema:

$$\mathbf{H}^{(k)} := \begin{pmatrix} \mathbf{I}_{k-1} & \mathbf{0}^{\mathrm{T}} \\ \mathbf{0} & \tilde{\mathbf{H}}^{(k)} \end{pmatrix}, \mathbf{A}^{(k)} := \mathbf{H}^{(k)}\mathbf{A}^{(k-1)}, \ 1 \leq k \leq \mu := \min(m-1, n)$$
(8.40)

mit einer $(k-1 \times k-1)$-Einheitsmatrix $\mathbf{I}_{k-1}$. Die Konstruktion der Matrix $\mathbf{H}^{(k)}$ bewirkt Veränderungen in der Matrix $\mathbf{A}^{(k-1)}$ nur in deren letzten $m-k+1$ Zeilen und $n-k+1$ Spalten. Die $(m-k+1 \times m-k+1)$ Matrix $\tilde{\mathbf{H}}^{(k)}$ wird auf den Vektor der letzten $m-k+1$ Komponenten der k-ten Spalte von $\mathbf{A}^{(k-1)}$ angewendet und entsprechend nach den Formeln (8.37), (8.38), (8.39) im Beweis zu Satz 8.51 ausgerechnet. Insgesamt erhalten wir

(8.41) $\mathbf{R} := \mathbf{A}^{(\mu)} = \mathbf{H}^{(\mu)}\mathbf{H}^{(\mu-1)} \cdots \mathbf{H}^{(1)}\mathbf{A}^{(0)}$ mit $\mu := \min(m-1, n)$.

Diese Gleichung können wir auch in die Form

(8.42) $$\mathbf{A} = \mathbf{QR}, \quad \text{mit} \quad \mathbf{Q} := \mathbf{H}^{(1)*}\mathbf{H}^{(2)*} \cdots \mathbf{H}^{(\mu)*}$$

schreiben. Will man ein überbestimmtes, lineares Gleichungssystem $\mathbf{Ax} = \mathbf{b}$ lösen, so beginne man mit $\mathbf{A}^{(0)} = (\mathbf{A}, \mathbf{b})$. Die rechte Seite $\mathbf{b}$ füge man also zu $\mathbf{A}$ hinzu.

Der wesentliche Rechenaufwand steckt in der Berechnung der Matrizen $\mathbf{H}^{(k)}$ und $\mathbf{A}^{(k)}$ nach (8.40). Aus dem MATLAB-Programm 8.56, S. 255 erkennt man gut, dass zur Berechnung aller Größen bei $m = n$ i. w. $2(n^2+(n-1)^2+\cdots+1) \approx \frac{2}{3}n^3$ Multiplikationen erforderlich sind, also doppelt soviel wie beim Gaußschen Eliminationsverfahren.

Wir können die bisherigen Überlegungen zusammenfassen.

Satz 8.53. Sei $\mathbf{A} \in \mathbb{K}^{m\times n}$ mit $m \geq n$ und habe $\mathbf{A}$ den Rang n. Dann gibt es eine orthogonale Matrix $\mathbf{Q} \in \mathbb{K}^{m\times m}$, so dass

$$\mathbf{R} = \mathbf{QA} \in \mathbb{K}^{m\times n}$$

eine obere Dreiecksmatrix ist mit nichtverschwindenden Diagonalelementen. Die Matrix $\mathbf{Q}$ kann als Produkt von n Householder-Matrizen konstruiert werden.

Beweis: Aus der vorhergehenden Herleitung. □

Beispiel 8.54. ***Householder-Verfahren, Lösung eines linearen Gleichungssystems***

Wir lösen **Ax=b** mit dem Householder-Verfahren für

$$\mathbf{A} = \begin{pmatrix} 1 & 0 & 0 & 0 \\ 1 & 1 & 0 & 0 \\ 1 & 1 & 1 & 0 \\ 1 & 1 & 1 & 1 \end{pmatrix}, \mathbf{b} = \begin{pmatrix} 1 \\ 2 \\ 3 \\ 4 \end{pmatrix}, \mathbf{A}^{(0)} = \begin{pmatrix} 1 & 0 & 0 & 0 & 1 \\ 1 & 1 & 0 & 0 & 2 \\ 1 & 1 & 1 & 0 & 3 \\ 1 & 1 & 1 & 1 & 4 \end{pmatrix}.$$

Schritt 1: $u = -2$;

$$\mathbf{A}^{(1)} = \begin{pmatrix} -2 & -3/2 & -1 & -1/2 & -5 \\ 0 & 1/2 & -1/3 & -1/6 & 0 \\ 0 & 1/2 & 2/3 & -1/6 & 1 \\ 0 & 1/2 & 2/3 & 5/6 & 2 \end{pmatrix}, \quad \tilde{\omega} = \begin{pmatrix} 1 \\ 1/3 \\ 1/3 \\ 1/3 \end{pmatrix}.$$

Schritt 2: $u = -0.87$,

$$\mathbf{A}^{(2)} = \begin{pmatrix} -2 & -3/2 & -1 & -0.50 & -5 \\ 0 & -0.87 & -0.58 & -0.29 & -1.73 \\ 0 & 0 & 0.58 & -0.21 & 0.37 \\ 0 & 0 & 0.58 & 0.79 & 1.37 \end{pmatrix}, \tilde{\omega} = \begin{pmatrix} 1 \\ 0.37 \\ 0.37 \end{pmatrix}.$$

Schritt 3: $u = -0.82$,

$$\mathbf{A}^{(3)} = \begin{pmatrix} -2 & -3/2 & -1 & -0.5 & -5 \\ 0 & -0.87 & -0.58 & -0.29 & -1.73 \\ 0 & 0 & -0.82 & -0.41 & -1.22 \\ 0 & 0 & 0 & 0.71 & 0.71 \end{pmatrix}, \tilde{\omega} = \begin{pmatrix} 1 \\ 0.41 \end{pmatrix}.$$

Daraus erhält man als Lösung $\mathbf{x} = (1,1,1,1)^T$.

Nachfolgend sind zwei MATLAB-Programme formuliert. Das erste hat die Form einer Prozedur und erzeugt Householder-Vektoren mit erster Komponente Eins. Das zweite Programm erzeugt die QR-Zerlegung nach Householder bei gegebener $(m \times n)$-Matrix $\mathbf{A}$ und speichert $\mathbf{R}$ in der oberen Hälfte von $\mathbf{A}$ (inkl. Diagonalen). In der unteren Hälfte (ohne Diagonale) werden die Householder-Vektoren ohne die erste Komponente gespeichert. Das Programm kann so geändert werden, dass auch (überbestimmte) Gleichungssysteme gelöst werden können. Voraussetzungen sind in jedem Fall $m \geq n$ und Rang $(\mathbf{A}) = n$.

Programm 8.55. Funktion `househ` zur Herstellung von Householder-Vektoren

```
%-----------------------------------------------------------------
%Es wird ein Vektor u und eine Zahl c geliefert, so dass H=I-c*u*u'
%(auch im komplexen Fall) eine Householder-Matrix ist.
function [u,c]=househ(x);
h=norm(x);
u=x;
if x(1)==0
  u(1)=h; else
  u(1)=x(1)+sign(x(1))*h;
end; %if
u=u/u(1); %erste Komponente Eins
c=1+abs(x(1))/h;  %=2/||u||^2
%-----------------------------------------------------------------
```

Programm 8.56. Gewinnung einer Dreiecksmatrix mit `househ`

```
%%Will man auch ein Gleichungssystem Ax=b loesen, so ersetze
%%man A durch [A,b]; Das funktioniert auch, falls b aus mehreren
%%rechten Seiten besteht. Es wird (bei Weglassen einiger %-Zeichen
%%auch die orthogonale Matrix Q mit A=Q*R ausgerechnet. Im Programm
%%wird A mit R ueberschrieben.
A=round(10*rand(5,3));  %%Beispiel
%A=[A,b];
[m,n]=size(A);
%Q=eye(m);
for j=1:min(m-1,n)
  [u,c]=househ(A(j:m,j));
  A(j:m,j:n)=A(j:m,j:n)-c*u*(u'*A(j:m,j:n));%<---wesentlicher Teil
  %Q=Q-[zeros(m,j-1),[c*(Q(1:j-1,j:m)*u)*u';c*(Q(j:m,j:m)*u)*u']];
  %Q wird nirgends gebraucht
  %A(j+1:m,j)=u(2:length(u)); %Householder-Vektoren
end; %for j
%%Fuer den Fall, dass ein Gleichungssystem geloest werden soll
%%(primitive Variante):
%for j=1:n-1 %%Wiederherstellung der Dreiecksform
%  A(j+1:m,j)=zeros(m-j,1);
```

```
%end; %%for j
%x=A(1:n-nb,1:n-nb)\A(1:n-nb,n-nb+1:n); %Rueckwaertseinsetzen
%Abw=norm(A(n-nb+1:m,n-nb+1:n));        %liefert nur eine Zahl
```

8.3.3 Herstellung einer Bidiagonalform

Eine einfache Anwendung von Householder-Transformationen erlaubt die Reduktion einer Matrix auf sogenannte Bidiagonalform. Man sagt, dass eine Matrix $\mathbf{A} \in \mathbb{K}^{m\times n}$ in *Bidiagonalform* vorliegt, wenn $a_{jk} = 0$ für $j > k$ oder $k - j > 1$ für die Matrixelemente a_{jk} von $\mathbf{A}$. Nur in der Diagonalen und direkt darüber (in der sogenannten *Superdiagonalen*) können also nicht verschwindende Einträge vorkommen. Bidiagonalformen sind als einfache Zwischenstufen häufig sehr nützlich. Eine Anwendung ist die später vorkommende Singulärwertzerlegung einer Matrix. Die Herstellung einer Bidiagonalform erfolgt in einer Folge von Doppelschritten. Ausgehend von $\mathbf{A} \in \mathbb{K}^{m\times n}$ wendet man eine Householder-Matrix $\mathbf{U}_1$ auf die erste Spalte von $\mathbf{A}$ an und erzeugt Nullen unterhalb des ersten Diagonalelements. Auf diese so geänderte Matrix wendet man eine Householder-Matrix $\mathbf{V}_1$ auf die erste Zeile, beginnend mit dem zweiten Element an und erzeugt so Nullen in der ersten Zeile, beginnend mit dem dritten Element. Die Anwendung auf eine Zeile erfolgt durch Rechtsmultiplikation mit einer Householder-Matrix. Dieses Verfahren wird wiederholt auf die zweite Spalte, Zeile etc. Insgesamt erhält man unter den für die Householder-Transformation gemachten Voraussetzung $m \geq n$ und Rang $\mathbf{A} = n$ ein Verfahren mit den Schritten

$$\mathbf{U}_n^* \cdots \mathbf{U}_2^* \mathbf{U}_1^* \mathbf{A} \mathbf{V}_1 \mathbf{V}_2 \cdots \mathbf{V}_{n-2}.$$

Mit Hilfe des kleinen Programms 8.55, S. 255 `househ` kann die Bidiagonalisierung nach dem unten angegebenen MATLAB-Programm durchgeführt werden.

Programm 8.57. MATLAB-Programm zur Bidiagonalisierung einer Matrix

```
%Programm benoetigt function [u,c]=househ(x).
%Ist B die resultierende Bidiagonalmatrix, so ist A=U*B*V'
%mit den hier ausgerechneten U,V.
%A wird ueberschrieben mit Householdervektoren.
A=[0 4 8;7 8 0;4 5 7;9 2 4;5 7 8]; %Beispiel unten
[m,n]=size(A);
  if m<n, A=A'; disp('Matrix gestuerzt');[m,n]=size(A);end;
U=eye(m);  V=eye(n-1);
for j=1:n %Beginn des wesentlichen Teils
  [u,c]=househ(A(j:m,j)); %Anwendung auf die Spalten
  A(j:m,j:n)=A(j:m,j:n)-c*u*(u'*A(j:m,j:n));
  A(j+1:m,j)=u(2:m-j+1); %Speicherung von u in Spalte j
  U=U-[zeros(m,j-1),[c*(U(1:j-1,j:m)*u)*u';c*(U(j:m,j:m)*u)*u']];
```

```
  if j<=n-2
    [v,c]=househ(A(j,j+1:n)'); %Anwendung auf die Zeilen
    A(j:m,j+1:n)=A(j:m,j+1:n)-c*(A(j:m,j+1:n)*v)*v';
    A(j,j+2:n)=v(2:n-j)'; %Speicherung von v in Zeile j
    V=V-[zeros(n-1,j-1),...
      [c*(V(1:j-1,j:n-1)*v)*v';c*(V(j:n-1,j:n-1)*v)*v']];
  end; %if
end; %for %Ende des wesentlichen Teils
V=[1,zeros(1,n-1);zeros(n-1,1),V];
```

Beispiel 8.58. ***Bidiagonalform***
Wir geben eine Zerlegung der Form $\mathbf{A} = \mathbf{U}^*\mathbf{B}\mathbf{V}$ (in 4-stelliger Darstellung) an:

$$\mathbf{A} := \begin{pmatrix} 0 & 4 & 8 \\ 7 & 8 & 0 \\ 4 & 5 & 7 \\ 9 & 2 & 4 \\ 5 & 7 & 8 \end{pmatrix} = \begin{pmatrix} 0 & 0.6894 & 0.1806 & -0.5444 & -0.4424 \\ -0.5353 & -0.0470 & -0.7991 & -0.1350 & -0.2335 \\ -0.3059 & 0.3737 & 0.1468 & 0.7951 & -0.3362 \\ -0.6882 & -0.3944 & 0.5543 & -0.2275 & -0.1083 \\ -0.3824 & 0.4767 & 0.0034 & -0.0376 & 0.7906 \end{pmatrix}$$

$$\begin{pmatrix} -13.0767 & 12.6715 & 0 \\ 0 & -11.7999 & 3.8045 \\ 0 & 0 & 6.0597 \\ 0 & 0 & 0 \\ 0 & 0 & 0 \end{pmatrix} \begin{pmatrix} 1.0000 & 0 & 0 \\ 0 & -0.7785 & -0.6276 \\ 0 & -0.6276 & 0.7785 \end{pmatrix}.$$

Die Matrix $\mathbf{A}$ hat nach Ausführung des obigen Programms den folgenden Inhalt:

$$\mathbf{A} = \begin{pmatrix} -13.0767 & 12.6715 & 0.3529 \\ 0.5353 & -11.7999 & 3.8045 \\ 0.3059 & -0.1150 & 6.0597 \\ 0.6882 & 0.6136 & -0.9685 \\ 0.3824 & -0.1505 & 0.1982 \end{pmatrix}.$$

Unterhalb der Diagonalelemente sind die Householder-Vektoren von $\mathbf{U}$ und in den Zeilen rechts neben dem Superdiagonalelement die Householder-Vektoren von $\mathbf{V}$ gespeichert, jeweils ohne die erste Komponente, die immer zu Eins normiert wurde. In dem Beispiel gibt es nur einen Householder-Vektor von $\mathbf{V}$.

8.3.4 Ausgleichung in der Summen- und Maximumnorm

Wir behandeln wieder das Problem

$$\mathbf{Ax}=\mathbf{b}, \qquad \mathbf{A} \in \mathbb{R}^{m \times n}, \qquad m \geq n$$

und minimieren jetzt ersatzweise

$$\begin{aligned}
||\mathbf{Ax}-\mathbf{b}||_1 &= \sum_{i=1}^{m} |\sum_{j=1}^{n} a_{ij}\,x_j - b_i| \text{ und} \\
||\mathbf{Ax}-\mathbf{b}||_\infty &= \max_{i=1,2,\dots,m} |\sum_{j=1}^{n} a_{ij}\,x_j - b_i|.
\end{aligned}$$

Beide Probleme sind äquivalent zu schon behandelten linearen Optimierungsaufgaben. Das erste Problem ist äquivalent zu

$$P_1 \;:\; \begin{cases} -\gamma_i \le \sum_{j=1}^{n} a_{ij}\,x_j - b_i \;\le\; \gamma_i\,, & i = 1,2,\dots,m, \\ \gamma \;:=\; \sum_{j=1}^{n} \gamma_i = \min\,. \end{cases}$$

Das zweite Problem ist äquivalent zu

$$P_\infty \;:\; \begin{cases} -\gamma \le \sum_{j=1}^{n} a_{ij}\,x_j - b_i \;\le\; \gamma & i = 1,2,\dots,m, \\ \gamma \;=\; \min\,. \end{cases}$$

Beide Probleme sind nach unseren früheren Überlegungen lösbar. Dieser Sachverhalt läßt sich auch direkt aus P_1 und P_∞ ablesen. Denn es existieren zulässige Vektoren und die Zielfunktionen sind nach unten durch Null beschränkt. Für P_1 ist $(x_1, x_2, \dots, x_n, \gamma_1, \gamma_2, \dots, \gamma_m, \gamma) = (0, 0, \dots, 0, |b_1|, |b_2|, \dots, |b_m|, \sum_{i=1}^{m} |b_i|)$ zulässig, für P_∞ ist $(x_1, x_2, \dots, x_n, \gamma) = (0, 0, \dots, 0, \max_{i=1,2,\dots,m} |b_i|)$ zulässig.

Die Lösungmethode von P_1 und P_∞ mit dem Simplexverfahren ist vergleichsweise langsam. Schnellere Algorithmen werden von [104, WATSON, 1980] beschrieben, insbesondere in Kapitel 6 (Problem P_1) und in Kapitel 2 (Problem P_∞).

8.4 Approximation von Funktionen

Wir behandeln ausführlich die Tschebyscheff-Approximation und die L_2-Approximation von Funktionen, insbesondere auch durch Wavelets, auf die wir in Abschnitt 8.5, S. 268 zu sprechen kommen.

8.4.1 Tschebyscheff-Approximation

Wir beginnen mit einem Beispiel.

Beispiel 8.59. ***Berechnung der Quadratwurzel***
In jedem Taschenrechner und größerem Rechner findet man die Berechnung der Quadratwurzel von $x \geq 0$ durch Drücken eines einzigen Knopfes, bzw. durch Schreiben eines einfachen Ausdrucks der Form $y = \text{sqrt}(x)$. Wir wollen uns überlegen, wie man eine derartige Vereinfachung herbeiführen kann. Wir nehmen an, dass wir mit einem t-stelligen Binärrechner aus $x > 0$ die Wurzel ziehen wollen. Genauer nehmen wir hier an, dass die Maschinenzahl $\text{rd}(x)$, die x in dem Rechner repräsentiert, positiv ist. Wir vernachlässigen den Unterschied zwischen x und der Maschinenzahl, die x darstellt. Dann hat $x > 0$ im Rechner die Form

$$x = m\,2^e = 1.a_1a_2\ldots a_{t-1}2^e,\ a_j \in \{0,1\},\ e \in [e_{\min}, e_{\max}], e \in \mathbb{Z}$$

mit $1 \leq m \leq 2 - 2^{1-t}$. Wir haben also

$$f(x) := \sqrt{x} = \begin{cases} \sqrt{m}\,2^{0.5e} & \text{für } e \text{ gerade,} \\ \sqrt{2m}\,2^{0.5(e-1)} & \text{für } e \text{ ungerade.} \end{cases}$$

Für einen Binärrechner bedeutet die Operation $0.5e$ im Exponenten eine Verschiebung der Stellen von e um eine Stelle nach rechts. Ähnliches gilt für $0.5(e-1)$. Es verbleibt die Berechnung von $\sqrt{m}$ für $m \in [1,4]$ (wir vernachlässigen dabei 2^{1-t}). Wegen $\sqrt{1/m} = \sqrt{m}/m$ genügt es sogar, sich auf $m \in [0.25, 1]$ zu beschränken. Nun ist es naheliegend zur Approximation von f als Funktionsklasse zuerst Polynome bis zu einem festen Grad, sagen wir n, zu versuchen und als Norm die Maximumsnorm zu verwenden. Das bedeutet, dass wir die größtmögliche Abweichung zwischen $\sqrt{m}$ und einem Polynom v (dem Betrage nach) auf dem Intervall $[0.25, 1]$ so klein wie möglich machen. Damit haben wir unser Problem auf ein Tschebyscheff-Approximationsproblem mit $\mathbf{X} = C[0.25, 1]$, $f(x) = \sqrt{x}$ und $\mathbf{V} = \Pi_n$ zurückgeführt. Wir setzen $\varepsilon = f - v$ und nennen diese Größe *Fehler* der Approximation. Betrachten wir nur konstante Polynome (also $n = 0$), so ist offenbar $v = 0.75$ die beste Approximation mit $\text{dist}(f, V) = \|\varepsilon\|_\infty = 0.25$ und dieser Abstand wird an den beiden Endpunkten von $[0.25, 1]$ angenommen. Bei einem linearen Ansatz ($n = 1$) durch eine Gerade $v(x) = a + bx$, so dass v an den Intervallendpunkten die Wurzel interpoliert, erhalten wir als Steigung $b = 2/3$, und der Fehler ε ist etwa in der Intervallmitte am größten. Verschieben wir diese Gerade parallel zu sich selbst nach oben, so wird der Fehler in der Mitte kleiner und an den Rändern größer. Wir können also die Verschiebung so vornehmen, dass der Fehler an den Intervallenden genau so groß ist wie etwa in der Mitte. Bezeichnen wir die „Mitte" mit $\hat{x}$, so erhalten wir aus den Gleichungen $\varepsilon(0.25) = \varepsilon(1) = -\varepsilon(\hat{x}), \varepsilon'(\hat{x}) = 0$ die Lösung

$\hat{x} = 9/16, a = 5/24, \|\varepsilon\|_\infty = 1/8$. Der maximale Fehler wird dreimal, an den Endpunkten und bei $\hat{x} = 9/16$ mit wechselnden Vorzeichen angenommen.

Wir behandeln jetzt das lineare Tschebyscheff-Approximationsproblem ausführlicher, definiert durch das Quadrupel (vgl. ggf. (8.16), S. 235)

$$Q := (\mathrm{C}[a,b], \|\ \|_\infty, V, f)$$

wobei $V \subset \mathrm{C}[a,b]$ ein n-dimensionaler Teilraum ist. Wir definieren wie oben als den *Fehler* der Approximation die Größe

$$\varepsilon = f - v \text{ für jedes } v \in \mathbf{V}. \tag{8.43}$$

Wir erinnern daran, dass wir bei der Bestimmung der optimalen Interpolationsknoten mit Satz 3.31, S. 50 bereits ein derartiges Problem gelöst haben. Typisch war das Oszillieren des Knotenpolynoms mit überall gleicher Amplitude, der maximalen Höhe zwischen benachbarten Knoten. Dieses damals und auch in den Beispielen 8.23, S. 237 und 8.59 beobachtete Verhalten ist typisch für alle hier zu besprechenden Tschebyscheff-Approximationsprobleme.

Wir nehmen in diesem Abschnitt an, dass V ein Haarscher Raum ist. Man vgl. dazu Definition 3.50, S. 65 und die anschließende Diskussion mit den Beispielen in Tabelle 3.52, S. 66. Die Haarschen Räume der Dimension n waren dadurch charakterisiert, dass in ihnen jedes Interpolationsproblem mit n Interpolationsbedingungen eine eindeutige Lösung hatte. Eine äquivalente Bedingung war, dass jedes $v \neq 0$ höchstens $n-1$ Nullstellen hat (Satz 3.51, S. 65). Grundlage ist der folgende Satz.

Satz 8.60. (Alternantensatz) Seien ein Haarscher Raum $\mathbf{V}$ in $\mathrm{C}[a,b]$ mit $\dim \mathbf{V} = n$ und $f \in \mathrm{C}[a,b]$ gegeben.

a) Die Funktion $\hat{v}$ ist eine beste Approximation von f genau dann, wenn $n+1$ Punkte $t_0 < t_1 < \cdots < t_n$ in $[a,b]$ existieren, so dass für den Fehler $\hat{\varepsilon} := f - \hat{v}$ folgendes gilt:

$$\hat{\varepsilon}(t_j) = (-1)^j a_0,\ j = 0, 1, \ldots, n,\ |a_0| = \|\hat{\varepsilon}\|_\infty. \tag{8.44}$$

b) Es gibt genau eine beste gleichmäßige Approximation $\hat{v}$ von f.

Beweis: a) Seien $n+1$ Punkte mit den obigen Eigenschaften gegeben. Gibt es eine bessere Approximation v als $\hat{v}$, so beweist man genau wie in Satz 3.31, S. 50, dass $v - \hat{v}$ mindestens n Nullstellen hat, ein Widerspruch. Der Beweis, dass zu jeder besten Approximation $n+1$ Punkte mit den obigen Eigenschaften gefunden werden können, ist schwerer zu führen. b) Die Existenz folgt aus der endlichen Dimension allein. Seien v_1, v_2 zwei beste Approximationen von f. Nach a) hat dann die Differenz $v_1 - v_2$ mindestens n Nullstellen, also $v_1 = v_2$. Den unbewiesenen Teil findet man z. B. bei [104, WATSON, 1980, S. 55]. □

Teil a) des vorigen Satzes wird zur Konstruktion einer besten Approximation $\hat{v}$ von f benutzt. Sind *Knoten* $t_0, t_1, \ldots, t_n$, die die Lösung $\hat{v}$ charakterisieren, bereits bekannt, so können $\hat{v}$ und $||f - \hat{v}||$ aus dem linearen Gleichungssystem

$$(8.45) \qquad \boxed{(-1)^j a_0 + \hat{v}(t_j) = f(t_j), \quad j = 0, 1, \ldots, n}$$

bestimmt werden. Dabei sind a_0 und die Koeffizienten a_k von $\hat{v} = \sum_{k=1}^{n} a_k v_k$ als Unbekannte aufzufassen. Die Elemente $v_1, v_2, \ldots, v_n$ bilden dabei eine Basis von $\mathbf{V}$ und $|a_0| = ||f - \hat{v}||$. Wegen des alternierenden Verhaltens von $\hat{\varepsilon}$ in (8.44) heißen die Knoten auch *Alternante* (der Länge $n + 1$) von $\hat{\varepsilon}$. Es ist zu beachten, dass trotz der Eindeutigkeit der besten Approximation, die charakterisierende Alternante von $n + 1$ Knoten nicht unbedingt eindeutig ist, man vgl. Aufgabe 8.32, S. 298.

Lemma 8.61. Sei $\mathbf{V}$ ein Haarscher Raum mit Dimension n in $C[a, b]$. Dann hat das Gleichungssystem (8.45) für beliebige $a \le t_0 < t_1 < \cdots < t_n \le b$ und beliebige rechte Seiten eine eindeutig bestimmte Lösung.

Beweis: Wir führen einen konstruktiven Beweis, indem wir die Lösung von (8.45) auf die Lösung von zwei Interpolationsproblemen, nämlich

$$(8.46) \qquad \boxed{u(t_j) = f(t_j); \quad w(t_j) = (-1)^j, \; j = 0, 1, \ldots, n, \; j \ne j_0}$$

für ein beliebig ausgewähltes $j_0 \in \{0, 1, \ldots, n\}$ zurückführen. Zunächst einmal ist nach den Voraussetzungen über $\mathbf{V}$ klar, dass beide Probleme eindeutige Lösungen $u, w \in \mathbf{V}$ haben, und dass $v := u - a_0 w \in \mathbf{V}$ für jedes $a_0 \in \mathbb{R}$. Es gilt also

$$v(t_j) = f(t_j) - (-1)^j a_0, \; j = 0, 1, \ldots, n, \; j \ne j_0.$$

Mit Ausnahme vom Index $j = j_0$ gilt also bereits (8.45). Soll das Gleichungssystem auch für diesen Index richtig sein, folgt $v(t_{j_0}) = u(t_{j_0}) + a_0 w(t_{j_0})$ $= f(t_{j_0}) - (-1)^{j_0} a_0$, d. h wir müssen

$$(8.47) \qquad \boxed{a_0 = \frac{u(t_{j_0}) - f(t_{j_0})}{w(t_{j_0}) - (-1)^{j_0}},}$$

wählen. Zu zeigen bleibt, dass der Nenner nie verschwindet. Ist $j_0 = 0$ oder $j_0 = n$, so hat w in $[a, b]$ bereits $n - 1$ Nullstellen. Hätten $w(t_j)$ und $(-1)^j$ mit $j = 0$ oder $j = n$ dasselbe Vorzeichen, so müsste w noch eine weitere Nullstelle haben. Ist $0 < j_0 < n$, so kann w in $[t_{j_0-1}, t_{j_0+1}]$ eine Nullstelle aber keine Vorzeichenwechsel haben, d. h., $w(t_{j_0})$ und $(-1)^{j_0}$ haben nie das gleiche Vorzeichen. Die Lösung des Gleichungssystems (8.45) ist also jetzt

(8.48)
$$\boxed{v = u - a_0 w}$$

mit u, w nach (8.46) und a_0 nach (8.47). □

Immer wenn Interpolationsprobleme schnell lösbar sind (wie bei Polynomen und trigonometrischen Polynomen), ist es sinnvoll, das Ausgangsgleichungssystem (8.45) über die Formel (8.48) zu lösen. Wie bestimmen wir nun die Knoten? Der zu beschreibende Algorithmus geht von einer Schätzung $t_0^{(k)}, t_1^{(k)}, \ldots, t_n^{(k)}$ aus. Mit dieser Schätzung wird (8.45) gelöst. Die Lösung sei $a_0^{(k)}, v^{(k)}$. Aus dieser Lösung wird eine neue Schätzung $t_0^{(k+1)}, t_1^{(k+1)}, \ldots, t_n^{(k+1)}$ hergeleitet, etc.

Um die Schreibweise etwas zu vereinfachen, lassen wir die oberen Indizes „k" weg und statt „$k+1$" benutzen wir einen Apostroph. Wir gehen also aus von $t_0, t_1, \ldots, t_n, a_0, v$. Die neuen t'_j, $j = 0, 1, \ldots, n$ sind dann nach den folgenden drei Regeln zu bestimmen (man vgl. Figur 8.62):

(8.49)
$$|(f - v)(t'_j)| \geq |a_0|, \quad j = 0, 1, \ldots, n.$$

Für mindestens einen Index j_0 gilt

(8.50)
$$|(f - v)(t'_{j_0})| \geq \frac{1}{2}\left(|a_0| + \|f - v\|_\infty\right) \text{ und}$$

(8.51)
$$\operatorname{sign}(f - v)(t'_j) + \operatorname{sign}(f - v)(t'_{j+1}) = 0, \quad j = 0, 1, \ldots, n-1.$$

Daraus ergeben sich dann durch Lösen von (8.45) die neuen v' und a'_0.

Eine einfache Methode zur Neuwahl der Knoten t'_j ist $t'_j = t_j$, $j = 0, 1, \ldots, n$, $j \neq j_0$, und $|(f - v)(t'_{j_0})| = \|f - v\|_\infty$ unter Beachtung von (8.51). Da in diesem Fall nur ein neuer Knoten, nämlich t'_{j_0} gewählt wird, spricht man von einem *Einzelaustausch*. Ersetzt man alle Knoten, spricht man von einem *Simultanaustausch*. Am effektivsten ist ein Simultanaustausch, bei dem die neuen Knoten t'_j in die Nähe von lokalen Extrema von $f - v$ gerückt werden. Dafür kann man näherungsweise für innere Knoten $(f - v)'(t'_j) = 0$ lösen. Dazu führt man zweckmäßigerweise wenige Schritte (z. B. drei) des Newton-Verfahrens durch. Zur Veranschaulichung diene die Figur 8.62. Das Aufsuchen der richtigen lokalen Extremwerte ist aber nicht immer so einfach wie bei dem Beispiel der Figur 8.62. Approximiert man z. B. $f(x) = x \sin(1/x)$ in einem Intervall $[0.05, 1]$, so hat die Fehlerfunktion in der Nähe des linken Intervallendes zu viele lokale Extrema, so dass nicht klar ist, welche Punkte man in die Alternantenmenge aufnehmen soll. Ein robuster Algorithmus, der nicht primär auf das Alternieren abzielt und somit auch für nicht Haarsche Systeme verwendet werden kann, wird von [30, B. FISCHER & MODERSITZKI, 1993] angegeben.

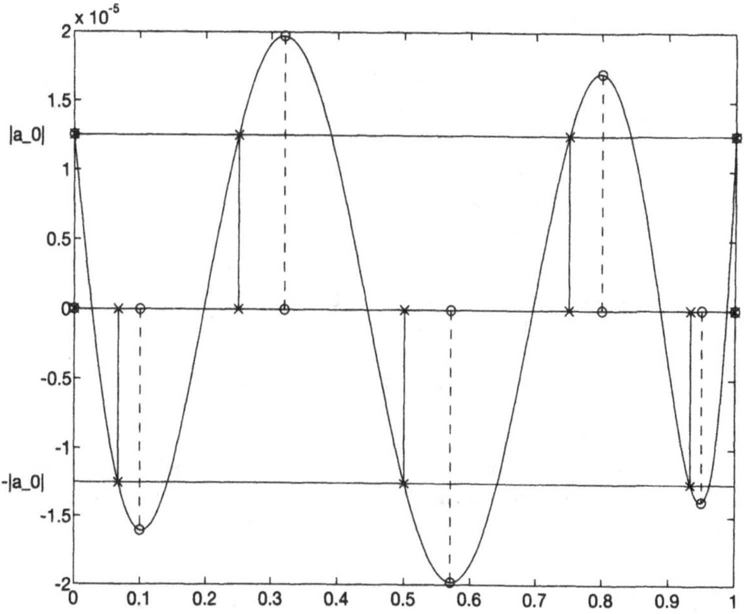

Abb. 8.62. Alte Knoten t_j ($\times$) und neue Knoten t'_j ($\circ$) beim Remez-Algorithmus am Beispiel von $f(x) = \exp(-x^2)$ und $\mathbf{V} = \Pi_5$

Aus dem Gleichungssystem (8.45), S. 261 folgt $|a_0| = |(f - v)(t_j)| \leq ||f - v||_\infty$ für alle $j = 1, 2, \ldots, n$. Ist $|a_0| = ||f - v||_\infty$, so sind die Bedingungen (i), (ii) von Satz 8.60 erfüllt, und v ist bereits die beste Approximation. Andernfalls ist $|a_0| < ||f - v||_\infty$, d. h. die Regeln (8.49) bis (8.51) sind anwendbar.

Satz 8.63. Sei $\mathbf{V}$ ein Haarscher Raum in $\mathrm{C}[a, b]$ mit $\dim \mathbf{V} = n$. Für beliebige Knotenwahlen $a \leq t_0 < t_1 < \cdots < t_n \leq b$ gilt für die Lösung von (8.45):

(8.52) $$|a_0| \leq \operatorname{dist}(f, \mathbf{V}).$$

Beweis: Für $a_0 = 0$ ist die Behauptung trivial. Sei $a_0 \neq 0$ und $|a_0| > \text{dist}(f, \mathbf{V})$. Die Funktion $\varepsilon = f - v$ wechselt ihr Vorzeichen in $[a, b]$ mindestens n-mal. Der Graph jeder Funktion $s \in C[a, b]$ mit $||s||_\infty \leq \text{dist}(f, \mathbf{V})$ schneidet den Graphen von ε mindestens n-mal, d. h. $\hat{\varepsilon} = f - \hat{v}$ mit $||f - \hat{v}|| = \text{dist}(f, \mathbf{V})$ schneidet ε ebenfalls n-mal, oder mit anderen Worten: $\varepsilon - \hat{\varepsilon} = \hat{v} - v$ hat n Nullstellen und somit muss $\hat{v} = v$ gelten, ein Widerspruch. □

Wegen $\text{dist}(f, \mathbf{V}) \leq ||f - v||_\infty$ für jedes v haben wir zusammen mit (8.52) eine einfache Methode, $\text{dist}(f, \mathbf{V})$ einzuschließen.

Man kann zeigen, dass die angegebenen Regeln zu einem konvergenten Verfahren führen, bei dem $|a_0|$ strikt monoton wachsend (also von unten) gegen $\text{dist}(f, \mathbf{V})$ und v gegen die beste Approximation $\hat{v}$ von f konvergiert. Dabei kann man meistens beobachten, dass $|a_0|$ schneller als die Koeffizienten a_j von $v = \sum_{j=1}^{n} a_j v_j$ konvergiert.

Am Anfang der Rechnung könnte man $n + 1$ äquidistante Knoten wählen. Meistens ist es jedoch zweckmäßiger, die sogenannten Tschebyscheff-Knoten als Startpunkte zu wählen. Diese Knoten sind

(8.53) $$t_j = \frac{1}{2}\{(a + b) - (b - a) \cos \frac{j\pi}{n}\}, \quad j = 0, 1, \ldots, n.$$

Bei diesen Knoten handelt es sich um die Extremalpunkte des Tschebyscheff-Polynoms T_n und nicht wie früher um die Nullstellen. Der angegebene Algorithmus heißt (zweiter) *Remez-Algorithmus*. Ein Beispiel dazu ist in Figur 8.62, S. 263 angegeben. Die Tschebyscheff-Knoten sind dort durch × markiert.

8.4.2 Approximation von Funktionen in der L_2-Norm

Bei gegebenem $f \in L_2[a, b]$, linearem Teilraum $\mathbf{V} \subset L_2[a, b]$, mit $\dim \mathbf{V} = n$ behandeln wir das Problem

(8.54) $$||f - v||_2 = \min, \quad v \in \mathbf{V}.$$

Nach Satz 8.30, S. 241 wird das Problem (8.54) durch $\hat{v} \in \mathbf{V}$ genau dann gelöst, wenn

(8.55) $$< \hat{v} - f, v >= 0 \quad \text{für alle } v \in \mathbf{V}.$$

Ist $\mathbf{V} = \langle v_1, v_2, \ldots, v_n \rangle$, so ist die beste Approximation $\hat{v} = \sum_{j=1}^{n} x_j v_j$ nach (8.28) aus dem linearen Gleichungssystem

(8.56) $$\sum_{k=1}^{n} < v_k, v_j > x_k =< f, v_j >, \quad j = 1, 2, \ldots, n$$

zu ermitteln, wobei hier

$$(8.57) \qquad < v_j, v_k >= \int_a^b v_j(t)\, v_k(t)\, dt$$

und

$$(8.58) \qquad < f, v_j > \; = \int_a^b f(t)\, v_j(t)\, dt$$

bedeuten, $j, k = 1, 2, \ldots, n$. Im Regelfall wird man die Integrale numerisch auswerten müssen und die Gleichungssysteme z. B. mit dem Householder-Verfahren lösen.

Beispiel 8.64. ***Approximation der Monome*** t^n
Sei $f(t) = t^n$ und $\mathbf{V} = \langle 1, t, \ldots, t^{n-1} \rangle$, $[a, b] = [0, 1]$. Dann sind $< v_j, v_k >= \int_0^1 t^{j+k}\, dt = 1/(j + k + 1)$ und $< f, v_j >= \int_0^1 t^{n+j}\, dt = 1/(n + j + 1)$, $j, k = 0, 1, \ldots, n - 1$, d. h., wir stoßen auf ein Gleichungssystem mit der berüchtigten *Hilbert-Matrix*.

Hier ist es sinnvoll, die Basis zu wechseln, um Lösungsformel (8.30), S. 246 anwenden zu können. Dazu kann man eine *orthogonale Basis* $v_1, v_2, \ldots, v_n$ konstruieren, d. h. eine Basis, die $< v_j, v_k >= 0$ für alle $j \neq k$ erfüllt. Eine orthogonale Basis mit $||v_j||_2^2 =< v_j, v_j >= 1$ heißt *orthonormal*. Wir wollen auch einen einzelnen Vektor v orthonormal nennen, wenn $||v|| = 1$. Für orthonormale Basen heißen die Zahlen $a_j =< f, v_j >$ *Fourier-Koeffizienten* von f. Unter den angegebenen Bedingungen lösen diese Zahlen das Gleichungssystem (8.56). Bilden die $\mathbf{V}$ definierenden Funktionen $v_1, v_2, \ldots, v_n$ also eine orthonormale Basis, so gilt für die nach (8.54) zu bestimmende beste Approximation $\tilde{v}$ von f die einfache Formel

$$(8.59) \qquad \tilde{v} = \sum_{j=1}^{n} < f, v_j > v_j .$$

Sind $v_1, v_2, \ldots, v_n$ linear unabhängig, so kann man eine orthonormale Basis $u_1, u_2, \ldots, u_n$ nach folgendem Muster konstruieren:

$$(8.60) \qquad u_j := v_j,$$

$$(8.61) \qquad u_j := u_j - \sum_{k=1}^{j-1} < u_j, u_k > u_k,$$

$$(8.62) \qquad u_j := u_j / ||u_j||_2, \quad j = 1, 2, \ldots, n.$$

Satz 8.65. Sei $\mathbf{X}$ ein Vektorraum über $\mathbb{K}$ mit Skalarprodukt $<\ ,\ >$ und seien $v_j \in \mathbf{X}$, $j = 1, 2, \ldots, n$ linear unabhängig. Dann sind die nach (8.60) bis (8.62) konstruierten Elemente $u_j \in \mathbf{X}$, $j = 1, 2, \ldots, n$ orthonormal.

Beweis: (durch vollständige Induktion). Da $v_1 \neq \mathbf{0}$ ist, ist u_1 definitionsgemäß orthonormal. Seien $u_1, u_2, \ldots, u_l$ bereits orthonormal. Wir müssen dann $< u_{l+1}, u_j >= 0,\ j = 1, 2, \ldots, l$ zeigen:

$$\begin{aligned} < u_{l+1}, u_j > &= < u_{l+1} - \sum_{k=1}^{l} < u_{l+1}, u_k > u_k, u_j > \\ &= < u_{l+1}, u_j > - \sum_{k=1}^{l} < u_{l+1}, u_k >< u_k, u_j > \\ &= < u_{l+1}, u_j > - < u_{l+1}, u_j >= 0, \quad 1 \leq j \leq l. \end{aligned}$$ □

Das angegebene Verfahren heißt (modifiziertes) *Gram-Schmidtsches Orthogonalisierungsverfahren*. Es ist zu beachten, dass dieses Verfahren für jeden Vektorraum mit Skalarprodukt gilt, es ist also viel allgemeiner als das schon besprochene Householder-Verfahren für Vektoren im $\mathbb{K}^m$. Wendet man das Gram-Schmidtsche Verfahren auf Vektoren $\mathbf{x}, \mathbf{y}$ an, so ist wegen $< \mathbf{x}, \mathbf{y} >:= \sum x_j \overline{y_j}$ zu beachten, dass in Matrixschreibweise $< \mathbf{x}, \mathbf{y} >= \mathbf{y}^*\mathbf{x}$ herauskommt. Bei einer Anwendung auf Vektoren kann man $\mathbf{v}_j \in \mathbb{K}^m$ (notwendig ist dann $m \geq n$) als Spalten einer Matrix $\mathbf{V} \in \mathbb{K}^{m \times n}$ und entsprechend $\mathbf{u}_j \in \mathbb{K}^m$ als Spalten einer Matrix $\mathbf{U}$ derselben Größe auffassen. Das Ergebnis des Gram-Schmidtschen Verfahrens ist dann genau wie die QR-Zerlegung eine Zerlegung

$$\mathbf{V} = \mathbf{U}\mathbf{R}, \quad \mathbf{U}^*\mathbf{U} = \mathbf{I}_n, \quad \mathbf{R} =: (r_{jk}) \in \mathbb{K}^{n \times n} \text{ obere Dreiecksmatrix mit}$$

(8.63)

$$r_{jj} = \|\mathbf{u}_j\|, \quad r_{jk} =< \mathbf{u}_k, \mathbf{u}_j >= \mathbf{u}_j^*\mathbf{u}_k, \quad j < k \leq n,$$

wobei r_{jj} *vor* Zeile (8.62) und r_{jk} *vor* Zeile (8.61), $k = 1, 2, \ldots, j-1$ im Gram-Schmidt-Verfahren auszurechnen ist.

Beispiel 8.66. ***Gram-Schmidt-Verfahren***

$$\mathbf{V} = \begin{pmatrix} 10 & 5 & 9 & 4 \\ 2 & 0 & 7 & 9 \\ 6 & 8 & 2 & 1 \\ 5 & 4 & 4 & 4 \\ 9 & 6 & 9 & 8 \\ 8 & 8 & 9 & 0 \end{pmatrix}, \mathbf{U} = \begin{pmatrix} 0.5680 & -0.5191 & -0.3722 & -0.2944 \\ 0.1136 & -0.3025 & 0.7369 & 0.4242 \\ 0.3408 & 0.6819 & -0.2309 & 0.3761 \\ 0.2840 & 0.0385 & -0.0952 & 0.2999 \\ 0.5112 & -0.1692 & 0.0068 & 0.3586 \\ 0.4544 & 0.3794 & 0.5060 & -0.6110 \end{pmatrix},$$

$$\mathbf{R} = \begin{pmatrix} 17.6068 & 13.4039 & 16.4141 & 8.8602 \\ 0 & 5.0334 & -3.3800 & -5.3167 \\ 0 & 0 & 5.5815 & 4.5861 \\ 0 & 0 & 0 & 7.0850 \end{pmatrix}.$$

Im angegebenen Beispiel 8.64 sind die entsprechenden orthogonalen Polynome die sogenannten *Legendre-Polynome*. Man vgl. dazu den Abschnitt über Gauß-Quadratur, insbesondere Tabelle 5.24, S. 142.

Wir behandeln das L_2-Approximationsproblem für 2π-periodische Funktionen im Raum $\mathbf{V} = \mathcal{T}_N$ der trigonometrischen Polýnome. Ein $t_N \in \mathcal{T}_N$ hat die Form

$$(8.64)\qquad t_N(x) = \frac{a_0}{2} + \sum_{j=0}^{N}(a_j\cos(jx) + b_j\sin(jx)),\ x \in [0, 2\pi[.$$

Wir setzen $\cos jx = \Re\,\mathrm{e}^{\mathrm{i}jx}, \sin jx = \Im\,\mathrm{e}^{\mathrm{i}jx}$ und erhalten dann

$$(8.65) t_N(x) = \sum_{j=-N}^{N} c_j \mathrm{e}^{\mathrm{i}jx} \text{ mit }, c_j + c_{-j} = a_j, j \geq 0, \mathrm{i}(c_j - c_{-j}) = b_j, j \geq 1.$$

Da wir es hier vorübergehend auch mit komplexen Zahlen zu tun haben, ist das Skalarprodukt definiert durch

$$< f, g >= \int_0^{2\pi} f(t)\overline{g(t)}\,\mathrm{d}t.$$

Wir setzen $\eta_j(t) = \mathrm{e}^{\mathrm{i}jt}, t \in [0, 2\pi]$. Dann ist $< \eta_j, \eta_k >= 2\pi\delta_{jk}$, wobei δ_{jk} das schon häufiger benutzte Kronecker-Symbol bedeutet. Die Exponentialfunktionen η_j sind also orthogonal, und damit ergibt sich die Lösung des Problems sofort aus der Formel (8.56), nämlich $c_j = \frac{<f,\eta_j>}{2\pi}$ und somit stellt

$$(8.66)\qquad t_N(x) = \frac{1}{2\pi}\sum_{j=-N}^{N} < f, \eta_j > \eta_j(x), \quad \eta_j(x) := \mathrm{e}^{\mathrm{i}jx}$$

die beste L_2-Approximation einer 2π-periodischen Funktion f dar.

Da wir im Regelfall an reellen Lösungen interessiert sind, erhalten wir nach (8.65) die beste Approximation von f in der Form des Fourier-Polynoms (8.64) mit den Fourier-Koeffizienten

$$(8.67)\quad a_j = \frac{< f, \cos j >}{\pi},\ 0 \leq j \leq N,\ b_j = \frac{< f, \sin j >}{\pi},\ 1 \leq j \leq N.$$

Wir sehen hier, dass der Faktor $1/2$ bei a_0 in der Definition (8.64) die einheitliche Form der Lösung (8.67) bewirkt.

Für weitergehende Fragen auch im Zusammenhang mit L_1-Approximationsproblemen wird auf die Literatur verwiesen, z. B. [104, WATSON, 1980] oder [83, PINKUS, 1989]. Weitergehende Hinweise zur Ausgleichung im Mittel findet man in [44, GOLUB & VAN LOAN, 1996, Chap. 5].

8.5 Wavelets und Multiskalen-Analyse

Im vorigen Abschnitt haben wir L_2-Funktionen durch endlich viele Funktionen approximiert, wobei im Regelfall die beste Approximation $\tilde{v}$ von der zu approximierenden Funktion f einen positiven Abstand hat: $||f - \tilde{v}||_2 > 0$.

Wir wollen jetzt von einer abzählbar unendlichen Menge $v_1, v_2, \ldots$ von L_2-Funktionen ausgehen, mit dem Ziel, dass eine gegebene L_2-Funktion f in einer noch zu beschreibenden Weise als[7]

$$f = \sum_{k \in \mathbb{N}} a_k v_k \tag{8.68}$$

dargestellt werden kann. Dabei ist das Wesentliche eine Aufsplittung der Form

$$f = \sum_{k=1}^{N} a_k v_k + \sum_{k=N+1}^{\infty} a_k v_k, \quad N \in \mathbb{N}, \tag{8.69}$$

wobei die ersten N Terme die entscheidende Grobstruktur und die übrigen Terme die Feinstruktur von f enthalten sollen. Unter Feinstruktur können z. B. Störungen ([engl.] *noise*) verstanden werden. Als Approximation von f erhalten wir dann

$$f \approx \sum_{k=1}^{N} a_k v_k.$$

Weiter werden wir sehen, dass durch Weglassen von Termen in einem gewissen Rahmen eine abgewandelte Darstellung von f erreicht werden kann, so dass sich optisch die Graphen der alten und abgewandelten Darstellung von f wenig unterscheiden. Diese Maßnahme läuft unter dem Stichwort *Datenkompression*. Das angestrebte Ziel lässt sich besonders gut erreichen, wenn wir die oben erwähnte Menge $v_1, v_2, \ldots$ durch *Wavelets* realisieren, deren Bedeutung im weiteren Verlauf dieses Abschnitts erläutert wird. Hier kann aber schon gesagt werden, dass der Industriestandard `jpeg2000` zur Darstellung und Übermittlung von Bildern, s. Wikipedia: `http://de.wikipedia.org/wiki/JPEG_2000`, auf Wavelets beruht,

Es gibt eine ganze Reihe von theoretischen Aspekten, auf die wir hier nicht eingehen können. Dazu gehört insbesondere die Fourier-Transformation. Wir konzentrieren uns hier i. w. auf die Konstruktion orthonormaler Folgen in dem nicht endlich dimensionalen Raum $L_2(\mathbb{R})$ und geben am Anfang eine kleine Übersicht

[7] $\sum_{k \in \mathbb{N}}$ und $\sum_{k=1}^{\infty}$ werden synonym verwendet.

über den Begriff *Basis* in einem derartigen Raum. Dazu kann man sich sehr gut informieren aus den Büchern von [110, YOUNG, 1980, 2001] und [14, CHRISTENSEN, 2003]. Bei den Wavelets haben wir uns i.w. orientiert an den Büchern von [5, BLATTER, 1998], [15, CHUI, 1992], [18, DAUBECHIES, 1992] und [67, LOUIS, MAASS, RIEDER, 1998] und an einem Vorlesungsmanuskript von [40, GEIGER, 1999].

8.5.1 Basen in unendlich-dimensionalen Räumen

Dieser Abschnitt ist möglichwerweise für Studienanfänger schwierig und sollte beim ersten Lesen übersprungen werden.

Definition 8.67. Sei $(\mathbf{X}, \|\ \|)$ ein normierter Raum. Eine Teilmenge $M \subset \mathbf{X}$ heißt *vollständig*, wenn in ihr alle Cauchy-Folgen konvergieren. Das sind Folgen $\{x_j\}, x_j \in M, j \in \mathbb{N}$, bei denen zu jedem $\varepsilon > 0$ ein $n \in \mathbb{N}$ existiert, so dass $\|x_j - x_k\| \leq \varepsilon$ für alle $j, k \geq n$. Ist $\mathbf{X}$ vollständig, so heißt $\mathbf{X}$ *Banach-Raum*. Ein Banach-Raum in dem die Norm durch ein Skalarprodukt definiert wird, heißt *Hilbert-Raum*.

In einem Banach-Raum sind Teilmengen genau dann vollständig, wenn sie abgeschlossen sind. Beispiele für vollständige Mengen sind der $\mathbb{K}^n$ und alle abgeschlossenen Teile davon. Die Menge der rationalen Zahlen zum Beispiel ist keine vollständige Menge in $\mathbb{R}$.

Wir beginnen diesen Abschnitt mit einigen grundsätzlichen Fragen zum Thema Basis in einem nicht endlich dimensionalen Raum.

Definition 8.68. Sei $(\mathbf{X}, \|\ \|)$ ein Banach-Raum über $\mathbb{K}$, und $v_1, v_2, \ldots \in \mathbf{X}$ seien abzählbar viele, linear unabhängige Elemente in $\mathbf{X}$. Das soll heißen, dass je endlich viele davon linear unabhängig sind. Die Menge $v_1, v_2, \ldots$ heißt eine *Basis* von $\mathbf{X}$ (auch *Schauder-Basis*), wenn zu jedem $x \in \mathbf{X}$ genau eine Folge $\alpha_1, \alpha_2, \ldots$ in $\mathbb{K}$ existiert, so dass[8]

$$x = \sum_{k \in \mathbb{N}} \alpha_k v_k \text{ im Sinne von } \lim_{n \to \infty} \|x - \sum_{k=1}^{n} \alpha_k v_k\| = 0.$$

Sinnvoll ist die Frage nach einer Basis nur für Räume $\mathbf{X}$, die eine abzählbare, dichte Teilmenge $S \subset \mathbf{X}$ enthalten, also $\overline{S} = \mathbf{X}$. Diese Räume heißen *separabel*.

[8]An späterer Stelle werden auch Summen der Form $x = \sum_{k \in \mathbb{Z}} \alpha_k v_k$ oder $x = \sum_{j,k \in \mathbb{Z}} \alpha_{jk} v_{jk}$ betrachtet, im Sinne $\lim_{k_1,k_2 \to \infty} \|x - \sum_{k=-k_1}^{k_2} \alpha_k v_k\|$ bzw. $\lim_{k_1,k_2,j_1,j_2 \to \infty} \|x - \sum_{j=-j_1,k=-k_1}^{j_2,k_2} \alpha_{jk} v_{jk}\|$.

Wir setzen daher ohne weitere Erwähnung voraus, dass die betrachteten Räume in diesem Abschnitt separabel sind. Obwohl man für die meisten der in Gebrauch befindlichen Räume Basen finden konnte, ist an dieser Stelle nicht klar, ob derartige Basen i. a. existieren. Es hat etwa 40 Jahre nach der Fragestellung von Banach (1932) gedauert, bis ein Gegenbeispiel eines separablen Banach-Raumes ohne Basis gefunden wurde, [23, PER ENFLO, 1973]. Eine Basis $v_1, v_2, \ldots$ in einem Banach Raum ist definitionsgemäß eine geordnete Menge. Aus der Analysis ist das Phänomen bekannt, dass konvergente Reihen ihr Konvergenzverhalten verändern können, wenn die Summatonsreihenfolge geändert wird, [33, FORSTER, S. 43]. Solche Reihen heißen *bedingt konvergent*.

Definition 8.69.. Eine Basis $v_1, v_2, \ldots$ in einem Banach Raum $\mathbf{X}$ heißt *unbedingt*, wenn jede Darstellung $f = \sum_{k\in\mathbb{N}} \alpha_k(f)v_k$ unbedingt konvergiert.

Eine Basis $\{v_k\}, k \in \mathbb{N}$, ist genau dann unbedingt, wenn $\{v_{\sigma(k)}\}, k \in \mathbb{N}$, eine Basis ist für jede Permutation $\sigma : \mathbb{N} \to \mathbb{N}$. Das zeigt [93, SINGER, 1970, S.499].

Beispiel 8.70. ***Basen für l_p-Räume***
(1) Der Banach-Raum $l_p (1 \le p < \infty)$ besteht aus allen Folgen $c := \{c_1, c_2, \ldots\}$, $c_k \in \mathbb{K}$, $k \in \mathbb{N}$, die komponentenweise addiert werden mit

$$||c||_p := (\sum_{k\in\mathbb{N}} |c_k|^p)^{1/p} < \infty.$$

Definieren wir $e_k := (0, 0, \ldots, 0, 0, 1, 0, 0, \ldots)$ wobei die Eins an der Position k steht, so ist $e_1, e_2, \ldots$ eine Basis von l_p. Sie ist sogar eine unbedingte Basis.
(2) Der Banach-Raum der stetigen auf $[a, b]$ definierten reellen (oder komplexen) Funktionen $\mathrm{C}[a, b]$ mit Norm $||f|| := \max_{x\in[a,b]} |f(x)|$ besitzt ebenfalls eine Basis. Das folgt i.w. aus dem Satz von Weierstraß, [110, YOUNG, Ch. 1.2].

Haben wir in einem Raum verschiedene Basen, so können wir sie in einem gewissen Sinn vergleichen.

Definition 8.71. Seien in einem Banach-Raum $(\mathbf{X}, || \quad ||)$ zwei Basen $\{u_k\}, \{v_k\}$, $k \in \mathbb{N}$, gegeben, so heißen sie *äquivalent* wenn $\sum_{k\in\mathbb{N}} \alpha_k u_k$ genau dann konvergiert, wenn $\sum_{k\in\mathbb{N}} \alpha_k v_k$ konvergiert.

Die Äquivalenz von Basen muss man sich so vorstellen, dass im Hintergrund eine lineare, stetige und umkehrbare Abbilding $T : \mathbf{X} \to \mathbf{X}$ von $\mathbf{X}$ *auf* $\mathbf{X}$ existiert mit $Tu_k = v_k$ für alle $k \in \mathbb{N}$. Definiert man dann in $\mathbf{X}$ eine neue Norm $||x||_T := ||Tx||$, so bedeutet die Äquivalenz der Basen gerade die Äquivalenz der Normen $|| \quad ||_T$ und $|| \quad ||$ (Definition 8.3, S. 227).

Wir beschäftigen uns in diesem Abschnitt nicht mit allgemeinen normierten Vektorräumen, sondern speziell mit dem Hilbert-Raum $\mathbf{X} := L_2(\mathbb{R})$ reellwertiger

Funktionen über ganz $\mathbb{R}$ mit Norm

(8.70) $$||f||_2 := \sqrt{\int_{\mathbb{R}} |f(t)|^2 \,\mathrm{d}t}$$

und mit Skalarprodukt

(8.71) $$< f, g >:= \int_{\mathbb{R}} f(t)g(t) \,\mathrm{d}t.$$

Nach der Schwarzschen Ungleichung (8.17), S. 239

$$| < f, g > | \leq ||f||_2 ||g||_2,$$

existiert also das Skalarprodukt für $f, g \in L_2$. Es ist keine Einschränkung, dass wir als Definitionsbereich ganz $\mathbb{R}$ gewählt haben. Ist $f : [a, b] \to \mathbb{R}$ und ist $f \in L_2[a, b]$, so können wir mit Hilfe der Indikatorfunktion (s. (4.47), S. 100) $\chi_{[a,b]}$ definieren:

$$\int_a^b f(t) \,\mathrm{d}t = \int_{\mathbb{R}} f(t)\chi_{[a,b]}(t) \,\mathrm{d}t,$$

wobei dann f außerhalb von $[a, b]$ durch Null ersetzt wird. Der Raum $L_2(\mathbb{R})$ ist vollständig. Das ist die Folge eines nicht trivialen Satzes von Riesz[9]-Fischer, [56, HIRZEBRUCH & SCHARLAU, S. 57]. Der Raum $L_2(\mathbb{R})$ ist also ein Hilbert-Raum. Es ist zweckmässig, einige allgemeine Informationen über Basen in Hilbert-Räumen zusammenzustellen. Besonders attraktiv sind *orthonormale Basen* $\{v_k\}$, $k \in \mathbb{N}$ in Hilbert-Räumen $(\mathbf{H}, < \ , \ >)$. Das sind Basen mit

$$< v_j, v_k >= \delta_{jk}, \ j, k \in \mathbb{N} \quad (\delta_{jk} \text{ Kronecker-Symbol [s. (3.2), S. 37]}).$$

Hat man also eine Darstellung $x = \sum_{k \in \mathbb{N}} \alpha_k u_k$, so erhält man durch Multiplikation mit u_l die Gleichung $< x, u_l >= \alpha_l$ und somit sofort die Darstellung

(8.72) $$x = \sum_{k \in \mathbb{N}} < x, u_k > u_k \text{ für alle } x \in \mathbf{H}.$$

Die Zahlen $\alpha_k :=< x, u_k >, k \in \mathbb{N}$ heißen auch hier *Fourier-Koeffizienten* von x, und die in (8.72) angegebene Darstellung *Fourier-Entwicklung* von x. Multiplizieren wir die Gleichung (8.72) mit sich selbst, so erhalten wir

(8.73) $$||x||^2 :=< x, x >= \sum_{k \in \mathbb{N}} | < x, u_k > |^2 \text{ für alle } x \in \mathbf{H}.$$

[9]Frigyes (auch Friedrich und Frédéric) Riesz, ungarischer Mathematiker, 1880–1956, Aussprache Rieß

Diese Gleichung heißt auch *Parsevals Gleichung*. Eine orthonormale Folge $\{u_k\}$ ist genau dann eine Basis, wenn Parsevals Gleichung gilt. Eine ganze Reihe von äquivalenten Bedingungen, die orthonormale Folgen als Basen charakterisieren, findet man bei [56, HIRZBRUCH & SCHARLAU, S. 92/93]. Eine formal sehr einfache Bedingung ist enthalten im folgenden Satz.

Satz 8.72. Sei $\{u_k\}$, $k \in K \subset \mathbb{N}$, ein orthonormales System in einem Hilbert-Raum **X**. Dieses System ist eine Basis in **X** genau dann, wenn $< u, u_k >= 0$ für alle $k \in K$ impliziert, dass $u = 0$ ist.

Beweis: [56, HIRZBRUCH & SCHARLAU, S. 92]. □

Satz 8.73. Jeder separable Hilbert-Raum **H** besitzt eine orthonormale Basis.

Beweis: Grobe Beweisstruktur: Es gibt eine abzählbare, dichte Teilmenge in **H**, diese wird mit Gram-Schmidt orthonormiert. Details z. B. bei [100, TAYLOR & LAY, Theorem 6.15]. □

Für jede orthonormale Teilmenge $\{u_k\}, k \in K \subset \mathbb{N}$ eines Hilbert-Raumes **X** gilt *Bessels Ungleichung*

(8.74) $$\sum_{k \in K} | < x, u_k > |^2 \leq ||x||^2 \text{ für alle } x \in \mathbf{X}.$$

Neben den orthonormalen Basen spielen die *Riesz-Basen* für Wavelets eine fundamentale Rolle.

Definition 8.74. Sei **H** ein Hilbert-Raum. Eine Basis $\{u_k\}$, $k \in \mathbb{N}$, heißt *Riesz-Basis*, wenn es eine dazu äquivalente (Def. 8.71, S. 270), orthonormale Basis gibt.

Satz 8.75. Sei $\{u_k\}, k \in \mathbb{N}$, eine Folge in einem Hilbert-Raum. Diese Folge ist genau dann eine Riesz-Basis, wenn sie eine unbedingte Basis ist und wenn positive Konstanten a, A existieren mit

(8.75) $$a \leq ||u_k|| \leq A \text{ für alle } k \in \mathbb{N}.$$

Beweis: [14, CHRISTENSEN, Lemma 3.6.2]. □

Wenn wir mit Riesz-Basen oder mit orthonormalen Basen arbeiten, müssen wir uns also keine Gedanken über die Summationsreihenfolge machen. Nach Satz 8.75 ist mit $\{u_k\}$ auch $\{u_k/||u_k||\}$, $k \in \mathbb{N}$ eine Riesz-Basis.

Es gibt eine ganze Reihe von weiteren Bedingungen, die Riesz-Basen charakterisieren und die daher auch als Definition benutzt werden können.

Satz 8.76. Sei $\{u_k\}$, $k \in \mathbb{N}$, eine Folge in einem Hilbert-Raum. Diese Folge ist eine Riesz-Basis genau dann, wenn sie eine Basis ist, und wenn es positive

Konstanten a und A gibt mit

(8.76) $$a\sum_{k=1}^{n}|\alpha_k|^2 \le \sum_{k=1}^{n}||\alpha_k u_k||^2 \le A\sum_{k=1}^{n}|\alpha_k|^2$$

für beliebiges $n \in \mathbb{N}$ und beliebige $\alpha_1, \alpha_2, \dots, \alpha_n$.

Beweis: [110, YOUNG, Theorem 9, Ch. 1.8]. □

Gilt in Satz 8.76 $||u_k|| = 1$ für alle $k \in \mathbb{N}$, so folgt $a \le 1 \le A$. Nach [110, YOUNG, Example, Ch. 1.9] ist es „äußerst schwer", Basen zu finden, die keine Riesz-Basen sind. Ein Beispiel ist dort angegeben.

8.5.2 Waveletkonstruktion mit Hilfe eines Urwavelets

Wir kommen jetzt zu den Wavelets zurück. Eine erste Idee zur Konstruktion einer Basis des $L_2(\mathbb{R})$ ist, alle Basiselemente aus einer einzigen Funktion, dem *Urwavelet* oder *Mutterwavelet*, durch Skalierung und Verschiebung abzuleiten. Ist also w ein derartiges Urwavelet, so versuchen wir, eine Basis zu erzeugen in der Form

(8.77) $$w_{jk}(t) := 2^{j/2}w(2^j t - k), \quad t \in \mathbb{R}, \quad j,k \in \mathbb{Z}, \quad w \in L_2(\mathbb{R}).$$

Wir können leicht erkennen, dass

(8.78) $$||w_{jk}||_2^2 = \int_{\mathbb{R}} |w_{jk}(t)|^2\,\mathrm{d}t = \int_{\mathbb{R}} |w(t)|^2\,\mathrm{d}t = ||w||_2^2, \quad j,k \in \mathbb{Z}.$$

Die Normen ändern sich also nicht. Damit ist auch der Vorfaktor $2^{j/2}$ in (8.77) erklärt.

Definition 8.77. Sei $w \in L_2(\mathbb{R})$. Definiert die in (8.77) definierte Folge $\{w_{jk}\}$, $j,k \in \mathbb{Z}$ eine Riesz-Basis des $L_2(\mathbb{R})$, so wollen wir w ein *Wavelet* nennen. Definiert die Folge $\{w_{jk}\}$ sogar eine orthonormale Basis, so sagen wir, das Wavelet w ist *orthogonal*.

Wir definieren für ein Wavelet w die folgenden abgeschlossenen Teilräume von $L_2(\mathbb{R})$:

(8.79) $$W_j := \overline{\langle\{w_{jk}, k \in \mathbb{Z}\}\rangle}, \quad j \in \mathbb{Z}.$$

Dabei bedeuten die Klammern $\langle\cdots\rangle$, dass man die lineare Hülle von $\cdots$ bilden soll, und der Strich $\overline{}$ bedeutet die Bildung des Abschlusses in $L_2(\mathbb{R})$. Für orthogonale Wavelets gilt

(8.80) $$W_j \perp W_k \quad \Leftrightarrow \quad < f_j, f_k >= 0 \text{ mit } f_j \in W_j,\ f_k \in W_k,\ j \ne k.$$

Insbesondere ist dann $W_j \cap W_k = \{0\}$ für $j \neq k$. Daher hat für orthogonale Wavelets jedes $f \in L_2(\mathbb{R})$ eine eindeutige Darstellung

$$f = \sum_{k \in \mathbb{Z}} f_k \text{ mit } f_k \in W_k, \quad < f_k, f_l >= 0, k \neq l.$$

Beispiel 8.78. ***Haarsches Wavelet***
Wir nennen

(8.81)
$$w(t) := \begin{cases} 1 & \text{für } t \in [0, 0.5[, \\ -1 & \text{für } t \in [0.5, 1[, \\ 0 & \text{sonst.} \end{cases}$$

Haarsches Wavelet. Wie auch früher bei den Splines entscheiden wir uns bei unstetigen Funktionen für rechtsseitige Stetigkeit. Die ersten aus dem Haar-Wavelet w abgeleiteten Funktionen w_{jk} sind in Abbildung 8.80 gezeichnet, in der Mitte das Urwavelet w. Der Name wird im nachfolgenden Satz 8.79 gerechtfertigt.

Satz 8.79. Die in (8.81) angegebene Funktion definiert ein orthogonales Wavelet.

Beweis: Für w aus (8.81) folgt sofort $||w||_2 = 1$ and damit nach (8.78) auch $||w_{jk}||_2 = 1$ für alle $j, k \in \mathbb{Z}$. Wir zeigen jetzt, dass $< w_{jk}, w_{lm} >= 0$ für $(j, k) \neq (l, m)$ mit dem in (8.71) definierten Skalarprodukt $< \ , \ >$. Dazu erinnern wir uns an den Träger Tr einer Funktion, und hier ist $\mathrm{Tr}_{jk} := \mathrm{Tr}(w_{jk}) = [2^{-j}k, 2^{-j}(k+1)]$. Für den Durchschnitt der beiden Träger $\mathrm{Tr}_{jk}, \mathrm{Tr}_{l,m}$ gibt es nur drei Möglichkeiten: er ist leer, er besteht nur aus einem Punkt, oder ein Träger ist echt in dem anderen enthalten. In den ersten beiden Fällen ist $< w_{jk}, w_{lm} >= 0$. Im letzten Fall auch. Ist nämlich ein Träger in dem anderen enthalten, so kann der kleinere Träger nur in der linken oder rechten Hälfte des größeren Trägers liegen, und damit wird die über dem kleineren Träger definierte Funktion durchgehend mit $+1$ oder mit -1 multipliziert, das Integral ist also Null. Um zu erkennen, dass wir es mit einer Basis zu tun haben, benutzen wir Satz 8.72, S. 272. Wir müssen also zeigen, dass $< u, w_{jk} >= 0$ für alle $j, k \in \mathbb{Z}$ nur für $u = 0$ möglich ist[10]. Sei zunächst $u_T \in L_2(\mathbb{R})$ eine (rechtsseitig stetige) Treppenfunktion auf dem Gitter $2^{-j}k$ mit festem $j \in \mathbb{Z}$ und variablem $k \in \mathbb{Z}$. Aus $< u_T, w_{jk} >= 0$ folgt dann u_T=0 auf dem Träger Tr_{jk}. Da das für alle k gilt, folgt $u_T = 0$ auf ganz $\mathbb{R}$. Da die Treppenfunktionen dicht liegen in $L_2(\mathbb{R})$ folgt die Behauptung. Einen ausführlicheren Beweis für den letzten Teil findet man bei [5, BLATTER, S. 20–22]. □

[10]Das heißt, u ist das Nullelement von $L_2(\mathbb{R})$

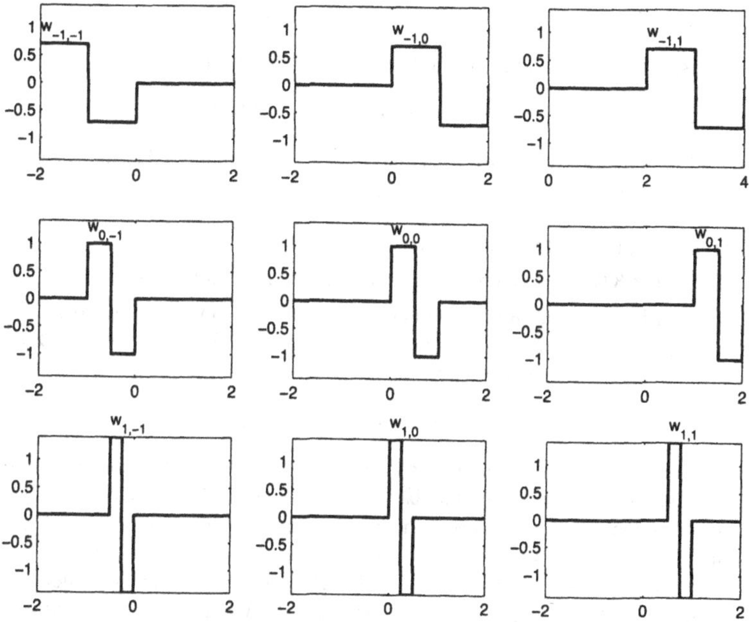

Abb. 8.80. Alle w_{jk} mit $-1 \leq j, k \leq 1$, $w_{00} = w$ ist das Haar-Wavelet

8.5.3 Waveletkonstruktion mit Hilfe einer Multiskalen-Analyse (MSA)

Bei der hier zu beschreibenden Waveletkonstruktion wird an einer wesentlichen Stelle Gebrauch gemacht von *orthogonalen Komplementen.*

Definition 8.81. Sei $(\mathbf{H}, < \quad , \quad >)$ ein Hilbert-Raum und M eine beliebige, aber nicht leere Teilmenge von $\mathbf{H}$. Dann nennt man die Menge

(8.82) $$M^{\perp} := \{h \in \mathbf{H} : < h, m >= 0 \text{ für alle } m \in M\}$$

orthogonales Komplement von M.

Satz 8.82. Sei $(\mathbf{H}, < \quad , \quad >)$ ein Hilbert-Raum und $M^{\perp}$ das orthogonale Komplement einer nicht leeren Menge M. Dann gilt:

1. Unabhängig von der Wahl von M ist $M^\perp$ ein abgeschlossener Teilraum von $\mathbf{H}$.
2. Ist M ein abgeschlossener Teilraum vom $\mathbf{H}$, dann gilt

   (8.83) $$\mathbf{H} = M \oplus M^\perp, \quad M = M^{\perp\perp}.$$

   Die erste Gleichung soll folgendes heißen: Zu jedem $h \in \mathbf{H}$ gibt es genau eine Darstellung $h = m + \mu$ mit $m \in M$, $\mu \in M^\perp$.

Beweis: [68, LUENBERGER, S. 52].

Die in (8.83) vorkommende Summe $\oplus$ nennt man auch *direkte Summe*.

Nun wird es nicht immer so einfach möglich sein, ein Urwavelet, das eine orthonormale Basis (oder auch nur eine Riesz-Basis) definiert, zu finden. Dazu betrachten wir die folgende Gleichung:

(8.84) $$s(t) = s(2t) + s(2t-1),\ t \in \mathbb{R}.$$

Diese Gleichung selbst ist interessant, da nicht so ohne weiteres klar ist, wie man s bestimmen soll. Wir sehen unmittelbar, dass $s = 0$ eine Lösung ist, die uns aber nicht interessiert. Wir suchen nach einer nichttrivialen Lösung mit möglichst kleinem Träger. Kennt man $s(t)$ für $t \in \mathbb{Z}$, so ist auch $s(k/2) = s(k) + s(k-1)$ bekannt, daraus folgt $s(k/4) = s(k/2)+s((k-2)/2)$, und so erhält man schließlich alle Werte $s(k/2^j), j, k \in \mathbb{Z}$. Wie bekommt man die Werte an den ganzzahligen Stellen? Wir nehmen an, dass s (mindestens) rechtsseitig stetig ist. Aus den beiden Gleichungen $s(0) = s(0) + s(-1), s(1) = s(2) + s(1)$ erhalten wir $s(-1) = s(2) = 0$, und aus den übrigen Gleichungen $s(k) = s(2k) + s(2k-1), k \geq 2, k \leq -1$ erhalten wir keine weiteren Informationen über $s(0)$ und $s(1)$. Es ist also nahe liegend, $s(k) = 0$ zu setzen für alle $k \leq -1, k \geq 2$ und anzunehmen, dass s den Träger $[0, 1]$ hat. Aus der rechtsseitigen Stetigkeit folgt dann $s(1) = 0$, und wir setzen willkürlich $s(0) = 1$. Daraus erhalten wir nach der beschriebenen Methode

$$s\left(\frac{k}{2^j}\right) = \begin{cases} 1 & k = 1, 3, \ldots, 2^j - 1, \\ 0 & \text{sonst}, \end{cases} \quad j = 1, 2, \ldots$$

Wir können jetzt direkt nachprüfen, dass

(8.85) $$s(t) := \begin{cases} 1 & \text{für } t \in [0, 1[, \\ 0 & \text{sonst} \end{cases}$$

eine Lösung von (8.84) ist. Diese Funktion heißt *Haar-Funktion*. Und damit ergibt sich für das in (8.81) eingeführte Haar-Wavelet die Gleichung

$$w(t) = s(2t) - s(2t-1).$$

Dass diese Gleichung nicht zufällig gilt, sondern dass ein Konstruktionsprinzip für Wavelets dahinter steckt, wollen wir im weiteren beschreiben. Sei also s nach wie vor die oben in (8.85) definierte Haar-Funktion. Wir betrachten genau wie bei den Wavelets Funktionen der Form

$$s_{jk}(t) := 2^{j/2}s(2^j t - k), \quad j,k \in \mathbb{Z}, \quad t \in \mathbb{R} \tag{8.86}$$

und betrachten die Räume

$$S_j := \overline{\langle\{s_{jk} : k \in \mathbb{Z}\}\rangle}, \quad j \in \mathbb{Z}. \tag{8.87}$$

Für diese Räume gilt (im Gegensatz zu den bereits in (8.79) eingeführten W_j)

$$\{0\} \subset \cdots \subset S_{-1} \subset S_0 \subset S_1 \subset \cdots \subset L_2(\mathbb{R}). \tag{8.88}$$

Bei gegebenem $f \in L_2(\mathbb{R})$ definieren wir $D_a f$ durch $D_a f(t) := f(at)$ mit $a \in \mathbb{R}$. Der Buchstabe D steht hier für *Dilatation*. Dann ist leicht zu erkennen, dass

$$f \in S_j \Leftrightarrow D_{2^{-j}} f \in S_0 \text{ für alle } j \in \mathbb{Z}. \tag{8.89}$$

Der Raum S_0 enthält alle rechtsseitig stetigen Treppenfunktion, die in $L_2(\mathbb{R})$ liegen, und die nur an den ganzzahligen Stellen $j \in \mathbb{Z}$ eine Unstetigkeit haben können. Die Funktionen s_{0k}, $k \in \mathbb{Z}$ bilden eine orthonormale Basis des S_0. Da mit wachsendem j die Träger von s_{jk} immer kleiner und mit fallendem j immer größer werden, so ist

$$\bigcap_{j\in\mathbb{Z}} S_j = \{0\}, \quad \overline{\bigcup_{j\in\mathbb{Z}} S_j} = L_2(\mathbb{R}). \tag{8.90}$$

Ein Durchschnitt abgeschlossener Mengen ist abgeschlossen!

Definition 8.83. Man sagt, dass eine Funktion $s \in L_2(\mathbb{R})$ eine *Multiskalen-Analyse (MSA)* erzeugt (oder generiert), wenn die nach (8.86), (8.87) gebildeten abgeschlossenen Teilräume $S_j \subset L_2(\mathbb{R})$, die Eigenschaften (8.88),(8.89),(8.90) haben, und wenn die Folge $\{s_{0k}\}, k \in \mathbb{Z}$ mit $s_{0k}(t) := s(t-k), k \in \mathbb{Z}$ eine Riesz-Basis für den Raum S_0 bildet.[11]

Generiere s eine MSA. Aus der Basiseigenschaft folgt, dass S_0 translationsinvariant ist, also $f \in S_0 \Leftrightarrow T_k f \in S_0$ mit $T_k f(t) := f(t-k), k \in \mathbb{Z}$. Der Buchstabe T steht für *Translation*. Und entsprechend $f \in S_j \Leftrightarrow T_{2^{-j}k} f \in S_j$ mit S_j nach (8.87), (8.86).

[11] Die erste Bedingung in (8.90) ist eine Folge der anderen Bedingungen, also entbehrlich, [15, S. 121]

Satz 8.84. Erzeuge $s \in L_2(\mathbb{R})$ eine MSA. Dann genügt s der Gleichung

$$s(t) = \sum_{k\in\mathbb{Z}} h_k \sqrt{2} s(2t-k) = \sum_{k\in\mathbb{Z}} h_k s_{1k}(t). \tag{8.91}$$

Beweis: Aus $s \in S_0 \subset S_1$ folgt obige Gleichung für s. □

Definition 8.85. Eine Gleichung der Form (8.91) heißt *Skalierungsgleichung*. Jede nichttriviale Lösung s heißt *Skalierungsfunktion*. Eine Skalierungsfunktion s heißt *orthogonal*, wenn die nach (8.86) definierte Folge $s_{0k}, k \in \mathbb{Z}$ eine orthonormale Basis von $S_0 \subset L_2(\mathbb{R})$ darstellt. Die Koeffizienten $h_k,\ k \in \mathbb{Z}$, heißen auch *Maske* von s.

Ganz offensichtlich ist jedes Vielfache einer Skalierungsfunktion wieder eine Skalierungsfunktion. Insbesondere ist (8.84), S. 276 eine Skalierungsgleichung. In dem folgenden Satz finden wir eine wichtige Gleichung zur Bestimmung der Koeffizienten h_k einer Skalierungsgleichung.

Satz 8.86. Erzeuge $s \in L_2(\mathbb{R})$ eine MSA, und sei s orthogonal. Dann gilt für die Koeffizienten h_k der Skalierungsgleichung (8.91)

$$\sum_{k\in\mathbb{Z}} h_k h_{k+2j} = \delta_{0j}, \quad j \in \mathbb{Z}. \tag{8.92}$$

Beweis: Nach Voraussetzung ist die Folge $s_{0k} = s(t-k)$ orthonormal. Also

$$\begin{aligned}
\delta_{0j} &= \ < s_{00}, s_{0j} >:= \int_{\mathbb{R}} s(t)s(t-j)\,\mathrm{d}t \\
&= 2\sum_{k,l\in\mathbb{Z}} \int_{\mathbb{R}} h_k h_l s(2t-k)s(2(t-j)-l)\,\mathrm{d}t \text{ (nach (8.91))} \\
&= \sum_{k,l\in\mathbb{Z}} \int_{\mathbb{R}} h_k h_l s(\tau+2j-k)s(\tau-l)\,\mathrm{d}\tau \ \left(\tau := 2(t-j), \mathrm{d}t = \frac{\mathrm{d}\tau}{2}\right) \\
&= \sum_{k,l\in\mathbb{Z}} h_k h_l \delta_{k-2j,l} = \sum_{k\in\mathbb{Z}} h_k h_{k-2j} = \sum_{k\in\mathbb{Z}} h_k h_{k+2j}, \quad j \in \mathbb{Z}. \quad \square
\end{aligned}$$

Aus (8.92) folgt für $j = 0$ die Gleichung $\sum_{k\in\mathbb{Z}} h_k^2 = 1$. Mit Methoden, die wir hier nicht erläutern wollen ([15, S. 123]), gelten für Riesz-Basen (also ohne die Orthogonaltät) die Gleichungen

$$\sum_{k\in\mathbb{Z}} h_k = \sqrt{2}, \quad \sum_{k\in\mathbb{Z}} (-1)^k h_k = 0. \tag{8.93}$$

Multiplizieren wir die Skalierungsgleichung (8.91) mit s_{1l}, so erhalten wir bei orthogonalem s für die Fourier-Koeffizienten die Gleichung

(8.94) $$< s, s_{1l} >= \sum_{k\in\mathbb{Z}} h_k < s_{1k}, s_{1l} >= h_l, \quad l \in \mathbb{Z},$$

und die Skalierungsfunktion hat die Fourier-Entwicklung

(8.95) $$s(t) = \sum_{k\in\mathbb{Z}} < s, s_{1k} > s_{1k}(t).$$

Die geschachtelte Strukur (8.88) der Räume $S_j \subset S_{j+1}$ gibt Anlass, den Satz 8.82 zu benutzen. Der abgeschlossene Raum S_j ist ein Teilraum des Hilbert-Raumes S_{j+1}, es gilt also $S_{j+1} = S_j \oplus S_j^\perp$. Bei der weiteren Konstruktion der Wavelets setzen wir jetzt voraus, dass die nach (8.79) gebildeten Waveleträume W_j mit den orthogonalen Komplementen $S_j^\perp$ übereinstimmen, also

(8.96) $$W_j = S_j^\perp \Leftrightarrow W_j \perp S_j, \quad j \in \mathbb{Z}.$$

Mit dieser Voraussetzung sind wir jetzt in der Lage, aus den Koeffizienten h_k ein orthogonales Wavelet zu konstruieren. Eine MSA ermöglicht also die Konstruktion eines Wavelets. Es bleibt die umgekehrte Frage bestehen, ob sich jedes Wavelet aus einer MSA ergibt. Das ist tatsächlich nicht der Fall. Ein Beispiel von S. MALLAT (1989) wird von [67, LOUIS, et al., S. 125] angegeben.

Satz 8.87. Erzeuge $s \in L_2(\mathbb{R})$ eine MSA. Sei s orthogonal und seien

(8.97) $$g_k := (-1)^k h_{1-k}, k \in \mathbb{Z},$$

(8.98) $$w(t) := \sqrt{2}\sum_{k\in\mathbb{Z}} g_k s(2t-k) =: \sum_{k\in\mathbb{Z}} g_k s_{1k}(t).$$

Die h_k sind dabei die Koeffizienten der Skalierungsgleichung (8.91). Dann bildet die Folge $\{w_{jk}\}, k \in \mathbb{Z}$ (mit festem j), eine orthonormale Basis für W_j, ((8.79), S. 273) und die Gesamtfolge $\{w_{jk}\}, j, k \in \mathbb{Z}$, bildet eine orthonormale Basis für den $L_2(\mathbb{R})$. Die oben angegebene Funktion w ist also ein orthogonales Wavelet.

Beweis: Wir zeigen (8.96) für $j = 0$. Nach den Rechnungen, die wir schon im Beweis zum Satz 8.86 gemacht haben, gilt für alle $j \in \mathbb{Z}$:

$$< w, s_{0j} > = 2\sum_{k,l\in\mathbb{Z}} g_k h_l \int_{\mathbb{R}} s(2t-k)s(2(t-j)-l)\,\mathrm{d}t = \sum_{k\in\mathbb{Z}} g_k h_{k+2j}$$

$$\text{(also mit (8.97))} = \sum_{k\in\mathbb{Z}} (-1)^k h_{1-k} h_{k+2j} \quad \Big(= \sum_{k\in 2\mathbb{Z}} + \sum_{k\in 2\mathbb{Z}+1}\Big)$$

$$= \sum_{k\in\mathbb{Z}} h_{1-2k}h_{2k+2j} - \sum_{k\in\mathbb{Z}} h_{-2k}h_{2k+1+2j}$$

(in der ersten Summe setze man: $\kappa := -j - k$)

$$= \sum_{\kappa\in\mathbb{Z}} h_{1+2(\kappa+j)}h_{-2\kappa} - \sum_{k\in\mathbb{Z}} h_{-2k}h_{2k+1+2j} = 0.$$

Genauso zeigt man $< w_{0j}, w_{0k} >= \delta_{j,k}$, $j, k \in \mathbb{Z}$. Sei $f \in L_2(\mathbb{R})$. Nach Satz 8.72 ist $f \perp W_j$ für alle $j \in \mathbb{Z} \Rightarrow f = 0$, äquivalent dazu, dass $\{w_{jk}\}$, $j, k \in \mathbb{Z}$ eine orthonormale Basis für den $L_2(\mathbb{R})$ bildet. Wir verweisen hier auf den (nicht ganz kurzen) Beweis von [5, BLATTER, 1998, S.108]. □

Man kann zeigen, dass statt (8.97) in Satz 8.87 auch die Definition

(8.99) $$g_k := (-1)^k h_{1-k+2j}, k, j \in \mathbb{Z}$$

verwendet werden kann. Man vgl. dazu Aufgabe 8.36, S. 299. Es ist also möglich, bei bekannten $h_k, k \in \mathbb{Z}$ verschiedene Wavelets zu konstruieren. Das ist ein Vorteil, man kann unter den verschiedenen Wavelets eines aussuchen, das für den vorliegenden Anwendungszweck am besten geeignet ist.

8.5.4 Orthogonale Wavelets auf kompakten Trägern

Wie finden wir jetzt geeignete Koeffizienten h_k. Dazu zuerst einige Terminilogie. Sei $\mathbf{y} := \{y_k\}, k \in \mathbb{Z}$. Unter dem *Träger des Vektors* $\mathbf{y}$ verstehen wir die folgende Menge ganzer Zahlen: $\text{Tr}(\mathbf{y}) := \{k_{\min}, k_{\min} + 1, \ldots, k_{\max}\}$ mit $y_{k_{\min}} \neq 0, y_{k_{\max}} \neq 0$ und $y_k = 0$ für alle $k < k_{\min}$ und alle $k > k_{\max}$. Unter der *Länge L des Vektors* $\mathbf{y}$ verstehen wir die Anzahl der Elemente in $\text{Tr}(\mathbf{y})$, also $\text{L}(\mathbf{y}) := \#\text{Tr}(\mathbf{y}) = k_{\max} - k_{\min} + 1$. In unseren hier angestellten Überlegungen gehen wir davon aus, dass die Länge eines Vektors definiert ist. Es ist zu beachten, dass wir das Wort *Träger* in zwei verschiedenen Bedeutungen verwenden, Träger einer Funktion $f : \mathbb{R} \to \mathbb{R}$ ist abgeschlossene Teilmenge von $\mathbb{R}$ und Träger einer Folge $\{y_k\}$ ist eine endliche Teilmenge von aufeinanderfolgenden Zahlen in $\mathbb{Z}$.

Satz 8.88. Sei s eine orthogonale Skalierungsfuntion mit kompaktem Träger $\text{Tr}(s)$. Seien $a := \min\{x : x \in \text{Tr}(s)\}, b := \max\{x \in \text{Tr}(s)\}$[12]. Dann sind a, b ganzzahlig und $h_k = 0$ für alle $k < a$ und alle $k > b$, also

(8.100) $$s(t) = \sqrt{2}\sum_{k=a}^{b} h_k s(2t - k).$$

[12]das besagt nicht notwendig, dass $\text{Tr}(s)$ das Intervall $[a, b]$ ist, sondern nur, dass der Träger in diesem Intervall enthalten ist.

Beweis: Sei $s = \sum_{k\in\mathbb{Z}} h_k s_{1k}$ und $\mathbf{h} := \{h_k\}, k \in \mathbb{Z}$. Aus (8.94) und der Kompaktheit von $\mathrm{Tr}(s)$ folgt, dass nur endlich viele der Koeffizienten h_k nicht verschwinden, weil $h_k \neq 0$ höchsten dann eintreten kann, wenn sich die Träger von s und s_{1k} in mehr als einem Punkt überlappen. Sei
$\mathrm{Tr}(\mathbf{h}) = \{k_{\min}, k_{\min}+1, \dots, k_{\max}\}$. Für die Träger der Funktionen s_{1k} gilt

$$\min\{x : x \in \mathrm{Tr}(s_{1k})\} = \frac{1}{2}(a+k), \quad \max\{x : x \in \mathrm{Tr}(s_{1k})\} = \frac{1}{2}(b+k).$$
$$\Longrightarrow$$
$$\begin{aligned} a = \min\{x : x \in \mathrm{Tr}(s_{1k_{\min}})\} &= \frac{1}{2}(a+k_{\min}) \Rightarrow a = k_{\min}, \\ b = \max\{x : x \in \mathrm{Tr}(s_{1k_{\max}})\} &= \frac{1}{2}(b+k_{\max}) \Rightarrow b = k_{\max}. \end{aligned}$$ □

Korollar 8.89. Sei s eine orthogonale Skalierungsfuntion mit Träger $\mathrm{Tr}(s) := [0, n-1]$ bei geradem n. Dann hat das nach Satz 8.86 definierte Wavelet w denselben Träger und die Darstellung

$$w(t) := \sqrt{2}\sum_{k=0}^{n-1} g_k s(2t-k), \quad g_k := (-1)^k h_{n-1-k}. \tag{8.101}$$

Beweis: Man verwende die Formel (8.99), S. 280 mit $j = n/2 - 1$ für die g_k. Nach dem Beweis des vorigen Satzes 8.88 ist $\mathrm{Tr}(s_{1k}) \subset [\frac{k}{2}, \frac{n-1+k}{2}]$, und daher $\bigcup_{k=0}^{n-1} \mathrm{Tr}(s_{1k}) \subset [0, n-1] = \mathrm{Tr}(s)$. □

Nach dem obigen Satz 8.88 sei $\mathrm{Tr}(s) = [0, n-1]$ und entsprechend $\mathbf{h} := \{\dots, 0, 0, h_0, h_1, \dots, h_{n-1}, 0, 0, \dots\}$. Für die Bestimmung der $h_k, 0 \le k \le n-1$ haben wir die Gleichungen, (8.92),(8.93), S. 278, zur Verfügung. Wir nehmen an, dass n gerade ist, vgl. Aufgabe 8.37, S. 299. Für $n = 2$ lauten die Gleichungen

$$h_0 + h_1 = \sqrt{2}, \quad h_0 - h_1 = 0, \quad h_0^2 + h_1^2 = 1.$$

Obwohl wir mehr Gleichungen als Unbestimmte haben, gibt es eine eindeutige Lösung, die Haar-Skalierungsfunktion $h_0 = h_1 = \sqrt{2}/2$. Für $n = 4$ ist die Situation nicht mehr so rosig. Die Gleichungen

$$\begin{aligned} h_0 + h_1 + h_2 + h_3 &= \sqrt{2}, \quad h_0 - h_1 + h_2 - h_3 = 0, \\ h_0 h_2 + h_1 h_3 &= 0, \quad h_0^2 + h_1^2 + h_2^2 + h_3^2 = 1 \end{aligned}$$

sind nicht mehr so einfach zu lösen, und es gibt einige weitere Hilfsmittel dazu, auf die wir hier hier nicht eingehen können. Man kann direkt nachprüfen, dass

$$(h_0, h_1, h_2, h_3) = (1+\sqrt{3}, 3+\sqrt{3}, 3-\sqrt{3}, 1-\sqrt{3})/(4\sqrt{2}) \tag{8.102}$$

eine Lösung ist. Diese Lösung führt auf ein orthogonales Wavelet w, mit Träger $\mathrm{Tr}(w) = [0,3]$, das zum ersten Mal von DAUBECHIES[1988], [18, S. 195] angegeben wurde. Dort gibt es für $n = 6, 8, \ldots, 18$ auf 16 Stellen ausgerechnete Koeffizienten h_k und graphische Darstellungen dieser Funktionen. Diese Funktionen sind in einem gewissen Sinn bizarr, und sie lassen sich weder durch elementare noch durch höhere transzendente Funktionen ausdrücken. Die Daubechies-Skalierungsfunktionen und -Wavelets mit dem Träger $[0, 2k-1]$ werden in der Literatur ([18, DAUBECHIES, S. 197]) meistens bezeichnet mit

$$_k\phi, \quad _k\psi, \quad k = 1, 2, \ldots$$

Diese Funktionen sind für $k \geq 2$ stetig. Das ist aber nicht leicht zu zeigen.

Wir geben hier noch eine weitere Klasse von Skalierungsfunktionen mit kompaktem Träger an, die aus B-Splines abgeleitet werden, die aber nicht orthogonal sind. Die Haarfunktion (8.85), S. 276 ist ein B-Spline der Ordnung Eins mit ganzzahligen Knoten und Träger $[0,1]$. Kardinale B-Splines B_n der Ordnung n haben den Träger $[0, n]$ (s. Aufgabe 4.11, S. 122) und genügen der folgenden Skalierungsgleichung ([15, CHUI, S. 91]):

$$B_n(t) = \frac{1}{2^{n-1}} \sum_{k=0}^{n} \binom{n}{k} B_n(2t-k), \quad n \geq 1,\ t \in \mathbb{R}. \tag{8.103}$$

Die Summe der Koeffizienten beträgt $\frac{1}{2^{n-1}}(1+1)^n = 2$ und die alternierende Summe ist $\frac{1}{2^{n-1}}(1-1)^n = 0$. Schreibt man die obige Gleichung in die Form $B_n(t) = \sqrt{2} \sum_{k=0}^{n} h_k B_n(2t-k)$, so folgen (8.93), aber für $n \geq 2$ ist die Formel (8.92) nicht mehr richtig, d. h. die B_n definieren für $n \geq 2$ keine orthogonale Skalierungsfunktion mehr. Man kann aber zeigen, dass sie eine Riesz-Basis erzeugen, [15, CHUI, Ch. 4]. Die aus den B-Splines abgeleiteten Wavelets heißen Battle-Lemarié-Wavelets, Abbildungen findet man bei [5, BLATTER, S. 172].

8.5.5 Die Wertebestimmung einer Skalierungsfunktion

Wir nehmen an, dass eine Skalierungsgleichung der Form

$$s(t) = \sum_{k=0}^{n-1} h_k s_{1k}(t), t \in [0, n-1], s(t) = 0, t \notin [0, n-1] \tag{8.104}$$

mit bekannten h_k gegeben ist. Wir hatten schon gesehen, dass aus den Werten $s(l), l \in \mathbb{Z}$ alle Werte der Form $s(l/2^j), j \neq 0$ bestimmt werden können. Es fehlt also eine Bestimmung der Werte $s(l)$ an den ganzzahligen Stellen $l \in \mathbb{Z}$.

Satz 8.90. Sei s wie in (8.104) gegeben mit $n \geq 2$, und sei s stetig. Dann ist $s(0) = s(n-1) = 0$. Für die übrigen Unbekannten $\mathbf{x} := (x_1, x_2, \ldots, x_{n-2})^{\mathrm{T}}$ mit $x_l := s(l), l = 1, 2, \ldots, n-2$ gilt die Gleichung

$$\sqrt{2}\,\mathbf{M}\mathbf{x} = \mathbf{x} \tag{8.105}$$

mit einer im Beweis angegebenen $(n-2 \times n-2)$-Matrix $\mathbf{M}$.

Beweis: Aus der Stetigkeit von s folgen $s(0) = s(n-1) = 0$. Aus der obigen Gleichung (8.104) folgt für $l = 1, 2, \ldots, n-2$:

$$x_l := s(l) = \sum_{k=0}^{n-1} h_k s_{1k}(l) = \sqrt{2} \sum_{k=0}^{n-1} h_k x_{2l-k} = \sqrt{2} \sum_{k=\max(2l-n+1,1)}^{\min(2l,n-2)} h_{2l-k} x_k.$$

Daraus kann man die Matrix $(m_{lk}) := \mathbf{M}$ nach der folgenden Formel besetzen:

$$m_{lk} := \begin{cases} h_{2l-k} & \text{falls } 2l-k \geq 0 \;\&\; 2l-k \leq n-1, \\ 0 & \text{sonst} \end{cases} ;\; l, k = 1, 2, \ldots, n-2. \;\square$$

Die Matrix $\mathbf{M}$ ist strukturiert. Sie besteht, je nachdem ob n gerade ($\mathbf{G}$ steht für gerade), oder ungerade ist ($\mathbf{U}$ steht für ungerade), aus $\lfloor \frac{n-2}{2} \rfloor$ Blöcken

$$\mathbf{G} := \begin{pmatrix} h_1 & h_0 \\ h_3 & h_2 \\ h_5 & h_4 \\ \vdots & \vdots \\ h_{n-3} & h_{n-4} \\ h_{n-1} & h_{n-2} \end{pmatrix} \quad \text{oder} \quad \mathbf{U} := \begin{pmatrix} h_1 & h_0 \\ h_3 & h_2 \\ h_5 & h_4 \\ \vdots & \vdots \\ h_{n-2} & h_{n-3} \\ 0 & h_{n-1} \end{pmatrix},$$

die jeweils um eine Zeile gegeneinander nach unten versetzt sind. Im ungeraden Fall besteht der letzte Block von $\mathbf{M}$ zusätzlich aus der ersten Spalte von $\mathbf{U}$, ohne die letzte Null, ebenfalls um eine Zeile nach unten versetzt. Ist $n = 4$, so stimmt die Blockmatrix $\mathbf{G}$ mit $\mathbf{M}$ überein. Der ungerade Fall kann bei der Berechnung von B-Splines nach (8.103), S. 282 auftreten.

Für Daubechies' Skalierungsfunktion ${}_4\phi$ kann man die zum Zeichnen erforderlichen Werte der Tabelle 8.91 entnehmen. Die Bilder der Skalierungsfunktion ${}_4\phi$ und des Wavelets ${}_4\psi$ sind in Abb. 8.92 gezeichnet.

Tabelle 8.91. Skalierungskoeffizienten h_k von ${}_4\phi$ und Werte ${}_4\phi(k)$

k	h_k	${}_4\phi(k)$
0	0.2303778133088964	0
1	0.7148465705529154	1
2	0.6308807679398587	−0.03359607097428
3	−0.0279837694168599	0.03932847840208
4	−0.1870348117190931	−0.01168060850301
5	0.0308413818355607	−0.00118942941378
6	0.0328830116668852	0.00001869536786
7	−0.0105974017850690	0

Es ist zu beachten, dass die hier gewählte Normierung ${}_4\phi(1) = 1$ nicht überall verwendet wird. Eine übliche Normierung ist $\sigma := \sum_{k=0}^{7} {}_4\phi(k) = 1$. In der obigen Tabelle (rechte Spalte) ist $\sigma := 0.992\,881\,064\,878\,87$. Um die übliche Normierung zu erreichen, müssten die Tabellenwerte mit $1/\sigma = 1.007\,169\,977\,727\,39$ multipliziert werden. Der Effekt wird aber in den Graphen von ${}_4\phi$ und von ${}_4\psi$ kaum bemerkbar sein, da der Unterschied von $1/\sigma$ zu 1 geringfügig ist. Für die kardinalen B-Splines bedeutet $\sigma = 1$ gerade, dass die Splines (fester Ordnung) eine Zerlegung der Eins bilden, s. (4.73), S. 106.

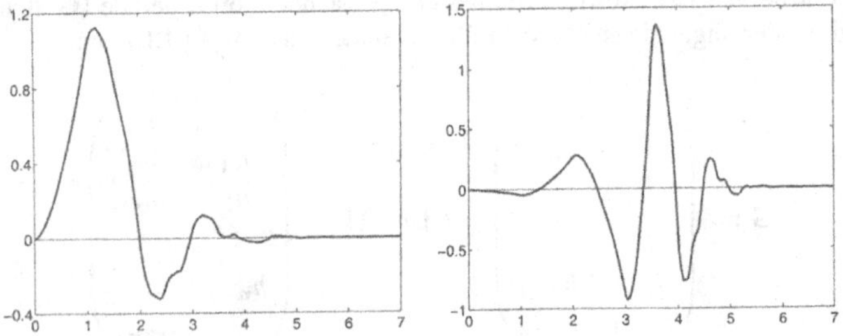

Abb. 8.92. Daubechies' Funktionen ${}_4\phi$ und ${}_4\psi$

Die Gleichung (8.105) besagt, dass $\sqrt{2}\,\mathrm{M}$ einen Fixpunkt $\mathbf{x}$ besitzt. Oder in anderen Worten, diese Matrix besitzt den Eigenwert 1, und $\mathbf{x}$ ist ein dazugehöriger Eigenvektor, ein Thema mit dem wir uns im Kapitel 9, S. 301 beschäftigen werden. Eigenvektoren sind, wie man der definierenden Gleichung (8.105) entnimmt, nur bis auf einen Faktor bestimmt. Das trifft auch für Skalierungsfunktionen zu. Man stellt fest, dass $\sqrt{2}\,\mathrm{M}$ tatsächlich für die bisher behandelten Skalierungsfunktionen den Eigenwert 1 besitzt, und man kann die entsprechenden dazugehörigen Lösungen bestimmen. Da wir einen Faktor frei haben, können wir immer $s(1) = 1$ wählen. Mit Hilfe der Werte an den ganzzahligen Stellen, sind wir jetzt in der Lage jede Skalierungsfunktion und jedes Wavelet (mit kompaktem Träger) an den Stellen $k/2^j, j, k \in \mathbb{Z}$ auszurechnen. Dabei genügt zur graphischen Darstellung im Regelfall schon die Wahl von $j = 5$. Ist der Träger einer Skalierungsfunktion gleich $[0, n]$, so sind $n2^j$ Werte auszurechnen.

Wenn man eine Skalierungsfunktion schnell und sicher programmieren will, ist es zweckmäßig, ein Programm mit rekursivem Aufruf zu konstruieren. Das ist sicher nicht die ökonomischste Methode vom Rechenaufwand her, aber sie gewährleistet einen schnellen Erfolg. Zum Testen eignen sich die B-Splines, Formel (8.103), S. 282, sehr gut, da ihre Form bekannt ist. Eine weitere Technik zur Berechnung einer Skalierungsfunktion haben wir in Aufgabe 8.39, S. 299 formuliert.

8.5.6 Die praktische Durchführung einer MSA

Wir wollen jetzt der Frage nachgehen, wie man bei bekannten Koeffizienten h_k, g_k die Fourier-Entwicklung (8.72), S. 271 einer gegebenen Funktion $f \in L_2(\mathbb{R})$ ausrechnen kann, aber insbesondere wie man sie anwenden kann auf die Filterung von *noise* und auf die Datenkompression. Wir gehen also in diesem Abschnitt immer von bekannten, fest gewählten Skalierungsfunktionen s_{jk} und Wavelets w_{jk} aus.

Ersetzen wir in der Skalierungsgleichung t durch $2t - l$, so erhalten wir $s_{1l} = \sum_{k\in\mathbb{Z}} h_k s_{2,2l+k}$. Wiederholen wir diesen Vorgang (auch für w), so erhalten wir

(8.106) $$s_{jl} = \sum_{k\in\mathbb{Z}} h_k s_{j+1,2l+k}, \quad w_{jl} = \sum_{k\in\mathbb{Z}} g_k s_{j+1,2l+k}, \quad j, l \in \mathbb{Z}.$$

Der Übergang $j + 1 \to j$ ist also der Übergang zu einem gröberen Gitter oder in anderen Worten zu längeren Wellen. Wir verwenden bei gegebenem $f \in L_2(\mathbb{R})$ die Abkürzungen

$$a_{jk} :=< f, s_{jk} >= \int_{\mathbb{R}} f(t) s_{jk}(t)\,\mathrm{d}t; \quad b_{jk} :=< f, w_{jk} >= \int_{\mathbb{R}} f(t) w_{jk}(t)\,\mathrm{d}t.$$

Wir nehmen an, dass bei $j = 0$ das feinste uns interessierende Gitter liegt, und wir setzen

(8.107) $$a_{0k} := f(k), \quad k \in \mathbb{Z}.$$

Das kann natürlich diskutiert werden, und die a_{0k} könnten anders berechnet werden. Wichtig ist an dieser Stelle nur, dass die a_{0k} bekannt sind. Wir definieren die *Projektionen* $A_j : f \to S_j$, $B_j : f \to W_j$ mittels

$$\alpha_{-j} := A_j f := \sum_{k\in\mathbb{Z}} a_{jk} s_{jk} \in S_j, \quad \beta_{-j} := B_j f := \sum_{k\in\mathbb{Z}} b_{jk} w_{jk} \in W_j, \tag{8.108}$$

wobei A_0 bereits bekannt ist. Benutzen wir die erste Gleichung (8.106) für s_{jl}, so erhalten wir für $j = -1, -2, \ldots, -J$ die Rekursion[13]

$$a_{jl} =< f, s_{jl} >= \sum_{k\in\mathbb{Z}} h_k < f, s_{j+1,2l+k} >= \sum_{k\in\mathbb{Z}} h_k a_{j+1,2l+k}, \tag{8.109}$$

wobei $J \geq 1$, die *Zerlegungstiefe*, vorgegeben ist. Jetzt müssen wir uns an die Waveletkonstruktion (8.96) und die Formel (8.83), S. 276 erinnern, nach der $S_{j+1} = S_j \oplus W_j$ gilt. Wir haben also die wichtige Gleichung

$$\alpha_{-j-1} = A_{j+1} f = A_j f + B_j f = \alpha_{-j} + \beta_{-j}, \; j \leq -1. \tag{8.110}$$

Unter Benutzung der zweiten Gleichung in (8.106) erhalten wir also für $j \leq -1$

$$b_{jl} =< f, w_{jl} >= \sum_{k\in\mathbb{Z}} g_k < f, s_{j+1,2l+k} >= \sum_{k\in\mathbb{Z}} g_k a_{j+1,2l+k}. \tag{8.111}$$

Die beiden Formeln (8.109), (8.111) können wir noch in eine etwas besser zum Rechnen geeignete Form bringen. Für $j = -1, -2, \ldots, -J$ ist

$$\boxed{a_{jl} = \sum_{k\in\mathbb{Z}} h_{k-2l} a_{j+1,k}, \quad b_{jl} = \sum_{k\in\mathbb{Z}} g_{k-2l} a_{j+1,k}, \; l \in \mathbb{Z}.} \tag{8.112}$$

Mit (8.107), (8.112) sind die notwendigen Rechnungen beschrieben. Die einzigen Informationen, die in diese Rechnungen eingegangen sind, sind die Funktionswerte von f und die Koeffizienten h_k der Skalierungsfunktion s. Es ist jetzt auch möglich, allein aus den Daten

$$b_{-1,k}, b_{-2,k}, \ldots, b_{-J,k}, a_{-J,k}$$

die Größen $a_{-J+1,k}, a_{-J+2,k}, \ldots, a_{0,k}$ wieder zu rekonstruieren. Dazu verwenden wir wieder Formel (8.110), die durch Multiplikation mit $s_{j+1,l}$ folgendes liefert:

$$a_{j+1,l} =< A_{j+1} f, s_{j+1,l} >= \sum_{k\in\mathbb{Z}} \left(a_{jk} < s_{jk}, s_{j+1,l} > + b_{jk} < w_{jk}, s_{j+1,l} > \right).$$

[13] Dass man hier rückwärts laufen muss, hat verschiedene Autoren, u. a. [5], [18], [67], dazu veranlasst, die hier eingeführten Räume S_j mit S_{-j} zu bezeichnen.

Die auftretenden Skalarprodukte können wir ebenfalls durch Multiplikation der beiden Formeln (8.106) mit $s_{j+1,\kappa}$ erhalten:

$$< s_{jl}, s_{j+1,\kappa} >= h_{\kappa-2l}, \qquad < w_{jl}, s_{j+1,\kappa} >= g_{\kappa-2l}.$$

Die endgültige Formel, die auch *Synthese-Formel* heißt, lautet dann für $j = -J$, $-J+1, \ldots, -1$: .

$$\text{(8.113)} \qquad \boxed{a_{j+1,l} = \sum_{k\in\mathbb{Z}} \left(h_{l-2k}a_{jk} + g_{l-2k}b_{jk}\right).}$$

Zum Rechnen ist es zweckmäßig, die angegebenen Formeln (8.112) und (8.113) in der Form Matrix mal Vektor zu schreiben. Dazu definieren wir zuerst die Spaltenvektoren

$$\mathbf{a}_j := (a_{jk}),\ \mathbf{b}_j := (b_{jk}),\ \mathbf{a}_0 := \mathbf{f} := (f(k)), \quad j \leq 0, k \in \mathbb{Z}$$

und dann die Matrizen $\mathbf{H}$ und $\mathbf{G}$ durch

$$\text{(8.114)} \qquad \mathbf{H}_{lk} := h_{k-2l}, \quad \mathbf{G}_{lk} := g_{k-2l}.$$

Damit lauten die beiden Formeln (8.112) und (8.113)

$$\begin{array}{llll} \text{(8.115)} & \mathbf{a}_j & = & \mathbf{H}\mathbf{a}_{j+1}, \quad \mathbf{b}_j := \mathbf{G}\mathbf{a}_{j+1}, \quad j = -1, -2, \ldots, -J, \\ \text{(8.116)} & \mathbf{a}_{j+1} & = & \mathbf{H}^{\mathrm{T}}\mathbf{a}_j + \mathbf{G}^{\mathrm{T}}\mathbf{b}_j, \quad j = -J, -J+1, \ldots, -1. \end{array}$$

Die Rekonstruktion von $\mathbf{a}_0$ aus $\mathbf{b}_{-1}, \mathbf{b}_{-2}, \ldots, \mathbf{b}_{-J}$; $\mathbf{a}_{-J}$ aus der Synthese-Formel (8.116) ist für Kontrollrechnungen sehr nützlich.

Bevor wir mit diesen Matrizen rechnen können, müssen wir ihre Dimensionierung bestimmen. Gehen wir jetzt davon aus, dass der Startvektor $\mathbf{f}$ die Länge N hat, also $\mathbf{f} := (f_0, f_1, \ldots f_{N-1})$, dann ist die Länge des Bildes $\mathbf{Hf}$ abhängig von der Länge von $\mathbf{h} := \{h_k\}, k \in \mathbb{Z}$. Das kann man am besten an (8.112) erkennen. Sei $\mathrm{L}(\mathbf{h}) = n$, also $\mathbf{h} := (h_0, h_1, \ldots, h_{n-1})$ mit einem geraden $n \geq 2$. Dann ist die Länge $\mathrm{L}(\mathbf{Hf}) = N + (n-2)/2$, wobei die zusätzliche Länge vorne also bei negativen Indizes entsteht. Die Matrizen $\mathbf{H}, \mathbf{G}$ sind also Matrizen von der Größe

$$\text{(8.117)} \quad \dim \mathbf{H} = \dim \mathbf{G} =: D \times D := N + (n-2)/2 \times N + (n-2)/2.$$

Tabelle 8.93. Beispiel einer MSA mit 4 Daubechies-Koeffizienten (8.102), S. 281

k	$\mathbf{b}_{-1}$	$\mathbf{b}_{-2}$	$\mathbf{b}_{-3}$	$\mathbf{b}_{-4}$	$\mathbf{a}_{-4}$
−1	−0.4830	−0.5749	−0.5888	−0.4977	−0.1334
0	0.2602	0.5709	−0.0626	−0.0380	0.5871
1	−0.0801	−0.2537	−0.1324	−0.0215	0.0801
2	−0.1016	−0.0124	−0.0038	0	0
3	0.0540	0.0842	0	0	0
4	0.0247	−0.0156	0	0	0
5	−0.0482	0	0	0	0
6	0.0147	0	0	0	0
7	0.0162	0	0	0	0
8	−0.0056	0	0	0	0
9	0	0	0	0	0
⋮	⋮	⋮	⋮	⋮	⋮
15	0	0	0	0	0

k	$\mathbf{a}_{0}$	$\mathbf{a}_{-1}$	$\mathbf{a}_{-2}$	$\mathbf{a}_{-3}$	$\mathbf{a}_{-4}$
−1	0	−0.1294	−0.1541	−0.1578	−0.1334
0	1.0000	0.9663	0.9523	0.7573	0.5871
1	0.8415	0.8217	0.2027	0.1413	0.0801
2	0.4546	−0.1725	0.0801	0.0142	0
3	0.0470	−0.1265	−0.0717	0	0
4	−0.1892	0.1661	0.0583	0	0
5	−0.1918	−0.0380	0	0	0
6	−0.0466	−0.0832	0	0	0
7	0.0939	0.0845	0	0	0
8	0.1237	0.0209	0	0	0
·	0.0458	0	0	0	0
·	−0.0544	0	0	0	0
·	−0.0909	0	0	0	0
	−0.0447	0	0	0	0
	0.0323	0	0	0	0
	0.0708	0	0	0	0
15	0.0434	0	0	0	0

Bei den in der Tabelle 8.93 unter $\mathbf{a}_0$ aufgelisteten Zahlen handelt es sich um die Werte $\sin(k)/k, k = 0, 1, \ldots, 15$ mit $\sin(k)/k = 1$ für $k = 0$. Die auch an anderen Stellen wichtige Funktion $\text{sinc}(x) := \sin(x)/x, x \in \mathbb{R}$ heißt *sinus cardinalis*.

Wir müssen also vor dem Start den gegebenen Vektor f vorne um $\frac{n-2}{2}$ Nullen ergänzen. Die Matrizen $\mathbf{H}, \mathbf{G}$ können dann mit den Formeln (8.114), S. 287 berechnet werden. Die Matrix $\mathbf{H}$ besteht aus $k := \lfloor \frac{D}{2} \rfloor$ Blockmatrizen $\mathbf{B}$ der Größe $(\frac{n}{2} \times 2)$, die um jeweils eine Zeile nach unten gegeneinander versetzt sind, mit

$$\mathbf{B} := \begin{pmatrix} h_{n-2} & h_{n-1} \\ h_{n-4} & h_{n-3} \\ \vdots & \vdots \\ h_0 & h_1 \end{pmatrix}. \tag{8.118}$$

Ist D ungerade, so ist nach k Blöcken noch die erste Spalte von $\mathbf{B}$, auch um eine Zeile versetzt, als letzter Block von $\mathbf{H}$ zu ergänzen. Die Matrix $\mathbf{G}$ hat denselben Aufbau: die h_k sind durch g_k nach Formel (8.101), S. 281 zu ersetzen.

Als Beispiel ist in Tabelle 8.93 eine Rechnung für $n = 4$ und $N = 16$ angegeben. Solche Beispiele sind nützlich zum Vergleich mit eigenen Rechnungen.

Es ist praktisch, mit quadratischen Matrizen $\mathbf{H}, \mathbf{G}$ fester Größe und fester Einträge zu rechnen. Damit haben alle Ergebnisse auch die gleiche Länge. Da die beiden Matrizen $\mathbf{H}, \mathbf{G}$ in den unteren Zeilen nur aus Nullen bestehen, könnte man sich noch eine effizientere Technik ausdenken.

8.5.7 Anwendung einer MSA auf gestörte Signale

Wir wollen hier i. w. an Beispielen zeigen, wie gut man Störungen eines Signals lokalisieren kann. Dabei verstehen wir unter einem *Signal* nichts anderes als eine Funktion. Wir simulieren die Störungen durch Addition von (kleinen) zufälligen Zahlen an den jeweiligen Funktionswerten. Wir gehen aus von f definiert durch

$$f(t) := 3\sin(3t^2) + 0.5\sin(0.5t), \quad t \in [0,4],$$

und benutzen eine *sampling rate* von 401, d.h. die Werte $f((k-1)/100), k = 1, 2, \ldots, 401$ werden benutzt. Der Graph von f ist in Abbildung 8.94 dargestellt, die hinzugefügten Störungen in Abb. 8.95. Wir verwenden durchgehend die Daubechies-Skalierungsfunktion ${}_4\phi$ und das entsprechende Wavelet ${}_4\psi$ mit einer Maske von 8 Koeffizienten.

Wir machen vier Experimente. Im ersten Fall benutzen wir eine gleichmäßig über das ganze Intervall verteilte Störquelle. Wir kommen mit der Zerlegungstiefe Zwei aus. Im zweiten Beispiel beschränken wir die Störung auf den mittleren Teil $[1,3]$ des Gesamtintervalls $[0,4]$ und brauchen auch nur die Zelegungstiefe Zwei. Im dritten Beispiel hat die Störquelle zwei verschiedene Intensitäten. Die wiederum gleichmäßig verteilten Störungen bewegen sich an den mit geraden Zahlen numerierten Punkten k in dem Intervall $[-0.5, 0.5]$ und an den anderen Stellen im Intervall $[-0.05, 0.05]$. Hier ist es es zweckmäßig, die Zerlegungstiefe Drei anzusetzen. Im vierten Fall machen wir zunächst dasselbe wie im ersten Fall, nur ersetzen wir alle ausgerechneten Komponenten, die (dem Betrage nach) unterhalb eines Schwellwertes (hier Eins) liegen durch Null. Wir wenden die Formeln (8.110) auf das gestörte Ausgangssignal an. Setzen wir $\alpha_j := A_{-j}f$, $\beta_j := B_{-j}f$, so erhalten wir in jedem Schritt $\alpha_j = \alpha_{j+1} + \beta_{j+1}, j = 0, 1, \ldots$, wobei α_0 das gestörte Ausgangssignal ist.

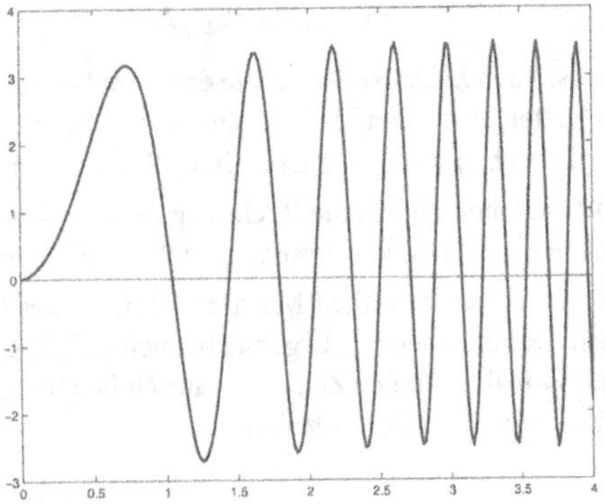

Abb. 8.94. Ungestörtes Ausgangssignal

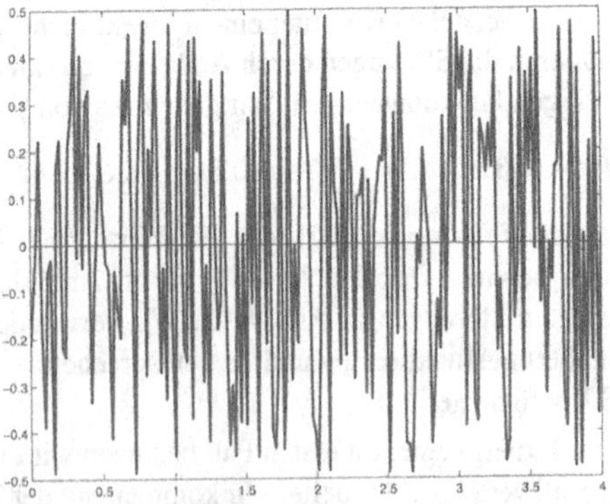

Abb. 8.95. Störung des Ausgangssignals

Beispiel 8.96. ***Experiment 1: MSA: Anwendung auf ein einheitlich gestörtes Signal***

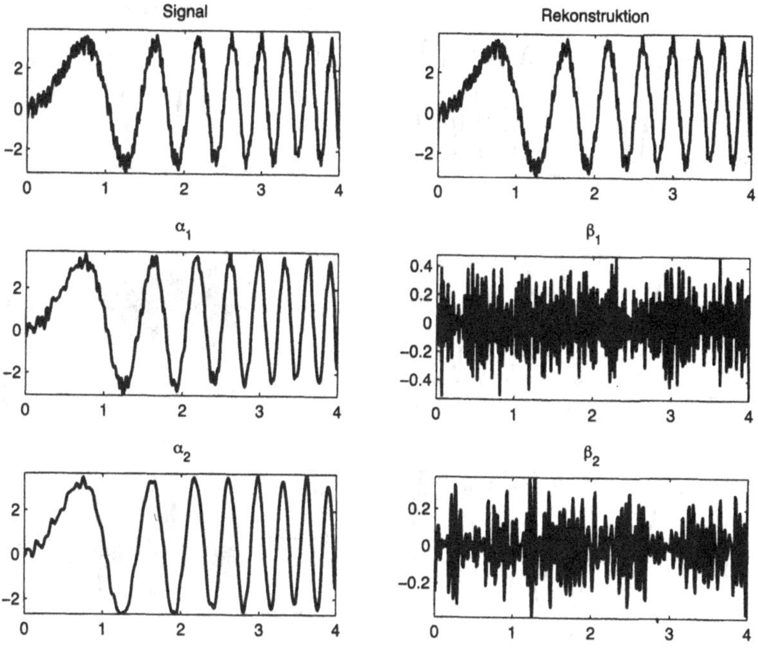

Abb. 8.97. Experiment 1: MSA bei Störung des Ausgangssignals

Wir erkennen, dass die Rekonstruktion mit dem Ausgangssignal identisch ist. Da wir keine Daten geändert haben, ist das eine Eigenschaft der MSA, der Synthese. Die Bilder mit Titeln α_1, α_2 zeigen eine gute Annäherung an das Ausgangssignal. Zur Erinnerung: $\alpha_0 :=$ Signal $= \alpha_1 + \beta_1$ und $\alpha_1 = \alpha_2 + \beta_2$. Man sieht deutlich, die Aufspaltung in einen ungestörten und einen gestörten Anteil. Da wir nur eine einheitliche Störquelle haben, kommen wir mit der Zerlegungstiefe Zwei aus.

Beispiel 8.98. ***Experiment 2: MSA: Anwendung auf ein nur in*** $[1,3]$ ***gestörtes Signal***

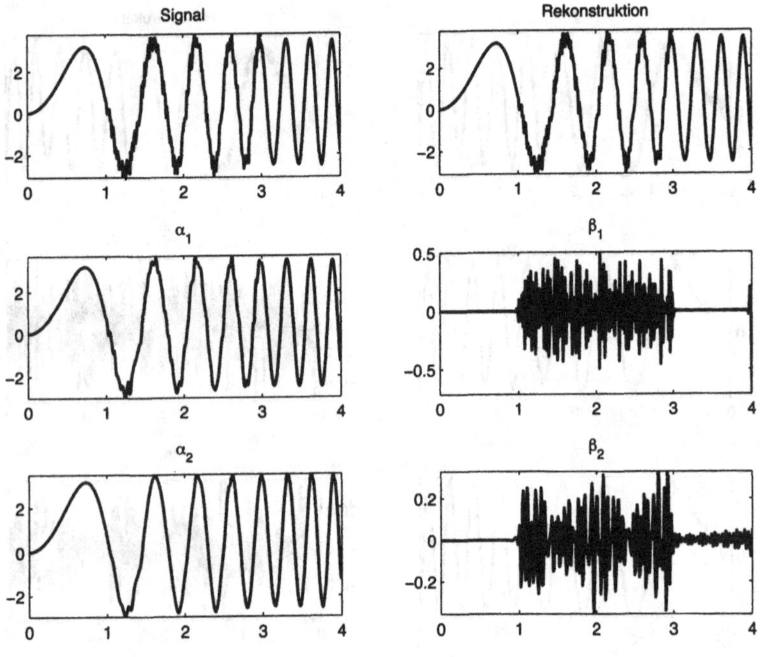

Abb. 8.99. Experiment 2: MSA bei Störung des Ausgangssignals nur in der Mitte

Die Rekonstruktion stimmt wieder mit dem Ausgangssignal überein. Hier ist sehr gut zu erkennen, dass die Störung auf die Mitte $[1,3]$ des Intervalls $[0,4]$ beschränkt bleibt.

Beispiel 8.100. ***Experiment 3: MSA: Anwendung auf zwei verschieden starke Störungen***

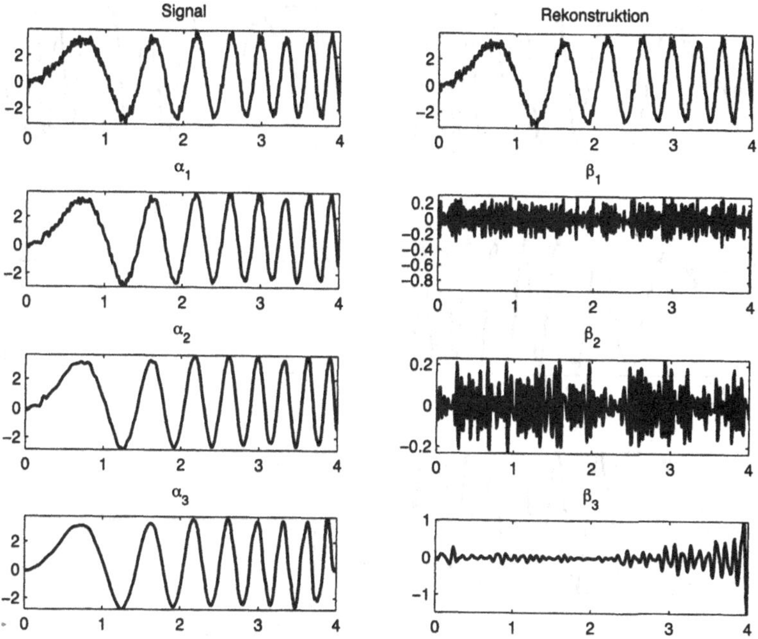

Abb. 8.101. Experiment 3: MSA bei Störung des Ausgangssignals durch zwei Quellen

Da wir zwei Störquellen unterschiedlicher Intensität haben, haben wir hier die Zerlegungstiefe Drei gewählt. Die Rekonstruktion stimmt wieder mit dem Ausgangssignal überein. Man erkennt hier gut, dass der Übergang von Zerlegungstiefe Zwei zu Drei noch einen erheblichen Qualitätsgewinn bringt.

Beispiel 8.102. ***Experiment 4: MSA: Wie Experiment 1, jedoch mit Datenkompression***

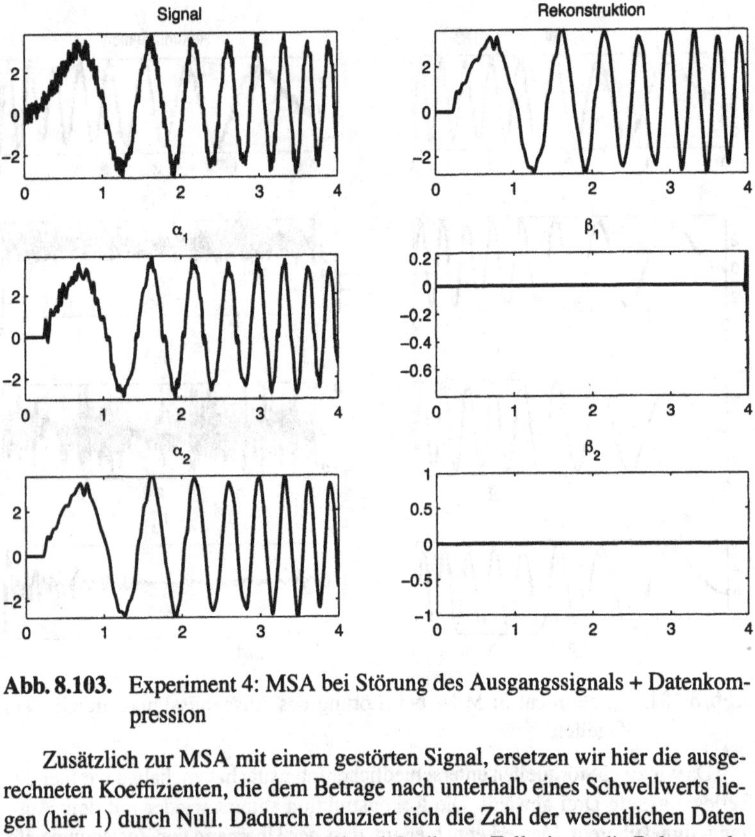

Abb. 8.103. Experiment 4: MSA bei Störung des Ausgangssignals + Datenkompression

Zusätzlich zur MSA mit einem gestörten Signal, ersetzen wir hier die ausgerechneten Koeffizienten, die dem Betrage nach unterhalb eines Schwellwerts liegen (hier 1) durch Null. Dadurch reduziert sich die Zahl der wesentlichen Daten oberhalb des Schwellwertes entsprechend. In diesem Fall stimmt die Rekonstruktion nicht mehr mit dem Ausgangssignal überein, vielmehr ist die Rekonstruktion hier bereits eine gute Annäherung an das ungestörte Signal. Auch sind in diesem Fall die Formeln $\alpha_j = \alpha_{j+1} + \beta_{j+1}$ nicht unbedingt mehr richtig. Man erkennt jedoch auch, dass der Schwellwert 1 vermutlich zu groß gewählt wurde.

Die hier beschriebenen Ideen haben etwa ab 1985 (s. [75, Chapter 2: Wavelets from a historical perspective]) zu einem Siegeszug der Wavelets geführt und viele traditionelle Verfahren wie Fourier-Analysis in den Hintergrund gedrängt. Der Hauptgrund für den Erfolg ist jedoch nicht nur die Fähigkeit, bei eindimensionalen Signalen, die Störungen zu lokalisieren und Datenmengen zu reduzieren, sondern die einfache Übertragbarkeit auf den mehrdimensionalen Fall, in der eine Skalierungsgleichung $s : \mathbb{R}^n \to \mathbb{R}$ die Form

$$s(t) = |\det A|^{1/2} \sum_{k \in \mathbb{Z}^n} h_k s(At - k), \quad h_k \in \mathbb{R},\ t \in \mathbb{R}^n$$

hat mit einer geeigneten, ganzzahligen, nichtsingulären Matrix $A \in \mathbb{Z}^{n \times n}$. Hier stehen Anwendungen auf Bilder und 3D-Objekte mit riesigen Datenmengen im Vordergrund.

8.6 Aufgaben

Aufgabe 8.1. Sei $\mathbf{X} = \mathbb{K}^n$. Man zeige, dass $\|\ \|_p$ für $0 < p < 1$ keine Norm in $\mathbf{X}$ ist.

Aufgabe 8.2. Seien $(\mathbf{X}, \|\ \|_X), (\mathbf{Y}, \|\ \|_Y), (\mathbf{Z}, \|\ \|_Z)$ drei endlich-dimensionale normierte Räume und $\mathbf{A} : \mathbf{X} \to \mathbf{Z}$, $\mathbf{B} : \mathbf{Y} \to \mathbf{X}$ lineare Abbildungen mit den Operatornormen

$$\|\mathbf{A}\|_{ZX} = \sup_{\mathbf{x} \neq \mathbf{0}} \frac{\|\mathbf{Ax}\|_Z}{\|\mathbf{x}\|_X}, \|\mathbf{B}\|_{XY} = \sup_{\mathbf{y} \neq \mathbf{0}} \frac{\|\mathbf{By}\|_X}{\|\mathbf{y}\|_Y}, \|\mathbf{AB}\|_{ZY} = \sup_{\mathbf{y} \neq \mathbf{0}} \frac{\|\mathbf{ABy}\|_Z}{\|\mathbf{y}\|_Y}.$$

Man zeige: $\|\mathbf{AB}\|_{ZY} \leq \|\mathbf{A}\|_{ZX} \|\mathbf{B}\|_{XY}$. Hinweis: Man wende (8.7), S. 229 auf $f = \mathbf{AB}$ an.

Aufgabe 8.3. Sei $\mathbf{A} = \begin{pmatrix} 1 & 2 & 3 \\ 4 & 5 & 6 \end{pmatrix}$. Man berechne $\|\mathbf{A}\|_{p,q}$ für $p, q = 1, 2, 3, \infty$.

Aufgabe 8.4. Man zeige, dass zu jeder Matrixnorm eine dazu verträgliche Vektornorm konstruiert werden kann. Hinweis: Ist $\mathbf{x}$ ein beliebiger n-Vektor und $\mathbf{0}$ die $n \times (n-1)$-Nullmatrix, so definiere man die $(n \times n)$-Matrix $\mathbf{B} = (\mathbf{x} \,|\, \mathbf{0})$ und verwende die Submultiplikativität der Matrixnorm.

Aufgabe 8.5. Sei $\mathbf{A} = (a_{jk})$, $j, k = 1, 2, \ldots, n$. Man zeige, dass durch $\|\mathbf{A}\| = n \max_{jk} |a_{jk}|$ eine Matrixnorm definiert wird.

Aufgabe 8.6. Man beweise (8.10), S. 232. Hinweis: Man verwende (8.7) für Eigenvektoren $\mathbf{x}$ von $\mathbf{A}$.

Aufgabe 8.7. Man verifiziere Formel (8.14), S. 234. Dazu zeige man, dass die beiden dort definierten Matrizen $\mathbf{B} := \begin{pmatrix} 1 & -1 \\ -1 & m^2+1 \end{pmatrix}$ und $m^2\mathbf{C} := \begin{pmatrix} 2 & m \\ m & m^2 \end{pmatrix}$ die Eigenwerte $\lambda_{1,2} := \frac{1}{2}\left(2 + m^2 \pm \sqrt{4+m^2}\right)$ haben. Die Matrix $\mathbf{C}$ hat also die Eigenwerte $\lambda_{1,2}/m^2$. Ist λ_2 der größere der beiden Eigenwerte, so liefert die Konditionsformel $\text{Kond}(\mathbf{A}) = \lambda_2/m$.

Aufgabe 8.8. Sei $\mathbf{X}$ ein Raum mit Skalarprodukt $< , >$, und $||x||^2 =< x, x >$ für alle $x \in \mathbf{X}$. Weiter sei H eine Teilmenge von $\mathbf{X}$ mit der Eigenschaft, dass je zwei verschiedene Elemente von $\mathbf{H}$ senkrecht aufeinander stehen. Seien $h_1, h_2, \ldots, h_n$ endlich viele paarweise verschiedene Elemente, beliebig aus $\mathbf{H}$ ausgewählt. Man beweise den Satz von Pythogoras:

$$||h_1 + h_2 + \cdots + h_n||^2 = ||h_1||^2 + ||h_2||^2 + \cdots + ||h_n||^2.$$

Aufgabe 8.9. Man bestimme für die Daten der durchhängenden Kette eine neue Ausgleichskurve der Form $ae^{dx}+be^{-dx}+c$, wobei man d experimentell bestimmt, d. h., man löse das Ausgleichsproblem für verschiedene feste d.

Aufgabe 8.10. Wie kommt man von der Lösung $\hat{y}$ des Approximationsproblems (8.27), S. 245 zur Lösung des Ausgangsproblems (8.24), S. 245?

Aufgabe 8.11. Sei $\mathbf{F}$ eine bezüglich der euklidischen Norm orthogonale Matrix. Man zeige (mit den Hinweisen aus Satz 8.46, S. 251) $\mathbf{F}^{-1} = \mathbf{F}^*$.

Aufgabe 8.12. Seien $\mathbf{F}$ die in $\mathbb{R}^2$ bezüglich der Maximumnorm $|| \quad ||_\infty$ orthogonalen Matrizen. Man zeige, dass es genau acht orthogonale Matrizen $\mathbf{F}$ gibt, die aus den vier Drehungen um Null, 90, 180, 270 Grad des Einheitsquadrats, und aus den vier Spiegelungen des Einheitsquadrats an den beiden Achsen und den beiden Diagonalen bestehen. Wie lauten die entsprechenden Matrix-Darstellungen für $\mathbf{F}$?

Aufgabe 8.13. Seien $\mathbf{x}, \mathbf{z} \in \mathbb{K}^n$ und $\mathbf{I}$ die Einheitsmatrix in $\mathbb{K}^n$. Man zeige: Die Matrix $\mathbf{M} = \mathbf{I} + \mathbf{x}\mathbf{z}^*$ ist genau dann invertierbar, wenn $1 + \mathbf{x}^*\mathbf{z} \neq 0$. In diesem Fall ist $\mathbf{M}^{-1} = \mathbf{I} - \mathbf{x}\mathbf{z}^*/(1 + \mathbf{x}^*\mathbf{z})$.

Aufgabe 8.14. Sei $\mathbf{H}$ eine Householder-Matrix. Man zeige, dass i. a. $-\mathbf{H}$ keine Householder-Matrix ist.

Aufgabe 8.15. Man gebe invertierbare und nicht invertierbare elementare (3×3)–Matrizen an.

Aufgabe 8.16. a) Man zeige, dass das Produkt von orthogonalen Matrizen orthogonal ist. b) Man gebe eine nicht symmetrische orthogonale Matrix an.

Aufgabe 8.17. Man zeige an einem einfachen Beispiel, dass beste L_1-Approximationen unstetiger Funktionen nicht eindeutig sein müssen.

Aufgabe 8.18. Man berechne die $L_1[0, 2\pi]$-Normen der in Figur 8.20, S. 237 angegebenen $f - v_j$, $j = 1, 2, 3$.

Aufgabe 8.19. Man approximiere $\sqrt{x}$, $x \in [0,1]$ linear in der $1, 2, \infty$–Norm.

Aufgabe 8.20. Zur Approximation von $\sqrt{x}$ für alle $x \geq 0$ genügt die Kenntnis der Werte für $x \in [0, b]$. Man gebe ein möglichst kleines b an bei der Berechnung von $\sqrt{x}$ in einer Dezimalmaschine, Dualmaschine, Hexadezimalmaschine (d. h. Basis 10,2,16).

Aufgabe 8.21. Für welche $x \in [0, b]$ muss man $\sin x$ (mindestens) kennen, um $\sin x$ für alle $x \in \mathbb{R}$ berechnen zu können?

Aufgabe 8.22. Man informiere sich nach Tabellen, in denen beste Approximationen fertig ausgerechnet sind.

Aufgabe 8.23. Man löse die Probleme $\mathrm{P}_1, \mathrm{P}_\infty$ mit dem Simplexverfahren. Als Ausgleichsproblem löse man dazu $p(x_i) = \mathrm{e}^{x_i}$, $0 \leq x_1 < x_2 < \cdots < x_N \leq 1$, $p \in \Pi_n$, $N > n$.

Aufgabe 8.24. Matrizen **H** mit der in Satz 8.50 c) angegebenen Eigenschaft $\mathbf{H}^2 = \mathbf{I}$ heißen *involutorisch*. Man bestimme alle involutorischen (2×2)-Matrizen.

Aufgabe 8.25. Man führe das Householder-Verfahren zur Lösung von **Ax=b** durch (Handrechnung) für

$$\mathbf{A} = \begin{pmatrix} 1 & 0 & 0 \\ 1 & 1 & 0 \\ 1 & 1 & 1 \end{pmatrix}, \quad \mathbf{b} = \begin{pmatrix} 1 \\ 2 \\ 3 \end{pmatrix}.$$

Aufgabe 8.26. Man orthogonalisiere $v_j(t) = t^j$, $j = 0, 1, \ldots, n-1$, $t \in [0,1]$ mit dem Gram-Schmidt-Verfahren. Man führe bis $n = 3$ dieses Verfahren „von Hand“ aus.

Aufgabe 8.27. Man zeige, dass die Zeile (8.61) im Gram-Schmidt-Verfahren ersetzt werden kann durch

$$u_j := u_j - \sum_{k=1}^{j-1} < v_j, u_k > u_k.$$

Man führe also den angegebenen Beweis zu Satz 8.65 mit dieser Variante durch. In dieser Form heißt das Gram-Schmidt-Verfahren *klassisch*.

Aufgabe 8.28. Sei $\varepsilon \neq 0$ und klein. Man definiere die Matrix

$$\mathbf{A} = \begin{pmatrix} 1 & 1+\varepsilon & 1 \\ 1 & 1 & 1+\varepsilon \\ 1 & 1 & 1 \\ 1 & 1 & 1 \end{pmatrix}$$

und orthogonalisiere die drei Spaltenvektoren von **A** mit dem modifizierten und dem klassischen Gram-Schmidt-Verfahren. Das Ergebnis sei die (4×3)-Matrix **U**. Als Test berechne man $\mathbf{U}^T\mathbf{U}$ und vergleiche das Produkt mit der Einheitsmatrix. Zum Testen verwende man $\varepsilon = 10^{-4}$ und $\varepsilon = 10^{-8}$. Man benutze eine geeignete Programmiersprache, z. B. MATLAB.

Aufgabe 8.29. Man stelle mit dem Householder-Verfahren die Zerlegung $\mathbf{A} = \mathbf{QR}$ mit **A** der Aufgabe 8.28 her und vergleiche Q^TQ mit der Einheitsmatrix. Man verwende $\varepsilon = 10^{-8}$.

Aufgabe 8.30. Man schreibe ein Programm zur Lösung des Ausgleichsproblems $\mathbf{Ax} = \mathbf{b}, \mathbf{A} \in \mathbb{R}^{m\times n}, \mathbf{x} \in \mathbb{R}^n, \mathbf{b} \in \mathbb{R}^m, m \geq n$ mit dem Householder-Verfahren. Man teste das Programm für

a) $\mathbf{A}$ = (quadratische) Hilbert-Matrix, $\mathbf{b} = (b_j)$ mit b_j = Summe der j-ten Zeile von $\mathbf{A}$, $n = 5, 10$.

b) das Ausgleichsproblem $t_j = j, y_j = e^{j/10}$, $j = 0, 1, \ldots, 10$ und $V = \Pi_3$.

Aufgabe 8.31. Sei **A** eine hermitesche, positiv semidefinite Matrix. Man zeige, dass **A** eine Gramsche Matrix ist. Es ist also zu zeigen, dass es Vektoren $\mathbf{x}_j$ gibt mit $\mathbf{A} = (<\mathbf{x}_j, \mathbf{x}_k>)$. Hinweis: Man verwende, dass **A** reelle, nicht negative Eigenwerte und ein dazugehöriges Orthonormalsystem von Eigenvektoren besitzt.

Aufgabe 8.32. Man bestimme die beste, gleichmäßige Approximation von cos in $[0, 13]$ durch eine Gerade. Man zeige, dass es mehrere Alternanten von drei Punkten gibt, die die beste Approximation charakterisieren.

Aufgabe 8.33. Man bestimme mit Handrechnung die beste, gleichmäßige, lineare Approximation durch eine Gerade von

a) $f(x) = x^{1/3}, \quad x \in [0, 1]$, b) $f(x) = e^x, \quad x \in [0, 1]$.

Aufgabe 8.34. Wie lauten die Ungleichungen (8.75), S. 272 für den Fall, dass die Folge $\{u_k\}$ orthonormal ist.

Aufgabe 8.35. Seien wie in (8.93), S. 278

$$(1) \quad \sum_{k\in\mathbb{Z}} h_k = \sqrt{2}, \quad (2) \quad \sum_{k\in\mathbb{Z}} (-1)^k h_k = 0.$$

Man zeige, dass (1) und (2) äquivalent sind zu

$$(3) \quad \sum_{k\in 2\mathbb{Z}} h_k = \sum_{k\in 2\mathbb{Z}+1} h_k = \frac{\sqrt{2}}{2}.$$

Aufgabe 8.36. Man beweise wie im Satz 8.87, S. 279, dass $< w, s_{0j} >= 0$ für alle $j \in \mathbb{Z}$ gilt, wenn g_k aus (8.97) ersetzt wird durch $g_k := (-1)^{k-1} h_{-k-1}$ oder durch $g_k := (-1)^k h_{2j-k-1}$.

Aufgabe 8.37. Man zeige, dass die Gleichungen (8.92), (8.93), S. 278 mit $n = 3$, $n = 5$ nicht gelöst werden können, wenn $\text{Tr}\{h_k\} = \{0, 1, \ldots, n-1\}$.

Aufgabe 8.38. Sei $w \in L_2(\mathbb{R})$ und $w_{jk} := 2^{j/2} w(2^j t - k)$, $t \in \mathbb{R}$, $j, k \in \mathbb{Z}$. Man zeige $\int_{\mathbb{R}} |w_{jk}(t)|^2 \, dt = \int_{\mathbb{R}} |w(t)|^2 \, dt$. Vgl. (8.78), S. 273.

Aufgabe 8.39. Sei eine Abbildung $T : L_2(\mathbb{R}) \to L_2(\mathbb{R})$ definiert durch

$$Ts(t) := \sqrt{2} \sum_{k=0}^{n-1} h_k s(2t - k), \quad t \in [0, n-1],$$

wobei die Maske h_k zu einer Skalierungsgleichung gehöre. Für Lösungen der Skalierungsgleichung gilt nach der Definition

$$Ts = s,$$

d. h. s ist ein Fixpunkt von T. Man probiere mit dem angehängten MATLAB-Programm die Wirkungsweise einer Fixpunktiteration

$$s_{j+1} := Ts_j, j = 0, 1, 2, \ldots \quad \text{mit } s_0 := B_1 \text{ oder } s_0 := B_2.$$

Dabei sind B_1 der B-Spline der Ordnung 1 (Grad Null) und B_2 der B-Spline der Ordnung 2 (Grad 1). Man iteriere höchstens 6 mal (level <=6). Man löse die Skalierungsgleichung insbesondere für die beiden Masken $h = ((1 + \sqrt{3}), (3 + \sqrt{3}), (3 - \sqrt{3}), (1 - \sqrt{3}))/(4\sqrt{2})$ (Daubechies mit 4 Parametern), und $h = (1, 7, 21, 35, 35, 21, 7, 1)/(2^{6.5})$ (B-Spline der Ordnung 7). Man bestimme experimentell die Konvergenzordnung in Abhängigkeit von der Ausgangsfunktion B_1 und B_2.

Programm 8.104. Bestimmung einer Skalierungsfunktion durch Fixpunktiteration

```
1  %Berechnung von Skalierungsfunktionen ueber eine
2  %Fixpunktgleichung.
3  function Y = S(T,H,level);
4    if (level == 0)
5      Y=Iterationsbeginn2(T,H);
6    else
7      n=length(H);
8      su=0;
9      for j=0:n-1
10       su=su+H(j+1)*S(2*T-j,H,level-1);
```

```
    end;
    Y=sqrt(2)*su;
  end

function Y2=Iterationsbeginn2(T,H);
  %Anfangswert mit Spline der Ordnung Zwei.
  if abs(T-1)>=1
    Y2=0;
    else
    if T<=1
      Y2=T;
      else
      Y2=2-T;
    end;
  end;

function Y1=Iterationsbeginn1(T,H);
  %Anfangswert mit Spline der Ordnung Eins.
  if T>=0 & T<1
    Y1=1;
    else
    Y1=0;
  end;
```

Aufgabe 8.40. Sei die Funktionenfolge $\{u_k\}$ definiert durch

$$u_k(t) := \operatorname{sinc}(\pi(t-k)), \quad t \in \mathbb{R},\ k \in \mathbb{Z}.$$

Zeigen Sie, dass die Folge $\{u_k\}$ orthogonal ist. Zu zeigen ist also

$$< u_j, u_k >:= \int_{\mathbb{R}} u_j(t)u_k(t)\mathrm{d}t = 0 \text{ für } j \neq k.$$

Aufgabe 8.41. Sei $w : \mathbb{R} \to \mathbb{R}$ definiert durch

$$w(t) := \begin{cases} 1 & \text{für } t = 0, \\ \dfrac{\sin(2\pi t) - \sin \pi t}{\pi t} & \text{sonst.} \end{cases}$$

Man sammle Argumente dafür, dass w ein orthogonales Urwavelet ist und zeige:

1. $\int_{\mathbb{R}} w(t)\,\mathrm{d}t = 0$,
2. $\int_{\mathbb{R}} w^2(t)\,\mathrm{d}t = 1$,
3. $\int_{\mathbb{R}} w_{jk}(t)w_{lm}(t)\,\mathrm{d}t = 0,\ (j,k) \neq (l,m)$,
   mit $w_{jk}(t) := 2^{j/2}w(2^j t - k),\ j,k \in \mathbb{Z}$.

9 Matrixeigenwerte und -eigenvektoren

9.1 Aufgabenstellung und elementare Eigenschaften

Dieser Teil enthält Beiträge zu Grundlagenfragen der linearen Algebra. Der letzte Teil, ab Satz 9.22, S. 312 ist etwas schwieriger und kann beim ersten Lesen übersprungen werden. Wir beginnen mit einigen Beispielen.

Beispiel 9.1. ***Eulerscher Knickstab***
Wenn man einen senkrecht stehenden Stab in Längsrichtung belastet, wird er bei genügend großer Last $\mathbf{p}$ aus der senkrechten Position „ausknicken" und dabei eine in Figur 9.3 (gestrichelt) angedeutete Form annehmen, wobei in der Figur eine Drehung um 90 Grad vorgenommen worden ist, und die Last $\mathbf{p}$ von oben nach unten zunimmt.

Unter bestimmten vereinfachenden Annahmen (vgl. [17, COLLATZ, 1990, S. 163ff.]) kann man die Auslenkung des Stabes in Y-Richtung an jedem Punkt der (senkrecht gedachten) X-Achse beschreiben als Lösung der *Differentialgleichung*

$$y''(x) = -k^2 y(x), \quad y(0) = y'(l) = 0,$$

wobei k eine Konstante ist, deren Wert von der Materialbeschaffenheit des Stabes und von der Größe der Last abhängt. Die vorgeschriebenen Bedingungen an den Rändern (hier $x = 0$ und $x = l$) heißen *Randbedingungen* der Differentialgleichung.

Beispiel 9.2. ***Schwingende Saite***
Auch andere Aufgabenstellungen, wie z. B. die Frage nach den möglichen Schwingungsformen einer an beiden Enden eingespannten *Saite* der Länge l, führen unter vereinfachenden Annahmen zur selben Differentialgleichung mit jedoch etwas anderen Randbedingungen

$$y''(x) = -k^2 y(x), \quad y(0) = y(l) = 0. \tag{9.1}$$

Die Größe $y(x)$ ist dabei als maximaler (oder minimaler) Ausschlag an der Stelle x aufzufassen. Die Lösungen der Differentialgleichung (ohne Berücksichtigung der Randbedingungen) sind $y(x) = a\cos(kx) + b\sin(kx)$ mit beliebigen Konstanten a, b. Wegen $y(0) = 0$ in beiden Problemen folgt $a = 0$, also $y(x) = b\sin(kx)$. Im Problem der schwingenden Saite folgt dann aus $y(l) = b\sin(kl) = 0$ entweder $b = 0$ oder $kl = j\pi,\ j \in \mathbb{Z} \Rightarrow k = j\pi/l$. Setzen wir $-k^2 = \lambda$, so hat die Gleichung $y'' = \lambda y$ der schwingenden Saite die Lösung

$$\text{(9.2)} \qquad \begin{cases} y(x) &= b\ \sin(j\pi\frac{x}{l}),\quad b \in \mathbb{R},\ j \in \mathbb{Z}, \\ \lambda &= -\dfrac{j^2\pi^2}{l^2}, \end{cases}$$

also Sinuskurven mit den Parametern b und j wie sie in Figur 9.3 (durchgezogene Linien) angegeben sind. Bei komplizierteren Differentialgleichungen ist es jedoch nicht immer möglich, die Lösungen direkt zu berechnen. Eine dann mögliche Vorgehensweise soll an der obigen Differentialgleichung demonstriert werden: Das Intervall $[0, l]$ wird *diskretisiert*, d. h. in $n + 1$ gleichlange Teile $[x_j, x_{j+1}]$ mit $x_0 = 0$, $x_{n+1} = l$, $x_{j+1} - x_j = h = \dfrac{l}{n+1}$ geteilt. Da sich die erste Ableitung $y'(x_j)$ näherungsweise durch

$$\overline{y_j} := \frac{y(x_{j+1}) - y(x_j)}{h} \approx y'(x_j)$$

darstellen läßt, nähern wir die zweite Ableitung $y''(x_j)$ an durch

$$\begin{aligned} \overline{\overline{y}}_j &:= \frac{\overline{y_j} - \overline{y_{j-1}}}{h} \\ &= \frac{\dfrac{y(x_{j+1}) - y(x_j)}{h} - \dfrac{y(x_j) - y(x_{j-1})}{h}}{h} = \frac{y(x_{j+1}) - 2y(x_j) + y(x_{j-1})}{h^2}. \end{aligned}$$

Als Näherungslösung $y_j \approx y(x_j)$ der Differentialgleichung bezeichnen wir dann Zahlen $y_1, \ldots, y_n$, für die das lineare Gleichungssystem

$$\text{(9.3)} \qquad \overline{\overline{y}}_j = \lambda y_j \quad \text{für alle } i = 1, \ldots, n$$

erfüllt ist. Für $l = 6, n = 5$ erhalten wir $h = 1$, und (9.3) lautet:

$$\text{(9.4)} \qquad \begin{pmatrix} -2 & 1 & 0 & 0 & 0 \\ 1 & -2 & 1 & 0 & 0 \\ 0 & 1 & -2 & 1 & 0 \\ 0 & 0 & 1 & -2 & 1 \\ 0 & 0 & 0 & 1 & -2 \end{pmatrix} \cdot \begin{pmatrix} y_1 \\ y_2 \\ y_3 \\ y_4 \\ y_5 \end{pmatrix} = \lambda \begin{pmatrix} y_1 \\ y_2 \\ y_3 \\ y_4 \\ y_5 \end{pmatrix}.$$

Außer der trivialen Lösung $y_1 = y_2 = \cdots = y_5 = 0$ hat (9.4) die in Tabelle 9.5 angegebenen Lösungen. Fassen wir die Unbekannten zu einem Vektor $\mathbf{z} =$

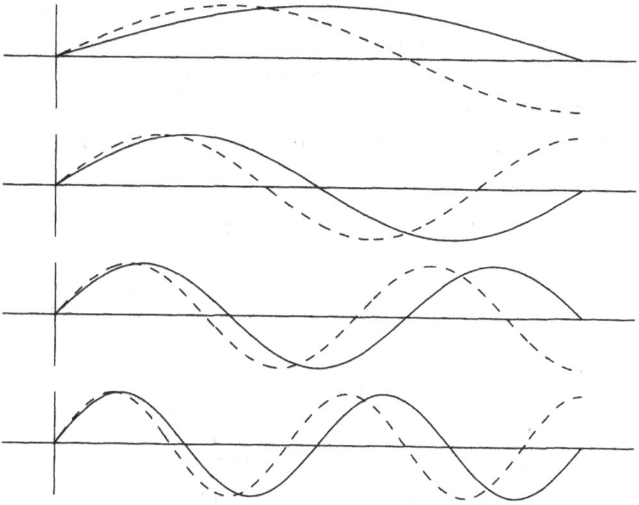

Abb. 9.3. Saitenschwingung und Knickstab (gestrichelt) für $j = 1, 2, 3, 4$

$(y_1, y_2, \ldots, y_n)^T$ zusammen, so hat die Gleichung (9.3) unter Berücksichtigung der Definition der $\overline{\overline{y}}_j$ die allgemeine Form

$$\frac{1}{h^2}\mathbf{D}\mathbf{z} = \lambda\mathbf{z}$$

mit einer tridiagonalen, symmetrischen Matrix $\mathbf{D}$, die genau wie die Matrix in (9.4) aufgebaut ist. Interessant ist, dass sich die allgemeine Lösung des Problems (9.3) als diskrete Form des kontinuierlichen Problems (9.2) ergibt, nämlich

$$y_j = \sin(k\pi\frac{x_j}{l}),\ j, k = 1, 2, \ldots, n.$$

Da sehr viele Probleme auf ein Gleichungssystem des Typs (9.4) führen, wollen wir im folgenden untersuchen, wie man die Lösungen von Gleichungssystemen vom Typ (9.4) systematisch bestimmen kann. Sei wie schon früher eingeführt $\mathbb{K} = \mathbb{R}$ oder $\mathbb{K} = \mathbb{C}$. Wir wiederholen eine Definition von Seite 230.

Definition 9.4. Sei $\mathbf{A} \in \mathbb{K}^{n\times n}$ eine beliebige, quadratische Matrix. Die Menge

$$\sigma(\mathbf{A}) = \{\lambda \in \mathbb{C} : \mathbf{A}\mathbf{x} = \lambda\mathbf{x},\ \mathbf{x} \neq \mathbf{0}\} \tag{9.5}$$

heißt *Spektrum* von $\mathbf{A}$. Jedes Element in $\sigma(\mathbf{A})$ heißt *Eigenwert* von $\mathbf{A}$. Sei $\lambda \in \sigma(\mathbf{A})$. Dann heißt jeder Vektor $\mathbf{x} \neq \mathbf{0}$ mit $\mathbf{A}\mathbf{x} = \lambda\mathbf{x}$ *Eigenvektor* zum Eigenwert λ. Der von den zu λ gehörenden Eigenvektoren aufgespannte lineare Raum heißt *zu λ gehörender Eigenraum*. Der von allen Eigenvektoren von $\mathbf{A}$ aufgespannte lineare Raum heißt *Eigenraum von* $\mathbf{A}$.

Tabelle 9.5. Lösungen der diskretisierten Eigenwertaufgabe (9.4)

λ	y_1	y_2	y_3	y_4	y_5
$-2+\sqrt{3}$	$\frac{1}{2}$	$\frac{1}{2}\sqrt{3}$	1	$\frac{1}{2}\sqrt{3}$	$\frac{1}{2}$
-1	$\frac{1}{2}\sqrt{3}$	$\frac{1}{2}\sqrt{3}$	0	$-\frac{1}{2}\sqrt{3}$	$-\frac{1}{2}\sqrt{3}$
-2	1	0	-1	0	1
-3	$-\frac{1}{2}\sqrt{3}$	$\frac{1}{2}\sqrt{3}$	0	$-\frac{1}{2}\sqrt{3}$	$\frac{1}{2}\sqrt{3}$
$-2-\sqrt{3}$	$\frac{1}{2}$	$-\frac{1}{2}\sqrt{3}$	1	$-\frac{1}{2}\sqrt{3}$	$\frac{1}{2}$

Offensichtlich ist $\mathbf{A}$ genau dann regulär (d. h. nicht singulär), wenn $0 \notin \sigma(\mathbf{A})$, weil Regularität von $\mathbf{A}$ zur Aussage $\mathbf{A}\mathbf{x} = \mathbf{0} \Rightarrow \mathbf{x} = \mathbf{0}$ äquivalent ist. Da $\mathbf{A}\mathbf{x} = \lambda\mathbf{x}$ auch in die Form $(\mathbf{A} - \lambda\mathbf{I})\mathbf{x} = \mathbf{0}$ ($\mathbf{I}$ =Einheitsmatrix) geschrieben werden kann, sind die Eigenwerte λ von $\mathbf{A}$ genau die Nullstellen des *charakteristischen Polynoms* von $\mathbf{A}$:

$$p(z) := \det(\mathbf{A} - z\mathbf{I}), \tag{9.6}$$

wobei unter $\det(\mathbf{A} - z\mathbf{I})$ die Determinante von $\mathbf{A} - z\mathbf{I}$ verstanden werden soll. Wegen $\det(\mathbf{A} - z\mathbf{I}) = (-1)^n z^n + \cdots + a_0$ (man verwende den Laplaceschen Entwicklungssatz) hat p den genauen Grad n und somit n (nicht notwendig verschiedene) Nullstellen. Jede Matrix $\mathbf{A} \in \mathbb{K}^{n\times n}$ hat also immer n (nicht notwendig verschiedene) Eigenwerte $\lambda_j, 1 \le j \le n$. Also ist $p(z) = \prod_{j=0}^{n}(\lambda_j - z)$ und somit $\det(\mathbf{A}) = p(0) = a_0 = \prod_{j=1}^{n} \lambda_j$. Die Determinante einer Matrix ist also das Produkt ihrer Eigenwerte.

Im allgemeinen ist es jedoch wegen des großen Aufwands nicht sinnvoll, die Eigenwerte nach Formel (9.6) zu berechnen.

Beispiel 9.6. ***Dimension von Eigenräumen***

a) Die Einheitsmatrix $\mathbf{I}$ hat das charakteristische Polynom $p(z) = \det(\mathbf{I} - z\mathbf{I}) = \det((1-z)\mathbf{I}) = (1-z)^n$, also hat $\mathbf{I}$ nur den einzigen Eigenwert $\lambda = 1$. Der dazugehörige Eigenraum ist der ganze $\mathbb{R}^n$, denn jeder Vektor $\neq \mathbf{0}$ ist zu $\lambda = 1$ gehörender Eigenvektor. Der Eigenraum von $\mathbf{I}$ stimmt hier mit dem Eigenraum von $\lambda = 1$ überein.

b) Sei $\mathbf{A} = \begin{pmatrix} 0 & 1 \\ 0 & 0 \end{pmatrix}$. Das charakteristische Polynom ist $p(z) = \det \begin{pmatrix} -z & 1 \\ 0 & -z \end{pmatrix} = z^2$, also ist $\lambda = 0$ einziger Eigenwert. Wegen $\mathbf{A} \begin{pmatrix} x_1 \\ x_2 \end{pmatrix} = \begin{pmatrix} x_2 \\ 0 \end{pmatrix}$ ist daher jeder Vektor $\begin{pmatrix} x_1 \\ 0 \end{pmatrix}$ mit $x_1 \neq 0$ Eigenvektor. Der zu $\lambda = 0$ (und zu $\mathbf{A}$) gehörende Eigenraum hat nur die Dimension Eins.

c) Sei $\mathbf{A} = \begin{pmatrix} 1 & 1 \\ 0 & 0 \end{pmatrix}$. Hier sind $\lambda = 0, \lambda = 1$ die Eigenwerte von $\mathbf{A}$, und die Dimension des Eigenraums von $\mathbf{A}$ ist zwei.

Aus diesen Beispielen entnehmen wir, dass der Eigenraum von $\mathbf{A}$ nicht die Dimension n haben muss , dass diese Differenzierung, nämlich Dimension $= n$ oder Dimension $< n$ nicht davon abhängt, ob $\mathbf{A}$ regulär ist oder nicht.

Satz 9.7. Sind λ_1, λ_2 verschiedene Eigenwerte von $\mathbf{A}$, so sind die zu λ_1 gehörenden Eigenvektoren von den zu λ_2 gehörenden Eigenvektoren linear unabhängig.

Beweis: Sei $\mathbf{A}\mathbf{x}_j = \lambda_j \mathbf{x}_j$ für $j = 1, 2$ und $\lambda_1 \neq \lambda_2$ und seien $\mathbf{x}_1, \mathbf{x}_2$ abhängig, d. h., $\mathbf{x}_1 = c\mathbf{x}_2$ für ein $c \neq 0$. Dann ist $\mathbf{0} = \mathbf{A}(\mathbf{x}_1 - c\mathbf{x}_2) = \lambda_1 \mathbf{x}_1 - c\lambda_2 \mathbf{x}_2 = (\lambda_1 - \lambda_2)\mathbf{x}_1$, ein Widerspruch. □

Beispiel 9.8. ***Eigenwerte einer Diagonalmatrix***

Sei $\mathbf{A} = (a_{ij}) = \operatorname{diag}(a_1, a_2, \ldots, a_n)$ eine beliebige Diagonalmatrix der Ordnung n und $\mathbf{x} = (x_1, x_2, \ldots, x_n)^{\mathrm{T}} \neq \mathbf{0}$. Dann folgt aus $\mathbf{A}\mathbf{x} = \lambda\mathbf{x}$ die Bedingung $\lambda = a_j$ für $x_j \neq 0$. Damit ist $\sigma(\mathbf{A}) = \{a_j : j = 1, 2, \ldots, n\}$. Nun können einige Diagonalelemente mehrfach vorkommen. Wir definieren daher für jedes j die Indexmenge $M_j := \{k : a_k = a_j\}$. In M_j stehen die Positionen derjenigen Diagonalelemente die mit a_j übereinstimmen und $m_j := \#M_j$[1] ist die Anzahl dieser Diagonalelemente. Die Menge aller Eigenvektoren zu $\lambda = a_j$ ist daher die Menge aller Vektoren $\mathbf{x} \neq \mathbf{0}$ mit $x_k = 0$ für $k \notin M_j$. Der von diesen Vektoren aufgespannte Raum hat die Dimension m_j. Der Eigenraum von $\mathbf{A}$ hat somit die

[1] Zur Erinnerung: $\#\{\cdots\}$ heißt Anzahl der Elemente von $\{\cdots\}$.

Dimension n. Das gilt auch, wenn einige oder sogar alle Diagonalelemente Null sind.

Hat das charakteristische Polynom irgendeiner Matrix $\mathbf{A}$ die Form

$$p(z) = \prod_{j=1}^{s} (\lambda_j - z)^{k_j}, \lambda_j \neq \lambda_\ell \text{ für } j \neq \ell,$$

so heißen die Zahlen k_j die *algebraischen Vielfachheiten* von λ_j (s ist die Anzahl der *verschiedenen* Elemente von $\sigma(\mathbf{A})$). Ist λ ein Eigenwert einer beliebigen Matrix, so heißt die Dimension des zu λ gehörenden Eigenraums die *geometrische Vielfachheit* von λ.

Bei einer Diagonalmatrix $\mathbf{A}$ stimmen also algebraische und geometrische Vielfachheiten überein, und der Eigenraum von $\mathbf{A}$ hat die volle Dimension n. Im Beispiel 9.6b) dagegen hat der Eigenwert $\lambda = 0$ die algebraische Vielfachheit Zwei und die geometrische Vielfachheit Eins.

Definition 9.9. Zwei quadratische Matrizen $\mathbf{A}, \mathbf{B}$ gleicher Ordnung heißen *ähnlich*, wenn eine reguläre Matrix $\mathbf{U}$ existiert, so dass $\mathbf{B} = \mathbf{U}^{-1}\mathbf{A}\mathbf{U}$. Die Abbildung $\mathbf{A} \to \mathbf{U}^{-1}\mathbf{A}\mathbf{U}$ heißt *Ähnlichkeitstransformation.*

Die zunächst unsymmetrisch aussehende Definition ist tätsächlich symmetrisch. Setzt man nämlich $\mathbf{W} = \mathbf{U}^{-1}$, so ist auch $\mathbf{A} = \mathbf{W}^{-1}\mathbf{B}\mathbf{W}$. Sind die Matrizen $\mathbf{A}, \mathbf{B}$ und $\mathbf{B}, \mathbf{C}$ ähnlich so auch die Matrizen $\mathbf{A}, \mathbf{C}$. Ähnlichkeit ist also eine *Äquivalenzrelation.*

Satz 9.10. Seien $\mathbf{A}, \mathbf{B}$ ähnliche Matrizen. Dann gilt:

(a) $\mathbf{A}, \mathbf{B}$ haben identische charakteristische Polynome, insbesondere dasselbe Spektrum mit denselben algebraischen Vielfachheiten.

(b) Die geometrischen Vielfachheiten der Eigenwerte von $\mathbf{A}$ und $\mathbf{B}$ stimmen überein.

Beweis: Sei $\mathbf{B} = \mathbf{U}^{-1}\mathbf{A}\mathbf{U}$. Dann ist (a) $\det(\mathbf{B} - z\mathbf{I}) = \det(\mathbf{U}^{-1}\mathbf{A}\mathbf{U} - z\mathbf{U}^{-1}\mathbf{U})$ $= \det(\mathbf{U}^{-1}(\mathbf{A} - z\mathbf{I})\mathbf{U}) = \det(\mathbf{A} - z\mathbf{I})$. (b) Aus $\mathbf{A}\mathbf{x} = \lambda\mathbf{x}$ folgt $\mathbf{B}(\mathbf{U}^{-1}\mathbf{x}) = \lambda\mathbf{U}^{-1}\mathbf{x}$. Die Eigenräume von $\mathbf{B}$ erhält man also durch Multiplikation der Eigenräume von $\mathbf{A}$ mit der regulären Matrix $\mathbf{U}^{-1}$, damit haben sie dieselbe Dimension. □

Korollar 9.11. Ist $\mathbf{A}$ *diagonalähnlich*, (d. h., es gibt eine zu $\mathbf{A}$ ähnliche Diagonalmatrix $\mathbf{B}$), so hat der Eigenraum von $\mathbf{A}$ die Dimension n.

Beweis: Die Einheitsvektoren sind Eigenvektoren einer Diagonalmatrix. Der Rest folgt aus Satz 9.10. □

Nicht alle Matrizen sind diagonalähnlich, dazu vgl. man Beispiel 9.6 b). Mit Hilfe eines Satzes von Schur (Satz 9.13) werden wir jedoch feststellen, dass die bereits früher in Tabelle 6.3, S. 164 eingeführten normalen Matrizen $\mathbf{A}$, definiert durch $\mathbf{A}^*\mathbf{A} = \mathbf{A}\mathbf{A}^*$ diagonalähnlich sind. Dazu gehören insbesondere symmetrische, bzw. hermitesche Matrizen. Wir werden sehen, dass in diesem Fall die Ähnlichkeitstransformation sogar mit einer orthogonalen (unitären) Matrix $\mathbf{Q}$ bewirkt werden kann. Wir werden in diesem Kapitel, um die Sprechweise zu vereinfachen, nur noch von orthogonalen Matrizen sprechen auch im komplexen Fall. Eine quadratische Matrix $\mathbf{Q}$ ist also orthogonal, wenn $\mathbf{Q}^*\mathbf{Q} = \mathbf{I}$. Im reellen Fall kann man dann für $\mathbf{Q}^*$ auch $\mathbf{Q}^{\mathrm{T}}$ schreiben.

Lemma 9.12. Sei $\mathbf{A} \in \mathbb{C}^{n\times n}$ und $\mathbf{A}\mathbf{x} = \lambda\mathbf{x}$ mit $\mathbf{x} \neq \mathbf{0}$. Dann gibt es eine orthogonale Matrix $\mathbf{T}$ mit

$$\mathbf{T}^*\mathbf{A}\mathbf{T} = \begin{pmatrix} \lambda & \mathbf{w}^* \\ \mathbf{0} & \mathbf{B} \end{pmatrix} \begin{matrix} 1 \\ n-1 \end{matrix} \qquad (9.7)$$
$$1 \; n-1$$

und mit $\mathbf{B} \in \mathbb{C}^{(n-1)\times(n-1)}$, $\mathbf{w}, \mathbf{0} = (0, 0, \ldots, 0)^{\mathrm{T}} \in \mathbb{C}^{n-1}$. Die neben (unter) die Matrix geschriebenen Zahlen sollen die Zeilenzahlen (Spaltenzahlen) andeuten.

Beweis: Es gibt wegen $\mathbf{x} \neq \mathbf{0}$ nach Satz 8.51, S. 252 eine orthogonale Matrix $\mathbf{T} \in \mathbb{C}^{n\times n}$ mit $\mathbf{x} = \mathbf{T}\mathbf{y}, \mathbf{y} = (y_1, 0, \ldots, 0)^{\mathrm{T}} \neq \mathbf{0}$. Also ist

$$\mathbf{T}^*\mathbf{A}\mathbf{T}\mathbf{y} = \lambda\mathbf{T}^*\mathbf{x} = \lambda\mathbf{y}. \qquad (9.8)$$

Wir setzen

$$\mathbf{T}^*\mathbf{A}\mathbf{T} = \begin{pmatrix} a & \mathbf{w}^* \\ \mathbf{v} & \mathbf{B} \end{pmatrix} \begin{matrix} 1 \\ n-1 \end{matrix} \qquad (9.9)$$
$$1 \; n-1$$

und erhalten dann aus (9.8) $ay_1 = \lambda y_1$ und $y_1\mathbf{v} = \mathbf{0}$, also $a = \lambda,\ \mathbf{v} = \mathbf{0}$. □

Satz 9.13. (Schur) Zu jeder Matrix $\mathbf{A} \in \mathbb{C}^{n\times n}$ gibt es eine orthogonale Matrix $\mathbf{Q}$, so dass die folgende Matrix $\mathbf{D}$ eine obere Dreiecksmatrix ist:

$$\mathbf{D} := \mathbf{Q}^*\mathbf{A}\mathbf{Q}. \qquad (9.10)$$

Beweis: (durch vollständige Induktion nach n) Für $n = 1$ ist der Satz richtig. Sei er für alle Matrizen bis zur Ordnung $n-1$ richtig, und sei $\mathbf{A}\mathbf{x} = \lambda\mathbf{x}$ für $\mathbf{x} \neq \mathbf{0}$. Nach Lemma 9.12 gibt es eine orthogonale Matrix $\mathbf{T}$ mit (9.7). Nach der Induktionsvoraussetzung gibt es eine weitere orthogonale Matrix $\mathbf{W} \in \mathbb{C}^{(n-1)\times(n-1)}$, so dass $\mathbf{W}^*\mathbf{B}\mathbf{W}$ obere Dreiecksgestalt hat. Definieren wir $\mathbf{U} = \begin{pmatrix} 1 & \mathbf{0}^* \\ \mathbf{0} & \mathbf{W} \end{pmatrix}$ und $\mathbf{Q} = \mathbf{T}\mathbf{U}$, dann hat dieses $\mathbf{Q}$ die angegebenen Eigenschaften. □

Die in Satz 9.13 angegebene Dreieckszerlegung heißt *Schur-Zerlegung*.

Korollar 9.14. Sei $\mathbf{A} \in \mathbb{K}^{n\times n}$ normal, also $\mathbf{A}^*\mathbf{A} = \mathbf{A}\mathbf{A}^*$. Dann gibt es eine orthogonale Matrix $\mathbf{Q}$, so dass $\Delta := \mathbf{Q}^*\mathbf{A}\mathbf{Q}$ eine Diagonalmatrix ist. Insbesondere ist

$$\mathbf{A}\mathbf{Q} = \mathbf{Q}\Delta. \tag{9.11}$$

Das bedeutet, dass die Spalten von $\mathbf{Q}$ als Eigenvektoren und die Diagonalelemente von Δ als dazugehörige Eigenwerte aufgefaßt werden können. Eine normale Matrix besitzt also ein orthonormales System von Eigenvektoren.

Beweis: Nach dem Satz von Schur existiert eine orthogonale Matrix $\mathbf{Q}$, so dass $\mathbf{D} = \mathbf{Q}^*\mathbf{A}\mathbf{Q}$ eine obere Dreiecksmatrix ist. Nun ist $\mathbf{D}^*\mathbf{D} = \mathbf{Q}^*\mathbf{A}^*\mathbf{Q}\mathbf{Q}^*\mathbf{A}\mathbf{Q} = \mathbf{Q}^*\mathbf{A}^*\mathbf{A}\mathbf{Q}$ und $\mathbf{D}\mathbf{D}^* = \mathbf{Q}^*\mathbf{A}\mathbf{Q}\mathbf{Q}^*\mathbf{A}^*\mathbf{Q} = \mathbf{Q}^*\mathbf{A}\mathbf{A}^*\mathbf{Q}$. Wegen der Normalität von $\mathbf{A}$ gilt also $\mathbf{D}^*\mathbf{D} = \mathbf{D}\mathbf{D}^*$. Die obere Dreiecksmatrix $\mathbf{D}$ ist also auch normal. Ist $\mathbf{D} =: (d_{jk})$ mit $d_{jk} = 0$ für $j > k$, so ist $(\mathbf{D}^*\mathbf{D})_{jk} = \sum_{\ell=1}^{n} \overline{d_{\ell j}} d_{\ell k} = \sum_{\ell=1}^{\min(j,k)} \overline{d_{\ell j}} d_{\ell k}$ und $(\mathbf{D}\mathbf{D}^*)_{jk} = \sum_{\ell=1}^{n} d_{j\ell}\overline{d_{k\ell}} = \sum_{\ell=\max(j,k)}^{n} d_{j\ell}\overline{d_{k\ell}}$. Daraus folgt, dass $\mathbf{D}$ eine Diagonalmatrix sein muss. Für $j = k = 1$ erhält man $|d_{11}|^2 = \sum_{\ell=1}^{n} |d_{1\ell}|^2$, also $d_{1\ell} = 0, \ell = 2, 3, \ldots, n$. Für $j = k = 2$ erhält man $|d_{12}|^2 + |d_{22}|^2 = \sum_{\ell=2}^{n} |d_{2\ell}|^2$, also $d_{2\ell} = 0, \ell = 3, 4, \ldots, n$, usw. □

Es ist klar, dass die im Korollar 9.14 angegebene Eigenschaft die normalen Matrizen charakterisiert. Gilt nämlich $\mathbf{A} = \mathbf{Q}\Delta\mathbf{Q}^*$ mit einer orthogonalen Matrix $\mathbf{Q}$ und einer Diagonalmatrix Δ, so ist $\mathbf{A}^*\mathbf{A} = \mathbf{Q}\Delta^*\mathbf{Q}^*\mathbf{Q}\Delta\mathbf{Q}^* = \mathbf{Q}\Delta^*\Delta\mathbf{Q}^*$ und $\mathbf{A}\mathbf{A}^* = \mathbf{Q}\Delta\mathbf{Q}^*\mathbf{Q}\Delta^*\mathbf{Q}^* = \mathbf{Q}\Delta\Delta^*\mathbf{Q}^*$. Wegen $\Delta^*\Delta = \Delta\Delta^*$ für jede Diagonalmatrix Δ ist $\mathbf{A}$ also normal.

Zu den normalen Matrizen gehören insbesondere die hermiteschen Matrizen. Denn in diesem Fall ist $\mathbf{A}^*\mathbf{A} = \mathbf{A}\mathbf{A} = \mathbf{A}\mathbf{A}^*$. Die obige Zerlegung für normale Matrizen $\mathbf{A}$ in der Form $\mathbf{A} = \mathbf{Q}\Delta\mathbf{Q}^*$ hat eine weitere Interpretation. Setzen wir $\operatorname{diag}\Delta = (\lambda_1, \lambda_2, \ldots, \lambda_n)^{\mathrm{T}}$, und bezeichnen wir die Spalten von $\mathbf{Q}$ mit $\mathbf{q}_j$ so ist

$$\mathbf{A} = \sum_{j=1}^{n} \lambda_j \mathbf{q}_j \mathbf{q}_j^*, \tag{9.12}$$

eine Zerlegung in eine Summe von Rang-Eins-Matrizen. Sind gewisse Eigenwerte λ_j (dem Betrage nach) klein, so kann $\mathbf{A}$ als Summe nur mit den größeren Eigenwerten approximiert werden. Das ist eine Form von *Datenkompression*.

Es ist zu beachten, dass der Satz von Schur angewendet auf eine reelle Matrix $\mathbf{A}$ i. a. eine obere Dreiecksmatrix $\mathbf{D}$ mit Paaren von konjugiert komplexen Diagonalelementen liefert, da die Eigenwerte einer reellen Matrix reell oder paarweise konjugiert komplex sind. Daher ist die folgende Variante von Interesse.

Satz 9.15. (Schur, reell) Zu jeder Matrix $\mathbf{A} \in \mathbb{R}^{n\times n}$ gibt es eine orthogonale Matrix $\mathbf{Q}$, so dass

$$\mathbf{D} = \mathbf{Q}^*\mathbf{A}\mathbf{Q}$$

eine reelle, obere *Block-Dreiecksmatrix* ist, in dem Sinne, dass die Diagonalelemente von $\mathbf{D}$ entweder reelle Zahlen oder reelle (2×2)-Matrizen sind.

Beweis: Die angegebene Schur-Zerlegung liefert eine Dreieckszerlegung mit Paaren von konjugiert komplexen Eigenwerten als Diagonalelemente (wenn es überhaupt komplexe Eigenwerte gibt). Diese Paare sind Eigenwerte von reellen (2×2)-Matrizen. Wir führen (angedeutet) einen Induktionsbeweis nach der Anzahl k der Paare konjugierter Eigenwerte. Ist diese Zahl Null, so ergibt sich die Behauptung aus dem Schurschen Satz 9.13. Ist der Beweis bis $k-1$ schon geführt, so ist Lemma 9.12 zu modifizieren. Die auftauchende reelle oder komplexe (1×1)-Matrix (a bzw. λ) ist zu ersetzen durch eine reelle (2×2)-Matrix mit konjugiert komplexen Eigenwerten $\lambda, \overline{\lambda}$. Eine reelle (2×2)-Matrix mit diesen Eigenwerten hat die Form $\begin{pmatrix} \Re\lambda & -\Im\lambda \\ \Im\lambda & \Re\lambda \end{pmatrix}$. □

Die in Satz 9.15 angegebene Matrix $\mathbf{D} = (d_{jk})$ hat also die Eigenschaft, dass $d_{jk} = 0$ für $j - k \geq 2$, $\mathbf{D}$ ist also eine Hessenbergmatrix.

Lemma 9.16. Sei $\mathbf{A} \in \mathbb{K}^{n\times n}$ hermitesch (für $\mathbb{K} = \mathbb{R}$ also symmetrisch). Dann hat $\mathbf{A}$ nur reelle Eigenwerte. Ist überdies $\mathbf{A}$ positiv (semi-)definit, so sind die Eigenwerte (nichtnegativ) positiv.

Beweis: Sei λ ein Eigenwert von $\mathbf{A}$, also $\mathbf{A}\mathbf{x} = \lambda\mathbf{x}$ für ein $\mathbf{x} \neq \mathbf{0}$. Multiplizieren wir diese Gleichung von links mit $\mathbf{x}^*$, so ist $\mathbf{x}^*\mathbf{A}\mathbf{x} = \lambda\|\mathbf{x}\|_2^2$. Gehen wir zum konjugiert Komplexen über, erhalten wir $\mathbf{x}^*\mathbf{A}^*\mathbf{x} = \overline{\lambda}\|\mathbf{x}\|_2^2$. Wegen $\mathbf{A} = \mathbf{A}^*$ ist $\lambda = \overline{\lambda}$ und damit λ reell. Ist $\mathbf{A}$ positiv (semi-)definit, so ist $\mathbf{x}^*\mathbf{A}\mathbf{x} > 0 (\geq 0)$, die Eigenwerte also (nichtnegativ) positiv. □

Korollar 9.17. Sei $\mathbf{A} \in \mathbb{K}^{m\times n}$ eine beliebige Matrix und $\mu := \min(m, n)$. Dann haben die beiden Matrizen $\mathbf{A}^*\mathbf{A} \in \mathbb{K}^{n\times n}$, $\mathbf{A}\mathbf{A}^* \in \mathbb{K}^{m\times m}$ reelle, nicht negative Eigenwerte, und die μ größten Eigenwerte beider Matrizen stimmen überein und die anderen Eigenwerte sind Null.

Beweis: Beide Matrizen sind hermitesch und positiv semidefinit. Die erste Eigenschaft ist klar. Die zweite folgt aus $\mathbf{x}^*\mathbf{A}^*\mathbf{A}\mathbf{x} = \|\mathbf{A}\mathbf{x}\|_2^2 \geq 0$, $\mathbf{y}^*\mathbf{A}\mathbf{A}^*\mathbf{y} = \|\mathbf{A}^*\mathbf{y}\|_2^2 \geq 0$. Nach dem vorigen Lemma sind also alle Eigenwerte reell und ≥ 0. Sei $\mathbf{A}^*\mathbf{A}\mathbf{x} = \lambda\mathbf{x}$ und $\lambda > 0$ einer der ersten μ Eigenwerte von $\mathbf{A}^*\mathbf{A}$, so multipliziere man diese Gleichung von links mit $\mathbf{A}$ und erhält $(\mathbf{A}\mathbf{A}^*)\mathbf{A}\mathbf{x} = \lambda\mathbf{A}\mathbf{x}$, es ist also $\mathbf{y} := \mathbf{A}\mathbf{x}$ ein Eigenvektor von $\mathbf{A}\mathbf{A}^*$ mit demselben Eigenwert λ, denn $\mathbf{A}\mathbf{x} \neq \mathbf{0}$ wegen $\mathbf{A}^*\mathbf{A}\mathbf{x} \neq \mathbf{0}$. Genauso kann man für $\mathbf{A}\mathbf{A}^*\mathbf{y} = \lambda\mathbf{y}$ argumentieren.

Gibt es unter den ersten μ Eigenwerten verschwindende Eigenwerte, so müssen auch diese übereinstimmen. Da beide Matrizen höchstens den Rang μ haben, sind alle Eigenwerte $\lambda_j = 0$ für $j > \mu$. □

Definition 9.18. Sei $\mathbf{A} \in \mathbb{K}^{m\times n}$. Bezeichnen wir die ersten (nach Korollar 9.17 übereinstimenden) μ Eigenwerte von $\mathbf{A}^*\mathbf{A}$ oder von $\mathbf{A}\mathbf{A}^*$ mit $\sigma_1^2 \geq \sigma_2^2 \geq \cdots \geq \sigma_\mu^2 \geq 0$ und die letzten mit $\sigma_{\mu+1} = \cdots = \sigma_\nu, \mu = \min(m,n), \nu = \max(m,n)$, so heißen die σ_j mit $1 \leq j \leq \mu$ *Singulärwerte* von $\mathbf{A}$.

Man kann fragen, ob eine Zerlegung der Form (9.12), S. 308 auch für beliebige Matrizen $\mathbf{A} \in \mathbb{K}^{m\times n}$ möglich ist. Eine derartige Zerlegung gelingt tatsächlich mit Hilfe der gerade eingeführten Singulärwerte von $\mathbf{A}$. Daher heißt die im folgenden Satz eingeführte Zerlegung auch *Singulärwertzerlegung* von $\mathbf{A}$, abgekürzt meistens mit SVD von [engl.] *singular value decomposition.*

Satz 9.19. Sei $\mathbf{A} \in \mathbb{K}^{m\times n}$ und $\mu = \min(m,n)$. Dann existieren orthogonale Matrizen $\mathbf{U} \in \mathbb{K}^{m\times m}, \mathbf{V} \in \mathbb{K}^{n\times n}$ (d. h. $\mathbf{U}^*\mathbf{U} = \mathbf{I} \in \mathbb{R}^{m\times m}$, $\mathbf{V}^*\mathbf{V} = \mathbf{I} \in \mathbb{R}^{n\times n}$) mit

$$\mathbf{U}^*\mathbf{A}\mathbf{V} =: \Delta \in \mathbb{R}^{m\times n}. \tag{9.13}$$

Dabei besteht Δ in den ersten Zeilen und Spalten aus der quadratischen $(\mu \times \mu)$ Diagonalmatrix diag $(\sigma_1, \sigma_2, \ldots, \sigma_\mu)$, ergänzt durch Nullen, so dass sie in das $\mathbb{R}^{m\times n}$-Format paßt. Die Zahlen σ_j sind dabei die Singulärwerte von $\mathbf{A}$.

Beweis: ([44, GOLUB & VAN LOAN, 1996, S. 70]) Der Beweis erfolgt durch vollständige Induktion nach $k = \min(m,n)$. Der Fall $k = 1$, in dem also $\mathbf{A}$ ein Zeilen- oder Spaltenvektor ist, wird im nachfolgenden Beispiel behandelt. Wir gehen davon aus, dass der Satz für $k - 1 = \min(m-1, n-1)$ richtig ist. Für $\mathbf{A} = \mathbf{0}$ ist der Satz richtig. Man wähle in diesem Fall beliebige orthogonale Matrizen $\mathbf{U}, \mathbf{V}$ und $\Delta = \mathbf{0} \in \mathbb{R}^{m\times n}$. Sei also $\mathbf{A} \neq \mathbf{0}$. Es gibt einen Vektor $\mathbf{v}_1 \in \mathbb{K}^n$ der Länge Eins mit $\sigma := ||\mathbf{A}||_2 = ||\mathbf{A}\mathbf{v}_1||_2 > 0$ (man vgl. ggf. Satz 8.7, S. 229). Ist $\mathbf{u}_1 := \mathbf{A}\mathbf{v}_1/\sigma$, so hat $\mathbf{u}_1$ auch die Länge Eins und $\mathbf{A}\mathbf{v}_1 = \sigma\mathbf{u}_1$. Wir können $\mathbf{v}_1$ durch Hinzunahme von $n-1$ Spalten zu einer orthogonalen Matrix $\mathbf{V} = (\mathbf{v}_1, \mathbf{v}_2, \ldots, \mathbf{v}_n)$ und $\mathbf{u}_1$ durch Hinzunahme von $m-1$ Spalten zu einer orthogonalen Matrix $\mathbf{U} = (\mathbf{u}_1, \mathbf{u}_2, \ldots, \mathbf{u}_m)$ ergänzen. Dann ist

$$\mathbf{U}^*\mathbf{A}\mathbf{V} = \begin{pmatrix} \sigma & w^* \\ \mathbf{0} & \mathbf{B} \end{pmatrix} =: \mathbf{A}_1$$

mit einer nicht näher spezifizierten Matrix $\mathbf{B} \in \mathbb{K}^{m-1\times n-1}$. Unabhängig von der Form des Produkts $\mathbf{U}^*\mathbf{A}\mathbf{V} =: \mathbf{A}_1$ folgt $\sigma := ||\mathbf{A}||_2 = ||\mathbf{A}_1||_2$, denn einerseits ist $||\mathbf{A}_1||_2 = ||\mathbf{U}^*\mathbf{A}\mathbf{V}||_2 \leq ||\mathbf{A}||$, andererseits ist $||\mathbf{A}||_2 = ||\mathbf{U}\mathbf{A}_1\mathbf{V}^*||_2 \leq ||\mathbf{A}_1||_2$. Um die spezielle Form einzusehen, schreibe man die Matrixelemente in die Form $\mathbf{u}_j^*\mathbf{A}\mathbf{v}_k$. Für die erste Spalte gilt also $\mathbf{u}_j^*\mathbf{A}\mathbf{v}_1 = \sigma\mathbf{u}_j^*\mathbf{u}_1 = \sigma\delta_{j1}$. Nun ist weiter $\mathbf{A}_1 \begin{pmatrix} \sigma \\ w \end{pmatrix} = \begin{pmatrix} \sigma^2 + |w|^2 \\ \mathbf{B}w \end{pmatrix}$, also ist $\left\| \mathbf{A}_1 \begin{pmatrix} \sigma \\ w \end{pmatrix} \right\|_2^2 \geq (\sigma^2 + |w|^2)^2$ und daher $||\mathbf{A}_1||_2^2 \geq \sigma^2 + |w|^2$. Um das einzusehen, setzen wir $\mathbf{x} = (\sigma, w)^{\mathrm{T}}$. Dann lautet die vorletzte Ungleichung $||\mathbf{A}_1\mathbf{x}||_2^2 \geq ||x||_2^4$, also $||\mathbf{A}_1\mathbf{x}||_2/||\mathbf{x}||_2 \geq ||\mathbf{x}||_2$, also nach der Definition der Operatornorm $||\mathbf{A}_1||_2 := \sup_{\mathbf{z}\neq 0} \frac{||\mathbf{A}_1\mathbf{z}||_2}{||\mathbf{z}||_2} \geq ||\mathbf{x}||_2$. Andererseits ist, wie oben gezeigt, $\sigma^2 = ||\mathbf{A}||_2^2 = ||\mathbf{A}_1||_2^2$, also notwendig $w = \mathbf{0}$. Damit haben wir den Beweis zurückgeführt auf eine $\mathbb{K}^{m-1\times n-1}$-Matrix. □

Beispiel 9.20. ***Singulärwertzerlegung eines Vektors***
Sei $\mathbf{A} := \mathbf{a} \neq \mathbf{0}$, ein $m \times 1$-Spaltenvektor. Dann ist $\mathbf{A}^*\mathbf{A} = \mathbf{a}^*\mathbf{a} = ||\mathbf{a}||^2 > 0$ und $\mathbf{A}\mathbf{A}^* = \mathbf{a}\mathbf{a}^*$. Der einzige Singulärwert ist (nach dem Korollar 9.17) $\sigma_1 = ||\mathbf{a}||$. Als orthogonale Matrix $\mathbf{U}$ wählt man eine $m \times m$-Householder-Matrix mit $\mathbf{U}\mathbf{a} = (\tilde{a}_1, 0, \ldots, 0)^{\mathrm{T}} \in \mathbb{K}^{m\times 1}$ und als $\mathbf{V} \in \mathbb{R}^{1\times 1}$ eine Zahl v_1 mit $\tilde{a}_1 v_1 = \sigma_1$. Damit ist $\Delta = (\sigma_1, 0, \ldots, 0)^{\mathrm{T}}$. Ähnlich geht man bei einem Zeilenvektor vor.

Die Singulärwertzerlegung (9.13) einer Matrix $\mathbf{A}$ erlaubt wichtige Rückschlüsse auf die Struktur von $\mathbf{A}$. Sind die Singulärwerte $\sigma_1 \geq \sigma_2 \geq \cdots \geq \sigma_r > 0 = \sigma_{r+1} = \cdots = \sigma_\mu$ mit $\mu = \min(m, n)$, so ist

$$\text{(9.14)} \qquad \operatorname{Rang}(\mathbf{A}) = r,$$

$$\text{(9.15)} \qquad \operatorname{Kern}(\mathbf{A}) = \langle \mathbf{v}_{r+1}, \mathbf{v}_{r+2}, \ldots, \mathbf{v}_n \rangle,$$

$$\text{(9.16)} \qquad \operatorname{Bild}(\mathbf{A}) = \langle \mathbf{u}_1, \mathbf{u}_2, \ldots, \mathbf{u}_r \rangle,$$

$$\text{(9.17)} \qquad \mathbf{A} = \sum_{j=1}^{r} \sigma_j \mathbf{u}_j \mathbf{v}_j^*.$$

Dabei sind $\mathbf{u}_j$ und $\mathbf{v}_j$ die Spalten der in der Singulärwertzerlegung vorkommenden orthogonalen Matrizen $\mathbf{U}$ bzw. $\mathbf{V}$. Diese Vektoren nennt man in Analogie zu (9.11) *Links-* bzw. *Rechtssingulärvektoren* von $\mathbf{A}$. Auch die Darstellung (9.17) kann wieder zur Datenkompression verwendet werden indem man die Summanden mit kleinen Singulärwerten weglässt. Auf die Berechnung der Singulärwerte kommen wir noch zurück.

Einen ersten (manchmal recht groben) Überblick über die Lage der Eigenwerte in der komplexen Zahlenebene verschafft uns der folgende Satz.

Satz 9.21. (*Gerschgorin*) Für $\mathbf{A} = (a_{ij}) \in \mathbb{K}^{n\times n}$ definieren wir die Kreisscheiben:

$$Z_i := \{z \in \mathbb{C} : |z - a_{ii}| \leq \sum_{j=1, j\neq i}^{n} |a_{ij}|\},$$

$$S_j := \{z \in \mathbb{C} : |z - a_{jj}| \leq \sum_{i=1, i\neq j}^{n} |a_{ij}|\}.$$

Dann gilt: a) Alle Eigenwerte liegen in $Z := \bigcup Z_i$. b) Alle Eigenwerte liegen in $S := \bigcup S_j$. c) Jede *Zusammenhangskomponente* (=maximale zusammenhängende Teilmenge) von Z oder von S enthält genau soviel Eigenwerte wie Kreisscheiben an der Komponente beteiligt sind (Eigenwerte und Kreisscheiben werden dabei entsprechend ihrer Vielfachheit gezählt).

Beweis: a) Sei λ Eigenwert von $\mathbf{A}$ und $\mathbf{x}$ ein zu λ gehörender Eigenvektor. Dann ist $\mathbf{Ax} = \lambda\mathbf{x}$ oder damit gleichbedeutend

$$(\lambda - a_{ii})x_i = \sum_{j\neq i} a_{ij}x_j \text{ für } i = 1,\ldots,n.$$

Ist nun i ein Index mit $|x_i| = ||\mathbf{x}||_\infty$, so folgt (man beachte $x_i \neq 0$ wegen $\mathbf{x} \neq \mathbf{0}$)

$$|\lambda - a_{ii}| \leq \sum_{j\neq i} |a_{ij}\frac{x_j}{x_i}| \leq \sum_{j\neq i} |a_{ij}|.$$

b) Folgt aus a), da $\mathbf{A}$ und $\mathbf{A}^{\mathrm{T}}$ wegen $\det(\lambda\mathbf{I} - \mathbf{A}) = \det((\lambda\mathbf{I} - \mathbf{A})^{\mathrm{T}}) = \det(\lambda\mathbf{I} - \mathbf{A}^{\mathrm{T}})$ dasselbe charakteristische Polynom und damit dieselben Eigenwerte haben.

c) Wird nur skizziert. Man betrachtet für $t \in [0,1]$ die Matrizen $\mathbf{A}(t) := \mathbf{D} + t(\mathbf{A} - \mathbf{D})$ mit $\mathbf{D} := \operatorname{diag}(a_{ii})$. Aus der stetigen Abhängigkeit der Eigenwerte $\lambda(t)$ von $\mathbf{A}(t)$ ergibt sich dann die Behauptung. □

Über den Themenkreis Gerschgorinsche Kreise gibt es ein ausführliches Buch von [102, R. VARGA, 2004].

Sind λ_j die Eigenwerte einer quadratischen Matrix $\mathbf{A}$, so sind offensichtlich λ_j^2 die Eigenwerte von $\mathbf{A}^2$, denn aus $\mathbf{Ax} = \lambda_j\mathbf{x}$ folgt durch Multiplikation mit $\mathbf{A}$ die Gleichung $\mathbf{A}^2\mathbf{x} = \lambda_j\mathbf{Ax} = \lambda_j^2\mathbf{x}$, daher auch $\mathbf{A}^k\mathbf{x} = \lambda_j^k\mathbf{x}$ für alle $k = 1, 2, \ldots$ Ist q ein beliebiges Polynom und $\mathbf{A}$ eine quadratische Matrix, so kann man die Matrix $\mathbf{B} := q(\mathbf{A})$ definieren. Ist z. B. $q(x) := 3 - x^3$, so ist entsprechend $\mathbf{B} := 3\mathbf{I} - \mathbf{A}^3$. Es gilt ein einfacher Zusammenhang zwischen den Eigenwerten von $\mathbf{A}$ und $\mathbf{B} := q(\mathbf{A})$.

Satz 9.22. Sei $\mathbf{A}$ eine quadratische Matrix und q ein Polynom. Mit σ bezeichnen wir das Spektrum einer quadratischen Matrix (vgl. Def 9.4, S. 303). Dann ist

$$\sigma(q(\mathbf{A})) = q(\sigma(\mathbf{A})) := \{q(\lambda) : \lambda \in \sigma(\mathbf{A})\}. \tag{9.18}$$

Beweis: Sei $\mathbf{Ax} = \lambda\mathbf{x}$, $\mathbf{x} \neq \mathbf{0}$ und $q(x) := \sum \alpha_j x^j$. Dann ist $q(\mathbf{A})\mathbf{x} = \sum(\alpha_j\mathbf{A}^j\mathbf{x}) = q(\lambda)\mathbf{x}$, also $q(\sigma(\mathbf{A})) \subset \sigma(q(\mathbf{A}))$. Wir müssen noch zeigen, dass $q(\mathbf{A})$ nur die Eigenwerte $q(\sigma(\mathbf{A}))$ besitzt. Dazu sei $\mathbf{D} = \mathbf{Q}^*\mathbf{AQ}$ die Schursche

Zerlegung (Satz 9.13, S. 307). Dann ist $q(\mathbf{D}) = \mathbf{Q}^* q(\mathbf{A})\mathbf{Q}$. Die Matrizen $q(\mathbf{A})$ und $q(\mathbf{D})$ haben (nach Satz 9.10, S. 306) also das gleiche Spektrum. Nun ist aber $q(\mathbf{D})$ eine obere Dreiecksmatrix mit den Diagonalelementen $q(\lambda), \lambda \in \sigma(\mathbf{A})$ (vgl. Aufgabe 9.15, S. 331). □

Als Anwendung berechnen wir die Operatornom von $||q(\mathbf{A})||_{\mathbf{A}}$ bei positiv definiter Matrix $\mathbf{A}$. Man vgl. dazu die Definition (8.6), S. 229 und die bereits benutzte Formel (6.72), S. 193. Wir benötigen ein Lemma.

Lemma 9.22′. Seien $\mathbf{A}, \mathbf{B} \in \mathbb{K}^{n\times n}$ zwei vertauschbare Matrizen (also $\mathbf{AB} = \mathbf{BA}$), $\mathbf{A}$ sei hermitesch und positiv definit und $\mathbf{B}$ sei normal. Dann gilt

$$||\mathbf{B}||_{\mathbf{A}} = \max_{\mu\in\sigma(\mathbf{B})} |\mu|.$$

Beweis: Es gibt *eine* orthogonale Matrix $\mathbf{Q}$ ([57, HORN & JOHNSON, 1991, p. 103]) mit

$$\mathbf{AQ} = \mathbf{QD_A}, \quad \mathbf{BQ} = \mathbf{QD_B}$$

und Diagonalmatrizen $\mathbf{D_A} = \operatorname{diag}(\lambda_1, \lambda_2, \ldots, \lambda_n), \mathbf{D_B} = \operatorname{diag}(\mu_1, \mu_2, \ldots, \mu_n)$. Die Matrix $\mathbf{Q}$ enthält also spaltenweise (n linear unabhängige, zueinander orthogonale) Eigenvektoren von $\mathbf{A}$ *und* von $\mathbf{B}$. Nach der Definitionen 6.23, S. 189 und Formel (8.6′), S. 229 ist

$$(*) \qquad ||\mathbf{B}||_{\mathbf{A}} = \max_{||\mathbf{x}||_{\mathbf{A}}=1} ||\mathbf{Bx}||_{\mathbf{A}} = \max_{\mathbf{x}^*\mathbf{Ax}=1} \sqrt{\mathbf{x}^*\mathbf{B}^*\mathbf{ABx}}.$$

Sind $\mathbf{q}_j$ die Spalten von $\mathbf{Q}$, so gibt es eine eindeutige Darstellung $\mathbf{x} = \sum \beta_j \mathbf{q}_j$ aus der folgt: $\mathbf{Ax} = \sum_j \beta_j\lambda_j\mathbf{q}_j$, $\mathbf{Bx} = \sum_j \beta_j\mu_j\mathbf{q}_j$. Wir setzen $c_j := |\beta_j|^2\lambda_j$. Das ist wegen $\lambda_j \neq 0$ eine 1-1-Beziehung zwischen den c_j und den $|\beta_j|$. Wegen $\lambda_j > 0$ ist $c_j \geq 0$. Wir erhalten aus der rechten Seite von $(*)$

$$||\mathbf{B}||_{\mathbf{A}} = \max_{c_j\geq 0, \sum_j c_j = 1} \sqrt{\sum_j c_j|\mu_j|^2} = \max_j |\mu_j|. \qquad □$$

Satz 9.23. Sei $\mathbf{A}$ hermitesch und positiv definit und q ein beliebiges Polynom. Dann gilt für die Operatornorm $||q(\mathbf{A})||_{\mathbf{A}}$ die Formel

$$(9.19) \qquad ||q(\mathbf{A})||_{\mathbf{A}} = \max_{\lambda\in\sigma(\mathbf{A})} |q(\lambda)|.$$

Beweis: Es sind $q(\mathbf{A})$ und $\mathbf{A}$ miteinander vertauschbar und $q(\mathbf{A})$ ist normal (Aufgabe 9.16, S. 331). Das Lemma 9.22′ und der Satz 9.22 liefern dann $||q(\mathbf{A})||_{\mathbf{A}} = \max_{\mu\in\sigma(q(\mathbf{A}))} |\mu| = \max_{\lambda\in\sigma(\mathbf{A})} |q(\lambda)|$. □

Wir beschreiben in den folgenden Abschnitten einige Methoden zur Berechnung von Eigenwerten und -vektoren. Am Schluß dieses Kapitels führen wir einige Beispiele vor. Weitergehende Informationen kann man z. B. bei [81, PARLETT, 1998] finden.

9.2 Das von-Mises-Verfahren (Potenzmethode)

Sei $\mathbf{A} \in \mathbb{R}^{n\times n}$. Wir betrachten für $\mathbf{x}_0 \neq \mathbf{0}$ die Folge

$$\mathbf{x}_{i+1} = \mathbf{A}\mathbf{x}_i = \mathbf{A}^2\mathbf{x}_{i-1} = \cdots = \mathbf{A}^{i+1}\mathbf{x}_0. \tag{9.20}$$

Das wesentliche an dieser Iteration ist nicht das individuelle $\mathbf{x}_i$, sondern der von $\mathbf{x}_i$ erzeugte lineare Raum mit der Bezeichnung

$$X_i = \langle \mathbf{x}_i \rangle, \tag{9.21}$$

denn in (9.20) kann jedes auftretende $\mathbf{x}_i$ mit einem Zahlfaktor multipliziert werden. Wir fassen (9.20) als Iteration der Räume X_i auf und schreiben kurz

$$X_{i+1} = \mathbf{A}X_i, \qquad i = 0, 1, \ldots \tag{9.22}$$

Definition 9.24. Wir sagen, dass die durch (9.22) definierte Folge der Räume X_i gegen einen Raum X konvergiert, wenn es $\mathbf{x}_i$ gibt mit $X_i = \langle \mathbf{x}_i \rangle$ und $\mathbf{x}$ mit $X = \langle \mathbf{x} \rangle$ und $\lim_{i\to\infty} \mathbf{x}_i = \mathbf{x}$.

Sei jetzt $\mathbf{A}$ diagonalähnlich. Dann wird der Eigenraum von $\mathbf{A}$ aufgespannt von n Eigenvektoren $\mathbf{v}_1, \mathbf{v}_2, \ldots, \mathbf{v}_n$ (Korollar 9.11, S. 306). Jedes $\mathbf{x}$ hat dann eine eindeutige Darstellung $\mathbf{x} = \sum_{j=1}^{n} c_j \mathbf{v}_j$ und $\mathbf{A}^k\mathbf{x} = \sum_{j=1}^{n} c_j \lambda_j^k \mathbf{v}_j$, $k \in \mathbb{N}$. Ohne Einschränkung der Allgemeinheit sei

$$|\lambda_1| \geq |\lambda_2| \geq \cdots \geq |\lambda_n|. \tag{9.23}$$

Satz 9.25. Besitze $\mathbf{A}$ die n linear unabhängigen Eigenvektoren $\mathbf{v}_1, \mathbf{v}_2, \ldots, \mathbf{v}_n$. Sei $\mathbf{x}_0 = \sum_{j=1}^{n} d_j \mathbf{v}_j$ mit $d_1 \neq 0$, und neben (9.23) gelte $|\lambda_1| > |\lambda_2|$. Dann konvergiert (9.22) gegen den Raum $X = \langle \mathbf{v}_1 \rangle$. Ist $X_i = \langle \mathbf{x}_i \rangle$, so konvergieren

$$\frac{\mathbf{x}_i^{\mathrm{T}}\mathbf{A}\mathbf{x}_i}{\mathbf{x}_i^{\mathrm{T}}\mathbf{x}_i} \quad \text{und} \quad \frac{(\mathbf{A}\mathbf{x}_i)^{(j)}}{\mathbf{x}_i^{(j)}} \quad \text{für } \mathbf{x}_i^{(j)} \neq 0 \tag{9.24}$$

gegen λ_1. Der obere Index j soll dabei die Komponentennummer j bedeuten.

Beweis:
$$\begin{aligned} X_i &= \langle \mathbf{x}_i \rangle = \langle \mathbf{A}^i \mathbf{x}_0 \rangle \\ &= \langle \sum_{j=1}^{n} d_j \lambda_j^i \mathbf{v}_j \rangle = \langle \sum_{j=1}^{n} d_j \frac{\lambda_j^i}{\lambda_1^i} \mathbf{v}_j \rangle \\ &= \langle d_1 \mathbf{v}_1 + d_2 (\frac{\lambda_2}{\lambda_1})^i \mathbf{v}_2 + \cdots + d_n (\frac{\lambda_n}{\lambda_1})^i \mathbf{v}_n \rangle \\ &\longrightarrow \langle \mathbf{v}_1 \rangle \end{aligned}$$

wegen $(\lambda_j/\lambda_1)^i \to 0$ für alle $j = 2, 3, \ldots, n$. □

Der erste Quotient in (9.24) heißt *Rayleigh-Quotient*. Bei der praktischen Durchführung von (9.20) wird man zweckmäßigerweise einen *Stabilisierungsschritt* $\mathbf{x}_i := \mathbf{x}_i/||\mathbf{x}_i||$ einfügen. Die Folge dieser stabilisierten $\mathbf{x}_i$ braucht noch nicht zu konvergieren, jedoch konvergiert die Folge der Vektoren $(|\lambda_1|/\lambda_1)^i \mathbf{x}_i$ (Aufgabe 9.9). Die Konvergenzgeschwindigkeit des von-Mises-Verfahrens ist - wie man aus dem vorigen Beweis entnimmt - durch die Geschwindigkeit von $|\lambda_2/\lambda_1|^i \to 0$ bestimmt.

9.3 Die inverse von-Mises-Iteration

Sei $\mu \in \mathbb{C}$ kein Eigenwert von $\mathbf{A}$. Dann ist die Matrix $\mathbf{A} - \mu\mathbf{I}$ invertierbar, d. h., wir können die *inverse Iteration*

(9.25) $$(\mathbf{A} - \mu\mathbf{I})\mathbf{x}_{i+1} = \mathbf{x}_i, \quad \mathbf{x}_0 \neq \mathbf{0}$$

betrachten, bei der $\mathbf{x}_{i+1}$ durch Lösen des linearen Gleichungssystems (9.25) bestimmt wird. Formal läßt sich (9.25) wie (9.22) formulieren, nämlich

(9.26) $$X_{i+1} = (\mathbf{A} - \mu\mathbf{I})^{-1} X_i.$$

Hat $\mathbf{A}$ die Eigenwerte $\lambda_1, \lambda_2, \ldots, \lambda_n$, so hat $\tilde{\mathbf{A}} = (\mathbf{A} - \mu\mathbf{I})^{-1}$ die Eigenwerte

(9.27) $$\tilde{\lambda}_j = \frac{1}{(\lambda_j - \mu)}, \quad j = 1, 2, \ldots, n,$$

denn: $(\mathbf{A} - \mu\mathbf{I})^{-1}\mathbf{x} = \tilde{\lambda}\mathbf{x} \Rightarrow \mathbf{x} = \tilde{\lambda}(\mathbf{A} - \mu\mathbf{I})\mathbf{x} \Rightarrow \mathbf{A}\mathbf{x} = (\frac{1}{\tilde{\lambda}} + \mu)\mathbf{x} \Rightarrow \lambda_j = \frac{1}{\tilde{\lambda}_j} + \mu \Rightarrow$ (9.27), und die Eigenvektoren von $\mathbf{A}$ und von $(\mathbf{A} - \mu\mathbf{I})^{-1}$ sind nach der durchgeführten Rechnung dieselben.

Korollar 9.26. Die Matrix $\mathbf{A}$ habe n linear unabhängige Eigenvektoren $\mathbf{v}_j$ mit dazugehörigen Eigenwerten λ_j, $j = 1, 2, \ldots, n$. Ist μ kein Eigenwert von $\mathbf{A}$ und

$$(9.28) \qquad |\lambda_1 - \mu| < |\lambda_2 - \mu| \leq \cdots \leq |\lambda_n - \mu|,$$

so konvergiert (9.26) für alle $\mathbf{x}_0 = \sum_{j=1}^{n} d_j \mathbf{v}_j$ mit $d_1 \neq 0$ gegen $X = \langle \mathbf{v}_1 \rangle$, und die in (9.24) angegebenen Quotienten konvergieren gegen λ_1.

Beweis: Aus (9.28) folgt

$$(9.29) \qquad |\frac{1}{\lambda_1 - \mu}| > |\frac{1}{\lambda_2 - \mu}| \geq \cdots \geq |\frac{1}{\lambda_n - \mu}|.$$

Damit sind für die Matrix $\tilde{\mathbf{A}}$ die Voraussetzungen von Satz 9.25 erfüllt. □

War die Konvergenzgeschwindigkeit des von-Mises-Verfahrens i. w. durch $|\lambda_2/\lambda_1|$ bestimmt, so ist beim inversen von-Mises-Verfahren die Zahl $|\{1/(\lambda_2 - \mu)\}/\{1/(\lambda_1 - \mu)\}| = |(\lambda_1 - \mu)/(\lambda_2 - \mu)|$ ausschlaggebend. Wählt man also μ hinreichend nahe bei λ_1, so kann dieser Konvergenzfaktor klein und die Konvergenzgeschwindigkeit entsprechend hoch werden.

9.4 Das QR-Verfahren

Dieselben Iterationen (d. h. (9.22) bzw. (9.26)) lassen sich auch verwenden, wenn man für X_0 einen k-dimensionalen Raum verwendet ($1 \leq k \leq n$). In diesem Fall konvergiert unter geeigneten Annahmen und Stabilisierungsmaßnahmen (d. h. Orthogonalisierung) X_i gegen $< \mathbf{v}_1, \mathbf{v}_2, \ldots, \mathbf{v}_k >$.

Das meist benutzte und i. a. sehr effektive sogenannte QR-*Verfahren* läßt sich auffassen als eine derartige Iteration mit $k = n$. Eine Übersicht über neue Trends und einen neuen Einstieg zum QR-Verfahren findet man bei [103, WATKINS 2008, S. 133–145].

Bei dem QR-Verfahren werden iterativ Zerlegungen einer Matrix in Faktoren $\mathbf{Q} \cdot \mathbf{R}$ vorgenommen, wobei $\mathbf{Q}$ eine orthogonale und $\mathbf{R}$ eine rechte Dreiecksmatrix ist. Diese Zerlegungen können mit dem besprochenen Householder-Verfahren (s. Programm 8.55, S. 255) hergestellt werden. Das QR-Verfahren zur Bestimmung der Eigenwerte einer gegebenen Matrix $\mathbf{A}$ besteht aus den folgenden Schritten: Man wähle (zunächst beliebig) Zahlen $\mu_0, \mu_1 \ldots$ und bestimme

$$(9.30) \qquad \mathbf{A}_0 := \mathbf{A},$$

$$(9.31) \qquad \mathbf{A}_{j-1} - \mu_{j-1}\mathbf{I} = \mathbf{Q}_j \mathbf{R}_j; \quad \mathbf{A}_j := \mathbf{R}_j \mathbf{Q}_j + \mu_{j-1}\mathbf{I}, \quad j = 1, 2, \ldots$$

Im ersten Schritt von (9.31) ist also die Zerlegung vorzunehmen, im zweiten Schritt die gefundenen Faktoren $\mathbf{Q}_j, \mathbf{R}_j$ in umgekehrter Reihenfolge zu multiplizieren. Das angegebene Verfahren heißt QR-Verfahren *mit Verschiebungen* μ_j (auch [engl.] *shifts*). Wählt man alle $\mu_j = 0$, entsteht das gewöhnliche QR-Verfahren. Wegen $\mathbf{Q}_j^{\mathrm{T}}\mathbf{A}_{j-1}\mathbf{Q}_j = \mathbf{Q}_j^{\mathrm{T}}(\mathbf{Q}_j\mathbf{R}_j + \mu_{j-1}\mathbf{I})\mathbf{Q}_j = \mathbf{R}_j\mathbf{Q}_j + \mu_{j-1}\mathbf{I} = \mathbf{A}_j$ sind alle so entstehenden Matrizen $\mathbf{A}_0, \mathbf{A}_1, \ldots$ ähnlich, haben also dieselben Eigenwerte. Aus der Gleichung $\mathbf{Q}_j^{\mathrm{T}}\mathbf{A}_{j-1}\mathbf{Q}_j = \mathbf{A}_j$ folgt $\mathbf{Q}_1 \cdots \mathbf{Q}_{j-1}\mathbf{A}_{j-1} = \mathbf{A}\mathbf{Q}_1 \cdots \mathbf{Q}_{j-1}$. Und daher ist $\mathbf{Q}_1 \cdots \mathbf{Q}_j\mathbf{R}_j \cdots \mathbf{R}_1 =$ $\mathbf{Q}_1 \cdots \mathbf{Q}_{j-1}(\mathbf{A}_{j-1} - \mu_{j-1}\mathbf{I})\mathbf{R}_{j-1} \cdots \mathbf{R}_1 = (\mathbf{A} - \mu_{j-1}\mathbf{I})\mathbf{Q}_1 \ldots \mathbf{Q}_{j-1}\mathbf{R}_{j-1} \ldots \mathbf{R}_1$. Daraus folgt schließlich $\mathbf{Q}_1 \cdots \mathbf{Q}_j\mathbf{R}_j \cdots \mathbf{R}_1 = (\mathbf{A} - \mu_{j-1}\mathbf{I}) \cdots (\mathbf{A} - \mu_0\mathbf{I})$, $j = 1, 2, \ldots$ Wir haben also gleichzeitig eine QR-Zerlegung des Produkts $(\mathbf{A} - \mu_{j-1}\mathbf{I}) \cdots (\mathbf{A} - \mu_0\mathbf{I})$ erhalten. Sind z. B. alle Verschiebungen $\mu_j = 0$, so können wir mit Hilfe der Potenzmethode das Konvergenzverhalten plausibel machen. Aus den obigen Rechnungen folgt (mit $\mu_j = 0$ und entsprechend $\mathbf{A}_j = \mathbf{R}_j\mathbf{Q}_j$)

$$(*) \qquad \mathbf{Q}_1\mathbf{Q}_2 \cdots \mathbf{Q}_j\mathbf{R}_j = \mathbf{A}\mathbf{Q}_1\mathbf{Q}_2 \cdots \mathbf{Q}_{j-1}.$$

Sei $\mathbf{q}_j$ die erste Spalte von $\mathbf{Q}_1\mathbf{Q}_2 \cdots \mathbf{Q}_j$. Dann lautet $(*)$

$$r_{11}^{(j)}\mathbf{q}_j = \mathbf{A}\mathbf{q}_{j-1}.$$

Dabei ist $r_{11}^{(j)}$ das erste Element der ersten Spalte von $\mathbf{R}_j$. Sind die Voraussetzungen für das von-Mises-Verfahren erfüllt, so konvergiert $r_{11}^{(j)}$ gegen den betragsmäßig größten Eigenwert und $\mathbf{q}_j$ konvergiert *im wesentlichen* gegen einen dazugehörigen Eigenvektor (man vgl. den Abschnitt 9.2, S. 314 über das von-Mises-Verfahren). Ausführlichere Untersuchungen zeigen, dass die Matrizen $\mathbf{A}_j$ für $j = 0, 1, \ldots$ unter gewissen Voraussetzungen gegen eine rechte Dreiecksmatrix konvergieren, so dass die Eigenwerte aus der Diagonalen abgelesen werden können.

Für effiziente Versionen dieses Algorithmus vgl. man die Literatur, z. B. [44, GOLUB & VAN LOAN, 1996, Ch. 5.2]. Man vgl. dazu auch Aufgabe 9.12, S. 331. Sind $\mathbf{H}_j = (h_{kl}^{(j)})$ die im Laufe der Iteration entstehenden Matrizen, so hat sich (bei reellen Eigenwerten) als Verschiebung μ_j das Matrixelement $h_{nn}^{(j)}$ in vielen Fällen bewährt. Da jedoch auch bei reellen Matrizen mit komplexen Eigenwerten gerechnet werden muss, ist folgende alternative Strategie häufig besser: Man bestimme die beiden Eigenwerte von

$$\begin{pmatrix} h_{n-1,n-1}^{(j)} & h_{n-1,n}^{(j)} \\ h_{n,n-1}^{(j)} & h_{n,n}^{(j)} \end{pmatrix}$$

und wähle im Falle reeller Eigenwerte als Verschiebungsparameter μ_j den Eigenwert λ für den $|h_{n,n}^{(j)} - \lambda|$ kleiner ist. Falls aber die beiden Eigenwerte λ und $\overline{\lambda}$ konjugiert komplex sind, so führe man einen Schritt mit $\mu_j = \lambda$ und den nächsten mit $\mu_{j+1} = \overline{\lambda}$ aus. Eine Diskussion und weitere Einzelheiten entnehme man der genannten Arbeit von [103, WATKINS] oder den Büchern von [44, GOLUB & VAN LOAN, 1996, S. 354 ff.], [92, SCHWARZ, 1997, S. 316 ff.], [98, Stoer & Bulirsch, 2000, S. 72 ff.].

9.5 Der Lanczos-Algorithmus

Der Lanczos-Algorithmus[2] ist anwendbar auf symmetrische Matrizen $\mathbf{A} \in \mathbb{R}^{n \times n}$. Er ist kein direkter Eigenwert-Algorithmus, sondern basiert auf der Herstellung einer Folge von tridiagonalen Matrizen $\mathbf{T}_j \in \mathbb{R}^{j \times j}$, $j = 1, 2, \ldots, n$ mit der Eigenschaft, dass die größten und kleinsten Eigenwerte von $\mathbf{T}_j$ die größten und kleinsten Eigenwerte von $\mathbf{A}$ schon bei kleinem j gut approximieren, und dass $\mathbf{T}_n$ schließlich zu $\mathbf{A}$ orthogonal ähnlich ist. Wir folgen i. w. der Darstellung von [44, GOLUB & VAN LOAN, 1996, Ch. 9] und versuchen eine orthogonale Tridiagonalisierung von $\mathbf{A}$ direkt. Dazu sei

$$\mathbf{T}_n = \begin{pmatrix} \alpha_1 & \beta_1 & & \cdots & 0 \\ \beta_1 & \alpha_2 & \ddots & & \vdots \\ & \ddots & \ddots & \ddots & \\ \vdots & & \ddots & \cdots & \beta_{n-1} \\ 0 & \cdots & & \beta_{n-1} & \alpha_n \end{pmatrix} \tag{9.32}$$

eine symmetrische Tridiagonalmatrix und $\mathbf{Q}$ eine orthogonale Matrix mit

$$\text{(a)} \quad \mathbf{Q}^{\mathrm{T}}\mathbf{A}\mathbf{Q} = \mathbf{T}_n \quad \Leftrightarrow \quad \text{(b)} \quad \mathbf{A}\mathbf{Q} = \mathbf{Q}\mathbf{T}_n.$$

Seien $\mathbf{q}_1, \mathbf{q}_2, \ldots, \mathbf{q}_n$ die Spalten von $\mathbf{Q}$. Aus der Gleichung (a) folgt durch beidseitige Multiplikation mit dem j-ten Einheitsvektor

$$\alpha_j = \mathbf{q}_j^{\mathrm{T}}\mathbf{A}\mathbf{q}_j, \; j = 1, 2, \ldots, n. \tag{9.33}$$

Aus dem Vergleich der j-ten Spalten von (b) folgt

$$\begin{aligned} \mathbf{A}\mathbf{q}_j &= \beta_{j-1}\mathbf{q}_{j-1} + \alpha_j\mathbf{q}_j + \beta_j\mathbf{q}_{j+1}, \; j = 1, 2, \ldots, n, \text{ mit} \\ \beta_0\mathbf{q}_0 &= \beta_n\mathbf{q}_{n+1} = \mathbf{0}. \end{aligned} \tag{9.34}$$

---

[2] Ungarischer Mathematiker Cornelius Lanczos, 1893–1974, Aussprache Lanzosch.

Setzen wir

(9.35) $$\mathbf{r}_j = (\mathbf{A} - \alpha_j \mathbf{I})\mathbf{q}_j - \beta_{j-1}\mathbf{q}_{j-1},\ j = 1, 2, \ldots, n,$$

so kann die Gleichung (9.34) in die einfache Form $\mathbf{r}_j = \beta_j \mathbf{q}_{j+1}$, $j = 1, 2, \ldots, n$, $\mathbf{r}_n = \mathbf{0}$ geschrieben werden. Da die Vektoren $\mathbf{q}_j$ alle die Länge Eins haben, folgt $\|\mathbf{r}_j\|_2 = |\beta_j|$. Wir wählen daher

(9.36) $$\beta_j = \|\mathbf{r}_j\|_2,$$

und wir halten fest, dass $\beta_j = 0$, genau dann wenn $\mathbf{r}_j = \mathbf{0}$. Lösen wir (9.34) nach $\mathbf{q}_{j+1}$ auf, so ergibt sich die Iteration

(9.37) $$\mathbf{q}_{j+1} = \mathbf{r}_j / \beta_j \text{ für } \beta_j \neq 0,\ j = 1, 2, \ldots n-1.$$

Damit haben wir den Lanczos-Algorithmus in seiner einfachsten Form:

- Initialisierung: $\mathbf{q}_1$ beliebig mit $\|\mathbf{q}_1\|_2 = 1, \alpha_1$ nach (9.33),
- $\mathbf{r}_1 = (\mathbf{A} - \alpha_1 \mathbf{I})\mathbf{q}_1, \beta_1 = \|\mathbf{r}_1\|_2$.
- Iteration: Für $j = 1, 2, \ldots$: Stopp, wenn $\beta_j = 0$, andernfalls:
- $\mathbf{q}_{j+1} = \mathbf{r}_j / \beta_j, \alpha_{j+1}$ nach (9.33), $\mathbf{r}_{j+1}$ nach (9.35), β_{j+1} nach (9.36).

Die Eigenwerte der Matrizen $\mathbf{T}_j$ nennt man *Ritz-Werte*. Wir können einige Vereinfachungen am obigen Algorithmus anbringen. In der angegebenen Formulierung braucht der Algorithmus in jedem Schritt drei Vektoren, nämlich $\mathbf{q}_j, \mathbf{q}_{j+1}$, $\mathbf{r}_j$. Benutzen wir die Orthogonalität der $\mathbf{q}_j$, so können wir (9.33) schreiben als

$$\alpha_j = \mathbf{q}_j^{\mathrm{T}}(\mathbf{A}\mathbf{q}_j - \beta_{j-1}\mathbf{q}_{j-1}).$$

Wir benutzen zur weiteren Formulierung jetzt nur noch zwei Hilfsvektoren, nämlich $\mathbf{q}$ für die Vektoren $\mathbf{q}_j$ und $\mathbf{v}$ wechselweise für $\mathbf{r}_j$ und für $\mathbf{A}\mathbf{q}_j - \beta_{j-1}\mathbf{q}_{j-1}$. Setzt man am Anfang $\mathbf{v} = \mathbf{0}$, so kann man einen wesentlichen Teil der Initialisierung in den Hauptteil übernehmen. Wir erhalten dann den Lanczos-Algorithmus:

Initialisierung: $\mathbf{v} = \mathbf{0}$, $\mathbf{q}$ beliebig mit $\|\mathbf{q}\|_2 = 1$.
Iteration: Für $j = 0, 1, 2, \ldots$:
(1) Für $j > 0$: Stopp, wenn $\beta_j = 0$; **hilfs**=$\mathbf{q}$, $\mathbf{q} = \mathbf{v}/\beta_j$, $\mathbf{v} = -\beta_j$**hilfs**,
(2) $\mathbf{v} = \mathbf{v} + \mathbf{A}\mathbf{q}$, $\alpha_{j+1} = \mathbf{q}^{\mathrm{T}}\mathbf{v}$, $\mathbf{v} = \mathbf{v} - \alpha_{j+1}\mathbf{q}$, $\beta_{j+1} = \|\mathbf{v}\|_2$.

Dabei ist zu beachten, dass der in (1) angegebene Vektor **hilfs** tatsächlich nicht gebraucht wird. Es genügt *eine* reelle Hilfsvariable, um die in (1) angegebenen Operationen auszuführen. Pro Schritt benötigt man $n^2 + 5n$ Multiplikationen bzw. Divisionen und insgesamt etwa $2n$ Speicherplätze. Der angegebene Algorithmus hat den großen Vorteil, dass er die Matrix $\mathbf{A}$ unverändert läßt. Die einzige Operation, in der $\mathbf{A}$ vorkommt, ist das Matrix-Vektorprodukt $\mathbf{A}\mathbf{q}$. Daher ist der Algorithmus besonders für große, dünn besetzte Matrizen geeignet. Das bedeutet insbesondere, dass analog zum Verfahren der konjugierten Gradienten (Abschnitt 6.4, S. 185) das Lanczos-Verfahren als Iterationsverfahren aufgefaßt werden sollte, das gewöhnlich vor Ausführung von n Schritten schon zu einem befriedigendem Ende kommt. Eine vorzeitige Beendigung wegen $\beta_m = 0$ tritt ein, wenn der bereits früher eingeführte *Krylow-Raum*

$$\mathcal{K}(\mathbf{A}, \mathbf{x}_0, n) = \langle \mathbf{x}_0, \mathbf{A}\mathbf{x}_0, \mathbf{A}^2\mathbf{x}_0, \ldots, \mathbf{A}^{n-1}\mathbf{x}_0 \rangle$$

die Dimension m hat. Die Dimension eines Krylow-Raumes spielte bereits bei dem Verfahren der konjugierten Gradienten eine entscheidende Rolle. Wir können aber auf die Einzelheiten und die verwickelte Konvergenztheorie nicht eingehen.

Wie kommt man nun aber von den Tridiagonalmatrizen $\mathbf{T}_j$ zu deren Eigenwerten? Nach den Bemerkungen am Schluß des Abschnitts über das QR-Verfahren liefert es, angewendet auf $\mathbf{T}_j$ wegen der Symmetrie der $\mathbf{T}_j$ Diagonalmatrizen mit den gesuchten Eigenwerten als Diagonalelemente.

9.6 Berechnung der Singulärwerte

Grundlage ist der Satz 9.19, S. 310, nach dem es zu jeder Matrix $\mathbf{A} \in \mathbb{K}^{m\times n}$ zwei orthogonale Matrizen $\mathbf{U} \in \mathbb{K}^{m\times m}, \mathbf{V} \in \mathbb{K}^{n\times n}$ gibt mit

$$\mathbf{U}^*\mathbf{A}\mathbf{V} =: \Delta \in \mathbb{R}^{m\times n},$$

so dass die quadratische Teilmatrix $\Delta(1:\mu, 1:\mu)$ von Δ mit $\mu = \min(m, n)$ eine Diagonalmatrix ist und die Singulärwerte als Diagonalelemente enthält.

Wir berechnen die Singulärwerte einer Bidiagonalmatrix $\mathbf{B} \in \mathbb{K}^{n\times n}$, das ist eine Matrix, die nur in der Diagonalen und direkt darüber von Null verschiedene Einträge enthalten kann. Die Herstellung einer Bidiagonalmatrix hatten wir bereits in Abschnitt 8.3.3, S. 256 kennengelernt. Seien $a_j,\ j = 1, 2, \ldots, n$ die Diagonalelemente von $\mathbf{B}$ und $b_j,\ j = 1, 2, \ldots, n-1$ die Einträge oberhalb der Diagonalen. Alle anderen Einträge seien Null. Im Prinzip könnten wir auf die hermitesche Matrix $\mathbf{B}^*\mathbf{B}$ (oder $\mathbf{B}\mathbf{B}^*$) das QR-Verfahren anwenden. Aber analog zu den Normalgleichungen (8.32), S. 247 bei der Lösung überbestimmter Gleichungssysteme ist auch hier die Bildung des Produkts $\mathbf{B}^*\mathbf{B}$ numerisch instabil.

Beispiel 9.27. ***Instabile Produktbildung*** $\mathbf{B}^*\mathbf{B}$
Sei $\mathbf{B} := \begin{pmatrix} 1 & 1 \\ 0 & \varepsilon \end{pmatrix}$. Dann ist $\mathbf{B}^*\mathbf{B} = \begin{pmatrix} 1 & 1 \\ 1 & 1+\varepsilon^2 \end{pmatrix}$. Ist ε^2 etwa die Maschinen-

genauigkeit $\mathbf{m}$ (z. B. 10^{-16} bei üblicher Arithmetik), so wird $1+\varepsilon^2$ zu 1 gerundet, und das Produkt ist singulär. Der kleinere der beiden Singulärwerte von $\mathbf{B}$ ist (näherungsweise) $\frac{1}{2}\sqrt{2}\varepsilon$ (im Beispiel also etwa 10^{-8}), dagegen hat die gerundete, singuläre Matrix als kleineren Singulärwert die Null. Singulärwerte zwischen $\mathbf{m}$ und $\sqrt{\mathbf{m}}$ können also bei der Produktbildung $\mathbf{B}^*\mathbf{B}$ verloren gehen.

Wir beginnen sofort mit einem Algorithmus ([20, DEMMEL, 1997, S. 245]) und geben im Anschluß einige Erläuterungen. Das hat den Vorteil, dass man ggf. die Erläuterungen zu einem späteren Zeitpunkt lesen kann. Der Algorithmus (Programm 9.28) rechnet sehr akkurat, konvergiert aber nicht sehr schnell.

Programm 9.28. Berechnung von Singulärwerten

```
function [sigma,Fehler,Anzahl]=svdbidiag(a,b);
%=================================================
p=real(a).^2+imag(a).^2;      q=real(b).^2+imag(b).^2;
n=length(a);     delta=0;      zeler=0;
while norm(q,inf)>1e-14 & zeler<5000    %(Notbremse)
  zeler=zeler+1;
  %============Beginn wesentlicher Teil================
  d=p(1)-delta;
  for j=1:n-1
    p(j)=d+q(j);
    h=p(j+1)/p(j);
    q(j)=q(j)*h;
    d=d*h-delta;
  end; %for j
  p(n)=d;
  %=============Ende wesentlicher Teil=================
end; %while
sigma=sqrt(p); Fehler=norm(q,inf); Anzahl=zeler;
```

Grundlage ist eine von der Cholesky-Zerlegung (Abschnitt 6.2.2, S. 174) abgeleite LR-Zerlegung einer positiv definiten Matrix $\mathbf{A}$. Das Verfahren stimmt in seiner Idee vollständig mit dem QR-Verfahren (9.30), (9.31), S. 316 überein. Es lautet ($\mathbf{B}_j^*\mathbf{B}_j$ bedeutet immer Cholesky-Zerlegung):

$$(9.38)\qquad \mathbf{A}_0 := \mathbf{A},$$

$$(9.39)\qquad \mathbf{A}_{j-1}-\mu_{j-1}\mathbf{I} = \mathbf{B}_j^*\mathbf{B}_j;\quad \mathbf{A}_j := \mathbf{B}_j\mathbf{B}_j^* + \mu_{j-1}\mathbf{I},\quad j=1,2,\dots$$

Wir behandeln nur den Fall $\mu_{j-1}=0$. Eine verfeinerte Version ([26, FERNANDO & PARLETT, 1994]) benutzt positive Verschiebungen $\mu_{j-1}>0$ unterhalb

des kleinsten (positiven) Eigenwertes von $\mathbf{A}_{j-1}$. Alle erzeugten Matrizen sind ähnlich:
$\mathbf{A}_j = \mathbf{B}_j\mathbf{B}_j^* + \mu_{j-1}\mathbf{I} = (\mathbf{B}_j^*)^{-1}\mathbf{B}_j^*\mathbf{B}_j\mathbf{B}_j^* + \mu_{j-1}(\mathbf{B}_j^*)^{-1}\mathbf{B}_j^*\mathbf{I} = (\mathbf{B}_j^*)^{-1}\mathbf{A}_{j-1}\mathbf{B}_j^*$.
Zwei Schritte des LR-Verfahrens produzieren dieselbe Matrix wie ein Schritt des QR-Verfahrens bei $\mu_{j-1} = 0$ für alle $j \geq 1$ ([20, DEMMEL, 1997, S. 243]). Daher ist die Konvergenz beider Verfahren eng verkoppelt. Wir nehmen hier ohne genauen Nachweis an, dass die Matrizenfolge $\mathbf{A}_j$ (genau wie beim QR-Verfahren) gegen eine rechte Dreiecksmatrix konvergiert. Da die Matrix jedoch symmetrisch ist, muss sie gegen eine Diagonalmatrix konvergieren.

Die Idee ist, das LR-Verfahren auf die hermitesche Matrix $\mathbf{A} = \mathbf{B}^*\mathbf{B}$ anzuwenden, ohne tatsächlich das Produkt auszurechnen und anzunehmen, dass am Anfang der Rechnung $\mathbf{B}$ eine Bidiagonalmatrix ist. Ein Verfahren zur Herstellung einer Bidiagonalmatrix hatten wir bereits in Abschnitt 8.3.3, S. 256 kennengelernt. Im ersten Schritt ist also die Cholesky-Zerlegung (9.39) bereits bekannt.

Wir müssen bei dem angegebenen Algorithmus annehmen, dass alle Diagonal- und Superdiagonalelemente der bidiagonalen Ausgangsmatrix $\mathbf{B}$ (und aller berechneten Matrizen) von Null verschieden sind. Ist genau ein Nichtdiagonalelement $b_{j,j+1}$ von $\mathbf{B}$ Null, so zerfällt die Matrix

$$\begin{array}{cc} & \begin{array}{cc} j & n-j \end{array} \\ \begin{array}{c} j \\ n-j \end{array} & \begin{pmatrix} \mathbf{A}_1 & \mathbf{0} \\ \mathbf{0} & \mathbf{A}_2 \end{pmatrix} = \mathbf{B} \end{array}$$

in zwei kleinere Bidiagonalmatrizen $\mathbf{A}_1, \mathbf{A}_2$ ohne Nulleinträge in den Superdiagonalen. Dieser Fall ist also eher günstig. Ist ein Diagonalelement b_{jj} Null, so ist die Matrix $\mathbf{B}^*\mathbf{B}$ nicht positiv definit, ein Singulärwert ist Null. In diesem Fall kann man die gesamte j-te Zeile durch geeignete orthogonale Transformationen annulieren. Ist $j = n$ (in diesem Fall ist bereits die letzte Zeile Null), so kann man die letzte Spalte durch eine geeignete orthogonale Transformation annullieren. Darauf können wir hier aber nicht eingehen, vgl. [44, GOLUB & VAN LOAN, 1996, S. 454]. Aus (9.39) folgt

$$\mathbf{B}_{j+1}^*\mathbf{B}_{j+1} + \mu_j\mathbf{I} = \mathbf{A}_j = \mathbf{B}_j\mathbf{B}_j^* + \mu_{j-1}\mathbf{I}. \tag{9.40}$$

Wir beschreiben jetzt nur einen Schritt des Verfahrens. Seien die Diagonal- und Superdiagonalelemente von $\mathbf{B}_j$ mit $a_1, a_2, \ldots, a_n$ bzw. mit $b_1, b_2, \ldots, b_{n-1}$ bezeichnet und alle ungleich Null, und die von $\mathbf{B}_{j+1}$ mit $\hat{a}_1, \hat{a}_2, \ldots, \hat{a}_n$ bzw. mit $\hat{b}_1, \hat{b}_2, \ldots \hat{b}_{n-1}$. Wir wollen zulassen, dass die gegebenen Einträge von $\mathbf{B}$ komplex sind. Weiter sei $\delta := \mu_j - \mu_{j-1}$ (in unseren Überlegungen ist immer $\delta = 0$). Der Index j wird ab jetzt zur Numerierung der Komponenten verwendet und nicht (mehr) zur Numerierung der Iterationsschritte. Wir setzen

$$p_j := |a_j|^2, \hat{p}_j := |\hat{a}_j|^2, 1 \le j \le n; q_j := |b_j|^2, \hat{q}_j := |\hat{b}_j|^2, 1 \le j \le n-1. \tag{9.41}$$

Vergleichen wir die Diagonalelemente der linken und rechten Seite von (9.40), so erhalten wir nach Auflösung nach $|\hat{a}_j|^2$ und Ersetzung der Betragsquadrate nach (9.41)

$$\hat{p}_j = p_j + q_j - \hat{q}_{j-1} - \delta,\ j = 1, 2, \ldots, n,\ \hat{q}_0 = q_n := 0. \tag{9.42}$$

Vergleichen wir die Betragsquadrate der Superdiagonalelemente der beiden Produkte (der Vergleich der Subdiagonalelemente ergibt wegen der Symmetrie dasselbe), so erhalten wir nach Auflösung nach $|\hat{b}_j|^2$ und Ersetzung der Betragsquadrate nach (9.41)

$$\hat{q}_j = p_{j+1} q_j / \hat{p}_j,\ j = 1, 2, \ldots, n-1. \tag{9.43}$$

Kombinieren wir die beiden Formeln, so erhalten wir bereits einen vorläufigen Algorithmus zur Berechnung der $\hat{p}_j, \hat{q}_j$. Die Gleichung (9.42) schreiben wir jetzt um. Wir definieren

$$\begin{aligned} d_j &:= p_j - \hat{q}_{j-1} - \delta \\ &= p_j - \frac{p_j q_{j-1}}{\hat{p}_{j-1}} - \delta \quad \text{nach (9.43)} \\ &= p_j \left(\frac{\hat{p}_{j-1} - q_{j-1}}{\hat{p}_{j-1}} \right) - \delta \\ &= p_j \left(\frac{p_{j-1} - \hat{q}_{j-2} - \delta}{\hat{p}_{j-1}} \right) - \delta \quad \text{nach (9.42)} \\ &= p_j \frac{d_{j-1}}{\hat{p}_{j-1}} - \delta. \end{aligned} \tag{9.44}$$

Der wesentliche Teil des angegebenen Programms 9.28 besteht jetzt darin, dass in die Bestimmungsgleichungen (9.42), (9.43) die Größe d_j eingesetzt wird unter Ausnutzung der Tatsache, dass in der Schleife d_j von d_{j+1} überschrieben werden kann. Eine Fehleranalyse gibt [20, DEMMEL, 1997, Ch. 5.4.2.].

Die Links- bzw. Rechtssingulärvektoren von $\mathbf{B}$ sind die Eigenvektoren von $\mathbf{BB}^*$ bzw. von $\mathbf{B}^*\mathbf{B}$. Da wir jedoch gesehen haben, dass es nicht ratsam ist, diese Produkte direkt zu benutzen, sind spezielle Algorithmen entwickelt worden, deren Behandlung hier aber zu weit gehen würde. Hinweise dazu findet man bei [20, DEMMEL, 1996, S. 241].

9.7 Beispiele

Wir führen einige Beispiele mit den angegebenen Verfahren vor. Zum Testen benutzen wir u. a. die sogenannte (nicht normale) *Frobenius Begleitmatrix*

$$\mathbf{F} = \begin{pmatrix} 0 & 0 & \dots & 0 & -a_0 \\ 1 & 0 & \dots & 0 & -a_1 \\ \vdots & \ddots & & \vdots & \vdots \\ 0 & 0 & \ddots & 0 & -a_{n-2} \\ 0 & 0 & \dots & 1 & -a_{n-1} \end{pmatrix}.$$

Ist $p(x) = x^n + a_{n-1}x^{n-1} + \cdots + a_0$ ein Polynom, so sind die Nullstellen von p gerade die Eigenwerte der obigen Matrix $\mathbf{F}$. Die Matrix $\mathbf{F}$ enthält in der Subdiagonalen Einsen, in der letzten Spalte die negativen Polynomkoeffizienten (oben $-a_0$) und sonst nur Nullen. Diese Matrix ist zum Testen gut geeignet, da sie wenig gute Eigenschaften hat und somit Schwächen von Algorithmen schnell zu Tage fördert. Zum Testen von Verfahren für symmetrische, positiv definite Matrizen benutzen wir die beiden Matrizen $\mathbf{G} = \mathbf{F}\mathbf{F}^{\mathrm{T}}, \quad \mathbf{H} = \mathbf{F}^{\mathrm{T}}\mathbf{F}$. Um die Form dieser Matrizen zu erkennen, setzen wir

$$\mathbf{I}_{n-1} = \text{ Einheitsmatrix } \in \mathbb{R}^{(n-1)\times(n-1)}, \mathbf{a}^{\mathrm{T}} = (a_0, a_1, \dots, a_{n-1}),$$

$$\tilde{\mathbf{a}}^{\mathrm{T}} = (a_1, a_2, \dots, a_{n-1}), \mathbf{0}_{n-1}^{\mathrm{T}} = (0, 0, \dots, 0) \in \mathbb{R}^{n-1}.$$

Dann ist

$$\mathbf{F} = \begin{pmatrix} \mathbf{0}_{n-1}^{\mathrm{T}} & -a_0 \\ \mathbf{I}_{n-1} & -\tilde{\mathbf{a}} \end{pmatrix}.$$

Daraus erhält man

$$\mathbf{G} = \mathbf{a}\mathbf{a}^{\mathrm{T}} + \operatorname{diag}(0, 1, 1, \dots, 1), \quad \mathbf{H} = \begin{pmatrix} \mathbf{I}_{n-1} & -\tilde{\mathbf{a}} \\ -\tilde{\mathbf{a}}^{\mathrm{T}} & \|\mathbf{a}\|_2^2 \end{pmatrix}.$$

Die Matrix $\mathbf{a}\mathbf{a}^{\mathrm{T}}$ hatten wir früher als Dyade bezeichnet. Die Matrizen $\mathbf{G}, \mathbf{H}$ sind verschieden, haben aber die gleichen Eigenwerte (Aufgabe 9.6, S. 330). Nach der früher eingeführten Terminologie ist daher $\mathbf{F}$ nicht normal. Die Matrix $\mathbf{H}$ ist eine *geränderte* Einheitsmatrix, daher kann man ihre Eigenwerte bestimmen. Unter *Rändern* einer Matrix versteht man das Hinzufügen einer Zeile und Spalte am Rand der Matrix. Nach einer Theorie, die bei [57, HORN & JOHNSON, 1991, S. 185] angegeben ist, erhält man (für $n \geq 3$ und $\mathbf{a} \neq (a_0, 0, 0, \dots, 0)^{\mathrm{T}}, |a_0| = 1$)

für $\mathbf{H}$ (und damit auch für $\mathbf{G}$) die Eigenwerte $\lambda_1 < 1 = \lambda_2 = \lambda_3 = \cdots = \lambda_{n-1} < \lambda_n$ mit

$$\lambda_{1,n} = 0.5(1 + \|\mathbf{a}\|_2^2 \pm \sqrt{(1 + \|\mathbf{a}\|_2^2)^2 - 4|a_0|^2}). \tag{9.45}$$

Die Matrizen $\mathbf{G}$ und $\mathbf{H}$ haben also die bemerkenswerte Eigenschaft, dass sie unabhängig von der Ordnung n und den Eigenwerten von $\mathbf{F}$ (höchstens) drei verschiedene Eigenwerte besitzen.

Die beiden Frobenius-Matrizen zu den Eigenwerten $\lambda_j = j$ und $\lambda_j = 1,\ j = 1, 2, 3, 4$ lauten:

$$\mathbf{F}_1 = \begin{pmatrix} 0 & 0 & 0 & -24 \\ 1 & 0 & 0 & 50 \\ 0 & 1 & 0 & -35 \\ 0 & 0 & 1 & 10 \end{pmatrix}, \quad \mathbf{F}_2 = \begin{pmatrix} 0 & 0 & 0 & -1 \\ 1 & 0 & 0 & 4 \\ 0 & 1 & 0 & -6 \\ 0 & 0 & 1 & 4 \end{pmatrix}.$$

Die beiden symmetrischen Matrizen zu $\mathbf{F}_1$ bzw. $\mathbf{F}_2$ sind

$$\mathbf{G}_1 = \begin{pmatrix} 576 & -1200 & 840 & -240 \\ -1200 & 2501 & -1750 & 500 \\ 840 & -1750 & 1226 & -350 \\ -240 & 500 & -350 & 101 \end{pmatrix}, \mathbf{H}_1 = \begin{pmatrix} 1 & 0 & 0 & 50 \\ 0 & 1 & 0 & -35 \\ 0 & 0 & 1 & 10 \\ 50 & -35 & 10 & 4401 \end{pmatrix},$$

$$\mathbf{G}_2 = \begin{pmatrix} 1 & -4 & 6 & -4 \\ -4 & 17 & -24 & 16 \\ 6 & -24 & 37 & -24 \\ -4 & 16 & -24 & 17 \end{pmatrix}, \mathbf{H}_2 = \begin{pmatrix} 1 & 0 & 0 & 4 \\ 0 & 1 & 0 & -6 \\ 0 & 0 & 1 & 4 \\ 4 & -6 & 4 & 69 \end{pmatrix}.$$

Wir haben nach (9.45)

$$\sigma(\mathbf{G}_1) = \sigma(\mathbf{H}_1) = \{0.130\,853\,503,\ 1,\ 4\,401.869\,146\},$$

$$\sigma(\mathbf{G}_2) = \sigma(\mathbf{H}_2) = \{0.0142\,886\,309,\ 1,\ 69.9\,857\,114\}.$$

Wir numerieren die angegebenen Testmatrizen durch:

$$1 : \mathbf{F}_1, \quad 2 : \mathbf{F}_2, \quad 3 : \mathbf{G}_1, \quad 4 : \mathbf{H}_1, \quad 5 : \mathbf{G}_2, \quad 6 : \mathbf{H}_2. \tag{9.46}$$

Wir testen die Verfahren für die angegebenen Matrizen, sofern sinnvoll.

9.7.1 Von-Mises-Verfahren

Beispiel 9.29. ***von-Mises-Verfahren, verschiedene Beispiele***
Wir haben die folgenden Ergebnisse erhalten:

Tabelle 9.30. von-Mises-Iteration

Fall	It.	$\lambda_{\max}$	Eigenvektor			
1	41	4.000013	−0.430775	0.789754	−0.430775	0.071796
2	100	1.030297	−0.220288	0.667439	−0.674145	0.226996
3	3	4401.869146	−0.361701	0.753715	−0.527601	0.150743
4	3	4401.869146	0.011360	−0.007952	0.002272	0.999901
5	4	69.985711	−0.118690	0.481643	−0.722463	0.481643
6	4	69.985711	0.057573	−0.086360	0.057573	0.992931

Wir sehen, dass in allen Fällen eine Näherung an den größten Eigenwert erzielt wird, dieser aber im Fall von $\mathbf{F}_2$, in dem die Voraussetzungen des Satzes 9.25, S. 314 nicht erfüllt sind, trotz großen Rechenaufwandes nur sehr ungenau ist.

9.7.2 Inverses von-Mises-Verfahren

Für die Testmatrizen 1 und 2 führen wir auch das inverse von-Mises-Verfahren durch. Wir lassen maximal 100 Iterationen zu oder stoppen, wenn |Eigenwert - Näherung| $< 0.5 \cdot 10^{-6}$. Wir starten jeweils mit $\mathbf{x}_0 = (1,1,1,1)^{\mathrm{T}}$.

Tabelle 9.31. Inverse von-Mises-Iteration

Fall	It.	μ	$\lambda_{\max}$	Eigenvektor			
1	7	4.1	4.000000	0.43078	−0.78975	0.43078	−0.07180
2	100	1.1	1.002938	−0.22328	0.67049	−0.67115	0.22394

Sind die Voraussetzungen von Korollar 9.26 erfüllt, so tritt offenbar rasche Konvergenz ein. Sind die Voraussetzungen nicht erfüllt, so beobachtet man sehr langsame Konvergenz. Im Beispiel der Testmatrix 2 wird selbst nach 1000 Iterationen die oben angegebene Genauigkeit nicht erreicht.

9.7.3 QR-Verfahren

Wir erhalten ohne Verwendung von Verschiebungen mit dem Abbruchkriterium

$$\sqrt{\sum_{l<k} |a_{kl}^{(j)}|^2} < 5 \cdot 10^{-6} \text{ oder } j > 150$$

die folgenden Resultate.

Testmatrix 1: Nach 40 Schritten erhält man ohne Verschiebungen die Matrix

$$\mathbf{RQ} = \begin{pmatrix} 4.000 & -22.846 & 51.752 & -33.026 \\ 0.000 & 3.000 & -7.826 & 4.452 \\ 0.000 & 0.000 & 2.000 & -1.399 \\ 0.000 & 0.000 & 0.000 & 1.000 \end{pmatrix}$$

und die Eigenwerte 4.000, 3.000, 2.000, 1.000.

Testmatrix 2: Nach 150 Schritten erhält man ohne Verschiebungen die Matrix

$$\mathbf{RQ} = \begin{pmatrix} 1.020 & -4.532 & 5.045 & -3.917 \\ 0.000 & 1.006 & -2.235 & 0.943 \\ 0.000 & 0.000 & 0.993 & -0.883 \\ 0.000 & 0.000 & 0.000 & 0.980 \end{pmatrix}$$

mit den Eigenwerten 1.020, 1.006, 0.993, 0.980. Bei diesen beiden Testmatrizen ist es sinnvoll, Verschiebungen zu verwenden. Setzt man mit den Verschiebungen nach fünf Schritten ein, so erhält man in beiden Fällen bereits nach ca. 20 Schritten eine höhere Genauigkeit als bei den oben angegebenen Resultaten. Bei den übrigen vier Testmatrizen ist der kleinste Eigenwert jeweils sehr klein. Ob man also keine Verschiebung anbringt oder erst zu einem späteren Zeitpunkt mit den Verschiebungen $a_{44}^{(j)}$ beginnt, bleibt sich gleich, da dann dieses Element bereits eine gute Approximation für den kleinsten Eigenwert ist. Unsere Versuchsrechungen haben aber ergeben, dass Verschiebungen $a_{44}^{(j)}$ bereits für $j \geq 0$ sich sehr ungünstig auf die Rechnungen auswirken. Ohne Verschiebungen erhält man nach jeweils 11 Schritten übereinstimmend die folgenden vier Eigenwerte, die in den angegebenen Stellen mit den exakten Werten übereinstimmen:

Testmatrix 3–4: 4401.8691, 1.0000, 1.0000, 0.1309,

Testmatrix 5–6: 69.9857, 1.0000, 1.0000, 0.0143.

9.7.4 Lanczos-Algorithmus

Da dieser Algorithmus für symmetrische Matrizen entwickelt wurde, wenden wir ihn nur auf die Matrizen 3–6 an. Wie zu erwarten hat für diese Fälle der Krylow-Raum höchstens die Dimension Drei und der Algorithmus bricht in Abhängigkeit vom Anfangsvektor spätestens nach $\mathbf{T}_3$ ab. Wählen wir $\mathbf{q} = (1, 0 \ldots, 0)^T$ als Startvektor, so erhalten wir für die vier verschiedenen Fälle die folgenden Ergebnisse:

$$3 : T_2 = \begin{pmatrix} 576.000 & 1484.318 \\ 1484.318 & 3826.000 \end{pmatrix}, \; 4 : T_3 = \begin{pmatrix} 1.000 & 50.000 & 0.000 \\ 50.000 & 4401.000 & 36.401 \\ 0.000 & 36.401 & 1.000 \end{pmatrix},$$

$$5 : T_2 = \begin{pmatrix} 1.000 & 8.246 \\ 8.246 & 69.000 \end{pmatrix}, \; 6 : T_3 = \begin{pmatrix} 1.000 & 4.000 & 0.000 \\ 4.000 & 69.000 & 7.211 \\ 0.000 & 7.211 & 1.000 \end{pmatrix}.$$

Diese vier Matrizen haben die folgenden Eigenwerte:

3 :	0.131		4401.869
4 :	0.131	1.000	4401.869
5 :	0.014		69.986
6 :	0.014	1.000	69.986

Beginnt man die Rechnung mit $\mathbf{q} = (0, 0 \ldots, 1)^{\mathrm{T}}$, so geschieht der Abbruch nach der zweiten Iteration in den Fällen 4 und 6, und nach drei Iterationen in den Fällen 3 und 5. Um zu erkennen, dass tatsächlich die größten und kleinsten Eigenwerte einer Matrix $\mathbf{A}$ von den $\mathbf{T}_j$ bei kleinem j gut approximiert werden, verwenden wir als Testmatrix $\mathbf{A}$ eine große Diagonalmatrix. Es ist zunächst überraschend, dass eine Diagonalmatrix $\mathbf{A}$ i. a. keine Diagonalmatrizen $\mathbf{T}_j$ erzeugt. Man vgl. Aufgabe 9.14, S. 331. Als Test verwenden wir $\mathbf{A} = \operatorname{diag}(1, 3, \ldots, 2n-1)$ und eine Matrix mit zwei gleich großen Eigenwerthaufen in der Nähe von 10 und 110. Der größte und der kleinste Eigenwert von $\mathbf{T}_j$ (Ritz-Werte) sind in Figur 9.32 eingetragen, wobei j auf der vertikalen Achse liegt. Es ist erstaunlich, wie gut die größten und kleinsten Eigenwerte von $\mathbf{T}_j$ die entsprechenden Eigenwerte von $\mathbf{A}$ approximieren, auch wenn j noch sehr klein ist im Verhältnis zur Ordnung von $\mathbf{A}$. Man vgl. dazu die Figur 9.32.

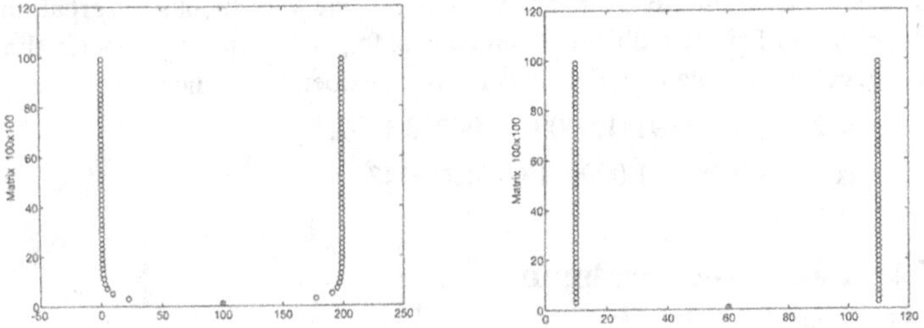

Abb. 9.32. Größte und kleinste Ritz-Werte bei äquidistanten und zwei gehäuften Eigenwerten

9.7.5 Singulärwertberechnung

Beispiel 9.33. ***Singulärwerte einer reellen Matrix***
Die in Beispiel 8.58, S. 257 angegebene (5×3)-Matrix $\mathbf{A}$ hatte eine Bidiago-

nalform mit Diagonalelementen $-13.0766\,96830\,62202, -11.7999\,23295\,23366,$ $6.0597\,05381\,33730$ und Superdiagonalelementen $12.6715\,13384\,83247,$ $3.8045\,40636\,66108$. Daraus berechnet das angegebene Programm die Singulärwerte $\sigma = (5.1765\,19671\,23610, 8.8460\,23871\,32449, 20.4193\,90435\,59487)$ in 33 Iterationen. Ein Vergleich mit der Standardroutine `svd` aus MATLAB zeigt keine Abweichung.

Beispiel 9.34. ***Singulärwerte einer komplexen Matrix***
Wir betrachten die komplexe (5×3)-Matrix

$$\mathbf{A} := \begin{pmatrix} 5\mathrm{i} & 7+7\mathrm{i} & 4+4\mathrm{i} \\ 9+3\mathrm{i} & 4+\mathrm{i} & 4+\mathrm{i} \\ 8+6\mathrm{i} & 5+3\mathrm{i} & 2+5\mathrm{i} \\ 6+\mathrm{i} & 8+6\mathrm{i} & 3\mathrm{i} \\ 6+8\mathrm{i} & 3+8\mathrm{i} & 8+5\mathrm{i} \end{pmatrix}.$$

Die mit dem Bidiagonalierungsprogramm 8.57, S. 256 ausgerechnete Matrix $\mathbf{B}$ hat die Diagonal- bzw. Superdiagonalelemente

$$\mathbf{a} = \begin{pmatrix} & 18.76166303929372\mathrm{i} \\ -11.11112065558773 & -2.30985013694144\mathrm{i} \\ 3.98128481928605 & +6.09450506844966\mathrm{i} \end{pmatrix},$$

$$\mathbf{b} = \begin{pmatrix} -0.52847464853178 & +17.70390072581451\mathrm{i} \\ -1.04993150327153 & +1.18500074050978\mathrm{i} \end{pmatrix}.$$

Das Programm 9.28, S. 321 liefert die Singulärwerte

$$\sigma = (27.07193566077685, 8.41597378316029, 6.80306437276005)$$

in 80 Schritten. Die Standardroutine `svd` aus MATLAB liefert für die erste Komponente von σ in der letzten Stelle einen um Eins größeren Wert, in der zweiten Komponente in der letzten Stelle einen um Eins kleineren Wert und in der dritten, kleinsten Komponente keine Abweichung.

9.8 Aufgaben

Aufgabe 9.1. Die Gleichung $y''(x) = \lambda y(x), y(0) = y(l) = 0$ hat die Lösungen (9.2), S. 302. Aus der diskretisierten Form $\overline{\overline{y_i}} = \lambda y(x_i)$ mit $x_{i+1} - x_i = l/(n+1)$ gewinnt man n Lösungen $(\lambda_j, y^{(j)}), j = 1, 2, \ldots, n$, wobei $y^{(j)} \in \mathbb{R}^n$ mit $y^{(j)} = (y^{(j)}(x_1), y^{(j)}(x_2), \ldots, y^{(j)}(x_n))^{\mathrm{T}}$. Man zeige, dass diese Lösungen an den Stellen $x_i, i = 1, 2, \ldots, n$ mit den entsprechenden exakten Lösungen übereinstimmen.

Aufgabe 9.2. Man klassifiziere alle (2×2)-Matrizen nach der Dimension ihrer Eigenräume.

Aufgabe 9.3. Man bestimme eine nicht diagonalähnliche (2×2)-Matrix.

Aufgabe 9.4. Seien $\mathbf{A}, \mathbf{B}$ zwei Matrizen der gleichen Ordnung mit $\sigma(\mathbf{A}) = \sigma(\mathbf{B})$. Sind $\mathbf{A}, \mathbf{B}$ notwendig ähnlich?

Aufgabe 9.5. Man berechne den Spektralradius und die Spektralnorm von $\begin{pmatrix} 0 & 1 \\ 0 & 0 \end{pmatrix}$ und schließe daraus, dass der Spektralradius keine Norm im Raum der Matrizen ist.

Aufgabe 9.6. Sei $\mathbf{A} \in \mathbb{K}^{n\times n}$ und $\sigma(\mathbf{A})$ das Spektrum von $\mathbf{A}$. Man zeige: (a) $\sigma(\mathbf{A}) = \sigma(\mathbf{A}^{\mathrm{T}})$, (b) $\overline{\sigma(\mathbf{A})} = \sigma(\mathbf{A}^*)$, (c) $\sigma(\mathbf{A}^*\mathbf{A}) = \sigma(\mathbf{A}\mathbf{A}^*)$. Hinweis: In (a) und (b) benutze man das charakteristische Polynom und die Tatsache, dass $\mathbf{I} = \mathbf{I}^{\mathrm{T}} = \mathbf{I}^*$. In (c) sei $\mathbf{A}\mathbf{A}^*\mathbf{x} = \lambda\mathbf{x}$. Man setze $\mathbf{y} = \mathbf{A}^*\mathbf{x}$. Gilt (c) auch für den Fall $\mathbf{A} \in \mathbb{K}^{m\times n}$?

Aufgabe 9.7. (a) Sei $\mathbf{A}$ eine quadratische, nicht singuläre Matrix. Man zeige:

$$\sigma(\mathbf{A}^{-1}) = \sigma^{-1}(\mathbf{A}). \tag{9.47}$$

Dabei verstehen wir unter $\sigma^{-1}(\mathbf{A})$ die Menge der inversen Eigenwerte von $\mathbf{A}$. **Anwendung**: Bei der Berechnung der Kondition einer nicht singulären Matrix $\mathbf{A}$ in der Spektralnorm werden die größten Eigenwerte der Matrizen $\mathbf{A}\mathbf{A}^*$ und $\mathbf{A}^{-1}(\mathbf{A}^{-1})^*$ benötigt. Wegen (a) und Teil (c) von Aufgabe 9.6 haben wir also

$$\operatorname{Kond}(\mathbf{A}) = \sqrt{\frac{\lambda_{\max}(\mathbf{A}\mathbf{A}^*)}{\lambda_{\min}(\mathbf{A}\mathbf{A}^*)}}. \tag{9.48}$$

(b) Man zeige: Für eine hermitesche, positiv definite Matrix $\mathbf{A}$ vereinfacht sich die Formel (9.48) zu $\operatorname{Kond}(\mathbf{A}) = \frac{\lambda_{\max}(\mathbf{A})}{\lambda_{\min}(\mathbf{A})}$.

Aufgabe 9.8. Man berechne die Eigenwerte von $\mathbf{A} = \begin{pmatrix} 2 & 1 \\ -1 & 4 \end{pmatrix}$ und wende den Satz von Gerschgorin auf $\mathbf{A}$ an.

Aufgabe 9.9. Seien $\mathbf{x}_i$ die von-Mises-Iterierten unter den in Satz 9.25, S. 314 genannten Voraussetzungen. Man zeige, dass die Folge $(\operatorname{sign}\lambda_1)^i \frac{\mathbf{x}_i}{\|\mathbf{x}_i\|}$ konvergiert. Dabei ist $\operatorname{sign} z = \frac{\bar{z}}{|z|} = \frac{|z|}{z}$ für $z \in \mathbb{C}, z \neq 0$.

Aufgabe 9.10. Man schreibe ein Programm für das von-Mises-Verfahren und teste es an verschiedenen Beispielen, insbesondere auch an solchen, bei denen die Voraussetzungen $|\lambda_1| > |\lambda_2| \geq |\lambda_2| \geq \cdots \geq |\lambda_n|$ nicht erfüllt sind. Man experimentiere mit verschiedenen Startvektoren. Was passiert bei komplexen Eigenwerten? Z. B. beim charakteristischen Polynom $p(\lambda) = \lambda^n + 1$.

Aufgabe 9.11. Man schreibe ein Programm für das inverse v. Mises-Verfahren und teste es wie bei Aufgabe 9.10 an verschiedenen Beispielen.

Aufgabe 9.12. Habe $\mathbf{A}$ Hessenbergform, und sei $\mathbf{A} = \mathbf{QR}$ die entsprechende QR-Zerlegung von $\mathbf{A}$, und sei $\mathbf{B} = \mathbf{RQ}$. Man zeige: (a) $\mathbf{Q}$ hat Hessenbergform, (b) das Produkt einer Hessenbergmatrix mit einer rechten Dreiecksmatrix hat Hessenbergform, (c) $\mathbf{B}$ hat Hessenbergform. Hinweis: um zu zeigen, dass $\mathbf{Q}$ Hessenbergform hat, stelle man $\mathbf{Q}$ als Produkt von Householder-Matrizen dar.

Aufgabe 9.13. Man schreibe ein Programm zum QR-Verfahren. Man experimentiere mit verschiedenen Verschiebungsstrategien: (a) keine Verschiebungen, (b) mit Verschiebungen $\mu_j = a_{nn}^{(j)}$ wobei $\mathbf{A}_j = (a_{kl}^{(j)})$ die Matrix im Schritt j bedeutet, (c) für $j \le j_0$ wie (a), danach wie (b). Die Zahl j_0 kann z. B. aus $|a_{nn}^{(j_0)} - a_{nn}^{(j_0+1)}| \le \varepsilon$ oder einem ähnlichen Ansatz unter Berücksichtigung des relativen Fehlers bestimmt werden mit einem nicht zu kleinen ε, z. B. 10^{-3}.

Aufgabe 9.14. Sei $\mathbf{A}$ eine Diagonalmatrix. Man führe einen Schritt des Lanczos-Algorithmus aus. Unter welchen Bedingungen für $\mathbf{q}$ mit $||\mathbf{q}||_2 = 1$ ist $\beta_1 \neq 0$? Was ergibt sich, wenn $\mathbf{q}$ ein Einheitsvektor ist?

Aufgabe 9.15. Seien $\mathbf{A}, \mathbf{B} \in \mathbb{K}^{m \times m}$ obere Dreiecksmatrizen. Zeigen Sie: (a) $\mathbf{C} := \mathbf{AB}$ ist eine obere Dreiecksmatrix, (b) $c_{jj} = a_{jj}b_{jj}$ wobei a_{jk}, b_{jk}, c_{jk} die Einträge von $\mathbf{A}, \mathbf{B}, \mathbf{C}$ sind, (c) ist p ein Polynom, so ist $\operatorname{diag}(p(\mathbf{A})) = p(\operatorname{diag}(\mathbf{A}))$.

Aufgabe 9.16. Sei $\mathbf{A}$ eine normale Matrix, also $\mathbf{A}^*\mathbf{A} = \mathbf{A}\mathbf{A}^*$ und p sei ein beliebiges Polynom, auch mit komplexen Koeffizienten. Zeigen Sie: $p(\mathbf{A})$ ist normal.

10 Nichtlineare Gleichungen und Systeme

10.1 Aufgabenstellung

Sind f und g zwei gegebene Funktionen, so geht es in diesem ganzen Kapitel darum, diejenigen Punkte x zu finden, für die gilt:

$$f(x) = g(x). \tag{10.1}$$

Dieses Problem ist gleichbedeutend mit der Suche nach den Schnittpunkten der beiden Graphen von f und g. Diese Interpretation ist außerordentlich praktisch, weil eine Skizze der beiden Graphen häufig eine gute Information über die Anzahl und die (ungefähre) Lage der Schnittpunkte gibt. Wir nennen diese Lösungstechnik von (10.1) *graphische Methode*. Wir nehmen als Beispiel $f(x) = \tan(x)$ und $g(x) = -(x - \pi/2)^2 + a$, wobei a eine frei wählbare Konstante bedeuten soll. Wir sehen (in Figur 10.1, S. 333 mit $a = 3$), dass in den Intervallen $[(2k-1)\pi/2, (2k+1)\pi/2]$, $k = 0, 1, \ldots$ eine Nullstelle liegt, im Intervall $[-\pi/2, \pi/2]$ aber noch ein bis zwei weitere Nullstellen liegen können, je nach Wahl der Konstanten a. Wir erkennen auch, wo in etwa die Schnittpunkte liegen.

Nun ist es in der Regel einfacher, nur mit einer gegebenen Funktion zu arbeiten und nicht mit zweien, wie wir es oben getan haben. Ein wichtiger Sonderfall entsteht, wenn wir $g(x) = x$ setzen. In diesem Fall erhalten wir das Problem

$$f(x) = x. \tag{10.2}$$

Dieses Problem heißt *Fixpunktproblem*, weil der gesuchte Punkt x unter der Abbildung f unverändert, also *fix* bleibt. Wenn wir dieses Problem wieder graphisch interpretieren, geht es um das Auffinden der Schnittpunkte des Graphen von f mit der Winkelhalbierenden in einem rechtwinkligen Koordinatensystem. Ein zweiter wichtiger Spezialfall entsteht, wenn wir $f = 0$ setzen. In diesem Fall reduziert sich das gestellte Problem auf

$$g(x) = 0. \tag{10.3}$$

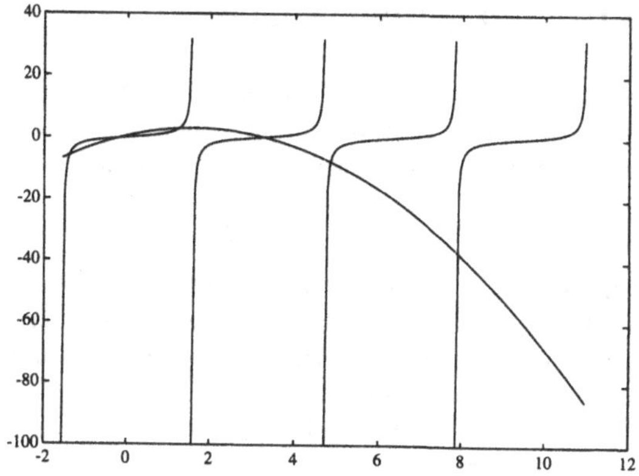

Abb. 10.1. Schnittpunkte von $f(x) := \tan(x)$ und $g(x) := -(x - \pi/2)^2 + 3$

Dieses Problem heißt *Nullstellenproblem*. Hier geht es also darum, die Schnittpunkte des Graphen von g mit der x-Achse zu bestimmen. Die genannten Probleme sind im Prinzip nicht verschieden. Man kann sie auf verschiedene Weisen ineinander überführen. Durch Addition von x erhält man z. B. aus dem Nullstellenproblem $g(x) = 0$ das Fixpunktproblem $f(x) := g(x) + x = x$. Umgekehrt erhält man aus dem Fixpunktproblem $f(x) = x$ durch Subtraktion von x das Nullstellenproblem $g(x) := f(x) - x = 0$. Aus dem Fixpunktproblem $f(x) := \exp(-x) = x$ kann man aber auch durch Anwendung der zu exp inversen Funktion log das Nullstellenproblem $g(x) := x + \log x = 0$ gewinnen. Welche Übergänge gewählt werden, und ob das gestellte Problem in der Fixpunktformulierung oder in der Nullstellenformulierung gelöst wird, hängt von den Umständen ab. Für beide Problemformen gibt es spezielle unter etwas verschiedenen Voraussetzungen arbeitende Lösungstechniken, die wir in den nächsten beiden Abschnitten vorstellen werden. Wir wollen uns dabei erlauben, die Definitionsbereiche und die auftretenden Funktionen auch als mehrdimensional zuzulassen. Wir behandeln also nicht nur Gleichungen mit einer Unbekannten, sondern auch Gleichungssysteme. In einem besonderen Abschnitt kommen wir dann noch einmal auf iterativ gelöste lineare Gleichungssysteme zurück und untersuchen das Konvergenzverhalten. Zum Schluß gehen wir noch auf einige spezielle, eindimensionale Probleme ein. Dieses Kapitel ist (für Anfänger) mathematisch anspruchsvoll. Verschiedene Mittel aus der Analysis werden herangezogen. Dazu gehören insbesondere der Satz von Taylor und der Mittelwertsatz.

10.2 Hilfsmittel aus der Analysis

In diesem Abschnitt stellen wir einige Hilfsmittel aus der Analysis zusammen, die in diesem Kapitel benötigt werden. Bei entsprechenden Kenntnissen kann dieser Abschnitt übergangen werden. Wir haben es in diesem Kapitel mit Abbildungen vom Typ

$$f : \mathbf{D} \subset \mathbb{R}^n \to \mathbb{R}^m \tag{10.4}$$

zu tun. Meistens ist $m = n$, aber nicht unbedingt ist $n = 1$. Was eine auf einer offenen Menge **D** differenzierbare Funktion f ist, wollen wir nicht wiederholen. Betrachten wir im weiteren auch differenzierbare Funktionen auf nicht offenen Mengen M, so soll immer eine offene Menge $\mathbf{D} \supset M$ existieren auf der f differenzierbar ist. Ist das obige f eine differenzierbare Abbildung, so wollen wir unter f' die $(m \times n)$-Matrix

$$f' = (\frac{\partial f_j}{\partial x_k}),\ j = 1, 2, \ldots, m;\ k = 1, 2, \ldots, n$$

die aus allen partiellen Ableitungen aller Komponenten von f besteht, verstehen. Diese Matrix heißt auch *Jacobi-* oder *Funktionalmatrix*. Wir benötigen den Satz von Taylor in seiner einfachsten Form, die i. w. nur die Differenzierbarkeit von f ausdrückt.

Satz 10.2. (Taylor) Sei $\mathbf{D} \subset \mathbb{R}^n$ offen, f aus (10.4) differenzierbar. Dann gilt:

$$f(y) = f(x) + f'(x)(y - x) + o(||y - x||),\ x, y \in \mathbf{D}. \tag{10.5}$$

Dabei steht $o(||y - x||)$ bei beliebiger Norm $||\cdot||$ für eine Funktion $\varphi(x, y)$ mit der Eigenschaft

$$\varphi(x, x) = 0, \qquad \lim_{||y-x|| \to 0} \frac{\varphi(x, y)}{||y - x||} = 0.$$

Beweis: [55, Heuser, 1991, S. 259]. □

Der Term $o(||y - x||)$ heißt *Landausches Symbol* und wird „klein o von $||y - x||$" ausgesprochen. Das Landausche Symbol ist kein Funktionsbezeichner, sondern ist Ersatz für eine qualitative Aussage über den nicht explizit hingeschriebenen Restterm.

Korollar 10.3. Sei f auf der offenen Menge $\mathbf{D} \subset \mathbb{R}^n$ differenzierbar. Dann gibt es zu jedem $\delta > 0$ ein $\varepsilon > 0$ mit

$$||y - x|| \le \varepsilon \Longrightarrow ||f(y) - f(x) - f'(x)(y - x)|| \le \delta ||y - x||.$$

Beweis: Aus dem Satz 10.2. □

Für reellwertige Funktionen (also $m = 1$) benötigen wir noch eine weitere Form des Taylorschen Satzes. Ist f zweimal stetig differenzierbar, so wollen wir unter f'' die symmetrische Matrix

$$f'' = \left(\frac{\partial^2 f}{\partial x_j \partial x_k}\right), \; j,k = 1,2,\ldots,n$$

verstehen, die auch *Hesse-Matrix* heißt. Unter $[x,y]$ mit $x,y \in \mathbb{R}^n$ wollen wir in diesem Zusammenhang die Menge aller Punkte verstehen, die x,y verbinden, also

$$[x,y] = \{z \in \mathbb{R}^n \,:\, z = (1-\lambda)x + \lambda y,\; 0 \le \lambda \le 1\}.$$

Eine derartige Menge heißt *Segment*. Trotz der formalen Ähnlichkeit mit einem Intervall, gibt es Unterschiede. Für Segmente ist beispielsweise immer $[x,y] = [y,x]$. Hat eine Menge $\mathbf{D} \in \mathbb{R}^n$ die Eigenschaft: $x,y \in \mathbf{D} \Longrightarrow [x,y] \subset \mathbf{D}$, so heißt $\mathbf{D}$ *konvex*.

Satz 10.4. (Taylor 2. Ordnung) Sei $\mathbf{D} \subset \mathbb{R}^n$ offen und f aus (10.4) reellwertig (also $m = 1$) und zweimal stetig differenzierbar. Weiter seien $x,y \in \mathbf{D}$ und $[x,y] \subset \mathbf{D}$. Dann gilt:

$$(10.6)\; f(y) = f(x) + f'(x)(y-x) + 0.5(y-x)^{\mathrm{T}} f''(s)(y-x) \text{ für ein } s \in [x,y].$$

Beweis: [55, HEUSER, 1991, S. 282]. □

Satz 10.5. (Mittelwertsatz) Seien $\mathbf{D} \subset \mathbb{R}^n$ offen, $f : \mathbf{D} \to \mathbb{R}^m$ stetig differenzierbar, $x,y \in \mathbf{D}$ und $[x,y] \subset \mathbf{D}$. Dann ist

$$(10.7) \quad ||f(x) - f(y)|| \le c||x-y|| \text{ mit } c = \max_{s \in S} ||f'(s)||,\; S = [x,y].$$

Dabei sind die Vektornormen beliebig und die Matrixnorm $||f'(s)||$ ist entweder die zu den Vektornormen gehörende Operatornorm oder eine mit den Vektornormen verträgliche Matrixnorm. (Man vgl. Abschnitt 8.1, S. 226).

Beweis: [55, HEUSER, 1991, S. 278]. □

Die stetige Differenzierbarkeit wird hier gebraucht, um die Stetigkeit der Matrixelemente von f' zu gewährleisten, die bei der Bildung des Maximums von $||f'(s)||$ benötigt wird. Mit $\mathrm{C}^1(\mathbf{D})$ bezeichnen wir die Menge aller auf $\mathbf{D}$ stetig differenzierbaren Funktionen, wobei unterstellt wird, dass der Wertebereich bekannt ist. Entsprechend wird unter $\mathrm{C}^m(\mathbf{D})$ die Menge aller auf $\mathbf{D}$ m-mal stetig differenzierbaren Funktionen verstanden. Für $m = 1$ kann der Mittelwertsatz verschärft werden.

Satz 10.6. (Mittelwertsatz, starke Form) Seien $\mathbf{D} \subset \mathbb{R}^n$ offen, $f : \mathbf{D} \to \mathbb{R}$ differenzierbar, $x, y \in \mathbf{D}$ und $[x, y] \subset \mathbf{D}$. Dann ist

$$f(y) - f(x) = f'(s)(y - x) \text{ für ein } s \in [x, y].$$

Beweis: [55, HEUSER, 1991, S. 276]. □

Es ist zu beachten, dass die starke Form i. a. nicht für vektorwertige Funktionen gilt. Man vgl. Aufgabe 10.3, S. 363. Wir benötigen noch ein Mittel, die Konvergenzgeschwindigkeit einer konvergenten Folge $\{x_k\} \subset \mathbb{R}^n$ zu beurteilen.

Definition 10.7. Sei $\{x_k\} \subset \mathbb{R}^n$ eine konvergente Folge mit Grenzwert $\hat{x}$. Gibt es ein $0 < c < 1$ mit

$$||x_{k+1} - \hat{x}|| \leq c||x_k - \hat{x}||,\ k = 0, 1, \ldots,$$

so nennen wir $\{x_k\}$ *linear konvergent* und die Zahl c den *Konvergenzfaktor*. Gibt es eine gegen Null konvergierende Zahlenfolge $\{c_k\}$ mit

$$||x_{k+1} - \hat{x}|| \leq c_k||x_k - \hat{x}||,\ k = 0, 1, \ldots,$$

so heißt $\{x_k\}$ *superlinear konvergent*. Gibt es ein $c > 0$ und eine reelle Zahl $q > 1$ mit

$$||x_{k+1} - \hat{x}|| \leq c||x_k - \hat{x}||^q,\ k = 0, 1, \ldots,$$

so heißt $\{x_k\}$ konvergent mit *Konvergenzordnung* q. Für $q = 2$ spricht man auch von *quadratischer Konvergenz*.

Beispiel 10.8. ***Konvergenzordnung***
Wir betrachten nur Nullfolgen, also $\hat{x} = 0$. Die Folge $x_k = 2^{-k}$ ist linear konvergent, denn $x_{k+1} = 0.5x_k$. Die Folge $x_k = \exp(-k^2)$ ist superlinear konvergent. Die Folge $x_k = \exp(-2^k)$ ist quadratisch konvergent, die Folge $x_k = 1/k$ ist weniger als linear konvergent, und die Folge $x_k = 2^{-k!}$ ist schneller konvergent als jede Folge einer festen Ordnung $q > 1$.

Da man die Konvergenzordnung q i. a. nicht kennt, kann man bei Vermutung einer Konvergenzordnung $q > 1$ in Analogie zur experimentellen Fehlerordnung (4.3), S. 84 die *experimentelle Konvergenzordnung*

$$q_{\exp} := \frac{\log \frac{||x_{k+1} - \hat{x}||}{||x_{k+2} - \hat{x}||}}{\log \frac{||x_k - \hat{x}||}{||x_{k+1} - \hat{x}||}} \tag{10.8}$$

definieren, wobei der Grenzwert $\hat{x}$ durch eine Schätzung, z. B. durch $\hat{x} \approx x_{k+3}$ oder durch $\hat{x} \approx x_n$ mit einem im voraus berechneten großen n ersetzt werden muss, wenn $\hat{x}$ nicht bekannt ist. Vermutet man dagegen lineare oder superlineare Konvergenz, so berechne man die *experimentellen Konvergenzfaktoren*

$$c_{\exp} := \frac{||x_{k+1} - \hat{x}||}{||x_k - \hat{x}||}, \tag{10.9}$$

wobei der Grenzwert $\hat{x}$ ggf., wie oben bemerkt, zu schätzen ist.

10.3 Fixpunktiterationen

Wir beginnen mit einem einfachen Beispiel.

Beispiel 10.9. ***Eintauchtiefe eines Holzstammes***
Will man wissen, welches die Eintauchtiefe h eines schwimmenden Baumstammes (Dichte= ϱ, Radius= r) ist, so erhält man unter Anwendung des Archimedischen Prinzips (die Masse des Baumstammes ist gleich der Masse des durch den Baumstamm verdrängten Wassers) die Gleichung

$$f(\alpha) = \sin\alpha + 2\pi\varrho = \alpha \text{ und } h = r\,(1 - \cos\frac{\alpha}{2}\,), \tag{10.10}$$

wobei der Winkel α eine Hilfsgröße ist, die indirekt die Eintauchtiefe beschreibt. Bei $\alpha = \pi$ sinkt der Baumstamm genau bis zur Hälfte seines Querschnitts ein. Gleichung (10.10) ist eine typische Fixpunktgleichung. In leichter Verallgemeinerung wollen wir in diesem Abschnitt das folgende Problem behandeln: Gegeben sei

$$f : \mathbf{D} \subset \mathbb{R}^n \to \mathbb{R}^n. \tag{10.11}$$

Gesucht ist $x \in \mathbf{D}$ mit $f(x) = x$. Dies ist das zu behandelnde *Fixpunktproblem*. Ein solches Fixpunktproblem $f(x) = x$ wird man i.a. durch *direkte Iteration* lösen. Darunter verstehen wir das Verfahren

$$x_{k+1} = f(x_k),\; k = 0, 1, \ldots, \tag{10.12}$$

wobei x_0, *Startpunkt* oder *Anfangswert* der Iteration, als gegeben zu betrachten ist. Diese Iteration heißt auch *Fixpunktiteration*, und die ausgerechneten Größen x_k heißen die *Iterierten* des Verfahrens. Es kann eintreten, dass die Folge $\{x_k\}$ für jedes $x_0 \in \mathbf{D}$ gegen den einzigen Fixpunkt von f konvergiert. In diesem Fall sprechen wir von *globaler* Konvergenz.

Tabelle 10.10. Werte $\alpha_{k+1} = \sin\alpha_k + 1.32\pi$

k	0	1	5	20	59	60
α_k	0	4.1469	3.8924	3.6282	3.65553	3.65529

Ist $\hat{x} \in \mathbf{D}$ irgend ein Fixpunkt von f, und konvergiert die Folge $\{x_k\}$ für alle x_0 einer gewissen (d. h. i. a. unbekannten) Umgebung von $\hat{x}$ gegen $\hat{x}$, so sprechen wir von *lokaler* Konvergenz.

Wenden wir (10.12) auf das obige Beispiel 10.9 an, so ergeben sich aus der Gleichung (10.10) die aus der Tabelle 10.10 ersichtlichen (langsam konvergierenden) Werte. Dabei haben wir Buchenholz ($\varrho = 0.66$, nach: [22, DIN 4076, 1970, S. 4]) angenommen. Wir behandeln auch noch ein zweidimensionales Problem.

Beispiel 10.11. ***Fixpunktiteration mit zwei Variablen***
Wir behandeln die Fixpunktaufgabe $f(z) := \log z = z$ für komplexes z und starten mit $z_0 = 1 + \mathbf{i}$. In reeller Form lautet das Problem wegen $\log z = \log|z| + \mathbf{i}\arg z = \log\sqrt{x^2+y^2} + \mathbf{i}(\arctan(y/x))$ folgendermaßen:

$$\log\sqrt{x^2+y^2} = x, \qquad \arctan(y/x) = y.$$

Wir setzen $z_k := x_k + \mathbf{i}y_k$, $k = 0, 1, \ldots$ Dann ist $x_0 = y_0 = 1$. Ausgerechnete Werte inkl. Fehlerabschätzungen (a priori und a posteriori) sind in der Tabelle 10.14 zusammengefaßt. Wir sehen, dass sich die Konvergenz nur sehr langsam einstellt.

Wir haben neben einigen Beispielen, das Problem und auch die Lösungsmethode beschrieben. Jetzt ist die Frage, wie man erkennen kann, ob und wie schnell die Methode konvergiert. Die angegebene Methode funktioniert sicher nicht, wenn ein $x \in \mathbf{D}$ mit $f(x) \notin \mathbf{D}$ existiert, weil dann die Iteration (10.12) für diese x nicht mehr fortgesetzt werden kann. Dazu die folgende Definition.

Definition 10.12. Eine Abbildung $f : \mathbf{D} \subset \mathbb{R}^n \to \mathbb{R}^n$ heißt *Selbstabbildung*, wenn $f(\mathbf{D}) \subset \mathbf{D}$.

Wählen wir $\mathbf{D} = \mathbb{R}$, so ist $f(x) = x^2$ offensichtlich eine Selbstabbildung. Trotzdem funktioniert die obige Fixpunktiteration nicht für alle Fixpunkte von f.

Beispiel 10.13. ***Fixpunktiteration für*** $f(x) := x^2$
Die Abbildung $f(x) = x^2$ hat offensichtlich die beiden Fixpunkte Null und Eins. Für Anfangswerte x_0 mit $|x_0| < 1$ konvergiert die nach (10.12) gebildete Folge $\{x_k\}$ gegen den Fixpunkt Null. Der Fixpunkt ist *anziehend*. Für Startwerte x_0 mit $|x_0| > 1$ werden die Folgenglieder immer größer, der Fixpunkt ist *abstoßend*. Der Fixpunkt Eins ist also (abgesehen vom Trivialfall $x_0 = 1$) nicht erreichbar. Aus dem Beispiel 10.13 entnehmen wir, dass die Iteration (10.12) nur unter zusätzlichen Voraussetzungen gegen einen Fixpunkt konvergieren kann. Das Abstoßen können wir ausschließen, wenn wir nur Fälle betrachten, bei denen $f(x)$ und $f(y)$ immer einen kleineren Abstand haben als x und y. Das führt auf die folgende Definition.

Tabelle 10.14. Fixpunktiteration für $z := x+\mathrm{i}y = \log z$ mit Fehlerabschätzungen

k	x_k	y_k	a priori	a posteriori
0	1	1		
1	0.3465735903	0.7853981634	3.43882	3.43882
5	0.4543502040	1.2236395182	1.65838	1.35074
10	0.3361363515	1.3041006065	0.66647	0.28200
20	0.3176516141	1.3357245628	0.10763	0.011892
40	0.3181289344	1.3372366371	$2.8076 \cdot 10^{-3}$	$2.0532 \cdot 10^{-5}$
68	0.3181315048	1.3372357015	$1.7032 \cdot 10^{-5}$	$2.7790 \cdot 10^{-9}$
69	0.3181315052	1.3372357017	$1.4193 \cdot 10^{-5}$	$2.0217 \cdot 10^{-9}$
70	0.3181315054	1.3372357015	$1.1828 \cdot 10^{-5}$	$1.4708 \cdot 10^{-9}$

Definition 10.15. Eine Abbildung $f : \mathbf{D} \subset \mathbb{R}^n \to \mathbb{R}^m$ heißt *kontrahierend*, wenn für ein Paar von Normen (im Bild- und Urbildraum)

(10.13) $\quad ||f(x) - f(y)|| \leq c||x - y||$ für ein $c < 1$ und alle $x, y \in \mathbf{D}$ gilt.

Die Konstante c heißt *Kontraktionskonstante* von f. Im Falle $m = n$ seien die benutzten Normen identisch.

Die in (10.13) ausgedrückte Eigenschaft von f impliziert Stetigkeit von f, unabhängig davon, ob $c < 1$ ist oder nicht. Wie man am Beispiel $f(x) = \sqrt{x}$, $x \in [0, 1]$ aber sieht, folgt aus der Stetigkeit nicht (10.13). Die in (10.13) mit beliebigem $c \geq 0$ ausgedrückte Stetigkeit, heißt *Lipschitzstetigkeit* von f. Die beiden Eigenschaften selbstabbildend und kontrahierend garantieren i. w. nicht nur die Existenz eines Fixpunktes als Grenzwert der Fixpunktiteration, sondern sie gestatten auch noch eine sehr praktikable Fehlerabschätzung. Das ist der Inhalt des nächsten Satzes. Im Beweis werden Cauchy-Folgen und der Begriff des vollständigen Raumes benutzt. Man vgl. dazu die Definition 8.67, S. 269.

Satz 10.16. (Satz von Banach, Kontraktionssatz) Sei $f : \mathbf{D} \subset \mathbb{R}^n \to \mathbb{R}^n$ eine kontrahierende Selbstabbildung mit Kontraktionskonstanter c und $\mathbf{D}$ abgeschlossen. Dann hat f in $\mathbf{D}$ genau einen Fixpunkt $\hat{x}$, und die in (10.12) definierte Folge $\{x_k\}$ konvergiert für jeden Anfangswert $x_0 \in \mathbf{D}$ gegen $\hat{x}$. Darüberhinaus gilt die Fehlerabschätzung

(10.14) $$||\hat{x} - x_k|| \leq \frac{c^k}{1-c}||x_1 - x_0||, \ k = 1, 2, \ldots$$

Beweis: (a) Wir zeigen zuerst, dass es höchstens einen Fixpunkt geben kann. Seien dazu $\hat{x}, \hat{y}$ zwei Fixpunkte. Dann ist nach der Definition einer Kontraktion

$||f(\hat{x}) - f(\hat{y})|| = ||\hat{x} - \hat{y}|| \leq c||\hat{x} - \hat{y}||$. Für $\hat{x} \neq \hat{y}$ folgt $c \geq 1$, ein Widerspruch.
(b) Wir zeigen, dass die erzeugte Folge $\{x_k\}$ eine Cauchy-Folge auf der abgeschlossenen Menge **D** ist, und somit konvergiert. Aus der Kontraktionsbedingung (10.13) folgt

$$\begin{aligned} ||f(x_{k+1}) - f(x_k)|| &\leq c||x_{k+1} - x_k|| = c||f(x_k) - f(x_{k-1})|| \Longrightarrow \\ ||f(x_{k+1}) - f(x_k)|| &\leq c^k||f(x_1) - f(x_0)|| \leq c^{k+1}||x_1 - x_0||. \end{aligned}$$

Daraus folgt für $\ell \geq 0,\ k \geq 1$:

$$\begin{aligned} &||x_{k+\ell+1} - x_k|| = ||(x_{k+\ell+1} - x_{k+\ell}) + (x_{k+\ell} - x_{k+\ell-1}) + \\ &+(x_{k+\ell-1} - x_{k+\ell-2}) + \cdots + (x_{k+1} - x_k)|| \\ &= ||(f(x_{k+\ell}) - f(x_{k+\ell-1})) + (f(x_{k+\ell-1}) - f(x_{k+\ell-2})) + \\ &+(f(x_{k+\ell-2}) - f(x_{k+\ell-3})) + \cdots + (f(x_k) - f(x_{k-1}))|| \\ &\leq (c^{k+\ell} + c^{k+\ell-1} + \cdots + c^k)||x_1 - x_0|| \\ &= c^k(c^\ell + c^{\ell-1} + \cdots + 1)||x_1 - x_0|| \\ &= c^k(1 - c^{\ell+1})/(1 - c)||x_1 - x_0||. \end{aligned}$$

Also ist $\{x_k\}$ eine Cauchy-Folge. Der Übergang $\ell \to \infty$ liefert die Fehlerabschätzung (10.14). □

Man beachte, dass in dem Beweis weder die spezielle $\mathbb{R}^n$-Struktur (das ist im wesentlichen die endliche Dimension und die lineare Struktur) noch die Homogenität der Norm eingegangen ist. Der Satz gilt also auch unter sehr viel allgemeineren Bedingungen; z. B. genügt es, die Menge **D** als vollständigen, metrischen Raum vorauszusetzen. Aus den Voraussetzungen (10.13) folgt unmittelbar lineare Konvergenz des Fixpunktverfahrens. Man setze in (10.13) für y den Fixpunkt $\hat{x}$ und für x ein Folgenglied x_k ein. Die Fehlerabschätzung (10.14) kann unter der Voraussetzung, dass die Konstante c schon bekannt ist auf zwei Weisen verwendet werden. (a) Man berechnet, ohne die Iteration tatsächlich auszuführen nur x_1 und einen Exponenten k, so dass der Fehler nach (10.14) für die vorgesehene Anwendung klein genug ist. Erst dann berechnet man $x_2, \ldots, x_k$. (b) Man rechnet tatsächlich die Iterierten $x_1, x_2, \ldots, x_{k+1}$ aus und faßt das zuletzt ausgerechnete x_{k+1} als x_1 und x_k als x_0 auf und erhält dann

(10.15) $$||\hat{x} - x_{k+1}|| \leq \frac{c}{1-c}||x_{k+1} - x_k||,\ k = 1, 2, \ldots$$

Im ersten Fall (a) spricht man von einer a *priori*-Abschätzung, im Fall (b) von einer a *posteriori*-Abschätzung. Ob eine kontrahierende Abbildung eine Selbstabbildung ist, kann man in einem speziellen Fall erkennen.

Lemma 10.17. Seien f aus (10.11) kontrahierend mit einer Kontraktionskonstanten $c < 1$ und $x_0, x_1 = f(x_0) \in \mathbf{D}$. Liegt dann die Kugel

$$K = \{x : ||x - x_1|| \leq \frac{c}{1-c}||x_1 - x_0||\}$$

in $\mathbf{D}$, so ist $f(K) \subset K$, also f auf K eine Selbstabbildung.

Beweis: Sei $x \in K$. Dann ist $||f(x) - x_1|| \leq ||f(x) - f(x_1)|| + ||f(x_1) - x_1|| \leq c||x - x_1|| + c||x_1 - x_0|| \leq c/(1-c)||x_1 - x_0||(c + 1 - c)$. □

Die im Lemma angegebene Bedingung heißt *Kugelbedingung*. Unter dieser Bedingung liegt also auch der Grenzwert der Folge $\{x_k\}$ in der Kugel K.

Die Hauptschwierigkeit bei der Anwendung des Kontraktionssatzes liegt in der Bestimmung der Kontraktionskonstanten. Da hilft uns aber der Mittelwertsatz 10.5, S. 335 weiter. Ist im allgemeinen Kontraktionssatz $\mathbf{D}$ kompakt und konvex, f stetig differenzierbar, so kann nach Formel (10.7), S. 335

$$c = \max_{x \in \mathbf{D}} ||f'(x)||$$

gewählt werden. Das ist besonders einfach im Fall $n = 1$ (reell oder komplex).

Beispiel 10.18. ***Kontraktionssatz für eine Dimension***
Wir betrachten wieder das Beispiel 10.9, S. 337. Aus der Tabelle 10.10, S. 337 entnehmen wir versuchsweise, dass für den gesuchten Fixpunkt $\hat{x}$ von f gilt: $\hat{x} \in \mathbf{D} := [3.5, 3.8]$. Es ist $f' = \cos$, also $f'(3.5) = -0.94, f'(3.8) = -0.79$, f ist also monoton fallend in $\mathbf{D}$. Aus $f(3.5) = 3.80, f(3.8) = 3.53$ entnehmen wir, dass f eine Selbstabbildung ist. Nach dem Mittelwertsatz ist die Kontraktionskonstante $c = \max_{x \in \mathbf{D}} |f'(x)| = 0.94$. Starten wir z. B. mit $x_0 = 3.65$, so ist $x_1 = 3.6601$, $x_9 = 3.6570$, $x_{10} = 3.6540$, und wir erhalten als a priori-Fehlerabschätzung $|\hat{x} - x_{10}| \leq c^{10}/(1-c)|x_0 - x_1| = 8.9769 \cdot 0.0101 = 0.0908$. Die a posteriori-Abschätzung lautet $|\hat{x} - x_{10}| \leq c/(1-c)|x_{10} - x_9| = 0.0457$. Rechnet man weiter, sieht man, dass die a posteriori-Schranke im Verhältnis zur a priori-Schranke immer besser wird. Eine weitere Verbesserung der Abschätzung läßt sich erreichen, wenn man die analogen Überlegungen für ein verkleinertes Intervall $\mathbf{D}$ anstellt und so eine kleinere Kontraktionskonstante c erhält.

Beispiel 10.19. ***Kontraktionssatz für zwei Dimensionen***
Wir betrachten das Beispiel 10.11, S. 338. Dort ist $f(z) = \log z$ und $f'(z) = 1/z$. Nach den angestellten Rechnungen liegt der Fixpunkt in der Nähe von $z = 0.32 + 1.34\mathrm{i}$. Wir benutzen Polarkoordinaten $z = r\mathrm{e}^{\mathrm{i}\varphi}$, so dass $f(z) = \log r + \mathrm{i}\varphi$ wiederum in Polarkoordinaten die Form $f(z) = \sqrt{(\log r)^2 + \varphi^2}\mathrm{e}^{\mathrm{i}\phi}$ mit $\phi = \arctan(\varphi/\log r)$ hat. Beschreiben wir den Definitionsbereich von f auch in Polarkoordinaten in der Form

$$\mathbf{D} = \{(r, \varphi) : r_1 \leq r \leq r_2;\ \varphi_1 \leq \varphi \leq \varphi_2\},$$

so ist f auf den vier Randstücken von $\mathbf{D}$ monoton entweder nur von φ oder nur von r abhängig. Damit ist der Bildbereich einfach auszurechnen und für $r_1 = 1.2, r_2 = 1.6$; $\varphi_1 = 1.2, \varphi = 1.5$ erhält man $f(\mathbf{D}) \subset \tilde{\mathbf{D}} = \{(r,\varphi) : 1.21 \leq r \leq 1.57;\ 1.27 \leq \varphi \leq 1.42\} \subset \mathbf{D}$. Für die Kontraktionskonstante erhält man $c = 1/1.2 = 0.83\ldots$ Fehlerabschätzungen sind in Tabelle 10.14, S. 339 angegeben.

Es gibt Fälle, auf die der Kontraktionssatz wegen $|f'(x)| \geq 1$ am Fixpunkt x nicht anwendbar ist. Ein Beispiel ist $f = \tan$ mit $f' = 1/\cos$. Hier hilft oft ein Trick. Man iteriert nicht f, sondern die Umkehrabbildung $\varphi = f^{-1}$, (wenn vorhanden). Wegen $\varphi' = 1/(f')$ ist dann $|\varphi'(x)| \leq 1$. Der abstoßende Fixpunkt $x = 1$ von $f(x) = x^2$ kann so erreicht werden, indem wir mit der Umkehrfunktion $\varphi(x) = \sqrt{x}$ iterieren. In diesem Fall kann jedoch der Fixpunkt Null nicht erreicht werden.

Um bei der Bestimmung der Kontraktionskonstanten von den Matrixnormen loszukommen, erinnern wir uns an Satz 8.12, S. 232, nach dem für beliebige quadratische Matrizen $\mathbf{M}$

$$\varrho(\mathbf{M}) \leq ||\mathbf{M}||, \quad \varrho = \text{Spektralradius}, ||\cdot|| \text{ beliebige Matrixnorm}$$

gilt. Haben wir also $\varrho(f'(x)) < 1$ für ein bestimmtes $x \in \mathbf{D}$, so wird diese Bedingung auch noch in einer gewissen konvexen Umgebung gelten. Gilt diese Bedingung für einen Fixpunkt von f, so konvergiert die Fixpunktiteration allein unter der Voraussetzung, dass wir hinreichend nahe beim Fixpunkt starten. Das ist der Inhalt des nächsten Satzes.

Satz 10.20. Sei $f \in C^1(\mathbf{D})$, $\mathbf{D} \subset \mathbb{R}^n$ offen, $f(\hat{x}) = \hat{x}$. Ist der Spektralradius $\varrho(f'(\hat{x})) < 1$, so konvergiert die in (10.12), S. 337 durch $x_{k+1} = f(x_k)$ definierte Folge $\{x_k\}$ lokal und linear gegen $\hat{x}$.

Beweis: Wir zeigen, dass $\varepsilon > 0$, $c < 1$ existieren mit

$$||f(x) - \hat{x}|| \leq c||x - \hat{x}|| \quad \text{für alle} \quad ||x - \hat{x}|| \leq \varepsilon \tag{10.16}$$

für eine geeignet gewählte Vektornorm $||\ \ ||$. Es ist für jede Vektornorm

$$\begin{aligned} ||f(x) - f(\hat{x})|| &= ||f(x) - \hat{x}|| \\ &= ||f(x) - f(\hat{x}) - f'(\hat{x})(x - \hat{x}) + f'(\hat{x})(x - \hat{x})|| \\ &\leq ||f(x) - f(\hat{x}) - f'(\hat{x})(x - \hat{x})|| + ||f'(\hat{x})(x - \hat{x})||. \end{aligned}$$

Wendet man das Korollar 10.3, S. 334 an, gibt es zu jedem $\delta > 0$ ein $\varepsilon > 0$ mit $||f(x) - \hat{x}|| \leq (\delta + ||f'(\hat{x})||)\, ||x - \hat{x}||$, falls $||x - \hat{x}|| \leq \varepsilon$. Wegen $\varrho(f'(\hat{x})) < 1$ gibt es nach Satz 8.12 b), Seite 232 eine Matrixnorm $\hat{||}\ \ \hat{||}$ mit $\hat{||} f'(\hat{x}) \hat{||} < 1$, und daher kann auch $c = \delta + \hat{||} f'(\hat{x}) \hat{||} < 1$ gewählt werden. □

Korollar 10.21. Sei $f \in C^1(\mathbf{D})$, $\mathbf{D} \subset \mathbb{R}$ oder $\mathbf{D} \subset \mathbb{C}$ offen und $f(\hat{x}) = \hat{x}$. Ist in einer Umgebung $\mathbf{U}$ von $\hat{x}$ die Größe $|f'(x)| \leq c < 1$ für alle $x \in \mathbf{U}$, so konvergiert $x_{k+1} = f(x_k)$ lokal und linear gegen $\hat{x}$.

Beweis: Aus den Voraussetzungen folgt $\varrho(f'(\hat{x})) < 1$. Die Behauptung folgt aus Satz 10.20, man vgl. auch Aufgabe 10.7, S. 363. □

10.4 Das Newton-Verfahren

Die bereits für die Eintauchtiefe h eines Holzstammes hergeleitete Gleichung (10.10), S. 337 hätte man auch in die folgende Form kleiden können:

(10.17) $$g(\alpha) := \alpha - \sin\alpha - 2\pi\varrho = 0 \text{ und } h = r(1 - \cos\frac{\alpha}{2}).$$

Bei der Bestimmung des noch lohnenden Zinssatzes (Beispiel 2.12, S. 17) geht es darum, für ein Polynom $p \in \Pi_n$ diejenigen x zu bestimmen für die

(10.18) $$p(x) = 0.$$

Ein weiteres Beispiel: Hat man die Schnittpunkte von zwei Ellipsen in beliebiger Lage zu bestimmen, so muss man die Lösungsmenge von

(10.19) $$\begin{aligned} g_1(x,y) &:= a_1x^2 + b_1xy + c_1y^2 + d_1x + e_1y + f_1 &= 0,\\ g_2(x,y) &:= a_2x^2 + b_2xy + c_2y^2 + d_2x + e_2y + f_2 &= 0 \end{aligned}$$

berechnen. Wir haben also den folgenden allgemeine Aufgabentyp: Gegeben

(10.20) $$g: \mathbf{D} \subset \mathbb{R}^n \to \mathbb{R}^n,$$

gesucht $x \in \mathbf{D}$ mit $g(x) = \mathbf{0} \in \mathbb{R}^n$ für $n \in \mathbb{N}$. Das Problem ist also ein *Nullstellenproblem.*

Das Nullstellenproblem werden wir durch *Linearisierung* lösen. Bei der Linearisierung geht man davon aus, dass g einmal stetig differenzierbar ist und somit die Darstellung (Taylor-Reihe)

(10.21) $$g(x+h) = g(x) + g'(x)h + o(||h||) \quad \text{für } h \to \mathbf{0}$$

besitzt. Unter Linearisierung versteht man die Vernachlässigung des Terms $o(||h||)$ in (10.21), so dass nur noch das lineare Problem

(10.22) $$\mathbf{0} = g(x) + g'(x)h$$

übrig bleibt. Wir gehen also davon aus, dass x bereits eine gute und bekannte Näherung für eine Nullstelle ist und berechnen aus der angegebenen Gleichung eine (kleine) *Korrektur* h für x.

Numerisch entsteht dann aus (10.22) das folgende Verfahren: Bei bekanntem x_k löse man das lineare Gleichungssystem

(10.22 a) $$0 = g(x_k) + g'(x_k)\, h$$

mit h als Unbekannter. Die Lösung sei h_k. Dann setze man gemäß (10.21)

(10.22 b) $$x_{k+1} = x_k + h_k$$

und wiederhole diesen Schritt mit x_{k+1} statt mit x_k. Dies Verfahren heißt auch *Newtonsches Verfahren* zur Nullstellenbestimmung von g. Für Dimension Eins ergibt sich aus (10.22) die Formel

(10.23) $$x_{k+1} := x_k - g(x_k)/g'(x_k),$$

und die aus Figur 10.23 ersichtliche Interpretation. Die eindimensionalen Probleme werden in Abschnitt 10.6.6, S. 357 ausführlicher behandelt.

Eine oft sehr praktikable Variante entsteht, wenn man $g'(x_k)$ durch eine konstante Matrix $g'(x_0)$ ersetzt. D. h., statt (10.22 a) löst man

(10.23 a′) $$0 = g(x_k) + g'(x_0)\, h,$$

und fährt dann mit (10.22 b) fort. Es entsteht das *vereinfachte Newton-Verfahren.*

Beispiel 10.22. ***Allgemeines zweidimensionales Newton-Verfahren***
Aus den Gleichungen (10.22), (10.22 a), (10.22 b) folgt $g(z_k)+g'(z_k)(z_{k+1}-z_k) = 0$. Für den hier zu behandelnden Fall $n = 2$ erhält man mit

$$z_k := \begin{pmatrix} x_k \\ y_k \end{pmatrix}, \; g(z_k) := \begin{pmatrix} u(z_k) \\ v(z_k) \end{pmatrix}, \; g'(z_k) = \begin{pmatrix} u_x(z_k) & u_y(z_k) \\ v_x(z_k) & v_y(z_k) \end{pmatrix},$$

für das obige lineare Gleichungssystem explizit

$$\begin{aligned} u(z_k) + u_x(z_k)(x_{k+1} - x_k) + u_y(z_k)(y_{k+1} - y_k) &= 0, \\ v(z_k) + v_x(z_k)(x_{k+1} - x_k) + v_y(z_k)(y_{k+1} - y_k) &= 0. \end{aligned}$$

Wir setzen

$$\Delta(z_k) = u_x(z_k) \cdot v_y(z_k) - u_y(z_k) \cdot v_x(z_k).$$

Dann erhalten wir als explizite Lösung für jeden Schritt

$$(10.24)\qquad \begin{aligned} x_{k+1} &= x_k + (-u(z_k)v_y(z_k) + u_y(z_k)v(z_k))/\Delta(z_k), \\ y_{k+1} &= y_k + (-u_x(z_k)v(z_k) + u(z_k)v_x(z_k))/\Delta(z_k). \end{aligned}$$

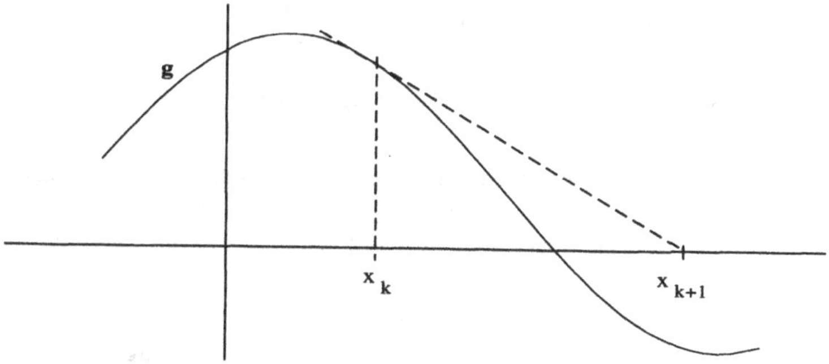

Abb. 10.23. Newton-Verfahren und Linearisierung

Beispiel 10.24. ***Nullstellen der komplexen Funktion*** $g(z) := \mathrm{e}^z - z$
Wegen $g(z) := \mathrm{e}^z - z \geq 1$ für $z \in \mathbb{R}$ hat g keine reellen Nullstellen. Wir untersuchen, ob g *komplexe Nullstellen* hat. Benutzt man jetzt die Darstellung $\mathrm{e}^z = \mathrm{e}^{x+\mathbf{i}y} = \mathrm{e}^x \mathrm{e}^{\mathbf{i}y} = \mathrm{e}^x(\cos y + \mathbf{i}\sin y)$, so kann man das äquivalente reelle Problem $g := \begin{pmatrix} u \\ v \end{pmatrix} = \mathbf{0}$ aufstellen mit

$$\begin{aligned} u\,(x,y) &:= \mathrm{e}^x \cos y - x &= 0, \\ v\,(x,y) &:= \mathrm{e}^x \sin y - y &= 0. \end{aligned}$$

In diesem Fall ist

$$g'(x,y) = \begin{pmatrix} u_x(x,y) & u_y(x,y) \\ v_x(x,y) & v_y(x,y) \end{pmatrix} = \begin{pmatrix} \mathrm{e}^x \cos y - 1 & -\mathrm{e}^x \sin y \\ \mathrm{e}^x \sin y & \mathrm{e}^x \cos y - 1 \end{pmatrix},$$

und man kann die Formeln des Beispiels 10.22 verwenden. In der *Funktionentheorie* wird gezeigt, dass bei derartigen komplexen Problemen immer $u_x = v_y$, $u_y = -v_x$ gilt, so dass die gefundene Übereinstimmung von Matrixelementen kein Zufall ist.

Man erkennt durch Einsetzen, dass $x = 0.32$, $y = 1.34$ eine (ungefähre) Lösung ist. Das angegebene Newton-Verfahren liefert (sehr schnell) die in der nachfolgenden Tabelle 10.25 angegebenen Werte (man vgl. Tabelle 10.14, S. 339).

Tabelle 10.25. Newton-Verfahren für $g(z) := e^z - z = 0$.

k	0	1	4	5
x_k	1	0.42	0.31813151	0.3181315052047
y_k	1	1.09	1.337235	1.3372357014307

Die direkte Iteration $z_{k+1} = e^{z_k} =: f(z_k)$ funktioniert dagegen nicht wegen $|f'(z)| = |\exp(z)| \approx 1.37 > 1$ am Fixpunkt z.

Die wesentliche Frage ist, unter welchen Voraussetzungen das angegebene Newton-Verfahren funktioniert, d. h. gegen die (oder gegen eine) Nullstelle von g konvergiert. Das Newton-Verfahren (10.22 a), (10.22 b) kann umformuliert werden in

(10.25) $$\mathbf{0} = g(x_k) + g'(x_k)(x_{k+1} - x_k),$$

wobei x_{k+1} aus bekanntem x_k zu berechnen ist. Bei eindeutiger Lösbarkeit — die wir hier immer voraussetzen — kann daher (10.25) auch geschrieben werden als

(10.26) $$\mathbf{0} = g(x) + g'(x)(N(x) - x),$$

wobei $N(x)$ die Lösung des entsprechenden linearen Gleichungssystems mit Startwert x bezeichnet. Die Bezeichnung $N(x)$ soll an Newton erinnern. Entsprechend wollen wir N die aus g abgeleitete *Newton-Funktion* nennen. Ist $g(x) = \mathbf{0}$, so ist also notwendig $N(x) = x$. Das Newton-Verfahren kann also aufgefaßt werden als Fixpunktiteration für die Funktion N. Eine formale Auflösung nach N ergibt in Analogie zu (10.23), S. 344 die (nicht zum Rechnen geeignete) Formel

(10.26′) $$N(x) := x - (g'(x))^{-1} g(x).$$

Satz 10.26. Sei $g \in C^3(\mathbf{D})$, $\mathbf{D} \subset \mathbb{R}^n$ offen, $g(\hat{x}) = 0$ und $g'(\hat{x})$ regulär. Für N aus (10.26) gilt: a) $N'(\hat{x}) = 0$, b) es existieren $\varepsilon > 0$, $c > 0$ mit

(10.27) $$||N(x) - \hat{x}||_\infty \leq c||x - \hat{x}||_\infty^2 \quad \text{für alle } x \text{ mit } ||x - \hat{x}||_\infty \leq \varepsilon.$$

Für die Newton-Iteration gilt insbesondere

(10.27′) $$||x_{k+1} - \hat{x}||_\infty \leq c||x_k - \hat{x}||_\infty^2, \quad \text{sofern } ||x_0 - \hat{x}||_\infty \leq \varepsilon,$$

d. h., das Newton-Verfahren konvergiert unter den angegebenen Voraussetzungen lokal und quadratisch.

Beweis: Aus den Voraussetzungen über g folgt, dass ein $\varepsilon > 0$ existiert, so dass für alle x mit $||x - \hat{x}||_\infty \leq \varepsilon$ die Abbildung N aus (10.26) definiert und zweimal stetig differenzierbar ist. Durch Differenzieren erhält man aus (10.26): $\mathbf{0} = g'(\hat{x}) + g''(\hat{x})(N(\hat{x}) - \hat{x})) + g'(\hat{x})(N'(\hat{x}) - \mathbf{I}) = g'(\hat{x})N'(\hat{x})$, also $N'(\hat{x}) = \mathbf{0}$. Für jede Komponente N_j von N kann für $||x - \hat{x}||_\infty \leq \varepsilon$ der Satz 10.4, S. 335 von Taylor (2. Ordnung) angewendet werden. Man erhält

$$N_j(x) = N_j(\hat{x}) + N_j'(\hat{x})(x - \hat{x}) + 0.5\,(x - \hat{x})^{\mathrm{T}} N_j''(\xi_j)(x - \hat{x})$$

für eine Zwischenstelle $\xi_j \in [x, \hat{x}]$. Dabei ist N_j'' die Matrix der zweiten partiellen Ableitungen von N_j *(Hesse-Matrix)*. Wegen $N'(\hat{x}) = \mathbf{0}$ und $N(\hat{x}) = \hat{x}$ folgt

$$\begin{aligned}
|N_j(x) - N_j(\hat{x})| &= 0.5|(x - \hat{x})^{\mathrm{T}} N_j''(\xi_j)(x - \hat{x})| \\
&\leq 0.5n \max_{||u-\hat{x}||_\infty \leq \varepsilon} ||N_j''(u)||_\infty \, ||x - \hat{x}||_\infty^2 \Rightarrow \\
||N(x) - \hat{x}||_\infty &\leq 0.5n \max_{j=1,2,\ldots,n} \max_{||u-\hat{x}||_\infty \leq \varepsilon} ||N_j''(u)||_\infty \, ||x - \hat{x}||_\infty^2 \\
&= c||x - \hat{x}||_\infty^2.
\end{aligned}$$

□

Die Voraussetzung, dass g dreimal stetig differenzierbar ist ($g \in \mathrm{C}^3(\mathbf{D})$), ist eine Bequemlichkeitsvoraussetzung, welche die Anwendung des Taylorschen Satzes bis zur 2. Ordnung erlaubt. Durch Verwendung anderer Beweismittel ([96, STOER, 1999, S. 303]) kann man darauf verzichten. Die Newton-Iteration scheitert nicht notwendig, wenn $g'(\hat{x})$ singulär ist für eine Nullstelle $\hat{x}$ von g. Ein sehr einfaches Beispiel ist $g(x) = x^2$. In diesem Fall ist $N(x) = x - g(x)/g'(x) = 0.5x$. Konvergenz von $x_{k+1} = N(x_k) = 0.5x_k$ liegt offenbar für jedes x_0 vor, die Geschwindigkeit ist jedoch nur noch linear. Zur Ausführbarkeit des Newton-Verfahrens genügt die Regularität von g' in einer Umgebung von $\hat{x}$ ohne $\hat{x}$ selbst. Nur können wir nicht mehr wie im obigen Beweis von $g'(\hat{x})N'(\hat{x}) = 0$ auf $N'(\hat{x}) = 0$ schließen. Es gilt stattdessen das folgende Korollar.

Korollar 10.27. Seien $\mathbf{D} \subset \mathbb{R}^n$ offen und konvex, $g \in \mathrm{C}^2(\mathbf{D}), g(\hat{x}) = 0, g'(\hat{x})$ singulär und N die aus g abgeleitete Newton-Funktion mit $N \in \mathrm{C}^1(S)$ für eine kompakte, konvexe Umgebung S von $\hat{x}$ in $\mathbf{D}$. Sei dort $||N'(x)|| \leq c < 1$ für eine geeignete Norm, dann konvergiert das Newton-Verfahren lokal, linear gegen $\hat{x}$.

Beweis: Der Mittelwertsatz 10.5, S. 335 in Verbindung mit Satz 10.20, S. 342 ergibt: $||N(\hat{x}) - N(x)|| \leq c||\hat{x} - x||$ mit $c = \max_{s \in S} ||N'(s)||$. □

Auf das eindimensionale Newton-Verfahren kommen wir im Abschnitt 10.6.6, S. 357 zurück. Wir haben an verschiedenen Stellen Konvergenzbereiche für das Newton-Verfahren angegeben in der Form

$$K := \{x \in \mathbf{D} : ||N'(x)|| \leq c < 1\},$$

wenn $\mathbf{D}$ der Definitionsbereich von N ist. Tatsächlich sind die Bereiche mit der Eigenschaft, dass Konvergenz genau dann eintritt, wenn der Anfangspunkt x_0 in diesem Bereich liegt, bizarre Gebilde. Sie heißen *Einzugsbereiche* des Newton-Verfahrens. Zur genaueren Beschreibung habe N endlich viele Fixpunkte $F_1, F_2, \dots, F_m$. Dann zerfällt der Definitionsbereich $\mathbf{D}$ von N in $m+1$ disjunkte Teile $E_1, E_2, \dots, E_{m+1}$, die folgendermaßen definiert sind: Liegt der Startpunkt $x_0 \in E_j$, so konvergiert die Fixpunktiteration gegen F_j für $j \leq m$. Liegt dagegen $x_0 \in E_{m+1}$, so konvergiert das Verfahren nicht, oder es ist nicht ausführbar. Wir zeigen das an einem einfachen Beispiel.

Beispiel 10.28. ***Einzugsbereiche des Newton-Verfahrens für*** $g(x) := x^3 + \mathrm{i} = 0$
Wir betrachten das Newton-Verfahren für das oben angegebene g. Wir haben $N(x) := x - g(x)/g'(x) = (2x - \mathrm{i}/x^2)/3$, und die entsprechende Newton-Iteration konvergiert für beliebiges $x_0 \in \mathbb{C}$ gegen eine der drei Nullstellen $F_1 = \mathrm{i}$, $F_2 = \mathrm{e}^{-5\mathrm{i}\pi/6} \approx -0.8660 - 0.5\mathrm{i}$, $F_3 = \mathrm{e}^{-\mathrm{i}\pi/6} \approx 0.8660 - 0.5\mathrm{i}$ von g, oder es divergiert, oder es ist nicht ausführbar (z. B. bei $x_0 = 0$). Die Nullstellen von g sind - wie immer - die Fixpunkte von N. Wir betrachten eine komplexe Funktion g, da in diesem Fall die Einzugsbereiche interessanter aussehen als im reellen Fall. Die Ebene $\mathbb{C}$ kann also entsprechend in vier Teile E_1, E_2, E_3, E_4 eingeteilt werden. Dabei enthält $E_j \subset \mathbb{C}$ genau diejenigen Startwerte $x_0 \in \mathbb{C}$, für die das Newton-Verfahren gegen den Fixpunkt F_j konvergiert, oder nicht funktioniert ($j = 4$). Die Menge E_j heißt *Einzugsbereich* des Fixpunktes F_j, $j = 1, 2, 3$. Die drei Einzugsbereiche unseres Beispiels (in Abbildung 10.29 illustriert) überdecken nicht die ganze Ebene $\mathbb{C}$, da z. B. $x_0 = 0$ zu keinem der Einzugsbereiche gehört und entsprechend auch jedes x_0 nicht zu einem der drei Einzugsgebiete gehört, wenn es ein k mit $x_k = 0$ gibt.

Im Konvergenzfall kann man außerdem feststellen, wieviele Schritte das Newton-Verfahren benötigt, um in eine vorgeschriebene Nähe des Fixpunktes zu kommen. Das haben wir in Abbildung 10.30 angegeben.

Schön kolorierte Einzugsbereiche eignen sich gut als Zimmerschmuck. Literatur dazu: [72, MANDELBROT, 1983], [82, PEITGEN & RICHTER, 1986].

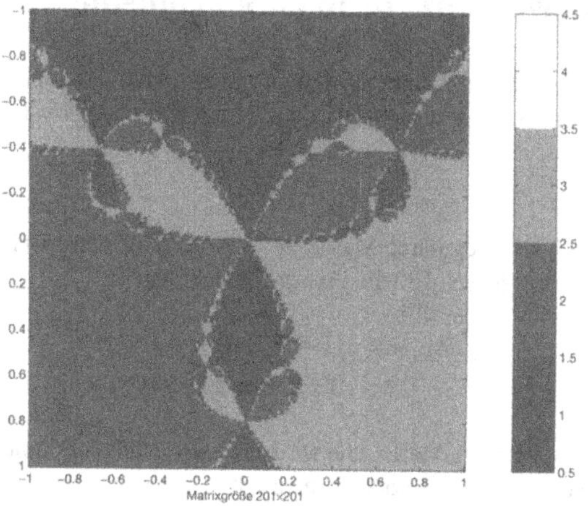

Abb. 10.29. Drei Einzugsbereiche eines Newton-Verfahrens in $[-1, 1] \times [-1, 1]$

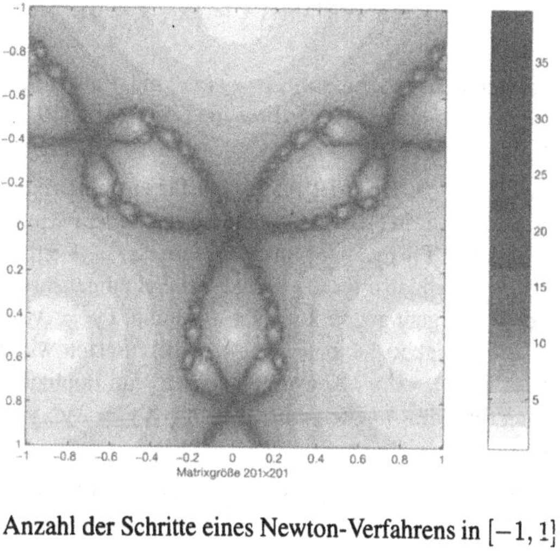

Abb. 10.30. Anzahl der Schritte eines Newton-Verfahrens in $[-1, 1] \times [-1, 1]$

10.5 Konvergenz für lineare Probleme

Wir untersuchen das Konvergenzverhalten von Fixpunktiterationen mit (affin) linearen Funktionen. Ausgangspunkt ist das lineare Gleichungssystem

$$\mathbf{Ax=b}, \tag{10.28}$$

mit einer gegebenen, regulären Matrix $\mathbf{A}$. Wir betrachten entspechend dem Vorgehen in Abschnitt 6.3, S. 180 die Fixpunktgleichung

$$\begin{aligned} f(\mathbf{x}) &:= (\mathbf{I}-\mathbf{P}^{-1}\mathbf{A})\mathbf{x}+\mathbf{P}^{-1}\mathbf{b} \\ &=: \mathbf{Tx}+\mathbf{c}=\mathbf{x}. \end{aligned} \tag{10.29}$$

Dabei ist $\mathbf{P}$ eine reguläre Matrix, die wir früher als Präkonditionierer eingeführt hatten. Nach dem Abschnitt über Normen gilt

$$||f(\mathbf{x})-f(\mathbf{y})|| \le ||\mathbf{T}||\ ||\mathbf{x}-\mathbf{y}|| \text{ für alle } \mathbf{x},\mathbf{y} \in \mathbb{R}^n. \tag{10.30}$$

Wie früher definieren wir den Spektralradius von $\mathbf{T}$ als

$$\varrho(\mathbf{T}) = \max\{|\lambda| : \mathbf{Tx}=\lambda\mathbf{x}\ ,\ \mathbf{x}\neq \mathbf{0}\}. \tag{10.31}$$

Satz 10.31. Das Iterationsverfahren $\mathbf{x}_{k+1} = f(\mathbf{x}_k)$ mit f aus (10.29) konvergiert für jedes $\mathbf{x}_0$ gegen den Fixpunkt von f (bzw. die Lösung von (10.28)) genau dann wenn $\varrho(\mathbf{T}) < 1$.

Beweis: Sei $\varrho(f') < 1$. Dann ist $||\mathbf{T}|| < 1$ für eine Matrixnorm nach Satz 8.12 b), S. 232. Setzen wir in (10.30) für $\mathbf{y}$ die Lösung $\hat{\mathbf{x}}$ der Fixpunktaufgabe ein, so ist $||f(\mathbf{x})-\hat{\mathbf{x}}|| \le ||\mathbf{T}||\ ||\mathbf{x}-\hat{\mathbf{x}}||$, insbesondere $||\mathbf{x}_{k+1}-\hat{\mathbf{x}}|| \le ||\mathbf{T}||\ ||\mathbf{x}_k - \hat{\mathbf{x}}|| \le ||\mathbf{T}||^{k+1}\ ||\mathbf{x}_0-\hat{\mathbf{x}}||$, also $||\mathbf{x}_{k+1}-\hat{\mathbf{x}}|| \to 0$. Sei umgekehrt $\{\mathbf{x}_k\}$ für jeden Anfangswert $\mathbf{x}_0$ konvergent gegen $\hat{\mathbf{x}} = \mathbf{T}\hat{\mathbf{x}}+\mathbf{c}$ und $\mathbf{Ty}=\lambda\mathbf{y},\ \mathbf{y}\neq\mathbf{0}$. Aus $\mathbf{x}_k = \mathbf{T}\mathbf{x}_{k-1}+\mathbf{c}$ folgt $\mathbf{x}_k - \hat{\mathbf{x}} = \mathbf{T}^k(\mathbf{x}_0-\hat{\mathbf{x}})$. Setzen wir $\mathbf{x}_0 = \mathbf{y}+\hat{\mathbf{x}}$, so ist $\mathbf{x}_k-\hat{\mathbf{x}} = \mathbf{T}^k\mathbf{y} = \lambda^k\mathbf{y}$. Konvergenz gegen Null impliziert $|\lambda| < 1$. Da diese Überlegung für jedes λ gelten muss, welches $\mathbf{Ty}=\lambda\mathbf{y}\ ,\ \mathbf{y}\neq\mathbf{0}$ erfüllt, ist notwendig $\varrho(\mathbf{T}) < 1$. □

Um $\varrho(\mathbf{T}) = \varrho(\mathbf{I}-\mathbf{P}^{-1}\mathbf{A})$ zu berechnen, muss nicht notwendig $\mathbf{P}^{-1}$ berechnet werden. Sei nämlich $\mathbf{Tx} = (\mathbf{I}-\mathbf{P}^{-1}\mathbf{A})\,\mathbf{x} = \lambda\mathbf{x}$, dann ist $(\mathbf{P}-\mathbf{A})\,\mathbf{x} = \lambda\mathbf{Px}$ oder

$$(\mathbf{A}-\mathbf{P}+\lambda\mathbf{P})\,\mathbf{x} = \mathbf{0}\ ,\ \mathbf{x}\neq\mathbf{0}. \tag{10.32}$$

Satz 10.32. Gelte für die Matrix $\mathbf{A} = (a_{ij})$ das Zeilensummenkriterium

$$(10.33) \qquad \sum_{j=1, j\neq i}^{n} |a_{ij}| < |a_{ii}| \quad \text{für alle } i = 1, 2, \ldots, n,$$

dann konvergieren das Gesamtschrittverfahren ($\mathbf{P} = \operatorname{diag} \mathbf{A}$) und das Einzelschrittverfahren
$\left(\mathbf{P} = (m_{ij}),\ m_{ij} = \begin{cases} a_{ij} & \text{für} \quad i \geq j\,, \\ 0 & \text{für} \quad i < j\,, \end{cases}\right)$ für jeden Startvektor $\mathbf{x}_0$. Die Verfahren selbst sind in Abschnitt 6.3, S. 180 beschrieben.

Beweis: Für das Gesamtschrittverfahren ist $\mathbf{T} = (t_{ij})$ mit

$$t_{ij} = \begin{cases} 0 & \text{für } i = j, \\ -a_{ij}/a_{ii} & \text{für } i \neq j, \end{cases} \quad \text{daher } ||\mathbf{T}||_\infty = \max_i \sum_{j=1, j\neq i}^{n} \left|\frac{a_{ij}}{a_{ii}}\right| < 1$$

wegen (10.33). Nach Satz 8.12 a), S.232 ist $\varrho(\mathbf{T}) \leq ||\mathbf{T}||_\infty < 1$, die Behauptung folgt aus Satz 10.31. Wir betrachten das Einzelschrittverfahren. Sei λ , $\mathbf{x}$ eine Lösung von (10.32). Die Matrix $\mathbf{B} = (\mathbf{A} - \mathbf{P} + \lambda\mathbf{P}) = (b_{ij})$ hat dann die Gestalt
$b_{ij} = \begin{cases} \lambda a_{ij} & \text{für} \quad i \geq j\,, \\ a_{ij} & \text{für} \quad i < j\,, \end{cases}$ und (10.32) lautet:

$$(10.34) \qquad -\sum_{j=i+1}^{n} a_{ij}x_j = \lambda \sum_{j=1}^{i} a_{ij}x_j \quad \text{für alle } i = 1, 2, \ldots, n\,.$$

Sei $||\mathbf{x}||_\infty = |x_s|$. Aus (10.34) folgt dann für $i = s$ unter Anwendung der Dreiecksungleichung

$$\begin{aligned} |\lambda| \left(|a_{ss}|\, |x_s| - \sum_{j=1}^{s-1} |a_{sj}|\, |x_s|\right) \quad &\leq \quad |\lambda|\, \left|\sum_{j=1}^{s} a_{sj}x_j\right| = \left|\sum_{j=s+1}^{n} a_{sj}x_j\right| \leq \\ &\leq \quad \sum_{j=s+1}^{n} |a_{sj}|\, |x_s| \end{aligned}$$

und somit $\quad |\lambda| \leq \dfrac{\displaystyle\sum_{j=s+1}^{n} |a_{sj}|}{|a_{ss}| - \displaystyle\sum_{j=1}^{s-1} |a_{sj}|} < 1 \quad$ wegen $\displaystyle\sum_{j=1, j\neq s}^{n} |a_{sj}| < |a_{ss}|$.

Damit ist $\varrho(\mathbf{T}) < 1$, und die Behauptung folgt aus Satz 10.31. □

Bemerkung: Das Einzelschrittverfahren konvergiert auch für symmetrische, positiv definite Matrizen, dagegen nicht notwendig das Gesamtschrittverfahren. In vielen Fällen kann das Einzelschrittverfahren durch Einführung eines Parameters ω beschleunigt werden. Dazu setzt man $\mathbf{P} = \frac{1}{\omega} \operatorname{diag} \mathbf{A} + \mathbf{A}_L$ mit

$$\mathbf{A}_L = \begin{cases} a_{ij} & \text{für} \quad i > j\,, \\ 0 & \text{für} \quad i \leq j\,, \end{cases} \qquad \mathbf{A}_R = \begin{cases} a_{ij} & \text{für} \quad i < j\,, \\ 0 & \text{für} \quad i \geq j\,, \end{cases}$$

$$\operatorname{diag} \mathbf{A} = \begin{cases} a_{ij} & \text{für} \quad i = j\,, \\ 0 & \text{für} \quad i \neq j\,. \end{cases}$$

Aus der allgemeinen Iterationsvorschrift $(\mathbf{P} - \mathbf{A})\,\mathbf{x}_k + \mathbf{b} = \mathbf{P}\mathbf{x}_{k+1}$ folgt speziell für das obige $\mathbf{P}$ das *SOR-Verfahren* ([engl. *successive overrelaxation*])

(10.35) $$((1-\omega)\operatorname{diag}\mathbf{A} - \omega\mathbf{A}_R)\mathbf{x}_k + \omega\mathbf{b} = (\operatorname{diag}\mathbf{A} + \omega\mathbf{A}_L)\,\mathbf{x}_{k+1}.$$

Für $\omega = 1$ erhält man das Einzelschrittverfahren.

Satz 10.33. Ist $\mathbf{A}$ symmetrisch und positiv definit, so konvergiert (10.35) für jeden Startvektor $\mathbf{x}_0$ wenn $0 < \omega < 2$.

Beweis: Literatur, z. B. [98, STOER-BULIRSCH, 2000, S. 276]. □

10.6 Eindimensionale Probleme

Wir behandeln in diesem Abschnitt eindimensionale Probleme. Meistens haben die Probleme die Form

(10.36) $$g(x) = 0, \quad \text{mit} \quad g : [a, b] \to \mathbb{R}, \quad g \in C[a, b] \text{ und } a < b.$$

Je nachdem welche weiteren Voraussetzungen man über g macht, ergeben sich diverse Verfahren. Ist $g(\hat{x}) = 0$, und gibt es eine Umgebung $U \subset [a, b]$ von $\hat{x}$ mit $g(x)g(y) < 0$ für alle $x \in U$ mit $x < \hat{x}$ und alle $y \in U$ mit $y > \hat{x}$, so heißt $\hat{x}$ eine Nullstelle von g mit *Vorzeichenwechsel*. Eine Nullstelle mit Vorzeichenwechsel kann also nie an den Rändern a oder b liegen. Die Sinusfunktion $\sin : [-1, 1] \to \mathbb{R}$ hat bei Null eine Nullstelle mit einem Vorzeichenwechsel, die Parabel $x^2 : [-1, 1] \to \mathbb{R}$ z. B. hat bei Null eine Nullstelle, aber dort keinen Vorzeichenwechsel.

10.6.1 Bisektion

Neben (10.36) gelte $g(a)g(b) < 0$. Dann hat g in $]a, b[$ nach dem Zwischenwertsatz (mindestens) eine Nullstelle $\hat{x}$ mit Vorzeichenwechsel. Das Verfahren zum Einschließen einer Nullstelle in immer kleinere Intervalle geschieht so:

Schritt 1: $m := \frac{a+b}{2}$,

Schritt 2: Ist $g(m) = 0$, $\hat{x} := m$, Schluß, sonst zu Schritt 3,

Schritt 3: Ist $g(a)g(m) < 0$, dann $b := m$, zu Schritt 1,

sonst $a := m$, zu Schritt 1.

Das angegebene Verfahren heißt *Bisektionsverfahren*. Da in Schritt 3 $g(m) \neq 0$, muss wegen $g(a)g(b) < 0$ notwendig $g(a)g(m) < 0$ oder $g(m)g(b) < 0$ gelten. Das Verfahren bricht also entweder in Schritt 2 mit der Lösung ab, oder es halbiert das Einschließungsintervall. Nach k Schritten liegt eine Lösung in einem Intervall der Länge $2^{-k}(b-a)$. Das Bisektionsverfahren ist also linear konvergent. Es ist auch klar, dass das Bisektionsverfahren für jeden anderen Teilungspunkt als den Mittelpunkt ausführbar ist und Einschließungen liefert. Um das Verfahren praktikabel zu machen, muss die Abfrage $g(m) = 0$ durch eine Abfrage vom Typ $|g(m)| < \varepsilon_1$ ersetzt werden, und es muss ein Abbruchkriterium, z. B. $b - a < \varepsilon_2$ eingebaut werden, mit vorzugebenden kleinen $\varepsilon_j > 0,\ j = 1, 2$.

Beispiel 10.34. ***Bisektion für*** $g(x) := \Gamma(x) - x$

Die Gamma-Funktion ist eine auf $\mathbb{R}$ erweiterte Fakultät mit Polen bei $0, -1, -2, \ldots$ Es gilt $\Gamma(n+1) = n!$, $n = 0, 1, \ldots$ Sie ist heutzutage (für reelle Argumente) in allen gängigen Programmiersprachen implementiert, [1, ABRAMOWITZ & STEGUN, 1964, S. 255 ff.]. Die Gleichung $g(x) := \Gamma(x) - x = 0$ hat genau zwei positive Lösungen $x_1 = 1, x_2 \approx 3.5$. Diese 2. Lösung wollen wir etwas genauer berechnen. Sei $g(x) := \Gamma(x) - x$ auf $[3, 4]$. Es ist $g(3) = -1$ und $g(4) = 2$. Die Voraussetzungen für das Bisektionsverfahren sind also erfüllt. Die Rechenergebnisse ergeben sich aus der Tabelle 10.35. Man erkennt deutlich, dass das einschließende Intervall die Länge 2^{-j} hat.

10.6.2 Regula falsi

Es ist naheliegend im Bisektionsverfahren einen anderen Teilungspunkt als den Mittelpunkt zu versuchen. Z. B. kann man den Schnittpunkt der Geraden durch die beiden Punkte $(a, g(a))$ und $(b, g(b))$ wählen. Dieser Schnittpunkt ist

$$c := \frac{ag(b) - bg(a)}{g(b) - g(a)} = b - g(b)\,\frac{b-a}{g(b) - g(a)}. \tag{10.37}$$

Da $g(a)$ und $g(b)$ entgegengesetzte Vorzeichen haben, tritt bei der Berechnung von c keine Auslöschung im Nenner auf. Die zweite Formel benötigt eine Multiplikation und eine Division, während die erste zwei Multiplikationen und eine Division benötigt. Zum Rechnen sollte also die zweite Form gewählt werden. Das resultierende Verfahren (man ersetze im Bisektionsverfahren m durch

c) ist die *regula falsi*. Es hat den Vorteil, dass es nach wie vor eine Lösung einschließt. Unter den Voraussetzungen $g \in C^2[a, b]$ und $g'(\hat{x})g''(\hat{x}) \neq 0$ kann man lineare Konvergenz nachweisen. Man vgl. [92, SCHWARZ, 1997, S. 244].

Tabelle 10.35. Bisektionsverfahren für $g(x) := \Gamma(x) - x$

j	a	b
0	3	4
1	3.5000	4.0000
2	3.5000	3.7500
3	3.5000	3.6250
4	3.5000	3.5625
5	3.5312	3.5625
10	3.5615	3.5625
11	3.5620	3.5625
12	3.5623	3.5625
13	3.5624	3.5625
14	3.5624	3.5624
15	3.5624	3.5624

Tabelle 10.36. Regula falsi für $g(x) := \Gamma(x) - x$

j	a	b
0	3	4
1	3.33333333333333	4
2	3.47818313419047	4
3	3.53275838505454	4
4	3.55212974541060	4
5	3.55885461741512	4
10	3.56236550633589	4
20	3.56238228501251	4
30	3.56238228539089	4
31	3.56238228539089	4
32	3.56238228539090	4
33	3.56238228539090	4

Beispiel 10.37. ***Regula falsi für*** $g(x) := \Gamma(x) - x$
Wir behandeln dasselbe Problem wie in Beipiel 10.34. Die Ergebnisse stehen in der Tabelle 10.36. Hier ist besonders auffällig die Konvergenz des linken Randpunktes gegen den gesuchten Grenzwert x_2, während der rechte Randpunkt bei $b = 4$ verharrt. Die Einschließung verbessert sich fast nicht.

10.6.3 Sekantenverfahren

Man orientiert sich hier am Newton-Verfahren (10.23), S. 344 und ersetzt die darin vorkommende Ableitung $g'(x_k)$ durch einen Differenzenquotienten. Man erhält so das Verfahren

$$(10.38)\quad x_{k+1} := x_k - g(x_k)\,\frac{x_k - x_{k-1}}{g(x_k) - g(x_{k-1})} = \frac{x_{k-1}g(x_k) - x_k g(x_{k+1})}{g(x_k) - g(x_{k-1})}.$$

Die Formel zur Berechnung von x_{k+1} ist identisch mit der Berechnung von c nach Formel (10.37), wenn man dort $a := x_{k-1}, b := x_k$ setzt. Der einzige Unterschied ist, dass man hier auf die Einschließung verzichtet. Unter denselben Voraussetzungen wie bei der regula falsi kann man (bei hinreichend guten Startwerten x_0, x_1) Konvergenz mit der Ordnung $q := 0.5(1 + \sqrt{5}) \approx 1.6180$ nachweisen ([92, SCHWARZ loc. cit.] oder [96, STOER, 1999, S. 344].). Die Sekantenmethode hat den Nachteil, dass für große k die Werte $g(x_k)$ und $g(x_{k-1})$ nahe beieinander liegen und daher Auslöschung im Nenner eintritt. Der Aufwand (pro Iterationsschritt) von (10.38) ist im Vergleich zum gewöhnlichen Newton-Verfahren nur halb so groß, wobei als Aufwand nur die Auswertung von Funktionen gezählt wird. Die Sekantenmethode benötigt nämlich pro Schritt einen neuen Funktionswert, das Newton-Verfahren dagegen zwei. Faßt man bei der Sekantenmethode zwei Schritte zu einem zusammen, so ist die Konvergenzordnung $q^2 = q + 1 \approx 2.618$; sie ist also (lokal) effektiver als das Newton-Verfahren. Wegen der geschilderten Instabilitäten wird man jedoch normalerweise diese Methode vermeiden.

Beispiel 10.38. ***Sekantenverfahren für*** $g(x) := \Gamma(x) - x$
Wir behandeln wieder das Problem aus Beispiel 10.34 und berechnen zusätzlich die experimentelle Konvergenzordnung q_{exp} nach Formel (10.8), S. 336. Man erkennt schnelle Konvergenz. Die Konvergenzordnung wird von Schritt 3 bis Schritt 8 etwa richtig wiedergegeben. Man erkennt aber auch in den letzten beiden Schritten die Schwäche, dass nämlich die Werte zu dicht beieinander liegen und Auslöschung bei der ausgerechneten Konvergenzordnung erkennbar ist.

10.6.4 Das vereinfachte Sekantenverfahren

Das nächste Verfahren ergibt sich aus dem vereinfachten Newton-Verfahren wiederum durch Ersetzen der Ableitung durch einen Differenzenquotienten. Man erhält aus (10.23 a′), S. 344 das Verfahren

$$(10.39)\quad x_{k+1} := x_k - \gamma g(x_k) \text{ mit } \gamma := \frac{x_1 - x_0}{g(x_1) - g(x_0)},\ k = 1, 2, \ldots$$

Dieses Verfahren, das wir *vereinfachtes Sekantenverfahren* nennen wollen, kann aufgefaßt werden als Fixpunktiteration für $f(x) := x - \gamma g(x)$. Wegen $f'(x) = 1 - \gamma g'(x)$ ist das Verfahren lokal, linear konvergent, wenn γ so gewählt werden kann, dass $|1 - \gamma g'(x)| \leq c < 1$ in einer Umgebung einer Nullstelle $\hat{x}$ von g. Das ist immer möglich, wenn $g'(\hat{x}) \neq 0$. In diesem Fall wähle man (theoretisch) $\gamma := 1/g'(\hat{x})$. Dann ist die Bedingung $|1 - \gamma g'(x)| \leq c < 1$ in einer Umgebung von $\hat{x}$ erfüllt. Ist dagegen $g'(\hat{x}) = 0$, so läßt sich diese Bedingung nicht erfüllen. Die Interpretation als Fixpunktgleichung erlaubt auch für das Sekantenverfahren eine Fehlerabschätzung, indem man den letzten Schritt als einzigen Schritt des vereinfachten Sekantenverfahrens auffaßt. Man erhält also

$$|x_{k+1} - \hat{x}| \leq \frac{c}{1-c}|x_{k+1} - x_k|,$$

wobei $c := \max_{x \in D} |1 - \gamma g'(x)|$ geeignet (bei geschickter Wahl von D) zu bestimmen ist.

Tabelle 10.39. Sekantenverfahren für $g(x) := \Gamma(x) - x$

j	x_j	q_{exp}
0	3	
1	4	
2	3.33333333333333	2.58
3	3.47818313419047	1.55
4	3.58341040603728	1.39
5	3.56067036238137	1.81
6	3.56234869660668	1.57
7	3.56238233953699	1.64
8	3.56238228538919	1.61
9	3.56238228539090	0.64
10	3.56238228539090	−0.03

Beispiel 10.40. ***Vereinfachtes Sekantenverfahren für*** $g(x) := \Gamma(x) - x$
Wir behandeln wieder das Problem aus Beispiel 10.34. Man erkennt schnelle Konvergenz (s. Tabelle 10.41). Der Konvergenzfaktor, $\gamma = (3-4)/(g(3) - g(4)) = 1/3$, ist günstig. Reduziert man das Einschließungsintervall auf $[3.4, 3.7]$, so ist $g' = \Gamma' - 1$ für $x \geq 3$ monoton wachsend und $\Gamma'(3.4) = 3.1886, \Gamma'(x_2) = 4.0025, \Gamma'(3.7) = 4.8678$. Daraus errechnet sich $c = 0.29$, wobei wieder x_2 der gesuchte Fixpunkt ist.

10.6.5 Fixpunktverfahren

Hier ist das Grundproblem $f(x) = x$ und gerechnet wird nach der Vorschrift $x_{k+1} := f(x_k)$, $k \geq 0$ bei gegebenem x_0. Unter den bereits angegebenen Voraussetzungen (s. Satz 10.16, S. 339)

$$f : D \subset \mathbb{R} \to D, \quad |f(x) - f(y)| \leq c|x - y| \text{ für ein } c < 1 \text{ und alle } x, y \in D$$

hat f in D genau einen Fixpunkt $\hat{x} \in D$ und die Folge $\{x_k\}$ konvergiert für jedes x_0 linear gegen $\hat{x}$, und es gilt die bereits früher hergeleitete Fehlerabschätzung

$$|x_k - \hat{x}| \leq \frac{c^k}{1-c}|x_0 - x_1|.$$

Man vgl. auch das Beispiel 10.18, S. 341.

Tabelle 10.41. Vereinfachtes Sekantenverfahren für $g(x) := \Gamma(x) - x$

j	x_j
0	3
1	4
2	3.33333333333333
3	3.51839161763189
4	3.56063693663040
5	3.56238089742862
6	3.56238228656464
7	3.56238228538990
8	3.56238228539090

10.6.6 Das Newton-Verfahren für eine Dimension

Wir gehen noch einmal auf das Newton-Verfahren ein. Ist das Nullstellenproblem $g(x) = 0$ in $\mathbb{R}$ zu behandeln, so läßt sich das Newton-Verfahren (10.23), S. 344 als Fixpunktiteration für $N(x) = x$ auffassen mit

$$N(x) := x - \frac{g(x)}{g'(x)}, \tag{10.40}$$

wobei der Ausdruck $g(x)/g'(x)$ einen Sinn haben muss. Es ist - wie wir schon bemerkt haben - zu beachten, dass $g'(x) = 0$ nicht notwendig die Anwendung von (10.40) zum Scheitern bringt, denn es könnte auch $g(x) = 0$ sein und

$\lim_{s \to x} g(s)/g'(s)$ existieren. Die Verhältnisse sind nicht immer so günstig wie im Satz 10.26, S. 346 oder im Satz 10.27, S. 347 beschrieben. Dazu ein Beispiel.

Beispiel 10.42. ***Zyklen im Newton-Verfahren***
Zur Bestimmung von Lösungen von $g(x) = 0$ wenden wir das Newton-Verfahren an auf

$$g(x) := \operatorname{sign}(x)\sqrt{|x|},\ x \in \mathbb{R}.$$

Für $x > 0$ erhält man hier nach (10.40) $N(x) = x - \sqrt{x}/(1/(2\sqrt{x})) = -x$. Entsprechend ist $N(-x) = x$. Das Newton-Verfahren tritt also für jeden Anfangswert auf der Stelle. Wegen $|N'(x)| = 1$ für jedes x liegt hier keine Kontraktion vor.

Wir kommen jetzt zum Fall von $g(\hat{x}) = g'(\hat{x}) = 0$.

Satz 10.43. Sei $g \in C^2[a, b]$ und $g(\hat{x}) = g'(\hat{x}) = 0$. Existieren g/g' und gg''/g'^2 in einer Umgebung von $\hat{x}$, und ist dort $|gg''/g'^2| \le c < 1$, so konvergiert das Newton-Verfahren lokal linear gegen $\hat{x}$.

Beweis: Sei $N(x) = x - g(x)/g'(x)$ für $x \in [a, b]$. Wegen
$N'(x) = g(x)g''(x)/g'^2(x)$, folgt die Behauptung aus Korollar 10.27, S. 347. □

Korollar 10.44. Sei $g(x) = (x - \hat{x})^k\, h(x) \in C^2[a, b]$, $h(\hat{x}) \neq 0$ und $k \ge 2$. Dann konvergiert das Newton-Verfahren lokal, linear gegen $\hat{x}$.

Beweis: Es ist $\lim_{x \to \hat{x}} g(x)/g'(x) = 0$ und $\lim_{x \to \hat{x}} g(x)g''(x)/g'^2(x) = (k-1)/k$. Die Voraussetzungen des vorigen Satzes sind erfüllt. □

Das vereinfachte Newton-Verfahren, bei gegebenem x_0 definiert durch

$$N_0(x) := x - g(x)/g'(x_0) \tag{10.41}$$

konvergiert linear und lokal, wenn eine Konstante $c < 1$ existiert, so dass am Fixpunkt $\hat{x}$ von N_0 gilt:

$$1 - c \le g'(\hat{x})/g'(x_0) \le 1 + c \tag{10.42}$$

Denn $N_0'(x) = 1 - g'(x)/g'(x_0)$. Ist also x_0 hinreichend nahe bei $\hat{x}$, so ist $g'(\hat{x})/g'(x_0) \approx 1$ und (10.42) erfüllt. Es gestattet eine einfache Fehlerabschätzung.

Satz 10.45. Seien $\mathbf{D} = [a, b]$, $g \in C^1(\mathbf{D})$ und $N_0 : \mathbf{D} = [a, b] \to \mathbb{R}$, definiert in (10.41) mit $x_0 \in \mathbf{D}$ eine Selbstabbildung, und existiere eine Konstante $c < 1$ mit (10.42). Dann hat g in $\mathbf{D}$ genau eine Nullstelle $\hat{x}$ für die gilt:

$$|\hat{x} - x_k| \le c^k/(1-c)|x_1 - x_0|,\ x_k = N_0(x_{k-1}),\ k = 1, 2, \ldots$$

Beweis: Nach den Voraussetzungen ist N_0 eine kontrahierende Selbstabbildung. Die Behauptung folgt aus Satz 10.16, S. 339. □

Dieser Satz hat eine wichtige Anwendung auf das gewöhnliche Newton-Verfahren. Hat man nämlich danach x_k berechnet, so fasse man x_{k-1} als x_0 für das vereinfachte Newton-Verfahren auf. Sind dann die sonstigen Voraussetzungen des vorigen Satzes erfüllt, so erhält man die Fehlerabschätzung

$$|\hat{x} - x_k| \leq c/(1-c)|x_k - x_{k-1}|.$$

Eine Vergrößerung des Konvergenzbereichs für das Newton-Verfahren kann man oft durch Einführung eines *Dämpfungsfaktors* erreichen, d. h, man iteriert nach der Vorschrift

(10.43) $$x_{k+1} = x_k - \lambda_k g(x_k)/g'(x_k)$$

mit einer noch wählbaren Folge von λ-Werten. In der Regel erweist sich für die ersten Iterationsschritte die Wahl $\lambda_k < 1$ als zweckmäßig und zwar

$$\lambda_k = \max_{j=0,1,\ldots} \{2^{-j} : g^2(x_{k+1}) < g^2(x_k)\}.$$

Man wählt also $\lambda_k = \max\{1, 1/2, 1/4, \ldots\}$, so dass das mit diesem λ_k nach (10.43) berechnete x_{k+1} die Abstiegseigenschaft $g^2(x_{k+1}) < g^2(x_k)$ besitzt. Daher ist der Name *Newton-Verfahren mit Dämpfung* gebräuchlich oder *modifiziertes Newton-Verfahren* (man vgl. [96, STOER, 1999, S. 305 ff.]).

10.6.7 Nullstellen von Polynomen

Wir behandeln zum Schluß das Nullstellenproblem für Polynome. Wir interessieren uns also für die Lösung von

(10.44) $$p(x) = 0, \quad p \in \Pi_n, \quad n \geq 2.$$

Wir wissen, dass Polynome auf ganz $\mathbb{C}$ definiert sind, dort genau n (nicht notwendig verschiedene) Nullstellen haben, und beliebig oft differenzierbar sind. Die Nullstellen von Polynomen mit reellen Koeffizienten (der Regelfall) liegen symmetrisch zur reellen Achse.

Als Spezialfall betrachten wir zuerst die Berechnung von $a^{1/n}$, $a > 0$ als Lösung von

(10.45) $$p(x) := x^n - a = 0, \; n \geq 2, \; a > 0.$$

Das Newton-Verfahren lautet hier

(10.46) $$x_{k+1} = \frac{1}{n}\left((n-1)x_k + \frac{a}{x_k^{n-1}}\right).$$

Für $n = 2$ erhält man als Spezialfall das *Heron-Verfahren*

$$x_{k+1} = \frac{1}{2}\,(x_k + \frac{a}{x_k}). \tag{10.47}$$

Die Konvergenz von $\{x_k\}$ nach (10.46) läßt sich direkt untersuchen.

Satz 10.46. Das Verfahren (10.46) zur Bestimmung von $a^{1/n}$ konvergiert bei beliebigem $x_0 > 0$ und $n \geq 2$, und es gilt die Fehlerabschätzung:

$$a/x_k^{n-1} \leq a^{1/n} \leq x_{k+1} \leq x_k \quad \text{für} \quad k = 1, 2 \ldots \tag{10.48}$$

Beweis: Aus $x_0 > 0$ folgt $x_k > 0$ für alle $k = 1, 2, \ldots$ Die Abbildung $N(x) = \frac{n-1}{n}\,x + \frac{1}{n}\frac{a}{x^{n-1}}$ ist für $x > 0$ strikt konvex wegen $N''(x) > 0$. Außerdem geht $N(x)$ für $x \to 0$ und für $x \to \infty$ gegen unendlich, d. h., $N(x)$ besitzt genau ein Minimum, das an der Stelle $x = a^{1/n}$ (wegen $N'(a^{1/n}) = 0$) angenommen wird. Da $N(a^{1/n}) = a^{1/n}$ ist, ist $N(x) > a^{1/n}$ für alle $x > 0$ und $x \neq a^{1/n}$. Insbesondere folgt $x_k \geq a/x_k^{n-1}$, und daher ist

$$a/x_k^{n-1} \leq x_{k+1} \leq x_k,$$

da x_{k+1} nach Formel (10.46) als gewogenes arithmetisches Mittel zwischen x_k und a/x_k^{n-1} liegt. Damit sind die rechten beiden Ungleichungen in (10.48) bewiesen. Die linke Ungleichung ergibt sich aus $1/x_k \leq 1/a^{1/n}$. □

Wir behandeln jetzt den Polynomfall (10.44) und nehmen an, dass p die Form

$$\begin{aligned} p(x) &= a_n x^n + a_{n-1}x^{n-1} + \cdots + a_0, \\ a_j &\in \mathbb{R},\ j = 0, 1, \ldots, n-1,\ a_0 \neq 0,\ a_n = 1 \end{aligned} \tag{10.49}$$

hat. Die Nullstellen von p (auch *Wurzeln von p* genannt) sind dann entweder reell oder treten in Paaren konjugiert komplexer Wurzeln auf, da mit $p(z) = 0$ auch $p(\overline{z}) = \overline{z}^n + a_{n-1}\overline{z}^{n-1} + \cdots + a_0 = \overline{p(z)} = 0$ ist.

Beispiel 10.47. ***Nullstellen komplexer Polynome***
Das Polynom $p(z) = z^2 - 2z + 2$ hat die beiden Nullstellen $1 \pm \mathrm{i}$. Dagegen hat $z^2 + \mathrm{i} = 0$ die beiden Nullstellen $z_1 = \mathrm{e}^{0.75\pi \mathrm{i}} = \sqrt{0.5}(-1+\mathrm{i})$, $z_2 = \mathrm{e}^{1.75\pi \mathrm{i}} = \sqrt{0.5}(1-\mathrm{i})$.

Haben wir eine reelle Nullstelle x_0 von p gefunden, so berechnen wir

$$g(x) := p(x)/(x - x_0), \quad g \in \Pi_{n-1}$$

mit Hilfe des Horner Schemas und setzen die Nullstellensuche bei g fort. Ist z_0 eine komplexe Nullstelle, so enthält p den Faktor $(z - z_0)(z - \overline{z_0}) = z^2 - 2\Re z_0 z + |z_0|^2$, d. h., in diesem Fall bilde man

$$g(z) := p(z)/(z^2 - 2\Re z_0 z + |z_0|^2), \quad g \in \Pi_{n-2},$$

wobei $\Re z_0$ der Realteil von z_0 und $|z_0|$ die Länge von z_0 bedeutet. Ist $z_0 = x_0 + iy_0$, so ist $\Re z_0 = x_0$, $|z_0|^2 = x_0^2 + y_0^2$. Die Division kann nach früheren Methoden durch Koeffizientenvergleich iterativ durchgeführt werden. Man vgl. Aufgabe 10.12, S. 363.

Im Prinzip können Nullstellen nach dem Newton-Verfahren (10.23), S. 344 berechnet werden, wenn eine Näherung x_0 vorhanden ist.

Da p aus (10.49) Null nicht als Nullstelle besitzt, gibt es einen größten Kreis um Null, in dessen Inneren keine Nullstellen liegen. Außerdem gibt es einen kleinsten Kreis um Null, in dem alle Nullstellen liegen. Die Radien wird man ohne Aufwand nicht bestimmen können. Aber Radien r, R mit

$$p(z) = 0 \Longrightarrow z \in A = \{z : r \leq |z| \leq R\} \tag{10.50}$$

lassen sich relativ leicht ermitteln.

Lemma 10.48. Sei $p(z) = \sum_{j=0}^{n} a_j z^j$ mit $a_0 \neq 0$ und $a_n = 1$. Das Polynom

$$\tilde{p}(x) = \sum_{j=1}^{n} |a_j|\, x^j - |a_0| \tag{10.51}$$

hat eine einzige positive Nullstelle r. Ist $p(z) = 0$, so gilt $|z| \geq r$.

Beweis: Es ist $\tilde{p}(0) = -|a_0| < 0$ und $\tilde{p}(x) > 0$ für hinreichend große x. D. h., $\tilde{p}$ hat positive Nullstellen. Gäbe es mehrere, hätte $\tilde{p}\,'$ eine positive Nullstelle, das ist aber ein Widerspruch zu $\tilde{p}\,'(x) > 0$ für alle $x > 0$. Sei diese einzige Nullstelle r. Dann ist $\tilde{p}(x) < 0$ für $0 \leq x < r$ und $\tilde{p}(x) \geq 0$ für $x \geq r$. Für jede Nullstelle z von p gilt

$$p(z) = \sum_{j=1}^{n} a_j z^j + a_0 = 0 \Longrightarrow |a_0| = |\sum_{j=1}^{n} a_j z^j| \leq \sum_{j=1}^{n} |a_j||z|^j = \tilde{p}(|z|) + a_0.$$

Also $\tilde{p}(|z|) \geq 0$, d. h., es gilt $|z| \geq r$. □

Beispiel 10.49. ***Untere Schranken für Polynomnullstellen***
Sei $p(z) = z^n + 1$. Für alle Nullstellen z von p gilt $|z| = 1$. Das Polynom (10.51) ist hier $\tilde{p}(x) = z^n - 1$, und $\tilde{p}$ hat die einzige positive Nullstelle $r = 1$. Das zeigt gleichzeitig, dass der im Lemma angegebene Radius r nicht vergrößert werden kann. Obere Schranken für die Nullstellen von p ergeben sich aus dem folgenden Satz.

Satz 10.50. Für die Nullstellen z von p aus (10.49) gilt:

$$\text{a)}\quad |z| \leq \max\{1, \sum_{j=0}^{n-1} |a_j|\} =: R_1, \tag{10.52}$$

(10.53) b) $|z| \leq \max\{\,|a_0|, 1+|a_1|, \ldots, 1+|a_{n-1}|\} =: R_2,$

(10.54) c) $|z| < 1$ oder $|z+a_{n-1}| \leq \sum_{j=0}^{n-2} |a_j| =: R_3.$

Beweis: a) Sei $|z| > R_1$. Insbesondere ist $R_1 \geq 1$, also $|z| > 1$. Es ist

$$\begin{aligned} |p(z)| &= |z^n + \sum_{j=0}^{n-1} a_j z^j| \geq |z^n| - |\sum_{j=0}^{n-1} a_j z^j| \\ &\geq |z^n| - \sum_{j=0}^{n-1} |a_j||z^j| = |z^n| - |z^{n-1}| \sum_{j=0}^{n-1} \frac{|a_j|}{|z^{n-j-1}|} \geq \\ &\geq |z^{n-1}|\,(|z| - \sum_{j=0}^{n-1} |a_j|) > 0, \end{aligned}$$

also ist z keine Nullstelle. Die Beweise zu b) und c) sind ähnlich zu führen (Übung!). □

Beispiel 10.51. ***Obere Schranken für Polynomnullstellen***
Sei wieder $p(z) = z^n + 1$. Für dieses Polynom ist nach (10.52) bis (10.54): $R_1 = R_2 = R_3 = 1$, und man erhält in Teil a) bis c) die gleiche Information, nämlich $|z| \leq 1$ für alle Nullstellen z von p. Die Abschätzungen lassen sich also nicht verbessern. Sei $p(z) = z^2 - 2z + 2$. Hier erhält man $R_1 = 4$, $R_2 = 3$, $|z-2| \leq 2$.
Im obigen Satz 10.50 wird nicht benutzt, dass die Koeffizienten von p reell sind. D. h., Satz 10.50 gilt auch, wenn die Koeffizienten (mit Ausnahme von $a_n = 1$) von p komplex sind.

Die angegebenen Informationen könnte man benutzen, um einen Startwert x_0 für das Newton-Verfahren (10.23), S. 344 zu finden. Einen komplizierten, aber sehr gut funktionierenden Algorithmus zur Bestimmung aller Nullstellen von p aus (10.49) haben [58, JENKINS & TRAUB, 1970] angegeben, der auch an vielen Rechenanlagen implementiert ist.

10.7 Aufgaben

Aufgabe 10.1. Man leite die Gleichungen (10.17), S. 343 her.

Aufgabe 10.2. Man leite ein Iterationsverfahren zur Berechnung von $1/a$, $a \neq 0$ her, in dem keine Divisionen vorkommen. Für welche Anfangswerte x_0 konvergiert das Verfahren gegen $1/a$?

Aufgabe 10.3. Man zeige am Beispiel $f(x) = \exp(\mathrm{i}x)$, $x \in [0,1]$ dass eine Mittelwertformel der folgenden Art nicht notwendig existiert:

$$f(x) - f(y) = f'(s)(x-y),\ s \in [x,y].$$

Aufgabe 10.4. Man finde eine Funktion $g(x)$, $x \in \mathbb{R}^n$, mit $g(0) = 0$, $g(x) \neq 0$ für alle $x \neq 0$, bei der das Newton-Verfahren für keinen Startwert $x_0 \neq 0$ konvergiert, aber trotzdem für alle x_0 beschränkt bleibt. Hinweis: Man suche g, so dass für die Newton-Iterierten $x_0, x_1, \dots$ gilt: $x_{k+1} = -x_k$ für alle k. Gibt es neben der im Beispiel 10.42, S. 358 angegebenen Lösung weitere Lösungen?

Aufgabe 10.5. Die trigonometrische Funktion Kosinus hat in $[0,128]$ viele Nullstellen. Es ist $\cos 0 \cdot \cos 128 < 0$, das Bisektionsverfahren also anwendbar. Gegen welche Nullstelle konvergiert es?.

Aufgabe 10.6. Man überlege sich verschiedene Methoden zur Verwandlung von Fixpunktproblemen in Nullstellenprobleme.

Aufgabe 10.7. Sei $f = u + \mathrm{i}v\ :\ \mathbf{D} \subset \mathbb{C} \to \mathbb{C}$ eine differenzierbare Funktion und $\mathbf{A} = \begin{pmatrix} u_x & u_y \\ v_x & v_y \end{pmatrix}$ die reell gebildete Funktionalmatrix. Man zeige: $\varrho(\mathbf{A}) = |f'|$. Dabei ist $\varrho(\mathbf{A})$ der Spektralradius von $\mathbf{A}$ und f' die gewöhnliche Ableitung. Hinweis: $u_x = v_y, u_y = -v_x$. Die Behauptung gilt auch im reellen Fall. Was ist dann zu zeigen?

Aufgabe 10.8. Was ergibt sich bei der Lösung des linearen Gleichungssystems $g(\mathbf{x}) = \mathbf{A}\mathbf{x} - \mathbf{b} = \mathbf{0}$ mit dem Newton-Verfahren?

Aufgabe 10.9. Sei $f : \mathbf{D} \subset \mathbb{R}^d \to \mathbb{R}^d$ mit $d \geq 2$ gegeben. Das Iterationsverfahren $x_{k+1} = f(x_k)$ kann als Gesamtschrittverfahren aufgefaßt werden. Wie kann man daraus ein Einzelschrittverfahren entwickeln?

Aufgabe 10.10. Sei a eine komplexe Zahl. Man leite zur Berechnung von $\sqrt{a}$ ein Newton-Verfahren mit nur reeller Arithmetik her. Wie lautet das resultierende Einzelschrittverfahren? Man probiere die resultierenden Verfahren für $\sqrt{\mathrm{i}} = \frac{1}{2}\sqrt{2}\,(1+\mathrm{i})$ aus. Gilt das übliche Newton-Verfahren zur Wurzelbestimmung auch für komplexe a ?

Aufgabe 10.11. Für $a > 0$ leite man verschiedene Newton-Verfahren zur Berechnung von $\sqrt{a}$ her. Man probiere diese Verfahren aus und vergleiche sie (Genauigkeit, Aufwand).

Aufgabe 10.12. Habe $p \in \Pi_n$, $n > 2$, die komplexen Nullstellen $z_0, \overline{z_0}$. Man überlege sich, wie man die Division

$$p(z)/((z-z_0)(z-\overline{z_0})) = g(z)$$

mit einem *Horner-ähnlichen Schema* durchführen kann. Vgl. Aufgabe 2.9 auf S. 34.

Aufgabe 10.13. Die Gleichung $g(x) = x^4 - x$ hat vier Nullstellen, nämlich

$$x = 0, x = 1, x = -0.5\{1 \pm \mathrm{i}\sqrt{3}\}.$$

Das Newton-Verfahren $N(x_k) = x_{k+1}$ und die direkte Iteration $f(x_k) = x_{k+1}$ konvergieren in Abhängigkeit vom Anfangswert x_0 gegen eine der Lösungen oder konvergieren nicht, wobei hier $N(x) = x - g(x)/g'(x)$ oder $f(x) = x^4$ zu setzen ist. Man untersuche für beide Iterationen für welche reellen x_0 die Folge der Iterierten gegen 0 bzw. gegen 1 bzw. gar nicht konvergiert.

Aufgabe 10.14. Man zeige: Ein Polynom $p \in \Pi_n$ hat nur Nullstellen z mit $\Re z < 0$ genau dann, wenn das unten definierte Polynom $P \in \Pi_n$ nur Nullstellen ξ mit $|\xi| > 1$ besitzt. Dabei ist

$$P(\xi) = (1+\xi)^n p(\frac{1-\xi}{1+\xi}).$$

Tabelle 10.52. Beispiele zur Nullstellenbestimmung

$f(x)$	$g(x)$	x aus
$\tan x$,	$\tan x - x$,	$]0, \pi/2[$
$\arctan x$,	$\arctan x - x$,	$]0, \pi/2[$
$\exp(-x)$,	$\exp(-x) - x$,	$\mathbb{R}$
$-\log x$,	$-\log x - x$,	$]0, 2]$
$\sin x + 4$,	$\sin x + 4 - x$,	$]\pi, 2\pi[$
$\cot x$,	$\cot x - x$,	$]0, \pi[$
$x^3 - 111x^2 + 1112x - 999$	$x^3 - 111x^2 + 1111x - 999$,	$\mathbb{R}$

Aufgabe 10.15. Man schreibe ein Programm zur Lösung von $g(x) = 0$ mit dem Newton-Verfahren und zur Lösung von $f(x) = x$ mit der Fixpunktiteration. Man probiere die Verfahren aus an den Beispielen der Tabelle 10.52.

Aufgabe 10.16. Sei $g = \begin{pmatrix} g_1 \\ g_2 \end{pmatrix}$ mit $g_1(x, y) = y(x-1) - 1$, $g_2 = x^2 - y^2 - 1$.

(a) Man zeige, dass $g = \mathbf{0}$ genau eine Lösung im ersten offenen Quadranten besitzt.

(b) Man leite durch Auflösen von $g_1 = 0$ nach x, von $g_2 = 0$ nach y ein direktes Iterationsverfahren her. Man unterscheide (b1) Gesamtschrittverfahren und (b2) Einzelschrittverfahren.

(c) Man stelle das vereinfachte und das modifizierte Newton-Verfahren für $g = \mathbf{0}$ auf.

(d) Man stelle das Newton-Verfahren für $g = \mathbf{0}$ auf.

(e) Man probiere alle vorkommenden Verfahren mit Hilfe eines Programms aus. Als Anfangswert wähle man $\binom{x_0}{y_0} = \binom{2}{2}$.

Aufgabe 10.17. Man bestimme mit Hilfe eines Programms experimentell zunächst den ungefähren Einzugsbereich des Newton-Verfahrens für die Nullstelle $\xi = 0$ von $g(x) = \arctan x$. Man vergleiche damit den Einzugsbereich des modifizierten aus $\tilde{N}(x) = x - \lambda g(x)/g'(x) = x$ abgeleiteten Newton-Verfahrens für geeignete Parameter $\lambda \approx 1$. Wie wird die Konvergenzgeschwindigkeit durch $\lambda \neq 1$ beeinflußt?

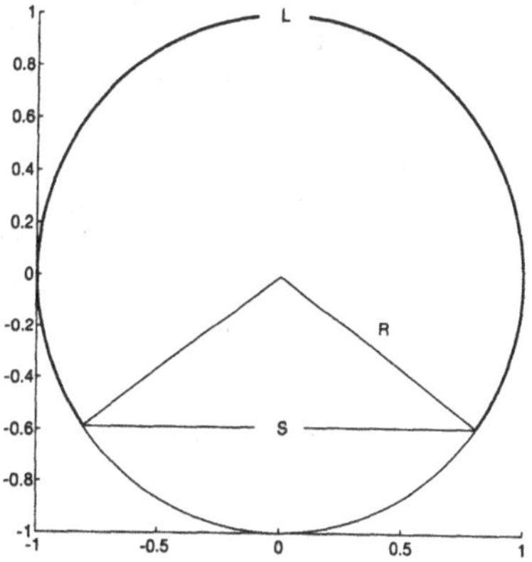

Abb. 10.53. Berechnung des Kreisradius aus Sehne und Bogenlänge

Aufgabe 10.18. Man leite eine Formel für den Radius r eines Kreises her, bei dem die Länge s einer (horizontal gedachten) Sehne und die Kreisbogenlänge ℓ über der Sehne gegeben sind (siehe Figur 10.53). Man stelle dazu hilfsweise eine Gleichung für den Zentriwinkel α auf. Für $s = 37$, $\ell = 89$ berechne man α und r mit einem geeigneten Verfahren (Taschenrechner, ca. 4 Stellen).

Aufgabe 10.19. Das Newton-Verfahren kann zur Suche des Extremums von $\varphi : \mathbf{D} \subset \mathbb{R}^n \to \mathbb{R}$ benutzt werden, indem man $g = \varphi' = \mathbf{0}$ löst. Man bestimme mit dieser Idee das Minimum von

$$\varphi(x_1, x_2) = 100(x_2 - x_1^2)^2 + (x_1 - 1)^2.$$

Man wähle die Startwerte $x_1^{(0)} = 1 + i/10, x_2^{(0)} = 1 + j/10, -10 \leq i, j \leq 10$. Für welche Startwerte konvergiert das Verfahren?

Aufgabe 10.20. Man löse $\mathbf{Ax} = \mathbf{0}$ mit dem SOR-Verfahren (Formel (10.35), S. 352). Für $\mathbf{A}$ wähle man die Hilbert-Matrix mit $n = 8$ und $n = 16$, als Startvektor wähle man $\mathbf{x}^{(0)} = (1, 1, \ldots, 1)$ und für ω setze man $0.1(0.2)1.9$ und zähle die Anzahl der Iterationen bis $\|\mathbf{x}^{(k)}\|_\infty \leq 10^{-8}$ (sofern sinnvoll).

Aufgabe 10.21. Man untersuche die Konvergenz des SOR-Verfahrens für (2×2)-Matrizen. Hinweis: Man berechne $\mathbf{T}$ aus Formel (10.29), S. 350 explizit und verwende Satz 10.31, S. 350.

Aufgabe 10.22. Sei $N(x) := (2x - \mathrm{i}/x^2)/3$ die zu $g(x) = x^3 + \mathrm{i}$ definierte Newton-Funktion. Man finde alle Lösungen von $N(x) = 0$. Welche Bedeutung haben diese Lösungen für das entsprechende Newton-Verfahren?

Aufgabe 10.23. (Ballonfinanzierung) Ein zu kaufender Gegenstand kostet P (Währungseinheiten irrelevant). Vereinbart wird eine Anfangszahlung A, nach n Zeitperioden eine Endzahlung E, zwischenzeitlich jeweils Zahlungen einer Rate R am Ende jeder Zeitperiode. Außerdem wird ein jährlicher Zinssatz q (in Prozent) genannt, nach welchem die Rate R ausgerechnet worden ist. Entwickeln Sie für diesen Fall ein mathematisches Modell. Ist $p := 1 + q/100$, so ist das Ergebnis ein Polynom in p. Ist $q = 100(p - 1)$ auszurechnen, so handelt es sich um ein Polynomnullstellenproblem für $p \geq 1$. Die genannte Zeitperiode ist in aller Regel ein Monat. Beachten Sie, dass sich der monatliche Zins q_M aus dem jährlichen Zins q nach der Formel

$$q_M = 100((1 + \frac{q}{100})^{1/12} - 1)$$

berechnet. Beispiel: $q = 3$ (Prozent), $q_M = 0.2466, q/12 = 0.25$. Lösen Sie folgende Aufgabe: Gegeben Preis $P = 36587.77$, Anfangszahlung $A = 8250$, $n = 36$ monatliche Raten $R = 325$, wobei die letzte (36.) Rate mit der Endzahlung verrechnet wird, Endzahlung $E = 18281.72$. Welches ist der jährliche Zinssatz q und wie hoch ist die Summe der Zinszahlungen. Der Name *Ballonfinanzierung* wird benutzt, weil es leicht möglich ist, A zu verkleinern um E zu vergrößern und umgekehrt oder die Rate R bei Veränderung von A oder E zu beeinflussen (ohne Änderung des Zinssatzes q). Die Ballonfinanzierung heißt auch *Drei-Wege-Finanzierung*.

Anhang: Alphabete

Formen		Name	Formen		Name

Griechische Buchstaben

Formen		Name	Formen		Name
A	α	Alpha	N	ν	Nü
B	β	Beta	Ξ	ξ	Xi
Γ	γ	Gamma	O	o	Omikron
Δ	δ	Delta	Π	π ϖ	Pi
E	ϵ ε	Epsilon	P	ρ ϱ	Rho
Z	ζ	Zeta	Σ	σ ς	Sigma
H	η	Eta	T	τ	Tau
T	θ ϑ	Theta	Y	υ	Ypsilon
I	ι	Iota	Φ	ϕ φ	Phi
K	κ $\varkappa$	Kappa	X	χ	Chi
Λ	λ	Lambda	Ψ	ψ	Psi
M	μ	Mü	Ω	ω	Omega

Hebräische Buchstaben

Formen	Name	Formen	Name
א	Aleph	ב	Beth
ג	Gimel	ד	Daleth

Deutsche Buchstaben (Sütterlin)

Formen		Name	Formen		Name
𝕬	𝕒	A	𝕹	𝕟	N
𝕭	𝕓	B	𝕺	𝕠	O
𝕮	𝕔	C	𝕻	𝕡	P
𝕯	𝕕	D	𝕼	𝕢	Q
𝕰	𝕖	E	𝕽	𝕣	R
𝕱	𝕗	F	𝕾	/ ſ ß	S ß
𝕲	𝕘	G	𝕿	𝕥	T
𝕳	𝕙	H	𝖀	𝕦	U
𝕵	𝕚	I	𝖁	𝕧	V
𝕵	𝕛	J	𝖂	𝕨	W
𝕶	𝕜	K	𝖃	𝕩	X
𝕷	𝕝	L	𝖄	𝕪	Y
𝕸	𝕞	M	𝖅	𝕫	Z

Literaturverzeichnis

[1] M. ABRAMOWITZ & I. A. STEGUN: Handbook of Mathematical Functions, National Bureau of Standards, Washington, D.C., 10th printing, 1972, 1046 S.

[2] G. ALEFELD & J. HERZBERGER: Introduction to Interval Computations, Academic Press, New York, 1983, 333 S.

[3] B. J. C. BAXTER: Conditionally positive functions and p-norm distance matrices, Constr. Approx. **7** (1991), 427–440.

[4] L. BERNHUBER, S. HANSJAKOB & W. PRAXL: Turbo-Pascal 4.0 Programmbibliotheken und ihre Anwendung, IWT, Vaterstetten, 1988, 418 S.

[5] CH. BLATTER: Wavelets - eine Einführung, Vieweg, Braunschweig, Wiesbaden, 1998, 178 S.

[6] C. DE BOOR: A Practical Guide to Splines, Springer, New York, Heidelberg, Berlin, 1978, 392 S. Revised edition, 2001, 346 S.

[7] C. DE BOOR: B(asic)-Spline Basics, ftp-server Madison, 1996, 33 S.

[8] C. DE BOOR & K. HÖLLIG: B-Splines without Divided Differences, in G. Farin (ed.): Geometric Modeling, SIAM, 1987, 21–27.

[9] D. BRAESS: Nonlinear Approximation Theory, Springer, Berlin, Heidelberg, New York, London, Paris, Tokyo, 1986, 290 S.

[10] E. O. BRIGHAM: FFT-Anwendungen, Oldenbourg, München, Wien, 1997, 441 S.

[11] M. D. BUHMANN: Radial Basis Functions, Cambridge University Press, Cambridge, 2003, 259 S.

[12] M. P. DO CARMO: Differentialgeometrie von Kurven und Flächen, 3. Aufl., Vieweg, Braunschweig, Wiesbaden, 1993, 263 S.

[13] E. W. CHENEY & W. LIGHT: A Course in Approximation Theory, Brooks/Cole, Pacific Grove, 2000, 359 S.

[14] O. CHRISTENSEN: An introduction to frames and Riesz bases, Birkhäuser, Boston, Basel, Berlin, 2003, 440 S.

[15] C. K. CHUI: An Introduction to Wavelets, Academic Press, Boston, 1992, 264 S.

[16] L. COLLATZ & W. WETTERLING: Optimierungsaufgaben, 2. Aufl., Springer, Berlin, Heidelberg, New York, 1971, 222 S.

[17] L. COLLATZ: Differentialgleichungen, 7. Aufl., Teubner, Stuttgart, 1990, 318 S.

[18] I. DAUBECHIES: Ten Lectures on Wavelets, CBMS-NSF Regional Conference Series in Appl. Math., SIAM, Philadelphia, 1992, 357 S.

[19] P. J. DAVIS & P. RABINOWITZ: Methods of Numerical Integration, 2nd ed., Academic Press, New York, 1984, 612 S.

[20] J. W. DEMMEL: Applied Numerical Linear Algebra, SIAM, Philadelphia, 1997, 419 S.

[21] Deutsche Bundesbank(Hrsg.): Zehn Deutsche Mark, Frankfurt, 1999.

[22] DIN 4076: Benennungen und Kurzzeichen auf dem Holzgebiet, Blatt 1: Holzarten, April 1970.

[23] P. ENFLO: A counterexample to the approximation problem in Banach spaces, Acta Math., **130** (1973), 309–317.

[24] H. ENGELS: Numerical Quadrature and Cubature, Academic Press, London, 1980, 441 S.

[25] G. FARIN: Kurven und Flächen im Computer Aided Geometric Design, 2. Aufl., Vieweg, Braunschweig, Wiesbaden, 1994, 365 S.

[26] K. FERNANDO & B. PARLETT: Accurate singular values and differential qd algorithms, Numer. Math., **67** (1994), 191–229.

[27] B. FISCHER: Polynomial Based Iteration Methods for Symmetric Linear Systems, Wiley & Teubner, Chichester, 1996, 283 S.

[28] B. FISCHER & R. W. FREUND: On Adaptive Weighted Polynomial Preconditioning for Hermitian Positive Definite Matrices, SIAM J. Sci. Comput. **15**, 1994, 408–426.

[29] B. FISCHER & G. H. GOLUB: On Generating Polynomials which are Orthogonal over Several Intervals, Math. Comput., **56**, 1991, 711–730.

[30] B. FISCHER & J. MODERSITZKI: An Algorithm for Complex Linear Approximation Based on Semi-infinite Programming, Numer. Algorithms, **5**, 1993, 287–297.

[31] G. FISCHER: Lineare Algebra, 11. Aufl., Vieweg, Braunschweig, Wiesbaden 1997, 362 S.

[32] R. FLETCHER: Practical Methods of Optimization, 2nd ed., Wiley, Chichester, 1987, 436 S.

[33] O. FORSTER: Analysis 1, Vieweg, Braunschweig, Wiesbaden, 1983, 208 S.

[34] R. W. FREUND, G. H. GOLUB & N. M. NACHTIGAL: Iterative Solution of Linear Systems, Acta Numerica, **1**, 1992, 57–100.

[35] D. GALE: The Theory of Linear Economic Models, McGraw-Hill, New York, 1960, 330 S.

[36] GAMM: Proposal for Accurate Floating-Point Vector Arithmetic, in: Rundbrief der Gesellschaft für Angewandte Mathematik und Mechanik, Brief 2, 1993, 10–16.

[37] S. I. GASS: Linear Programming, 3rd ed., McGraw-Hill, New York, 1969, 358 S.

[38] W. GAUTSCHI: A Survey of Gauss-Christoffel Quadrature Formulae, in P. L. Butzer & F. Fehér (Hrsg.): E. B. Christoffel: The Influence of his Work in Mathematics and the Physical Sciences, Birkhäuser, Basel, 1981, 72–147.

[39] W. GAUTSCHI: Algorithm 726: ORTHPOL — a package of routines for generating orthogonal polynomials and Gauss-type quadrature rules, ACM Trans. Math. Software, **20** (1994), 21–62.

[40] C. GEIGER: Multiskalentechniken und Wavelets, Vorlesungsmanuskript Institut für Angewandte Mathematik der Universität Hamburg, 1999, 162 S.

[41] C. GEIGER & C. KANZOW: (1) Numerische Verfahren zur Lösung unrestringierter Optimierungsverfahren, Springer, Berlin, Heidelberg, 1999, 349 S. (2) Theorie und Numerik restringierter Optimierungsaufgaben, Springer, Berlin, Heidelberg, 2002, 487 S.

[42] P. E. GILL, W. MURRAY & M. H. WRIGHT: Practical Optimization, Academic Press, London, 1981, 401 S.

[43] K. GLASHOFF & S. Å. GUSTAFSON: Einführung in die lineare Optimierung, Wissenschaftliche Buchgesellschaft, Darmstadt, 1978, 204 S.

[44] G. H. GOLUB & C. VAN LOAN: Matrix Computations, 3rd ed., Johns Hopkins University Press, Baltimore, London, 1996, 694 S.

[45] G. H. GOLUB & J. A. WELSCH: Calculation of Gauss quadrature rules, Math. Comp. **23**, 1969, 221–230.

[46] E. GREINER: Haarsche Systeme (Theorie und Beispiele), Staatsexamensarbeit, Hamburg, 1982, 117 S.

[47] W. HACKBUSCH: Iterative Lösung großer schwachbesetzter Gleichungssysteme, Teubner, Stuttgart, 1991, 382 S.

[48] W. HACKBUSCH: Iterationsverfahren für große Gleichungssysteme, in: W.-D. Geyer (Hrsg.), Jahresbericht der Deutschen Mathematiker-Vereinigung, Bremen 1990, Teubner, Stuttgart, 1992, 124–137.

[49] C. A. HALL: On Error Bounds for Spline Interpolation, J. Approx. Theory, **1**, 1968, 209–218.

[50] R. L. HARDY: Multiquadric Equations of Topography and other Irregular Surfaces, J. Geophysical Research **76**, 1971, 1905–1915.

[51] G. HÄMMERLIN & K. - H. HOFFMANN: Numerische Mathematik, Springer, Berlin, Heidelberg, New York, London, Paris, Tokyo, 1989, 448 S.

[52] P. HENRICI: Applied and Computational Complex Analysis, Vol. 2, Wiley, New York, London, Sydney, Toronto, 1977, 662 S.

[53] R. HERSCHEL: Turbo-Pascal, 4. Aufl. Oldenbourg, München, 1986, 167 S.

[54] M. R. HESTENES & E. STIEFEL: Methods of Conjugate Gradients for Solving Linear Systems, J. Res. Nat. Bur. Standards, **49**, 1952, 409–436.

[55] H. HEUSER: Lehrbuch der Analysis, Teil 2, 6. Auflage, Teubner, Stuttgart, 1991, 737 S.

[56] F. HIRZEBRUCH & W. SCHARLAU: Einführung in die Funktionalanalysis, Spektrum, Heidelberg, Oxford, Berlin, 1996, 178 S.

[57] R. A. HORN & C. R. JOHNSON: Matrix Analysis, Cambridge University Press, Cambridge, New York, 1991, 561 S.

[58] M. A. JENKINS & J. F. TRAUB: A Three-Stage Algorithm for Real Polynomials Using Quadratic Iteration, SIAM J. Numer. Anal., **7**, 1970, 545–566, MR 43# 5716.

[59] N. KARMARKAR: A new polynomial-time algorithm for linear programming, Combinatorica, **4** (1984), 373–395.

[60] L. G. KHACHIYAN: A polynomial algorithm in linear programming, Dokl. Akad. Nauk. SSSR, **244** (1979), 1093–1096, in russisch. Engl. Übersetzung in Sov. Math., Dokl. **20** (1979), 191–194.

[61] A. KIEŁBASIŃSKI & H. SCHWETLICK: Numerische lineare Algebra, VEB Deutscher Verlag der Wissenschaften, Berlin, 1988, 472 S.

[62] V. KLEE & G. J. MINTY: How Good is the Simplex Algorithm, in O. Shisha (ed.), Inequalities, III, 159–175, Academic Press, New York, 1972.

[63] D. E. KNUTH: The Art of Computer Programming, Vol. 2 / Seminumerical Algorithms, Addison-Wesley, Reading, Mass., 1969, 624 S.

[64] H. W. KUHN & R. E. QUANDT: An Experimental Study of the Simplex Method, Proceedings Symposia in Applied Mathematics, **15**, 107–124, AMS, New York, 1963.

[65] U. KULISCH & W. L. MIRANKER: A New Approach to Scientific Computation, Academic Press, New York, 1983, 384 S.

[66] D. P. LAURIE: Gaussian quadrature and two-term recursions, in W. Gautschi, G. H. Golub, G. Opfer (Hrsg.): Applications and computation of orthogonal polynomials, Birkhäuser, Basel, Boston, Berlin, 1999, 133–144, International Series of Numerical Mathematics (ISNM), Bd. 131.

[67] A. K. LOUIS, P. MAASS & A. RIEDER: Wavelets, 2. Aufl., Teubner, Stuttgart, 1998, 330 S.

[68] D. G. LUENBERGER: Optimization by Vector Space Methods, Wiley, New York, London, Sydney, Toronto, 1969, 326 S.

[69] G. MAESS: Vorlesungen über numerische Mathematik I Lineare Algebra, II Analysis, Birkhäuser, Basel, Boston, Stuttgart, 1985, 1988, 231 S., 327 S.

[70] B. B. MANDELBROT: The Fractal Geometry of Nature, Freeman, New York, 1983, 468 S.

[71] H. V. MANGOLDT & K. KNOPP: Einführung in die höhere Mathematik, 3. Bd., 11. Aufl., Hirzel, Stuttgart, 1958, 640 S.

[72] M. J. MARSDEN: An identity for spline functions with applications to variation-diminishing spline approximation, J. Approx. Theory, **3** (1970), 7–49.

[73] A. MEISTER: Numerik linearer Gleichungssysteme: eine Einführung in moderne Verfahren; mit MATLAB-Implementierung von C. Vömel, 3. Aufl., Vieweg, Braunschweig, Wiesbaden, 2008, 246 S.

[74] MEYER, Y.: Ondelettes et Opérateurs I, Ondelettes, Hermann, Paris, 1990, 215 S.

[75] MEYER, Y.: Wavelets: Algorithms & Applications, translated by R. D. Ryan, SIAM, Philadelphia, 1993, 133 S.

[76] C. A. MICCHELLI: Interpolation of Scattered Data: Distance Matrices and conditionally positive definite functions, Constr. Approx. **2**, 1986, 11–22.

[77] C. MOLER, M. ULLMAN, J. LITTLE & S. BANGERT: 386–MATLAB for 80386 Personal Computers, The MathWorks, Sherborn, MA, 1987.

[78] J. L. NAZARETH: Computer Solution of Linear Programs, Oxford University Press, New York, 1987, 213 S.

[79] G. NÜRNBERGER: Approximation by Spline Functions, Springer, Berlin, 1989, 243 S.

[80] G. OPFER & G. SCHOBER: Richardson's Iteration for Nonsymmetric Matrices, Linear Algebra Appl. **58**, 1984, 343–361.

[81] B. N. PARLETT: The Symmetric Eigenvalue Problem, SIAM, Philadelphia, 1998, 398 S.

[82] H.-O. PEITGEN & P. H. RICHTER: The Beauty of Fractals, Springer, Berlin, 1986, 199 S.

[83] A. PINKUS: On L^1-Approximation, Cambridge University Press, Cambridge, 1989, 239 S.

[84] W. H. PRESS, B. P. FLANNERY, S. A. TEUKOLSKY & W. T. VETTERLING: Numerical Recipes, Cambridge University Press, Cambridge, 1986, 818 S.

[85] R. E. QUANDT & H. W. KUHN: On Upper Bounds for the Number of Iterations in Solving Linear Programs, Operations Research, **12** (1964), 161–165.

[86] L. REICHEL & G. OPFER: Chebyshev-Vandermonde Systems, Math. Comp. **57**, 1991, 703–721.

[87] J. K. REID: On the Method of Conjugate Gradients for the Solution of Large Sparse Systems of Linear Equations, in: J. K. Reid (ed.): Large Sparse Sets of Linear Equations, Academic Press, London, New York, 1971, 231–254.

[88] R. SCHABACK & H. WERNER: Numerische Mathematik, 4. Aufl., Springer, Berlin, 1992, 326 S. 5. vollst. neu bearb. Aufl., 2004, von R. SCHABACK & H. WENDLAND.

[89] R. SCHABACK & H. WENDLAND: Kernel techniques: From machine learning to meshless methods, Acta Numerica, **15**, 2006, 543–639.

[90] G. SCHMEISSER & H. SCHIRMEIER: Praktische Mathematik, de Gruyter, Berlin, New York, 1976, 314 S.

[91] I. J. SCHOENBERG & A. WHITNEY: On Pólya frequency functions, III: The positivity of translation determinants with application to the interpolation problem by spline curves, Trans. AMS, **74** (1953), 246–259.

[92] H.-R. SCHWARZ: Numerische Mathematik, 4. Aufl., Teubner, Stuttgart, 1997, 653 S. 5. Auflage von H.-R. Schwarz, N. Köckler, 2004, 573 S.

[93] I. SINGER: Bases in Banach spaces I, Springer, Berlin, Heidelberg, New York, 1970, 668 S.

[94] G. J. STIGLER: The Cost of Subsistence, Journal of Farm Economics, **27**, 1945, 303–314.

[95] J. M. STOWASSER, M. PETSCHENING & F. SKUTSCH: Der kleine Stowasser, lateinisch-deutsches Schulwörterbuch, 3. Aufl., Hölder-Pichler-Tempsky, Wien, 1991, 507 S.

[96] J. STOER: Numerische Mathematik 1, 8. Aufl., Springer, Berlin,1999, 371 S.

[97] J. STOER & R. BULIRSCH: Numerische Mathematik 1, 10. Aufl., Springer, Berlin, 2007, 410 S. Neu bearbeitet von R. W. FREUND & R. H. HOPPE.

[98] J. STOER & R. BULIRSCH: Numerische Mathematik 2, 4. Aufl., Springer, Berlin, 2000, 375 S.

[99] A. H. STROUD & D. SECREST: Gaussian Quadrature Formulas, Prentice-Hall, Englewood Cliffs, N. J., 1966, 374 S.

[100] A. E. TAYLOR & D. C. LAY: Introduction to functional analysis, 2nd edition, Wiley, New York, 1980, 467 S.

[101] J. VARGA: Angewandte Optimierung, BI, Mannheim, Wien, Zürich, 1991, 379 S.

[102] R. S. VARGA: Geršgorin and his circles, Springer, Berlin, Heidelberg, 2004, 226 S.

[103] D. S. WATKINS: The QR Algorithm Revisited, SIAM Review, **50**, 2008, 133–145.

[104] G. A. WATSON: Approximation Theory and Numerical Methods, Wiley, 1980, 229 S.

[105] H. WENDLAND: Piecewise polynomial, positive definite and compactly supported radial functions of minimal degree, Adv. Comput. Math. **4** (1995), 389–396.

[106] H. WENDLAND: Scattered data approximation, Cambridge University Press, Cambridge, 2005, 336 S.

[107] J. WERNER: Numerische Mathematik, Bd. 1, Vieweg, Braunschweig, Wiesbaden, 1992, 281 S.

[108] N. WIRTH: The Programming Language PASCAL, Acta Informatica, **1**, 1971, 35–63.

[109] Z. WU: Multivariate compactly supported positive definite radial functions, Adv. Comput. Math. **4** (1995), 283–292.

[110] R. M. YOUNG: An introduction to nonharmonic Fourier series, Academic Press, New York, 1980, 246 S. (Revidierte erste Auflage, Academic Press, San Diego, 2001, 234 S.)

Dieses Verzeichnis enthält nur die im Text erwähnten Literaturstellen.

Stichwortverzeichnis

D

M

Besondere Zeichen

Bemerkung: Die mit Vornamen vorkommenden Autoren sind auch im Literaturverzeichnis erwähnt.